六盘水市安全生产志

LIUPANSHUI SHI ANQUAN SHENGCHAN ZHI

六盘水市安全生产监督管理局
六盘水市安全生产执法监察局 编

当代中国出版社
Contemporary China Publishing House

图书在版编目（CIP）数据

六盘水市安全生产志 / 六盘水市安全生产监督管理局，六盘水市安全生产执法监察局编. -- 北京：当代中国出版社，2016.11

ISBN 978-7-5154-0740-1

Ⅰ.①六… Ⅱ.①六… ②六… Ⅲ.①安全生产—概况—六盘水 Ⅳ.① X 931

中国版本图书馆 CIP 数据核字 (2016) 第 253112 号

主　　编　李恒超
执行主编　夏国方
编　　辑　李清勇

出 版 人　曹宏举
责任编辑　柯琳芳
装帧设计　梁　瑜
出版发行　当代中国出版社
地　　址　北京市西城区地安门西大街旌勇里 8 号
网　　址　http://www.ddzg.net　　邮箱：ddzgcbs@sina.com
编 辑 部　（010）66572154　66572264　66572132
市 场 部　（010）66572281 或 66572155 / 56 / 57 / 58 / 59 转
印　　刷　昆明滇印彩印有限责任公司
开　　本　889 毫米 ×1194 毫米　1 / 16
印　　张　37 印张　520 千字
版　　次　2016 年 11 月 1 版
印　　次　2016 年 11 月第 1 次印刷
定　　价　268.00 元

《六盘水市安全生产志》编纂领导小组

组　　长： 蔡　军（2015.01－2015.05）　李恒超

副 组 长： 范存文　王圣刚　蒋弟明　吴学刚　李建辉
穆　江　陈长虹　徐应华　夏国方　李广生
任广向　余洪盛　韦兴国

办公室主任： 李清勇

《六盘水市安全生产志》编纂委员会

顾　　问： 尹志华　陈　华　叶文邦

主　　任： 李恒超

副 主 任： 范存文　王圣刚　蒋弟明　吴学刚　李建辉
穆　江　陈长虹　徐应华　夏国方　李广生
余洪盛　韦兴国　周　龙　邹立宏　任广向
付　迁　陈　勇

总　　纂： 夏国方

副 总 纂： 李清勇

委　　员： 陈　威　吴　江　毕仁良　李卫华　褚永祥
陈富刚　胡召航　王常利　武文超

《六盘水市安全生产志》编辑组

主　　编：李恒超

副 主 编：夏国方　余洪盛　李清勇

编辑校对：李清勇　陈文宝　朱　岗　胡　嵩　赵应川

图片编辑：夏国方　李清勇　朱　岗　周　晋

资料提供：（按姓氏笔划排列）丁会英　卜珍虎　马平原　王宝钦　王　勇
王建祥　韦正洪　韦　杰　文晓宇　龙贤告　史仲举　田　晓
田　雯　刘　仪　刘仲勇　刘寿师　刘武明　刘忠明　刘　梅
刘盛明　刘述江　刘　甜　汤海林　祁　峰　严金梅　李玉金
李江波　李　波　李　速　李　猛　李　萌　李　鹏　杨江林
杨秀铁　杨　林　肖开心　吴佳勇　何发贵　邹　彬　冷真平
张富书　张加虎　张　旭　张　良　张国柱　张仕佳　陈尤龙
陈　虎　陈　烨　陈陶义　陈　彬　陈康洁　罗兴凯　罗　斌
赵　琪　赵智攀　费　维　徐谓群　郭　涛　唐　锐　唐治勇
黄启才　黄　跃　章　程　彭金云　喻　松　谭湘龙　魏云川
（若遗漏，望见谅）

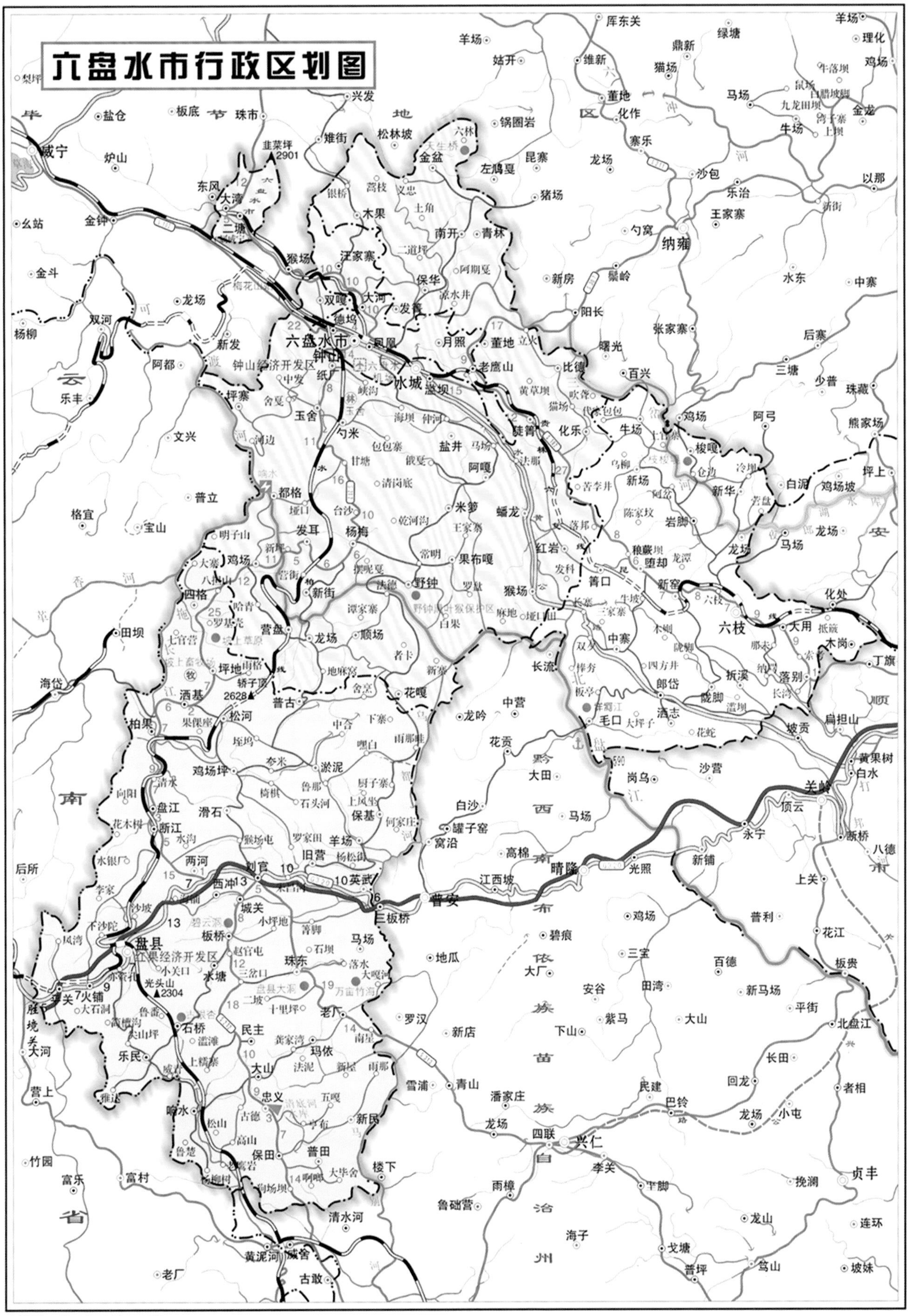

审图号：黔S(2008)020号

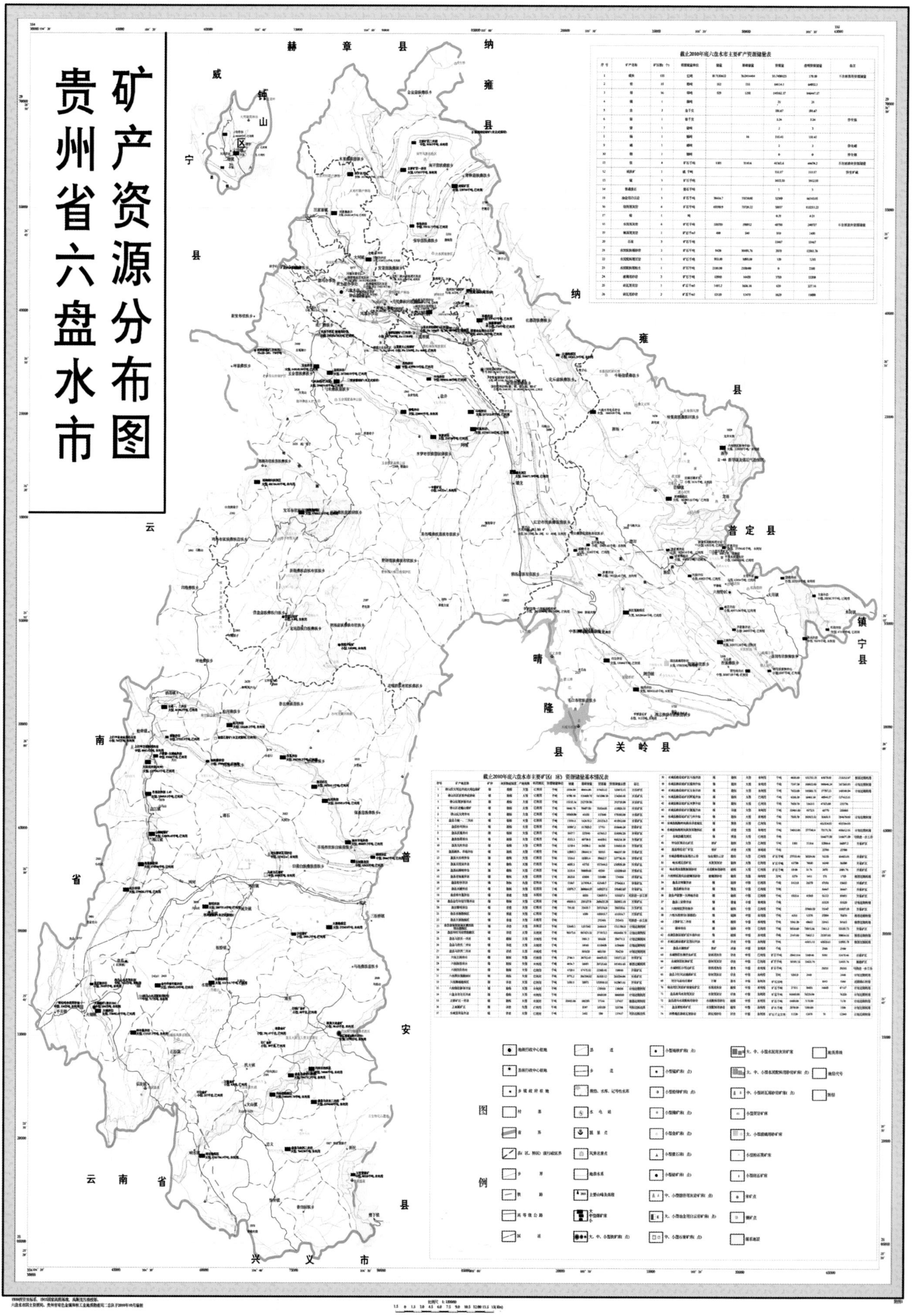

贵州省六盘水市矿产资源分布图
截止2010年底六盘水市主要矿产资源储量表
截止2010年底六盘水市主要矿区(床)资源储量基本情况表
图例
赫章县
纳雍县
威宁县
钟山区
纳雍县
普定县
镇宁县
晴隆县
关岭县
云南省
普安县
兴义市

2010年10月，贵州省委书记栗战书（中）到水矿集团鑫晟煤化工调研。

中共贵州省委书记栗战书（左一）在水矿集团汪家寨煤矿视察安全生产工作。

2013年4月，省长陈敏尔（右）到盘江股份公司火铺矿调研安全生产工作。

2015年11月，省长孙志刚（中）在火铺矿井下调研煤矿安全生产工作。

2014年5月，贵州省委书记赵克志（左三）到黔桂天能焦化公司调研。市委书记李再勇（左二），市长周荣（左一）等陪同。

2013年12月，省委常委、常务副省长谌贻琴（前排右一）到六盘水市督查安全生产工作，市委书记李再勇（前排右二）等陪同。

2014年1月，市委书记李再勇（二排右三），市长周荣（右二），市人大常委会主任黄金（左四），市委常委、市委秘书长张志祥（右一），副市长李丽（左一），市政协副主席田满华（左三），市政府秘书长罗资湘（左二）等领导到市安全监管局慰问调研。市安全监管局局长蔡军（左五）、副局长范存文（后排右一）等陪同。

市委书记李再勇（左二）在水钢调研安全生产工作。

2016年3月23日，市长周荣在明湖中心会议室向国家安全监管总局副局长、国家煤监局局长黄玉治一行汇报六盘水市安全生产工作，副市长陈华（右一）及市级机关、县区人民政府主要负责人出席汇报会。

国家安全监管总局副局长、国家煤监局局长黄玉治（后排中），贵州省安全监管局党组书记、局长李尚宽(右三)，六盘水市人民政府市长周荣(左三)、副市长陈华(左二)在市安全监管局指挥中心听取信息化平台建设及运行情况汇报。

2016年3月1日，市长周荣（前排左三）在水城县调研企业生产经营状况。市政府秘书长罗资湘(右四)，市安全监管局党组书记、局长李恒超(前排左二)等陪同调研。

2015年4月，市长周荣（左二）在安凯达新型建材有限公司调研安全生产工作。

2014年10月，市人大常委会主任黄金（右三）在钟山经济开发区调研建筑施工企业安全生产情况。

2013年5月29日，市政协主席唐方信（中）在六六高速公路沿线工地调研强调安全施工。

2015年1月5日，市委常委、市委政法委书记尹志华（右一），市安全监管局局长蔡军（右二）调研水城县双桥水库工程炮损情况。

2014年12月，省安全监管局局长李尚宽到钟山区开展安全督查，副市长陈华等陪同。

2016年6月7日，贵州省安全监管局党组副书记、副局长叶文邦（左二）到六盘水市安全云大数据应用中心检查指导工作。市安全监管局党组书记、局长李恒超（右一），总工程师穆江（左一）陪同。

六盘水市安全监管事业部分荣誉图片。

六盘水市安监管事业所获奖项及部分成果图片。

2014年7月，六盘水市安全监管局庆祝建局十周年合影(副县级以上领导，第二排左三起：任广向、余洪盛、夏国方、王文俊、穆江、吴学刚、王圣刚、蔡军、范存文、蒋弟明、李建辉、陈长虹、徐佑林、徐应华、李广生、韦兴国)。

2009年11月，省长林树森（中）在六枝工矿集团公司视察煤矿安全工作，中共六盘水市委书记刘一民（左四）等陪同。

2008年10月，市长何刚（中），市委副书记何冀（右一）在盘县调研安全生产工作。

2015年9月16日，省委常委、副省长慕德贵（前排右二）在210国道六盘水市改造工程红狮水泥厂路口视察施工安全情况。

2015年9月29日，副市长陈华（中）、市安全监管局局长李恒超（左一）等在盘县中石化油库开展安全隐患“大排查大整治”专项行动综合督查。

2005年，市委书记辛维光（中）、副市长杨明达（右一）在小河东泰煤矿调研。

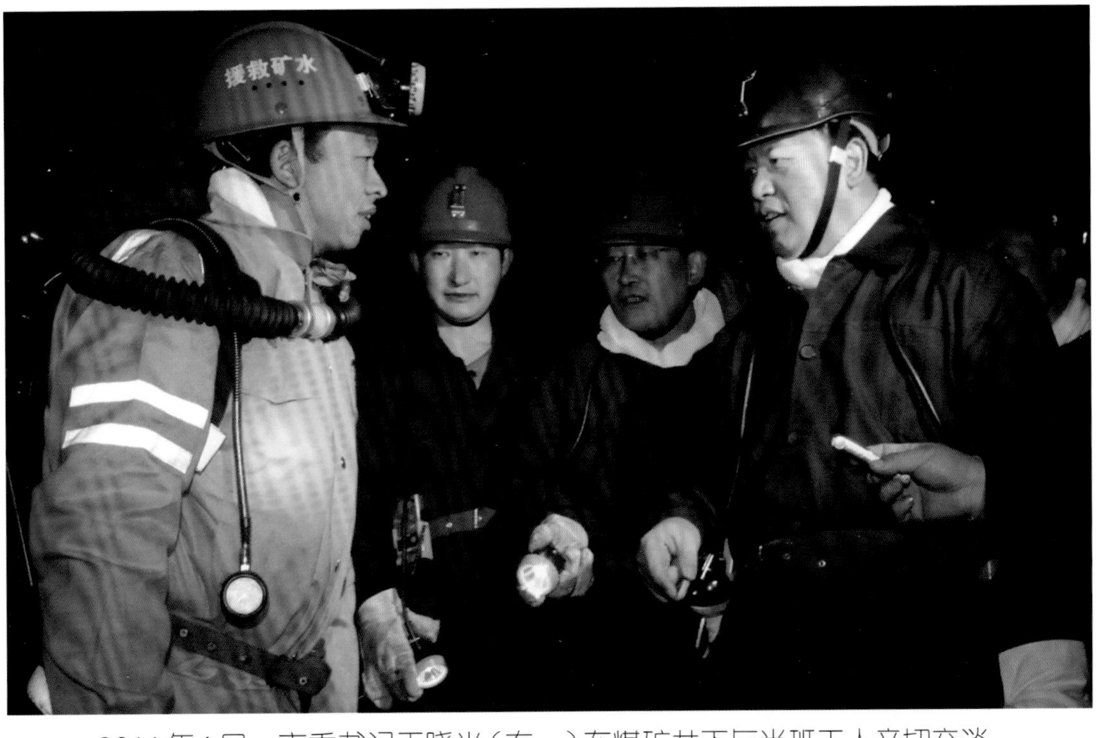

2011年1月，市委书记王晓光（右一）在煤矿井下与当班工人亲切交谈。

2006年2月，国家安监总局首任局长李毅中（中）在六盘水督查煤矿整顿关闭工作。

2015年3月，市委常委、市委政法委书记尹志华（右三）调研煤矿安全工作，市安全监管总局总工程师穆江（左二）等陪同。

2010年2月，副省长孙国强（右二）在盘江煤电集团公司视察，省安全监管局局长蒲建江（左一）、副市长陈少荣（左二）、盘江煤电股份公司董事长张仕和（右一）等陪同。

2015年3月，副省长王江平（中）到六盘水市调研安全生产工作，副市长陈华（左一）等陪同。

2015年12月29日，副市长陈华（右一）在水城县督导煤矿安全生产，市安全监管局局长李恒超（右二）等陪同。

2015年8月，副市长陈华（前排左二）在水矿集团鑫晟煤化工开展危化品安全生产专项督查。市安全执法监察局副局长夏国方（前排左一），水城县政府副县长贺小考（右二）等陪同。

2006年9月，省委常委、省总工会主席龙超云，市长刘一民，市委常委、常务副市长黄金，市委常委、市委秘书长李彦芳，市委常委、市委宣传部长袁仁庆等领导出席贵州大学六盘水能源矿业学院开学典礼揭牌仪式。

2015年10月28日，副市长陈华（前中）在钟山区开展危化企业专项督查，市安全生产执法监察局副局长夏国方（二排右三），钟山区副区长黎家良（右二）等陪同。

2015年11月20日，市安全监管局党组书记、局长李恒超（右二）与盘县县委副书记、县长李令波（左二）在盘县就如何抓好重点行业领域安全生产工作进行座谈，市安全执法监察局副局长徐应华（右一），盘县安全监管局局长毕仁良（左一）陪同。

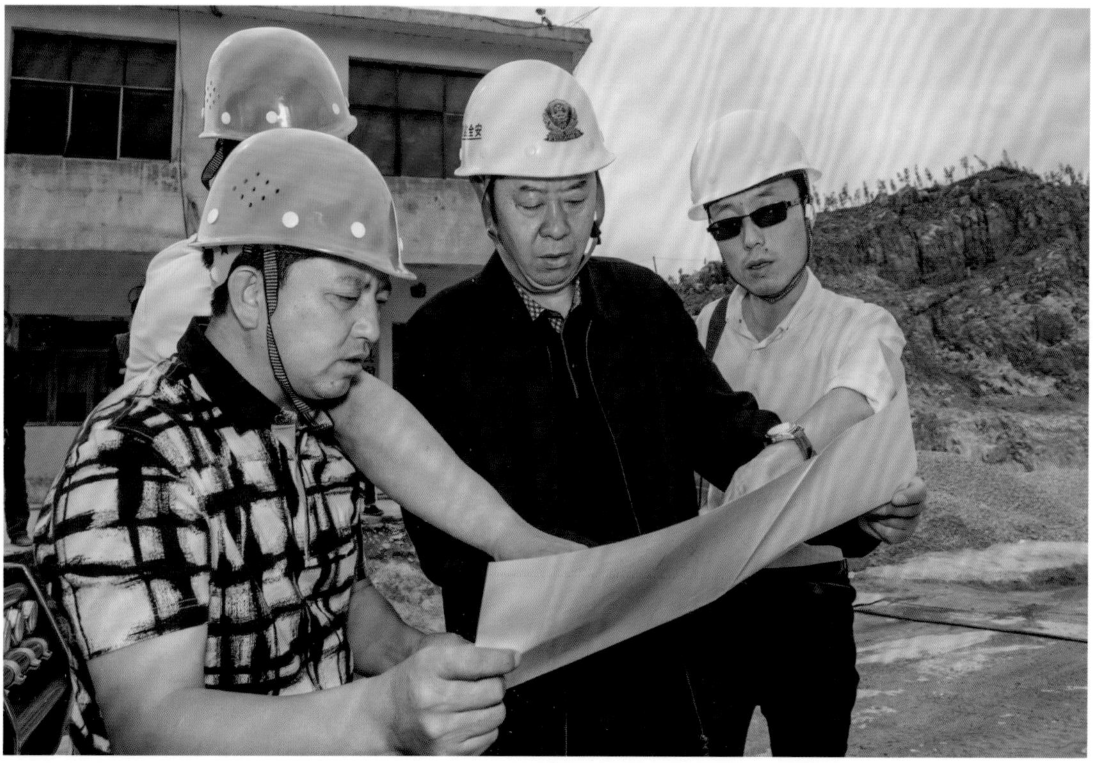

2015年5月，市政府正县级安全生产督查员、市安全监管局副局长范存文（中）在检查砂石厂安全工作 。

2008年4月，贵州省安全监管局党组副书记、副局长叶文邦（右二）在水城县滥坝双排铝业公司开展安全检查。

2015年10月10日，市安全监管局副局长王圣刚（左）冒雨开展化工企业专项督查。

2015年12月25日，市安全监管局副局长蒋弟明（左三）、副调研员韦兴国（左二）会同市交通运输局、市公安局交警支队在月照机场督查安全工作。

2016年1月，市纪委第四纪工委副书记、市监察局第四监察分局局长、市安全监管局党组成员、纪检组长李建辉（中），市安全监管局机关党委书记陈长虹（左一）走访慰问困难群众。

2014年4月，市安全监管局组织全局干部职工参观“三线建设”博物馆（前排左二起：夏国方、蔡军、穆江、徐应华、吴学刚、王圣刚）。

2016年6月5日，市安全监管局总工程师穆江（左三）在盘县调研化工企业信息化平台建设。

2016年2月1日，市安全执法监察局专职副局长吴学刚（左二）到水矿集团开展专项慰问帮扶及安全督查。副局长徐应华（右二）、李广生（左一），副总工程师任广向（右一）陪同。

2016年6月3日，市安全执法监察局副局长徐应华（中）在水矿股份公司大河边煤矿督导“安全生产月”工作。

2016年1月27日，市安全执法监察局副局长夏国方(中)在盘县开展春节和“两会”期间烟花爆竹安全专项督查。

2015年11月13日，市安全执法监察局副局长李广生参加水城县安全生产工作通报会。

2014年7月，副市长尹志华（左二）在检查市中心城区人员密集场所消防安全，市安全监管局副局长蒋弟明（右二）等陪同。

2008年7月，六盘水市在贵州省“除隐患迎奥运”知识竞赛上获两项奖项。图为市政府副县级安全生产督查员余洪盛（中）在领奖台上。

2008年11月，省安全监管局局长浦建江（中）一行在盘县检查煤矿安全工作。

2015年10月，副市长陈华（前排右二）在钟山区检查危化企业安全工作，市安全执法监察局副局长夏国方（左一）等陪同。

2012年，副市长尹志华（左二）在水城县督查煤矿生产安全，市政府副县级安全生产督查员夏国方（左一）等陪同。

2016年3月2日，市安全监管局局长李恒超（中）在水城县禹举明煤矿开展“四不两直”突击检查。

2014年9月，副市长陈华到“百千万”工程联系点水矿集团公司召开座谈会，市安全监管局局长蔡军，市安全执法监察局副局长李广生、钟山区副区长黎家良(左一)、水城县副县长贺小考等陪同。

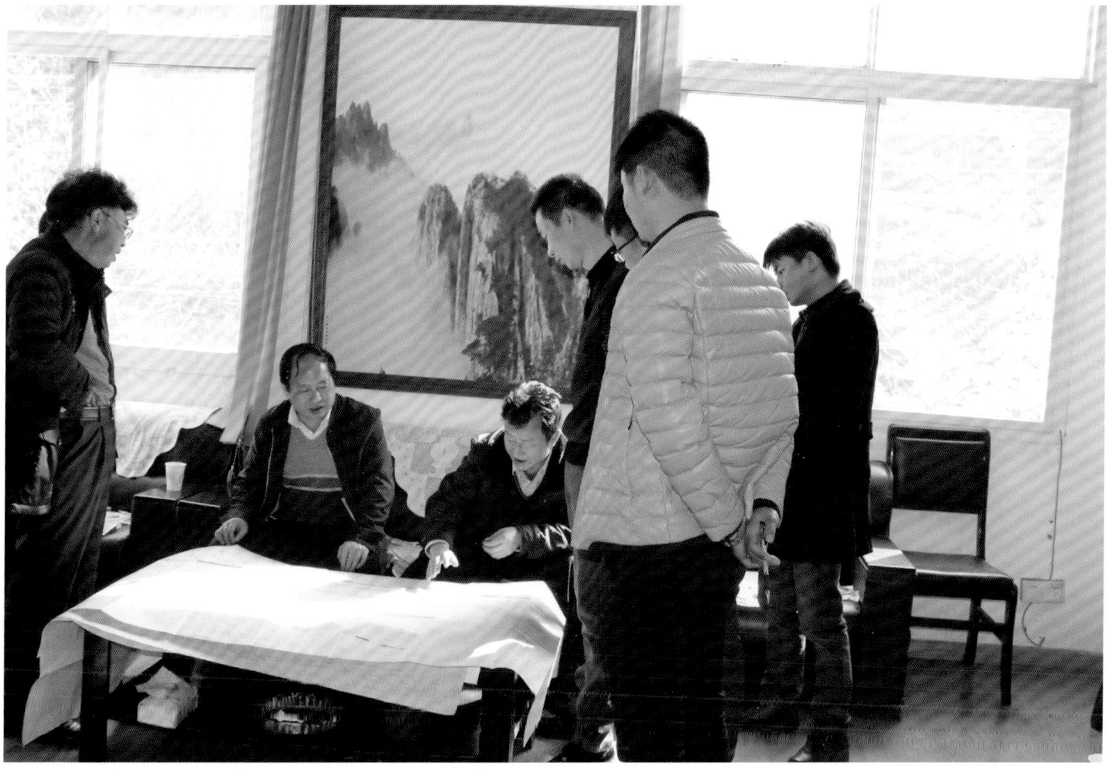

2016年1月，市安全监管局局长李恒超（左二）在六枝工矿化处煤炭分公司检查安全生产工作，六枝特区安全监管局局长吴江（左三）等陪同检查。

2009年1月，副市长陈少荣在一非法烟花爆竹制品公开销毁现场接受贵州电视台记者采访。

2015年11月13日，市安全监管局副局长范存文（右）在钟山区双嘎乡中箐村开展访贫工作。

2016年6月16日，市人民政府应急办专职副主任袁怀祥（右二）、市安委办主任李恒超（右三）、市安全监管局总工程师穆江（右一）在钟山大道开展全国第十五个“安全生产月”集中宣传咨询活动。

2016年6月13日，市安全监管局党组书记、局长李恒超（右中）在双嘎乡巾箐村开展“送党章、佩党徽、亮身份”暨上专题党课活动，局机关党委书记陈长虹（右一）、副调研员韦兴国（右三）等陪同。

2008年2月，国家安监总局副局长、国家煤监局局长赵铁锤（右二）在钟山区督查煤矿安全工作，市委常委、钟山区委书记牟海松（左三）及市安全监管局负责人等陪同。

2009年9月，省安全监管局副局长居荣（中）到六盘水市检查危化企业安全生产，市安全监管局夏国方（右二）等陪同。

2005年5月，全国人大常委会副委员长司马义·艾买提（中）在六盘水市调研。

2008年4月，国家安监总局副局长梁嘉琨（后排中）到六盘水市督导“百日攻坚”工作，市长何刚（右四）、副市长陈少荣（左四）、市安全监管局副局长范存文（左二）等陪同。

2016年7月，煤矿安监局副局长陈富庆(左三)、市安全监管局局长李恒超(左二)在钟山区水月园区检查安全工作，钟山区安全监管局局长储永祥（左一）等陪同。

2013年3月，副市长尹志华（右二），市安全监管局副局长吴学刚（左二）在盘县开展煤矿事故案例警示教育暨煤矿矿长“谈心对话”活动。

2014年1月，市安全监管局局长蔡军(左三)、市安全执法监察局副局长夏国方(左一)在六盘水市燃气总公司储备站督查安全生产工作。

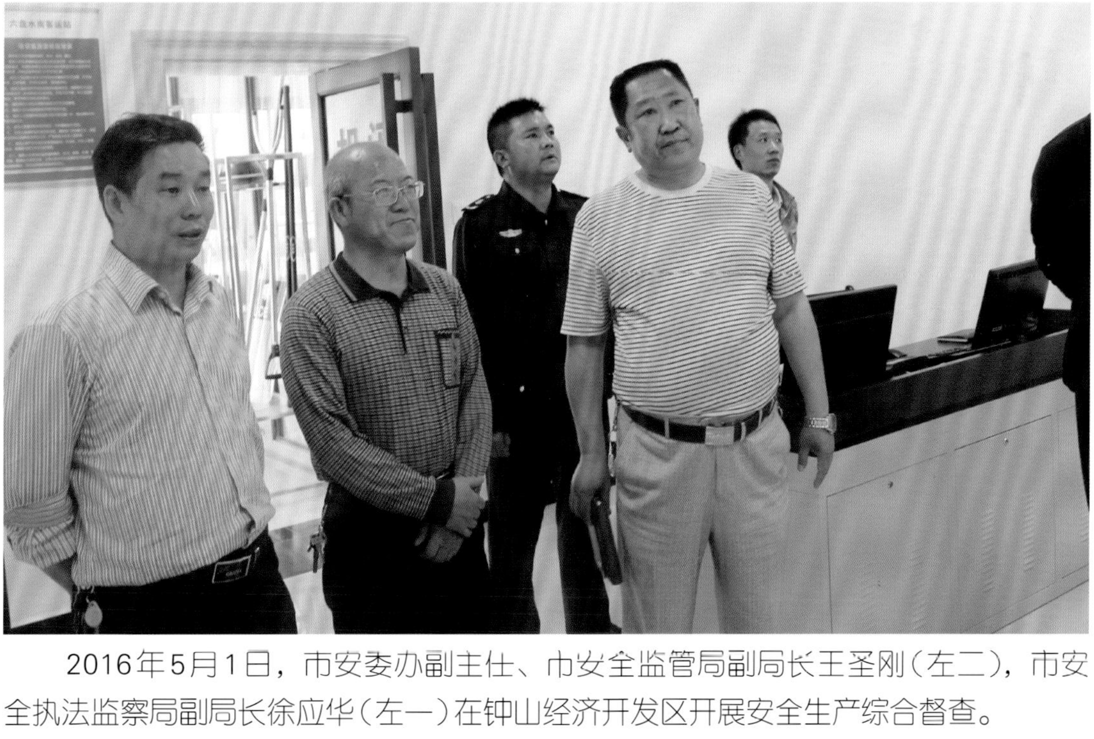

2016年5月1日，市安委办副主任、市安全监管局副局长王圣刚（左二），市安全执法监察局副局长徐应华（左一）在钟山经济开发区开展安全生产综合督查。

2012年12月，市安全监管局局长蔡军（中），副局长吴学刚（右三）、王圣刚（左三），市政府副县级安全生产督查员夏国方（左二）、市安全技术协会理事长张富书（右二），在全市煤矿矿长及总工程师安全培训班开班仪式上。

2016年8月落成并投入使用的六盘水市“安全云”应用中心。

盘县安全监管综合信息化平台。

2015年7月，副市长陈华，市安全监管局党组书记、局长李恒超，市政府正县级安全生产督查员、市安全监管局副局长范存文在全市安全生产工作会上。

2013年12月，市安全生产执法监察局（市煤矿安全生产监督管理局）举行挂牌仪式，局长蔡军（中）、副局长王圣刚（左二）、副局长蒋弟明（右一），市安全执法监察局专职副局长吴学刚（左一）等参加挂牌仪式，市政府办副县级干部肖明（中）主持会议。

2014年4月，市安全监管局副局长王圣刚（左二），市安全执法监察局副局长夏国方（右三），法规科科长、党支部书记陈长虹（右二）在垭口社区开展解民忧、办实事活动。

2015年12月，市安全监管局机关党委书记陈长虹（右二）慰问贫困农户。

2009年6月，市安全监管局部分领导在“安全生产月”宣传咨询日活动现场。

2009年6月，六盘水市举办第一届矿山救护大比武。

六枝特区安全监管局首任领导班子（左起：总工程师李清勇，副局长胡敏之，党组书记、局长陈乾炳，副局长李广生）。

充满活力的盘县安全监管局班子在召开局长办公会。

盘县安全监管局全局干部职工在建党95周年纪念活动日重温入党誓词。

水城县安全监管局领导班子（左起：副局长杨兆兴、彭赟，第四纪工委书记、纪检组长杨进，党组书记、局长李卫华，专职副局长刘万能，副局长陈振华、王节祥）。

钟山区安全监管局领导班子（左起：执法监察局副局长刘发俊，党组副书记、纪检组组长杨朝刚，党组书记、局长褚永祥，执法监察局专职副局长蔡劲松，副局长罗泳、张阳）。

钟山区安全监管局召开全局职工大会。

钟山经济开发区（红桥新区）安全监管局干部职工（中为局长程富刚）。

2005年，市安全监管局印发《校园安全知识手册》，深受中小学生欢迎。

2016年3月4日，市安委办副主任、市安全监管局副局长蒋弟明（右）牵头，在全国“两会”期间会同市道路运输局开展安全检查。

安全宣传进万家。

出行操练中的贵州邦达能源开发有限公司矿山救护队。

贵州盘江精煤公司大楼全景。

盘江煤电公司火铺矸石电厂。

盘南公司响水矿是首个由皮带走廊直接向坑口电厂输送燃煤的现代化大型煤矿。

盘江精煤公司采煤机检修车间。

盘江股份公司矿机公司矿修车间工人正在组装液压支架和采煤机。

水矿（集团）公司安全生产指挥中心。

水矿（集团）公司鑫晟煤化工。

整装待发的水钢消防应急救援演练队伍。

发耳电厂全景。

贵州安凯达新型建材有限责任公司。

坐落在群山中的六盘水市集工艺与管理现代化为一体的黔桂天能焦化公司。

黔桂天能焦化公司全貌。

贵州粤黔电力有限责任公司开展安全日活动。

贵州黔桂三合水泥有限责任公司。

贵州发耳煤业有限公司。

水城县攀枝花煤矿行政办公楼。

钟山区大湾煤矿。

花园式的水城县米箩煤矿。

序

六盘水市人民政府副市长　陈　华

习近平总书记指出："确保安全生产、维护社会稳定、保障人民群众安居乐业是各级党委和政府必须承担好的重要职责"。六盘水是能源富集、以煤建市、以煤兴市、品全质优的"江南煤都"，与煤炭资源开发利用和经济发展相伴生的一个重要难题，就是安全生产。安全生产是世界性的难题，也绝非中国所独有。安全生产作为一项重大的民生课题，一直成为全社会重点关注的问题。作为煤炭资源远景储量占贵州全省44.5%的六盘水，煤炭也是全市的主导产业。因此，安全生产也必定是六盘水市经济发展和社会和谐稳定的头等大事。

安全生产状况的好坏，从根本上体现了一个执政党的政策主张、执政水平、驾控能力和亲民程度，以及"两个主体责任"的真正落实、落地和生根。六盘水的安全生产工作和全国一样，自建国以来，始终紧随着党中央、国务院的步伐，坚定不移地一路走来；其中也走过一些曲折弯路，但更多的是取得过许多骄人的战绩和耀眼的亮点，涌现出无数可歌可泣的动人故事和风流人物。

岁月轮回，往事已矣！而时下有一件特别重要且需要我们抓紧去做的事，那就是编修一部能真实、客观记载几代六盘水人在安全生产的漫漫征程中一路走来的《六盘水市安全生产志》。这是一部充满心酸、曲折和艰辛历史的再现，也是320万六盘水人60余年来的成长史、奋斗史。要想使这样一部时空跨越几十上百年，管理方式从煤油灯时代的人背马驮到现如今的规模化、集约化、现代化、信息化、标准化的管理，以及强大、健全的管理机构、人员、装备时代，其编纂难度是相当巨大的！相信这部书的问世，将填补六盘水市地方志的一大空白，而成为我们六盘水人、特别是长期奋斗在安全生产战线上的广大党员、干部和职工群众的骄傲。通过她，您可以较为详细地了解到六盘水安全生产发展的过去、现在的政策历史、机构沿革、发展足迹、艰难历程，了解到老一辈六盘水人的智慧、拼搏和无私奉献精神，也更进一步地了解到现代安监人是如何发扬"五加二"和"白加黑"的精神、没日没夜，没有周末和节假日，长期穿梭于全市的乡村小道、地下漆黑的矿井、企业的生产车间和工房……

国有史，地有志，家有谱。《六盘水市安全生产志》在市安全监管局强力的主导下，经过蔡军、李恒超为班长的两届局党组及全局100余名干部职工的共同努力，在六盘水市各县、区政府及市直相关部门的大力支持、帮助下，以其丰富、详实、确凿可考的史料，为广大人民群众和社会有识之士理清了六盘水市安全生产发展的脉络，使其得知今日的安全生产之来之不易。同时，她也将会启发人们更加珍惜生命、关注安全，调动一切积极因素，大力发展社会生产力，举六盘水全社会之力，为建设更加完满美好的家园而努力奋斗。这，正是《六盘水市安全生产志》所要达到的目的。我相信，这个目的已经实现了！

评价六盘水市的安全生产工作，可以这样来概括：有快乐，也有眼泪；有成绩，也有不足；有压力，也有动力；有决心，更有信心。在我们所有的成绩单里，倾注的是无数终身致力和献身于六盘水市安全生产宏伟事业的一批又一批安全生产工作者的心血和汗水。是他们，始终坚守信念，坚守安全发展和科学发展，“底线”思维和红线意识，将毕生的精力献给了六盘水的安全生产事业，黑发变成了白发，白发又引领着又一批黑发，一代又一代地传承着……

面对未来，六盘水市安全生产事业是机遇与挑战同在，困难和信心并存。六盘水市的很多行业已经拥有了较为现代化的安全生产设施和条件，也拥有一支充满生机活力、结构合理、才华横溢、热心安全生产事业且终身为之奋斗的强大安全监管队伍。只要我们人人都能从自己做起，全社会主动参与，建言献策，我们完全相信，六盘水市安全生产的明天，必定会更加美好和辉煌！

让我们把纪律规矩挺在前面，用忠诚播撒希望，用担当浇灌明天，共同为六盘水市安全生产事业齐心协力贡献力量吧！

《六盘水市安全生产志》在市委、市政府的大力支持和关怀下，经过近两年准备、筹划、调研、走访和编撰，全书共分12章，50余万字，现成书付梓。这是全市值得庆祝的一件大喜事。作为六盘水的一个普通公民，对于生育、培养我成长的这片故乡热土，我将用我最真挚的感情，衷心祝愿她一切安好，昌盛繁荣……

在此，我怀揣着这份无比兴奋、喜悦和激动万分的心情，挥笔写下以上这些话，也就算是为《六盘水市安全生产志》作个序吧！

2016年10月

凡 例

一、本志主要记述2004至2014年内容，大事记及部分内容上限因事溯源，下限截至2015年底。

二、本志遵循地方志体例和行文风格，采用章节体排列。先总体概括，后归类分述为章；大事设章，小事分节；横排门类，纵写史实，以时间为经，以事件为纬。根据内容和形式的要求，分别采用图、照、序、述、记、志、表、录等体裁，以志为主体，分设十二章，按机构、管理、规划等顺序排列。每章内一般设节、目两个层次。图表录分附其中，后列大事记。志前有序、凡例，志后附编后记。

三、大事记以编年体为主，辅以纪事本末体，按时序纵述大事、要事、新事。大事记记述同日事件用“△”符号另行起头；同月事件直书月份；同年事件用“是年”表述。

四、本志采用第三人称记述。所有名称在第一次出现时均用全称，首次使用简称加括注。

五、本志数字用法，按2011年公布的出版物上数字用法执行。

六、数据。凡列入国家统计范围的数字，使用统计部门的数字；统计部门缺失的，采用历史文献所载数据，或有关单位调查核实的数字；其他数据，多为六盘水市安全监管局多年来在工作中如实记载的准确数据。

七、本志采用规范的语体文、记述体。

八、本志以唯物辩证法和唯物史观为指导，遵循编志修史的原则和惯例，以尊重事实和资料为依据，去粗取精，去伪存真；由远及近，详近略远；实事求是，秉笔直书。力求资料真实全面，思想严肃高尚，内容形式客观科学，经得起时间和后世的检验；力求还原历史的本来面目，突出安全发展特色，体现科学发展和谐发展的时代精神；力求达到“存史、资治、育人”和推动安全生产向更高层次发展的目的。

九、本志资料主要来源于六盘水市安全生产监督管理局档案室和各相关科室，资料数据不全面的，则截取一年或一个时间段，数据不很精确的以概数记述。

目　录

概　述………………………………………………………………（1）

大 事 记……………………………………………………………（9）

第一章　安全管理机构………………………………………………（42）

第一节　机构沿革……………………………………………………（42）

第二节　县乡机构……………………………………………………（56）

第三节　职　责……………………………………………………（93）

第四节　队伍建设……………………………………………………（115）

第二章　管　理…………………………………………………………（117）

第一节　制度建设……………………………………………………（117）

第二节　重大危险源…………………………………………………（126）

第三节　安全技术改造………………………………………………（129）

第四节　经费保障……………………………………………………（170）

第五节　荣　誉……………………………………………………（170）

第三章　安全发展规划…………………………………………………（174）

第一节　“十一五”规划……………………………………………（174）

第二节　“十二五”规划……………………………………………（192）

第三节　“十三五”规划……………………………………………（218）

第四章　煤　矿…………………………………………………………（246）

第一节　煤炭资源……………………………………………………（246）

第二节　矿区建设……………………………………………………………（252）
第三节　开采历程……………………………………………………………（267）
第四节　国有煤矿……………………………………………………………（271）
第五节　地方煤矿……………………………………………………………（275）
第六节　安全管理……………………………………………………………（289）
第七节　灾害防治……………………………………………………………（298）
第八节　煤矿事故……………………………………………………………（308）

第五章　交通运输……………………………………………………………（316）
第一节　公　路……………………………………………………………（316）
第二节　铁路……………………………………………………………（324）
第三节　民　航……………………………………………………………（329）
第四节　水　运……………………………………………………………（331）

第六章　非煤矿矿山……………………………………………………………（332）
第一节　概　况……………………………………………………………（332）
第二节　重点工作回顾……………………………………………………………（335）
第三节　行政许可……………………………………………………………（347）
第四节　专项整治……………………………………………………………（350）
第五节　安全标准化……………………………………………………………（357）

第七章　危险化学品和烟花爆竹……………………………………………………………（360）
第一节　概　况……………………………………………………………（360）
第二节　安全监管……………………………………………………………（364）
第三节　油气化管道……………………………………………………………（380）
第四节　法律法规……………………………………………………………（382）
第五节　安全标准化……………………………………………………………（384）

第八章　冶金工贸等八大行业……………………………………………………………（385）
第一节　概　况……………………………………………………………（385）
第二节　安全管理……………………………………………………………（388）
第三节　安全标准化……………………………………………………………（394）

第九章　职业健康……（402）
第一节　发展历程……（402）
第二节　普查登记……（404）
第三节　专项治理……（406）
第四节　安全标准化……（407）

第十章　其他重点行业……（409）
第一节　社会消防……（409）
第二节　建筑施工……（417）
第三节　教育（校园安全）……（418）
第四节　生态旅游……（421）
第五节　特种设备……（424）
第六节　供　电……（427）
第七节　食品药品……（435）
第八节　民爆物品……（438）
第九节　水利水电……（442）
第十节　森林防火……（446）
第十一节　气象及自然灾害……（451）
第十二节　农业机械……（461）
第十三节　社区文化……（461）
第十四节　矿产资源……（463）

第十一章　安全文化……（465）
第一节　载体与文化创建……（465）
第二节　“安全生产月”活动……（470）
第三节　“安康杯”竞赛……（472）
第四节　教育培训……（474）

第十二章　事故与应急救援……（478）
第一节　应急机构……（478）
第二节　信息调度平台……（479）
第三节　应急管理……（482）

第四节　事故处理……（491）

附　录……（495）
六盘水市安全监管局安全生产阳光执法检查工作制度（试行）……（495）
六盘水市安全监管局阳光行政处罚案件审核委员会工作制度……（498）
六盘水市安全监管局阳光行政审批运行工作制度（试行）……（502）
六盘水市煤矿驻矿安监员工作守则……（509）
六盘水市煤矿驻矿安监员履职尽责十项基本要求……（513）
驻矿安监员履职尽责十项工作日志……（516）
六盘水市煤矿包保领导工作要求……（517）
六盘水市煤矿驻矿安监员激励考核试行办法……（519）

表格索引……（522）

主要参考文献……（525）

编　后　记……（526）

概 述

一

“无危为安，无损为全”。安全问题在人类社会的生产过程中，是将系统的运行状态对人类的生命、财产、环境可能产生的损害控制在人类所能接受水平以下的状态。安全生产关系广大人民群众生命财产安全，事关改革开放、经济发展和社会稳定大局，是人类生产活动不可分离的亘古话题。社会不断进步、经济高速发展，安全生产已经向“以人为本、安全发展”的更高层次迈进。而成长于“三线建设”时期的中国凉都——六盘水，在60多年的漫长蜕变中，全市的安全生产工作经历了艰辛、曲折、不平凡的发展历程。

六盘水市位于贵州省西部，地处川、滇、黔、桂四省结合部，东邻安顺市，南连黔西南布依族苗族自治州，西接云南省曲靖市，北毗毕节市。地理位置在北纬25°19′—26°55′，东经104°18′—105°43′之间；气候主要为亚热带高原性季风气候，冬无严寒、夏无酷暑，年平均气温12.3℃—15.2℃，素有“中国凉都”之美誉；市辖六枝特区、盘县、水城县、钟山区4个县级行政区和5个省级经济开发区；市域总面积9956平方公里，总人口约320万。

六盘水市矿产资源丰富，主要有煤、铁、铅、锌、铜、石灰石、重晶石、大理石、萤石、冰洲石、石膏等30多种。其中煤炭资源得天独厚，分布广、储量大、种类全、埋藏浅，被誉为“江南煤都”，全市累计煤炭远景储量844亿吨，探明储量180亿吨，为贵州之首，是全国13个大型煤炭基地——云贵基地的核心区和煤炭龙头企业的云集地；也是贵州乃至江南地区重要的以煤炭、钢铁、电力、建材、机械制造等能源原材料为主要产业的新兴工业城市和“西电东送”的主战场。

明清时期，六盘水市境的矿产资源就已得到初步开发。明嘉靖三十年（1551年）重修刊行的《普安州志》即有“窗映松脂火、炉飞石炭煤”的记载。明朝后期，水城的铅锌矿采冶业兴起。清雍正十一年（1733年），水城因此而设厅。此后，水城厅福集厂所炼粗锌用作国家铸造钱币的原料，每年拨运毕节40万斤，奉旨拨运京城150万斤。清光绪二十年（1894年），郎岱厅凉水井煤矿占地10亩，有采矿工人30余人。民国29年（1940年），盘县每月产煤250公吨。民国18年（1929年），水城、郎岱分别组建观音山、青山铁矿。解放前夕，郎岱黑那拱铁矿年产生铁5万公斤。自采矿业兴起，六盘水矿产资源的开发一直沿用镐、锤、钻、手拉风箱等传统工具，运输仍停留在人背马驮的状况。这种开发方式只能划归手工业的范畴，在市境郎岱、盘县、水城三县产业结构中，充其量不过是农业的附庸和补充。三县生产的原煤产量到1953年时，仅达到3万吨。

二

1964年5月，党中央作出“调整一线、建设三线”的战略决策，六盘水以其区位及煤炭资源富集的优势，特别是其中优质冶金炼焦煤的巨额储量，在西昌会议上被国家确定为西南“三线建设”的主要煤炭基地。1965年1月，西南煤矿建设指挥部在六枝成立。随即，六盘水大规模的煤矿建设拉开序幕，迎来了以铁路为先导，以煤、钢、电、材等基础工业为重点的具有历史性、跨越性的大开发。

1970年12月2日，根据国务院、中央军委《关于六盘水地区体制问题的批复》，同意对六盘水地区的体制进行调整：建立六盘水地区，为地区一级的政府机关，辖六枝、盘县、水城三个特区；撤销原西南煤矿建设指挥部，六枝、盘县、水城的三个矿务局，分别接受所在特区的领导。

20世纪70年代后期，六盘水以煤炭、钢铁、电力、建材四大工业为支柱的产业体系和铁路网络、公路网络初步形成，并带动地方化工、小水电、农机、造纸、食品等小型工业迅速发展。全市产业结构发生巨大变化，据统计，1978年六盘水地区一、二、三产业结构由1964年73.40：10.02：16.58变为33.9：42.4：23.7，二次产业的比例明显超过一次产业，建市条件日臻成熟。1978年12月18日，国务院批复将六盘水地区改为六盘水市。至此，一座中国经济战略布局中占据一席之地的新兴工业城市在中共十一届三中全会开幕的当天诞生了。

三

六盘水市所辖地域原先分属于三个不同地区的边远落后农业县，经过“三线建设”的契机整合，从三个矿区到三个特区，从西南煤矿指挥部到六盘水地区，再到六盘水市，前后历时14年。解放以前，在这片土地上的安全生产工作和全国大多数城市一样，基本上是处于松散、自由甚至是空白状态，政府没有专门的安全生产管理部门及机构。

在1964年的“三线建设”以后，一些企业才陆续设立劳动保护部门，相当于现代企业内部的安全管理机构。随着经济社会的发展和生产安全事故的时有发生，自20世纪80年代初期起，市、特区两级政府相继设立安全生产管理部门，初步构建了六盘水市地方政府安全生产管理机构的雏形。尔后的20多年里，市、县（特区、区）、乡（镇、街道办事处）政府则多以安委会办公室的形式，实施辖区内各生产经营单位的安全生产监管。

2002年11月1日，国家出台《中华人民共和国安全生产法》以及《国务院关于进一步加强安全生产工作的决定》，市、县(特区、区)政府根据国家有关安全生产法律法规和自身安全生产工作之需，相继组建安全生产监督管理局。2004年6月22日，六盘水市在市安全生产委员会办公室和市经信委两个安全科室(职业安全监察科、矿山安全监察科)的基础上，组建成立了六盘水市安全生产监督管理局，为市政府委托行使安全监管职能的直属事业局。全市的安全生产工作进入新的历史发展时期。

2014年，六盘水市安全生产监督管理局成立10周年。十年历程，筚路蓝缕。随着国家一系列安全生产法律法规、方针政策、标准规范的相继出台和不断完善，各级党委政府对安全生产工作日趋重视，六盘水市(包括各县、特区、区)安全监管队伍也日益壮大，执法手段与执法力度不断加强，安全生产工作日益引起全社会的普遍关注，已初步形成了“政府统一领导、部门依法监管、企业全面负责、群众参与监督、全社会广泛支持”的安全生产良好的工作格局。

四

安全，是人类演化的生命线；安全生产，是最大的民生保障。一直以来，六盘水市委、市政府坚持经济社会发展与安全生产同频共振，奏响了一曲曲安全发展的和谐乐章。

历届市委、市政府主要领导高度重视安全生产工作，六盘水市的安全发展离不开他们为安全生产工作亲力亲为、身先士卒的点点滴滴。2005年3月2日，市委市政府召开全市煤炭企业安全生产培训会暨安全生产工作会议，市委书记辛维光、市长刘一民在大会上与600余名煤矿业主对话交流；2006年12月15日，市政府召开第63次常务会议，审查通过了《六盘水市十一五安全生产规划》《六盘水市危险化学品事故应急救援预案》《六盘水市矿山企业事故应急救援预案》和《六盘水市安全生产奖惩办法》；2007年3月7日，全市第三次煤矿业主对话会召开，市委书记辛维光、市长刘一民出席会议；2007年11月15日，五届市委第25次常委会决定，在全市范围内开展“百日安全督查行动”；2008年8月27日，市委书记刘一民、代市长何刚主持召开全市执纪执法工作会，要求加大安全生产执法及行政处罚力度；2009年3月18日，市委书记刘一民，市委常委、副市长徐毓贤，到水矿集团鑫晟煤化工、六盘水双元铝业公司、水城县陈家沟煤矿检查调研；2010年7月11日，市委组织部、市安委办、市安全监管局组织的《国务院进一步加强安全生产工作的通知》学习培训班开班，市长何刚出席开班典礼；2011年5月13日，全市煤矿业主大会在盘县召开，市委书记刘一民、市长何刚出席会议并讲话；2013年3月23日，市委副书记、代理市长周荣到各县、区调研安全生产工作；2014年1月28日，市委书记李再勇，市长周荣，市人大主任黄金，市委常委、市委秘书长张志祥，市政协副主席田满华等领导，到市安全监管局慰问、指导工作；2015年1月23日，全市煤矿安全教育实践活动动员、部署视频会议在市政府会议中心召开，市长周荣亲临会议并作重要讲话；在2015年4月16日市委专题听取安全生产工作汇报的第156次常委会上，市委书记李再勇、市长周荣强调“安全生产工作责任落实要坚持两手抓，即一手抓严查严管，对隐患的排查治理、跟踪销号，确保整改到位；一手抓指导帮助。”

2004至2014年，在市委、市政府的坚强领导下，六盘水市的安全生产工作坚持科学发展观统领安全发展，深入贯彻国家安全生产有关方针政策，采取了一系列强有力的政策措施，安全生产条件逐步改善，安全生产总体水平不断提高，事故总量和死亡人数持续实现“双下降”，安全生产状况明显好转。2004年，全市共发生各类事故639起，死亡296人；2005年，全市共发生各类事故667起，死亡300人；2010年，全市共发生各类事故245起，死亡196人；2014年，全市共发生各类事故107起，死亡92人。2014年创六盘水市历史上年事故死亡人数首次下降到100人以下的纪录。

五

六盘水市的安全生产工作按照“党政同责、齐抓共管、一岗双责”的要求，坚持“科学发展、安全发展、以人为本”理念，明确责任，依法整治，科学防范，居安思危，创新机制，实现了安全事故的可防可控，使六盘水市安全生产工作成为有本之木、有源之水。

安全生产责任体系不断完善。持续深入推进“党政同责、一岗双责、齐抓共管”、“三个必须”、“五级五覆盖”和“五落实五到位”安全生产责任体系建设，逐步理顺安委会成员单位职责，规范安全生产考核问责机制，严肃事故查处和责任追究。截至2015年，全市109个乡镇和有工矿企业的826个行政村在全省率先构建完善“五级五覆盖”责任体系。历年年初，市安委会将安全生产责任层层细化分解到各县（区、特区）、安委会成员单位和重点企业，层层签订安全生产目标管理考核责任状；通过政府与政府、政府与部门、部门与企业、部门与下属部门、部门与个人、企业与班组、班组与个人等多层面签订《安全生产责任状》，年终兑现奖惩，全面形成了“横向到边、纵向到底”的完善的安全生产责任体系。

安全生产执法机制不断规范。自六盘水市安全生产监督管理局成立以来，2004年至2014年，经过10多年的不断探索和努力，通过试行、修改和完善安全生产综合监管执法体制与机制，建立起了一整套安全管理制度。自2008年开始，通过“凉都安全网”、《安全凉都》杂志、信息公告栏、电子信息屏等政务公开栏、财务公开栏、党务公开栏进行政务公开；2008年至2015年，总计公开行政法律法规及部门规章56项，主动公开安全生产信息6020条；为充分发挥安全生产委员会研究、部署、指导、协调全市安全生产工作的效能作用，2010年12月6日，市政府印发《六盘水市安全生产委员会议事规则》。2013年，为强化国有煤矿主体责任和属地监管责任，出台了《六盘水市国有煤矿企业安全生产监督管理暂行办法》，建立起较为完善的国有煤矿“双包保”、“双挂钩”制度。同时，全市印发《六盘水市煤矿包保领导工作要求》《六盘水市驻矿安监员激励考核试行办法》《六盘水市煤矿驻矿安监员履职尽责十项基本要求》《煤矿驻矿安监员履职尽责十项工作日志》等一系列管理文件，进一步明确了县乡包保领导、公司包保领导和驻矿安监员职责，切实加强安监队伍建设，着力构建“点、线、面”相结合的网络化监管防线。2014年，按“五个全覆盖”（即“党政同责”全覆盖、“一岗双责”全覆盖、“三个必须”全覆盖、政府主要负责人担任安委会主任全覆盖、各级安监部门向同级组织部门通报安全生产情况全覆盖）和“三个必须”（管行业必须管安全、管业务必须管安全、管生产经营必须管安全）要求，各级党委、政府把安全生产“一岗双责”纳入领导职责分工的内容，党委政府一把手与班子成员签订“一岗双责”责任书，地方政府属地管理、安全监管部门综合监管、行业主管部门直接监管、生产经营单位履行主体责任的“四位一体”安全生产责任体系逐步构建完成，“党政同责、一岗双责、齐抓共管”的安全生产工作格局基本形成。

六

安全基础决定安全生产的整体状态。六盘水市安全生产工作长期致力于把夯实安全基础工作作为改善安全生产状况的重要措施，强化安全生产源头管理，着力解决涉及安全生产的根本性、普遍性、长期性问题，为实现全市安全生产形势根本性好转打下了坚实的基础。

安全监管机构不断健全。2004年7月1日，六盘水市安全生产监督管理局挂牌成立；2005年2月，市安全监管局调整为市政府直属机构；2010年5月28日，市安全生产执法支队组建，为财政全额预算管理的正科级事业单位，隶属市安全监管局；2011年10月27日，市煤矿安全生产监督管理局成立，在市安全监管局挂牌，与市安全监管局实行两块牌子、一套人员管理；2011年12月15日，市安全生产执法支队更名为市安全生产执法监察支队；成立市煤矿安全生产执法监察支队，与市安全生产执法监察支队实行两块牌子、一套人员；2012年，经市政府同意，在有安全监管职责的市直行业主管部门中设立20个“行安办”，在市安委办指导下负责本行业、本系统的日常安全生产工作；2013年4月16日，市安全生产执法监察局（市煤矿安全生产监督管理局）成立，隶属于市安全监管局。县乡两级安全监管机构的设立与市同步进行。至此，六盘水市的安全监管工作已形成市、县、乡三级条块纵横交织的综合监管网络体系。

安全监管队伍不断壮大。市、县（区）政府中有安全监管职责的行业主管部门，都设有专（兼）职的安全管理机构，并配备专门人员。2005年，市安全监管局在编在岗职工34人，到2014年发展到102人；县（区）安全监管部门仅在2014年时，采用招考、选调、引进等方式，增加驻矿安监员161名，实现对正常生产建设矿井驻矿安监员每矿按2名进行配备的关口前移。截至2015年，全市安监系统有在职职工1356人。其中：六枝特区、盘县、水城县、钟山区、红桥新区安全监管局人数分别为176人、303人、263人、133人、4人；全市有煤矿驻矿安监员375人。

安全生产，教育先行。安全教育培训，是搞好安全生产的最为重要的基础性工作。六盘水市的安全技术培训，主要分几块：一是由市级安全监管部门组织的针对企业主要负责人、安全管理人员、特种作业人员以及安全监管系统内部执法人员的培(复)训；二是行业组织的培训，如供电、建筑施工、水利水电、社会消防、特种设备、森林防火、旅游、汽车驾驶等；三是企业内部从业人员的培训，包括"三级教育培训"等；四是具有资质的专门学校组织的各类培训。至2014年底，六盘水市安全生产技术培训中心已能同时容纳300人学习、120人住宿、200人就餐。中心拥有40台电脑教室一间、80人多媒体教室一间、40人普通教室一间，同时拥有电工、焊工实习场所，年培训规模可达8000至10000人次。2005年至2014年，培训人数达46356人次。据不完全统计，六盘水市2004至2014年以来，企业自行组织的对从业人员的自我培训已达69249人次。

七

安而不忘危，治而不忘乱。

隐患排查治理是预防和减少事故发生的有效手段。一直以来，六盘水市始终坚持以安全隐患"大排查、大整治、大防范"和"打非治违"专项行动为抓手，始终保持高压态势，从严整治安全隐患，严厉打击各类非法违法行为，不断深化隐患排查治理工作，并形成制度化、常态化，积极推进、持续发力，有力地促进了全市整体安全水平的快速提升。

坚持"打非治违"不间断。六盘水市按照机构不撤、人员不减的要求，坚持属地为主与行业督导相结合、企业自查自纠与政府督查相结合、全面排查与重点整治相结合、监督检查与联合执法相结合的原则，着力推进"打非治违"法制化、规范化、常态化。

坚持重点时段管控不间断。六盘水市安全系统突出对重要时段、重要节点、重大节日、重大活动期间的安全检查，采取针对性的专项督导，严格落实24小时应急值守。多年来，全市安监系统坚持节假日不放假不休息，全部坚守岗位，确保了历年"两会"、"五一"、国庆、春节等重点时段安全生产形势的稳定。

坚持暗访暗查不间断。六盘水市安全系统突出对夜间、周末等安全薄弱时段及事故发生率较高的煤矿"四点班""零点班"的检查。采取不发通知、不打招呼、不听汇报、不用陪同和接待、直插基层、直奔现场，深入生产经营单位、生产一线、基层政府进行重点抽查、暗访暗查、突击检查等方式，形成执法检查机制的常态化。2006至2015年间，六盘水市各级安全监管部门共开展执法检查175177次，查处隐患702387条。

八

改革创新，是六盘水市安全生产工作的浓重一笔，也是全市安全监管工作大踏步推进的关键之招。在巩固中求发展，在发展中求创新，在创新中求跨越。近年来，全市上下以更大的勇气推进改革创新，以更加开阔的思路谋划安全发展，为确保全市安全生产工作始终稳定向好提供了强大动力。

安全生产信息化水平不断提升。市、县财政共投资3757万元，建成市、县安全监管系统安全生产信息化管理平台，全面实现远程监控、移动指挥、数据传输、信息共享、分级报警响应和分类处置功能。全市209处正常生产建设煤矿、30家非煤等行业企业、10余处危险化学品生产储存场所全部实现企业、县（区）、市级信息化平台联网运行。全市正常生产建设煤矿井下安装视频监控818路，对煤矿井下采掘工作面等重要作业场地实现了全程监控。同时结合六盘水安全生产实际，开发应用了隐患排查治理系统、驻矿安监员日志系统、煤矿矿长带班下井日志系统和采掘工程管理系统，大大提高政府监管能力和企业安全管理水平。

重点领域安全保障能力不断加强。（一）煤矿：2013年全面推进的“厂市共建”和“大矿帮小矿”制度，使27个国有煤矿与68个地方煤矿建立起坚实的“结对帮扶”关系，充分依托国有煤矿人才、技术、管理等优势，较好地促进了六盘水市地方煤矿安全管理水平的大幅度提升。2014年，突出以煤矿安全生产“八个百分百”“1077”治本攻坚措施为抓手，建立完善煤矿安全监管体系，推动全市安全生产监管体系系统化、法制化、标准化建设。截至2015年，全市共有煤矿252个（生产及试运转矿井188个，建设矿井64个），所有矿井全部达到二级及以上安全质量标准化水平，其中40个矿井达到一级安全质量标准化；70个矿井实现机械化采煤，139个矿井实现机械化掘进；建成“六化”示范矿井40处。（二）非煤矿山：大力推广机械化铲装、机械化二次破碎、中深孔爆破等技术运用，全市非煤露天矿山中深孔爆破技术使用达63%，机械化铲装水平达到90%，机械化二次破碎达到88%，防尘除尘设施设备使用达92%，企业安全生产基础管理水平进一步提升。（三）危险化学品及烟花爆竹：2013年，出台了《六盘水市化工企业十个百分百》和《六盘水市烟花爆竹生产经营单位十个百分百》，有效规范和指导企业安全管理水平。同时大力推进自动化生产工艺改造和重大危险监测监控，全市危险化学品重大危险源共有12处，其中8处生产企业全部安设了DCS控制系统及调度室、厂区内全部实现现场视频监控；全市烟花爆竹生产企业3家全部完成了机械化改造，实现机械化混药装药，全程视频监控，人药分离，实现无药插引、机械插引。（四）道路交通：全市县（区）建成省、部级“平安畅通县区”；公安系统“天网工程”共投资7000多万，建成市县中心城区交通智能监控和指挥调度系统，完善信号控制系统27个，全市危险路段的整治率达到75%，现场执法处罚率达到90%以上。

安全生产是幸福生活的起码要求，是小康社会的应有之意。“思多久方为远见，行多久方为执著。”在中华民族为实现伟大复兴的中国梦而奋斗的今天，人们追求幸福的脚步不会停歇，“科学发展、安全发展”的步伐同样不会停歇。忆往昔，成长于“三线建设”时期的六盘水，依靠“江南煤都”得天独厚的煤炭资源优势，打造了“十里钢城”的美誉；看今朝，风行天下的“中国凉都”六盘水，将一如既往地坚守发展、生态、安全“三条底线”，奋力开启安全生产创新、协调、绿色、开放、共享新征程，只为生产更加安全，社会更加稳定，人民更加幸福，只为凉都大地上的生命之树常青！

大 事 记

（2001—2015）

2001年

3月11日 水城矿务局汪家寨煤矿发生瓦斯事故，死亡16人、伤8人。

9月6日 六枝特区新窑乡鸭塘村一采石场发生山体滑坡事故，死亡15人、伤2人。副市长、市安委会主任叶文邦，事故调查组组长、省经贸委安全生产局局长宋和平等领导迅速赶赴现场指挥抢险救援，开展事故调查。

10月27日 全省关闭整顿小煤矿和煤矿安全生产工作现场会在六盘水市召开。国家安全监管局、国家煤矿安监局总调度室主任金克宁，市委书记林明达、副市长叶文邦，省煤炭局、省总工会、省经贸委等单位领导参加会议。

2002年

2月5日 国务院安委办副主任、国家安全监管局（国家煤矿安监局）副局长闪淳昌到盘江煤电（集团）公司督查。副市长叶文邦陪同。

5月11日 省长石秀诗到钟山区钟山四矿调研安全生产情况。

6月7日 钟山区大湾镇一无证小煤窑因非法挖采煤炭引发瓦斯爆炸，死亡7人、伤6人。

6月13日 盘江煤电（集团）公司获中华全国总工会、国家安全监管局主办的“安康杯”竞赛“优胜企业奖”。

6月22日 副市长叶文邦主持召开全市取缔无证煤矿专题工作大会。

6月23日 盘县柏果镇法立村一无证煤窑发生瓦斯爆炸，死亡5人、伤4人。

7月22日 贵州省第一家煤矿安全技术培训中心在六枝特区挂牌成立。

8月1日 市委书记林明达、市人大常委会副主任金成良、副市长伍祥华等在盘县银河、雄兴、小河头等煤矿调研。

8月10日 市中心区南门停车场开往水城县蟠龙乡的一辆中巴车，因车顶违规装载带电设施，被雨淋湿后爆炸起火，造成车内19人（含驾驶员）烧伤，车辆损毁严重。

8月15日 盘县忠义乡刘坪线57公里处发生山体滑坡，死亡4人、伤4人。

8月18日 六枝特区中寨乡捞河焦化厂发生炸药爆炸事故，死亡10人、伤7人。

2003年

2月24日 水城矿业（集团）公司木冲沟煤矿发生瓦斯爆炸事故，死亡39人、伤18人。

4月16日 六枝特区穿洞煤矿发生瓦斯爆炸事故，死亡10人、伤16人。

7月22日 六枝特区中寨乡弯田煤矿发生瓦斯爆炸事故，死亡6人、伤2人。

10月1日 市委书记辛维光，市长廖少华，市委常委、市委秘书长李彦芳到钟山区、水城县慰问煤矿企业。

11月12日 市机构编制委员会下发《关于六盘水市安全生产委员会办公室挂六盘水市安全生产监督管理局牌子的通知》，同意六盘水市安全生产委员会办公室挂六盘水市安全生产监督管理局牌子。

2004年

2月11日 钟山区尹家地煤矿发生瓦斯爆炸事故，死亡25人、伤9人。

6月9日 六枝特区落别永六煤矿发生瓦斯爆炸事故，死亡10人。

6月18日 市委常委会决定：组建市安全监管局党组；任命周文武为党组书记，张富书、吴学刚、王圣刚为党组成员。

6月30日 周文武任市安全监管局局长，张富书任副局长，吴学刚任副局长兼总工程师，王圣刚任副局长（试用期一年）。

7月1日 市安全监管局正式挂牌成立。

7月17日 根据市机构改革方案，原市经贸委职业安全监察科、矿山安全监察科夏国方、刘忠明等5人成建制划转至市安全监管局。

9月29日 市安委办主任何成远，改任市政府正县级安全生产督查员；市城管局副局长杨林、市文化局副局长余洪盛、市煤炭局纪检组长韦正洪，改任市政府副县级安全生产督查员。

11月1日 市安全生产技术协会成立。会议选举副市长杨明达，水城矿业（集团）公司副总经理、高级工程师陈少荣为名誉理事长；何成远为理事长；王圣刚、韦正洪、王希德为副理事长；夏国方为秘书长。

△ 市安全生产技术培训中心成立。

11月2日 钟山区第一小学发生在校学生踩踏事故，死亡1人。

12月1日 盘县淤泥乡说么备煤矿发生瓦斯爆炸，死亡16人。

12月3日 受省委省政府委托，省委副书记、纪委书记曹洪兴到盘县组织调查“12·1”瓦斯爆炸事故。

2005年

1月21日 水城县营盘乡发生摩托车交通事故，死亡4人。

2月23日 盘县羊场乡203县道发生交通事故，死亡8人、伤12人。

3月2日　市委市政府召开全市煤矿企业培训暨安全生产工作会议，市委书记辛维光、市长刘一民与600余名煤矿业主对话交流。此为六盘水建市以来规模最大，专门针对煤矿企业法定代表人的第一次安全培训。

3月21日　盘县响水电厂发生交通事故，死亡4人、伤16人。

4月4日　水钢二号高炉在大修时发生坍塌事故，死亡8人、伤10人。

4月6日　美国友升集团考察团到六盘水市，考察煤矿安全远程监控系统项目。

5月11至13日　全国人大常委会副委员长司马义·艾买提，到六盘水市调研《安全生产法》贯彻落实情况。

5月21日　水城县发耳小学发生踩踏事故，56名学生不同程度受伤。

5月29日　水城矿业(集团)总公司木冲沟煤矿发生煤与瓦斯突出事故，死亡5人。

5月　市安全监管局夏国方获中共六盘水市委、市人民政府先进工作者(劳动模范)荣誉称号。

6月1日　副市长杨明达出席六盘水市第四个“安全生产月”活动新闻发布会。

6月3日　市委常委、常务副市长黄金在水城县喜佳堡煤矿、鑫来焦化厂、长福焦化厂等企业调研安全生产工作。

6月8日　市委副书记、市纪委书记周庄生到市安全监管局及神仙坡煤矿调研。

6月20至26日　由市安全监管局举办的2005年“凉都安全杯”篮球赛在市体育馆举行。全市有12支球队参赛，水城县、钟山区、盘县代表队分获一、二、三名，贵州移动通信公司六盘水分公司代表队获第四名。

7月14日　水城县230县道发生交通事故，死亡5人、伤2人。

8月8日　水城县发耳乡湾子煤矿发生瓦斯爆炸，死亡17人、伤2人。

8月22日 市安全监管局举办全市首期煤矿法人、矿长安全生产法律法规培训班，135人参训。

8月25日 由市委组织部、市安全监管局联合举办的全市县级领导干部安全生产法律法规知识培训班在市委党校开班，70余人参加培训。市委副书记周庄生、副市长杨明达出席开班仪式并讲话。

9月2日 全省工会地方煤矿安全生产现场会在盘县召开。全国总工会书记处书记张鸣启，省委常委、省总工会主席龙超云，各市州地及各主要产煤县总工会、安全监管局、煤炭局等单位主要负责人参会。会议表彰了2005年度全国“安康杯”竞赛720家优胜企业、67个优秀班组、126个优秀组织单位和225名优秀组织者。

△ 六枝工矿集团矿山救护大队被国家安全监管总局、国家煤矿安监局授予“2005年全国矿山救援工作先进集体”称号，并被命名为“国家矿山救援六枝基地”，成为贵州省唯一一家国家级矿山救援基地。

10月20日 贵州省西部片区安全监管局、煤监局局长座谈会在六盘水市召开。贵州煤矿安监局副局长陈富庆主持会议，省安全监管局、贵州煤矿安监局党组书记、局长何刚到会并讲话。会上，副市长杨明达通报了六盘水市的安全生产情况。

11月15日 市安全监管局副局长吴学刚参加省经贸委组织的赴美考察团学习。活动历时21天。

11月18日 水城县蟠龙乡沙沟煤矿发生瓦斯爆炸事故，死亡16人。

12月2日 水城县阿嘎乡仲河煤矿发生瓦斯爆炸事故，死亡16人。

2006年

1月6日 水钢氧气厂发生珠光砂坍塌事故，死亡7人、伤24人。事故调查组组长、省安全监管局总工程师宋和平组织开展事故调查。

2月10日 水城县阿嘎乡230县道发生交通事故，死亡4人、伤5人。

2月23至24日 国家安全监管总局首任局长李毅中到六盘水市调研。调研期间，督查了六盘水市煤矿整顿关闭及春节后复产情况，走访钟山一矿、木冲沟联营煤矿。国家煤监局副局长付建华、副省长张群山、市委书记辛维光等陪同。李毅中对六盘水市的安全生产工作给予了充分肯定，还高度赞誉了市安全监管局在全国率先创办的《安全凉都》杂志，连说："办得好，有引领性！"

2月24日 市安委办、市安全监管局召开2005年度《安全凉都》编纂工作"先进工作者"和"优秀通讯员"表彰会。

2月26日 省长石秀诗到水矿(集团)公司汪家寨煤矿、钟山四矿视察。

3月28日 水钢氧气厂在检修作业时发生氮气泄漏窒息事故，死亡2人。

4月17日 王圣刚正式任市安全监管局副局长。

5月12日 全省大中型煤矿瓦斯治理现场会在盘县召开，副省长孙国强出席会议并讲话。省安全监管局局长何刚、省煤炭管理局副局长张仕和分别就全省大中型煤矿瓦斯治理工作做安排部署。

6月1日 副市长杨明达在六盘水电视台发表"安全生产月"首日活动电视讲话。活动主题为"安全发展，国泰民安"。

6月30日 市安全监管局在市机关会场举行2006"水钢杯"安全生产知识电视大奖赛决赛，全市共34支代表队参赛。副市长杨明达出席并讲话。

7月27日 副市长杨明达主持召开全市炸封取缔非法采煤窝点工作会议。

8月17日 水城县政府副县长范存文调任市安全监管局党组成员、副局长。

8月25至31日 由市安全监管局举办的第二届"凉都安全杯"男子篮球赛在市体育馆闭幕，17支代表队参赛。副市长杨明达出席开、闭幕式，并为冠军队颁奖。

9月18日 市政府召开市长办公会议，讨论通过《六盘水市重大火灾隐患立案销案和挂牌督办暂行规定》。

9月30日 市安全监管局党支部到水城县坪箐村开展"重走长征路"活动，并与该村党员座谈。

10月9日 全市安全监管系统执法培训班开班，138名学员参训。

11月15日 市政府领导调整分工，副市长陈少荣分管全市安全生产工作。

11月27日 二塘洗煤厂发生坍塌事故，死亡7人。

12月4日 市安全监管局办公地点从市社会保险事业局迁至开投大厦7至8楼办公（钟山中路17号）。

12月7至18日 市安全监管局举办全市重大危险源单位普查员培训班，491名学员参训。

12月15日 市政府召开第63次常务会议，审查通过《六盘水市“十一五”安全生产规划》《六盘水市危险化学品事故应急救援预案》《六盘水市矿山企业事故应急救援预案》《六盘水市安全生产奖惩办法》。

2007年

1月8日 贵州煤矿安监局副局长陈晓辉率省政府安全生产目标考核组，对六盘水市2006年度工作进行考核。

1月13日 由市安全监管局、市围棋协会联合举办的“中国凉都·安全杯”国际围棋邀请赛在明湖宾馆开赛。国家棋院原院长、国家围棋协会原主席陈祖德等中国围棋界资深人士，市围棋协会主席叶大川，市围棋协会副主席、秘书长蔡军出席赛事活动。

1月28日 盘县水塘镇池勒煤矿发生瓦斯爆炸事故，死亡16人。

2月9日 全省安全生产工作会议召开，副市长陈少荣出席会议。会上，六盘水市获全省2006年度安全生产目标考核一等奖。市安全监管局被国家安全监管总局、人事部授予全国先进单位称号；周文武、陈黔炳、张先贵、陈安卫、王艺海、华再兴、陈洪刚等被授予先进个人荣誉称号。

2月15日 市公安局、市安全监管局在凤凰新区扁担山组织销毁价值5万余元的假冒伪劣烟花爆竹制品。

3月6日 市安全监管局、市煤炭局联合组织编印的《六盘水市煤矿重特大及典型事故案例选编》一书出版，副市长陈少荣为该书作序。

3月25日 盘县乐民镇刘家田煤矿发生瓦斯爆炸事故，死亡6人。

3月27日 水矿（集团）公司汪家寨煤矿发生瓦斯爆炸事故，死亡10人、伤6人。

4月22日 水黄公路107KM处发生交通事故，死亡3人。

5月6日 盘县乐民镇212县道发生交通事故，死亡5人、伤2人。

△ 水城县发箐乡发生交通事故，死亡4人。

6月3日 “安全生产贵州行”启动仪式在六盘水市举行。省安全监管局局长何刚、总工程师宋和平，市长刘一民、市委副书记朱玉、副市长陈少荣参加启动仪式。

6月7日 盘江煤电（集团）公司金佳矿发生煤与瓦斯突出事故，死亡4人。

6月14日 全省工会劳动保护工作暨“安康杯”竞赛活动总结表彰大会在六盘水市举行。全国总工会副部长段佑武、省人大常委会副主任林明达、副省长孙国强及省总工会副主席殷明华、省安全监管局总工程师宋和平、市委书记辛维光等领导出席会议。

6月22日 六盘水市“安全生产月”活动之“水矿之夜”文艺演出在市人民广场举行，副市长陈少荣致辞并观看了演出。

6月26日 六盘水市“安全生产月”活动之“平安水钢”文艺演出在水钢俱乐部举行。

7月4日 水城县比德乡307省道发生交通事故，死亡12人、伤8人。

7月11日 由市安全监管局、市教育局、团市委联合主办的“凉都·安全杯”中小学生征文大赛评选揭晓，共评出获奖作品36篇。

7月25日 市政府召开打击钟山区大湾镇非法盗采煤炭资源专项行动协调会。市安全监管局副局长范存文参加会议。

8月21日 钟山区钟山西路白鹤高架桥发生交通事故，死亡3人。

8月24日 水城县滥坝镇102省道发生交通事故，死亡3人。

8月25日 钟山区德坞办事处凉都大道14km+100m处发生交通事故，死亡3人。

9月20日 六枝特区中寨乡兴隆煤矿发生地面煤仓坍塌事故，死亡6人、伤1人。

10月16日 盘县旧营乡罗家田煤矿发生煤与瓦斯突出事故，死亡4人。

10月19日 水城县比德乡发生交通事故，死亡8人、伤22人。

10月24日 全省安全监管系统赴欧洲10余国“危险化学品安全监管监察考察团”，在省安全监管局党组副书记、副局长叶文邦的率领下启程，培训学习时间为25天。市安全监管局夏国方随团出行。

11月20日 市委市政府成立“百日安全督查行动”领导小组，市长刘一民任组长，市委副书记朱玉、市人大常委会副主任金成良、副市长陈少荣、市政协副主席王兴建任副组长，市安全监管局局长周文武任办公室主任。

12月31日 市安全监管局举行“迎新春茶话会”，副市长陈少荣出席并致辞。

2008年

1月17日 钟山区212省道发生交通事故，死亡6人。

1月28日 全市安全生产工作会议确定2008年为六盘水市安全生产“隐患治理年”。

2月20至21日 国家安全监管总局副局长、国家煤监局局长赵铁锤，国家煤监局副局长彭建勋到六盘水市调研。

3月2日 水城县龙场乡246县道发生交通事故，死亡5人、伤4人。

3月11日 水城县蟠龙乡富民砂石厂发生山体垮塌，死亡4人。

4月3日 省安全监管局党组副书记、副局长叶文邦到六盘水市调研，并在市安全监管局召开监管队伍建设座谈会。

4月23日 国家安全监管总局副局长梁嘉昆率国务院“百日安全专项行动”第五督查组到六盘水市，副市长陈少荣陪同。

4月27日 盘县板桥镇东李煤矿发生煤与瓦斯突出事故，死亡3人、伤5人。

5月10日 水城县住鑫煤矿发生透水事故，死亡4人、伤1人。

5月14日 国家煤矿“百日安全”督查组在市政府会议中心召开督查通报会，国家安全监管总局办公厅副主任徐绍川、行业管理司司长雷长群、技术装备司司长杨富通报了督查情况。副市长陈少荣参加会议。

5月15日 市安全监管局举行“我与汶川心连心”捐款献爱心资助活动。

5月30日 由市安全监管局夏国方主持编印的“凉都中小学安全知识读本”——《校园安全知识手册》出版。

6月10日 水黄公路发生交通事故，死亡3人。

6月13日 六盘水市高层灭火救援联合演习在六枝特区泰华大厦举行。

6月21日 由市政府主办、钟山区政府承办的全市“安全生产月”活动文艺晚会在钟山区大礼堂举行。

6月22至24日 “国家安全生产万里行”在盘县开展“安全生产月”活动采访。新华社、《光明日报》、《经济日报》、中央人民广播电台、中央电视台、中国国际广播电台、《工人日报》、《中国青年报》、《中国安全生产报》、《中国煤炭报》、人民网、中青网、国家安监网、《劳动保护》杂志以及省、市30多家新闻媒体参加采访。省安全监管局党组副书记、副局长叶文邦，市政府副市长陈少荣参加活动。

6月26日 省安全监管局、贵州煤矿安全监察局党组书记、局长何刚，调任中共六盘水市委副书记、代理市长。

6月 由市安委办、市安全监管局、市安全生产技术协会联合组织，夏国方主持编印的《六盘水市安全发展研讨会论文集》出版，共收集各类作品34篇。

8月20日 省安全监管局、贵州煤矿安全监察局局长、党组副书记蒲建江，党组书记、副局长李尚宽到市安全监管局检查指导工作。

8月27日 市委书记刘一民、代市长何刚主持召开全市执纪执法工作会，要求加大安全生产执法及行政处罚力度。

9月4日 盘县红果镇新寨煤矿发生透水事故，死亡3人。

9月24日 贵州六盘水双排铝业公司发生爆炸事故，死亡4人、伤3人。

10月9至24日 由市安全监管局组织的全市乡(镇)长、分管安全生产副乡(镇)长、煤管站和安全监管系统执法人员培训班，在市委党校举办，参加人员385人。副市长陈少荣出席开班仪式并讲话。

10月16日 钟山大道德坞段发生交通事故，死亡3人、伤3人。

10月24日 水黄公路发生交通事故，死亡11人、伤12人。

10月30日 钟山区钟山五矿发生顶板事故，死亡4人。

11月11日 省安全监管局、贵州煤矿安全监察局局长蒲建江，党组副书记、副局长叶文邦，在盘县、盘江煤电(集团)公司、盘县电厂和发耳电厂调研，副市长陈少荣陪同。

11月21日 水城县阿嘎乡杨家寨煤矿发生顶板事故，死亡3人。

12月13日 贵州湘能公司晋家冲煤矿发生窒息事故，死亡3人。

2009年

1月16日 市安全监管局、市公安局联合在钟山区凤凰新区扁担山公开销毁价值

10余万元的非法烟花爆竹制品。副市长陈少荣亲临现场指导并发表重要讲话。

2月26日 省安全监管局组织的赴澳大利亚“全省职业安全与健康管理学习考察团”启程，历时21天。市安全监管局余洪盛随团出行。

3月10日 六盘水市第一批煤矿示范矿井建设通过验收。项目有水城县都格乡保兴煤矿井下人员定位系统、瓦斯监测监控系统改造示范项目，钟山区老鹰山镇东风煤矿井下人员定位系统示范项目；钟山区大湾镇钟山一矿“四位一体”防突项目。

3月16日 市安委办、市安全监管局举行《安全凉都》2008年度优秀通讯员、先进工作者表彰大会，20名优秀通讯员、7名先进工作者受到表彰奖励。

3月18日 盘县羊场煤矿发生冒顶事故，死亡4人；1101运输巷掘进头瓦斯涌出，死亡1人。

3月19日 省安委办在六盘水市召开水红线、威红线铁路路线安全专项整治动员会。省安全监管局党组副书记、副局长叶文邦，副局长李洪，副市长谢朝碧出席会议。

4月5日 六枝特区新窑乡019县道发生交通事故，死亡4人、伤6人。

5月8日 国家安全监管总局在京举办“全国市（地）级安全监管局长专题研讨班”。市安全监管局副局长王圣刚参加。

5月12日 全市地震应急救援实战演练在市三中凤凰校区举行。市委常委、副市长徐毓贤出席活动并讲话。

6月14日 钟山区水独线干河沟大桥发生交通事故，死亡3人。

6月15日 人民中路161号门面前发生煤气管道爆燃，导致一欧式变电箱燃烧，但未造成人员伤亡。

6月16日 李建辉任市安全监管局党组成员、纪检组组长（试用期一年）；

6月23日 “六盘水市第一届矿山应急演练技术比武”在水矿救护大队开幕，副市长陈少荣出席并讲话。

△ 六盘水市第三届安全生产文艺演出在市人民广场举行。市人大常委会副主任金成良、副市长陈少荣出席活动。

△ 由市安全监管局主办，市公安消防支队、中石化六盘水石油分公司承办的2009年全市消防灭火救援演习在滥坝油库举行。夏国方代表主办单位在演习前致辞。

7月19日 钟山区汪家寨镇洞坡煤矿发生透水事故，死亡3人。

8月13日 六枝特区郎岱镇青菜塘煤矿发生瓦斯突出事故，死亡3人、伤1人。

8月15日 钟山大道发生交通事故，死亡3人

9月8日 根据省安全监管局安排，黔西南州对六盘水市、六盘水市对毕节地区就非药品类易制毒化学品安全监管情况开展交叉检查。

9月14日 省安全监管局副局长居荣对六盘水市中心城区烟花爆竹储存仓库、中石化六盘水石油分公司滥坝油库进行安全检查，市安全监管局副局长吴学刚、王圣刚陪同。副市长陈少荣参加汇报会。

9月 市安全监管局夏国方因连续四年公务员考核为优秀，被记三等功一次。

10月10日 范存文临时主持市安全监管局全面工作。

10月12日 遵义市安全监管局局长余跃，到六盘水市安全监管局考察有关机构设置、《安全凉都》杂志办刊等工作。

10月16日 盘县石桥镇小梁子煤矿发生瓦斯爆炸事故，死亡5人、伤10人。

△ 水城县发耳乡212省道发生交通事故，死亡3人、伤1人。

10月20日 钟山区老鹰山镇华丰公司八八煤矿发生顶板事故，死亡3人。

10月28日 市安全监管局党建扶贫工作组到米箩乡为考取贵阳财经学院的卢仕梅同学送去全局职工的捐助款2370元，同时参加该乡敬老院、光荣院入住启动仪式并赞助款1000元。

11月3日 盘县212省道发生交通事故，死亡3人。

11月16日 钟山区大湾镇小湾村一组发生1起私制土火炮爆炸事件，死亡2人。

11月19日 六枝特区龙场乡陇木村山脚组发生1起土制火炮爆炸事件，死亡3人、伤5人。

11月25日 市公安消防支队政治部副主任韦兴国，改任市安全监管局副调研员。

11月28日 省长林树森到水盘高速公路第六合同段发耳隧道调研施工进展及安全情况。市安全监管局副局长范存文陪同。

12月1日 市政府考核组对全市4个国家级、9个市级煤矿瓦斯治理示范矿井及盘县（国家级）、钟山区（市级）煤矿瓦斯治理示范县（区）进行考核验收。

12月11日 盘县忠义乡212省道发生交通事故，死亡3人、伤1人。

12月27日 钟山区大河镇粮源煤矿发生顶板事故，死亡5人。

2010年

1月15日 市安全监管局副局长王圣刚、六枝特区安全监管局局长李广生，获国家安全监管总局、国家煤矿安监局全国安全生产监管监察先进个人荣誉称号。

1月18日 省安全监管局副局长李洪率省政府安全生产目标考核组对六盘水市进行考核。

1月26日 贵州玉舍煤业公司（在水城县境）发生煤与瓦斯突出事故，死亡5人。

2月2日 省安全监管局党组副书记、副局长叶文邦，贵州煤矿安监局总工程师马炼，到市安全监管局看望慰问全局干部职工。

2月27日 市安全监管局副局长吴学刚、副调研员刘盛明，到水城县米罗乡草果村扶贫点慰问困难群众。

3月5日 市政府副秘书长蔡军调任市安全监管局党组书记、局长。

3月20日 市安全监管局在明湖宾馆举办全市安全生产行政执法培训班。全市安全监管系统执法人员100人参训。省安全监管局法规处处长谢志强、省法制办有关处室领导应邀授课。

4月5日 六枝工矿(集团)公司化处煤矿发生煤与瓦斯突出事故，死亡5人。

5月12日 全市破坏性地震应急演练在市实验小学举行，市安全监管局副局长吴学刚出席。

5月23日 钟山区南环路发生交通事故，死亡4人、伤3人。

5月 市安全监管局夏国方获中共六盘水市委、市人民政府先进工作者(劳动模范)荣誉称号，这也是其继2005年后第二次获此殊荣。

6月1日 在安全生产月首日活动日，副市长陈少荣在《六盘水日报》发表题为《安全发展 预防为主 促进六盘水市经济社会和谐稳定》署名文章。活动主题为“安全发展，预防为主”。

6月 市安全监管局副局长范存文，获省总工会、省安全监管局2009年度“安康”杯知识竞赛先进个人荣誉称号。

7月25日 盘县212省道发生交通事故，死亡3人。

8月5日 全省大矿帮扶小矿工作现场会在毕节召开。市安全监管局局长蔡军参会。

8月7日 水城县都格乡河边煤矿发生煤与瓦斯突出事故，死亡5人、伤3人。

8月9日 盘县淤泥乡昌兴煤矿发生煤与瓦斯突出事故，死亡3人。

8月11日 市委组织部、市安委办、市安全监管局联合主办的《国务院进一步加强安全生产工作的通知》学习培训班开班。市委常委、市委组织部长陈亮贵主持开班仪式，市长何刚作重要讲话，市政府秘书长龙秋芳、副秘书长王际明、市安全监管局局长蔡军等出席开班典礼。此次培训班共举办六期，全市各县(特区、区)、乡(镇)政府领导，市直有关部门和企业负责人，计654人参训。

9月1日　市安全监管局在市政府迎宾馆举办全市地方煤矿实际控制人和矿长安全教育培训班，计600余人参加学习培训。市安全监管局局长蔡军出席开班仪式并讲话。

9月10日　全市第三季度安全监管局长工作会议在盘县召开。

9月19日　市安全监管局、钟山区政府、市公安局钟山分局，联合在市体育馆新址工地公开销毁收缴的600余件、价值15万元非法烟花爆竹制品。

10月3日　省委书记、省人大常委会主任栗战书到水城矿业（集团）公司调研，市委书记刘一民、市长何刚等陪同。

10月31日　水黄公路109KM+850M处（锅圈岩隧道前）发生交通事故，死亡3人、伤3人。

11月1日　省长赵克志到盘江火铺矿检查调研。

11月10日　全市安全生产工作紧急会议召开。市长何刚、副市长陈少荣出席并讲话。会议确定：各县区副县级以上、各乡镇副科级以上领导严格按照全省会议精神，实行包片包矿负责；县、乡镇政府要对所有煤矿派驻工作组，开展指导督促；市政府成立四个督查组，对各地煤矿安全及包保制度落实情况适时进行督查。

11月11日　钟山区102省道梅花山发生交通事故，死亡3人、伤2人。

11月22日　水城县纸厂乡振兴煤业公司发生顶板事故，死亡3人。

△　盘县石桥镇长田煤矿发生顶板事故，死亡3人。

12月16日　全省煤矿瓦斯治理工作现场会在六盘水市召开。贵州煤矿安监局副局长陈富庆、总工程师马炼出席会议。

12月31日　市安全监管局举办“迎新春、话安全”职工棋牌赛及茶话会。副市长陈少荣出席并讲话。

12月 市安全监管局副局长吴学刚，获省总工会、省安全监管局“安康杯”知识竞赛“先进个人”荣誉称号。

2011年

1月5日 省安全监管局党组书记李尚宽率省政府目标考核组，到六盘水市考核2010年安全生产工作。

1月25日 市政府召开全市安全生产工作会议。市长何刚、副市长陈少荣出席会议并讲话。会议兑现了2010年安全生产目标考核奖，市安全监管局、六枝特区政府、钟山区政府分别获一等奖。

1月27日 省安全监管局、贵州煤矿安监局局长蒲建江到六盘水市督查，并看望慰问市安全监管局全体干部职工。

1月29日 市安全监管局局长蔡军等一行，到“四帮四促”联系点水城县米萝乡草果村开展慰问活动。

2月15日 在全省安全生产工作会议上，六盘水市获得省政府2010安全生产目标考核一等奖。

2月24日 省安全监管局、贵州煤矿安监局局长蒲建江，副局长李洪，副市长陈少荣，向水钢炼钢厂授予安全标准化二级企业牌匾。

3月12日 盘县松河乡新成煤业发生瓦斯爆炸事故，死亡19人。

3月28日 盘县淤泥乡罗多煤矿发生煤与瓦斯突出事故，死亡8人、伤3人。

4月1日 水黄公路六枝段发生交通事故，死亡6人、伤4人。

4月24日 盘县水塘镇小凹子煤矿发生透水事故，死亡8人。

5月13日 全市煤矿业主大会在盘县召开。市委书记刘一民、市长何刚、副市长陈少荣及省安全监管局局长蒲建江等出席并讲话。

5月24日 全市年产30万吨以上地方煤矿瓦斯和水害防治技术会诊大会召开，副市长陈少荣出席并讲话，市安全监管局局长蔡军等参会。

6月16日 市安全监管局、钟山区政府在水钢白云石矿废弃矿坑处，组织销毁收缴的价值10万余元的非法烟花爆竹制品600余箱。

7月23日 根据六盘水市开展的“向人民报告、请人民监督、让人民满意”评议活动的要求，市安全监管局局长蔡军到六盘水电视台上线“政风行风亲民热线”节目，现场接受市民电话的监督和评议。

8月14日 盘县红果镇过河口发生瓦斯爆炸事故，死亡10人、伤1人。

8月20日 水城县金盆乡金中村发生1起非法煤窑窒息事故，死亡5人。该煤窑属已经封闭的矿井，因私自启封生产所致。

8月26日 全省煤矿安全知识竞赛在省安全监管局举行，六盘水市安全监管局获“优秀组织奖”。

9月2日 市政府2011年“凉都·消夏文化节”总结表彰会召开。市安全监管局被评为先进集体，王圣刚被评为先进个人。

10月11日 市安全生产综合监督管理信息化系统通过验收。

11月21日 市安全监管局机关全体干部职工向市见义勇为基金会募集资金2.035万元。

11月22日 市安全监管局组织有关企业向市见义勇为基金会开展募捐活动，现场募集资金181万元。市委常委、市委政法委书记、市公安局局长、市募捐委副主任徐立平出席活动并讲话，并对市安全监管局的行为给予高度赞扬和肯定。

11月25日 水黄公路家开营隧道前发生交通事故，死亡3人、伤5人。

11月29日 市安全监管局、市公安局联合公开销毁非法烟花爆竹制品632件、土制火炮11万余枚。

11月30日 水钢轧钢厂、炼钢厂及煤焦化分公司的职业健康标准化工作达到二级水平。

12月13日 水黄公路大水沟一号桥发生交通事故，死亡4人、伤6人。

12月15日 市煤矿安全监察局成立暨揭牌仪式在时代假日酒店举行。市人大常委会副主任陶兴锐、副市长尹志华、市政协副主席王兴建等领导出席仪式。

12月31日 市安全监管局与市编委办联合举办2012年元旦“迎新春话安全”联谊会。

2012年

1月10日 省安全生产年度目标考核组到六盘水市。

1月11日 市安全文化教育基地建设项目通过验收。

1月 市安全监管局范存文、夏国方二人，分获国家安全监管总局“全国安全生产监管监察先进个人”荣誉称号。

2月12日 水黄公路十里长坡发生交通事故，死亡3人、伤3人。

2月22日 市安全监管局举办全市乡镇安监站长安全知识培训班，81人参训。

2月29日 省安全监管局党组副书记、副局长叶文邦到六盘水市调研冶金等八大行业安全生产工作。蔡军、范存文等陪同。

3月4日 水黄公路发生交通事故，死亡3人、伤1人。

3月6日 六盘水市新一届分管安全生产工作的副乡（镇）长培训班开班仪式在市委党校举行，90名乡（镇）人员参训。

3月9日 全市煤矿矿长(总工程师)、安全矿长安全培训班开班，450名学员参加培训。

3月25日 盘县212省道发生交通事故，死亡3人、伤6人。

3月26日 湖南郴州煤矿安全考察团到六盘水市考察。

3月31日 经市七届人大一次会议表决通过，任命蔡军为市安全监管局局长。

4月9日 水黄公路六枝段发生交通事故，死亡3人、伤2人。

4月19日 市安全监管局召开全市产业园区安全生产工作会议。

5月2日 六盘水市安全生产执法监察支队成立。

5月7日 市安全监管局与北京华瑞世纪集团公司签订招商引资项目。签约项目资金为13亿元人民币，主要用于该公司煤矿“六大系统”建设。

5月25日 市安全监管局举办“忠诚与责任”主题演讲比赛。

6月18日 市安全监管局局长蔡军率有关科室、县(区)局负责人，赴贵阳、毕节等地工业园区考察学习。

6月25日 明确韦正洪、杨林为正县级干部。

7月2日 市委党校常务副校长马秀峰到市安全监管局作题为“保持党的纯洁性”专题讲座。

7月27日 水城县木果乡晋家冲煤矿发生顶板事故，死亡4人。

7月30日 副市长尹志华到市安全监管局指导“保持党的纯洁性”教育实践活动。

9月13至20日 市安全监管局局长蔡军先后到钟山区、水城县、六枝特区、盘县作题为“走安全发展之路、建三化两型”矿山巡回讲座。

9月22日 市安全监管局组织221名“五职矿长”在六盘水考点(市民族职业技术学校)参加全省国有及国有控股煤矿企业领导干部安全知识考试。

9月27日 六盘水市首家交通安全宣传教育基地成立。

10月10日 夏国方任市政府副县级安全生产督查员。

10月12日 沪昆高速盘县红果境内发生交通事故，死亡3人。

11月24日 盘南煤炭开发有限公司响水煤矿发生煤与瓦斯事故，死亡23人、伤5人。

12月7日 市安全监管局约谈水矿集团格目底公司米箩煤矿、东井煤矿，华隆煤业化乐煤矿，盘江恒普煤业发耳二矿等四个国有煤矿。

12月14日 市安监局、钟山区政府在钟山区会展中心联合举办市中心城区液化气使用单位安全知识培训班。市安全监管局夏国方及六盘水市部分危化品专家，为140余位企业业主授课。

12月25日 六盘水市危险化学品、烟花爆竹安全标准化第一批达标工作结束，共完成三级标准化创建企业42家。

2013年

1月18日 盘江精煤股份公司金佳矿发生煤与瓦斯突出事故，死亡13人。

1月24日 在市政府安全生产工作会议上，确定把“123456”（一个目标、两个重点、三项行动、四项建设、五项工作、六个突破）作为2013年全市安全生产工作的主线和工作目标。

2月1日 穆江任市安全监管局党组成员、总工程师（试用期一年）。

2月4日 市政府召开全市煤矿安全责任保证金启动大会。

3月12日 水矿控股（集团）格目底公司马场煤矿发生煤与瓦斯事故，死亡25人。

3月23日 市委副书记、代理市长周荣到各县、区调研安全生产工作，蔡军等陪同。

△ 六盘水市举办10期《煤矿矿长保护矿工生命安全七条规定》宣传贯彻培训班。

5月6日 全市安监系统2013年党风廉政建设和反腐败工作视频会召开。

5月14日　市安全监管局、市人资社保局联合组成三个工作组，分赴中国矿大、西安矿大等国内10所高校，为市、县（区）安全监管部门引进采煤、通风、安全工程等专业的应届本科、硕士毕业的技术人才131名。

6月13日　由市安委会主办，市安全监管局、市文体广电局、钟山区政府协办的六盘水市第12个“安全生产月”活动群众性文艺晚会在市人民广场隆重举行。市几大班子领导出席并观看演出。此次活动主题为“强化安全基础，推动安全发展”。

7月25日　市安全监管局、中国移动六盘水分公司举行市安全生产综合信息化平台项目建设签约仪式。

8月3日　中国煤炭工业协会副会长、国家煤矿安监局原副局长彭建勋到六盘水市调研。

8月9日　市安全监管局约谈盘南投资有限公司贵州丰鑫源矿业公司、贵州鲁能能源开发有限公司、盘县新民乡龙鑫煤矿等企业。

8月21日　蔡军、范存文、王圣刚做客市人民广播台，参加“阳光晒权”系列评议活动之“政风行风热线”节目。

8月　蔡军、范存文因连续三年公务员考核为优秀等次，被记三等功一次。

9月10日　市安全监管局召开全市煤矿企业兼并重组工作推进会，副市长尹志华出席会议并讲话。

9月25日　市安全监管局举办全市驻矿安全员、安监系统煤矿安监员业务培训班，455名学员参训。

9月28日　贵州水城瑞安水泥有限公司通过安全标准化一级评审。

10月5日　中国煤炭工业协会会长、国家煤矿安监局原局长王显政在盘县调研。

10月26日　全市煤矿总工程师防突和水害防治专项培训班在西南天地煤机装备有限公司开班，六盘水市3个煤矿集团公司及其下属222个煤矿的252名总工程师参训。

11月21日　蔡军任市安全执法监察局（市煤矿安监局）局长，吴学刚任专职副局长（正县级），徐应华、李广生任副局长（试用期一年）。

12月21日　市扶贫开发局副局长蒋弟明调任市安全监管局党组成员、副局长（保留正县级）；市政府副县级安全生产督查员夏国方，改任市安全执法监察局（市煤矿安监局）副局长（试用期一年）。

12月23日　市安全执法监察局（市煤矿安监局）成立暨挂牌仪式在市安全监管局会议室举行。

12月31日　市安全监管局召开工作总结暨迎新春茶话会，副市长尹志华出席并讲话。

是年　六盘水市安全生产事故的死亡人数，首次降到100人以下。

2014年

1月28日　市委书记李再勇，市长周荣，市人大常委会主任黄金，市委常委、市委秘书长张志祥，市政协副主席田满华等领导，到市安全监管局慰问、指导工作。

2月10日　市安全监管局召开党的群众路线教育实践活动动员大会。

2月12日　六盘水市"保护矿工生命安全矿长守规尽责活动年"启动仪式，在市安全监管局视频会议室举行。

2月21日　市安全监管局官方政务微博"中国凉都·安监"开通。

3月24日　市安全监管局召开"四创活动"动员部署会议。

4月2日　盘县被省安全监管局列为全省金属非金属矿山安全生产攻坚克难10个重点县（区）之一。

4月13日　水盘高速公路盘县段发生交通事故，死亡4人、伤2人。

4月18日　盘县淤泥乡湾田煤业公司发生煤与瓦斯突出事故，死亡7人、伤1人。

4月15日 市安全监管局召开2014年党风廉政建设和反腐败工作会议，副市长尹志华出席并讲话。

5月6日 省安全监管局党组副书记、副局长、省局教育实践活动指导小组组长叶文邦到市安全监管局督导教育实践活动情况。

5月18日 穆江正式任市安全监管局总工程师，任职时间从2013年2月起计算。

5月22日 国家煤矿科学研究总院助理研究员徐佑林到市安全监管局挂任党组成员、副局长（一年）。

5月25日 贵州玉舍煤业有限公司（位于水城县境内）发生煤与瓦斯突出事故，死亡8人、伤1人。

6月11日 六枝特区新华乡新华煤矿发生煤与瓦斯突出事故，死亡10人。

6月13日 市政府组织开展第13个“安全生产月”矿山综合应急救援演练活动。此为六盘水市历史上规模最大、参加人数及部门最多的一次演练活动。此活动主题为“强化红线意识，促进安全发展”。

6月21日 第一届“凉都·安监杯”男子篮球赛结束。共有16支代表队参赛，历时7天、经30余场比赛。市公安局交警支队、市安全监管局代表队分获冠、亚军。闭幕式上，市安全监管局局长、竞赛组委会主任蔡军致闭幕词，并与副局长王圣刚等，为获奖代表队颁奖。市安全执法监察局副局长、组委会副主任、竞赛裁判长夏国方主持闭幕式。

7月7日 市安全监管局对万海隆（集团）公司及下属煤矿进行警示约谈。

7月22日 市安委办（市安全监管局）举行全市安全生产新闻发布会。

8月26日 省安全监管局副局长孙晓东，市安全监管局副局长王圣刚、市安全执法监察局副局长夏国方一道，与六盘水市三家烟花爆竹生产企业的法定代表人、安全与生产主管开展“谈心对话”活动。

8月27日 全省危险化学品和烟花爆竹安全监管季度工作会议在六盘水市锦江大酒店举行。省安全监管局副局长孙晓东、监管三处处长王惠娟，市安全监管局王圣刚、夏国方及省内其他市（州）、省直管县安全监管部门分管负责人30余人参加会议。市安全监管局党组书记、局长蔡军到会，并致欢迎词。

8月28日 市七届人大常委会第18次会议表决通过：陈华任市政府副市长，分管全市安全生产工作。

9月10日 全省中缅天然气管道泄漏事故应急演练在六枝特区落别乡举行。市安全监管局副局长王圣刚参加演练活动。

9月11日 由市检察院、钟山区检察院自编、自导、自演的预防职务犯罪微电影《煤海伏波》《天使的翅膀》首映式在市安全监管局会议室举行。

9月12日 市安全监管局、市公安局联合销毁价值近40万元的非法烟花爆竹制品。

9月15日 全市煤矿瓦斯治理现场会暨“六打六治”工作会议召开。市长周荣、副市长陈华、市安全监管局局长蔡军出席会议并讲话。

11月12日 市安委办（市安全监管局）在市电信大楼视频会议室举办全市新《安全生产法》专题讲座。市直安委会成员单位及57家企业负责人100余人在主会场参加，各县、特区、区约300余人在分会场聆听讲座。

11月17日 市安委会举行全市煤矿“百人交叉大检查”启动仪式。

11月21日 市政府召开全市安全生产专题视频会议，市长周荣、副市长陈华出席会议并讲话。会上，观看了六盘水市2014年发生的湾田煤矿“4·18”、钟山一矿“5·24”、玉舍西井“5·25”、六枝新华煤矿“6·11”等事故警示教育片。

11月24日 市安全监管局举行全市非煤矿山、冶金工贸等八大行业安全生产交叉大检查启动仪式。

12月3日 全市煤矿隐患排查治理启动视频会议召开，副市长陈华、市安全监管局局长蔡军出席会议并讲话。

12月8日 全市危险化学品和烟花爆竹安全生产交叉大检查启动会召开。

2015年

1月7日 贵州煤矿安监局副局长陈富庆到市安全监管局应急指挥中心，检查指导信息化平台运行管理工作。副市长陈华，市安全监管局局长蔡军、总工程师穆江等陪同。

1月10日 市政府召开2015年度安委会第一次专题会。市长周荣出席并讲话，副市长陈华主持会议。副市长丁颙，市政府党组成员、市公安局局长魏华松等参加会议。

1月23日 全市煤矿安全教育实践活动动员部署视频会议在市政府会议中心召开。市政府秘书长罗资湘主持会议，副市长陈华作工作安排。省政府副秘书长、省煤矿安全教育实践活动督导组副组长冯仕文，贵州煤监局副局长陈富庆莅临会议指导。市长周荣出席会议并作重要讲话。

1月25日 市安全监管局召开煤矿安全教育实践活动动员部署会，全面启动煤矿安全教育实践活动工作。市安全执法监察局副局长李广生主持会议，副局长徐应华宣读《六盘水市安监局开展煤矿安全教育实践活动实施方案》，专职副局长吴学刚做工作部署。市安全监管局、市安全执法监察局局长蔡军出席会议并讲话。

1月27日 蔡军出席水城县煤矿安全教育实践活动动员部署会议。

1月29日 市安全执法监察局专职副局长吴学刚出席盘江精煤股份有限公司煤矿安全教育实践活动启动部署会。

△ 市中心城区烟花爆竹安全监管工作座谈会在市安全监管局会议室召开，副局长王圣刚出席会议并讲话。会议由市安全执法监察局副局长夏国方主持。

2月2日 市安全监管局吴学刚、穆江、徐应华、任广向等分赴盘县安监局、钟山区安监局、六枝工矿（集团）有限责任公司、贵州水矿控股集团有限责任公司、盘县恒鼎实业有限公司和贵州正华矿业有限公司，出席煤矿安全教育实践活动启动动员大会。

2月5日 市政府召开安全生产工作会议。副市长陈华到会讲话，并分别与各县(区)政府和市直有关部门签订《2015年安全生产目标和任务责任书》。会议由副秘书长吴君隆主持。

△ 省安监局党组副书记、副局长叶文邦，到市安全监管局指导信息化平台工作。

2月13日 根据市委安排，市人大常委会主任黄金到盘县开展安全大检查。贵州煤矿安监局水城分局局长李恒超、市能源局局长何枢、市安全监管局副局长徐佑林、市安全执法监察局副局长夏国方等陪同。

△ 市政协主席杨宏远在六枝特区开展安全生产大检查。市安全监管局总工程师穆江等陪同。

3月2日 市政府召开全市安全生产视频会议。陈华主持会议，周荣出席会议并发表重要讲话。魏华松、吴君隆、蔡军等参加会议。

△ 副市长陈华到六枝特区督导煤矿安全教育实践活动，市安全执法监察局副局长李广生等陪同。

3月5日 省安全监管局局长李尚宽在水矿控股集团有限责任公司召开座谈会。副市长陈华及市安全监管局局长蔡军、贵州煤矿安监局水城分局局长李恒超等参加会议。

3月6日 夏国方正式任市安全执法监察局（市煤矿安全监管局）副局长，任职时间从2013年12月起计算。

3月23日 陈华与新就任六枝特区政府副区长周龙、盘县安监局局长毕仁良作任前廉政谈话。

△ 全市安监系统2015年党风廉政建设和反腐败工作视频会议召开，市安全监管局纪检组长李建辉主持会议。蔡军对2015年工作做安排部署，并签订《党风廉政建设目标责任书》。副市长陈华到会指导，并作重要讲话。

3月26日 国家安全监管总局巡视员周永平，对六盘水市开展职业病危害防治工作进行评估。市安全监管局副局长范存文、市安全执法监察局副局长夏国方等陪同。

3月31日 陈华在盘县朱昌河水库，就中缅天然气管道占压问题开展调研，并在刘官镇政府召开座谈会。吴君隆、何枢、夏国方等陪同。

4月1日 市安全监管局局长蔡军、市安全执法监察局副局长李广生到六枝特区督导煤矿安全教育实践活动。

4月6日 陈华到水城县督导清明期间安全工作，市安全监管局范存文陪同。

4月14日 市安全监管局副局长王圣刚召开道路交通安全联席会议。

4月16日 市委召开第156次常委会，专题听取安全生产工作汇报。市委书记李再勇、市长周荣出席并讲话。会议强调：安全生产工作责任落实要坚持两手抓，即一手抓严查严管对隐患的排查治理、跟踪销号，确保整改到位；一手抓指导帮助。

△ 王圣刚、夏国方到月照机场现场办公，帮助机场公司完善申报“北上广”航线所需的危险化学品经营许可证等相关事宜。

5月6日 陈华在水城县开展“千名干部与万名矿长谈心对话”活动。

5月8日 中国煤科院安全分院副院长丁百川到六盘水市开展瓦斯灾害隐患排查专项会诊，市安全执法监察局专职副局长吴学刚陪同。

△ 全市煤矿安全教育实践活动暨瓦斯治理攻坚培训会在市安全监管局召开。市安全执法监察局副局长徐应华主持会议，市安全监管局局长蔡军到会并讲话。

6月1日 市长周荣到钟山经济开发区调研，并召开“云上贵州·安全云”项目建设专题会。副市长陈华等陪同。

6月2日 市安全执法监察局专职副局长吴学刚，陪同中国煤炭工业协会到金佳煤矿、土城煤矿等开展一级安全质量标准化考评。

6月3日 省安全监管局、贵州煤监局党组书记、局长李尚宽，在六盘水市开展煤矿矿长“谈心对话”活动。陈华、蔡军等陪同。

6月11日 市委组织部副部长张勇到市安全监管局宣布任命。

△ 贵州煤矿安监局水城分局局长李恒超，调任市安全监管局党组书记、市安全执法监察局（市煤矿安监局）局长，提名市安全监管局局长；

△ 市安全监管局党组书记，市安全监管局、市安全执法监察局(市煤矿安监局)局长蔡军调任市司法局党委书记，提名市司法局局长。

6月17日 李尚宽到水城矿业(集团)公司开展“百千万工程”帮扶工作，陈华及市安全监管局局长李恒超、贵州煤矿安监局水城分局局长伍新民等陪同。

6月21日 李恒超赴六枝特区六龙煤矿开展安全检查。

6月23日 陈华主持召开全市安全监管系统半年工作会议。

7月3日 全市安全生产半年工作(视频)会议在市政府迎宾馆五楼多媒体会议室召开，陈华出席并讲话。会议由李恒超主持。

7月14日 陈华在水城矿业股份有限公司汪家寨煤矿开展安全检查，李恒超等陪同。

△ 全市安全生产执法培训班开班，市安全监管局机关党委书记陈长虹参加。开班仪式由市安全执法监察局副局长徐应华主持。

7月23日 国家煤矿安监局巡视员刘志军到六盘水市调研。贵州煤矿安监局副局长陈富庆、市政府副市长陈华、市安全监管局局长李恒超等陪同。

7月24日 市安全监管局副局长王圣刚，召开粉尘作业和使用场所防范粉尘爆炸专项整治协调会。

7月27日 市安全执法监察局副局长夏国方，率安全监管、质量技术监督等部门组成的检查组，在盘县开展危化品罐区联合专项安全督查。

8月3日 市安全执法监察局专职副局长吴学刚、副局长李广生，对水城县煤矿企业上半年重点任务完成情况进行督查。

8月4日 省安全监管局副局长孙晓东到六盘水市开展危险化学品罐区专项督查。副市长陈华及市安全监管局李恒超、夏国方等陪同。

8月10日 市安委会对水城矿业公司进行安全生产警示约谈。李恒超主持，陈华到会并讲话。

8月12日 李恒超到水城县小牛煤矿、玉舍(西井)煤矿等开展煤矿瓦斯治理专项检查。

8月16日 副市长陈华到水城县开展重点危化品企业安全检查。水城县副县长贺小考、市安全执法监察局副局长夏国方、市质监局总工程师徐娅等陪同。

8月17日 市安全监管局副局长蒋弟明，会同公安消防、邮政等部门，对六盘水市邮政公司、快递行业等开展专项检查。

8月18日 国务院安委会专家咨询委员会委员、国务院安委办第六巡视督导组组长、原国家煤矿安监局副局长彭建勋，到六盘水市开展煤矿安全专项督导。贵州煤矿安监局副局长陈富庆、副市长陈华、市安全监管局局长李恒超等陪同。

8月24日 李恒超主持召开市安全监管局“三严三实”专题教育第二次专题学习研讨会。

8月27日 市委副书记、组织部长杨昌鹏，到水城县督导煤矿安全教育实践活动。李恒超、李广生等陪同。

8月31日 市安全监管局党组对新提拔的中层干部召开廉政谈话会。党组书记、局长李恒超，市纪委第四纪工委副书记、市安全监管局纪检组长李建辉等参会并讲话。

9月1日 副市长陈华出席全市危险化学品和易燃易爆物品及油气化管道安全专题推进会。市政府副秘书长吴君隆主持会议，市安全监管局李恒超、王圣刚、蒋弟明、夏国方等参会。

9月7日 李恒超主持召开水城片区上半年重点工作暨隐患大排查大整治督查情况通报会。

9月8日 国务院安全生产第六督查组在六盘水市督查。副市长陈华、省安全监管局副局长孙晓东，李恒超、范存文、蒋弟明等陪同。

9月10日 水城县滥坝镇一废品收购站在切割作业时发生爆炸，死亡3人、伤1人。接报后，市长周荣，市委常委、水城县委书记张志祥，副市长陈华，市政府党组成员、市公安局党委书记、局长魏华松，市政府秘书长罗资湘，市安全监管局局长李恒超等赶至现场。周荣当即召开紧急会议，安排部署善后事宜及事故上报、事故调查等工作。

9月11日 副市长付昭祥，召开“水城—六枝”天然气管道建设项目征地拆迁工作会议。市安全监管局夏国方参加。

9月12日 省安全监管局总工程师李钢平到六盘水市督查，市安全监管局副局长范存文等陪同。

9月14日 市安全监管局下发《关于向六盘水市危险化学品和烟花爆竹企业派驻安全督查员的通知》，将黔桂天伦焦化有限公司等12家企业列为六盘水市危化品重点监管企业。

9月15日 全市尾矿库和电梯等特种设备安全生产专题推进会召开，副市长陈华、范三川出席会议并讲话。范存文等参会。

9月16日 市安全监管局下发《关于立即组织开展六盘水市中心城区加油站安全专项整治工作的通知》，对市、县（特区、区）中心城区周边的39个加油站列为安全专项整治重点，开展新一轮、全方位、全覆盖的督查。李恒超任专项整治领导小组组长；王圣刚、夏国方任副组长，并分别带队开展督查。

9月17日 国家安全监管总局召开安全生产综合统计信息直报系统视频培训会。市安全监管局总工程师穆江等在市分会场参会。

9月18日 全市金属非金属矿山安全生产攻坚克难视频会召开。市政府副秘书长吴君隆，市安全监管局李恒超、范存文等参会。

9月28日 市政府召开第三季度安全生产工作视频会议，吴君隆主持会议，陈华、李恒超等出席。

9月30日 陈华到盘县开展隐患大排查、大整治专项督查，李恒超等陪同。

10月9日 陈华、李恒超陪同省安全监管局局长李尚宽到国家安全监管总局，汇报六盘水市“大数据·云安全”工作。

10月22日 李恒超到钟山区双嘎乡中箐村调研，陈长虹等陪同。

10月23日 李恒超、夏国方召开全市烟花爆竹生产经营旺季安全监管工作会议。

10月27日 李恒超、徐应华到盘县开展安全检查。

△ 范存文、余洪盛到水城县和钟山经济开发区，督查砂石企业安全生产工作。

10月28日 范存文带队赴毕节市大方县永贵五凤煤矿参观学习。

11月1日 国家煤矿安监局副局长桂来保到六盘水市调研。陈华、李恒超等陪同。

11月4日 范存文到盘县检查非煤矿山整合关闭工作。

11月6日 夏国方到水城县荣发烟花爆竹厂、水城县宏运烟花爆竹销售有限公司及钟山区场坝片区烟花爆竹销售集中区，开展安全生产专项检查。

11月7日 省委副书记、代省长孙志刚到六盘水市视察、调研安全生产工作，市长周荣、副市长陈华、市安全监管局局长李恒超等陪同。

11月13日 范存文到钟山区双嘎乡中箐村开展领导干部遍访贫困村贫困户工作。

11月17日 省安全监管局副局长孙晓东到六盘水市开展劳动密集型企业消防、老楼危楼“安全隐患大排查、大整治”专项检查。副市长丁颢及市安全监管局局长李恒超、副局长蒋弟明等陪同。

△ 省安全监管局副局长黄小兵到六盘水市督查安全生产责任体系建设落实情况，市安全监管局副局长王圣刚等陪同。

11月19日 市安委会第四季度安全生产会召开。陈华出席并讲话，李恒超主持会议。

11月20日 李恒超到盘县调研，并与盘县县委副书记、代理县长李令波就安全生产工作进行座谈，徐应华等陪同。

11月24日 市政协副主席、民进六盘水市委主委田满华到市安全监管局调研。

11月27日 李恒超主持召开市安全监管局2015年度述责述廉会议。会上，李建辉报告了纪检组在落实监督责任方面的工作情况，局机关各科室负责人作述责述廉。

12月1日 市委常委、市委政法委书记尹志华，到盘县开展煤矿安全教育实践活动情况评估。市安全执法监察局专职副局长吴学刚等陪同。

△ 市安全执法监察局副局长徐应华、李广生，分别在钟山区和六枝特区开展煤矿安全教育实践活动情况评估。

12月2日 市安全监管局副局长范存文，到盘县、六枝特区开展非煤矿山安全生产"盯死看牢"攻坚督查。

12月3日 副市长陈华到盘县开展重点危化品和烟花爆竹企业安全检查。市安全监管局副局长王圣刚、盘县副县长邹立宏等陪同。

12月5日 市安全监管局局长李恒超，参加全省2015年第二批煤矿安全技改专项资金项目评审会。

12月10日 陈华主持召开全市煤矿、危化品等安全生产第二轮专题推进会。市委常委、常务副市长王彬出席并讲话，李恒超等市直相关部门负责人参会。

12月16日 陈华出席全市金属非金属矿山攻坚克难及尾矿库安全生产工作推进会。李恒超主持会议，范存文等参会。

12月22日 国务院第六督查组到六盘水市开展大检查"回头看"督查，陈华、李恒超等陪同。

△ 贵州煤矿安监局副局长陈富庆一行，到六盘水市开展2015年度安全生产目标任务考核。

12月25日 市安全监管局副局长蒋弟明到月照机场开展安全检查。

12月31日 市安全监管局党组书记、局长李恒超召开会议，部署2016年元旦期间全市的安全生产督查、检查工作。

第一章　安全管理机构

20世纪70年代中叶起，六盘水市和全国其他城市一样，逐步开始重视安全生产工作，陆续出现了代表政府行使安全生产监管的工作部门和企业的安全管理机构。并在随后30多年间的不断摸索前进中，安全生产从无到有，从小到大，从分散的多部门负责到统一的集中管理，走过了艰难、漫长、曲折而不平凡的历程。

第一节　机构沿革

一、六盘水市劳动局

（一）历史沿革

六盘水市安全生产工作走入正规化以及政府管理机构的初步形成，以劳动部门的成立为主要标志。

1952年，郎岱县、盘县、水城县在上级政府（当时三地分属安顺地区、黔西南州、毕节地区管辖）的领导下，发动群众，开展安全生产卫生大检查，改善劳动条件。1954年以后，各地从相继贯彻执行中央“安全第一、预防为主”的安全生产方针和《工厂安全卫生规程》《建筑安装安全技术规程》《工厂职工伤亡事故报告规程》《特种作业人员操作规程》等入手，逐步开展安全生产管理工作。1969年，地区革委会生产领导小组中设置安全检查组，负责协调各矿、各企业的安全检查工作。

1975年9月，六盘水组建地区劳动局。劳动局的成立标志着六盘水地区专门负责全地区所有企业劳动保护、矿山等安全监察职能行署（政府）的工作部门正式成立。

1977年9月5日，地区革委会下发《关于加强地方煤矿生产管理的通知》，明确小煤矿由地区工业局煤炭公司归口管理；各特区煤管站、煤焦公司，统一划归特区工业局领导。同时，还对小煤矿发展方向、经营管理、管理费提成等作了具体规定。

1978年12月18日，在中国历史上具有重大意义的党的十一届三中全会召开的当天，国务院批准六盘水地区改为六盘水市（省辖市），下辖六枝特区、盘县特区、水城特区等三个县级行政区，市政府驻水城特区。从此，六盘水市进入了一个崭新、快速的发展时期。

1979年，紧接着纳入政府安全监管的是锅炉压力容器。市劳动局在《关于对蒸汽锅炉司炉工人的安全技术管理试行办法》规定："对凡具有承压设备的，如冶金、煤炭、化工等行业司炉工、水质化验人员、安全管理干部，要经过培训考试合格后，方可独立操作。"1984年，市政府颁布《锅炉压力容器安全监察》。同年10月，市劳动局组建锅炉科、锅炉压力容器检验所（定编8人，1988年增至10人）；成立六盘水市锅炉协会。1985年4月11日，市政府颁布《锅炉压力容器检验所章程》。

地区改市后，六盘水市开始着手治理经济环境和整顿经济秩序，强化安全生产。

（二）"安全生产月"活动

1978年12月30日，贵州省革命委员会发出开展"安全月"活动的通知，提出从1979年1月起，在全省范围内开展一次"安全月"活动。从1980至1982年，根据省的安排，确定每年5月（后改为6月）开展"安全月"活动，重点对国有大煤矿、乡镇小煤窑进行安全大检查。1980年9月，市社队企业局（后改为乡镇企业局）在全省社队企业工作会议上，介绍了六盘水市小煤矿安全生产工作经验。

从1979年起，六盘水市相继以贯彻落实国家《矿山安全法》《劳动法》《矿山安全监察条例》《职工伤亡事故报告和处理规定》《煤矿安全规程》以及工伤保险、重特大伤亡事故报告调查、重特大事故隐患管理等法律法规、政策规定为契机，逐步把安全生产工作引入法制化轨道。

1983年起，六盘水市开始实行新建、改建、扩建项目的安全"三同时"规定。

1986年，市劳动局增设矿山安全监察科，负责全市所有矿山的安全监察工作。

为进一步理顺工作关系，1996年9月，市劳动局设立矿山安全监察科和劳动保护科，分别负责全市范围内的地下矿山和地面企业的日常安全监管工作。

（三）市安委会及其办公室的成立

1982年，六盘水市革委会以市革发〔1982〕14号文件，批准成立市安全生产领导小组，并将作为常设机构的办公室设在市劳动局。

1996年10月，市政府批准劳动局"三定"方案，正式明确其负责全市安全生产的综合管理、职业安全卫生监察、矿山安全卫生监察等职能。同年，成立市安全生产委员会（以下简称"市安委会"），下设办公室挂靠在市劳动局，在市政府领导下，对全市安全生产工作进行统筹、指导、协调和监督检查。市安委会办公室（以下简称"市安委办"）的机构级别为正县级，由当时市劳动局的一名副局长兼任市安委办主任（享受正县级待遇），人员编制单列。

第一届市安委会机构及人员组成：

市安委主任：叶文邦（市政府副市长兼）；

市安委办主任：张学霖（市劳动局副局长兼）；

市劳动局劳动保护科科长：肖一（后为夏国方）；

市劳动局矿山安全监察科科长：杜家初（后为刘忠明）。

（四）"关井压产"与地方小煤矿的整顿

1982年，市政府下发《关于加强小煤矿管理的通知》。1983年4月21日，国务院批转煤炭部《关于加快小煤矿八项措施报告的通知》。1984年10月20日，国家劳动人事部、国家经委、煤炭工业部、农牧渔业部联合下发《关于乡镇煤矿安全生产若干暂行规定的通知》；煤炭工业部作出《关于在改革中加强煤矿安全工作的几项规定》，全市煤炭企业开始执行"五不准"规定（不准削减必要的安全费用，不准忽视规程质量和设备维修质量，不准拖延处理重大事故隐患，不准违章指挥、违章作业，不准削弱安全监察机构）。

1985年11月16日，市政府出台《关于认真整顿地方小煤矿的通知》；1986年11月24日，下发《关于整顿乡镇煤矿的决定》。

自1991年起，市政府将安全生产纳入年度工作目标考核管理。每年年初，市政府分别与各县、区政府及市直有关部门签订目标责任状，于次年兑现奖惩。

1998年12月25日，副市长叶文邦代表六盘水市与省政府签订《1999年关井压产责任书》。2000年1月，全市关闭非法和布局不合理小煤矿（即"关井压产"）2130处，为六盘水市地方煤矿的彻底整顿与规范打下了极其坚实的基础。

二、六盘水市经贸委

根据1998年国务院机构改革精神，六盘水市在进行政府机构改革时，将原市劳动局承担的安全生产综合管理、职业安全卫生监察、矿山安全卫生监察等职能，全部划归市经济贸易委员会（简称市经贸委）承担；原市劳动局承担的职业卫生监察职能，交由市卫生局承担；原市劳动局承担的锅炉压力容器监察职能，交由市质量技术监督局承担；全市劳动保护工作中的女职工和未成年特殊保护、工作时间和休息时间，以及工伤保险、劳动保护争议与劳动关系仲裁等职能，由新组建的市劳动和社会保障局承担。

2003年，新一轮的机构改革开始。市委、市政府根据国家和省的精神，调整市安委会及其办公室，成员由市经贸委、公安局、监察局、总工会等部门组成。市安委办改挂到市经贸委；原市劳动局有关安全生产的工作职能、科室编制及全体人员，一并划转到市经贸委。市安委办主任由1名市经贸委副主任兼任。市经贸委增设安全监管科室2个，分别是：职业安全监察科、矿山安全监察科。其职责：综合管理全市安全生产工作，对全市安全生产行使监督监察管理职权；拟订安全生产综合法律、法规、政策、标准；组织、协调、参与重大生产安全事故的调查处理。

市安委会及其办公室的人员组成：

主任：叶文邦（市政府副市长兼）；

市安委办主任：何成远（市经贸委副主任兼）；

市安委办副主任：阳松林、肖一；

市经贸委职业安全监察科科长：夏国方；

市经贸委矿山安全监察科科长：刘忠明。

三、六盘水市安全监管局

2003年11月12日，市编委下发《关于六盘水市安全生产委员会办公室挂六盘水市安全生产监督管理局牌子的通知》。职能调整等其他事宜，待省有关机构改革方案出台后再予以明确。在2004年6月组建市安全监管局前，全市安全生产工作由市安委会及其办公室具体领导和指导。

（一）市安委会及办公室

市安全监管局成立（2004年）后，市政府同时调整市领导分工及市安委会组成。市安委会办改设在市安全监管局。

市安委会主任：杨明达（市政府副市长兼）。

市安委办主任：周文武（市安全监管局局长兼）；

市安委办副主任（市安全监管局副局长兼）：张富书、吴学刚、王圣刚。

市安委会成员单位共23个。

2008年，市政府调整市安委会，成员单位增加到53个。

调整后的成员单位有：水城军分区、市发展改革委、市财政局、市经贸委、市安全监管局、市煤炭局、市公安局、市监察局、市国土资源局、市建设局、市交通局、市乡企局、市质量技术监督局、市商务局、市食品药品监管局、市卫生局、市旅游局、六盘水供电局、市教育局、市文化局、市水利局、市农业局、市林业局、市编委办、市政府新闻办、市总工会、市检察院、市司法局、市人事局、市劳动保障局、市招商局、市环保局、市民政局、市广电局、市工商局、市气象局、市科技局、市科协、市农机中心、市烟草专卖局、市武警支队、市公安消防支队、市公安局交警支队、市公安局治安支队、贵州煤监局水城分局、贵州煤监局盘江分局（现已划归黔西南）、市政府法制办、六盘水日报社、六盘水电视台、六盘水人民广播电台、六盘水联通分公司、六盘水移动分公司、六盘水电信分公司。

（二）市安全监管局

2004年6月22日，市政府在市安委办、市经信委两个安全科室（职业安全监察科、矿山安全监察科）的基础上，组建市安全监管局，为市政府委托行使全市安全监管职能的直属事业局。

2004年7月1日，市安全监管局领导班子组建完成。班子成员如下：

局　长、党组书记：周文武；

副局长、党组成员：张富书、吴学刚（兼总工程师）、王圣刚；

市政府安全生产督查员：何成远、杨林、余洪盛、韦正洪。

2005年2月，市安全监管局调整为市政府直属机构。

市安全监管局成立后，下设办公室、安全生产协调与应急救援科、煤矿安全监管科、非煤炭安全监管科、危险化学品安全监管科、督查员办公室等6个内设机构。核定事业编制34人，其中局长1名，副局长3名（其中一名兼任总工程师），县级督察员职数4名，调研员或助理调研员职数1名，正副科长（主任）职数8名，主任科员或副主任科员职数4名，并列入参照国家试行公务员进行管理。主要职能是综合管理和统筹、指导、协调全市安全生产工作。

2004年7月21日，市安全监管局划入原由市卫生局承担的作业场所职业卫生监督检查的职责和原由市公安局承担的烟花爆竹生产经营单位的安全监管职责；与设于钟山区的贵州煤矿安全监察局水城办事处（分局）、盘江办事处（分局）一道，共同对本市辖区内的煤矿企业实施安全监管（监察）。

2010年5月5日，市安全监管局调整为市政府工作部门，以加强对全市安全生产工作综合监督管理和指导协调职责，其人员全部纳入公务员系列管理。内设办公室、政策法规科（安全生产执法监督科）、安全应急科、安全监管一科、安全监管二科、安全监管三科、职业安全与健康监管科、煤矿安全监管科等8个科室及1个纪检监察机构。核定行政编制26名，其中局长1名；副局长3名，纪检组长1名，总工程师1名，县级安全生产督查员4名，正副科长（主任）9名（含监察室1名），工勤人员9名（含聘用4名）。

2013年4月16日，市编委会调整市安全监管局职责和内设科室。撤销市安全监管局煤矿安全监管科、安全应急科，增设规划科技科、安全监管四科。增设机构后，市安全监管局共设8个内设机构，科级职数8名。

2014年10月8日，市政府下发《市安全监管局主要职责内设机构和人员编制规定》。根据《中共贵州省委办公厅贵州省人民政府办公厅关于印发〈六盘水市人民政府职能转变和机构改革方案〉的通知》和《中共六盘水市委六盘水市人民政府关于市人民政府职能转变和机构改革的实施意见》精神，市安全监管局调整为市政府工作部门。增加对全市国有及国有控股煤矿安全生产的监管职责。承接烟花爆竹经营（批发）许可证核发、辖区内省属以下非煤矿矿山企业（含总库容100万立方米以下尾矿库）安全生产许可证的颁证管理工作职责。加强对全市煤矿（含国有及国有控股煤矿）安全生产日常监督管理工作的督促、指导，取消、下放、合并部分省、市政府公布的其他事项。内设办公室、政策法规科（政务服务科）、规划科技科、监管一科、监管二科、监管三科、监管四科、职业安全健康监管科8个内设机构。核定市安全监管局行政编制28名，局长1名，副局长3名，总工程师1名（副县级），直属机关党委书记1名（副县级），县级安全生产督查员4名，正副科长（主任）9名，工勤人员9名（含聘用4名）。经费由市财政全额预算管理。

（三）市政府安全生产督查员

2005年6月，为加强对全市各地安全生产工作的督查，市委、市政府创新管监机制，制定安全生产政府督查制度，在市安全监管局设置4名市政府县级安全生产督查员。市政府安全生产督查员的人、财、物等关系，均在市安全监管局。

（四）纪检监察机构

2009年，设市安全监管局纪检组。2014年10月8日，明确设纪检监察机构。市纪委派驻市安全监管局纪检组、市监察局派驻市安全监管局监察室；行政编制2名，其中，纪检组长1名(副县级)、监察室主任或副主任1名(科级)，由市纪委(市监察局)统一管理。

（五）执法支队

2010年5月28日，组建市安全生产执法支队，为财政全额预算管理的正科级事业单位，隶属市安全监管局。核定事业编制12名，其中管理人员11名，工勤人员1名（聘用驾驶员）。领导职数支队长1名，副支队长2名。

（六）应急救援指挥中心

2010年8月13日，组建市安全生产应急救援指挥中心，为财政全额预算管理的正科级事业单位，隶属于市安全监管局。核定事业编制5名（管理人员）。领导职数主任1名，副主任1名。

（七）培训中心

2010年8月13日，组建市安全生产培训中心，为财政全额预算管理的正科级事业单位，隶属于市安全监管局。核定事业编制3名（管理人员）。领导职数主任或副主任1名。

（八）市煤矿安监局

2011年10月27日，市煤矿安全生产监督管理局成立，在市安全监管局挂牌，与市安全监管局实行“两块牌子、一套人员”管理。核定行政编制28名。

（9）市安全生产执法监察支队

2011年12月15日，“市安全生产执法支队”更名为“市安全生产执法监察支队”；成立“市煤矿安全生产执法监察支队”，与“市安全生产执法监察支队”实行“两块牌子、一套人员”，为财政全额预算管理的副县级事业单位，隶属市安全监管局（市煤矿安监局）。市安全生产执法监察支队（市煤矿安全生产执法监察支队）内设综合科、煤矿安全科技规划科、煤矿安全监管一科、煤矿安全监管二科、非煤行业监察一科、非煤行业监察二科、事故调查科等7个科。核定事业编制35名，其中党政管理人员31名，工勤人员4名（聘用驾驶员）。定领导职数支队长1名（副县级），副支队长2名（正科级）；科长7名（副科级）。

（十）市安全生产执法监察局

2013年4月16日，成立市安全生产执法监察局（市煤矿安全生产监督管理局），即将原“市安全生产执法监察支队（市煤矿安全生产执法监察支队）”更名为“市安全生产执法监察局”，加挂“市煤矿安全生产监督管理局”牌子，实行“两块牌子、一套人员”的工作机制，简称“市安全执法监察局”（市煤安局），为财政全额预算管理的正县级事业单位，隶属于市安全监管局。将煤矿（含国有及国有控股煤矿）及其他行业的安全生产日常监管职责，交由市安全执法监察局（市煤安局）承担。

市安全执法监察局（市煤安局）内设机构：综合科、安全技术监察科（总工程师办公室）、煤矿安全监管一科、煤矿安全监管二科、煤矿安全监管三科、煤矿安全监管四科、国有煤矿安全监管科、煤矿事故调查科、非煤行业监察一科、非煤行业监察二科、监察三科共11个科室（正科级）。

市安全执法监察局（市煤安局）事业编制为80名（其中管理人员72名、聘用工勤人员8名）。领导职数局长1名（由市安全监管局局长兼任）、专职副局长1名（正县级）、副局长3名（副县级）、总工程师1名（副县级）；正副科长（主任）17名。

历任领导名录：

局长（兼）：蔡　军（2013年4月—2015年6月）；
　　　　　　李恒超（2015年6月起）。
专职副局长：吴学刚（2013年4月起）。
副　局　长：徐应华（2013年11月起）；
　　　　　　夏国方（2013年12月起）；
　　　　　　李广生（2013年11月起）。
总 工 程 师：任广向（2016年2月—2016年8月）。

（十一）信息调度中心

2013年4月16日，成立市安全信息调度中心。即将原市安全监管局下属的安全生产应急救援和信息统计职责与市安全生产应急救援指挥中心职责整合，加挂“市安全生产应急救援指挥中心”牌子，为财政全额预算管理的正科级事业单位，隶属于市安全监管局。核定事业编制15名（管理人员3名、专业技术人员11名、聘用工勤人员1名）。定领导职数：主任1名、副主任2名。

（十二）协会

2004年11月1日，经市民间组织管理局批准，六盘水市安全生产技术协会成立，为社会团体法人。

市安全生产技术协会是市科学技术协会和贵州省安全生产协会的团体会员单位，协会有独立的办公用房、财务账户、专职的财务人员，会计、出纳单设；有资格证书和税务登记证书，所在地位于钟山区钟山中路21号附5号。

2011年1月21日，协会召开第二次会员大会，选举产生第二届理事会理事58人，常务理事会常务理事21人，理事长1人、副理事长2人、秘书长1人（专职）。协会有登记单位会员43个，个人会员50人。市安全生产技术协会现有专职人员7人，其中60岁以下的6人，大专以上学历4人。

协会依照有关法律法规和章程的规定，紧紧围绕服从于、服务于安全生产工作的大局，坚持依法办会，服务立会的协会宗旨，积极开展安全教育培训，安全宣传，安全技术服务，学术交流，建设项目安全设施设计、评价的技术审查，企业安全生产标准化评审组织工作等。被贵州省科学技术协会评为贵州省第三届（2010至2011年）科普工作先进集体、被市安全监管局授予全市“安全生产月”活动宣传组织奖，在市科学技术协会的年度考核中多次被评为“优秀”。

第一届理事会（2004年11月1日成立）

设常务理事31人，理事110人（含常务理事），团体会员49家，个人会员50人。理事会组成人员：

理 事 长：何成远；

副理事长：王圣刚、韦正洪、王希德；

秘 书 长：夏国方；

副秘书长：童思义、陈长虹、吴熙干。

第二届理事会（2011年1月21日选举产生）

设常务理事21人，理事58人（同上），团体会员43家，个人会员120人。理事会组成人员：

理 事 长：张富书（2011年1月—2014年9月）；

副理事长：黎开勋、韩学国；

刘盛明（2014年9月起主持工作，常务理事会第七次会议增补）；

秘 书 长：吴熙干；

副秘书长：韦正洪（2014年9月19日常务理事会第七次会议增补）。

（十三）市安全生产技术培训中心

2004年11月1日，组建市安全生产技术培训中心。经省安全监管局考核评估，颁发非煤矿三级培训资质，具备非煤矿特种作业人员及职工培训资格。

2005年5月16日，首期培训班开班，122名非煤矿山主要负责人和安全管理人员参加培训，当年共举办6期非煤矿山安全知识培训班，891人参加学习培训，每期培训课48学时，培训内容严格按照国家培训教学大纲进行。参训学员经考试合格后，由省安全监管局统一颁发非煤矿山厂（矿）长、安全管理人员安全资格证书。

2011年，因水钢技校容量有限、交通不便等原因，六盘水市安全生产技术培训中心与水城钢铁集团有限责任公司职工教育培训中心分离。市安全生产技术协会委托树江职业技能培训学校开展安全培训工作，将培训中心由水钢迁至钟山区人民中路129号，协会理事长张富书兼任培训中心主任。至2014年底，培训中心已能同时容纳300人学习、120人住宿、200人就餐，拥有电脑室、多媒体会议室、图书室及电工、焊工等实训场所，初步形成设施相对完善、功能相对齐全的安全技术培训基地。

为提高全市市民和参训学员的安全生产综合素质，2011年，市安全监管局在市安全生产技术培训中心建立安全文化教育基地，设有安全文化走廊、安全文化宣传灯箱和安全文化展厅。安全文化展厅共有44块展板，主要涉及安全生产法律法规和本市安全生产发展规划，煤矿、非煤矿山、危险化学品、烟花爆竹、道路交通等行业（领域）

安全知识和典型案例，社区、校园等安全知识等内容。安全文化展厅自建成以来，已接待上万人（次）到基地参观学习。

市安全生产技术培训中心工作职责：承担全市高危行业生产经营单位特种作业人员（特种设备操作人员、建筑行业的特种作业人员、煤矿特种作业人员除外）和工矿商贸生产经营单位主要负责人、安全生产管理人员（中央在省和省属企业除外）安全资格培训；开展法律法规专题培训和业务培训。

2005至2014年，培训中心共培训各类人员46356人次。

各生产经营单位其他人员培训，主要由企业自行组织开展培训。2005至2014年间，全市企业共组织其他从业人员培训49788人次。其中：六枝特区5796人次；盘县17068人次；水城县16547人次；钟山区10217人次；钟山经济开发区160人次。

（十四）行安办

2012年，经市政府同意，在全市20个负有安全监管职责的市直有关部门中，设立行业安全生产监督管理办公室（下称“行安办”），统一在市安委办的指导下开展工作。行安办挂靠在该部门的相关业务科室，由该部门分管安全生产工作的领导任行安办主任，挂靠业务科室负责人任副主任，负责本行业、本系统的日常安全生产工作。市直部门行安办设置如下：

（1）道交行安办：设在市交警支队，挂靠秩序管理科。副支队长刘海旭任办公室主任，科长李晓安任副主任。

（2）消防行安办：设在市公安消防支队，挂靠防火监督处。副支队长赵胜任办公室主任，处长杜林俊任副主任。

（3）建筑行安办：设在市住房与城乡建设局，挂靠工程质量安全监管科。总工程师李雄辉任办公室主任，科长王建祥任副主任。

（4）道运行安办：设在市交通运输局，挂靠道路运输局安全运输科。市道路运输局局长张贵宽任办公室主任，科长游勇任副主任。

（5）民爆物品行安办：设在市公安局，挂靠治安支队治安大队。支队政委周德勇任办公室主任，大队长王卫任副主任。

（6）水上交通行安办：设在市交通运输局，挂靠地方海事局安全船检科。市海事局局长吴文峰任办公室主任，杨贵祥任副主任。

（7）特种设备行安办：设在市质监局，挂靠特种设备安全监察科。纪检组长张道波任办公室主任，科长崔云任副主任。

（8）矿产资源管理行安办：设在市国土资源局，挂靠矿产资源管理科。副局长覃莉蓉任办公室主任，科长邓明辉任副主任。

（9）旅游行安办：设在市外侨旅游局，挂靠质量规范科。副局长樊勇任办公室主任，科长周兰萍任副主任。

（10）农机行安办：设在市农委，挂靠农机监理科。副主任龙伟杰任办公室主任，科长安靖明任副主任。

（11）群众监督行安办：设在市总工会，挂靠劳动保护部。副主席周焕品任办公室主任，部长漆俊任副主任。

（12）教育行安办：设在市教育局，挂靠学校安全教育管理科。副局长薛月琼任办公室主任，科长李志英任副主任。

（13）森防行安办：设在市林业局，挂靠森林防火科。副局长况明刚任办公室主任，科长李健任副主任。

（14）防雷行安办：设在市气象局，挂靠防雷减灾中心。副局长刘书华任办公室主任，主任夏恒任副主任。

（15）铁路路外行安办：设在市铁路护路办。主任谭苏任办公室主任，黄碧顺任副主任。

（16）经信行安办：设在市经信委，挂靠政策法规科。副主任李仁杰任办公室主任，科长冷从向任副主任。

（17）国资行安办：设在市国有资产监督管理委员会，挂靠国有资产监督管理科。副主任郭华任办公室主任，科长王永玲任副主任。

（18）能源行安办：设在市能源局。副局长陈嵩任办公室主任，李珂任副主任。

（19）供电系统行安办：设在六盘水供电局，挂靠安全监察部。副局长杨永祥任办公室主任，部长韩先同任副主任。

（20）水利行安办：设在市水利局，挂靠建设科。副局长周有柏任办公室主任，科长何友宽任副主任。

（十五）党群机构

市安全监管局党组与行政同时成立。

市安全监管局党支部成立于2005年。2015年3月，设机关党委，并选举产生机关党委书记及各委员。

机关党委书记：陈长虹；

副　　书　　记：李广生；

委　　　　　员：陈威、祁峰、徐谓群、李清勇、章程。

2015年6月，选举产生共青团市安全监管局支部委员会。支部书记：曾明。

六盘水市人民政府历届分管安全生产领导名录 (2004—2014年)

表1-1

姓名	职务	起止时间	备注
叶文邦	副市长	1996年9月—2004年4月	安委会主任
杨明达	副市长	2004年4月—2006年11月	安委会主任

续表1-1

姓名	职务	起止时间	备注
陈少荣	副市长	2006年11月—2011年10月	安委会常务副主任
尹志华	副市长	2011年10月—2014年8月	安委会常务副主任
陈　华	副市长	2014年8月—	安委会常务副主任

市安全监管局（市安全执法监察局）领导名录（2004—2016年）

表1-2

姓名	职务	起止时间
何成远	市安委办主任	至2004年6月
	市政府正县级安全生产督查员	2004年6月—2009年5月
周文武	市安委办主任、市安全监管局党组书记、局长	2004年6月—2009年6月
蔡　军	市安委办主任、市安全监管局党组书记、局长	2010年3月—2015年5月
	市煤矿安监局局长	2011年11月—2015年5月
	市安全执法监察局局长	2013年4月—2015年5月
李恒超	市安委办主任、市安全监管局党组书记、局长	2015年6月—
	市安全执法监察局、市煤矿安监局局长	2015年6月—
范存文	市安委办副主任、市安全监管局党组成员、副局长	2006年8月—
	市安委办副主任、市安全监管局党组成员、副局长主持工作	2009年6月—2010年3月
	市政府正县级安全生产督查员	2014年9月—
阳松林	市安委办副主任	至2004年6月
高四新	市安委办副主任	至2004年6月
张富书	市安委办副主任、市安全监管局党组成员、副局长	2004年6月—2009年5月
	市安全监管局副调研员	2009年6月—2013年12月
吴学刚	市安委办副主任、市安全监管局党组成员、副局长、总工程师	2004年6月—2013年11月
	市安全执法监察局专职副局长（正县级）	2013年11月—
王圣刚	市安委办副主任、市安全监管局党组成员、副局长	2004年6月—
蒋弟明	市安委办副主任、市安全监管局党组成员、副局长（保留正县级	2013年12月—
李建辉	市安全监管局党组成员、纪检组长	2009年6月—
	兼市纪委第四纪工委副书记、市监察局第四监察分局局长	2012年11月—

续表1-2

姓名	职务	起止时间
穆　江	市安委办副主任、市安全监管局党组成员、总工程师	2013年1月—
徐佑林	（挂）任市安全监管局党组成员、副局长	2014年5月—2015年11月
陈长虹	市安全监管局党组成员、机关党委书记	2015年2月—
王文俊	（挂）任市安全监管局副局长	2014年10月—2015年10月
徐应华	市安全生产执法支队支队长	2013年2月—2013年11月
	市安全执法监察局副局长	2013年11月—
夏国方	市政府副县级安全生产督查员	2012年10月—2013年12月
	市安全执法监察局副局长	2013年12月—
李广生	市安全执法监察局副局长	2013年11月—
杨　林	市政府副县级安全生产督查员	2004年9月—2012年6月
	市安全监管局正县级干部	2012年6月—
余洪盛	市政府副县级安全生产督查员	2004年9月—
韦正洪	市政府副县级安全生产督查员	2004年9月—2012年6月
	市安全监管局正县级干部	2012年6月—
刘盛明	市安全监管局副调研员	2006年9月—2014年9月
韦兴国	市安全监管局副调研员	2009年11月—
任广向	市安全执法监察局副总工程师	2013年12月—2016年2月
	总工程师	2016年2月—2016年2月

市安全监管局（安全执法监察局）科室负责人名录（2004—2016年）

表1-3

科室名称	姓名	职务	任职起止时间	备注
办公室	周　龙	主任	2004年11月—2007年3月	市安全监管局
	童思义	主任	2007年3月—2008年5月	
	刘　梅	副主任（主持工作）	2008年5月—2010年5月	
	夏国方	主任	2010年5月—2012年10月	
	武文超	副主任（主持工作）	2012年10月—2013年11月	
	孙　洪	副主任（主持工作）	2013年11月—2015年5月	
		主任	2015年5月—2016年1月	
	陈　威	主任	2016年1月—	
协调与应急救援科	陈长虹	科长	2004年10月—2008年10月	市安全监管局
	周　龙	科长	2008年10月—2010年4月	

续表1-3

科室名称	姓名	职务	任职起止时间	备注
非煤炭安全监管科（工业科、监管一科）	王希德	副主任科员主持工作	2004年6月—2005年5月	市安全监管局
	张林忠	副科长主持工作	2005年5月—2007年2月	
	王常利	副科长主持工作	2007年2月—2007年11月	
	周家洪	（副科长主持工作）科长	2007年11月—2008年7月	
	喻　松	科员主持工作	2008年7月—2010年3月	
	王常利	科长	2010年3月—2012年2月	
	喻　松	副科长主持工作	2012年2月—2012年12月	
	王常利	科长	2012年12月—	
危险化学品安全监管科（监管三科）	夏国方	科长	2004年6月—2010年5月	市安全监管局
	王　玮	科员主持工作	2010年5月—2011年2月	
	李清勇	副科级主持工作	2011年2月—2011年7月	
	徐谓群	科员主持工作	2011年7月—2012年7月	
	武文超	副科长主持工作	2012年7月—2012年10月	
	黄启才	科员主持工作	2012年10月—2013年12月	
	武文超	科长	2013年12月—2015年12月	
	喻　松	副科长主持工作	2015年12月—	
		科长	2016年5月—	
督察员办公室	童思义	主持工作、主任	2004年6月—2007年3月	市安全监管局
	刘忠明	主持工作、主任	2007年7月—2008年5月	
政策法规科（执法监督科、政务服务科）	陈长虹	科长	2010年6月—2015年2月	市安全监管局
	张国柱	科员主持工作	2015年2月—	
监管二科	周　龙	科长	2010年4月—2012年5月	市安全监管局
	李　猛	科员主持工作	2012年5月—2012年10月	
	刘忠明	科长	2012年10月—	
监管四科	祁　峰	副科长主持工作	2013年12月—2015年12月	市安全监管局
职业安全与健康监管科（2016年与监管四科合并，称职业健康与工矿商贸监管科）	王希德	主任科员主持工作	2008年5月—2010年12月	市安全监管局
	童思义	科长	2010年12月—2011年5月	
	李清勇	副科级主持工作	2011年5月—2012年6月	
	王常利	科长	2012年6月—2013年1月	
	喻　松	副科长主持工作	2013年1月—2016年1月	
	武文超	科长	2016年1月—（与四科合并）	

续表1-3

科室名称	姓名	职务	任职起止时间	备注
煤矿安全监管科	刘忠明	科长	2004年6月—2007年3月	市安全监管局
	周　龙	国有煤矿监管科科长	2007年3月—2008年10月	
	张林忠	地方煤矿监管科科长	2007年3月—2010年3月	
	陈　虎	副主任科员主持工作	2010年3月—2013年3月	
	孙　洪	副科长主持工作	2013年3月—2013年9月	
纪检监察室	童思义	主任科员	2008年3月—2010年12月	市安全监管局
	刘　辉	副主任主持工作	2010年12月—2013年12月	
规划科技科	陈　虎	科长	2013年3月—	市安全监管局
信息科	陈长虹	科　长	2008年10月—2010年6月	市安全监管局
综合科	李清勇	副科长主持工作	2013年12月—	市安全生产执法监察局
安全技术监察科（总工办）	费　维	副科长主持工作	2013年12月—	市安全生产执法监察局
煤矿安全监管一科	李　速	副科长主持工作	2013年12月—	市安全生产执法监察局
煤矿安全监管二科	卜珍虎	科长	2013年12月—	市安全生产执法监察局
	张　良	副科长	2013年12月—	
煤矿安全监管三科	章　程	主持工作、副科长	2013年12月—	市安全生产执法监察局
	卜珍虎	科长	2015年10月—	
煤矿安全监管四科	王泽锴	副科长	2013年12月—（其中主持工作2013年12月—2015年10）	市安全生产执法监察局
	章程	主持工作、副科长	2015年10月—	
国有煤矿安全监管科（煤矿事故调查科）	刘寿师	副科长主持工作	2013年12月—	市安全生产执法监察局
非煤行业监察一科	李清勇	副科级主持工作	2012年6月—2013年12月	市安全生产执法监察局
	陈陶义	副科长主持工作	2013年12月—	

续表1–3

科室名称	姓名	职务	任职起止时间	备注
非煤行业监察二科	黄启才	副科长主持工作	2013年12月—	市安全生产执法监察局
监察三科	李　猛	副科长主持工作	2013年12月—	市安全生产执法监察局
应急救援指挥中心（应急科、信息调度中心）	刘忠明	科长	2008年5月—2012年10月	事业单位
	陈　威	副主任主持工作、主任	2012年1月—2016年1月	
	刘仲勇	副主任	2013年12月—	
	张　旭	副主任	2015年7月—	
培训中心（技术推广中心）	徐谓群	副主任主持工作	2012年7月—2015年12月	事业单位
		主任	2015年12月—	
执法监察支队	周　龙	副支队长主持工作	2012年5月—2012年10月	事业单位
	徐应华	支队长	2012年10月—2013年11月	
	王常利	副支队长	2012年2月—2012年12月	
	卜珍虎	副支队长	2012年9月—2013年12月	
人事教育科	祁　峰	正科级副科长主持工作	2015年12月—	市安全监管局
		科长	2016年5月—	
车　队	张　信	队长	2004年6月—2015年5月	市安全监管局（执法监察局）
	杨　林	副队长	2013年3月—2013年7月	
	冷真平	副队长	2013年7月—2015年5月	
		队长	2015年5月—	

第二节　县乡机构

六盘水市县、乡级安全监管机构的设立与市级机构改革同步。全市县、乡（镇）安全监管机构，因其特殊性，在此之前一直是以县、乡安委会及其办公室的形式开展工作，后逐步过渡到以县级安全监管部门及其派驻乡（镇）安全监管站（以下简称“安监站”）

形式履行安全监管职责。

一、六枝特区

1. 安全监管局

2004年6月24日，在六枝特区安会办的基础上组建特区安全监管局，为政府直属事业局。内设3个股室：办公室、安全监管股、协调和应急救援股。核定事业编制16名（其中工勤人员编制2名），列入参照国家公务制度范围管理。其中：领导职数：局长1名，副局长2名，总工程师1名（副科级）；定正副股长（主任）3名，主任科员或副主任科员1名。

2005年5月17日，局内设机构调整为：办公室、矿山安全监管股、危险化学品安全监管股、应急救援综合协调监管股四个职能股室，定正副股长（主任）职数4名。

2010年7月29日，将安全监管局调整为特区政府直属机构。内设机构：办公室、综合股、矿山安全监管股、危险化学品安全监管股4个职能股室。定行政编制9名：局长1名，副局长2名，正副股长（主任）4名。2011年11月23日，增设职业安全与健康监管股，定股长职数1名。

2014年12月31日，调整安全监管局为特区政府工作部门。内设机构：办公室、综合股（政策法规股）、非煤矿山安全监管股、八大行业安全监管股、危险化学品安全监管股（政务服务股）、职业安全与健康监管股6个职能股室和1个纪检监察机构。定行政编制11名：局长1名，副局长3名，正副股长（主任）6名。

2. 乡镇安监站

2005年11月30日，在平寨镇、大用镇、木岗镇、岩脚镇、郎岱镇、中寨乡、龙场乡、洒志乡、堕却乡、落别乡、新华乡、新场乡、新窑乡、箐口乡等14个主要产煤乡镇设置安监站，各核定事业编制2名（在相关乡镇事业单位总编制内调剂使用），定领导职数1名，所需人员（干部）从全区行政、事业单位中择优选调，特区财政全额拨款，是特区安全监管局的延伸机构，派驻到各产煤乡镇开展工作。

2006年11月24日，将14个主要产煤乡镇安监站调整为4个片区站。即：中寨安监站，负责中寨乡、郎岱镇、洒志乡、毛口乡、陇脚乡的安全监管工作，核定事业编制8名，定正副站长领导职数各1名；新窑安监站，负责新窑乡、堕却乡、箐口乡、折溪乡的安全监管工作，核定事业编制8名，定正副站长领导职数各1名；落别安监站，负责落别乡、平寨镇、大用镇、木岗镇的安全监管工作，核定事业编制6名，定正副站长领导职数各1名；龙场安监站，负责龙场乡、新华乡、梭戛乡、岩脚镇、新场乡、牛场乡的安全监管工作，核定事业编制6名，定正副站长领导职数各1名。所需人员在特区煤炭局和区直全额拨款事业单位现有专业技术人员中选调，所需编制从涉及选调人员的相关单位连人带编划入。

2007年12月20日，重新将4个片区安监站调整为14个片区安监站。即：平寨镇、大用镇、木岗镇、岩脚镇（含梭戛乡）、郎岱镇（含陇脚乡）、中寨乡（含毛口乡）、龙场乡、洒志乡、堕却乡、落别乡、新华乡、新场乡（含牛场乡）、新窑乡（折溪乡）、箐口乡14个站，为特区财政全额拨款正股级事业单位，是特区安全监管局的延伸机构，派驻到各产煤乡镇工作。每个乡镇各核定事业编制2名，其中负责人职数1名。

2011年11月30日，将19个乡镇现有煤管站与安监站整合，按乡镇设站，由特区安全监管局统一管理。核定事业编制共114名。

2014年2月12日，重新调整19个乡镇安监站编制总数为166名(驻矿安监员66名)。其中：管理人员53名，专业技术人员108名，工勤人员5名。8月12日，再次调整各站编制总人数为166名（驻矿安监员58名）。其中：管理人员49名，专业技术人员117名。

3. 执法大队

2011年9月10日，设置特区安全生产执法大队，为特区财政全额预算管理的副科级事业单位，隶属于特区安全监管局。核定事业编制10名（其中：管理人员9名、工勤人员1名）。定领导职数：队长1名（副科级），副队长1名（股级）。

2012年7月30日，增加特区安全生产执法大队事业编制12名。增编后，执法大队事业编制共22名（其中：管理人员19名、工勤人员3名）。

4. 煤安局

2011年11月30日，整合现有煤矿安全监管力量和资源，成立特区煤矿安全生产监督管理局，解决煤矿安全监管政出多门、职责交叉、界限不清等问题，在特区安全监管局挂牌，实行“两块牌子，一套人员”。将特区煤炭局煤矿安全日常监管职责划入特区安全监管局（煤矿安监局）。

2012年3月20日，调整后特区安全监管局（煤矿安全监管局）行政编制12名，工勤人员编制2名。特区安全监管局下设6个股室：办公室、综合股、煤矿安全监管股（政策法规股）、危险化学品安全监管股、职业安全与健康监管股、应急救援股。

2013年3月12日，增设国有煤矿企业安全监管股，定股长职数1名。4月25日，增设非煤矿山安全监管股和八大行业安全监管股。

5. 执法监察局

2013年4月25日，特区安全执法监察局（煤安局）成立，核定事业编制50名（其中管理岗位13名，专业技术岗位30名，工勤人员7名）。领导职数局长1名（由特区安全监管局局长兼任），专职副局长1名（正科级），副局长2名（副科级），股长7名。

6. 信息调度中心

2013年4月25日，成立特区安全生产信息调度中心（应急救援指挥中心），为特区财政全额预算管理的正股级事业单位，隶属于特区安全监管局。核定事业编制20名（其中：管理人员7名、专业技术人员10名、工勤人员3名）。领导职数主任1名（正股级），副主任2名（副股级），股长2名（副股级）。

六枝特区特区人民政府历届主管及分管安全生产工作领导名录

表1-4

姓名	职务	任职起止时间	备注
蒋承云	副书记、政府区长	2006年6月—2010年7月	安委会主任
舒　勇	副书记、政府区长	2010年7月—2015年2月	安委会主任
方裕谦	副书记、政府区长	2015年2月—	安委会主任
陈　石	副区长	2004年10月—2011年2月	安委会副主任
周金平	副区长	2011年3月—2015年3月	安委会副主任
周　龙	副区长	2015年4月—	安委会副主任

六枝特区安全监管局（执法监察局）历届领导名录

表1-5

姓名	职务	任职起止时间
陈乾炳	局　长	2004年7月—2009年12月
李广生	局　长	2010年5月—2014年1月
吴　江	局　长	2014年1月—
李孟林	党组书记	2010年4月—2014年11月
胡敏芝	副局长	2004年7月—2007年3月
李清勇	总工程师	2007年4月—2012年9月
刘　健	副局长	2007年9月—2012年9月
李红毅	副局长	2010年5月—
牛　城	副局长	2013年4月—2013年12月
卢加志	副局长	2013年12月—
牛　城	执法局专职副局长	2013年12月—
喻孟友	执法局副局长	2013年12月—2015年2月
吴辉刚	执法局副局长	2013年12月—

各乡（镇、社区）分管安全生产工作领导名录

表1-6

乡（镇）名　称	姓名	职务	任职起止时间	备注
新窑镇	关　勇	乡镇助理	2004年—2006年7月	
	刘安学	副乡长	2006年7月—2009年9月	
	吴　江	副乡长	2009年9月—2012年9月	
	潘　华	副乡长	2012年9月—2013年2月	
	杨　江	副乡长	2013年2月—	
龙河镇（原龙场乡）	潘　华	副乡长	2004年1月—2010年9月	
	施泽洪	副乡长	2010年9月—2011年9月	
	万洪林	副乡长	2011年9月—2014年4月	
	邹东海	武装部长	2014年4月—2015年3月	
	施泽洪	副乡长	2015年3月—2015年6月	
	邹东海	武装部长	2015年6月—	
梭戛乡	李天学(	副乡长	2004年1月—2006年7月	
	付　鹏	副乡长	2006年7月—2011年9月	
	汪　涛	副乡长	2011年9月—2013年6月	
	李德才	副乡长	2013年6月—2014年12月	
木岗镇	李定华	副镇长	2004年1月—2010年9月	
	刘远海	政法委书记、武装部长	2010年10月—2011年5月	
	宁　浩	人大主席	2011年6月—2011年9月	
	王洪武	副镇长	2011年10月—2013年12月	
	孙　第	副镇长（科技）	2014年1月—2015年3月	
	向　忆	党委委员	2015年4月—	
岩脚镇	王　翔	政法委副书记	2004年1月—2006年8月	
	刘　凯	党委委员	2006年8月—2008年3月	
	张国儒	武装部长	2008年3月—2010年12月	
	彭　清	副镇长	2010年12月—2011年12月	
	袁达平	副镇长	2011年12月—2013年12月	
	龚小龙	人大副主席	2013年12月—2014年3月	
	郭泰华	武装部长	2014年3月—	

续表1–6

乡（镇）名 称	姓名	职务	任职起止时间	备注
落别乡	刘佐祥	副乡长	2004年4月—2005年4月	
	肖玉祥	政法委书记	20015年4月—2006年2月	
	李　林	副乡长	2006年2月—2008年2月	
	左红祥	副乡长	2008年2月—2010年7月	
	李　林	副乡长	2010年7月—2011年9月	
	熊　翱	副乡长	2011年9月—2013年8月	
	钱召伟	副乡长	2013年8月—2013年9月	
	刘家祥	副乡长	2013年9月—2015年6月	
	孙亚欧	乡长助理	2013年6月—	
平寨镇	刘胜利	武装部部长	2004年1月—2008年2月	
	潘盛璇	副镇长	2008年2月—2010年4月	
	王　翔	副镇长	2010年4月—2012年3月	
	陈忠贵	党委委员	2010年4月—2012年3月	
	陈朝淮	副镇长	2012年3月—2013年5月	
	李　林	副镇长	2013年5月—2014年12月	
月亮河乡	龚鸿翔	副乡长	2004年2月—2005年12月	
	卢书颖	武装部长	2006年1月—2006年12月	
	卢书颖	党委副书记	2007年1月—12月	
	朱仲怀	党委委员、副乡长	2008年1月—2011年12月	
	张政虎	党委委员	2012年1月—2012年10月	
	柏清辉	党委委员、武装部长兼政法委书记	2012年11月—2013年3月	
	安文忠	党委委员、副乡长	2013年4月—2014年12月	
大用镇	任官科	副镇长	2004年2月—2006年10月	
	江成先	武装部长	2006年11月—2008年5月	
	何剑华	副镇长	2008年6月—2010年9月	
	涂　华	政法委书记兼武装部长	2010年10月—2013年4月	
	涂　华	武装部长	2013年5月—2015年3月	

续表1-6

乡(镇)名 称	姓名	职务	任职起止时间	备注
牂牁镇（原毛口乡）	邓 垒	政法委专职副书记	2004年1月—2005年1月	
	卢书颖	副乡长	2005年1月—2006年7月	
	卢 涛	副乡长	2006年7月—2008年5月	
	吴志成	武装部长兼政法委书记	2008年5月—2014年3月	
	卢 涛	副乡长	2014年3月—2014年12月	
	吴志成	武装部长	2014年12月—2015年6月	
	左金红	副镇长	2015年6月—	
牛场乡	余发奋	副乡长	2004年1月—2007年3月	
	刘 毕	党委委员	2007年3月—2011年9月	
	龙 腾	副乡长	2011年10月—2013年11月	
	李 荣	党委委员	2013年11月—2014年12月	
中寨乡	李广生	副乡长	2004年4月—2006年5月	
	刘 健	副乡长	2006年5月—2008年10月	
	牛 诚	副乡长	2008年10月—2013年4月	
	李 爽	副乡长	2013年4月—2015年6月	
	王 虎	副乡长	2015年6月18日—	
新华乡	朱玉文	党委委员、副乡长	2004年1月—2007年12月	
	杨兴礼	党委委员	2008年1月—2010年10月	
	毕 腱	党委委员、副乡长	2010年11月—2013年3月	
	王道贤	党委委员、武装部长	2013年4月—2013年10月	
	杨 颖	党委委员、副乡长	2013年11月—2015年5月	
	杨 颖	党委委员、副镇长	2015年6月—	

续表1-6

乡(镇)名　称	姓名	职务	任职起止时间	备注
关寨镇	周达学	副乡长	2004年1月—2006年10月	原堕却乡，2004年、2006年分别获县级安全生产“先进工作者”
	周　勇	副乡长	2007年1月—2014年10月	原堕却乡，2008年获县级安全消防“先进个人”
	刘安学	副乡长	2004年1月—2006年8月	原箐口乡
	关　勇	人大副主席	2006年8月—2008年11月	原箐口乡副主席，2006年获市级“先进个人”
	王　成	副乡长	2008年11月—2010年11月	原箐口乡
	陈　松	党委委员	2011年10月—2014年7月	原箐口乡
郎岱镇	周恩伦	副镇长	2004年1月—2007年5月	
	龙　滨	副镇长	2007年5月—2009年7月	
	肖　良	副镇长	2009年7月—2011年5月	
	卢加志	副镇长	2011年5月—2013年12月	
	戴　浩	副镇长	2013年12月—	
新场乡	廖传华	副乡长	2004年1月—2005年3月	
	郑　洪	副乡长	2005年4月—2008年12月	
	石元龙	党委委员、副乡长	2009年1月—2011年3月	
	杜　江	政法委书记、副乡长	2011年4月—2012年9月	
	刘廷祥	副乡长	2012年10月—2013年5月	
	左金红	副乡长	2013年6月—2015年6月	
那克社区	李　林	副主任	2015年1月—	2015年1月始成立社区
银壶社区	王　霓	副主任	2015年1月—	
塔山社区	褚寿涛	副主任	2015年1月—	
九龙社区	钟　剑	副主任	2015年1月—	

各乡（镇）安监站历任负责人名录

表1-7

乡（镇、社区）名称	姓名	起止时间
新窑站	吴　江	2008年7月—2011年11月
	陈　文	2011年11月—2012年4月
	左云江	2012年4月—2013年8月
	吴辉刚	2013年8月—2013年12月
	郭朝华	2013年12月—2015年1月
	李开云	2015年1月—2015年10月
	叶发虎	2015年10月—
郎岱站	熊　翱	2008年7月—2009年11月
	喻孟友	2009年11月—2012年4月
	李　爽	2012年4月—2013年4月
	戴　浩	2013年4月—2013年12月
	李开云	2013年12月—2015年1月
	蔡　松	2015年1月—2015年4月
	陈开千	2015年4月—
落别站	喻孟友	2008年7月—2009年11月
	熊　翱	2009年11月—2011年11月
	戴　浩	2011年11月—2012年4月
	邹世斌	2012年4月—2014年12月
	李龙宽	2014年12月
中寨站	杨　江	2012年4月—2013年2月
	蔡　松	2013年2月—2015年1月
	郭朝华	2015年1月—2015年10月
	胡　波	2015年1月—
岩脚站	王　虎	2013年12月—2015年10月
	郭朝华	2015年10月—2015年11月
	胡绍波	2015年11月—
新华站	李德刚	2012年4月—2014年7月
	曾凡勇	2014年7月—

二、盘县

1. 安全监管局

2004年12月31日，在县安委办的基础上组建安全监管局，为县政府直属正科级事业单位。2014年10月，调整为县政府工作部门。

局机关设5个股室机构：办公室、非煤炭安全监管股、危险化学品与烟花爆竹安全监管股、职业安全与健康管理股、国有企业安全监管股。核定行政编制6名，领导职数：局长1名，副局长2名，主任（股长）5名。

2014年末，全局有在职职工343人。其中，局机关102人，乡镇安监站241人；行政人员30人(其中工勤人员4人)，参照公务员法管理的人员34人，事业单位人员279人(管理岗位14人，专业技术岗位254人，工勤岗位11人）。

2. 煤安局

2011年11月26日，成立县煤矿安全监管局，在县安全监管局挂牌，实行“两块牌子、一套人员”管理模式。

3. 执法监察局

2013年4月，将县安全生产执法大队更名为“县安全生产执法监察局”，为财政全额预算管理的副科级事业单位，隶属于县安全监管局。县安全执法监察局（煤安局）下设11个股室机构：综合股、安全技术股、事故调查股、煤监一股、煤监二股、煤监三股、煤监四股、国有煤矿监管股、非煤一股、非煤二股、非煤三股。

4. 乡镇安监站

2006年12月，组建红果、柏果、淤泥、羊场、乐民和大山等六个片区安监站，为正股级事业单位，隶属于县安全监管局。

2011年11月，将各产煤乡镇煤管站成建制合并到各乡镇安监站，为县安全监管局主管、县煤炭局和乡镇政府协管的派出机构。

2012年2月，成立红果镇等37个安监站，为财政全额预算管理的正股级事业机构，为县安全监管局设在乡镇的派出机构。

2014年，全县共设乡（镇）安监站26个，执法人员241人。

5. 信息调度中心

2013年4月，将“县安全生产应急救援指挥中心”更名为“县安全信息调度中心”，加挂“县安全生产应急救援指挥中心”牌子，为县财政全额预算管理的正股级事业单位，隶属于县安全监管局。其主要职责是：安全生产协调、应急救援、安全培训等。核定事业编制30名。其中：管理岗位5名，专业技术岗位22名，工勤岗位3名。领导职数：主任1名，副主任2名。

盘县人民政府历届分管安全生产工作领导名录

表1–8

姓名	职务	任职起止时间	备注
张忠阳	副县长	2004年10月—2006年12月	
易政衡	副县长	2006年12月—2011年3月	
刘虎生	副县长	2011年3月—2011年12月	
鲍吉克	副县长	2011年12月—2013年3月	
邹立宏	副县长	2013年3月—	县委常委

盘县安全监管局(执法监察局)历任领导名录

表1-9

姓名	职务	任职起止时间
张先贵	局长	2004年10月—2007年3月
张先贵	党组书记、局长	2007年3月—2010年5月
张先贵	党组副书记、局长	2010年5月—2011年3月
张先贵	党组副书记	2011年3月—2013年12月
刘书异	党组书记	2010年5月—2013年3月
蒋先赞	党组副书记、局长	2012年3月—2013年3月
蒋先赞	党组书记	2013年3月—2013年12月
王平波	副局长	2007年3月—2013年3月
王平波	党组副书记、局长	2013年3月—2013年12月
王平波	党组书记、局长	2013年12月—2015年3月
毕仁良	副局长	2013年3月—2014年3月
毕仁良	执法局专职副局长	2014年3月—2014年12月
毕仁良	党组书记、局长	2015年3月—
华再兴	副局长	2004年10月—
张继能	副局长	2010年5月—2013年3月
张普坤	纪检组长	2012年3月—
朱　智	副局长	2012年3月—2013年3月
杨龙俊	执法队队长	2013年3月—2014年3月
杨龙俊	执法局副局长	2014年3月—2015年3月
杨龙俊	党组副书记、 执法局专职副局长	2015年3月—
包继明	总工程师	2013年3月—2014年12月
包继明	副局长	2014年12月—2015年11月
邹能扬	执法局副局长	2014年3月—
蒋先锋	副局长	2014年12月—2015年6月
胡永进	机关党委书记	2015年9月—
丁伟庚	副局长	2015年9月—
姜　锋	执法局副局长	2015年11月—

各乡（镇、街道办）历任分管安全生产工作领导名录

表1–10

序号	名　称	姓名	职务	任职起止时间	备　注
1	柏果镇	王平波	副镇长	2004年2月—2007年7月	
		任广向	副镇长	2007年7月—2012年1月	
		龚维青	副镇长	2012年1月—2012年6月	
		冯军平	副镇长	2012年6月—	
2	板桥镇	王起航	党委委员、副镇长	1999年3月—2006年9月	
		许顺全	党委委员、副镇长	2006年9月—2012年8月	
		伍庆德	人大副主席	2012年8月—2013年2月	
		封　亮	党委委员、副镇长	2013年2月—2015年2月	
3	保基乡	李华明	党委委员、纪委书记	2004年1月—2011年8月	
		李　翔	党委委员、副乡长	2011年8月—	
4	保田镇	邹　耀	副镇长	2004年6月—2005年9月	
		陈大林	纪委书记	2005年9月—2006年9月	
		张　亚	副镇长	2006年9月—2007年8月	
		毛　岩	党委委员	2007年8月—2008年4月	
		张　亚	副镇长	2008年4月—2011年11月	
		杨　望	副镇长	2011年11月—2013年12月	
		朱勋勇	副镇长	2013年12月—2014年12月	
5	城关镇	钱正刚	党委委员、副镇长	2004年1月—2006年10月	
		曹兴建	党委委员、副镇长	2006年10月—2008年10月	
		赵振宏	党委委员、副镇长	2008年10月—2011年12月	
		朱海鸿	党委委员、副镇长	2011年12月—2012年12月	
		曹兴建	党委委员、副镇长	2012年12月—2014年12月	
		柳爱菊（女）	党委委员、副镇长	2014年12月—	
6	大山镇	肖　俊	副镇长	2004年1月—2006年10月	
		王保跃	副镇长	2006年10月—2008年3月	
		吕群洋	副镇长	2008年3月—20011年7月	
		何　忠	副镇长	2011年7月—2012年10月	
		方逸墨	副镇长	2012年10月—2013年1月	
		金　春	党委委员	2013年1月—	
7	断江镇	敖杨康	副镇长	2004年1月—2006年2月	
		陇德江	党委委员	2006年2月—2010年3月	
		顾　飞	副镇长	2010年3月—2013年11月	
		郭建军	副镇长	2013年11月—2013年12月	
		陈　颢	党委委员	2013年12月—	

续表1-10

序号	名　称	姓名	职务	任职起止时间	备　注
8	翰林街道办	杨　超	组织委员	2014年6月—2015年4月	党工委委员
		杨金波	办事处副主任	2015年4月—	
9	红果镇	华再兴	副镇长	2004年1月—2004年10月	
		严国跃	副镇长	2004年10月—2011年11月	
		易　贵	副镇长	2011年11月—2014年4月	
		王丕科	副镇长	2014年4月—2015年5月	
10	滑石乡	杨　霖	党委委员、副乡长	2004年1月—2006年7月	
		袁华飞(已故)	党委委员	2006年7月—2008年6月	
		杨　霖	党委委员、副乡长	2008年6月—2011年8月	
		支成佳	党委委员、副乡长	2011年8月—	
11	火铺镇	何玉祥	副镇长	2004年1月—2006年6月	
		龚维青	副镇长	2006年6月—2011年8月	
		张德云	副镇长	2011年8月—2013年2月	
		何荣辉	党委委员	2013年2月—2014年12月	
12	鸡场坪乡	柳修美	副乡长	2004年4月—2008年3月	
		张贵林	副乡长	2008年3月—2011年8月	
		黄　雷	副乡长	2011年8月—2013年1月	
		周　金	副乡长	2013年1月—	
13	旧营乡	李华甫	副乡长	2004年1月—2016年11月	
		卢瑞烜	副乡长	2006年11月—2008年10月	
		印明程	副乡长	2008年10月—2009年4月	
		秦道江	副乡长	2009年4月—2010年3月	
		岑　赟	人大专职副主席	2010年3月—2011年11月	
		岑　赟	党委委员副乡长	2011年11月—	
14	老厂镇	刘　波	副镇长	2005年2月—2008年4月	
		周阳升	副镇长	2007年4月—2008年4月	
		浦绍流	副镇长	2008年4月—2011年11月	
		彭　巩	副镇长	2011年11月—2013年10月	
		陈兴波	副镇长	2013年10月—	
15	乐民镇	董齐林	党委副书记	2004年1月—2005年12月	
		汤治诺	副镇长	2005年12月—2008年2月	
		徐　成	副镇长	2008年2月—2009年2月	
		曹学高	副镇长	2009年2月—2013年9月	
		蒋　涛	副镇长	2013年9月—	

续表1-10

序号	名 称	姓名	职务	任职起止时间	备 注
16	两河街道办事处	徐贤科	党委委员、副乡长	2004年1月—2008年4月	
		肖荣华	党委委员、副乡长	2008年4月—2011年11月	
		何云峰	副乡长	2011年11月—2013年11月	
		徐贤科	党委委员、副乡长	2013年11月—2014年9月	
		孙 行	工委委员、副主任	2014年9月—2015年8月	
17	刘官镇	王广普	武装部长	2004年1月—2006年7月	
		叶云启	武装部长	2006年7月—2008年3月	
		方文华	副镇长	2008年3月—2015年3月	
		胡 明	党委委员	2015年3月—	
18	马场乡	周成街	党委委员、武装部长	2004年1月—2010年2月	
		卢瑞新	副乡长	2010年2月—2012年2月	
		马正府	党委委员	2012年2月—	
19	马依镇	冯金尧	副镇长	2002年12月—2006年8月	
		孙大宇	武装部长	2006年8月—2008年4月	
		杨 龙	副镇长	2008年4月—2010年5月	
		柳修江	副镇长	2010年5月—2011年8月	
		唐宗甫	人大副主席	2011年8月—2011年11月	
		余德甫	副镇长	2011年11月—2013年5月	
		冯 兴	副镇长	2013年5月—2014年9月	
		余德甫	副镇长	2014年9月—2015年1月	
		李俊平	副镇长	2015年1月—	
20	民主镇	徐成文	党委委员、副镇长	2002年1月—2008年4月	
		李 栋	党委委员、副镇长	2008年4月—2011年8月	
		彭 彪	党委委员、副镇长	2011年8月—2014年12月	
		徐成文	党委委员、副镇长	2014年12月—	
21	盘江镇	张卫国	副镇长	2004年1月—2009年3月	
		钱 勇	副镇长	2009年3月—2013年1月	
		陈建国	副镇长(科技)	2013年1月—2013年12月	
		万 忠	党委委员	2013年12月—2014年10月	
		陈建国	副镇长(科技)	2014年10月—	
22	平关镇	王晓华	副镇长	2004年1月—2006年2月	
		牛光德	副镇长	2006年2月—2008年2月	
		瞿五一	副镇长	2008年2月—2013年2月	
		赵 飞	副镇长	2013年2月—	

续表1–10

序号	名　称	姓名	职务	任职起止时间	备　注
23	坪地乡	肖启龙	副乡长	2004年3月—2006年8月	
		高忠敏	副乡长	2006年8月—2009年4月	
		黄和飞	副乡长	2009年4月—2012年1月	
		邓家元	副乡长	2012年1月—至今	
24	普古乡	陈玉明	党委委员、副乡长	2003年6月—2006年8月	
		安清华	党委委员、副乡长	2006年8月—2009年2月	
		安清华	党委委员、副乡长	2009年2月—2011年9月	
		邓　旺	党委委员、副乡长	2011年9月—2014年9月	
		邓　旺	党委委员、副乡长	2014年9月—	
25	普田回族乡	陈光文	副乡长	2004年1月—2006年8月	
		薛　勰	政法委书记	2006年8月—2008年3月	
		肖　波	武装部部长	2008年3月—2014年4月	
		张　奎	副乡长	2014年4月—2015年3月	
		邹　桓	副乡长	2015年3月—	
26	洒基镇	赵小信	副镇长	2004年1月—2006年10月	
		朱　智	副镇长	2006年10月—2011年8月	
		屠兴峰	副镇长	2011年8月—2013年2月	
		张　斌	党委委员	2013年2月—	
27	石桥镇	薛定祥	宣传委员	2004年3月—2005年3月	
		吴　斌	镇长	2005年3月—2006年2月	
		王艳祥	副镇长	2006年2月—2007年2月	
		陈月明	副镇长	2007年2月—2009年8月	
		代仁毕	副镇长	2009年8月—2011年8月	
		路云生	副镇长	2011年8月—2013年2月	
		金　华	副镇长	2013年2月—至今	
28	水塘镇	丁武柱	党委副书记 镇长	2004年1月—2005年2月	
		沈兴江	组织委员兼政法委书记	2005年2月—2007年2月	
		陈清泉	副镇长	2007年2月—2008年4月	
		杨明书	党委委员副镇长	2008年4月—2011年8月	
		黄员平	党委委员副镇长	2011年8月—2014年12月	
29	四格彝族乡	周金宇	党委委员、政法委书记	2003年2月—2006年8月	
		彭大平	党委委员、副乡长	2006年8月—2011年9月	
		韩信乡	党委委员、副乡长	2011年9月—2014年7月	
		吴大华	党委委员、副乡长	2014年7月—	

续表1-10

序号	名　称	姓名	职务	任职起止时间	备　注
30	松河彝族乡	朱　锐	副乡长	2004年7月—2005年1月	
		龙朝亮	副乡长	2005年1月—2006年9月	
		朱　锐	副乡长	2006年9月—2009年2月	
		徐　才	副乡长	2009年2月—2011年3月	
		金沙河	副乡长	2011年3月—2012年4月	
		杨龙俊	党委委员	2012年4月—2013年2月	
		严　彬	副乡长	2013年2月—2014年12月	
31	西冲镇	朱德祥	副镇长	2004年1月—2005年6月	
		董明勇	党委委员	2005年6月—2006年4月	
		马成吉	副镇长	2006年4月—2011年8月	
		牛光道	副镇长	2011年8月—2013年2月	
		瞿五一	党委委员、副镇长	2013年2月—	
32	响水镇	毕　帅	副镇长	2004年1月—2006年6月	
		郭景能	副镇长	2006年6月—2011年11月	
		冯　刚	副镇长	2011年11月—2013年7月	
		陈　灏	党委委员	2013年7月—2013年12月	
		方　进	党委委员	2013年12月—2015年5月	
33	新民乡	黄学芳	党委委员、副乡长	1998年4月—2006年6月	
		欧阳振	党委委员、副乡长	2006年6月—2008年3月	
		靳林祥	党委委员、副乡长	2008年3月—2009年3月	
		李　波	党委委员、副乡长	2009年3月—2011年7月	
		王光兵	党委委员、副乡长	2011年7月—2014年12月	
34	羊场乡	杨兴亮	副乡长	2004年9月—2005年7月	
		蒋文刚	副乡长	2005年7月—2011年2月	
		袁广元	副乡长	2011年2月—2013年1月	
		张雨庭	副乡长	2013年1月—至今	
35	亦资街道办事处	夏政权	武装部长	2014年6—12月	
36	英武乡	杨　凡	副乡长	2004年1月—2011年8月	
		陈　伟	副乡长	2011年8月—2012年12月	
		贾国政	副乡长	2012年12月—	

续表1-10

序号	名　称	姓名	职务	任职起止时间	备　注
37	淤泥彝族乡	柳远辉	副乡长	2004年1月—2005年3月	
		黄太红	副乡长	2005年3月—2008年4月	
		甘明红	副乡长	2008年4月—2011年10月	
		张毕华	副乡长	2011年10月—2012年5月	
		毕仁良	副乡长	2012年5月—2013年3月	
		高　韧	副乡长	2013年3月—2014年10月	
		万　忠	副乡长	2013年10月—214年12月	
38	忠义乡	陈开泽	副乡长	2004年1月—2006年7月	
		耿明丽（女）	副乡长	2006年7月—2008年4月	
		刘武华	副乡长	2008年4月—	
39	珠东乡	刘家勇	党委委员、副乡长	2004年2月—2006年8月	
		李洪林	党委委员、副乡长	2006年8月—2007年8月	
		蒋先昕	党委委员、副乡长	2007年8月—2008年4月	
		李洪林	党委委员、副乡长	2008年4月—2011年12月	
		叶黔云	党委委员、副乡长	2011年12月—2014年4月	
		刘　铸	党委委员、组织委员	2014年4月—2015年4月	
		叶黔云	党委委员、副镇长	2015年4月—	

盘县各乡（镇）安监站历届负责人名录

表1-11

序号	单位	姓名	职务	任职起止时间
1	红果站	张普坤	负责人	2006年12月—2007年3月
		赵　飞	负责人	2007年3月—2011年11月
		王丕科	负责人	2011年11月—2013年2月
		张　伟	负责人	2013年2月—2015年4月
		黄共云	负责人	2015年5月—
2	大山站	高　韧	负责人	2006年12月—2007年8月
		杨　帆	负责人	2007年8月—2011年11月
		蒋先锋	负责人	2011年11月—2012年7月
		金　华	负责人	2012年7月—2013年2月
		彭昌锁	负责人	2013年2月—2013年7月
		姜　锋	负责人	2013年7月—2015年10月
		瞿家笔	负责人	2015年10月—
3	新民站	严双江	负责人	2011年11月—
4	西冲站	牛学坤	负责人	2011年11月—

续表1-11

序号	单位	姓名	职务	任职起止时间
5	洒基站	陈　锋	负责人	2011年11月—2015年4月
		赵德荣	负责人	2015年5月—
6	羊场站	金良友	负责人	2006年12月—2008年1月
		肖慈恒	负责人	2008年1月—2011年11月
		柳光荣	负责人	2011年11月—2013年7月
		司　睿	负责人	2013年8月—
7	柏果站	周　晨	负责人	2006年12月—2010年2月
		万　忠	负责人	2010年2月—2011年11月
		冯军平	负责人	2011年11月—2012年4月
		陈　颢	负责人	2012年4月—2013年2月
		瞿正发	负责人	2013年2月—2013年7月
		彭昌锁	负责人	2013年7月—
8	水塘站	李慕湘	负责人	2011年11月—2013年7月
		唐　江	负责人	2013年8月—2015年6月
		董鑫慧	负责人	2015年7月—
9	滑石站	吴　平	负责人	2011年11月—2015年5月
		邓　飚	负责人	2015年5月—
10	板桥站	路　鹏	负责人	2011年11月—2013年7月
		彭泽勇	负责人	2013年7月—
11	石桥站	董继平	负责人	2011年11月—2013年2月
		王　祥	负责人	2013年2月—2013年7月
		桑征富	负责人	2013年7月—
12	盘江站	张雨庭	负责人	2011年11月—2013年2月
		万　忠	负责人	2013年2月—2013年12月
		朱　华	负责人	2013年12月—
13	鸡场坪站	刘小龙	负责人	2011年11月—2013年8月
		张朝维	负责人	2013年8月—2015年6月
		张　华	负责人	2015年6月—
14	响水站	丁伟庚	负责人	2011年11月—2012年1月
		方　进	负责人	2012年1月—2013年8月
		王　伟	负责人	2013年8月—
15	松河站	严　彬	负责人	2011年11月—2013年2月
		邓　飚	负责人	2013年2月—2013年7月
		黄照碧	负责人	2013年7月—2015年1月
		刘　颖	负责人	2015年1月—

续表1-11

序号	单位	姓名	职务	任职起止时间
16	普古站	彭昌锁	负责人	2011年11月—2013年2月
		黄照碧	负责人	2013年2月—2013年7月
		张　尘	负责人	2013年8月—
17	淤泥站	吴勋安	负责人	2006年12月—2008年1月
		刘德华	负责人	2008年1月—2011年5月
		高　韧	负责人	2011年5月—2011年11月
		毕仁良	负责人	2011年11月—2012年4月
		张雨庭	负责人	2012年4月—2013年2月
		甘朝先	负责人	2013年2月—2014年4月
		杜应鹤	负责人	2014年4月—2015年9月
		鲍　荣	负责人	2015年9月—
18	平关站	唐大宇	负责人	2011年11月—2015年7月
		张朝维	负责人	2015年7月—
19	断江站	陈　颢	负责人	2011年11月—2012年5月
		刘　恒	站长	2012年5月—
20	火铺站	何荣辉	负责人	2011年11月—2013年2月
		唐　江	负责人	2013年2月—2013年7月
		路　鹏	负责人	2013年7月—2015年6月
		汤　浩	负责人	2015年6月—
21	乐民站	金　春	负责人	2006年12月—2009年12月
		方　进	负责人	2009年12月—2011年11月
		蒋　涛	负责人	2011年11月—2013年11月
		黄共云	负责人	2013年11月—2015年5月
		吴　俊	负责人	2015年5月—
22	老厂站	江信国	负责人	2011年11月—2013年8月
		李慕湘	负责人	2013年8月—
23	保田站	杨　帆	负责人	2012年11月—2013年7月
		刘　俊	负责人	2013年8月—
24	两河站	吴广田	负责人	2012年11月—2015年5月
		吴　平	负责人	2015年5月—
25	坪地站	张　尘	负责人	2012年11月—2013年7月
		邓　飚	负责人	2013年7月—2015年5月
		陈　锋	负责人	2015年5月—
26	刘官站	沈天福	负责人	2012年11月

三、水城县

1. 安全监管局

2004年7月，在县安委办的基础上组建县安全监管局，为县政府直属正科级事业单位（参公管理）。2010年，调整为县政府工作部门。

在2013年的机构改革中，增设县安全生产执法监察局，加挂“县煤矿安全监管局”牌子，实行两块牌子、一套人员的工作机制，简称“水城县安全执法监察局（水城县煤安局）”，县安全监管局不再加挂“水城县煤矿安全监管局”。撤销县安全监管局内设机构煤矿安全监管股和国有及国有控股煤矿安全监管股，其职责划入县安全执法监察局（县煤安局），是隶属于县安全监管局的副科级事业单位。将县安全监管局安全生产应急救援和信息统计职责与县安全生产应急救援站、县煤炭安全应急救援大队职责整合，设置县安全信息调度中心，加挂县安全生产应急救援指挥中心牌子，实行两块牌子、一套人员的工作机制，为财政全额预算管理的股级事业单位，隶属于县安全监管局。

县安全监管局内设机构四个：办公室、政策法规股、职业卫生安全监管股、非煤监管股；事业单位34个：县安全信息调度中心（县安全生产应急救援指挥中心）、33个乡（镇）安监站。

2. 执法监察局

县安全执法监察局内设机构7个：综合股、安全技术监察股、地方煤矿安全监管股、国有煤矿安全监管股、煤矿事故调查股、非煤行业监察股、其他行业领域监察股。

3. 乡镇安监站

2008年9月，分片区成立滥坝、阿戛、玉舍、木果、保华、杨梅、蟠龙、比德、龙场、发耳等10个片区安监站。

2010年，增设勺米、陡箐、化乐、金盆、鸡场、都格、猴场、发箐、纸厂、双戛、新街、青林、南开、米箩、顺场、野钟、果布戛、红岩、董地安监站。

2011年8月20日，水城县33个乡（镇）的煤炭管理站与安监站整合，按乡（镇）设立安监站，为县安全监管局设在乡（镇）的派出机构，由县安监局统一管理。各乡（镇）安监站的人员配备：产煤乡（镇）5—15名；非产煤乡（镇）3—4名。所有乡镇共核定事业编制198名。

2012年7月，煤炭管理站撤销，其职责和人员划入安全生产监督管理站，统一由县安全监管局管理。同时，原县煤炭局对煤矿的日常安全监管职责，全部交由县安全监管局承担。

水城县政府历届分管安全生产领导名录

表1-12

姓　名	职　务	任职起止时间	备　注
何　枢	副县长	2004年1月—2005年9月	
王建光	常务副县长	2005年9月—2005年12月	代管
范存文	副县长	2005年12月—2006年8月	
张　宁	副县长	2006年8月—2009年10月	
邓志宏	常务副县长	2009年10月—2010年3月	代管
肖　明	副县长	2010年4月—2013年3月	
贺小考	副县长	2013年3月—2016年8月	
伍广向	副县长	2016年8月起	

水城县安全监管局（执法监察局）历届领导名录

表1-13

姓名	职务	任职起止时间
欧阳利忠	局长	2004年7月—2006年3月
陈安卫	局长	2006年3月—2009年6月
徐应华	局长	2009年6月—2012年3月
朱宪武	局长	2012年3月—2013年3月
李卫华	局长	2013年3月—
	副局长	2005年8月—2012年6月
周丕昌	总工程师	2005年12月—2008年11月
李贞平	副局长	2008年12月—2015年3月
	专职副局长	2013年5月—2015年3月
刘万伦	副局长	2008年12月—
	专职副局长	2015年3月—
杨玉乾	副局长	2012年6月—2013年2月
陈振华	副局长	2013年10月—
颜绍军	副局长	2013年8月—
陈洪刚	副局长	2013年11月—

水城县乡（镇）历届分管安全生产领导名录

表1-14

名　称	姓名	职务	任职起止时间	备注
蟠龙镇	杨岱明	副乡长	2004年2月—2005年11月	蟠龙乡
	漆友明	副乡长	2006年2月—2008年5月	
	朱亚辉	副乡长	2008年6月—2008年11月	
	陈化开	副乡长	2008年12月—2009年3月	
	朱志鹏	副乡长　乡长	2009年4月—2011年10月	
	朱辉鑫	副镇长	2011年11月—2015年1月	
比德乡	左光德	副书记	2004年1月—2005年12月	比德镇
	罗　周	副乡长	2005年12月—2006年8月	
	付　达	副乡长	2006年8月—2008年1月	
	曹　浪	副乡长	2008年1月—2011年11月	
	李有德	副乡长	2011年11月—2013年7月	
	徐　芳	副镇长	2013年7月—2014年11月	
	马江龙	副镇长	2014年11月—2014年12月	
保华镇	韩　勇	副乡长	2004—2006年	保华乡
	刘　波	副乡长	2006—2012年	
	杨德礼	副乡镇长	2012年—2015年9月	
金盆乡	安全达	副乡长	2004年3月—2006年3月	
	陆明忠	副乡长	2006年4月—2011年10月	
	代有生	副乡长	2011年11月—2012年7月	
	李学军	副乡长	2012年8月—2015年12月	
南开乡	杨　文	副乡长	2004年1月—2006年10月起	
	唐玉刚	武装部长	2006年11月—2008年10月	
	曾志茂	武装部长	2008年11月—2010年7月	
	王云彪	科技副乡长	2010年8月—2010年11月	
	顾　春	副乡长	2010年12月—2011年10月	
	汪章钧	副乡长	2011年11月—2012年7月	
	肖黎明	副乡长	2012年8月—2013年8月	
	罗　华	副乡长	2013年9月—2014年2月	
	谢贵华	科技副乡长	2014年2月—2015年4月	

续表1–14

名　称	姓名	职务	任职起止时间	备注
青林乡	韩德仁	乡党委委员 武装部长	2004年1月—2005年12月	
	陈　渊	乡党委委员 政府副乡长	2006年1月—2009年12月	
	段治平	乡党委委员 政府副乡长	2010年1月—2011年12月	
	李　羽	乡党委委员 政法委书记 武装部长	2012年1月—2013年12月	
	陈渊乡	乡党委委员 政府副乡长	2014年1—12月	
新街乡	周明友	副乡长	2004年1月—2007年11月	
	李　红	副乡长	2007年11月—2011年11月	
	周遵祥	副乡长	2011年11月—2014年12月	
野钟乡	刘厚军	副乡长	2004年1月—2006年12月	
	刘开峰	副乡长	2006年1月—2010年10月	
	杨　华	副乡长	2010年10月—2015年8月	
营盘乡	段国凯	副乡长	2004年6月—2011年10月	
	罗明远	副乡长	2011年11月—2014年12月	
玉舍镇	顾向阳	副乡长	2004年1月—2007年8月	
	王家鸿	副乡长	2007年8月—2009年7月	
	肖　维	副乡长	2009年7月—2011年8月	
	黄　勇	副镇长	2011年8月—2014年10月	
	王光能	副镇长	2014年10月—	
阿戛镇	何龙华	副乡长	2004年1月—2005年12月	阿戛乡
	郭太文	副乡长	2005年12月—2006年3月	
	徐再庆	副乡长	2006年3月—2011年8月	
	谢玉鸣	副乡长	2011年8月—2014年4月	
	刘桂平	副主任科员	2014年4月—2015年8月	
盐井乡	王其军	副乡长	2004年1月—2006年1月	
	王德全	副乡长	2006年1月—2009年1月	
	鲁奇海	副乡长	2009年1月—2010年1月	
	雷　永	副乡长	2010年1月—2011年8月	
	徐再庆	副乡长	2011年1月—2015年1月	
鸡场镇	李石佩	副乡长	2004年1月—2004年12月	
	王　尧	副乡长	2005年1月—2006年12月	
	邹云钦	副乡长	2007年1月—2011年6月	
	鲍　涛	副乡长	2011年7月—2014年12月	

续表1-14

名　称	姓名	职务	任职起止时间	备注
红岩乡	范召鹏	副乡长	2004年1月—2007年1月	
	李友德	副乡长	2007年1月—2012年1月	
	王浦篱	副乡长	2013年1月—2014年12月	
	刘松霖	副乡长	2014年12月—2015年7月	
陡箐乡	陈全魁	副乡长	2003年—2006年10月	
	吴　均	副乡长	2006年10月—2013年7月	
	蒋开铭	副乡长	2013年7月—2014年10月	
	刘　波	副乡长	2014年10月—2015年3月	
顺场乡	孔维新	副乡长	2004年1月—2005年5月	
	朱　炟	副乡长	2005年6月—2009年10月	
	何卫东	副乡长	2009年11月—2011年6月	
	廖大发	副乡长	2011年7月—2012年11月	
	李　刚	副乡长	2012年12月—2014年6月	
	廖大发	副乡长	2014年6月—2014年12月	
发箐乡	陈清华	副乡长（党委委员）	2004年1月—2006年8月	
	文忠琳	副乡长（党委委员）	2006年8月—2014年12月	
滥坝镇	吴洪波	副镇长	2004年1月—2006年11月	
	刘宗俊	副镇长	2006年11月—2009年4月	
	梁成立	副镇长	2009年4月—2011年8月	
	漆友明	副镇长	2011年8月—2013年3月	
	吉　哲	副镇长	2013年3月—2014年9月	
	魏　沥	政法委书记 武装部长	2014年9月—2014年11月	
	吉　哲	副镇长	2014年12月止	
花戛乡	刘石亮	武装部长	2004年1月—2015年1月	
	杨大能	乡长助理	2005年1月—2006年1月	
	杨昌恒	副乡长	2006年1月—2007年3月	
	李　明	副乡长	2007年3月—2008年4月	
	张　良	副乡长	2008年4月—2010年2月	
	马庆鸫	副乡长	2010年2月—2012年2月	
	刘跃赋	副乡长	2012年2月—2013年3月	
	邱继勇	副乡长	2013年3月—2014年12月	

续表1-14

名　称	姓名	职务	任职起止时间	备注
果布戛乡	陈顺福	副乡长	2005年—2006年10月	
	廖光能	副乡长	2006年10月—2008年3月	
	程永平	副乡长	2008年3月—2013年1月	
	秦国胜	副乡长	2013年—	
化乐镇	肖　昕	副乡长	2004年1月—2006年7月	
	李玉松	副乡长	2006年8月—2007年12月	
	曹　炜	副镇长	2008年1月—2011年11月	
	鄢卫国	副镇长	2011年12月—2015年8月	
纸厂乡	陈志文	副乡长	2004年1月—2006年7月	
	徐兴军	副乡长	2006年7月—2010年5月	
	孙孝德	副乡长	2010年5月—2011年7月	
	徐兴军	副乡长	2011年7月—2012年5月	
	王德章	副乡长	2012年5月—2015年7月	
都格镇	陈　刚	副乡长	2004年1月—2004年6月	
	汪能新	副乡长	2004年6月—2006年8月	
	陈　刚	副乡长	2006年8月—2008年4月	
	廖官伦	副乡长	2008年4月—2009年2月	
	李厚洪		2009年2月—2010年8月	
	廖官伦	副乡长	2010年8月—2011年8月	
	李石佩	副乡长	2011年8月—2011年11月	
	姜柳过	副乡长	2011年11月—2012年6月	
	李石佩	副乡长	2012年6月—2014年3月	
	朱勋波	副乡长	2014年3月—2015年4月	
发耳镇	陆朝平	副乡长	2004年1月—2005年6月	
	赵开胜	副乡长	2005年7月—2006年8月	
	刘　亮	副乡长	2006年9月—2008年12月	
	罗发林	副镇长	2009年1月—2013年8月	
	黄　巍	副镇长	2013年9月—2014年12月	

续表1-14

名　称	姓名	职务	任职起止时间	备注
木果镇	左先贵	副镇长	2004年1月—2008年1月	
	罗元刚	副镇长	2008年1月—2011年8月	
	杨福锦	副镇长	2011年8月—2013年4月	
	杨晋东	副镇长	2013年4月—2014年4月	
	赵音缘	副镇长	2013年8月—2015年7月	
董地乡	张永贤	副乡长	2004年1月—2006年11月	
	赵庆林	副乡长	2006年11月—2007年12月	
	张永贤	副乡长	2008年1月—2011年11月	
	覃克勇	副乡长	2011年11月—2012年6月	
	何　霖	副乡长	2012年6月—2013年6月	
	曾　健	副乡长	2013年11月—2015年7月	
猴场乡	罗能辉	副乡长	2004年1月—2007年7月	
	杨玉乾	副乡长	2007年7月—2011年7月	
	刘凡恩	副乡长	2011年7月—2013年5月	
	黄英（女）	副乡长	2013年5月—2014年5月	
	罗　华	副乡长	2014年5月—2014年12月	
勺米镇	李辉林	副镇长	2006年1月—2007年1月	
	胡金华	副镇长	2007年1月—2012年12月	
	崔同云	副镇长	2013年1月—2013年12月	
	陈立新	副镇长	2014年1月—2014年12月	
米箩乡	吴顺文	副乡长	2007年1月—2008年12月	
	王维越	副乡长	2009年1月—2012年12月	
	王明朝	副乡长	2012年12月—2014年12月	
老鹰山镇	蒋朝明	副镇长	2004年1月—2006年8月	
	张　平	副镇长	2006年6月—2009年8月	
	吕荣军	副镇长	2009年10月—2010年9月	
	蔡劲松	副镇长	2010年10月—2013年6月	
	晏　尧	副镇长	2013年6月—2014年12月	

续表1-14

名　称	姓名	职务	任职起止时间	备注
坪寨乡	陈顺友	副乡长	2004年1月—2005年8月	
	石元军	副乡长	2005年9月—2006年9月	
	蒋明尚	副乡长	2006年10月—2009年12月	
	王安佳	副乡长	2010年1月—2011年7月	
	石福春	副乡长	2011年8月—2015年7月	
杨梅乡	邹云钦	副乡长	2004年1月—2006年10月	
	刘纯玉	副乡长	2006年11月—2010年4月	
	刘纯玉	副乡长	2006年11月—2010年4月	
	杨雄志	副乡长	2011年8月—2012年8月	
	杨　楠	副乡长	2012年8月—2013年7月	
	李定海	副乡长	2013年8月—2014年8月	
龙场乡	龙　场	副乡长	2003年4月—2008年10月	
	陈　启	副乡长	2008年10月—2011年12月	
	范　志	副乡长	2012年1月—2013年9月	
	陈登相	副乡长	2013年9月—2015年9月	

水城县各乡镇安全监管站历届负责人名录

表1-15

名　称	姓名	任职起止时间	备注
蟠龙安监站	陈大强	2004年1月—2004年12月	
	郭光俊	2005年1月—2007年12月	
	王顺祥	2008年1月—2011年10月	
	张　涛	2011年10月—2013年2月	
	陈天龙	2013年3月—2015年2月	
玉舍安监站	董文雄	2010年8月—2012年12月	
	张林海	2012年12月—2013年3月	
	王勤俭	2013年3月—2015年2月	
老鹰山安监站	惠兴江	2004年7月—2010年5月	老鹰山镇自2012年划入水城县管辖
	尹　俊	2010年5月—2012年1月	
	张红永	2012年1月—2014年1月	
	鄢　嵩	2014年1月—2015年2月	

续表1-15

名　称	姓名	任职起止时间	备注
发耳安监站	杨　赟	2010年11月—2012年7月	
	梅德贵	2012年7月—2013年3月	
	李劲松	2013年3月—2015年2月	
陡箐安监站	杨　赟	2007年11月—2010年11月	
	陈天龙	2010年11月—2013年2月	
	张　涛	2013年2月—2013年6月	
	李荣猛	2013年10月—2015年2月	
纸厂安监站	蒋明锐	2005年8月—2009年10月	
	王　亮	2010年6月—2011年10月	
	宋良泉	2011年10月—2012年7月	
	杨　赟	2012年7月—2015年2月	
阿戛镇安监站	陈大强	2004年1月—2005年12月	属于片区安监站 代管盐井乡
	谭赤元	2005年12月—2008年7月	
	荀　智	2008年7月—2010年6月	
	潘朝刚	2010年6月—2013年2月	
	蒋明锐	2013年2月—2013年3月	
	王天荣	2013年3月—2015年2月	
米箩安监站	伍开雄	2010年8月—2012年10月	2010年成立
	易崇斌	2012年10月—2013年2月	
	刘　星	2013年2月—2013年7月	
	宋　岩	2013年8月—2013年11月	
	聂　智	2013年11月—2014年	
木果安监站	杨　赟	2010年7月—2010年10月	
	梅德贵	2013年—2014年9月	
	彭　赟	2014年9月—2015年2月	
勺米安监站	胡　斌	2006年4月—2007年7月	
	胡　黔	2007年8月—2010年5月	
	陈全魁	2010年6月—2012年3月	
	樊贤海	2012年4月—2015年2月	

续表1-15

名　称	姓名	任职起止时间	备注
红岩安监站	王顺祥	2005年8月—2009年5月	
	胡　斌	2010年3月—2011年4月	
	杨代雄	2011年4月—2012年2月	
	聂　智	2012年2月—2013年11月	
	袁志祥	2013年11月—2015年2月	
化乐安监站	兰双龙	2010年4月—2013年2月	
	潘潮刚	2013年2月—2013年7月	
	张　涛	2013年7月—2014年3月	
	兰双龙	2014年3月—2015年2月	
南开安监站	聂　智	2010年8月—2012年2月	
	王天荣	2012年2月—2013年4月	
	汤麒霖	2013年4月—2014年	
金盆安监站	王天荣	2010年10月—2012年2月	
	杨代雄	2012年3月—2015年2月	
猴场安监站	甘　平	2005年5月—2007年3月	
	刘忠举	2013—2008年	
	兰双龙	2008—2011年	
	杨玉乾	2011年1月—2012年8月	
	陈　林	2012年8月—2013年8月	
	甘　平	2013年8月—2015年2月	
发箐安监站	何龙华	2010年8月—2012年5月	
	王　平	2012年4月—2013年2月	
	朱祥尧	2013年2月—2013年6月	
	潘德和	2013年6月—2013年11月	
	张　涛	2013年11月—2015年2月	
鸡场安监站	甘　平	2002年6月—2004年9月	
	瞿加朋	2010年9月—2013年2月	
	周培祥	2013年3月—2015年2月	
董地安监站	瞿加朋	2007年12月—2008年1月	
	蒋明锐	2009年10月—2010年8月	
	李辉林	2010年8月—2015年2月	

续表1-15

名　称	姓名	任职起止时间	备注
比德安监站	李发军	2004年5月—2008年4月	
	瞿加朋	2008年4月—2010年8月	
	李辉林	2010年8月—2013年2月	
	陈洪刚	2013年2月—2013年10月	
	孔繁华	2013年10月—2015年2月	
保华安监站	兰双龙	2013年2月—2013年11月	
	潘德和	2013年11月—2015年2月	
新街安监站	陈显阳	2010年10月—2012年11月	
	李　洵	2012年11月—2013年10月	
	马光勤	2013年11月—2014年	
青林安监站	严　伟	2010年8月—2012年4月	
	徐　昆	2012年4月—2014年2月	
	徐德刚	2014年2月—2015年4月	
营盘安监站	黄先庆	2010年10月—2012年4月	
	王　斌	2012年4月—2014年	
龙场安监站	黄先庆	2008年9月—2010年8月	
	张峻瑚	2010年8月—2014年	
双戛安监站	杨　湧	2005年11月—2009年3月	2013年双戛乡划归钟山区
	李辉林	2009年4月—2010年8月	
	范梦柄	2010年8月—2012年5月	
	谢志雷	2012年5月—2013年5月	
滥坝安监站	吴忠婷（女）	2004年1月—2009年3月	
	马永黎	2009年3月—2013年6月	
	朱祥尧	2013年6月—	
杨梅安监站	刘　恒	2009年9月—2014年	
果布戛安监站	陈福云	2008年3月—2014年	
顺场安监站	朱绍江	2008年9月—2012年4月	
	黄先庆	2012年4月—2014年	
都格安监站	刘　恒	2004年1月—2009年9月	
	王建仁	2009年9月—2012年4月	
	周培祥	2012年4月—2013年2月	
	瞿加朋	2013年3月—2014年	

四、钟山区

1. 安全监管局

2003年4月9日，钟山区政府第32次常务会议，同意成立区安全监管局，为正科级区政府直属事业局。

2003年4月25日，经钟山区政府《关于印发钟山区安全生产监督管理局机构编制方案的通知》，批准设置区安全监管局，与区安委办一个机构、两块牌子。区安全监管局设3个职能股（室）：办公室、政策法规股、安全监管股。定事业编11名（含工勤人员编制2名）。定局长职数1名、副局长职数2名、副主任科员职数1名，正副股长（主任）职数3名。纳入参照试行国家公务员管理。

2004年6月29日，区政府《关于印发钟山区安全生产监督管理局机构编制方案的通知》，明确安全监管局为区政府委托行使安全监管职能的直属事业局。

2005年1月15日，钟机编〔2005〕2号，区安全监管局安全监管股分设为安全监管一股和安全监管二股，增设股长职数1名。经调整区安全监管局内设机构为4个：办公室、安全监管一股、安全监管二股、政策法规股。

2006年6月5日，钟山区委专题会议纪要〔2006〕4号，同意安监局设立安监三股，负责国有大企业安全监管。核定事业编2人。

2010年3月16日，区安全监管局调整为政府工作部门，班子成员按1正、2副配备。3月25日，钟府办发〔2010〕7号，钟山区政府机构改革方案，机构设立：钟山区安全监管局。5月27日，钟府办发〔2010〕76号，明确内设机构2个：办公室、安全监管股（安全应急股）。人员编制：定行政编制5名；领导职数为局长1名、副局长2名、正副股长2名；工勤人员编制2名。所有人员，由区财政全额预算管理。

2011年6月28日，明确区安全监管局负责全区职业健康监管职责。

2012年3月20日，区安全监管局内设机构调整为：办公室、煤矿安全监管股、非煤行业安全监管股（职业安全与健康监管股）。

2013年2月26日，在区安全监管局（区煤安局）内设机构煤矿安全监管股，并加挂"国有煤矿安全监管股"牌子。

2014年11月15日，钟山区印发《钟山区安全生产监督管理局主要职责内设机构和人员编制规定》。区安全监管局核定行政编制6名，定局长1名，副局长3名，股长、主任2名，其中1名副局长兼任股室负责人（在岗8名，其中1名局长，3名副局长，4名科员）；机关工勤编制2名（在岗2名，其中1名机关技师、1名机关高级工）。设3个股室，其中含监督检查人员的股室有2个，非煤行业安全监管股（职业安全与健康监管股）在岗人员6名；危险化学品与烟花爆竹监管股在岗人员4名。

区安全执法监察局（煤安局）为区安全监督局下属副科级事业单位，内设5个股室。其中：含监督检查人员的股室有4个，国有煤矿监察室在岗人员5名；地方煤矿监察室在岗人员5名；非煤综合执法室在岗人员6名；事故调查室在岗人员4名，共计34名。

2. 乡镇安监站

2003年4月25日，成立汪家寨、大湾、老鹰山安监站，为区安全监管局派出机构。

2005年12月2日，在产煤镇、街道办事处单独设置安监站（大湾镇、大河镇、汪家寨镇、老鹰山镇、德坞街道办事处）。

2011年11月4日，乡、镇、办的煤炭管理站与安监站整合设站，统归区安全监管局管理。

2013年2月26日，按钟机编〔2013〕3号，在区各街道办事处设置安监站，为区安全监管局设在街道办事处的派出机构。

历数次机构改革后，现有安监站：黄土坡、红岩、荷泉、凤凰、荷城、杨柳、月照、双戛、德坞、大河、汪家寨、大湾等12个。

2014年12月5日，核定所有站事业编制114名。其中：管理人员65名、专业人员46名、工勤人员3名。领导职数：站长12名（股级）、副站长4名（副股级）。

3. 技术服务指导中心

2006年7月30日，按钟机编复〔2006〕10号，成立区安全生产技术服务指导中心。事业编制8名，股长1名，副股长1名。

2010年10月29日，按钟机编〔2010〕22号，区安全生产技术服务指导站更名为：区安全生产综合管理站，财政全额预算管理，核定事业编制8名。其中：站长1名(股级)，副站长1名（副股级），工作人员6名。

2013年4月25日，成立钟山区安全信息调度中心，加挂“钟山区安全生产应急救援指挥中心”牌子，为区财政全额预算的正股级事业单位，隶属于区安全监管局管理。

2014年12月5日，核定事业编制14名，其中：管理人员7名、专业技术人员6名、工勤人员1名。

4. 执法大队

2010年8月20日，按钟机编〔2010〕12号，成立区安全生产执法大队。核定事业编制6名，队长1名（副科级），副队长1名（正股级），工作人员3名，工勤人员1名。

5. 执法监察局

2013年4月25日，区安全生产执法大队更名为“区安全生产执法监察局”，加挂“区煤安局”（2011年11月10日成立）牌子，与区安全监管局实行两块牌子、一套人员的工作机制，为财政全额预算的副科级事业局，隶属于区安全监管局。内设机构5个：综合室、地方煤矿安全监察室、国有煤矿安全监察室、非煤行业综合执法监察室、事故调查室。2014年12月5日，核定事业编制32名，其中管理人员17名，专业技术人员12名，工勤人员3名。

钟山区人民政府历任分管安全生产领导名录

表1-16

姓　名	职务	任职起止时间
陆继斌	副区长	2003年6月—2004年3月
徐东贵	副区长	2004年4月—2005年7月
肖　一	副区长	2005年8月—2009年12月
李　明	副区长	2010年1月—2010年3月
方裕谦	副区长	2010年4月—2011年11月
黎家良	副区长	2011年11月—

钟山区安全监管局（执法监察局）历任领导名录

表1-17

姓　名	职　务	任职起止时间
王艺海	局长　党组书记	2003年3月—2005年8月
	党组书记	2005年9月—2008年3月
李毕杭	副局长	2003年5月—2007年2月
吴国军	副局长	2004年12月—2009年10月
吴　洪	局长　党组副书记	2005年8月—2008年3月
	局长　党组书记	2008年4月—2009年10月
王　荣	副局长	2003年5月—2005年12月
	副局长	2006年6月—2009年9月
	副局长主持工作	2009年10月—2010年2月
	局长	2010年3月—2010年5月
张　平	副局长	2009年10月—2010年5月
	副局长主持工作	2010年6月—2011年4月
	局长　党组书记	2011年5月—2012年2月
李中杨	副局长	2010年11月—2015年9月
邹立宏	局长、党组书记	2012年3月—2012年9月
李晓荣	副局长	2005年12月—2006年7月
	副局长	2010年3月—2012年8月
	副局长主持工作	2012年9月—2013年1月
	党组书记	2013年1月—2014年7月
	局长	2013年2月—2014年7月

续表1-17

姓　名	职　务	任职起止时间
李兴德	副局长	2012年12月—2015年9月
蔡劲松	执法局专职副局长	2013年12月—
罗　泳	副局长	2013年12月—
褚永祥	局长、党组书记	2014年8月—
刘发俊	执法局副局长	2015年12月—

钟山区各乡镇（社区）分管安全生产工作历任领导名录

表1-18

名　称	姓名	职务	任职起止时间	备　注
黄土坡社区	胡左洪	党委委员　副主任	2014年8月—	
建设路社区	胡兴瑞	社区副主任	2014年7月—	
红岩社区	晏　军	武装部长	2013年3月—2014年7月	
	胡传敏（女）	副主任	2014年8月—2015年7月	
荷泉社区	蒋　平	主任	2013年1月—12月	
	姜顺军	主任	2014年1月—05月	
	晏　军	议事会主任　党委委员	2014年6月—	
荷城社区	吉庆华	副主任	2004年1月—2006年8月	
	赵庆尧	人大主任	2006年9月—2011年9月	
	谷立新	人大主任	2011年9月—2012年10月	
	刘国军	副主任	2012年10月—2013年2月	
	冯伟庆	副主任	2013年3月—2014年7月	
	吉庆华	党委委员	2014年8月—	
杉树林社区	杜　平	党委委员　副主任	2014年8月—2015年4月	
杨柳社区	张兴超	主任	2014年8月—	
场坝社区	孔令涛	副主任	2014年8月—2015年5月	
凤凰社区	周　教	副主任	2014年8月—2015年5月	
广场社区	陈德华	副主任	2014年8月—2015年7月	
明湖社区	姜顺军	党委副书记	2014年8月—	2014年8月成立

续表1-18

名　称	姓名	职务	任职起止时间	备　注
德坞社区	万艳明	党委委员　副主任	2014年9月—2015年4月	2014年9月成立
西宁社区	刘　清	党委委员　副主任	2014年9月—2015年6月	2014年9月成立
月照乡	赵庆强	党委委员　人武部长	2004年1月—2006年6月	
	顾　勇	党委委员　人武部长	2006年7月—2010年12月	
	张兴超	党委委员　副乡长	2011年1月—2012年12月	
	杜　锦	党委委员　副乡长	2013年1月—2013年2月	
	顾　勇	党委委员　人武部长	2013年3月—2014年12月	
大河镇	谢红政	副镇长	2004年1月—2005年1月	
	张建平	副镇长	2005年1月—2008年3月	
	徐运畅	党委委员　副镇长	2008年3月—2009年8月	
	朱　军	党委委员　副镇长	2009年8月—2013年1月	
	钱　龙	党委委员　副镇长	2013年1月—	
汪家寨镇	张建平	副镇长	2004年1月—2006年6月	
	张　平	副镇长	2006年6月—2009年9月	
	吴国军	副镇长	2009年10月—2013年1月	
	张　阳	副镇长	2013年2月—2015年8月	
大湾镇	张有儒	副镇长	2004年1月—2005年4月	
	王　荣	党委委员　副镇长	2005年4月—2007年5月	
	徐大庆	党委委员　副镇长	2007年6月—2009年9月	
	王　荣	党委委员　副镇长	2009年9月—2011年4月	
	王　渊	党委委员　副镇长	2011年4月—2012年2月	
	梁　涛	党委委员　副镇长	2012年2月—2015年6月	
双戛乡	陆秀强	副乡长	2005年1月—2009年12月	
	李　涛	副乡长	2010年1月—2012年7月	
	李　晨	副乡长	2012年8月—2013年12月	
	瞿　丙	党委委员	2014年1月—2014年6月	
	李文海	副乡长	2014年7月—	

钟山区各乡镇安全监管站历任负责人名录

表1-19

站　名	姓名	任职起止时间	备　注
大河站	李　云	2006年10月—2008年2月	
	陈德学	2008年3月—2009年12月	
	王　云	2010年1月—2012年3月	
	郭正辉	2012年4月—2013年12月	
	李　华	2014年1月—	
汪家寨站	罗　辉	2006年11月—2012年11月	
	钱　龙	2012年12月—2013年2月	
	王国钊	2013年3月—2013年6月	
	喻　佳	2013年7月—2015年5月	
大湾站	喻泽金	2004年5月—2006年12月	
	郭正辉	2007年1月—2012年4月	
	孔孟然	2012年5月—2013年1月	
	王宇明	2013年2月—2015年3月	
德坞站	徐　强	2005年3月—2008年10月	分管德坞社区和西宁社区
	刘国军	2008年11月—2012年3月	
	王　云	2012年4月—2013年12月	
	郭正辉	2014年1月—2014年4月	
	胡昌贵	2014年4月—2015年2月	
凤凰站	尹致林	2007年9月—2013年12月	分管凤凰社区、广场社区、明湖社区
	张　炜	2014年1月—	
荷城站	蔡昌材	2006年11月—	分管杉树林和荷城社区
黄土坡站	胡左宏	2003年4月—2009年9月	分管黄土坡和建设路社区
	胡吉强	2009年10月—2012年12月	
	徐　强	2013年1月—	
月照站	严达斌	2006年10月—	

续表1-19

站　名	姓名	任职起止时间	备　注
双戛站	杨　勇	2005年7月—2008年3月	
	李辉林	2008年4月—2009年12月	
	范茂丙	2010年1月—2012年4月	
	谢志雪	2012年5月—2013年4月	
	王　贇	2013年5月—	
荷泉站	孙登山	2013年3月—	
红岩站	叶　勇	2013年9月—	
杨柳站	罗　辉	2013年4月—	分管杨柳和场坝社区

五、贵州钟山经济开发区（红桥新区）

贵州钟山经济开发区（以下简称“开发区”）位于市中心城区的东南侧，属市中心城区的组成部分。规划面积66.20平方公里，可建设用地约23平方公里，辖3个社区中心，7个行政村，17336人。开发区整体规划，由装备制造加工区、综合配套服务区、现代商贸物流区组成。开发区重点发展装备制造业、新医药及大健康产业、大数据产业、食品加工业、金融贸易和现代物流服务业，经过4年多的建设，园区内“七通一平”基本完成，引进了166个大中小型项目，形成了东部装备制造、中部综合配套、西部现代物流的格局。区域交通运输条件优越，已形成了集航空、铁路、公路、高速公路为一体的综合交通运输格局。规划区域距月照机场仅12公里，距六盘水500万吨/年发嘎坡铁路货场3公里。杭瑞高速公路、水黄高速公路均从规划区域内部经过并规划有双龙井、水城南两个高速下匝口，机场高速、滨河路在新区无障碍衔接。

2013年11月28日，六盘水编办发〔2013〕93号，同意开发区党工委、管委会增设职能机构安全监管局，挂“安全执法监察局”牌子，定领导职数：局长1名、专职副局长2名（正科级），所需人员编制在开发区现有行政编制内调剂。

2014年1月2日，钟工发〔2014〕4号，印发《贵州钟山经济开发区安全生产监督管理局内设机构设置方案》。定领导职数：局长1名、副局长2名（正科级）；内设2个科室，科室领导各1名，人员编制4名（不含局领导），经费由新区财政全额承担。

1.开发区管委会分管安全生产领导

陈勇（工委委员、管委会副主任）：2014年1月10日至今。

2. 开发区安全监管局历任领导名录

（1）王成奎：2014年1月10日—2014年11月15日；

(2)陈　勇：2014年11月16日—2015年2月5日；
(3)崔艳伦：2015年2月6日—2015年4月7日；
(4)程富刚：2015年4月7日至今。
3. 社区服务中心分管安全生产领导
(1)双龙社区服务中心
①谢玉荣：2014年2月17日—2014年11月11日。
②尹余富：2014年11月11日至今。
(2)石桥社区服务中心
①张志强：2014年1月—2014年9月；
②刘宗喜：2014年9月—2015年4月；
③胡亚霜：2015年5月—2015年8月；
④刘宗喜：2015年8月至今。
(3)红山社区服务中心
①刘宗俊：2014年1月—2014年5月；
②龙　广：2014年5月—2015年4月；
③刘宗俊:2015年4月—2015年8月；
④青　勇：2015年8月至今。

第三节　职　责

一、市安委会

在2004年、2010年、2012年，市政府先后对市安委会的主要工作职责作了三次调整和修改。

(一)2004年工作职责：

在市政府统一领导下，负责研究部署、指导协调全市安全生产工作；

研究提出全市安全生产工作的重大方针政策；

分析全市安全生产形势，研究解决安全生产工作中的重大问题；

必要时，协调水城军分区和武警支队、消防支队调集部队参加重、特大生产安全事故应急救援工作；

完成市政府交办的其他安全生产工作。

(二)2010年工作职责：

2010年，市政府印发《六盘水市人民政府办公室关于印发市安委会及各成员单位安全生产工作职责的通知》，调整后的工作职责：

在市政府领导下，负责研究部署、指导协调全市安全生产工作；

分析全市安全生产形势，制定全市安全生产工作的重大方针政策，研究解决安全生产工作中的重大问题；

制定各县、特区、区和市有关部门年度安全生产控制考核指标和工作任务，并对控制考核指标和工作情况进行考核；

研究提出煤炭行业管理中涉及安全生产的法规、重大方针政策和标准，指导煤炭行业加强安全管理和科技进步等基础工作，协调解决相关问题；

根据工作需要，协调水城军分区、市公安局和市武警支队参加较大生产安全事故应急救援工作；

完成省安委会和市政府交办的其他安全生产工作。

（三）2012年工作职责：

2012年，为落实安全生产“一岗双责”，构建完善安全生产责任体系，加强全市安全生产工作的领导，市安委会印发《关于调整市安委会及各成员单位安全生产工作职责的通知》，市政府对市安委会安全生产工作职责进行调整。调整后的工作职责：

在市政府领导下，负责研究部署、指导、协调全市安全生产工作；

分析全市安全生产形势，制定全市安全生产工作的重大方针政策，研究解决安全生产工作中的重大问题；

制定各县（特区、区）和市有关部门年度安全生产控制考核指标和工作任务，并对控制考核指标和工作情况进行考核；

研究提出煤炭行业管理中涉及安全生产的法规、重大方针政策和标准，指导煤炭行业加强安全管理和科技进步等基础工作，协调解决相关问题；

根据工作需要，协调水城军分区、市公安局和市武警支队参加重大生产安全事故应急救援工作；

根据事故调查组提出调查意见，研究对有关责任人和责任单位的处理意见；

完成省安委会和市委、市政府交办的其他安全生产工作。

二、市安委办

市安委办为市安委会常设办事机构。

（一）2004年工作职责：

研究提出安全生产重大方针政策和重要措施的建议；

监督检查、指导协调市政府有关部门和各县、特区、区政府的安全生产工作；

组织全市安全生产大检查和专项督查；

参与研究有关部门在产业政策、资金投入、科技发展等工作中涉及安全生产的相关工作；

负责组织重大生产安全事故调查处理和办理结案工作；

组织协调特大以上事故应急救援工作；

指导协调全市安全生产行政执法工作；

承办市安委会召开的会议和重要活动，督促、检查市安委会会议决定事项的贯彻落实情况；

承办市安委会交办的其他事项。

（二）2010年工作职责：

2010年，根据市政府办《关于印发市安委会及各成员单位安全生产工作职责的通知》，再次明确市安委会职责：

负责市安委会日常事务工作，承办市安委会的会议和重要活动，督促、检查市安委会会议决定事项贯彻落实情况；

监督检查、协调市安委会各成员单位和各县、特区、区政府的安全生产工作；

提出全市安全生产重大方针政策和重要措施的建议；

组织全市性安全生产大检查和专项督查；

参与研究有关部门在产业政策、资金投入、科技发展等工作中涉及安全生产的相关工作；

组织协调较大生产安全事故应急救援工作；

协调全市安全生产行政执法工作；

研究拟订年度安全生产控制考核指标和工作任务，并组织考核；

根据有关规定，负责组织相关较大事故调查处理和办理结案工作，适时对外公布事故调查处理结果；

承担市安委会协调煤炭行业管理涉及安全生产方面的工作，督促检查各项工作和措施的落实情况；

承办市政府和市安委会交办的其他事项。

（三）2012年工作职责：

2012年，为认真贯彻落实安全生产“一岗双责”工作职责，构建、完善六盘水市安全生产责任体系，加强对全市安全生产工作的领导，市安委会下发《关于调整市安委会及各成员单位安全生产工作职责的通知》，市政府对市安委办工作职责进行调整。具体为：

负责市安委会日常事务工作，承办市安委会的会议和重要活动，督促、检查市安委会会议议定事项贯彻落实情况；

监督检查、协调市安委会各成员单位和各县、特区、区政府的安全生产工作；

提出全市安全生产重大方针政策和重要措施的建议；

组织全市性安全生产大检查和专项督查；

参与研究有关部门在产业政策、资金投入、科技发展等工作中涉及安全生产的相关工作；

组织协调较大生产安全事故应急救援工作；

协调全市安全生产行政执法工作；

研究拟订年度安全生产控制考核指标和工作任务，并组织考核；

根据有关规定，负责牵头组织市安委办成员单位对管辖范围内的生产安全事故进行调查，适时对外公布事故调查处理情况，根据处理结果办理结案工作；

承担市安委会协调煤炭行业管理涉及安全生产方面的工作，督促检查各项工作和措施的落实情况；

承办市委、市政府和市安委会交办的其他事项。

三、市安全监管局

2004—2014年期间，市安全监管局的主要工作职责有过四次调整。

（一）2004年（第一次调整）

2004年，市安全监管局成立之时，主要工作是由以下部门的部分职责划入。它们是：

原市安委办职责；

原市经贸委承担的安全综合管理及矿山安全监察职责；

原市贸易合作局承担的危险化学品经营资格审查、登记发证职责；

原市公安局承担的烟花爆竹生产经营单位安全监管职责；

原市卫生局承担的作业场所职业卫生监督检查的职责。

因此，职能调整后，市安全监管局的主要职责是：

综合管理全市安全生产工作；研究拟定安全生产政策，研究拟定工矿商贸行业及有关综合性安全生产规章，并组织实施。

依法行使安全生产综合监督管理职权，指导、协调和监督有关部门安全生产监督管理工作；研究拟定全市安全生产发展规划；定期分析和预测全市安全生产形势，研究、协调和解决安全生产中的重大问题。

承担市安委会办公室日常工作。具体为：研究提出全市安全生产重大政策和重要措施的建议；监督、检查、指导、协调市有关部门和各县、特区、区人民政府的安全生产工作；组织全市安全生产大检查和专项督查；参与研究有关部门在产业政策、资金投入、科技发展等工作中涉及安全生产的相关工作；监督检查各县（特区、区）各有关部门和企事业单位贯彻执行安全生产方针、政策、法律、法规及安全生产责任制和“包保”责任制的落实；督促、检查市安全生产委员会会议决定事项的贯彻落实情况；组织、协调和配合重大、特大安全生产事故的调查处理；负责对重大事故调查报告的批复工作；组织、指挥和协调安全生产应急救援工作。

负责发布全市安全生产信息，综合管理全市安全生产伤亡事故调度统计工作，分析和预测安全生产形势，及时提出对策，并负责组织实施；起草有关安全生产的政策和规章。

负责综合监督管理危险化学品和烟花爆竹安全生产工作。负责危险化学品的登记、注册工作。

指导、协调全市安全生产检测检验工作，组织实施对工矿商贸企业安全生产条件和有关设备（特种设备除外）进行检测检验、安全评价、安全培训、安全咨询等社会中介组织的资质管理工作，并负责监督检查。

综合管理和监督企业安全生产工作，依法监督工矿商贸企业贯彻执行安全生产法规情况及其安全生产条件和有关设备（特种设备除外）、设施、材料及购置使用劳动防护用品的安全管理工作；依法查处不具备安全生产条件的生产经营单位。

依法监督检查新建、改建、扩建工程项目和技术改造项目的安全设施与主体工程同时设计、同时施工、同时投产（三同时）的使用情况，参加新、改、扩建工程和技术改造项目的安全评价、设计审查和竣工验收；依法监督检查重大危险源的监控和重大事故隐患的整改工作；组织推广安全技术和开展安全生产方面的交流与合作。

组织、指导全市安全生产宣传教育工作，负责安全生产监督管理人员、安全技术管理人员及企业主要经营管理者的培训、考核及执业资格的管理工作及安全资格认证；依法组织、指导并监督特种作业人员（特种设备作业人员除外）的培训、发证工作；监督检查生产经营单位安全人员培训工作。

根据《中华人民共和国安全生产法》并受市人民政府委托，对乡镇煤矿、压力容器等特种设备实施综合安全监管；对企业的工业卫生、防尘防毒设施进行日常监管。

负责非煤矿矿山企业和危险化学品、烟花爆竹生产企业安全生产许可证的颁发和管理，对建筑施工企业、民用爆破器材生产企业取得安全生产许可证的情况进行监督，根据有关法规，对涉及安全生产的事项需要审查批准（包括批准、核准、许可、注册、认证、颁发证照等）或验收的，依照规定的条件和程序进行审查，办理相关行政许可事项。

组织实施注册安全工程师执业资格制度，监督和指导注册安全工程师执业资格考试和注册工作。

承办市人民政府和省安监局交办的其他事项。

（二）2010年（第二次调整）

2010年，为进一步加强对全市安全生产工作综合监督管理和指导协调职责，加强对市直有关部门及县、乡两级政府的安全生产工作的监督检查职责，加强对全市煤矿企业的安全生产监管职责，市政府办下发《关于印发市安委会及各成员单位安全生产工作职责的通知》，再次对市安全监管局的工作职责进行补充完善。具体为：

组织起草安全生产地方性法规和规章草案，拟订安全生产政策和规划，指导协调安全生产工作，分析和预测安全生产形势，发布安全生产信息，协调解决安全生产中的重大问题。

承担全市安全生产综合监督管理责任，依法行使综合监督管理职权，指导协调、监督检查市政府有关部门和县、乡两级政府安全生产工作，监督考核并通报安全生产控制指标执行情况，监督事故查处和责任追究落实情况。

承担工矿商贸行业安全生产监督管理责任，按照分级、属地原则，依法监督检查工矿商贸生产经营单位贯彻执行安全生产法律法规情况及其安全生产条件、安全投入和有关设备（特种设备除外）、材料、劳动防护用品的安全生产管理工作，负责监督管理市管理的工矿商贸企业安全生产工作。

承担非煤矿矿山企业和危险化学品、烟花爆竹生产企业安全生产准入管理责任，依法组织并实施安全生产准入制度；负责危险化学品安全监督管理综合工作和烟花爆竹安全生产监督管理工作。

承担工矿商贸作业场所（煤矿作业场所除外）职业卫生监督检查责任，组织指导并监督职业安全健康培训工作；负责职业卫生安全许可证的颁发管理工作，组织查处职业危害事故和违法违规行为。

监督检查工矿商贸行业安全生产规章、标准和规程的实施，监督检查重大危险源监控和重大事故隐患排查排除治理工作，依法查处不具备安全生产条件的工矿商贸生产经营单位。

负责组织全市性安全生产大检查和专项督查，依法组织较大生产安全事故调查处理和办理结案工作，监督事故查处和责任追究落实情况。

负责组织指挥和协调安全生产应急救援工作，综合管理全市生产安全伤亡事故和安全生产行政执法统计分析工作。

负责煤矿安全综合监督管理。拟订煤炭行业管理中涉及安全生产的政策；拟订煤矿安全投入、安全装备、安全科技创新的规划和措施并督促落实；检查督促煤矿企业落实安全生产技术标准；组织开展全市煤矿安全专项整治和煤炭企业安全标准化工作；对煤炭建设项目提出建议，会同有关部门审核煤矿安全技术改造和瓦斯综合治理与利用项目；对煤矿安全生产违法行为依法进行监督管理；监督煤矿企业对安全生产隐患进行整改并组织复查；督促煤矿企业对煤矿职工开展安全生产技能和安全生产知识培训；指导协调小煤矿整顿关闭工作。

负责监督检查职责范围内新建、改建、扩建工程项目的安全设施与主体工程同时设计、同时施工、同时投产使用的有关工作。

组织指导并监督特种作业人员（特种设备作业人员除外）的考核工作和工矿商贸生产经营单位主要负责人、安全生产管理人员的安全资格考核工作，监督检查工矿商贸生产经营单位安全生产和职业安全培训工作。

指导协调全市安全生产检测检验工作，监督管理安全生产社会中介机构和安全评价工作，监督和指导注册安全工程师执业资格考试和注册管理工作。

组织指导协调和监督全市安全生产行政执法工作。

组织拟订全市安全生产科技规划，指导协调安全生产科研和科技成果推广工作。

组织开展安全生产方面的对外交流与合作。

承担市安委会的日常工作和市安委办的主要职责。

承担市煤矿整顿关闭工作领导小组、金属非金属矿山整顿关闭领导小组的日常工作。

承办市政府和省安全监管局交办的其他事项。

（三）2012年（第三次调整）

2012年，为认真贯彻落实安全生产“一岗双责”工作职责，构建、完善全市安全生产责任体系，加强对全市安全生产工作的领导，市安委会下发《关于调整市安委会及各成员单位安全生产工作职责的通知》，市政府对市安监局安全生产工作职责进行调整。调整后的市安全监管局（市煤安局）安全生产工作职责为：

组织起草安全生产地方性法规和规章草案，拟订安全生产政策和规划，指导协调安全生产工作，分析和预测安全生产形势，发布安全生产信息，协调解决安全生产中的重大问题。

承担全市安全生产综合监督管理责任，依法行使综合监督管理职权，指导协调、监督检查市政府有关部门和市、县两级政府安全生产工作，监督考核并通报安全生产控制指标执行情况，监督事故查处和责任追究落实情况。

承担工矿商贸行业安全生产监督管理责任，按照分级、属地原则，依法监督检查工矿商贸生产经营单位贯彻执行安全生产法律法规情况及其安全生产条件、安全投入和有关设备（特种设备除外）、材料、劳动防护用品的安全生产管理工作，负责监督管理由市级管理的工矿商贸企业安全生产工作。

承担非煤矿山企业和危险化学品、烟花爆竹生产企业安全生产准入管理责任，依法组织并实施安全生产准入制度；负责危险化学品和烟花爆竹安全生产监督管理工作。

承担工矿商贸作业场所（煤矿作业场所除外）职业卫生监督检查责任，组织指导并监督职业安全健康培训工作；负责职业卫生安全许可证的颁发管理工作，组织查处职业危害事故和违法违规行为。

监督检查工矿商贸行业安全生产规章、标准和规程的实施，监督检查重大危险源监控和重大事故隐患排查排除治理工作，依法查处不具备安全生产条件的工矿商贸生产经营单位。

负责组织全市性安全生产大检查和专项督查，依法组织较大生产安全事故调查处理和办理结案工作，监督事故查处和责任追究落实情况。

负责组织指挥和协调安全生产应急救援工作，综合管理全市生产安全伤亡事故和安全生产行政执法统计分析工作。

负责监督检查职责范围内新建、改建、扩建工程项目的安全设施与主体工程同时设计、同时施工、同时投产使用的有关工作。

组织指导并监督特种作业人员（特种设备作业人员除外）的考核工作和工矿商贸生产经营单位主要负责人、安全生产管理人员的安全资格考核工作，监督检查工矿商贸生产经营单位安全生产和职业安全培训工作。

指导协调全市安全生产检测检验工作，监督管理安全生产社会中介机构和安全评价工作，监督和指导注册安全工程师执业资格考试和注册管理工作。

组织指导协调和监督全市安全生产行政执法工作。

组织拟订全市安全生产科技规划，指导协调安全生产科研和科技成果推广工作。

组织开展安全生产方面的对外交流与合作。

承担市安委会的日常工作和市安委办的主要职责。

承担危险化学品联席会议、尾矿库隐患治理联席会议、金属非金属矿山及煤矿整顿关闭领导小组的日常工作。

负责全市煤矿安全生产监督管理，承担全市煤矿安全生产日常监管的指导、协调工作；研究提出加强全市煤矿安全生产的政策措施和建议，组织起草煤矿安全生产规范性文件，协调解决全市煤矿安全生产中的重大问题；督促指导各县（特区、区）人民政府及其有关部门贯彻落实国家、省、市加强煤矿安全生产的政策措施，对煤矿安全生产监督管理存在的问题提出处理意见或建议；依法对煤矿贯彻落实安全生产法律法规、安全技术标准情况及其安全生产条件、设备设施进行监督检查，对检查发现的煤矿安全隐患依法督促落实整改并组织复查，依法对煤矿安全生产违法违规行为作出现场处理和实施行政处罚；拟定全市煤矿安全投入、安全装备、安全科技创新的规划和措施并督促落实；对煤矿建设项目提出建议，会同有关部门审核煤矿安全技术改造和瓦斯综合治理和利用项目，监督管理煤矿安全专项技术改造资金的使用和项目实施；组织开展全市煤矿安全专项整治、安全标准化建设和隐患排查治理工作，指导协调煤矿整顿关闭工作；组织开展全市煤矿安全生产宣传教育和安全培训工作，督促煤矿企业对煤矿职工开展安全技能和知识培训，对煤矿安全技术中介服务机构进行监督管理；指导、协调或参与煤矿安全生产事故的应急救援和调查处理工作。

承办市委、市政府和省安全监管局交办的其他事项。

（四）2014年（第四次调整）

2014年，根据《中共贵州省委办公厅贵州省人民政府办公厅关于印发〈六盘水市人民政府职能转变和机构改革方案〉的通知》和《中共六盘水市委六盘水市人民政府关于市人民政府职能转变和机构改革的实施意见》精神，设立市安全监管局，为市政府工作部门。

工作调整部分：增加监督管理全市国有及国有控股煤矿安全生产的职责；承接烟花爆竹经营（批发）许可证核发、辖区内省属以下非煤矿矿山企业（含总库容100万立方米以下尾矿库）安全生产许可证的颁发管理；加强对全市煤矿（含国有及国有控股煤矿）安全生产日常监督管理工作的督促、指导；取消、下放、合并、转变省、市政府公布的其他事项。

调整后，市安全监管局主要职责：

贯彻执行安全生产的法律、法规、规章和政策；组织起草全市安全生产地方性文件草案；拟定安全生产政策和规划；指导协调安全生产工作，分析和预测安全生产形势，发布安全生产信息，协调解决安全生产中的重大问题。

承担全市安全生产综合监督管理责任。依法行使综合监督管理职权；指导、协调、监督、检查市人民政府有关部门和县、乡两级人民政府及各经济开发区（园区）安全生产工作；监督考核并通报全市安全生产控制指标执行情况。

承担工矿商贸行业安全生产综合监督管理责任。按照属地管理、分级负责的原则，依法监督检查工矿商贸生产经营单位贯彻执行安全生产法律法规情况及其安全生产条件和有关设备（特种设备除外）、材料、劳动防护用品等方面的安全生产管理工作；负责监督管理工矿商贸企业安全生产工作，依法查处不具备安全生产条件的生产经营单位。

负责全市煤矿（含国有及国有控股）安全生产综合监督管理；督促、指导全市煤矿（含国有及国有控股煤矿）安全生产日常监督管理工作；拟定贯彻落实煤炭管理中涉及安全生产政策的具体措施。

承担非煤矿矿山企业、危险化学品、烟花爆竹生产（含批发经营和储存）企业和非药品类易制毒化学品安全生产及经营的安全准入管理责任；依法组织并实施安全生产准入制度；负责危险化学品、烟花爆竹企业和非煤矿矿山企业的安全生产综合监督管理工作。

承担工矿商贸作业场所（煤矿作业场所除外）职业卫生监督检查责任；负责职业卫生安全许可证的颁发管理工作，组织查处职业危害事故和违法违规行为。

监督检查职责范围内重大危险源和重大事故隐患排查排除治理工作。

负责组织全市性安全生产大检查和专项督查，依法组织重大安全生产事故调查处理和办理结案工作，监督事故查处和责任追究落实情况；组织指挥和协调全市安全生产应急救援工作。

负责监督检查职责范围内新建、改建、扩建工程建设项目的安全设施与主体工程同时设计、同时施工、同时投产使用和设计审查及竣工验收的有关工作。

组织指导并监督职责范围内的工矿商贸生产经营单位主要负责人、安全生产管理人员的安全资格考核工作，监督检查工矿商贸生产经营单位安全生产和职业安全培训工作。

监督管理涉及安全生产领域的社会中介机构和安全评价工作。

组织指导协调和监督全市安全生产行政执法工作。

组织开展安全生产方面的交流与合作，负责全市安全生产宣传教育和培训工作；指导协调安全生产重大科学技术研究和推广工作。

承担市安全生产委员会具体工作，督促检查市安全生产委员会决定事项的贯彻落实。

承办市人民政府和省安全生产监督管理局交办的其他事项。

同时将煤矿（含国有及国有控股煤矿）及其他行业的安全生产日常监管职责，交由市安全执法监察局（市煤矿安监局）承担。

四、市安委会成员单位

2012年，落实安全生产"一岗双责"，构建完善安全生产责任体系，为加强全市安全生产工作的领导，市安委会印发《关于调整市安委会及各成员单位安全生产工作职责的通知》，市政府对市安委会及各成员单位安全生产工作职责进行调整。市安委会其他成员单位职责由2010年的36个扩展到2012年的40个。市检察院、市委宣传部、市编委办、水城军分区、市武警支队依照有关规定履行相关安全生产工作职责。市直其他有关部门以及由部门管理的负有安全生产工作职责的单位，按照市政府批准的部门"三定"规定（方案）和现行法律、行政法规赋予的职责，负责本部门、本行业或本系统的安全生产监督管理工作。调整后的市安委会其他40个成员单位安全生产工作职责如下：

1. 市发展改革委

（1）负责将安全生产工作纳入全市国民经济与社会发展规划，将安全生产监管监察基础设施、执法能力、技术支撑体系建设和隐患治理纳入基本建设项目计划，将生产安全事故应急救援体系建设纳入发展计划，并督促、协调有关部门组织实施。

（2）制定和完善相关产业政策，调整优化产业结构，会同有关部门加快组织实施大集团、大公司战略。严格执行煤炭产业政策，提高煤矿准入门槛。严格控制高瓦斯和煤与瓦斯突出矿井建设，停止核准新建30万吨/年以下的高瓦斯矿井、45万吨/年以下的煤与瓦斯突出矿井项目。

（3）负责将建设项目安全设施"三同时"作为审批、核准、竣工验收的重要依据。

（4）按职责分工，参与对不符合有关矿山工业发展规划和总体规划、不符合产业政策、布局不合理等矿井关闭及关闭是否到位情况指导监督工作。

2. 市教育局

（1）负责教育系统的安全监督管理，监督各类学校（含民办学校、幼儿园）履行安全管理责任，指导各级各类学校建立完善学校安全管理规章制度，落实安全防范措施。

（2）严格按《贵州省安全生产条例》和《六盘水市中小学公共安全教育实施细则》的规定，组织教职员工开展安全培训，将安全教育纳入中小学教育内容，普及安全知识。

（3）加强有关院校、职业教育的安全与工程科学学科建设，落实校企合作办学、对口单招、订单式培养等政策。鼓励高等学校、职业学校逐年扩大采矿、机电、地质、通风、安全等相关专业人才的招生培养规模，加快培养煤矿等高危行业专业人才和生产一线急需技能型人才。

（4）负责组织对各级各类学校的教育教学设备设施进行安全监督检查，消除事故隐患。

（5）指导各级各类学校开展安全风险防范体系建设，拟定六盘水市学校安全工作规范，加强学生校外社会实践活动的安全管理，会同有关部门加强对接送学生车辆的监督管理。

（6）会同有关部门依法查处组织学生从事与教学无关的劳动或其他危险性劳动的行为，组织查处将学校场地出租作为从事易燃易爆、有毒、有害等危险品的生产、储存、经营场所的行为。

（7）负责教育系统安全生产统计分析，依法组织或参与有关事故的调查处理。

3. 市科技局

（1）将安全生产科技进步纳入“十二五”科学技术发展计划，并组织实施。

（2）负责安全生产重大科技攻关、基础研究和应用研究的指导工作，加大对安全生产重大科研项目的投入，支持科研机构和有关单位开展安全生产科学技术研究、开发与示范，推动安全生产科研成果的转化应用，推动安全生产科技进步。

（3）通过应用技术研究与研发经费的安排，积极引导企业增加安全生产研发资金投入，促使企业逐步成为安全生产科技投入的主体。

4. 市经信委

（1）指导全市工业（含军工企业）、通信业加强安全生产管理。在工业、通信业发展规划、政策法规、标准规范和技术改造等方面统筹考虑安全生产，将技术改造项目安全设施“三同时”作为项目核准和竣工验收的重要依据，指导重点行业排查治理隐患，加强产业结构升级和布局调整，严格行业准入管理，淘汰落后工艺和产能。

（2）会同有关部门安排专项资金，支持工业、通信业重大安全技术改造项目、安全领域重大信息化项目，促进先进、成熟的工艺技术和设备推广应用，促进企业本质安全水平不断提高。

（3）负责民爆器材生产、销售企业安全监督管理，负责民爆器材生产、销售企业的生产许可、安全许可、销售许可。

（4）负责为安全生产监管监察系统信息化建设提供技术支持和业务指导。

（5）按照有关规定参与相关行业重大生产安全事故的调查处理。

5. 市公安局

（1）指导、协调道路交通、消防、社会治安等行业领域的安全生产工作，牵头组织开展安全生产大检查、专项整治和安全隐患排查治理工作，组织、参与较大生产安全事故的调查处理。

（2）依法查处涉及安全生产的刑事案件和治安案件。

6. 贵州煤监局水城分局

（1）贯彻落实国家关于煤矿安全生产工作的方针政策、法律法规、规章规程；研究分析煤矿安全生产形势，提出煤矿安全生产的建议。

（2）承担国家煤矿安全监察责任。依法监察煤矿企业贯彻执行安全生产法律法规、规章规程、标准和安全生产条件、安全投入、设备设施安全及作业场所职业卫生等情况；对煤矿安全实施重点监察、专项监察和定期监察；对煤矿安全生产违法行为作出现场处理决定或实施行政处罚，对不符合安全生产标准的煤矿企业进行查处。

（3）检查指导地方煤矿安全监督管理工作。对地方贯彻落实煤矿安全生产法律法规、标准，关闭不具备安全生产条件的矿井，煤矿安全监督检查执法，煤矿安全专项整治、事故隐患整改及复查，煤矿事故责任人责任追究的落实等情况进行监督检查，并向有关地方政府及其有关部门提出意见和建议。

（4）依法组织或参与煤矿事故的调查处理，监督事故查处的落实情况。

（5）组织对煤矿使用的设备、材料、仪器仪表、安全标志、劳动防护用品的安全监察工作。

（6）按照职责范围，负责对从事煤矿安全生产条件和煤矿设备设施检测、安全评价、安全培训、安全咨询等业务的社会中介机构的资质审查工作。

（7）对不符合安全生产基本条件的煤矿及时暂扣安全生产许可证；对政府决定关闭或不符合安全生产基本条件的煤矿企业，按规定及时注销（暂扣）安全生产许可证。

（8）按照职责范围，依法监督检查煤矿企业建设项目安全设施“三同时”情况，组织设计能力45万吨/年以下煤矿建设工程安全设施的设计审查和竣工验收；监督检查为煤矿服务的矿井建设施工企业的安全生产工作。

（9）参与煤矿事故应急救援工作。

（10）承办省安全监管局、贵州煤监局和市政府交办的其他事项。

7. 市监察局

（1）依法开展安全生产法律法规贯彻执行情况的监督检查，督促行政监察对象依法履行安全生产监督管理职责。

（2）参加较大生产安全事故或者需要直接调查的一般事故的调查处理，根据事故调查组在事故分析会后提出的事故性质和责任认定，对有责任的相关单位和国家公职人员提出处分意见并督促处分到位；查处事故涉及的以权谋私、权钱交易等“官煤勾结”违法违纪行为。

（3）组织对较大生产安全事故责任追究落实情况的监督检查，督促落实对事故责任人员的责任追究。

8. 市司法局

（1）将安全生产法律法规纳入公民普法的重要内容，会同有关部门广泛宣传普及安全生产法律法规知识；督促、指导律师、公证、基层法律服务工作者为生产经营单位提供安全生产法律服务。

（2）指导、督促监狱、劳动教养企业贯彻执行安全生产法律、法规和标准，落实安全生产责任制，消除事故隐患。

（3）负责监狱、劳教（强戒）系统从业人员的安全生产教育培训考核工作。

（4）负责司法行政系统安全生产统计分析工作。

9. 市财政局

（1）研究完善安全生产经济政策，配合有关部门对安全生产经济政策落实情况进行监督检查。

（2）负责编制市级安全工作部门预算。

（3）根据安全生产工作需要，每年市级财政部门预算中安排一定安全生产专项资金，主要用于企业安全生产及公共安全应急体系建设。

10. 市人资社保局

（1）将安全生产法律、法规及安全生产知识纳入行政机关、事业单位工作人员职业教育、继续教育和培训学习计划并组织实施。

（2）将安全生产责任履行情况作为行政机关、事业单位工作人员奖惩、考核的重要内容之一，积极参与和配合有关部门对安全生产领域先进集体和先进个人进行评比表彰。

（3）积极参与和配合有关部门实施安全生产领域各类专业技术人才、技能人才规划、培养、继续教育、考核、奖惩等相关政策。

（4）积极参与和配合有关部门制定和实施安全生产管理人员教育培训、考核、奖惩等相关政策。

（5）负责监督检查企业制定劳动规章制度及劳动合同签订情况。

（6）指导和监督企业落实工伤保险有关法律法规及政策措施。

（7）指导、监督各级各类技工学校、民办职业培训机构按国家和省、市有关规定履行安全管理责任。

（8）在农民工职业技能培训中开展安全常识教育。

（9）积极参与和配合有关部门制定安全生产领域职业资格相关政策。

11. 市国土资源局

（1）依照《中华人民共和国矿产资源法》规定，负责全市行政区域内矿产资源勘查、开采利用和保护的监督管理工作；履行矿产资源开发管理、地质勘查行业和矿产资源储量管理职责。

（2）严格执行国家和省、市煤炭产业政策，提高煤矿准入门槛。

（3）对涉及安全生产有关审核前置条件依法审查，依法颁发市级采矿许可证；加强对煤炭资源勘查、开采的监督管理；组织开展矿产资源勘查开采秩序专项整治，负责查处无证开采、以采代探、越界开采等违法违规行为。

（4）对政府及有关部门决定关闭（停产整顿）的煤矿企业，按规定及时上报注销（暂扣）采矿许可证。对无采矿许可证和超层越界开采、资源接近枯竭等矿井关闭工作及关闭是否到位情况进行监督和指导；配合相关部门组织指导并监督检查全市废弃矿井的治理工作。

（5）拟订产业和区域的供地政策、矿权设置政策，统筹协调国土整治和矿业秩序治理整顿工作。

12. 市环保局

（1）承担核安全、辐射安全、放射性废物管理工作；承担核事故、辐射环境事故处置应急工作；对核设施、放射源安全和电磁辐射、伴有放射性矿产资源开发利用中的污染防治实行监督管理。

（2）对未进行环境影响评价、未完成限期治理并经过停产治理仍未完成治理任务的矿井报请政府实施关闭。

（3）环境保护主管部门负责废弃危险化学品处置的监督管理，组织危险化学品的环境危害性鉴定和环境风险程度评估，确定实施重点环境管理的危险化学品，负责危险化学品环境管理登记和新化学物质环境管理登记；依照职责分工调查相关危险化学品环境污染事故和生态破坏事件，负责危险化学品事故现场的应急环境监测。

（4）负责编制突发环境事件应急预案并组织实施。

（5）指导、协助地方开展生产安全事故次生重特大突发环境事件的应急救援。

13. 市住房和城乡建设局

（1）在城乡建设中，严格执行国家有关设计规范，严格执行安全生产有关规定，将安全生产作为批准建设的重要因素。

（2）负责房屋建筑和市政基础设施工程安全监督管理。依法对房屋建筑工地和市政工程工地用起重机械、施工工地内专用机动车辆的安装、使用进行监督管理；依法颁发建设工程施工企业资质证书。

（3）负责建设系统安全生产宣传教育工作，指导建筑施工企业安全生产教育培训工作。

（4）指导城市供水、燃气、热力等市政公用设施建设、安全和应急管理，指导农村住房建设和危房改造。

（5）依法查处建设系统安全生产违法违规行为，负责住房和城乡建设系统安全生产统计分析，依法组织或参与有关事故的调查处理。

14. 市交通运输局

（1）负责道路客、货运输安全生产监督管理有关工作。对运输经营者市场准入条件、营运车辆技术状况、营运驾驶员从业资格进行审查。负责汽车客运站（场）安全监督工作。督促企业安装使用车辆卫星定位装置，利用动态监控手段加强对运输市场秩序管理。

（2）负责所辖水路客货运输安全生产监督管理工作；负责对所辖水路客货运输船舶及设施实施检验，负责对船舶建造质量实施安全监管，负责市辖行政区域内的通航水域的安全监管，负责港口安全生产的监督管理工作。

（3）负责公路、水运工程的安全生产监督管理工作，对公路、水运工程从业单位（建设、勘察、设计、监理、施工、检验检测、安全评价）实施安全监督管理；组织协调公路、水路有关重点工程建设安全生产监督管理工作，指导交通运输基础设施管理和维护，承担公路、水路有关重要设施的管理和维护。

（4）负责有关危险化学品道路运输企业、所辖内河水域运输企业和港口作业安全管理工作。依法核发危险化学品道路运输经营许可证、危险化学品运输车辆道路运输证、危险货物运输驾驶人员从业资格证、危险货物运输装卸管理人员从业资格证、危险货物运输押运人员从业资格证，审核转报从事水路危险品运输准入申请，依法核发危险品船舶适装证书、危险品船舶船员特培证书。

（5）按照职责开展道路、水路交通、城市公共交通安全专项整治工作，消除事故隐患，配合有关部门查处车船超载和打击假牌、无牌、无证、报废车船营运的违法行为。

（6）强化道路设计、施工、管理等方面的安全保障。负责危险路段排查和治理工作，对公路的危险路段有计划进行改造。

（7）负责河道采砂影响航道及通航安全的监督管理工作。

（8）指导、监督有关交通运输企业安全评估、交通运输企业和从业人员的安全教育培训工作。

（9）负责交通运输系统安全生产统计分析，依法组织或参与有关事故的调查处理。

15. 市农委

（1）负责农业生产安全监督管理，拟订全市农业安全生产规划和应急预案并组织实施。

（2）责渔业船舶和渔港水域交通安全监督管理。负责渔业船舶船员培训、安全教育和考核发证工作。依法组织或参加渔业船舶生产安全事故调查处理。

（3）负责农机作业安全、维修管理、农机登记、安全检验、事故处理、农机驾驶人员培训和考核发证工作。

（4）负责草原防火和草原火灾扑救工作，会同有关部门开展草原火灾调查处理工作。

（5）负责农药监督管理工作。承担农药使用环节安全指导工作。

（6）负责农业行业安全生产统计分析工作。

16. 市水利局

（1）负责全市水利行业安全生产工作，负责水利工程设施、河道及其岸线的安全监督管理，组织、指导大中型水利水库、中小型水电站大坝、农村水电站的安全监督管理；负责对水利行业水库库区水利工程设施、水闸、船闸的安全监督管理和监控。指导、协调有关政府和部门做好堤坝安全监管和事故防范工作。

（2）负责监督水利水电工程在建设过程中严格执行有关政策、制度、技术标准，制定并实施重大事故应急预案。

（3）负责河道采砂监督管理工作并对采砂影响防洪安全、河势稳定、堤防安全负责；负责病险水库除险加固工作。

（4）负责水利系统从业人员的安全生产教育培训考核工作。

（5）负责水利系统安全生产统计分析，依法组织或参与水利建设工程较大事故的调查处理。

17. 市商务和粮食局

（1）负责商贸、粮食系统的安全管理，监督商贸企业、粮库、粮油生产经营单位落实安全生产责任制，贯彻安全生产法律、法规，落实安全防范措施，组织开展安全生产专项检查，消除事故隐患。

（2）督促相关单位完善消防安全措施、加工装备安全技术措施。

（3）会同有关部门协调、管理全市对外承包工程的安全监督管理工作。

（4）督促系统内从业人员的安全生产教育培训考核工作。

（5）配合有关部门对商贸和粮食企业违反安全生产法律法规行为进行查处。

18. 市卫生局

（1）负责卫生系统安全管理工作，负责放射卫生、环境卫生和学校卫生的监督管理工作，以及职业健康体检、诊断机构的监督管理工作。

（2）负责指导医疗机构做好医疗废弃物、放射性物品安全处置管理工作。

（3）负责指导协调突发生产安全事故的医疗救援。

（4）负责危险化学品的毒性鉴定和危险化学品事故伤亡人员的医疗救护工作。

19. 市林业局

（1）负责林业安全生产监督管理工作，监督检查林木凭证采伐、运输。

（2）负责森林防火安全监督管理工作，制定防范森林火灾的措施和对策，指导、监督森林公园、风景区（点）和其他涉林经营管理单位及个人落实防火措施，负责林产品加工生产经营中的安全管理工作。

（3）指导监督林业系统所属单位的安全管理工作。

（4）负责林业系统安全生产统计分析。

20. 市国资委

(1) 按照企业国有资产出资人的职责，负责联系、督促所监管企业贯彻落实安全生产方针政策及有关法律法规、标准等。

(2) 依照有关规定，积极配合和参与政府及有关部门对所监管企业主要负责人落实安全生产第一责任人的责任和企业安全生产责任制，负责对所监管企业负责人履行安全生产职责的业绩考核，并与企业负责人薪酬挂钩。

(3) 监督所监管企业使用渠道合法的矿产品，严禁所监管企业参与非法采矿、为非法采矿转供电、提供经营场所和运输车辆等行为。

(4) 依照有关规定，参与对所监管企业安全生产和应急管理的检查、督查，督促所监管企业落实各项安全防范和隐患治理措施。

(5) 积极配合和参与政府及有关部门对所监管企业较大生产安全事故的调查，依照有关规定落实事故责任追究。

21. 市工商局

（1）依法对企业登记注册中涉及安全生产的有关审批前置要件进行审查，未取得相关安全生产许可的，不予登记。

（2）依法监督管理危险化学品、烟花爆竹、易燃易爆品等危险物品的市场经营行为，会同有关部门取缔和打击非法、违法经营危险物品行为。

（3）配合有关部门开展安全生产专项整治，对有关部门撤消许可的企业，依法督促其办理变更经营范围或注销登记；配合有关部门依法查处、取缔未取得安全生产（经营）许可的企业。

（4）配合有关部门加强对商品交易市场的安全检查，督促市场主办单位依法加强安全管理；配合有关部门督促市场主办单位及时消除事故隐患，严防火灾和其他安全事故的发生。

（5）按照有关规定参与有关行业较大生产安全事故的调查处理。

22. 市质监局

（1）承担综合管理特种设备安全监察、监督工作的责任，管理锅炉、压力容器、压力管道、电梯、起重机械、客运索道、大型游乐设施、场（厂）内专用机动车辆等特种设备的安全监察、监督工作。

（2）监督管理特种设备的设计、制造、安装、改造、维修、使用、检验检测和进出口。

（3）按规定权限组织或参与调查处理特种设备事故并进行统计分析。

（4）监督管理特种设备检验检测机构和检验检测人员、作业人员的资质资格。

（5）负责对烟花爆竹生产加工企业，进行危险化学品及包装物、生产环节的质量监督管理。

（6）负责对市特种设备行业协会进行监管。

（7）负责特种设备安全生产统计分析。

23. 市文体广电局

（1）组织指导广播、电影、电视等单位开展安全生产宣传教育，组织落实市政府及市安委会确定的安全生产宣传任务；对违反安全生产法律法规的行为进行舆论监督。

（2）组织广播电台、电视台等新闻媒体，配合有关部门共同开展安全生产重大宣传活动。

（3）指导、监管本系统所属单位及设施、设备的安全管理工作。

（4）负责文化体育领域经营活动安全生产监督管理，督促生产经营单位落实安全生产责任制，贯彻安全生产法律、法规，落实安全防范措施，组织开展安全生产专项检查，消除事故隐患。

(5)编制文化体育领域经营活动安全生产事故应急预案，定期组织演练。

(6)推进安全文化建设，提升全民安全素质。

24. 市旅游局

(1)负责旅游系统的安全监督管理工作，负责全市旅游安全管理的宣传、教育、培训工作。

(2)会同有关部门对旅游安全实行综合治理，协助相关部门调查处理旅游安全事故。

(3)指导、检查和监督各级旅游行政管理部门和旅游企业落实有关安全制度和措施；指导、规范其他旅游企事业单位的安全生产及应急管理工作。

(4)配合有关部门督促做好旅客聚集场所的安全管理工作。

(5)负责旅游行业安全生产统计分析。

25. 市政府法制办

(1)负责有关安全生产方面的行政规范性文件的合法性审查和备案审查工作。

(2)协同有关部门开展安全生产执法检查。

(3)承办申请市政府受理的安全生产行政复议案件，指导、监督全市安全生产行政复议工作。

26. 市政府应急办

(1)协调、指导各县、特区、区政府，市政府各部门开展安全生产应急管理工作，指导安全生产应急管理方面的政策、法规和规划建议的制定。

(2)协调指导全市安全生产突发事件应急预案体系和应急体制、机制、法制建设。

(3)协调、指导重特大生产安全突发公共事件的预防预警、应急演练、应急处置、调查评估、信息发布、应急保障和救援等工作。

27. 市气象局

(1)根据天气气候演变情况及防灾减灾工作需要，及时向各级政府和有关部门提供气象灾害监测、预报、预警及气象灾害风险评估等信息。

(2)负责雷电灾害安全防御工作，加强对防雷工程设计、施工、检测单位资质管理；组织做好防雷装置图纸审核和工程竣工验收、防雷设施的安全检查及雷电防护装置的安全检测；组织开展大型工程建设项目、重点工程、高层建筑、煤矿、化工、易燃易爆等项目雷电风险评估工作。

(3)负责无人驾驶自由气球和系留气球、人工影响天气作业期间的安全检查和事故防范。

(4)负责为生产安全事故应急救援提供气象服务保障。

28. 市总工会

(1)依法维护劳动者的合法权益，对企业和个体工商户遵守劳动保障法律法规的情况进行监督。

(2)调查研究安全生产工作中涉及职工合法权益的重大问题，参与涉及职工切身利益的有关安全生产政策、措施、制度和法规草案的拟订工作。

（3）指导基层工会参与职工劳动安全卫生的培训和教育工作，指导基层工会开展群众性劳动安全卫生活动。

（4）参加较大生产安全事故和严重职业危害事故的调查处理，代表职工监督防范和整改措施的落实。

29. 市能源局

（1）负责煤炭行业管理工作和新能源、可再生能源等行业管理工作；配合有关部门开展新能源和可再生能源等行业的生产日常监管、技术指导服务工作。

（2）组织协调有关部门开展煤层气开发、淘汰煤炭落后产能、煤矿瓦斯综合治理和利用工作；依法整顿、规范煤炭生产和煤炭经营秩序；分析煤炭经济运行动态，发布市场信息；牵头组织推进煤炭资源整合和煤炭企业兼并重组；严格按照国家、省批准的煤炭矿区规划，审核新开办煤矿企业准入条件；负责各类煤矿初步设计、开采方案设计、生产系统优化设计和技术改造方案的指导审核；指导协调煤炭行业人才培养工作，组织开展煤炭行业职业技能培训。

（3）监督能源企业执行能源行业法律、法规和生产技术规范、规程和标准；承担能源行业的行政执法工作。

（4）负责能源行业节能和资源综合利用，协调组织推进能源重大设备研发，指导能源科技进步、成套技术、工艺、设备的引进推广，组织协调和指导相关重大示范工程和推广应用新技术、新工艺、新产品、新设备。

（5）在市经信委统一安排下，组织指导能源行业企业生产、工艺技术改造相关工作。

（6）协助能源行业安全事故抢险救灾和调查处理工作。

30. 市移民局

（1）负责大中型水利水电移民工程项目建设安全生产监督管理，督促其建设单位落实安全生产责任制，贯彻安全生产法律、法规，落实安全防范措施；组织开展大中型水利水电移民项目工程安全生产专项检查，督促消除事故隐患。

（2）组织开展和督促指导大中型水利水电移民工程项目安全生产事故应急预案的编制及定期演练。

31. 市食品药品监管局

（1）负责餐饮服务食品安全监管、药品质量安全监督管理。

（2）监督检查餐饮服务单位、药品生产经营单位执行国家有关质量安全法律法规的情况，建立健全药品质量和餐饮服务环节食品安全责任制，防范药品质量和餐饮服务食品安全事故的发生。

32. 市铁路护路办

（1）牵头组织和参与铁路路外安全专项整治。

（2）参与铁路路外安全监管，协调所辖区域铁路路外突发事件的应急救援工作。

（3）参与铁路交通事故的善后处理工作。

（4）加强与铁路有关站段的联系沟通，共同构建防范体系，努力压减路外伤亡。

（5）参与春运、防洪、爱铁路防伤害宣传以及专特运安保和路地矛盾纠纷的排查调处工作。

33. 六盘水供电局

（1）贯彻落实安全生产法律法规及落实安全生产责任制情况，督促企业建立健全安全生产规章制度，开展安全隐患排查治理工作。

（2）制定重大电力生产安全事故处置预案，建立重大电力生产安全事故应急处置制度。

（3）组织开展安全生产大检查和专项检查，督促落实安全生产各项措施，组织对电力企业安全生产状况进行检查、诊断、分析和评估。

（4）负责电力安全的业务培训、考核和宣传教育工作，组织电力安全生产新技术的推广应用。

（5）承担输变电、转供电建设施工安全监管工作。

（6）依法组织或参与电力生产安全事故调查处理。

34. 市公安局交警支队

（1）负责全市道路交通安全管理，参与道路交通安全规划的制定和实施，配合各行业主管部门督促各有关单位落实交通安全责任制。

（2）加强道路交通安全法律、法规宣传。

（3）严格道路交通秩序管理，依法查处道路交通安全违法行为；强化机动车、驾驶人发牌、发证、安全技术检验、考核等源头管理，严厉打击套牌、假牌、无牌等涉牌车辆、无证驾驶等违法行为，严厉查处已报废车辆上路行驶行为，严把预防道路交通事故第一关口。

（4）参与道路交通安全综合执法检查和整治。

（5）通过道路交通事故统计分析，排查出事故多发路段和危险路段，并提出治理措施、意见。

（6）在道路交通安全管理中推广、应用先进的管理方法、技术和装备；协助行业主管部门督促大型客、货运输车辆应用行使记录仪、危险货物运输车辆车载监测监控系统、GPS 等，加强动态监管。

（7）依法审查、核发剧毒化学品公路运输通行证，划定禁止危险化学品运输车辆通行区域，进一步完善危险化学品禁止通行标志，监督检查运输企业在危险化学品运输车辆或罐体按规定安装和喷涂安全警示标志。

（8）按照有关规定参与道路交通较大生产安全事故的调查处理。

35. 市公安消防支队

（1）负责对全市消防安全实施监督管理，督促落实消防安全责任制。

（2）参与编制城乡消防规划，对大型人员密集场所和特殊建设工程实施消防设计审核、消防验收，对其他工程实施备案抽查。

（3）对消防安全重点单位实施监督检查，对非消防安全重点单位实施监督抽查，对公众聚集场所投入使用（营业）前开展消防安全检查，对举办大型群众性活动进行监督管理。

（4）组织开展消防安全综合检查，监督相关责任单位落实火灾隐患整改措施；对消防产品实施监督检查；依法对违反消防法律法规的行为进行处罚。

（5）组织开展消防安全宣传教育，协调有关部门指导和监督社会消防安全教育培训工作；

（6）承担较大灾害事故和其他以抢救人员生命为主的应急救援工作。

（7）按照有关规定参与社会消防较大生产安全事故的调查处理。

36. 市公安局治安支队

（1）负责危险化学品公共安全管理，依法审查、核发剧毒化学品购买凭证、准购证，并对相应持证单位及个人购买、储存、使用剧毒化学品及其执行法律、法规的情况进行监督检查。

（2）负责民用爆炸物品和烟花爆竹公共安全管理，依法审查核发民用爆炸物品准购证和烟花爆竹道路运输许可证，对民用爆炸物品、烟花爆竹的道路运输实施安全监督检查，打击无证运输、买卖、使用民用爆炸物品和非法生产、经营、储存、运输、燃放、邮寄烟花爆竹行为。督促各产煤县（特区、区）公安机关加强对民爆物品的安全管理，严厉打击非法使用民爆物品的违法犯罪行为。对煤矿企业不得审批非煤矿许用民爆产品；对关闭煤矿立即收缴民爆物品；对停产（建）整顿、停止生产、停止建设的煤矿不得审批民爆物品并及时对原审批的民爆物品予以封存。

（3）负责对大型群众性活动的安全管理，对大型群众性活动实行安全许可制度；对举办焰火晚会以及其他大型焰火燃放活动实行安全许可制度，并核发焰火燃放许可证。

（4）依法做好生产安全事故应急救援和调查处理的治安管理工作。

（5）依法参与安全生产较大生产安全事故的调查处理。

37. 市统计局

（1）负责将安全生产相关指标纳入国民经济和社会发展统计指标体系，并定期公布。

（2）负责安全生产指标体系有关指标统计工作，为安全生产考核提供可靠、准确的基础数据。

38. 市民政局

（1）负责所属企事业单位和敬老院、福利院等各类民政社会福利机构的安全监督管理，组织拟订有关安全方面的规章制度并开展有关安全宣传教育工作。

（2）督促民政系统相关单位制定安全生产应急预案，并组织演练，落实安全防范措施，开展隐患排查，消除事故隐患。

（3）协调处理各类生产安全事故和灾害的善后工作。

（4）组织开展民政系统的安全生产宣传教育。

39. 市规划局

（1）贯彻执行国家、省和市有关城市规划和安全生产有关方针、政策、法律和法规。

（2）在城乡规划中，严格执行国家有关技术规范及与安全生产有关规定，将安全作为规划审批的重要环节。

（3）按照规范要求做好各类建设项目的规划批后跟踪管理及规划验收工作。

（4）受理城乡规划方面越权审批案件的行政复议工作；按管理权限依法撤消不按城市规划要求颁发和越权颁发的“一书三证”（建设项目选址意见书、建设用地规划许可证、建设工程规划许可证、建设工程竣工规划认可证）。

（5）完成市委、市政府及市安委办交办的其他事项。

40. 市城管局

（1）负责市政道路维修和路政管理过程中的安全生产管理。

（2）加强城市道路、户外大型广告物和垃圾处理的安全管理，及时消除安全生产事故隐患。

（3）参加、配合涉及本行业的生产安全事故调查。

（4） 完成市委、市人民政府和市安委办交办的其他事项。

市检察院、市委宣传部、市编委办、水城军分区、市武警支队依照有关规定履行相关安全生产工作职责。市直其他有关部门以及由部门管理的负有安全生产工作职责的单位，按照市政府批准的部门“三定”规定（方案）和现行法律、行政法规赋予的职责，负责本部门、本行业或本系统的安全生产监督管理工作。

41. 行业安全监管办公室

2012年，经市政府同意，决定在负有安全生产监管职责的行业主管部门设立20个行业安全生产监督管理办公室（以下简称行安办），在市安委会办公室指导下开展工作。

行业安全监管办公室主要工作职责是：

1. 各行安办要根据市安委会成员单位安全生产工作职责开展本行业系统的工作。

2. 按照管行业、管生产、管许可、管安全的原则，督促、指导本行业认真贯彻落实国家、省、市有关安全生产的法律法规、规章制度及政策方针。

3. 负责本行业的安全大检查、专项整治、隐患排查治理等工作。

4. 负责本行业的安全管理许可、安全宣传、教育培训等。

5. 及时、定期向市安委办汇报本单位及分管行业安全生产工作的开展情况。每季度或在重点时段、重大活动开展期间及时向市安委办报送有关信息、数据、资料等。

6. 完成市安委办交办的其他工作任务。

第四节　队伍建设

一、人员

自市安全监管局成立后，即着力加强安全生产保障能力建设。2005年，市局人员到位31人；新配公务用车9台、聘用驾驶员4名及配齐必要的办公设施，确保了安全监管工作的正常运转。在此之后的10年中，六盘水市各级安全监管部门在人力、物力、办公条件等方面，均得到较大的加强和提升。

2011年，进一步完善市、县安全监管体制、解决职能和定位的问题，配备必要的安全监管人员，特别是各专业技术人员，加大资金投入，改进现有安监设施和装备。建立完善乡（镇）安监站、安全生产执法支队（大队）。在机构编制、人员配备、职能职责等方面逐一得到落实，完善市、县、乡三级安全监管机构。

2013年，完善和调整安全监管执法机构。设立了市、县安全生产执法监察局（煤安局）、安全信息调度中心（市安全生产应急救援指挥中心）。2014年，全市安监系统人员编制数从原来的778名（市安监局88、六枝特区安监局149、盘县安监局229、水城县安监局220、钟山区安监局92）增加到1537名（其中市安监局135名、六枝特区安监局249名、盘县安监局572名、水城县安监局411名、钟山区安监局164名、钟山经济开发区安监局6名），编制数增加了97%。

在时任市安全监管局党组书记、局长蔡军的大力推动下，采用“招考、选调、引进”等方式，市、县安全监管部门联合人资社保部门，组织三个工作组，分赴中国矿大等10余所国内知名涉煤高校进行人才引进，全市一次性考调、引进安全监管人才共341名。

2014年，增加驻矿安监员161名。同时，制定六盘水市煤矿驻矿安监员《工作守则》《日常检查日志》《重要隐患报告制度》《煤与瓦斯突出监管工作制度》等规定，规范驻矿安监员管理，发挥驻矿安监员的前沿堡垒作用，筑牢全市安全监管的坚实防线。

通过以上手段，2014年末，全市安监系统有在职职工951人，其中有煤矿驻矿安监员375人，正常生产矿井均实现2名驻矿安监员长期驻矿。

2015年末，全市安监系统在职职工达985人。

二、职称

六盘水市安全监管部门专业技术职称评聘是从2004年开始的。长期以来，专业干部队伍稳定。

全市安监系统专业技术人员情况

表1-20

县区	2004年					2010年					2012年					2014年				
	职工总数	其中				职工总数	其中				职工总数	其中				职工总数	其中			
		初级	中级	高级	注册安全工程师		初级	中级	高级	注册安全工程师		初级	中级	高级	注册安全工程师		初级	中级	高级	注册安全工程师
市局	31	0	0	0	0	37	0	8	0	0	58	4	10	1	0	102	16	21	3	6
六枝局	10	10	0	0	1	40	20	2	0	1	62	35	5	0	6	155	83	7	0	2
盘县局	19	0	0	0	0	62	0	0	0	0	224	96	54	0	0	305	17	133	0	0
水城局	7	0	0	0	0	86	25	0	0	0	167	81	14	0	0	260	105	33	6	0
钟山局	18	0	1	0	0	40	9	6	0	0	42	9	8	0	0	129	35	11	0	0

第二章 管 理

中华人民共和国成立后，六盘水市的安全监管工作和全国其他城市一样，政府没有专门的管理部门及其机构，且安全生产问题也尚不突出。“三线建设”后，一些企业才陆续设立劳动保护部门，相当于现在的企业内部的安全管理机构。

直到20世纪70年代中期，市、特区政府相继成立了劳动部门，代表政府行使安全生产监管职责。劳动部门的出现，标志着六盘水市安全监管监察部门首次走入历史舞台。

在2002年11月《中华人民共和国安全生产法》及《国务院关于进一步加强安全生产工作的决定》颁布实施后，“安全生产”被第一次提高到事关国计民生的重要地位。为此，六盘水市各级政府根据国家机构改革的精神及自身经济发展与安全生产工作之需，先后组建安全监管局。2003年，钟山区成立安全监管局。2004年，市及其他县、区也相继组建了安全监管局。

随着国家一系列安全生产法律法规、方针政策、标准规范的相继出台和不断完善，各级党委政府对安全生产工作日趋重视，六盘水市（包括各县、特区、区）安全监管队伍也日臻壮大，执法手段与执法力度不断加强，安全生产工作日益引起全社会的普遍关注。通过15年的努力，现已初步形成了“政府统一领导、部门依法监管、企业全面负责、群众积极参与、全社会广泛支持”的安全生产良好的工作格局。六盘水市的安全监管事业进入新的历史发展时期。

第一节 制度建设

一、安全生产责任制度

安全生产责任制是搞好安全生产工作最基本的一项管理制度，也是企业安全生产、劳动保护、职业健康等管理工作的核心内容。

实践证明，只有从上到下建立起严格的安全生产责任制，使其责任分明、各司其职、各负其责，将国家法律法规赋予生产经营单位的安全生产责任由全社会共同参与和承担，才能最大限度地避免或减少事故的发生。

六盘水市各级安全监管部门成立以后，在贯彻落实和执行各项安全生产责任制时，充分考虑了责、权、利统一的原则，层层分解生产安全事故的重要控制指标，层层签订安全生产责任状，将安全生产责任落实到地区、落实到部门、落实到单位和企业，落实到责任人。通过政府与政府、政府与部门、部门与企业、部门与下属部门、部门与个人、企业与班组、班组与个人等多层面地签订《安全生产责任状》，形成了“横向到边、纵向到底”的安全生产责任制体系。

2013年，市安委会制定下发了《关于调整市安委会领导组成及进一步明确安委会成员单位工作职责的通知》，对全市安委会组成领导进行补充调整并明确了各自的工作职责，进一步巩固和完善了全市的安全生产责任体系。

“党政同责、一岗双责、齐抓共管”格局的形成，以及一系列安全管理制度的构建，使六盘水市的安全生产责任制得以进一步落实，安全生产形势日愈好转。

二、议事规则

经市政府第54次常务会议研究同意，《六盘水市安全生产委员会议事规则》于2010年11月12日正式实施。12月6日，市政府下发《关于印发六盘水市安全生产委员会议事规则的通知》。

六盘水市安全生产委员会议事规则

第一章　总　则

第一条　六盘水市安全生产委员会(以下简称“市安委会”)是市政府议事协调机构，不代替市政府有关职能部门的安全生产监督管理职责。其主要任务是：在市委、市政府领导下，研究、部署、指导、协调全市安全生产工作，提出全市安全生产工作的重大方针政策，解决安全生产工作中的重大问题。

第二条　市安委会实行主任负责制。研究决定的事项应当符合国家安全生产方针政策、法律法规的规定和要求，符合本市安全生产工作实际。

第三条　市安委会成员单位需要变更其参加安委会的成员时，应书面告知市安委会办公室(以下简称“市安委办”)，并由市安委办报请市安委会主任同意后，由市安委会印发通知；市安委会成员单位变更时，须报经市政府有关领导和市安委会主任同意后，由市政府办行文调整。

第二章 工作例会

第四条 市安委会会议包括全体成员会议（以下简称“市安委会全会”）、专题会议以及联络员会议等。会议通常由市安委会主任或副主任提出并主持，市安委办负责有关会务工作。

第五条 市安委会全会一般由市安委会主任、副主任和成员参加。根据会议议题的需要，可以邀请县、特区、区政府有关负责人参加会议。

第六条 市安委会全会原则上每季度召开1次；如有必要，经市安委会主任或副主任批准，可临时召开。

第七条 市安委会全会主要研究决定以下事项：传达贯彻党中央、国务院，省委、省政府，市委、市政府关于安全生产工作的重要指示、批示、决定等；贯彻落实国家安全生产方针政策、法律法规和措施方案；研究安全生产中长期规划、年度工作计划和阶段性工作安排；研究解决全市安全生产工作中的重大问题，协调解决重大安全生产隐患治理排除工作；研究分析全市安全生产形势，通报全市安全生产控制考核指标完成进度和全市安全生产工作情况；研究确定各县、特区、区，市安委会各成员单位每年安全生产工作目标、任务、责任和考核奖惩，讨论决定较大生产安全事故或有典型性的一般生产安全事故的处理意见；研究市级安全生产专项资金的年度使用方向和范围，决定资金使用的重大项目；研究其他安全生产工作重大问题。

第八条 市安委会专题会议由市安委办组织召开，会议由市安委办主任或副主任主持。专题会议根据情况和需要召开。会议主要内容：研究某个行业领域安全生产重大问题；重要活动、重要会议、特殊时段及安全工作，商议大型安全生产宣传活动、会议等方案；讨论对存在重大安全生产隐患企业的处罚决定等。参加专题会议人员为该工作所涉及的相关部门、单位的负责人。

第九条 市安委会联络员会议由市安委办组织召开，由市安委办主任或副主任主持。联络员全体会议原则上半年召开1次；如有必要，市安委办主任或副主任可以临时召集负有安全生产监管职责的部门联络员会议。市安委会联络员会议的主要内容是：通报全市安全生产形势和重点工作进展情况；负有安全生产监管职责的部门通报本部门安全生产形势和重点工作进展情况；研究讨论拟提交市安委会审议的事项；研究协调成员单位提出的有关事项；提出安全生产工作建议、意见；讨论全市性安全生产大检查的相关筹备工作等。

第十条 市安委办负责市安委会会议的统筹工作，收集整理会议议题，制定年度会议计划。会议议题原则上由市安委办或有关成员单位提出，由市安委会主任或主任委托的副主任批准确定。

第十一条 市安委办负责会议记录，并形成纪要，由市安委会主任或副主任签发，以审阅件报送市委、市政府领导，并印发各参会单位及有关部门。市安委会研究决定的事项，由市安委办负责督促有关成员单位贯彻落实。

第三章 公文处理

第十二条 市安委会公文处理要严格遵守国务院、贵州省及六盘水市关于公文处理工作的有关规定，严格执行国家保密法律、法规，确保国家秘密的安全。坚持实事求是、精简、高效的原则，做到及时、准确、安全。

第十三条 以市安委会名义行文，有行政文件、明电、会议纪要、指令等几种类型，发文代字分别为市安、市安明电、市安纪要、市安指令；以市安委办名义行文，有行政文件、函件、明电、会议纪要、督查意见书等几种类型，发文代字分别为市安办、市安办函、市安办明电、市安办纪要、市安办督。

第十四条 市安委会文件由市安委会主任或受委托的副主任签发；市安委办文件由市安委办主任或受委托的副主任签发。

第四章 形势分析与信息通报

第十五条 市安委办及时发布全市安全生产统计数据，每半年发布安全生产形势分析报告，不定期通报安全生产事故情况和投诉举报落实情况。

第十六条 建立安全生产控制考核指标体系和指标完成进度通报制度。根据年初分解下达的全市工矿商贸、道路交通、火灾、铁路交通、农业机械等各类安全生产控制考核指标，市安委办每月在《安全凉都》杂志等媒体上通报控制考核指标进展情况。

第十七条 市安委办要及时向市政府汇报安全生产工作情况，向有关单位通报重点工作进展情况。市安委会成员单位每季度第一个月前5日内，要将本行业（领域）上季度重点工作进展情况向市安委办报告，经市安委办梳理总结后呈报市委、市政府。

第十八条 市安委办负责编发《凉都安全生产（简报）》、《安全凉都》杂志（月刊），办好中国凉都安全网，通报全市安全生产形势，传达党中央、国务院领导，省委、省政府领导，市委、市政府领导对安全生产工作的指示和要求，反映各县、特区、区，各部门（单位）安全生产工作情况，交流安全生产工作经验。

第五章 督促检查

第十九条 根据工作需要，经市安委会主任或副主任批准，开展安全生产综合督查和专项督查工作。重点督促检查各县、特区、区政府和相关部门履行安全生产工作职责、责任制落实情况等。

第二十条 以市政府或市安委会名义进行的全市安全生产大检查每年至少开展4次，由市安委办组织，市安委会成员和市安委办负责人带队，成员单位派人参加。专项督查由市安委办或市安委会成员单位组织，有关成员单位派人参加。综合督查或专项督查要形成专题报告。

第二十一条 对于市安委会确定的重点工作任务，市安委办要负责督促落实。每季度收集有关责任单位工作总结，每半年通报重点工作任务落实情况；必要时开展检查、督查，了解工作进展情况，总结分析存在的问题，提出工作措施。以工作任务的完成来确保安全生产控制考核指标的实现。

第二十二条 按照“动态分类排查、动态评审挂牌、动态整改销号”的工作机制，做好重大安全生产隐患排除治理工作的监督检查。每半年汇总排查发现的重大隐患；对于不能及时整改完毕的，经报请市政府同意后，列为市级挂牌督办的重大安全生产隐患，原则上以市安委会名义挂牌督办。必要时，提请市政府召开专题会议，督促落实重大隐患整改工作。市安委办负责跟踪落实。

第二十三条 按照《贵州省安全生产约谈制度》的规定，对未认真履行职责导致发生较大及以上生产安全事故、未及时治理排除重大安全生产隐患、未按时完成重要安全生产工作任务的县、特区、区政府或市安委会成员单位责任人进行问责谈话。

第二十四条 在各类节日及其他重大活动等特定时期，市安委办应根据实际，对重点行业领域提出有针对性的工作要求，严防各类生产安全事故发生。

第六章 考核奖励

第二十五条 制定《六盘水市安全生产工作绩效考核奖惩实施细则》，完善安全生产考核奖惩制度，严格安全工作责任目标考核。

第二十六条 根据市安委会审查通过的全市安全生产年度工作意见，每年2月底前，市安委办组织制定新一年度各县、特区、区政府和市安委会成员单位的《安全生产工作目标和任务责任书》，报经市安委会全会审查同意后，由市安委会主任或市政府分管安全生产工作的副市长与各县、特区、区政府和市安委会成员单位签订。被考核单位要及时开展年中自查和年底自评工作，形成自查、自评报告。

第二十七条 按照年初签订的《安全生产工作目标和任务责任书》，由市安委办组织对各县、特区、区政府，负有安全生产监管监察职责的市有关部门和单位实施年度安全生产工作目标和任务完成情况综合考核。

第二十八条 安全生产综合考核结果经市政府审定后，由市安委会在全市范围内予以公布，并兑现奖惩。

第二十九条 本规则自下发之日起施行。

三、目标管理与考核奖惩制度

2005年起，根据市委、市政府要求，市安委办（市安监局）按照横向、纵向层层落实责任的有关要求，组织拟订六盘水市安全生产目标管理考核指标，对各县、特区、区人民政府及市安委会主要成员单位的安全生产目标和任务完成情况进行考核。

2007年1月，为规范六盘水市安全生产目标考核工作，市政府制订下发了《六盘水市安全生产奖惩办法》（暂行）。在实施过程中，严格按照《奖惩办法》的规定，严格、认真、及时地兑现奖惩。

2005年，在市政府对各目标责任单位2004年工作进行考核时，市财政拿出52.5万元兑现了奖惩。同时，对评为六盘水市一等奖又一并获得省级行业评比一等奖的市公安消防支队，给予了15万元的奖励；对未完成基本目标任务的钟山区政府和市煤炭局，分别予以1万元和1.5万元的经济处罚，并进行行政问责。之后，全市安全生产考核奖惩办法在不断修改、完善的基础上，一直执行至今。

2013年7月，市人民政府对《奖惩办法》进行了修订，加大了安全生产目标考核的权重，进一步完善了六盘水市每年的安全生产目标考核机制。

2015年，制定《2015年度各地安全生产工作目标和任务绩效考核实施细则》《市安委会成员单位安全生产工作目标和任务绩效考核实施细则》《市安委会成员单位管理工作考核评分办法》《六盘水市安全监管局年终目标考核奖惩办法》等。

六盘水市近几年安全生产考核奖励情况：

（1）2005年

一等奖：盘县人民政府、盘江煤电（集团）公司、钟山区人民政府，各奖励5万元。

二等奖：六枝特区人民政府、市公安局交警支队、市交通局、市公安消防支队、市建设局、市煤炭局、市农机中心、六盘水供电局、市供销社、水城钢铁（集团）公司，各奖励3万元。

市公安局交警支队因同时获得全省公安交警系统“先进支队”表彰，市公安消防支队因同时获全省消防安全社会目标考核一等奖，被分别追加奖励2万元。

三等奖：市经贸委、市乡企局、市林业局、六枝工矿（集团）公司各奖励1万元。

综合奖：市监察局、市财政局、市安全监管局、市总工会、市公安局、市国土资源局各奖励2.6万元。

特别奖：六枝工矿（集团）公司矿山救护队、水城矿业（集团）公司矿山救护队、贵州煤监局水城分局、贵州煤监局盘江分局各奖励2万元；盘江煤电（集团）公司矿山救护队，奖励1万元。

鼓励奖：水城矿业（集团）公司、市商务局各奖励5000元。

处　罚：水城县人民政府，罚款3万元。

（2）2009年

一等奖：水城县人民政府、市公安局交警支队。

二等奖：六枝特区人民政府、市安全监管局。

三等奖：盘县人民政府、市煤炭局、市消防支队。

奖励金额：一等奖各4万元，二等奖各3万元，三等奖各2万元。

(3)2011年

一等奖：六枝特区人民政府、钟山区人民政府、市公安消防支队。

二等奖：市国土资源局、市住建局、市经信委。

三等奖：水城县人民政府、钟山经济开发区管委会、市安全监管局、市外侨旅游局、六盘水供电局、市商务和粮食局、市教育局、市农委、市水利局、市质监局、市公安局交警支队。

完成目标责任奖：市交通运输局。

完成工作责任奖：水城军分区、市政府法制办、市政府应急办、市编委办、市武警支队、市发改委、市科技局、市司法局、市人资社保局、市环保局、市卫生局、市林业局、市工商局、市广电局、市气象局、市食品药品监管局、市移民局、市文体局、市统计局、市民政局。

综合奖：市委办、市人大办、市政府办、市政协办、市委宣传部、市安委办、市财政局、市公安局、市总工会、市监察局、市检察院、水城煤监分局、六枝工矿(集团)公司救护大队、盘江精煤股份有限公司矿山救护队、水城矿业(集团)公司矿山救护大队。

不奖不罚：盘县人民政府、市铁路护路办、市国资委、市能源局。

(4)2012年

(1)目标责任奖

一等奖：钟山区人民政府。

二等奖：六枝特区人民政府。

优秀奖：盘县人民政府、水城县人民政府。

达标奖：钟山经济开发区管委会。

(2)工作责任奖

一等奖：市安全监管局、市交通局。

二等奖：市能源局、市国土资源局、市公安局交警支队；

优秀奖：市公安消防支队、市旅游局、市质监局、市水利局、市经信委、市住建局、市教育局、市农委、市国资委、市商务粮食局、市铁路护路办、六盘水供电局。

(3)工作奖

市委宣传部、市财政局、市公安局、市总工会、市监察局、市检察院、水城军分区、市编委办、武警六盘水市支队、市发展改革委、市科技局、市司法局、市人资社保局、市环保局、市卫生局、市文体广电局、市移民局、市统计局、市民政局、市林业局、市食品药品监管局、市工商局、市气象局、市政府法制办、市政府应急办。

（4）综合奖

市委办、市人大办、市政府办、市政协办、市安委办、市城管局、市规划局、水城煤监分局、六枝工矿（集团）公司救护大队、盘江精煤股份公司矿山救护队、水矿控股（集团）公司矿山救护大队。

（5）2013年

（1）目标责任奖

一等奖：六枝特区人民政府；

二等奖：钟山区人民政府；

优秀奖：盘县人民政府、水城县人民政府。

（2）工作责任奖

一等奖：市公安局交警支队、市公安消防支队；

二等奖：钟山经济开发区管委会、市交通局、市安全监管局；

优秀奖：市国土资源局、市质监局、市水利局、市经信委、市住建局、市铁路护路办、市教育局、市农委、市国资委、市商务粮食局、市旅游局、市能源局、六盘水供电局。

（3）工作奖

市委宣传部、市财政局、市公安局、市总工会、市监察局、市检察院、水城军分区、市编委办、武警六盘水市支队、市发展改革委、市科技局、市司法局、市人资社保局、市环保局、市卫生局、市文体广电局、市移民局、市统计局、市民政局、市林业局、市食品药品监管局、市工商局、市气象局、市城管局、市规划局、市政府法制办、市政府应急办。

（4）综合奖

市委办、市人大办、市政府办、市政协办、市安委办、水城煤监分局、六枝工矿（集团）公司救护大队、盘江精煤股份公司矿山救护队、水矿控股（集团）公司矿山救护队。

（6）2014年

（1）目标责任奖

一等奖：钟山区人民政府；

二等奖：水城县人民政府；

六枝特区人民政府、盘县人民政府不达标。

（2）工作责任奖

一等奖：市公安局交警支队、市公安消防支队；

二等奖：市质监局、市生态旅游委、市住建局；

三等奖：钟山经济开发区管委会、市安全监管局、市交通局、市水务局、市经信委、市国土资源局、市农委、市商务粮食局、六盘水供电局；

达标奖：市教育局、市能源局；

市铁路护路办不达标。

（3）工作奖

市委宣传部、市财政局、市公安局、市总工会、市监察局、市检察院、水城军分区、市编委办、武警六盘水市支队、市发展改革委、市科技局、市司法局、市人资社保局、市环保局、市卫计委、市文体广电局、市水库和生态移民局、市统计局、市民政局、市林业局、市食品药品监管局、市工商局、市气象局、市城管局、市规划局、市政府法制办、市政府应急办。

（4）综合奖

市委办、市人大办、市政府办、市政协办、市安委办、水城煤监分局、六枝工矿（集团）公司救护大队、盘江精煤股份公司矿山救护队、水矿控股（集团）公司矿山救护队。

四、大矿帮小矿制度

2008年，在市委市政府的正确领导下，市安全监管局在全市范围内掀起了“大矿帮扶小矿”活动，并形成制度。

2010年，按照省煤矿帮扶工作领导小组办公室《关于印发贵州省2010年度国有煤炭企业帮扶小煤矿名单的通知》要求，六盘水市煤矿帮扶工作领导小组办公室及时安排部署煤矿帮扶工作，明确了当年帮扶对象。如：盘江煤电集团公司老屋基矿帮扶六枝特区郎岱镇青菜塘煤矿，盘江土城矿帮扶水城县都格乡保兴煤矿，盘江月亮田矿帮扶盘县淤泥乡湾田煤矿，盘江山脚树矿帮扶钟山区汪家寨镇镇艺煤矿等，还进一步明确了帮扶内容、时间进度和具体工作要求。

2013年，六盘水市通过扎实推进“厂市共建”，完善“大矿帮小矿”制度，27个国有煤矿与68个地方煤矿建立结对帮扶关系，充分依托国有煤矿人才、技术、管理等优势，较好地促进了六盘水市地方煤矿安全生产水平的大幅度提升。

五、联席会议制度

六盘水市安全生产联席会议，是由市安委办（市安全监管局）发起，针对不同的问题由不同的市直各相关部门、县（区）政府参与的会议。联席会议一般每半年召开一次，也可根据实际情况适时召开。

联席会议的议事内容：

传达、贯彻上级有关文件或会议精神；

沟通、通报安全生产重大情况；

协调解决安全生产监管活动中的有关问题；

分析当前安全生产工作情况，研究改进和解决问题的工作方法；

开展专题联合行动；

监督、检查、考核各成员单位执行联席会议决议的情况及其他重要事项。

2011年，市及机关率先建立的联席会议制度，是危险化学品安全监管联席会议制度和烟花爆竹安全监管联席会议制度。

2012年，建立职业健康联席会议制度。

六、煤矿分级监管制度

2011年6月，为构建和完善六盘水市煤矿安全生产分级监管制度，市安全监管局根据煤矿的生产规模、安全状况、人员及设备、安全管理水平、过去事故情况等制定评级标准，把全市所有矿井分成A、B、C、D四类进行监管。并规定：对安全条件好的A类矿井，实施常态监管；安全条件较好的B类矿井，加强监管；安全条件一般的C类矿井，实施重点监管；对安全条件较差的D类矿井，实行挂牌监管，纳入重点整治。

2012年底，完成对全市198个具备评级条件的矿井的分类评级。其中：A类矿井12个、B类矿井132个、C类矿井20个、D类矿井34个；对13个D类矿井进行了挂牌整改和摘牌。

同时，将分级监管与“打非治违”专项行动有机结合，着力构建常态化、规范化的“打非治违”长效机制，以打击私挖滥采和非法违法违规开采为重点，深入开展全方位、全覆盖、多层次、多渠道、多形式的打击整治行动，确保了“打非治违”有的放矢，进一步规范了煤矿安全生产秩序。

第二节　重大危险源

2006年，六盘水市安全监管局组织开展全市重大危险源调查摸底和重大危险源单位普查员培训认证工作。12月，对全市491户重大危险源单位普查员进行培训、认证和上机培训。经认证，首批确定为重大危险源的单位425户。

2012年，完成全市12处危险化学品和烟花爆竹重大危险源的备案工作。

2014年，经多次组织有关专家进行核实论证，全市危险化学品重大危险源单位最终确定为16家，危险源计21处。其中：六枝特区重大危险源单位3家，危险源点3处；盘县重大危险源单位4家，危险源点9处；水城县重大危险源单位4家，危险源点4处；钟山区重大危险源单位4家，危险源点4处；钟山经济开发区重大危险源单位1家，危险源点1处（见下表）。

表2-1

六盘水市重大危险源统计情况汇总表（2015年）

序号	县区	企业名称	地址	类型	名称及临界量	存储产品	实际存储最大量	用途	是否按要求开展重大危险源评估	重大危险源级别	重大危险源是否备案	是否按要求编制应急救援预案	预案是否备案	备注
1	六枝	贵州龙健爆破工程有限公司	平寨镇骂冗村	爆炸品	5吨	硝酸铵	40吨	施爆	是	一级	是	是	是	
2		六枝黔安爆破工程有限公司	平寨建设南路	爆炸品	5吨	硝酸铵	40吨	施爆	是	一级	是	是	是	
3		六盘水市钟水民爆器材经营有限责任公司六枝分公司	平寨镇	爆炸品	5吨	硝酸铵	90吨	销售	是	一级	是	是	是	
4	盘县	贵州粤黔电力有限责任公司	响水乡	毒性、易燃、易爆	10吨	液氨	200	脱硝	是	一级	是	是	是	
5		贵州黔桂天能焦化有限责任公司	柏果镇东风村	易燃液体	50吨	粗苯	70万吨	化工	是	三级	是	是	是	70万吨（粗苯）
				易燃液体	50吨	粗苯	130万吨	化工	是	一级	否	是	是	130万吨（粗苯）
				毒性气体	10吨	液氨	95吨	化工	是	一级	否	是	是	液氨
				易燃气体	苯：50吨	苯加氢	1700吨	化工	是	一级	否	是	是	苯加氢
				易燃气体	10吨	液化天然气	95吨	化工	是	一级	否	是	是	LNG（液化天然气）
				毒性气体	20吨	煤气	20吨	化工	是	一级	否	是	是	煤气
6		六盘水威箐焦化有限公司	乐民乡岔河村	易燃、易爆气体	50吨	粗苯	200吨	化工	是	三级	是	是	是	
7		中石化六盘水分公司盘县油库	红果两河新区	可燃液体	柴油：5000吨 汽油：200吨	柴油 汽油	柴油：12000吨，汽油：2100吨	存储	是	一级	是	是	是	

续表2-1

序号	县区	企业名称	地址	类型	名称及临界量	存储产品	实际存储最大量	用途	是否按要求开展重大危险源评估	重大危险源级别	重大危险源是否备案	是否按要求编制应急救援预案	预案是否备案	备注
8	水城县	贵州黔晟新能源实业有限公司	老鹰山	易爆液体	汽油：200吨，甲醇：500吨	汽油、甲醇、甲基叔丁基醚、乙丁醇、正丁醇	汽油：2250吨，甲醇：790吨，甲基叔丁基醚：39吨；乙丁醇：41吨；正丁醇：41吨	化工	是	三级	是	是	是	
9	水城县	中石化六盘水石油分公司滥坝油库	滥坝镇	易燃液体	柴油：5000吨，汽油：200吨	柴油、汽油	柴油：27000吨，汽油：2100吨	存储	是	二级	是	是	是	
10	水城县	百江西南燃气公司水城气库	滥坝镇	易燃气体	50吨	液化石油气	62吨	存储	是	二级	是	是	是	
11	水城县	大唐贵州发耳发电有限公司	发耳镇	储罐	10吨	液氨	150吨	存储	是	四级	是	是	是	
12	钟山区	中冶南方六盘水水钢气体有限公司	水钢	易燃易爆	10吨	液氧	1710吨	化工	是	三级	是	是	是	1500立液氧储槽
13	钟山区	首钢水城钢铁集团有限责任公司　氧气厂	水钢	易燃易爆	10吨	液氧	285吨	化工	是	四级	是	是	是	250立液氧储槽
14	钟山区	首钢水城钢铁集团有限责任公司煤焦化分公司	水钢	易燃易爆	50吨	苯	160吨	化工	是	四级	是	是	是	160吨苯储罐、精制车间已停产
15	钟山区	六盘水大山天然气有限责任公司	汪水路	易燃易爆				存储			否	否	否	200立天然气储槽，已签订合同
16	钟山经济开发区	贵州六盘水腾达爆破工程服务有限公司	双龙乡	爆炸品	5吨	炸药（硝酸铵）	炸药48吨 雷管30万发	施爆			是	是	是	尚不知属于什么类型，尚未开展重大危险源评估及级别鉴定等工作。
备注：本表截至2015年5月22日。其中：长钢焦化已注销；西洋焦化、鑫晟煤化工、恒达磷化等均已停产。														

第三节 安全技术改造

六盘水市安全生产技术改造工作，始于2008年。2009年到2015年，实施项目共382个，投入资金18925万元；争取国家补助项目9个，补助资金38282万元；吸纳社会资金近10亿元。六盘水长期积累的部分安全生产欠账基本得到解决。

六盘水市2009—2015年度安全技改项目建设验收情况

表2-2

序号	县区	项目名称	项目承担单位	年份	投资估算（万元）		实际投资（万元）		补助资金来源	项目资金批复文件	文件名称
					总投资（万元）	申请补助（万元）	总投资（万元）	获得补助（万元）			
1	六枝	瓦斯抽放利用	六枝特区郎岱镇青菜塘煤矿	2009	250	50		50	六枝特区	市财建〔2009〕184号	《关于下达2009年第一批六盘水市煤矿安全示范建设项目补助资金的通知》
2	六枝	井下人员定位和无线通信系统	中寨乡金来煤矿	2009	60	25		25	市	市财建〔2009〕184号	《关于下达2009年第一批六盘水市煤矿安全示范建设项目补助资金的通知》
3	六枝	防治水	中寨乡宏顺发煤矿	2009	120	30		30	省	市财建〔2009〕184号	《关于下达2009年第一批六盘水市煤矿安全示范建设项目补助资金的通知》
4	盘县	瓦斯抽放利用	板桥镇东李煤矿	2009	250	50		50	省	市财建〔2009〕184号	《关于下达2009年第一批六盘水市煤矿安全示范建设项目补助资金的通知》
5	水城	瓦斯抽放利用	晋家冲煤矿（调整）	2009	924.04	50		50	省	市财建〔2009〕184号	《关于下达2009年第一批六盘水市煤矿安全示范建设项目补助资金的通知》
6	水城	井下人员运输系统	鸡场攀枝花煤矿（调整）	2009	150	40		40	省	市财建〔2009〕184号	《关于下达2009年第一批六盘水市煤矿安全示范建设项目补助资金的通知》
7	水城	井下人员定位和无线通信系统	比德三岔沟煤矿	2009	60	25		25	省	市财建〔2009〕184号	《关于下达2009年第一批六盘水市煤矿安全示范建设项目补助资金的通知》
8	水城	井下人员定位和无线通信系统	陡箐乡阿佐煤矿	2009	60	25		25	县	市财建〔2009〕184号	《关于下达2009年第一批六盘水市煤矿安全示范建设项目补助资金的通知》
9	水城	井下人员定位和无线通信系统	陡箐喜佳堡煤矿	2009	60	25		25	省	市财建〔2009〕184号	《关于下达2009年第一批六盘水市煤矿安全示范建设项目补助资金的通知》
10	钟山	井下人员定位和无线通信系统	老鹰山兴发煤矿	2009	60	25		25	市	市财建〔2009〕184号	《关于下达2009年第一批六盘水市煤矿安全示范建设项目补助资金的通知》
11	钟山	井下人员运输系统	六盘水华丰矿业有限公司（八八煤矿）	2009	150	40		40	省	市财建〔2009〕184号	《关于下达2009年第一批六盘水市煤矿安全示范建设项目补助资金的通知》
12	钟山	井下人员运输系统	老鹰山晨光煤矿	2009	150	40		40	市	市财建〔2009〕184号	《关于下达2009年第一批六盘水市煤矿安全示范建设项目补助资金的通知》

续表2-2

序号	县区	项目名称	项目承担单位	年份	投资估算（万元）		实际投资（万元）		补助资金来源	项目资金批复文件	文件名称
					总投资（万元）	申请补助（万元）	总投资（万元）	获得补助（万元）			
13	市、县区安监局	保障能力建设	市安监局	2009	178	178		178（市36，省142）	省、市	市财建〔2009〕184号	《关于下达2009年第一批六盘水市煤矿安全示范建设项目补助资金的通知》
14		保障能力建设	市县安监局	2009	320	320		320（省280，县40）	省	市财建〔2009〕184号	《关于下达2009年第一批六盘水市煤矿安全示范建设项目补助资金的通知》
15		保障能力建设	市县安监局	2009	122	122		122	省	市财建〔2009〕184号	《关于下达2009年第一批六盘水市煤矿安全示范建设项目补助资金的通知》
	小计							1045			
16	六枝	井下人员运输系统	六枝特区新窑乡播雨村煤矿	2010	150	40	156.10	40	市	市财建〔2010〕51号	《关于下达2010年六盘水市煤矿安全示范建设项目补助资金的通知》
17	六枝	煤矿井下综合自动化	六枝特区新松煤业有限公司	2010	250	40		40	市	市财建〔2010〕51号	《关于下达2010年六盘水市煤矿安全示范建设项目补助资金的通知》
18	六枝	煤矿瓦斯含量快速测定方法及预测突出危险性技术	六枝特区中寨乡中渝煤矿	2010	150	35		35	省	市财建〔2010〕51号	《关于下达2010年六盘水市煤矿安全示范建设项目补助资金的通知》
19	六枝	煤矿防治水	六枝特区新窑乡联兴煤矿	2010	120	30		30	六枝特区	市财建〔2010〕51号	《关于下达2010年六盘水市煤矿安全示范建设项目补助资金的通知》
20	六枝	煤矿瓦斯含量快速测定方法及预测突出危险性技术	六枝特区新窑乡兴旺煤矿	2010	150	35		35	六枝特区	市财建〔2010〕51号	《关于下达2010年六盘水市煤矿安全示范建设项目补助资金的通知》
21	六枝	穿层钻孔旋式水射流增透防突技术	六枝特区堕却乡新宝元煤矿	2010	50	15		15	市	市财建〔2010〕51号	《关于下达2010年六盘水市煤矿安全示范建设项目补助资金的通知》

续表2-2

序号	县区	项目名称	项目承担单位	年份	投资估算（万元）		实际投资（万元）		补助资金来源	项目资金批复文件	文件名称
					总投资（万元）	申请补助（万元）	总投资（万元）	获得补助（万元）			
22	六枝	穿层钻孔旋式水射流增透防突技术	六枝特区新窑乡华际煤矿	2010	100	20		20	市	市财建〔2010〕51号	《关于下达2010年六盘水市煤矿安全示范建设项目补助资金的通知》
23	六枝	煤矿瓦斯含量法预测煤与瓦斯突出技术	六枝特区中寨乡湘发煤矿	2010	150	30		30	市	市财建〔2010〕51号	《关于下达2010年六盘水市煤矿安全示范建设项目补助资金的通知》
24	六枝	数字化矿山建设	六枝特区中寨乡凸山田煤矿	2010	15	6		6	省	市财建〔2010〕51号	《关于下达2010年六盘水市煤矿安全示范建设项目补助资金的通知》
25	六枝	煤矿防尘工作体系	六枝特区中寨乡湘发煤矿	2010	6	3		3	市	市财建〔2010〕51号	《关于下达2010年六盘水市煤矿安全示范建设项目补助资金的通知》
26	六枝	煤矿防尘工作体系	六枝特区新松煤业有限公司	2010	6	3	49.20	3	市	市财建〔2010〕51号	《关于下达2010年六盘水市煤矿安全示范建设项目补助资金的通知》
27	盘县	井下人员定位和无线通信系统	盘县红旗煤矿	2010	60	25		25	省	市财建〔2010〕51号	《关于下达2010年六盘水市煤矿安全示范建设项目补助资金的通知》
28	盘县	井下人员定位和无线通信系统	盘县红果煤矿	2010	60	25		25	省	市财建〔2010〕51号	《关于下达2010年六盘水市煤矿安全示范建设项目补助资金的通知》
29	盘县	井下人员定位和无线通信系统	盘县仲恒煤矿	2010	60	25		25	县	市财建〔2010〕51号	《关于下达2010年六盘水市煤矿安全示范建设项目补助资金的通知》
30	盘县	煤矿瓦斯含量快速测定方法及预测突出危险性技术	盘县湾田煤矿	2010	150–	35	77.88	35	省	市财建〔2010〕51号	《关于下达2010年六盘水市煤矿安全示范建设项目补助资金的通知》
31	盘县	穿层钻孔旋式水射流增透防突技术	盘县板桥镇东李煤矿	2010	50	15		15	省	市财建〔2010〕51号	《关于下达2010年六盘水市煤矿安全示范建设项目补助资金的通知》
32	盘县	穿层钻孔旋式水射流增透防突技术	盘县顺源煤矿	2010	50	15		15	县	市财建〔2010〕51号	《关于下达2010年六盘水市煤矿安全示范建设项目补助资金的通知》
33	盘县	高压水射流割缝增透防突出技术	盘县仲恒煤矿	2010	100	20		20	县	市财建〔2010〕51号	《关于下达2010年六盘水市煤矿安全示范建设项目补助资金的通知》
34	盘县	煤矿瓦斯含量法预测煤与瓦斯突出技术	盘县洪兴煤矿	2010	150	30	86.32	30	省	市财建〔2010〕51号	《关于下达2010年六盘水市煤矿安全示范建设项目补助资金的通知》

续表2-2

序号	县区	项目名称	项目承担单位	年份	投资估算（万元）		实际投资（万元）		补助资金来源	项目资金批复文件	文件名称
					总投资（万元）	申请补助（万元）	总投资（万元）	获得补助（万元）			
35	盘县	井下人员运输系统	盘县银河煤矿	2010	150	40		40	市	市财建〔2010〕51号	《关于下达2010年六盘水市煤矿安全示范建设项目补助资金的通知》
36	盘县	井下人员运输系统	盘县苞谷山煤矿	2010	150	40		40	县	市财建〔2010〕51号	《关于下达2010年六盘水市煤矿安全示范建设项目补助资金的通知》
37	盘县	煤矿井下综合自动化	盘县喜乐庆煤矿	2010	250	40		40	市	市财建〔2010〕51号	《关于下达2010年六盘水市煤矿安全示范建设项目补助资金的通知》
38	盘县	煤矿井下综合自动化	盘县苞谷山煤矿	2010	250	40		40	县	市财建〔2010〕51号	《关于下达2010年六盘水市煤矿安全示范建设项目补助资金的通知》
39	盘县	数字化矿山建设	盘县佳竹箐煤矿	2010	15	6	25.05	6	省	市财建〔2010〕51号	《关于下达2010年六盘水市煤矿安全示范建设项目补助资金的通知》
40	盘县	数字化矿山建设	盘县红果煤矿	2010	15	6		6	省	市财建〔2010〕51号	《关于下达2010年六盘水市煤矿安全示范建设项目补助资金的通知》
41	盘县	煤矿防治水	盘县麦地煤矿	2010	120	30		30	市	市财建〔2010〕51号	《关于下达2010年六盘水市煤矿安全示范建设项目补助资金的通知》
42	盘县	煤矿防治水	盘县松林煤矿	2010	120	30		30	县	市财建〔2010〕51号	《关于下达2010年六盘水市煤矿安全示范建设项目补助资金的通知》
43	盘县	煤矿防尘工作体系	盘县喜乐庆煤矿	2010	6	3	8.12	3	市	市财建〔2010〕51号	《关于下达2010年六盘水市煤矿安全示范建设项目补助资金的通知》
44	盘县	煤矿防尘工作体系	盘县下河坝煤矿	2010	6	3		3	市	市财建〔2010〕51号	《关于下达2010年六盘水市煤矿安全示范建设项目补助资金的通知》
45	水城	穿层钻孔旋式水射流增透防突技术	贵州鲁能矿业有限公司	2010	50	15	54	15	省	市财建〔2010〕51号	《关于下达2010年六盘水市煤矿安全示范建设项目补助资金的通知》
46	水城	穿层钻孔旋式水射流增透防突技术	水城县义忠煤矿	2010	50	15		15	县	市财建〔2010〕51号	《关于下达2010年六盘水市煤矿安全示范建设项目补助资金的通知》
47	水城	煤矿瓦斯含量法预测煤与瓦斯突出技术	水城县神仙坡煤矿	2010	100	30		30	市	市财建〔2010〕51号	《关于下达2010年六盘水市煤矿安全示范建设项目补助资金的通知》
48	水城	高压水射流割缝增透防突出技术	水城县神仙坡煤矿	2010	150	20		20	县	市财建〔2010〕51号	《关于下达2010年六盘水市煤矿安全示范建设项目补助资金的通知》

续表2-2

序号	县区	项目名称	项目承担单位	年份	投资估算（万元）		实际投资（万元）		补助资金来源	项目资金批复文件	文件名称
					总投资（万元）	申请补助（万元）	总投资（万元）	获得补助（万元）			
49	水城	井下人员运输系统	水城县蟠龙煤业有限公司	2010	150	40		40	县	市财建〔2010〕51号	《关于下达2010年六盘水市煤矿安全示范建设项目补助资金的通知》
50	水城	煤矿井下综合自动化	水城县木果晋家冲煤矿	2010	250	40		40	省	市财建〔2010〕51号	《关于下达2010年六盘水市煤矿安全示范建设项目补助资金的通知》
51	水城	煤矿井下综合自动化	水城县保华煤矿	2010	250	40		40	县	市财建〔2010〕51号	《关于下达2010年六盘水市煤矿安全示范建设项目补助资金的通知》
52	水城	数字化矿山建设	水城县阿戛乡禹举明煤矿	2010	15	6		6	省	市财建〔2010〕51号	《关于下达2010年六盘水市煤矿安全示范建设项目补助资金的通知》
53	水城	数字化矿山建设	水城县支都煤矿	2010	15	6	69.63	6	省	市财建〔2010〕51号	《关于下达2010年六盘水市煤矿安全示范建设项目补助资金的通知》
54	水城	煤矿防治水	水城县支都煤矿	2010	120	30	111.84	30	市	市财建〔2010〕51号	《关于下达2010年六盘水市煤矿安全示范建设项目补助资金的通知》
55	水城	煤矿防尘工作体系	水城县保华煤矿	2010	6	3		3	市	市财建〔2010〕51号	《关于下达2010年六盘水市煤矿安全示范建设项目补助资金的通知》
56	水城	煤矿防尘工作体系	水城县保华丰胜煤矿	2010	6	3		3	市	市财建〔2010〕51号	《关于下达2010年六盘水市煤矿安全示范建设项目补助资金的通知》
57	钟山	瓦斯抽放利用	钟山区汪家寨镇镇艺煤矿	2010	924.40	50		50	区	市财建〔2010〕51号	《关于下达2010年六盘水市煤矿安全示范建设项目补助资金的通知》
58	钟山	高压水射流割缝增透防突出技术	钟山区大湾镇三鑫煤矿	2010	100	20		20	省	市财建〔2010〕51号	《关于下达2010年六盘水市煤矿安全示范建设项目补助资金的通知》
59	钟山	煤矿瓦斯含量快速测定方法及预测突出危险性技术	钟山区大河镇金源煤矿	2010	150	35		35	区	市财建〔2010〕51号	《关于下达2010年六盘水市煤矿安全示范建设项目补助资金的通知》
60	钟山	煤矿瓦斯含量法预测煤与瓦斯突出技术	钟山区大河镇第五煤矿	2010	150	30		30	区	市财建〔2010〕51号	《关于下达2010年六盘水市煤矿安全示范建设项目补助资金的通知》
61	钟山	煤矿防尘工作体系	钟山区大河镇迎春煤矿	2010	6	3		3	市	市财建〔2010〕51号	《关于下达2010年六盘水市煤矿安全示范建设项目补助资金的通知》
62	钟山	煤矿防治水	钟山区德坞镇正高煤矿	2010	120	30		30	市	市财建〔2010〕51号	《关于下达2010年六盘水市煤矿安全示范建设项目补助资金的通知》

续表2-2

序号	县区	项目名称	项目承担单位	年份	投资估算（万元）		实际投资（万元）		补助资金来源	项目资金批复文件	文件名称
					总投资（万元）	申请补助（万元）	总投资（万元）	获得补助（万元）			
	小计							1101		省级资金270万元，市级资金366万元，县区资金465万元	
63	市直及相关企业	水矿集团	保障能力建设	2010	400	100		100	省	市财建〔2010〕104号	《关于下达2010年第二批六盘水市煤矿安全示范项目补助资金的通知》
64	市直及相关企业	六枝特区职业技术学校	煤矿特种人员安全技术培训中心建设	2010	20	20		20	市	市财建〔2010〕104号	《关于下达2010年第二批六盘水市煤矿安全示范项目补助资金的通知》
65	市直及相关企业	盘江煤电技校	煤矿特种人员安全技术培训中心建设	2010	20	20		20	市	市财建〔2010〕104号	《关于下达2010年第二批六盘水市煤矿安全示范项目补助资金的通知》
66	市直及相关企业	市安监局	安全技术培训中心建设	2010	30	30		30	省	市财建〔2010〕104号	《关于下达2010年第二批六盘水市煤矿安全示范项目补助资金的通知》
	小计							170			
67	六枝	煤矿井下紧急避险系统	新华乡林家岙煤矿	2010	120	20	115.65	20	省	市财建〔2011〕32号	《关于下达2010年六盘水市煤矿安全示范建设项目省级补助资金的通知》
68	六枝	煤矿井下紧急避险系统	六枝工矿集团公司	2010	120	20	107	20	省	市财建〔2011〕32号	《关于下达2010年六盘水市煤矿安全示范建设项目省级补助资金的通知》
69	六枝	煤矿瓦斯抽采综合利用	洒志乡洒志煤矿	2010	500	50		50	省	市财建〔2011〕32号	《关于下达2010年六盘水市煤矿安全示范建设项目省级补助资金的通知》
70	盘县	矿井综合机械化（综采）项目	红果镇包谷山煤矿	2010	3000	50		50	省	市财建〔2011〕32号	《关于下达2010年六盘水市煤矿安全示范建设项目省级补助资金的通知》
71	盘县	矿井综合机械化（综采）项目	柏果镇冬瓜凹煤矿	2010	3000	50		50	省	市财建〔2011〕32号	《关于下达2010年六盘水市煤矿安全示范建设项目省级补助资金的通知》
72	盘县	矿井综合机械化（综掘）项目	红果镇包谷山煤矿	2010	500	30		30	省	市财建〔2011〕32号	《关于下达2010年六盘水市煤矿安全示范建设项目省级补助资金的通知》
73	盘县	矿井综合机械化（综掘）项目	柏果镇冬瓜凹煤矿	2010	500	30		30	省	市财建〔2011〕32号	《关于下达2010年六盘水市煤矿安全示范建设项目省级补助资金的通知》

续表2-2

序号	县区	项目名称	项目承担单位	年份	投资估算（万元）		实际投资（万元）		补助资金来源	项目资金批复文件	文件名称
					总投资（万元）	申请补助（万元）	总投资（万元）	获得补助（万元）			
74	盘县	煤矿瓦斯抽采综合利用	红果镇中纸厂煤矿	2010	500	50		50	省	市财建〔2011〕32号	《关于下达2010年六盘水市煤矿安全示范建设项目省级补助资金的通知》
75	盘县	煤矿井下紧急避险系统	红果镇樟木树煤矿	2010	120	20	83.02	20	省	市财建〔2011〕32号	《关于下达2010年六盘水市煤矿安全示范建设项目省级补助资金的通知》
76	水城	煤矿瓦斯抽采综合利用	攀枝花煤矿	2010	500	50	528.70	50	省	市财建〔2011〕32号	《关于下达2010年六盘水市煤矿安全示范建设项目省级补助资金的通知》
77	水城	矿井综合机械化（综采）项目	发耳新龙煤矿	2010	3000	50		50	省	市财建〔2011〕32号	《关于下达2010年六盘水市煤矿安全示范建设项目省级补助资金的通知》
78	水城	矿井综合机械化（综采）项目	勺米弘财煤矿	2010	3000	50	2068.75	50	省	市财建〔2011〕32号	《关于下达2010年六盘水市煤矿安全示范建设项目省级补助资金的通知》
79	水城	矿井综合机械化（综掘）项目	发耳新龙煤矿	2010	500	30		30	省	市财建〔2011〕32号	《关于下达2010年六盘水市煤矿安全示范建设项目省级补助资金的通知》
80	水城	矿井综合机械化（综掘）项目	勺米弘财煤矿	2010	500	30		30	省	市财建〔2011〕32号	《关于下达2010年六盘水市煤矿安全示范建设项目省级补助资金的通知》
81	水城	煤矿井下紧急避险系统	化乐宏宇煤矿	2010	120	20	95.49	20	省	市财建〔2011〕32号	《关于下达2010年六盘水市煤矿安全示范建设项目省级补助资金的通知》
82	钟山	煤矿井下紧急避险系统	老鹰山晨光煤矿	2010	120	20	55.87	20	省	市财建〔2011〕32号	《关于下达2010年六盘水市煤矿安全示范建设项目省级补助资金的通知》
83	钟山	煤矿瓦斯抽采综合利用	老鹰山八八煤矿	2010	500	50		50	省	市财建〔2011〕32号	《关于下达2010年六盘水市煤矿安全示范建设项目省级补助资金的通知》

续表2-2

序号	县区	项目名称	项目承担单位	年份	投资估算（万元）		实际投资（万元）		补助资金来源	项目资金批复文件	文件名称
					总投资（万元）	申请补助（万元）	总投资（万元）	获得补助（万元）			
84	市直及相关企业	瓦斯集中抽采、利用监控科研项目	市能源局	2010	40	40		40	省	市财建〔2011〕32号	《关于下达2010年六盘水市煤矿安全示范建设项目省级补助资金的通知》
85	市直及相关企业	软岩锚网喷注支护项目	水矿汪家寨矿	2010	100	30		30	省	市财建〔2011〕32号	《关于下达2010年六盘水市煤矿安全示范建设项目省级补助资金的通知》
86	市直及相关企业	煤矿日常监控终端平台	市能源局	2010	300	300		300	省	市财建〔2011〕32号	《关于下达2010年六盘水市煤矿安全示范建设项目省级补助资金的通知》
87	市直及相关企业	应急物资储备基地建设项目	水矿集团	2010	1000	150		150	省	市财建〔2011〕32号	《关于下达2010年六盘水市煤矿安全示范建设项目省级补助资金的通知》
88	市直及相关企业	煤矿井下紧急避险系统示范项目	水矿集团	2010	120	20		20	省	市财建〔2011〕32号	《关于下达2010年六盘水市煤矿安全示范建设项目省级补助资金的通知》
89	市直及相关企业	煤矿井下紧急避险系统示范项目	盘江集团	2010	120	20		20	省	市财建〔2011〕32号	《关于下达2010年六盘水市煤矿安全示范建设项目省级补助资金的通知》
90	市直及相关企业	煤矿井下紧急避险系统示范项目	湘能公司	2010	120	20		20	省	市财建〔2011〕32号	《关于下达2010年六盘水市煤矿安全示范建设项目省级补助资金的通知》
	小计							1200			
91	六枝	金属非金属矿山安全标准化建设示范项目	六枝特区新窑乡兴盛砂石厂	2010	60	10		10	市	市财建〔2011〕33号	《关于下达2010年六盘水市煤矿安全示范建设项目市级补助资金的通知》
92	六枝	金属非金属矿山安全标准化建设示范项目	六枝特区郎岱镇野狼冲砂石厂	2010	60	10		10	市	市财建〔2011〕33号	《关于下达2010年六盘水市煤矿安全示范建设项目市级补助资金的通知》
93	六枝	防治水示范项目	六枝特区中寨乡湘发煤矿	2010	120	20		20	市	市财建〔2011〕33号	《关于下达2010年六盘水市煤矿安全示范建设项目市级补助资金的通知》
94	六枝	煤矿数字化矿山建设示范项目	六枝特区洒志煤矿	2010	20	5		5	市	市财建〔2011〕33号	《关于下达2010年六盘水市煤矿安全示范建设项目市级补助资金的通知》
95	六枝	煤矿数字化矿山建设示范项目	六枝特区新华乡林家岙煤矿	2010	20	5		5	市	市财建〔2011〕33号	《关于下达2010年六盘水市煤矿安全示范建设项目市级补助资金的通知》

续表2–2

序号	县区	项目名称	项目承担单位	年份	投资估算（万元）		实际投资（万元）		补助资金来源	项目资金批复文件	文件名称
					总投资（万元）	申请补助（万元）	总投资（万元）	获得补助（万元）			
96	六枝	煤矿数字化矿山建设示范项目	六枝特区中寨乡湘发煤矿	2010	20	5		5	市	市财建〔2011〕33号	《关于下达2010年六盘水市煤矿安全示范建设项目市级补助资金的通知》
97	六枝	基层安监站建设	新窑安监站	2010	20	20		20	市	市财建〔2011〕33号	《关于下达2010年六盘水市煤矿安全示范建设项目市级补助资金的通知》
98	六枝	基层安监站建设	落别安监站	2010	20	20		20	市	市财建〔2011〕33号	《关于下达2010年六盘水市煤矿安全示范建设项目市级补助资金的通知》
99	盘县	煤矿数字化矿山建设示范项目	柏果镇金河煤矿	2010	20	5	47.50	5	市	市财建〔2011〕33号	《关于下达2010年六盘水市煤矿安全示范建设项目市级补助资金的通知》
100	盘县	煤矿数字化矿山建设示范项目	柏果镇鸡场河煤矿	2010	20	5		5	市	市财建〔2011〕33号	《关于下达2010年六盘水市煤矿安全示范建设项目市级补助资金的通知》
101	盘县	煤矿数字化矿山建设示范项目	乐民镇下河坝煤矿	2010	20	5		5	市	市财建〔2011〕33号	《关于下达2010年六盘水市煤矿安全示范建设项目市级补助资金的通知》
102	盘县	煤矿数字化矿山建设示范项目	羊场乡鑫锋煤矿	2010	20	5		5	市	市财建〔2011〕33号	《关于下达2010年六盘水市煤矿安全示范建设项目市级补助资金的通知》
103	盘县	煤矿数字化矿山建设示范项目	淤泥乡昌兴煤矿	2010	20	5	155.17	5	市	市财建〔2011〕33号	《关于下达2010年六盘水市煤矿安全示范建设项目市级补助资金的通知》
104	盘县	煤矿数字化矿山建设示范项目	红果镇打牛厂煤矿	2010	20	5	54.14	5	市	市财建〔2011〕33号	《关于下达2010年六盘水市煤矿安全示范建设项目市级补助资金的通知》
105	盘县	煤矿数字化矿山建设示范项目	大山镇旧屋基煤矿	2010	20	5		5	市	市财建〔2011〕33号	《关于下达2010年六盘水市煤矿安全示范建设项目市级补助资金的通知》
106	盘县	防治水示范项目	盘县板桥镇东李煤矿	2010	120	20		20	市	市财建〔2011〕33号	《关于下达2010年六盘水市煤矿安全示范建设项目市级补助资金的通知》
107	盘县	防治水示范项目	火铺镇雄兴煤矿	2010	120	20		20	市	市财建〔2011〕33号	《关于下达2010年六盘水市煤矿安全示范建设项目市级补助资金的通知》
108	盘县	金属非金属矿山安全标准化建设示范项目	平关消东哨砂石厂	2010	60	10		10	市	市财建〔2011〕33号	《关于下达2010年六盘水市煤矿安全示范建设项目市级补助资金的通知》
109	盘县	金属非金属矿山安全标准化建设示范项目	红果开发区宏强砂石厂	2010	60	10		10	市	市财建〔2011〕33号	《关于下达2010年六盘水市煤矿安全示范建设项目市级补助资金的通知》

续表2-2

序号	县区	项目名称	项目承担单位	年份	投资估算（万元）		实际投资（万元）		补助资金来源	项目资金批复文件	文件名称
					总投资（万元）	申请补助（万元）	总投资（万元）	获得补助（万元）			
110	盘县	基层安监站建设	红果安监站	2010	20	20		20	市	市财建〔2011〕33号	《关于下达2010年六盘水市煤矿安全示范建设项目市级补助资金的通知》
111	盘县	基层安监站建设	柏果安监站	2010	20	20		20	市	市财建〔2011〕33号	《关于下达2010年六盘水市煤矿安全示范建设项目市级补助资金的通知》
112	盘县	基层安监站建设	乐民安监站	2010	20	20		20	市	市财建〔2011〕33号	《关于下达2010年六盘水市煤矿安全示范建设项目市级补助资金的通知》
113	水城	煤矿数字化矿山建设示范项目	六盘水市新兴矿业有限公司	2010	20	5		5	市	市财建〔2011〕33号	《关于下达2010年六盘水市煤矿安全示范建设项目市级补助资金的通知》
114	水城	煤矿数字化矿山建设示范项目	猴场泰麟煤矿	2010	20	5		5	市	市财建〔2011〕33号	《关于下达2010年六盘水市煤矿安全示范建设项目市级补助资金的通知》
115	水城	煤矿数字化矿山建设示范项目	贵州鲁能矿业有限公司	2010	20	5	102.07	5	市	市财建〔2011〕33号	《关于下达2010年六盘水市煤矿安全示范建设项目市级补助资金的通知》
116	水城	煤矿数字化矿山建设示范项目	勺米弘财煤矿	2010	20	5	149.38	5	市	市财建〔2011〕33号	《关于下达2010年六盘水市煤矿安全示范建设项目市级补助资金的通知》
117	水城	煤矿数字化矿山建设示范项目	鸡场攀枝花煤矿	2010	20	5	200	5	市	市财建〔2011〕33号	《关于下达2010年六盘水市煤矿安全示范建设项目市级补助资金的通知》
118	水城	煤矿数字化矿山建设示范项目	阿戛小牛煤矿	2010	20	5	356.86	5	市	市财建〔2011〕33号	《关于下达2010年六盘水市煤矿安全示范建设项目市级补助资金的通知》
119	水城	煤矿数字化矿山建设示范项目	鸡场志鸿煤矿	2010	20	5	152.84	5	市	市财建〔2011〕33号	《关于下达2010年六盘水市煤矿安全示范建设项目市级补助资金的通知》
120	水城	防治水示范项目	猴场泰麟煤矿	2010	120	20		20	市	市财建〔2011〕33号	《关于下达2010年六盘水市煤矿安全示范建设项目市级补助资金的通知》
121	水城	防治水示范项目	六盘水市新兴矿业有限公司	2010	120	20		20	市	市财建〔2011〕33号	《关于下达2010年六盘水市煤矿安全示范建设项目市级补助资金的通知》
122	水城	基层安监站建设	勺米安监站	2010	20	20		20	市	市财建〔2011〕33号	《关于下达2010年六盘水市煤矿安全示范建设项目市级补助资金的通知》
123	水城	基层安监站建设	鸡场安监站	2010	20	20		20	市	市财建〔2011〕33号	《关于下达2010年六盘水市煤矿安全示范建设项目市级补助资金的通知》
124	水城	基层安监站建设	阿戛安监站	2010	20	20		20	市	市财建〔2011〕33号	《关于下达2010年六盘水市煤矿安全示范建设项目市级补助资金的通知》

续表2-2

序号	县区	项目名称	项目承担单位	年份	投资估算（万元）		实际投资（万元）		补助资金来源	项目资金批复文件	文件名称
					总投资（万元）	申请补助（万元）	总投资（万元）	获得补助（万元）			
125	水城	金属非金属矿山安全标准化建设示范项目	水城县纬鑫建材有限公司	2010	60	10		10	市	市财建〔2011〕33号	《关于下达2010年六盘水市煤矿安全示范建设项目市级补助资金的通知》
126	水城	金属非金属矿山安全标准化建设示范项目	水城县润利砂石厂	2010	60	10		10	市	市财建〔2011〕33号	《关于下达2010年六盘水市煤矿安全示范建设项目市级补助资金的通知》
127	水城	金属非金属矿山安全标准化建设示范项目	水城县联丰砂石厂	2010	60	10		10	市	市财建〔2011〕33号	《关于下达2010年六盘水市煤矿安全示范建设项目市级补助资金的通知》
128	钟山	煤矿数字化矿山建设示范项目	钟山区老鹰山镇兴发煤矿	2010	20	5		5	市	市财建〔2011〕33号	《关于下达2010年六盘水市煤矿安全示范建设项目市级补助资金的通知》
129	钟山	煤矿数字化矿山建设示范项目	钟山区汪家寨镇黄猫洞煤矿	2010	20	5		5	市	市财建〔2011〕33号	《关于下达2010年六盘水市煤矿安全示范建设项目市级补助资金的通知》
130	钟山	煤矿数字化矿山建设示范项目	钟山区大湾通达煤矿	2010	20	5		5	市	市财建〔2011〕33号	《关于下达2010年六盘水市煤矿安全示范建设项目市级补助资金的通知》
131	钟山	防治水示范项目	钟山区汪家寨镇福安煤矿	2010	120	20		20	市	市财建〔2011〕33号	《关于下达2010年六盘水市煤矿安全示范建设项目市级补助资金的通知》
132	钟山	防治水示范项目	钟山区大湾镇钟山一矿	2010	120	20	93.22	20	市	市财建〔2011〕33号	《关于下达2010年六盘水市煤矿安全示范建设项目市级补助资金的通知》
133	钟山	金属非金属矿山安全标准化建设示范项目	钟山区添伦砂石厂	2010	60	10		10	市	市财建〔2011〕33号	《关于下达2010年六盘水市煤矿安全示范建设项目市级补助资金的通知》
134	钟山	金属非金属矿山安全标准化建设示范项目	观音山砂石厂	2010	60	10		10	市	市财建〔2011〕33号	《关于下达2010年六盘水市煤矿安全示范建设项目市级补助资金的通知》
135	钟山	金属非金属矿山安全标准化建设示范项目	恒运砂石厂	2010	60	10		10	市	市财建〔2011〕33号	《关于下达2010年六盘水市煤矿安全示范建设项目市级补助资金的通知》
136	钟山	基层安监站建设	汪家寨镇安监站	2010	20	20		20	市	市财建〔2011〕33号	《关于下达2010年六盘水市煤矿安全示范建设项目市级补助资金的通知》

续表2-2

序号	县区	项目名称	项目承担单位	年份	投资估算（万元）		实际投资（万元）		补助资金来源	项目资金批复文件	文件名称
					总投资（万元）	申请补助（万元）	总投资（万元）	获得补助（万元）			
137	钟山	基层安监站建设	大湾镇安监站	2010	20	20		20	市	市财建〔2011〕33号	《关于下达2010年六盘水市煤矿安全示范建设项目市级补助资金的通知》
138	市直及相关企业	市、县（区）煤矿数字化矿山局域网项目	市能源局	2010	50	50		50	市	市财建〔2011〕33号	《关于下达2010年六盘水市煤矿安全示范建设项目市级补助资金的通知》
139		道路交通卡口监控项目	市交警支队	2010	120	120		120	市	市财建〔2011〕33号	《关于下达2010年六盘水市煤矿安全示范建设项目市级补助资金的通知》
140		高等级公路安全交通宣传LED液晶显示屏	市交警支队	2010	60	60		60	市	市财建〔2011〕33号	《关于下达2010年六盘水市煤矿安全示范建设项目市级补助资金的通知》
141		道路交通安全防护保障项目	市交通运输局	2010	162	162		162	市	市财建〔2011〕33号	《关于下达2010年六盘水市煤矿安全示范建设项目市级补助资金的通知》
142		安全教育服务中心建设	市公安交警支队	2010	10	10		10	市	市财建〔2011〕33号	《关于下达2010年六盘水市煤矿安全示范建设项目市级补助资金的通知》
143		安全教育服务中心建设	市安监局	2010	30	30	30	30	市	市财建〔2011〕33号	《关于下达2010年六盘水市煤矿安全示范建设项目市级补助资金的通知》
144		煤矿特种设备专用仪器项目	市质量技术监督管理局锅炉压力容器检验所	2010	20	20		20	市	市财建〔2011〕33号	《关于下达2010年六盘水市煤矿安全示范建设项目市级补助资金的通知》
145		综合应急保障能力建设	市消防支队	2010	58	58		58	市	市财建〔2011〕33号	《关于下达2010年六盘水市煤矿安全示范建设项目市级补助资金的通知》
146		煤矿监管保障能力建设	市能源局	2010	250	250		250	市	市财建〔2011〕33号	《关于下达2010年六盘水市煤矿安全示范建设项目市级补助资金的通知》
	小计							1300			
147	水城	紧急避险系统，瓦斯抽采利用	化乐锦源煤矿	2011	823.1	25	182.20	25	省	黔安监规划〔2011〕163号	《关于下达2011年第一批贵州省煤矿安全专项技改资金计划的通知》
148	水城	穿层式水射流增进防突出	保华实业煤矿	2011	60	20	69.40	20	省	黔安监规划〔2011〕163号	《关于下达2011年第一批贵州省煤矿安全专项技改资金计划的通知》

续表2-2

序号	县区	项目名称	项目承担单位	年份	投资估算(万元)		实际投资(万元)		补助资金来源	项目资金批复文件	文件名称
					总投资(万元)	申请补助(万元)	总投资(万元)	获得补助(万元)			
149	水城	煤矿质量标准化建设	新兴矿业有限公司	2011	500	20		20	省	黔安监规划〔2011〕163号	《关于下达2011年第一批贵州省煤矿安全专项技改资金计划的通知》
150	水城	瓦斯发电及电磁物探技术	鲁能矿业公司	2011	1540	25		25	省	黔安监规划〔2011〕163号	《关于下达2011年第一批贵州省煤矿安全专项技改资金计划的通知》
151	水城	煤矿六大系统建设	小牛煤业	2011	680	20	725.93	20	省	黔安监规划〔2011〕163号	《关于下达2011年第一批贵州省煤矿安全专项技改资金计划的通知》
152	水城	瓦斯抽放系统改造	华源瑞丰	2011	466	20	875.40	20	省	黔安监规划〔2011〕163号	《关于下达2011年第一批贵州省煤矿安全专项技改资金计划的通知》
153	六枝	区域防突措施效果快速检验	猴子田煤矿	2011	150	20		20	省	黔安监规划〔2011〕163号	《关于下达2011年第一批贵州省煤矿安全专项技改资金计划的通知》
	小计							150			
154	盘县	标准化紧急避险系统	红果银河煤矿	2011	184	30	110	30	省	黔安监规划〔2011〕201号	《关于下达2011年第二批贵州省煤矿安全专项技改资金计划的通知》
155	盘县	煤矿瓦斯抽采综合利用示范项目	淤泥乡昌兴煤矿	2011	800	30		30	省	黔安监规划〔2011〕201号	《关于下达2011年第二批贵州省煤矿安全专项技改资金计划的通知》
156	盘县	煤矿瓦斯抽采综合利用示范项目	淤泥乡湾田煤矿	2011	2172	30		30	省	黔安监规划〔2011〕201号	《关于下达2011年第二批贵州省煤矿安全专项技改资金计划的通知》
157	钟山	矿井水害预测与治理示范工程	钟山区石板河煤矿	2011	220	30	192.13	30	省	黔安监规划〔2011〕201号	《关于下达2011年第二批贵州省煤矿安全专项技改资金计划的通知》
158	钟山	标准化紧急避险系统项目	钟山区汪家寨镇黄猫洞煤矿	2011	234	30		30	省	黔安监规划〔2011〕201号	《关于下达2011年第二批贵州省煤矿安全专项技改资金计划的通知》
159	盘县	煤矿瓦斯抽采综合利用示范项目	红果镇仲恒煤矿	2011	800	30		30	省	黔安监规划〔2011〕201号	《关于下达2011年第二批贵州省煤矿安全专项技改资金计划的通知》
160	盘县	紧急避险系统项目	红果镇打牛厂煤矿	2011	120	30	160.30	30	省	黔安监规划〔2011〕201号	《关于下达2011年第二批贵州省煤矿安全专项技改资金计划的通知》
161	盘县	煤矿防治水项目	石桥镇东渔煤矿	2011	300	30	459.30	30	省	黔安监规划〔2011〕201号	《关于下达2011年第二批贵州省煤矿安全专项技改资金计划的通知》
162	盘县	煤矿防治水项目	小河边煤矿	2011	300	30	76.41	30	省	黔安监规划〔2011〕201号	《关于下达2011年第二批贵州省煤矿安全专项技改资金计划的通知》

续表2-2

序号	县区	项目名称	项目承担单位	年份	投资估算（万元）		实际投资（万元）		补助资金来源	项目资金批复文件	文件名称
					总投资（万元）	申请补助（万元）	总投资（万元）	获得补助（万元）			
163	盘县	煤矿防治水项目	柏果镇红旗煤矿	2011	300	30		30	省	黔安监规划〔2011〕201号	《关于下达2011年第二批贵州省煤矿安全专项技改资金计划的通知》
164	水城	标准化紧急避险系统	水城县大坪煤矿	2011	150	30	183.40	30	省	黔安监规划〔2011〕201号	《关于下达2011年第二批贵州省煤矿安全专项技改资金计划的通知》
165	水矿集团	紧急避险系统	汪家寨煤矿	2011	284	100		100	省	黔安监规划〔2011〕201号	《关于下达2011年第二批贵州省煤矿安全专项技改资金计划的通知》
166	市直	煤矿特种岗位工操作技能培训基地建设项目	六盘水市安监局	2011	200	70		70	省	黔安监规划〔2011〕201号	《关于下达2011年第二批贵州省煤矿安全专项技改资金计划的通知》
	小计							500			
167	省直	水黄公路紧急避险车道项目	水城公路局	2012	140	140	140	140	市	市财建〔2012〕3号	《关于下达六盘水市2012年第一批安全专项技改补助资金的通知》
168	市直	道路交通事故预防保障性项目	市公安局交警支队	2012	120	120	118	120	市	市财建〔2012〕3号	《关于下达六盘水市2012年第一批安全专项技改补助资金的通知》
169	市直	道路交通安全防护保障项目	市交通运输局	2012	100	100		100	市	市财建〔2012〕3号	《关于下达六盘水市2012年第一批安全专项技改补助资金的通知》
170	六枝	煤矿日常安全监管保障能力建设项目（新建基层安监站2个）	六枝特区安监局	2012	160	160		160	市、县	市财建〔2012〕3号	《关于下达六盘水市2012年第一批安全专项技改补助资金的通知》
171	盘县	煤矿日常安全监管保障能力建设项目（新建基层安监站3个）	盘县安监局	2012	240	240		240	市、县	市财建〔2012〕3号	《关于下达六盘水市2012年第一批安全专项技改补助资金的通知》
172	水城	煤矿日常安全监管保障能力建设项目（新建基层安监站3个）	水城县安监局	2012	240	240		240	市、县	市财建〔2012〕3号	《关于下达六盘水市2012年第一批安全专项技改补助资金的通知》

续表2-2

序号	县区	项目名称	项目承担单位	年份	投资估算（万元）		实际投资（万元）		补助资金来源	项目资金批复文件	文件名称
					总投资（万元）	申请补助（万元）	总投资（万元）	获得补助（万元）			
173	钟山	煤矿日常安全监管保障能力建设项目（新建基层安监站2个）	钟山区安监局	2012	160	160		160	市、县	市财建〔2012〕3号	《关于下达六盘水市2012年第一批安全专项技改补助资金的通知》
174	市直	煤矿日常安全监管保障能力建设项目	市安监局	2012	70	70		70	市	市财建〔2012〕3号	《关于下达六盘水市2012年第一批安全专项技改补助资金的通知》
175	市直	尾矿库、矸石山灾害隐患点气象灾害应急预警平台建设	市气象局	2012	60	60		60	市	市财建〔2012〕3号	《关于下达六盘水市2012年第一批安全专项技改补助资金的通知》
176	市直	综合应急救援保障能力建设项目	市消防支队	2012	480	280		280	市	市财建〔2012〕3号	《关于下达六盘水市2012年第一批安全专项技改补助资金的通知》
	小计							1570			
177	六枝	煤矿救护队示范建设项目	六枝特区郎岱青菜塘煤矿	2012	80	10	54.42	10	市	市财建〔2012〕41号	《关于下达六盘水市2012年第二批安全专项技改补助资金的通知》
178	六枝	煤矿救护队示范建设项目	六枝特区新华乡林家岙煤矿	2012	80	10	59.73	10	市	市财建〔2012〕41号	《关于下达六盘水市2012年第二批安全专项技改补助资金的通知》
179	盘县	煤矿救护队示范建设项目	盘县红果镇红果煤矿	2012	80	10		10	市	市财建〔2012〕41号	《关于下达六盘水市2012年第二批安全专项技改补助资金的通知》
180	盘县	煤矿救护队示范建设项目	盘县淤泥乡湾田煤矿	2012	80	10	97.57	10	市	市财建〔2012〕41号	《关于下达六盘水市2012年第二批安全专项技改补助资金的通知》
181	盘县	煤矿救护队示范建设项目	盘县大山镇小河边煤矿	2012	80	10	60.34	10	市	市财建〔2012〕41号	《关于下达六盘水市2012年第二批安全专项技改补助资金的通知》
182	盘县	煤矿救护队示范建设项目	盘县柏果镇红旗煤矿	2012	80	10	51.64	10	市	市财建〔2012〕41号	《关于下达六盘水市2012年第二批安全专项技改补助资金的通知》
183	水城	煤矿救护队示范建设项目	水城县都格河边煤矿	2012	80	10	31.40	10	市	市财建〔2012〕41号	《关于下达六盘水市2012年第二批安全专项技改补助资金的通知》
184	水城	煤矿救护队示范建设项目	水城县比德河坝煤矿	2012	80	10	22.52	10	市	市财建〔2012〕41号	《关于下达六盘水市2012年第二批安全专项技改补助资金的通知》

续表2-2

序号	县区	项目名称	项目承担单位	年份	投资估算（万元）		实际投资（万元）		补助资金来源	项目资金批复文件	文件名称
					总投资（万元）	申请补助（万元）	总投资（万元）	获得补助（万元）			
185	水城	煤矿救护队示范建设项目	水城县志鸿煤矿	2012	80	10	63.01	10	市	市财建〔2012〕41号	《关于下达六盘水市2012年第二批安全专项技改补助资金的通知》
186	钟山	煤矿救护队示范建设项目	钟山区镇艺煤矿	2012	80	10	59.01	10	市	市财建〔2012〕41号	《关于下达六盘水市2012年第二批安全专项技改补助资金的通知》
187	六枝	金属非金属露天矿山安全标准化建设示范项目	六枝特区岩脚镇盛源砂石场二场	2012	200	10	192	10	市	市财建〔2012〕41号	《关于下达六盘水市2012年第二批安全专项技改补助资金的通知》
188	六枝	金属非金属露天矿山安全标准化建设示范项目	六枝特区中寨乡四方井石板冲砂石厂	2012	200	10	170	10	市	市财建〔2012〕41号	《关于下达六盘水市2012年第二批安全专项技改补助资金的通知》
189	六枝	炸药库远程监控系统建设项目	六枝特区金属化轻公司	2012	46	10		10	市	市财建〔2012〕41号	《关于下达六盘水市2012年第二批安全专项技改补助资金的通知》
190	盘县	金属非金属露天矿山安全标准化建设示范项目	盘县丰益砂石材料厂	2012	200	10	457	10	市	市财建〔2012〕41号	《关于下达六盘水市2012年第二批安全专项技改补助资金的通知》
191	盘县	金属非金属露天矿山安全标准化建设示范项目	盘县红果兴宏砂石厂	2012	200	10	457	10	市	市财建〔2012〕41号	《关于下达六盘水市2012年第二批安全专项技改补助资金的通知》
192	盘县	金属非金属露天矿山安全标准化建设示范项目	盘县水塘红园砂石厂	2012	200	10	480	10	市	市财建〔2012〕41号	《关于下达六盘水市2012年第二批安全专项技改补助资金的通知》
193	水城	金属非金属露天矿山安全标准化建设示范项目	水城县玉舍养护料场	2012	200	10	270	10	市	市财建〔2012〕41号	《关于下达六盘水市2012年第二批安全专项技改补助资金的通知》
194	水城	金属非金属露天矿山安全标准化建设示范项目	水城县广军砂石厂	2012	200	10	280	10	市	市财建〔2012〕41号	《关于下达六盘水市2012年第二批安全专项技改补助资金的通知》

续表2-2

序号	县区	项目名称	项目承担单位	年份	投资估算（万元）		实际投资（万元）		补助资金来源	项目资金批复文件	文件名称
					总投资（万元）	申请补助（万元）	总投资（万元）	获得补助（万元）			
195	水城	非煤地下矿山安全避险“六大系统”建设示范项目	六盘水佳联铅锌开发有限公司	2012	200	30	500	30	市	市财建〔2012〕41号	《关于下达六盘水市2012年第二批安全专项技改补助资金的通知》
196	水城	非煤地下矿山安全避险“六大系统”建设示范项目	首钢水钢观音山矿业分公司	2012	200	30		30	市	市财建〔2012〕41号	《关于下达六盘水市2012年第二批安全专项技改补助资金的通知》
197	水城	危险化学品和烟花爆竹企业改造项目	贵州曾氏集团金满地科技有限公司	2012	250	20		20	市	市财建〔2012〕41号	《关于下达六盘水市2012年第二批安全专项技改补助资金的通知》
198	水城	危险化学品和烟花爆竹企业改造项目	水城县荣发烟花爆竹厂	2012	100	20		20	市	市财建〔2012〕41号	《关于下达六盘水市2012年第二批安全专项技改补助资金的通知》
199	钟山	金属非金属露天矿山安全标准化建设示范项目	六盘水市钟山区磊鑫砂石有限公司	2012	200	10	265	10	市	市财建〔2012〕41号	《关于下达六盘水市2012年第二批安全专项技改补助资金的通知》
200	钟山	金属非金属露天矿山安全标准化建设示范项目	钟山区宏展砂石厂	2012	200	10	315	10	市	市财建〔2012〕41号	《关于下达六盘水市2012年第二批安全专项技改补助资金的通知》
201	红桥	金属非金属露天矿山安全标准化建设示范项目	六盘水仁达石材厂	2012	200	10	730	10	市	市财建〔2012〕41号	《关于下达六盘水市2012年第二批安全专项技改补助资金的通知》
	小计							310			
202	钟山	省级质量标准化矿井建设示范项目	贵州水城矿业集团有限公司大河边煤矿	2012	300	50		50	省	黔安监规划〔2012〕219号	《关于下达2012年第一批贵州省煤矿安全专项技改资金计划的通知》
203	盘县	紧急避险系统示范矿井建设项目	盘江煤电集团公司金佳煤矿	2012	400	50		50	省	黔安监规划〔2012〕219号	《关于下达2012年第一批贵州省煤矿安全专项技改资金计划的通知》
204	水城	煤矿瓦斯综合治理示范项目	江西煤炭集团小牛煤矿（水城县）	2012	600	30	1007.20	30	省	黔安监规划〔2012〕219号	《关于下达2012年第一批贵州省煤矿安全专项技改资金计划的通知》
205	水城	紧急避险系统建设项目	水城县阿戛捡材沟煤矿	2012	500	30		30	省	黔安监规划〔2012〕219号	《关于下达2012年第一批贵州省煤矿安全专项技改资金计划的通知》

续表2-2

序号	县区	项目名称	项目承担单位	年份	投资估算（万元）		实际投资（万元）		补助资金来源	项目资金批复文件	文件名称
					总投资（万元）	申请补助（万元）	总投资（万元）	获得补助（万元）			
206	水城	省级质量标准化矿井建设示范项目	水城县化乐锦源煤矿	2012	180	30		30	省	黔安监规划〔2012〕219号	《关于下达2012年第一批贵州省煤矿安全专项技改资金计划的通知》
207	水城	紧急避险系统建设项目	水城县阿戛禹举明煤矿	2012	700	30	86.19	30	省	黔安监规划〔2012〕219号	《关于下达2012年第一批贵州省煤矿安全专项技改资金计划的通知》
208	六枝	煤矿瓦斯综合治理示范项目	六枝特区造纸房煤矿	2012	300	30		30	省	黔安监规划〔2012〕219号	《关于下达2012年第一批贵州省煤矿安全专项技改资金计划的通知》
209	盘县	紧急避险系统示范矿井建设项目	盘县洪兴煤矿	2012	160	30	73.10	30	省	黔安监规划〔2012〕219号	《关于下达2012年第一批贵州省煤矿安全专项技改资金计划的通知》
210	盘县	紧急避险系统建设项目	盘县红果上纸厂煤矿	2012	310	30		30	省	黔安监规划〔2012〕219号	《关于下达2012年第一批贵州省煤矿安全专项技改资金计划的通知》
	小计							310			
211	盘县	盘江公司煤矿安全监管综合信息平台建设项目	盘江精煤股份有限公司	2012	500	100		100	省	黔安监规划〔2012〕284号	《关于下达2012年煤矿安全技改补助资金（煤调基金）及中央预算内煤矿安全投资贵州省省级财政配套资金计划的通知》
212	水城	瓦斯防治“五零”目标建设示范项目	水矿汪家寨煤矿斜井	2012	800	100		100	省	黔安监规划〔2012〕284号	《关于下达2012年煤矿安全技改补助资金（煤调基金）及中央预算内煤矿安全投资贵州省省级财政配套资金计划的通知》
213	水城	瓦斯防治“五零”目标建设示范项目	贵州格目底公司玉舍东井	2012	890	50		50	省	黔安监规划〔2012〕284号	《关于下达2012年煤矿安全技改补助资金（煤调基金）及中央预算内煤矿安全投资贵州省省级财政配套资金计划的通知》
214	盘县	综合信息平台建设项目	盘县安全监管局	2012	600	100		100	省	黔安监规划〔2012〕284号	《关于下达2012年煤矿安全技改补助资金（煤调基金）及中央预算内煤矿安全投资贵州省省级财政配套资金计划的通知》
215	盘县	瓦斯防治“五零”目标建设示范项目	盘县乐民镇洪兴煤矿	2012	700	100	765.98	100	省	黔安监规划〔2012〕284号	《关于下达2012年煤矿安全技改补助资金（煤调基金）及中央预算内煤矿安全投资贵州省省级财政配套资金计划的通知》

续表2-2

序号	县区	项目名称	项目承担单位	年份	投资估算(万元)		实际投资(万元)		补助资金来源	项目资金批复文件	文件名称
					总投资(万元)	申请补助(万元)	总投资(万元)	获得补助(万元)			
216	钟山	综合信息平台建设项目	钟山区安全监管局	2012	450	100		100	省	黔安监规划〔2012〕284号	《关于下达2012年煤矿安全技改补助资金(煤调基金)及中央预算内煤矿安全投资贵州省省级财政配套资金计划的通知》
217	水城	综合信息平台建设项目	水城县安全监管局	2012	800	100		100	省	黔安监规划〔2012〕284号	《关于下达2012年煤矿安全技改补助资金(煤调基金)及中央预算内煤矿安全投资贵州省省级财政配套资金计划的通知》
218	水城	瓦斯防治“五零”目标建设示范项目	水城县小牛煤业有限责任公司煤矿	2012	500	100	1694.70	100	省	黔安监规划〔2012〕284号	《关于下达2012年煤矿安全技改补助资金(煤调基金)及中央预算内煤矿安全投资贵州省省级财政配套资金计划的通知》
219	六枝	瓦斯防治“五零”目标建设示范项目	六枝特区六家坝煤矿	2012	960	100	1089.81	100	省	黔安监规划〔2012〕284号	《关于下达2012年煤矿安全技改补助资金(煤调基金)及中央预算内煤矿安全投资贵州省省级财政配套资金计划的通知》
220	盘县	通风系统改造	盘江精煤股份有限公司金佳矿	2012	11800	708		708	省	黔安监规划〔2012〕284号	《关于下达2012年煤矿安全技改补助资金(煤调基金)及中央预算内煤矿安全投资贵州省省级财政配套资金计划的通知》
221	盘县	通风系统改造	盘江精煤股份有限公司火烧铺矿	2012	1043	63		63	省	黔安监规划〔2012〕284号	《关于下达2012年煤矿安全技改补助资金(煤调基金)及中央预算内煤矿安全投资贵州省省级财政配套资金计划的通知》
222	盘县	瓦斯抽采系统改造	盘江精煤股份有限公司山脚树矿	2012	963	58		58	省	黔安监规划〔2012〕284号	《关于下达2012年煤矿安全技改补助资金(煤调基金)及中央预算内煤矿安全投资贵州省省级财政配套资金计划的通知》
223	盘县	瓦斯抽采系统改造	盘江精煤股份有限公司老屋基矿	2012	1280	77		77	省	黔安监规划〔2012〕284号	《关于下达2012年煤矿安全技改补助资金(煤调基金)及中央预算内煤矿安全投资贵州省省级财政配套资金计划的通知》
224	盘县	通风系统改造	盘江精煤股份有限公司月亮田矿	2012	1724	103		103	省	黔安监规划〔2012〕284号	《关于下达2012年煤矿安全技改补助资金(煤调基金)及中央预算内煤矿安全投资贵州省省级财政配套资金计划的通知》
	小计							1859			

续表2-2

序号	县区	项目名称	项目承担单位	年份	投资估算（万元）		实际投资（万元）		补助资金来源	项目资金批复文件	文件名称
					总投资（万元）	申请补助（万元）	总投资（万元）	获得补助（万元）			
225	六枝	煤矿紧急避险系统建设示范项目	六枝特区青菜塘煤矿	2012	280	20	88	20	省	六盘水财建〔2013〕19号	《市财政局　市安监局　市经信委关于下达六盘水市2012年度煤矿安全技改示范项目补助资金的通知》
226	六枝	煤矿防治水示范项目	六枝特区兴旺煤矿	2012	120	15	426.84	15	省	六盘水财建〔2013〕19号	《市财政局　市安监局　市经信委关于下达六盘水市2012年度煤矿安全技改示范项目补助资金的通知》
227	六枝	煤矿隐患排查系统建设示范项目	六枝特区猴子田煤矿	2012	60	15	49.64	15	省	六盘水财建〔2013〕19号	《市财政局　市安监局　市经信委关于下达六盘水市2012年度煤矿安全技改示范项目补助资金的通知》
228	六枝	煤矿隐患排查系统建设示范项目	六枝特区新松煤业六家坝煤矿	2012	60	15	40.57	15	省	六盘水财建〔2013〕19号	《市财政局　市安监局　市经信委关于下达六盘水市2012年度煤矿安全技改示范项目补助资金的通知》
229	六枝	煤矿两个“四位一体”防突示范项目	六枝特区播雨村煤矿	2012	150	20	707.21	20	省	六盘水财建〔2013〕19号	《市财政局　市安监局　市经信委关于下达六盘水市2012年度煤矿安全技改示范项目补助资金的通知》
230	六枝	绿色环保及本质安全型矿井示范项目	六枝特区新松煤业六家坝煤矿	2012	80	20	302.94	20	省	六盘水财建〔2013〕19号	《市财政局　市安监局　市经信委关于下达六盘水市2012年度煤矿安全技改示范项目补助资金的通知》
231	盘县	煤矿紧急避险系统建设示范项目	盘县石桥镇喜乐箐煤矿	2012	200	20	44	20	省	六盘水财建〔2013〕19号	《市财政局　市安监局　市经信委关于下达六盘水市2012年度煤矿安全技改示范项目补助资金的通知》
232	盘县	煤矿紧急避险系统建设示范项目	盘县断江镇新起点煤矿	2012	200	20		20	省	六盘水财建〔2013〕19号	《市财政局　市安监局　市经信委关于下达六盘水市2012年度煤矿安全技改示范项目补助资金的通知》
233	盘县	煤矿防治水示范项目	盘县柏果镇麦子沟煤矿	2012	120	15		15	省	六盘水财建〔2013〕19号	《市财政局　市安监局　市经信委关于下达六盘水市2012年度煤矿安全技改示范项目补助资金的通知》

续表2-2

序号	县区	项目名称	项目承担单位	年份	投资估算（万元）		实际投资（万元）		补助资金来源	项目资金批复文件	文件名称
					总投资（万元）	申请补助（万元）	总投资（万元）	获得补助（万元）			
234	盘县	煤矿隐患排查系统建设示范项目	盘县板桥镇东李煤矿	2012	60	15	126.40	15	省	六盘水财建〔2013〕19号	《市财政局　市安监局　市经信委关于下达六盘水市2012年度煤矿安全技改示范项目补助资金的通知》
235	盘县	煤矿隐患排查系统建设示范项目	盘县鸡场坪乡云脚煤矿	2012	60	15	79	15	省	六盘水财建〔2013〕19号	《市财政局　市安监局　市经信委关于下达六盘水市2012年度煤矿安全技改示范项目补助资金的通知》
236	盘县	煤矿隐患排查系统建设示范项目	盘县柏果镇红旗煤矿	2012	60	15		15	省	六盘水财建〔2013〕19号	《市财政局　市安监局　市经信委关于下达六盘水市2012年度煤矿安全技改示范项目补助资金的通知》
237	盘县	煤矿隐患排查系统建设示范项目	盘县羊场乡杨山煤矿	2012	60	15	222.97	15	省	六盘水财建〔2013〕19号	《市财政局　市安监局　市经信委关于下达六盘水市2012年度煤矿安全技改示范项目补助资金的通知》
238	盘县	煤矿隐患排查系统建设示范项目	盘县红果镇樟木树煤矿	2012	60	15	150	15	省	六盘水财建〔2013〕19号	《市财政局　市安监局　市经信委关于下达六盘水市2012年度煤矿安全技改示范项目补助资金的通知》
239	盘县	煤矿两个“四位一体”防突示范项目	盘县西冲镇祥兴煤矿	2012	150	20		20	省	六盘水财建〔2013〕19号	《市财政局　市安监局　市经信委关于下达六盘水市2012年度煤矿安全技改示范项目补助资金的通知》
240	盘县	煤矿两个“四位一体”防突示范项目	盘县乐民镇梓木戛煤矿	2012	150	20		20	省	六盘水财建〔2013〕19号	《市财政局　市安监局　市经信委关于下达六盘水市2012年度煤矿安全技改示范项目补助资金的通知》
241	盘县	煤矿两个“四位一体”防突示范项目	盘县大山镇小河边煤矿	2012	150	20	60.34	20	省	六盘水财建〔2013〕19号	《市财政局　市安监局　市经信委关于下达六盘水市2012年度煤矿安全技改示范项目补助资金的通知》
242	盘县	煤矿两个“四位一体”防突示范项目	盘县松河乡松林煤矿	2012	150	20	131.53	20	省	六盘水财建〔2013〕19号	《市财政局　市安监局　市经信委关于下达六盘水市2012年度煤矿安全技改示范项目补助资金的通知》

续表2-2

序号	县区	项目名称	项目承担单位	年份	投资估算（万元）		实际投资（万元）		补助资金来源	项目资金批复文件	文件名称
					总投资（万元）	申请补助（万元）	总投资（万元）	获得补助（万元）			
243	盘县	绿色环保及本质安全型矿井示范项目	盘县红果镇仲恒煤矿	2012	80	20		20	省	六盘水财建〔2013〕19号	《市财政局　市安监局　市经信委关于下达六盘水市2012年度煤矿安全技改示范项目补助资金的通知》
244	盘县	绿色环保及本质安全型矿井示范项目	盘县淤泥乡湾田煤矿	2012	80	20	192.51	20	省	六盘水财建〔2013〕19号	《市财政局　市安监局　市经信委关于下达六盘水市2012年度煤矿安全技改示范项目补助资金的通知》
245	盘县	盘江矿区保安电网系统建设项目	盘江精煤股份公司	2012	600	55		55	省	六盘水财建〔2013〕19号	《市财政局　市安监局　市经信委关于下达六盘水市2012年度煤矿安全技改示范项目补助资金的通知》
246	水城	煤矿紧急避险系统建设示范项目	水城县攀枝花煤矿	2012	200	20	270.13	20	省	六盘水财建〔2013〕19号	《市财政局　市安监局　市经信委关于下达六盘水市2012年度煤矿安全技改示范项目补助资金的通知》
247	水城	煤矿紧急避险系统建设示范项目	水城县支都煤矿	2012	200	20	320.32	20	省	六盘水财建〔2013〕19号	《市财政局　市安监局　市经信委关于下达六盘水市2012年度煤矿安全技改示范项目补助资金的通知》
248	水城	煤矿防治水示范项目	水城县阿戛乡陈家沟煤矿	2012	120	15		15	省	六盘水财建〔2013〕19号	《市财政局　市安监局　市经信委关于下达六盘水市2012年度煤矿安全技改示范项目补助资金的通知》
249	水城	煤矿隐患排查系统建设示范项目	水城县志鸿煤矿	2012	60	15	128.18	15	省	六盘水财建〔2013〕19号	《市财政局　市安监局　市经信委关于下达六盘水市2012年度煤矿安全技改示范项目补助资金的通知》
250	水城	煤矿隐患排查系统建设示范项目	水城县甘家沟煤业有限公司	2012	60	15		15	省	六盘水财建〔2013〕19号	《市财政局　市安监局　市经信委关于下达六盘水市2012年度煤矿安全技改示范项目补助资金的通知》
251	水城	煤矿隐患排查系统建设示范项目	水城县大田煤矿	2012	60	15		15	省	六盘水财建〔2013〕19号	《市财政局　市安监局　市经信委关于下达六盘水市2012年度煤矿安全技改示范项目补助资金的通知》

续表2-2

序号	县区	项目名称	项目承担单位	年份	投资估算（万元）		实际投资（万元）		补助资金来源	项目资金批复文件	文件名称
					总投资（万元）	申请补助（万元）	总投资（万元）	获得补助（万元）			
252	水城	煤矿隐患排查系统建设示范项目	水城县阿戛乡阿戛煤矿	2012	60	15		15	省	六盘水财建〔2013〕19号	《市财政局　市安监局　市经信委关于下达六盘水市2012年度煤矿安全技改示范项目补助资金的通知》
253	水城	煤矿两个“四位一体”防突示范项目	水城县比德乡河坝煤矿	2012	150	20	428.20	20	省	六盘水财建〔2013〕19号	《市财政局　市安监局　市经信委关于下达六盘水市2012年度煤矿安全技改示范项目补助资金的通知》
254	水城	煤矿两个“四位一体”防突示范项目	水城县都格乡河边煤矿	2012	150	20	223.37	20	省	六盘水财建〔2013〕19号	《市财政局　市安监局　市经信委关于下达六盘水市2012年度煤矿安全技改示范项目补助资金的通知》
255	水城	煤矿两个“四位一体”防突示范项目	水城县志鸿煤矿	2012	150	20	307.01	20	省	六盘水财建〔2013〕19号	《市财政局　市安监局　市经信委关于下达六盘水市2012年度煤矿安全技改示范项目补助资金的通知》
256	水城	煤矿两个“四位一体”防突示范项目	水城县玉舍大坪煤矿	2012	150	20	366.75	20	省	六盘水财建〔2013〕19号	《市财政局　市安监局　市经信委关于下达六盘水市2012年度煤矿安全技改示范项目补助资金的通知》
257	水城	绿色环保及本质安全型矿井示范项目	水城县三岔沟煤业有限公司	2012	80	20		20	省	六盘水财建〔2013〕19号	《市财政局　市安监局　市经信委关于下达六盘水市2012年度煤矿安全技改示范项目补助资金的通知》
258	水城	绿色环保及本质安全型矿井示范项目	水城县阿戛大树脚煤矿有限公司	2012	80	20	113.03	20	省	六盘水财建〔2013〕19号	《市财政局　市安监局　市经信委关于下达六盘水市2012年度煤矿安全技改示范项目补助资金的通知》
259	水城	绿色环保及本质安全型矿井示范项目	老鹰山镇八八煤矿	2012	80	20		20	省	六盘水财建〔2013〕19号	《市财政局　市安监局　市经信委关于下达六盘水市2012年度煤矿安全技改示范项目补助资金的通知》
260	钟山	煤矿紧急避险系统建设示范项目	钟山区大湾镇兴潮煤矿	2012	200	20		20	省	六盘水财建〔2013〕19号	《市财政局　市安监局　市经信委关于下达六盘水市2012年度煤矿安全技改示范项目补助资金的通知》

续表2-2

序号	县区	项目名称	项目承担单位	年份	投资估算（万元）		实际投资（万元）		补助资金来源	项目资金批复文件	文件名称
					总投资（万元）	申请补助（万元）	总投资（万元）	获得补助（万元）			
261	钟山	煤矿防治水示范项目	钟山区汪家寨镇艺煤矿	2012	120	15		15	省	六盘水财建〔2013〕19号	《市财政局　市安监局　市经信委关于下达六盘水市2012年度煤矿安全技改示范项目补助资金的通知》
262	钟山	煤矿隐患排查系统建设示范项目	钟山区大湾镇钟山一矿	2012	60	15		15	省	六盘水财建〔2013〕19号	《市财政局　市安监局　市经信委关于下达六盘水市2012年度煤矿安全技改示范项目补助资金的通知》
263	钟山	煤矿隐患排查系统建设示范项目	钟山区汪家寨镇煤洞坡煤矿	2012	60	15		15	省	六盘水财建〔2013〕19号	《市财政局　市安监局　市经信委关于下达六盘水市2012年度煤矿安全技改示范项目补助资金的通知》
264	钟山	煤矿两个“四位一体”防突示范项目	钟山区正高煤矿	2012	150	20		20	省	六盘水财建〔2013〕19号	《市财政局　市安监局　市经信委关于下达六盘水市2012年度煤矿安全技改示范项目补助资金的通知》
265	钟山	绿色环保及本质安全型矿井示范项目	钟山区汪家寨镇铜厂坡煤矿	2012	80	20	109.93	20	省	六盘水财建〔2013〕19号	《市财政局　市安监局　市经信委关于下达六盘水市2012年度煤矿安全技改示范项目补助资金的通知》
266	钟山	绿色环保及本质安全型矿井示范项目	钟山区大河镇金源煤矿	2012	80	20		20	省	六盘水财建〔2013〕19号	《市财政局　市安监局　市经信委关于下达六盘水市2012年度煤矿安全技改示范项目补助资金的通知》
267	市直	六盘水市安全生产应急救援指挥中心建设项目	市安监局	2012	6000	410		410	省	六盘水财建〔2013〕19号	《市财政局　市安监局　市经信委关于下达六盘水市2012年度煤矿安全技改示范项目补助资金的通知》
	小计							1200			
268	水城	水黄公路限速等交通标志、凸透镜安装项目	市公安局交警支队	2013	15	15		15	市	六盘水财建〔2013〕49号	《市财政局　市安监局　关于下达六盘水市2013年安全专项技改补助资金的通知》
269	市直	市教育局电子监控联网管理系统中心平台建设项目	市教育局	2013	260	40		40	市	六盘水财建〔2013〕49号	《市财政局　市安监局　关于下达六盘水市2013年安全专项技改补助资金的通知》

续表2-2

序号	县区	项目名称	项目承担单位	年份	投资估算（万元）		实际投资（万元）		补助资金来源	项目资金批复文件	文件名称
					总投资（万元）	申请补助（万元）	总投资（万元）	获得补助（万元）			
270	市直	市安监局安全生产综合信息化平台建设项目	市安监局	2013	90	90		90	市	六盘水财建〔2013〕49号	《市财政局　市安监局　关于下达六盘水市2013年安全专项技改补助资金的通知》
271	市直	六枝特区安监局安全生产综合信息化平台建设项目	六枝特区安监局	2013	65	65		65	市	六盘水财建〔2013〕49号	《市财政局　市安监局　关于下达六盘水市2013年安全专项技改补助资金的通知》
272	市直	市安全生产应急移动指挥平台建设改造项目	六盘水市移动公司	2013	60	30		30	市	六盘水财建〔2013〕49号	《市财政局　市安监局　关于下达六盘水市2013年安全专项技改补助资金的通知》
273	市直	市煤安局安全监管保障能力建设项目	市（执法局）煤安局	2013	147.5	147.5		147.5	市	六盘水财建〔2013〕49号	《市财政局　市安监局　关于下达六盘水市2013年安全专项技改补助资金的通知》
274	市直	市质监局保障能力建设项目	市质监局	2013	20.0	20		20	市	六盘水财建〔2013〕49号	《市财政局　市安监局　关于下达六盘水市2013年安全专项技改补助资金的通知》
275	市直	市能源局保障能力建设项目	市能源局	2013	42.5	42.5		42.5	市	六盘水财建〔2013〕49号	《市财政局　市安监局　关于下达六盘水市2013年安全专项技改补助资金的通知》
276	水城	水黄公路锅圈岩隧道防滑反光路面项目	水城公路管理局	2013	50	20		20	市	六盘水财建〔2013〕49号	《市财政局　市安监局　关于下达六盘水市2013年安全专项技改补助资金的通知》
277	市直	市消防支队应急指挥能力建设项目	市消防支队	2013	450	200		200	市	六盘水财建〔2013〕49号	《市财政局　市安监局　关于下达六盘水市2013年安全专项技改补助资金的通知》
278	盘县	盘县鸿发加油站改造项目	盘县鸿发加油站	2013	5	5		5	市	六盘水财建〔2013〕49号	《市财政局　市安监局　关于下达六盘水市2013年安全专项技改补助资金的通知》

续表2-2

序号	县区	项目名称	项目承担单位	年份	投资估算（万元）		实际投资（万元）		补助资金来源	项目资金批复文件	文件名称
					总投资（万元）	申请补助（万元）	总投资（万元）	获得补助（万元）			
279	市直	市安全文化教育基地建设 项目	市安全生产技术培训中心	2013	25	25		25	市	六盘水财建〔2013〕49号	《市财政局 市安监局 关于下达六盘水市2013年安全专项技改补助资金的通知》
280	市直	市安全生产应急救援指挥中心建设项目	市安监局	2013	900	900		900	市	六盘水财建〔2013〕49号	《市财政局 市安监局 关于下达六盘水市2013年安全专项技改补助资金的通知》
	小计							1600			
281	六盘水市	六盘水市煤矿安全监管综合信息平台建设项目	六盘水市安监局	2013	1200	100		100	省	黔财企〔2013〕93号	《关于下达2013年第一批省煤矿安全技改专项资金计划的通知》
282	盘县	盘县湾田煤矿瓦斯治理及示范项目	盘县淤泥乡湾田煤矿	2013	2124	100	468.82	100	省	黔财企〔2013〕93号	《关于下达2013年第一批省煤矿安全技改专项资金计划的通知》
283	盘县	水城县都格河边煤矿光纤检测技术推广项目	水城县都格河边煤矿	2013	600	90	468.82	90	省	黔财企〔2013〕93号	《关于下达2013年第一批省煤矿安全技改专项资金计划的通知》
	小计							290			
284	水城县	水城县攀枝花煤矿瓦斯综合治理项目	水城县攀枝花煤矿	2013	750	100		100	省	黔财企〔2013〕184号	《关于下达2013省煤矿安全技改专项（煤调基金）资金计划的通知》
	小计							100			
285	盘县	县级安全监管部门监管能力建设补助项目	盘县安监局	2013	40	20		20	省	黔财企〔2013〕185号	《关于下达2013年第二批省煤矿安全技改专项资金计划的通知》
286	水城县	县级安全监管部门监管能力建设补助项目	水城安监局	2013	40	20		20	省	黔财企〔2013〕185号	《关于下达2013年第二批省煤矿安全技改专项资金计划的通知》
	小计							40			

续表2-2

序号	县区	项目名称	项目承担单位	年份	投资估算（万元）		实际投资（万元）		补助资金来源	项目资金批复文件	文件名称
					总投资（万元）	申请补助（万元）	总投资（万元）	获得补助（万元）			
287	六枝特区	县级安全监管部门监管能力建设补助项目	六枝特区安监局	2014				10	省	黔安监规划函〔2014〕34号	《省安全监管局关于2013年安监执法能力建设项目实施工作的通知》
	小计							10			
288	盘县	矿井易自燃煤层注氮防灭火系统建设项目	盘县淤泥乡昌兴煤矿	2014	301	50	275.54	50	省	黔财企〔2014〕39号	《关于下达2014年第一批省煤矿安全技改项目专项资金计划的通知》
289	盘县	煤矿井下粉尘灾害治理	贵州盘江精煤股份有限公司山脚树矿	2014	300	30		30	省	黔财企〔2014〕39号	《关于下达2014年第一批省煤矿安全技改项目专项资金计划的通知》
290	盘县	煤矿瓦斯综合治理示范项目	大山镇小河边煤矿	2014	1604	100		100	省	黔财企〔2014〕39号	《关于下达2014年第一批省煤矿安全技改项目专项资金计划的通知》
291	水城县	松软煤层大倾角大采高成套技术与安全保障体系建设项目	攀枝花煤矿	2014	5169	100		100	省	黔财企〔2014〕39号	《关于下达2014年第一批省煤矿安全技改项目专项资金计划的通知》
292	水城县	煤矿瓦斯综合治理示范项目	锦源煤矿	2014	810	100		100	省	黔财企〔2014〕39号	《关于下达2014年第一批省煤矿安全技改项目专项资金计划的通知》
293	水城县	煤矿瓦斯综合治理示范项目	杨家寨煤矿	2014	1061	100		100	省	黔财企〔2014〕39号	《关于下达2014年第一批省煤矿安全技改项目专项资金计划的通知》
294	水城县	一级质量标准化示范矿井示范项目	义忠煤矿	2014	665	100		100	省	黔财企〔2014〕39号	《关于下达2014年第一批省煤矿安全技改项目专项资金计划的通知》
295	水城县	煤矿瓦斯综合治理示范项目	阿戛镇凉水沟煤矿	2014	998	100	1918	100	省	黔财企〔2014〕39号	《关于下达2014年第一批省煤矿安全技改项目专项资金计划的通知》
296	钟山区	县级安全监管部门监管能力建设补助项目	钟山区安监局	2014	40	20		20	省	黔财企〔2014〕39号	《关于下达2014年第一批省煤矿安全技改项目专项资金计划的通知》
297	钟山区	煤矿井下粉尘自动监测洒水系统	格目底公司玉舍中井煤矿	2014	180	30		30	省	黔财企〔2014〕39号	《关于下达2014年第一批省煤矿安全技改项目专项资金计划的通知》

续表2-2

序号	县区	项目名称	项目承担单位	年份	投资估算（万元）		实际投资（万元）		补助资金来源	项目资金批复文件	文件名称
					总投资（万元）	申请补助（万元）	总投资（万元）	获得补助（万元）			
	小计							730			
298	市直	基层安监站保障能力建设项目——基层涉煤安监站信息化平台建设项目	市安监局	2014	70	70		70	市	六盘水财建〔2014〕57号	市财政局　市安全监管局《关于下达和拨付2014年市级安全技改项目专项资金预算的通知》
299	市直	煤矿安全专项治理项目——煤矿安全专项行动及专项治理项目	市安监局	2014	150	150		150	市	六盘水财建〔2014〕57号	市财政局　市安全监管局《关于下达和拨付2014年市级安全技改项目专项资金预算的通知》
300	市直	煤矿安全监管专业素质提升建设项目——全市煤矿安全管理培训建设项目	市安监局	2014	50	50		50	市	六盘水财建〔2014〕57号	市财政局　市安全监管局《关于下达和拨付2014年市级安全技改项目专项资金预算的通知》
301	市直	煤矿网络安全及信息化建设项目——网络安全保障建设项目	市安监局	2014	40	40		40	市	六盘水财建〔2014〕57号	市财政局　市安全监管局《关于下达和拨付2014年市级安全技改项目专项资金预算的通知》
302	市直	煤矿网络安全及信息化建设项目——六盘水安全生产信息化大数据、云计算应用项目可行性研究	市安监局	2014	30	30		30	市	六盘水财建〔2014〕57号	市财政局　市安全监管局《关于下达和拨付2014年市级安全技改项目专项资金预算的通知》
303	六枝	煤矿防突技术推广示范项目——煤矿瓦斯综合治理项目	六枝特区青菜塘煤矿	2014	800	60		60	市	六盘水财建〔2014〕57号	市财政局　市安全监管局《关于下达和拨付2014年市级安全技改项目专项资金预算的通知》

续表2-2

序号	县区	项目名称	项目承担单位	年份	投资估算（万元）		实际投资（万元）		补助资金来源	项目资金批复文件	文件名称
					总投资（万元）	申请补助（万元）	总投资（万元）	获得补助（万元）			
304	六枝	煤矿防灭火综合治理项目——煤矿矿井易自燃煤层注氮防灭火系统建设项目	六枝特区兴旺煤矿	2014	260	30		30	市	六盘水财建〔2014〕57号	市财政局　市安全监管局《关于下达和拨付2014年市级安全技改项目专项资金预算的通知》
305	盘县	煤矿防突技术推广示范项目——煤矿瓦斯综合治理项目	盘县红果镇打牛厂煤矿	2014	1045	60		60	市	六盘水财建〔2014〕57号	市财政局　市安全监管局《关于下达和拨付2014年市级安全技改项目专项资金预算的通知》
306	盘县	煤矿防突技术推广示范项目——煤矿瓦斯综合治理项目	盘县红果镇樟木树煤矿	2014	980	60		60	市	六盘水财建〔2014〕57号	市财政局　市安全监管局《关于下达和拨付2014年市级安全技改项目专项资金预算的通知》
307	盘县	煤矿防突技术推广示范项目——煤矿防治抽采钻探与物探技术、智能钻机技术示范项目	盘县湾田煤矿	2014	200	50		50	市	六盘水财建〔2014〕57号	市财政局　市安全监管局《关于下达和拨付2014年市级安全技改项目专项资金预算的通知》
308	盘县	煤矿瓦斯参数测定实验室建设项目	盘县安全技术协会	2014	50	50		50	市	六盘水财建〔2014〕57号	市财政局　市安全监管局《关于下达和拨付2014年市级安全技改项目专项资金预算的通知》
309	水城	煤矿防突技术推广示范项目——煤矿瓦斯综合治理项目	水城县比德腾庆煤矿	2014	800	60		60	市	六盘水财建〔2014〕57号	市财政局　市安全监管局《关于下达和拨付2014年市级安全技改项目专项资金预算的通知》
310	水城	煤矿网络安全及信息化建设项目	贵州华电华和能源有限公司	2014	800	50		50	市	六盘水财建〔2014〕57号	市财政局　市安全监管局《关于下达和拨付2014年市级安全技改项目专项资金预算的通知》

续表2-2

序号	县区	项目名称	项目承担单位	年份	投资估算（万元）		实际投资（万元）		补助资金来源	项目资金批复文件	文件名称
					总投资（万元）	申请补助（万元）	总投资（万元）	获得补助（万元）			
311	水城	煤与瓦斯突出矿井区域性瓦斯治理技术推广运用示范项目	贵州保兴煤业有限公司	2014	200	50		50	市	六盘水财建〔2014〕57号	市财政局　市安全监管局《关于下达和拨付2014年市级安全技改项目专项资金预算的通知》
312	水城	煤矿瓦斯参数测定实验室建设项目	贵州贵能投资股份有限公司	2014	50	50		50	市	六盘水财建〔2014〕57号	市财政局　市安全监管局《关于下达和拨付2014年市级安全技改项目专项资金预算的通知》
313	水城	煤矿防治水综合治理项目（含钻机增设监测系统）——矿老窑采空区充水特征及综合防治技术研究项目	水城县大坪煤矿	2014	600	60		60	市	六盘水财建〔2014〕57号	市财政局　市安全监管局《关于下达和拨付2014年市级安全技改项目专项资金预算的通知》
314	钟山区	煤矿防突技术推广运用示范项目	贵州水城矿业（集团）有限责任公司	2014	200	50		50	市	六盘水财建〔2014〕57号	市财政局　市安全监管局《关于下达和拨付2014年市级安全技改项目专项资金预算的通知》
315	市直	教育系统安全保障能力建设项目——校园安全管理系统与公安天网工程对接建设项目	市教育局	2014	30	30		30	市	六盘水财建〔2014〕57号	市财政局　市安全监管局《关于下达和拨付2014年市级安全技改项目专项资金预算的通知》
316	市直	安全标准化建设项目——安全保障能力建设项目	水城县经济开发区	2014	40	40		40	市	六盘水财建〔2014〕57号	市财政局　市安全监管局《关于下达和拨付2014年市级安全技改项目专项资金预算的通知》
317	市直	道路交通安全防护建设项目——水黄公路隐患治理项目	贵州省水城公路管理局	2014	70	70		70	市	六盘水财建〔2014〕57号	市财政局　市安全监管局《关于下达和拨付2014年市级安全技改项目专项资金预算的通知》

续表2-2

序号	县区	项目名称	项目承担单位	年份	投资估算（万元）		实际投资（万元）		补助资金来源	项目资金批复文件	文件名称
					总投资（万元）	申请补助（万元）	总投资（万元）	获得补助（万元）			
318	市直	道路交通安全防护建设项目——水盘高速卡口建设项目	市公安局交警支队	2014	200	35		35	市	六盘水财建〔2014〕57号	市财政局　市安全监管局《关于下达和拨付2014年市级安全技改项目专项资金预算的通知》
319	市直	道路交通安全防护建设项目——鸡场至龙场路段安全防护设施建设项目	水城县交通运输局	2014	86	35		35	市	六盘水财建〔2014〕57号	市财政局　市安全监管局《关于下达和拨付2014年市级安全技改项目专项资金预算的通知》
320	六枝	非煤矿山安全技改建设项目——金属非金属露天矿山示范项目	六枝特区堕却乡望哨坡砂石厂	2014	50	10		10	市	六盘水财建〔2014〕57号	市财政局　市安全监管局《关于下达和拨付2014年市级安全技改项目专项资金预算的通知》
321	六枝	职业健康安全技改建设项目——粉尘治理设备设施技改项目	六枝特区堕却乡望哨坡砂石厂	2014	50	10		10	市	六盘水财建〔2014〕57号	市财政局　市安全监管局《关于下达和拨付2014年市级安全技改项目专项资金预算的通知》
322	盘县	危险化学品行业安全技改建设项目——自动化改造项目	盘县万丰实业投资有限责任公司	2014	70	10		10	市	六盘水财建〔2014〕57号	市财政局　市安全监管局《关于下达和拨付2014年市级安全技改项目专项资金预算的通知》
323	盘县	非煤矿山安全技改建设项目——金属非金属露天矿山示范项目	盘县丰益砂石材料厂	2014	50	10		10	市	六盘水财建〔2014〕57号	市财政局　市安全监管局《关于下达和拨付2014年市级安全技改项目专项资金预算的通知》
324	盘县	职业健康安全技改建设项目——粉尘治理设备设施技改项目	盘县丰益砂石材料厂	2014	50	10		10	市	六盘水财建〔2014〕57号	市财政局　市安全监管局《关于下达和拨付2014年市级安全技改项目专项资金预算的通知》

续表2-2

序号	县区	项目名称	项目承担单位	年份	投资估算（万元）		实际投资（万元）		补助资金来源	项目资金批复文件	文件名称
					总投资（万元）	申请补助（万元）	总投资（万元）	获得补助（万元）			
325	水城	非煤矿山安全技改建设项目——金属非金属地下矿山示范项目	六盘水佳联铅锌开发有限公司铅锌矿	2014	400	20		20	市	六盘水财建〔2014〕57号	市财政局　市安全监管局《关于下达和拨付2014年市级安全技改项目专项资金预算的通知》
326	钟山区	非煤矿山安全技改建设项目——金属非金属露天矿山示范项目	贵州水城瑞安水泥有限公司石灰石矿	2014	50	10		10	市	六盘水财建〔2014〕57号	市财政局　市安全监管局《关于下达和拨付2014年市级安全技改项目专项资金预算的通知》
327	钟山区	职业健康安全技改建设项目——粉尘治理设备设施技改项目	贵州安凯达实业股份有限公司	2014	50	10		10	市	六盘水财建〔2014〕57号	市财政局　市安全监管局《关于下达和拨付2014年市级安全技改项目专项资金预算的通知》
328	红桥新区	非煤矿山安全技改建设项目——金属非金属露天矿山示范项目	六盘水钟山开发区立志砂石有限责任公司	2014	50	10		10	市	六盘水财建〔2014〕57号	市财政局　市安全监管局《关于下达和拨付2014年市级安全技改项目专项资金预算的通知》
329	红桥新区	职业健康安全技改建设项目——粉尘治理设备设施技改项目	六盘水钟山开发区立志砂石有限责任公司	2014	50	10		10	市	六盘水财建〔2014〕57号	市财政局　市安全监管局《关于下达和拨付2014年市级安全技改项目专项资金预算的通知》
330	市直	危险化学品行业安全技改建设项目——城市煤气管网在线监测监控项目	六盘水市燃气总公司	2014	648	80		80	市	六盘水财建〔2014〕57号	市财政局　市安全监管局《关于下达和拨付2014年市级安全技改项目专项资金预算的通知》
331	市直	消防支队应急指挥能力建设项目	市消防支队	2014	230	230		230	市	六盘水财建〔2014〕57号	市财政局　市安全监管局《关于下达和拨付2014年市级安全技改项目专项资金预算的通知》

续表2-2

序号	县区	项目名称	项目承担单位	年份	投资估算（万元）		实际投资（万元）		补助资金来源	项目资金批复文件	文件名称
					总投资（万元）	申请补助（万元）	总投资（万元）	获得补助（万元）			
	小计							1600			
332	市直	安全生产“十三·五”规划编制费用	市安监局	2015	15	15		15	市	六盘水财建〔2015〕19号	市财政局　市安全监管局《关于下达六盘水市2015年安全技改项目专项资金计划的通知》
333	市直	云上贵州·安全云应用中心项目——市安全监管局安全生产信息化平台升级、改造、扩建及新增应急救援信息化指挥平台建设项目	市安监局	2015	1300	450		450	市	六盘水财建〔2015〕19号	市财政局　市安全监管局《关于下达六盘水市2015年安全技改项目专项资金计划的通知》
334	市直	煤矿安全教育实践活动及煤矿瓦斯治理攻坚年专项经费	市安监局	2015	30	30		30	市	六盘水财建〔2015〕19号	市财政局　市安全监管局《关于下达六盘水市2015年安全技改项目专项资金计划的通知》
335	市直	瓦斯治理专家会诊经费	市安监局	2015	50	50		50	市	六盘水财建〔2015〕19号	市财政局　市安全监管局《关于下达六盘水市2015年安全技改项目专项资金计划的通知》
336	六枝	基层监管保障能力建设项目	六枝特区安监局	2015	60	30		30	市	六盘水财建〔2015〕19号	市财政局　市安全监管局《关于下达六盘水市2015年安全技改项目专项资金计划的通知》
337	六枝	煤矿防突技术推广示范项目——煤矿瓦斯发电项目	六枝特区六龙煤矿	2015	744	40		40	市	六盘水财建〔2015〕19号	市财政局　市安全监管局《关于下达六盘水市2015年安全技改项目专项资金计划的通知》
338	盘县	煤矿防突技术推广示范项目——煤矿瓦斯综合治理工程项目	盘县仲恒煤矿	2015	1820	40		40	市	六盘水财建〔2015〕19号	市财政局　市安全监管局《关于下达六盘水市2015年安全技改项目专项资金计划的通知》

续表2-2

序号	县区	项目名称	项目承担单位	年份	投资估算（万元）		实际投资（万元）		补助资金来源	项目资金批复文件	文件名称
					总投资（万元）	申请补助（万元）	总投资（万元）	获得补助（万元）			
339	盘县	煤矿防突技术推广示范项目——煤矿瓦斯综合治理工程项目	盘县老洼地煤矿	2015	1027	40		40	市	六盘水财建〔2015〕19号	市财政局　市安全监管局《关于下达六盘水市2015年安全技改项目专项资金计划的通知》
340	盘县	煤矿隐蔽致灾因素普查项目——矿井易自燃煤层注氮防灭火系统建设项目	盘县湾田煤矿	2015	404	50		50	市	六盘水财建〔2015〕19号	市财政局　市安全监管局《关于下达六盘水市2015年安全技改项目专项资金计划的通知》
341	盘县	煤矿隐蔽致灾因素普查项目——矿井水害治理	盘县淤泥金河煤矿	2015	670	40		40	市	六盘水财建〔2015〕19号	市财政局　市安全监管局《关于下达六盘水市2015年安全技改项目专项资金计划的通知》
342	盘县	煤矿机械化推广示范项目——煤矿机械化建设改造项目	盘县打牛厂煤矿	2015	1000	50		50	市	六盘水财建〔2015〕19号	市财政局　市安全监管局《关于下达六盘水市2015年安全技改项目专项资金计划的通知》
343	水城	煤矿防突技术推广示范项目——11014工作面瓦斯治理项目	水城县小牛煤业有限责任公司	2015	956	50		50	市	六盘水财建〔2015〕19号	市财政局　市安全监管局《关于下达六盘水市2015年安全技改项目专项资金计划的通知》
344	水城	煤矿安全质量标准化建设项目——一级质量标准化示范矿井建设项目	水城县阿戛凉水沟煤矿	2015	1060	50		50	市	六盘水财建〔2015〕19号	市财政局　市安全监管局《关于下达六盘水市2015年安全技改项目专项资金计划的通知》
345	钟山	煤矿防突技术推广示范项目——钻孔深度实时检测装备	水矿股份公司大湾煤矿	2015	150	30		30	市	六盘水财建〔2015〕19号	市财政局　市安全监管局《关于下达六盘水市2015年安全技改项目专项资金计划的通知》
346	市直	兑现2014年安全生产目标责任考评专项	市安监局	2015	144	144		144	市	六盘水财建〔2015〕19号	市财政局　市安全监管局《关于下达六盘水市2015年安全技改项目专项资金计划的通知》

续表2-2

序号	县区	项目名称	项目承担单位	年份	投资估算（万元）		实际投资（万元）		补助资金来源	项目资金批复文件	文件名称
					总投资（万元）	申请补助（万元）	总投资（万元）	获得补助（万元）			
347	市直	六盘水市安全志编制专项费用	市安监局	2015	20	20		20	市	六盘水财建〔2015〕19号	市财政局　市安全监管局《关于下达六盘水市2015年安全技改项目专项资金计划的通知》
348	市直	消防安全保障能力建设项目——消防应急救援保障能力建设项目	市公安消防支队	2015	420	200		200	市	六盘水财建〔2015〕19号	市财政局　市安全监管局《关于下达六盘水市2015年安全技改项目专项资金计划的通知》
349	市直	教育系统安全保障能力建设项目——校园快捷报警系统及安全综治维稳改造建设项目	市教育局	2015	163	40		40	市	六盘水财建〔2015〕19号	市财政局　市安全监管局《关于下达六盘水市2015年安全技改项目专项资金计划的通知》
350	市直	道路交通安全防护建设项目——危险物品运输车辆控制区域管理标志建设项目	市公安局交警支队	2015	350	100		100	市	六盘水财建〔2015〕19号	市财政局　市安全监管局《关于下达六盘水市2015年安全技改项目专项资金计划的通知》
351	六枝	职业健康安全技改建设项目——先进密闭有效粉尘治理示范项目	六枝特区东方砂石厂	2015	50	10		10	市	六盘水财建〔2015〕19号	市财政局　市安全监管局《关于下达六盘水市2015年安全技改项目专项资金计划的通知》
352	六枝	职业健康安全技改建设项目——粉尘治理设备设施技改示范项目	六枝特区盛源砂石厂	2015	50	10		10	市	六盘水财建〔2015〕19号	市财政局　市安全监管局《关于下达六盘水市2015年安全技改项目专项资金计划的通知》

续表2-2

序号	县区	项目名称	项目承担单位	年份	投资估算（万元）		实际投资（万元）		补助资金来源	项目资金批复文件	文件名称
					总投资（万元）	申请补助（万元）	总投资（万元）	获得补助（万元）			
353	六枝	危险化学品行业安全技改建设项目——云盘加油站油气回收改造	中国石化销售有限公司贵州六盘水六枝石油分公司	2015	80	10		10	市	六盘水财建〔2015〕19号	市财政局 市安全监管局《关于下达六盘水市2015年安全技改项目专项资金计划的通知》
354	盘县	非煤矿山安全技改项目——安全质量标准化技改项目	盘县保基江源石材有限责任公司	2015	50	10		10	市	六盘水财建〔2015〕19号	市财政局 市安全监管局《关于下达六盘水市2015年安全技改项目专项资金计划的通知》
355	盘县	非煤矿山安全技改项目——安全质量标准化技改项目	贵州黔桂三合水泥有限责任公司	2015	50	10		10	市	六盘水财建〔2015〕19号	市财政局 市安全监管局《关于下达六盘水市2015年安全技改项目专项资金计划的通知》
356	盘县	职业健康安全技改建设项目——先进密闭有效粉尘治理	盘县乐民红鑫砂石厂	2015	50	10		10	市	六盘水财建〔2015〕19号	市财政局 市安全监管局《关于下达六盘水市2015年安全技改项目专项资金计划的通知》
357	盘县	职业健康安全技改建设项目——粉尘治理设备设施技改项目	盘县红果兴宏砂石厂	2015	50	10		10	市	六盘水财建〔2015〕19号	市财政局 市安全监管局《关于下达六盘水市2015年安全技改项目专项资金计划的通知》
358	红桥	钟山经济开发区安全监管局安全生产监管信息化平台	钟山经济开发区安全监管局	2015	41	41		41	市	六盘水财建〔2015〕19号	市财政局 市安全监管局《关于下达六盘水市2015年安全技改项目专项资金计划的通知》
359	红桥	职业健康安全技改建设项目——先进密闭有效粉尘治理	六盘水黔丰商品混凝土有限公司	2015	50	10		10	市	六盘水财建〔2015〕19号	市财政局 市安全监管局《关于下达六盘水市2015年安全技改项目专项资金计划的通知》
360	红桥	职业健康安全技改建设项目——先进密闭有效粉尘治理	红桥新区旺源砂石厂	2015	50	10		10	市	六盘水财建〔2015〕19号	
	小计							1600			

续表2-2

序号	县区	项目名称	项目承担单位	年份	投资估算（万元）		实际投资（万元）		补助资金来源	项目资金批复文件	文件名称
					总投资（万元）	申请补助（万元）	总投资（万元）	获得补助（万元）			
361	六枝特区	一级煤矿安全质量标准化建设项目	六枝特区播雨村煤矿	2015	580	100		100	省	黔财企〔2015〕40号	《关于下达2015年第一批煤矿安全技改项目专项资金计划的通知》
362	盘县	煤矿瓦斯综合治理示范项目	保庆煤矿	2015	860	100		100	省	黔财企〔2015〕40号	《关于下达2015年第一批煤矿安全技改项目专项资金计划的通知》
363	盘县	煤矿瓦斯综合治理示范项目	兴达煤矿	2015	920	100		100	省	黔财企〔2015〕40号	《关于下达2015年第一批煤矿安全技改项目专项资金计划的通知》
364	盘县	瓦斯综合治理项目	老洼地煤矿	2015	1027	100		100	省	黔财企〔2015〕40号	《关于下达2015年第一批煤矿安全技改项目专项资金计划的通知》
365	盘县	一级煤矿安全质量标准化建设项目	红果镇红果煤矿	2015	800	100		100	省	黔财企〔2015〕40号	《关于下达2015年第一批煤矿安全技改项目专项资金计划的通知》
366	盘县	1320–11综采工作面及12集中瓦斯治理巷综合瓦斯治理示范项目	盘县红果镇仲恒煤矿	2015	1000	100		100	省	黔财企〔2015〕40号	《关于下达2015年第一批煤矿安全技改项目专项资金计划的通知》
367	水城	11014工作面瓦斯治理项目	水城县小牛煤业有限责任公司	2015	956	100		100	省	黔财企〔2015〕40号	《关于下达2015年第一批煤矿安全技改项目专项资金计划的通知》
368	水城	瓦斯抽放系统改造	贵新煤矿	2015	956	100		100	省	黔财企〔2015〕40号	《关于下达2015年第一批煤矿安全技改项目专项资金计划的通知》
369	水城	一级煤矿安全质量标准化建设项目	水城县阿戛凉水沟煤矿	2015	1060	100		100	省	黔财企〔2015〕40号	《关于下达2015年第一批煤矿安全技改项目专项资金计划的通知》
370	水城	煤矿瓦斯综合治理示范项目	水城县阿戛煤矿	2015	1252	100		100	省	黔财企〔2015〕40号	《关于下达2015年第一批煤矿安全技改项目专项资金计划的通知》
371	水城	煤矿瓦斯综合治理示范项目	六盘水市新兴矿业有限公司	2015	1200	100		100	省	黔财企〔2015〕40号	《关于下达2015年第一批煤矿安全技改项目专项资金计划的通知》
	小计							1100			
372	盘县	煤矿综采工作面机械化自动化建设项目	贵州盘江精煤股份有限公司土城矿	2015	3825	80		80	省	黔财工〔2015〕24号	《关于下达2015年第二批煤矿安全技改项目专项资金计划的通知》

续表2-2

序号	县区	项目名称	项目承担单位	年份	投资估算（万元）		实际投资（万元）		补助资金来源	项目资金批复文件	文件名称
					总投资（万元）	申请补助（万元）	总投资（万元）	获得补助（万元）			
373	钟山	煤矿综采工作面机械化自动化建设项目	贵州水城矿业股份有限公司汪家寨煤矿	2015	1000	80		80	省	黔财工〔2015〕24号	《关于下达2015年第二批煤矿安全技改项目专项资金计划的通知》
374	水城	压裂增透治理瓦斯项目	六枝工矿（集团）有限责任公司玉舍煤业有限公司玉舍西井	2015	753	100		100	省	黔财工〔2015〕24号	《关于下达2015年第二批煤矿安全技改项目专项资金计划的通知》
375	六枝	矿用音视频记录仪应用于应急救援建设项目	六枝工矿（集团）有限责任公司救护大队	2015	80	80		80	省	黔财工〔2015〕24号	《关于下达2015年第二批煤矿安全技改项目专项资金计划的通知》
376	六盘水市	六盘水市安监云应用中心示范工程项目	六盘水市安全生产监督管理局	2015	1300	300		300	省	黔财工〔2015〕24	《关于下达2015年第二批煤矿安全技改项目专项资金计划的通知》
377	盘县	瓦斯综合治理示范项目	贵州邦达能源开发有限公司东李煤矿	2015	1180	90		90	省	黔财工〔2015〕24号	《关于下达2015年第二批煤矿安全技改项目专项资金计划的通知》
378	水城县	一级质量标准化示范矿井建设项目	贵州贵能投资股份有限公司水城腾庆煤业有限公司	2015	3370	100		100	省	黔财工〔2015〕24号	《关于下达2015年第二批煤矿安全技改项目专项资金计划的通知》
379	水城县	一级质量标准化示范矿井建设项目	贵州鲁能矿业有限公司顺发煤矿	2015	860	100		100	省	黔财工〔2015〕24号	《关于下达2015年第二批煤矿安全技改项目专项资金计划的通知》
380	水城县	瓦斯综合治理示范项目	贵州峄兴矿业有限公司鲁能煤矿	2015	800	100		100	省	黔财工〔2015〕24号	《关于下达2015年第二批煤矿安全技改项目专项资金计划的通知》
381	水城县	煤矿瓦斯综合治理项目	贵州湘能实业有限公司义忠煤矿	2015	1990	100		100	省	黔财工〔2015〕24号	《关于下达2015年第二批煤矿安全技改项目专项资金计划的通知》
382	水城县	一级质量标准化示范矿井建设项目	江煤贵州矿业集团有限责任公司小牛煤矿	2015	700	100		100	省	黔财工〔2015〕24号	《关于下达2015年第二批煤矿安全技改项目专项资金计划的通知》
	小计							1230			

六盘水市争取国家安全技改补助资金项目统计表

表2–3

序号	地区	项目名称	项目建设单位	年份	总投资	自筹资金	国家补助资金	省级配套资金	文件号	文件名称
1	水城县	近距离煤层群下保护层开采瓦斯治理示范矿井工程建设项目	六枝工矿（集团）有限责任公司玉舍西井	2013	9633	6165	2890	578	（黔发改能源〔2013〕811号）	《贵州省发展和改革委关于转发国家发展和改革委等四部门〈关于贵州六枝工矿（集团）有限责任公司玉舍煤矿瓦斯治理示范矿井工程建设项目的批复〉的通知》
2	水城县	水城矿业股份有限责任公司那罗矿井改造项目	水城矿业股份有限责任公司那罗矿	2013	2736	1751	821	164	（黔发改能源〔2013〕814号）	《贵州省发展和改革委关于转发国家发展和改革委等四部门〈关于下达2013年煤矿安全改造项目计划的通知〉的通知》
3	钟山区	水城矿业股份有限责任公司大湾矿井改造项目	水城矿业股份有限责任公司大湾矿	2013	2880	1843	864	173	（黔发改能源〔2013〕814号）	《贵州省发展和改革委关于转发国家发展和改革委等四部门〈关于下达2013年煤矿安全改造项目计划的通知〉的通知》
小计：					15249	9759	4575	915		
4	水城县	水城矿业股份有限责任公司老鹰山矿改建项目	水城矿业股份有限责任公司老鹰山矿	2014	4480	2867	1344	269	（黔发改投资〔2014〕1197号）	《贵州省发展和改革委关于下达贵州省煤矿安全改造2014年中央预算内投资计划的通知》
5	水城县	水城县县安全生产监督管理局煤矿信息化平台项目	水城县县安全生产监督管理局	2014	414	290	124	0	（黔发改投资〔2014〕1197号）	《贵州省发展和改革委关于下达贵州省煤矿安全改造2014年中央预算内投资计划的通知》
6	盘县	盘县安全生产监督管理局煤矿信息化平台项目	盘县安全生产监督管理局	2014	380	266	114	0	（黔发改投资〔2014〕1197号）	《贵州省发展和改革委关于下达贵州省煤矿安全改造2014年中央预算内投资计划的通知》
小计：					5274	3423	1582	269		
7	水城县	水城矿业股份有限公司老鹰山矿安全改造项目	水城矿业股份有限公司老鹰山矿	2015	4663	2984	1399	280	黔财工〔2015〕21号	《关于下达2015年中央预算内煤矿安全投资贵州省省级财政配套资金计划的通知》

续表2-3

序号	地区	项目名称	项目建设单位	年份	总投资	自筹资金	国家补助资金	省级配套资金	文件号	文件名称
8	水城县	水城矿业股份有限公司那罗寨矿安全改造项目	水城矿业股份有限公司那罗寨矿	2015	5870	3757	1761	352	黔财工〔2015〕21号	《关于下达2015年中央预算内煤矿安全投资贵州省省级财政配套资金计划的通知》
9	盘县	盘江精煤股份有限公司火烧铺煤矿瓦斯治理示范工程建设项目	盘江精煤股份有限公司火烧铺煤矿	2015	7226	4626	2167	433	黔财工〔2015〕21号	《关于下达2015年中央预算内煤矿安全投资贵州省省级财政配套资金计划的通知》
小计：					17759	11367	5327	1065		
总计：					38282	24549	11484	2249		

第四节　经费保障

全市安全生产监管部门的经费保障，主要以同级财政预算为主，总量包干使用。

市安全监管局2011至2015年财政预算经费保障情况如下：

2011年：406.7万元；

2012年：447.68万元；

2013年：600.67万元；

2014年：971.96万元；

2015年：1,224.78万元。

第五节　荣　誉

一、个人部分

（1）李恒超：1994至2000年间，每年均被市政府或市安委会评为安全生产先进工作者或先进个人；2001年，获国家煤矿安监局优秀煤矿安全监察员荣誉称号；2002年，被国家煤矿安全监察局评为全国优秀煤矿安全监察员；2007年，获国家安全监管总局全国安全生产监管监察先进个人荣誉称号。

（2）蔡军：2007年，获贵州省勤政廉政先进个人、六盘水市勤政廉政先进个人；2008年，获贵州省安康杯竞赛活动先进个人；2009年，获中央民族大学捐资助学爱心大使优秀MBA研究生、MBA研究生优秀学位论文；2010—2012年连续三年公务员考核优秀，被记三等功一次；2015年，获贵州省安康杯竞赛活动优秀组织者荣誉称号。

（3）范存文：2004年，被市政府评为首届凉都消夏文化节活动先进个人；2006年11月，受市委市政府委派赴美国考察学习1个月；2012年，被国家安全监管总局授予全国安全生产监管监察先进个人荣誉称号；2013年，因连续三年公务员考核为优秀等次，被记三等功一次。

（4）王圣刚：2010年，被国家安全监管总局评为全国安全生产监管监察先进个人。

（5）吴学刚：2011年，获贵州省安康杯竞赛活动先进个人。

（6）李建辉：2006年，经市总工会批准，授予荣誉称号；2003年，经省委党校批准，授予荣誉称号；1998年，经市委组织部批准，授予荣誉称号；1997年，经市委组织部批准，授予荣誉称号；1996年1月经市委组织部批准，授予荣誉称号。

（7）穆江：2001年，获贵州瓮福集团有限责任公司先进工作者；2002年，获2001—2002年度贵州瓮福集团有限责任公司十佳青年荣誉称号；2006年，获贵州瓮福集团有限责任公司物流先进工作者；2009年，获2008年度贵州瓮福集团有限责任公司先进工作者。

（8）陈长虹：1996至1998年间，三次被市委组织部授予荣誉称号；2006年3月被市总工会授予荣誉称号；2003年4月被省委党校授予荣誉称号。

（9）夏国方：2005年，被中共六盘水市委、市人民政府授予全市党政机关先进工作者（劳动模范）；2007年11月，受省安全监管局委派赴欧洲进行危险化学品安全管理培训考察学习1个月；2008年，被市委评为全市建市三十周年及维稳安保先进个人；2009年，因连续四年公务员考核为优秀，被记三等功一次；2010年，被中共六盘水市委、市人民政府授予全市党政机关先进工作者（劳动模范）；2011年，被评为全市政府系统优秀政务信息员；2012年，获国家安全监管总局授予全国安全监管监察先进个人荣誉称号。

（10）李广生：2010年，获国家安全监管总局全国安全生产监管监察先进个人荣誉称号；2012年，被市委授予全市创先争优优秀共产党员称号；2012年，被国家安全监管总局授予全国安全生产监察监管先进工作者。

（11）任广向：2012年，获2011年度全市消防安全先进个人；2013年，获盘县2012年度安全生产先进个人。

（12）武文超：2010年，被市委党的建设工作领导小组评为2009年度党建扶贫优秀工作队员；2012年，被省安全监管局评为贵州省安全监管监察系统先进工作者；2012年，因连续三年公务员考核为优秀，被记三等功一次；2013年2月，被市机关效能建设领导小组办公室评为优秀科长。

（13）刘梅：2003年经市政府批准，授予荣誉称号；2008年经市政府批准，授予荣誉称号；2010年经国家安全监管总局批准，授予荣誉称号。

（14）孙洪：2012年，被省安全监管局评为贵州省安全监管监察系统先进个人。

（15）李清勇：2006年，被市政府评为全市安全生产先进工作者。

（16）祁峰：2004年，被武警贵州省总队记三等功一次。

（17）喻松：2012年，被市人资社保局评为全市优秀公务员；2013年1月，被省人资社保厅、省安全监管局评为贵州省安全生产先进个人。

（18）卜珍虎：2009年，被国家安全监管总局授予全国安全生产监管监察先进个人荣誉称号；2010年，被国家安全监管总局授予荣誉称号；2013年，被省人社厅、省安全监管局授予荣誉称号。

（19）王飞：2012年，被河南省教育厅授予科技成果奖。

（20）关勇：2006年，被市政府评为2005年度安全生产先进工作者。

（21）刘安学：2007年，被市政府授予安全生产先进个人。

（22）蔡松：2011年，被省安全监管局授予全省安全监察监管先进工作者。

（23）喻孟友：2011年，被省安全监管局授予安全监察监管先进工作者。

（24）罗兴凯：2006年、2008年被市安委办授予《安全凉都》优秀通讯员。

（25）陈乾炳：2007年，被国家安全监管总局评为全国安全监管监察先进个人。

（26）李代玉：2004年，被国家安全监管总局评为全国安全监管监察先进个人。

（27）张先贵：2007年，被国家安全监管总局评为全国安全监管监察先进个人。

（28）华再兴：2007年，被国家安全监管总局评为全国安全监管监察先进个人。

（29）王平波：2010年，被国家安全监管总局评为全国安全监管监察先进个人。

（30）杨帆：2012年，被国家安全监管总局评为全国安全监管监察先进个人。

（31）朱智：2013年，被省安全监管局评为贵州省安全生产先进个人

（32）毕仁良：2015年，被国家安全监管总局评为全国安全监管监察先进个人。

（33）李卫华：2012年，被国家安全监管总局授予全国生产监管监察先进个人荣誉称号。

（34）蔡劲松：2015年，被国家安全监管总局授予安全监管监察先进个人荣誉称号。

（35）罗泳：2007年，被市政府评为2005至2006年度安全生产先进工作者。

（36）李绍：2013年，被省人资社保厅、省安全监管局评为贵州省安全生产先进个人。

（37）张立：2007年，被市政府评为安全生产先进工作者。

（38）刘发俊：2008年，被省安全监管局评为全省安全生产统计先进工作者。

(39)路绍萍：2004年，被市安委会评为先进工作者；2009年，被民盟六盘水市委评为社会服务先进个人；2011年，被民盟六盘水市委评为先进个人。

二、集体部分

2002年2月，市安委办被贵州省安全生产成委员会授予2001年度全省安全生产工作先进单位；

2004年6月，市安全监督管理局被贵州省安全生产委员会授予2003年度全省安全生产工作先进单位；

2005年6月，市安全监督管理局被贵州省委宣传部、贵州省安全生产监督管理局、贵州省总工会、共青团贵州省委授予国酒茅台杯贵州省安全生产法律法规知识竞赛优胜奖；

2006年，水城县安全监管局获得全省安全生产工作先进单位荣誉称号。

2007年1月，市安全监督管理局被六盘水市人民政府授予2006年安全生产目标考核二等奖；

2007年1月，市安全监督管理局被国家人事部、国家安全监管总局授予全国安全生产监管监察系统先进集体；

2008年6月，市安全生产监督管理局被中共六盘水市委、人民政府授予六盘水市抗凝冻、保民生工作先进集体；

2008年6月，市安全生产监督管理局被贵州省安全生产委员会授予贵州省除隐患迎奥运安全生产知识竞赛三等奖。

2009年，水城县安全监管局被国家安全监管总局授予全国安全生产监管监察先进单位荣誉称号。

2012年，六枝特区安全监管局被国家安全监管总局授予全国安全生产监管监察先进单位荣誉称号。

第三章　安全发展规划

2006年12月，市政府发布建市以来第一个安全生产专项规划——《六盘水市“十一五”安全发展规划》。这个规划，对规范六盘水市各行业、各生产经营单位的产业发展，更好地保障民生、保障经济社会的持续快速发展及和谐稳定，以及全市安全发展总体目标的实现起到了极为关键的作用。

第一节　“十一五”规划

一、编制

《六盘水市“十一五”安全生产规划》（以下简称《规划》），是六盘水市“十一五”期间安全生产的总体规划，内容包括全市重点行业和领域的安全生产要求，但不代替专业或行业的安全生产规划。

《规划（2006—2010）》的主要内容：

（一）现状与问题

1. 现状

安全生产关系人民群众生命财产安全，关系改革开放、经济发展和社会稳定的大局。市委市政府历来高度重视安全生产工作，相继采取了一系列重大举措，认真贯彻落实《中华人民共和国安全生产法》等一系列法律法规和规章制度，结合六盘水实际，制定了一系列配套的政策、措施，总结和推广好的经验和做法，企业安全生产条件和安全生产管理进一步改善，安全生产责任制进一步落实，安全生产教育和培训进一步加强，安全生产专项整治进一步深化，安全生产工作步入法制化轨道，安全生产工作氛围更加浓厚，重、特大事故明显减少，重点行业和领域的安全生产状况有所好转，事故起数和死亡人数有所下降，安全生产状况总体稳定。（见下表）

1997—2005年各年事故及重特大事故起数和死亡人数情况

表3-1

年份	各类事故		其中			
			重大事故		特大事故	
	起数	人数	起数	人数	起数	人数
1997	258	296	15	88	5	94
1998	197	294	9	58	4	59
1999	227	218	15	80	3	40
2000	304	419	15	90	7	264
2001	678	256	13	55	5	104
2002	715	220	16	86	2	32
2003	1010	231	13	64	2	49
2004	599	272	20	82	3	51
2005	667	300	13	55	4	61

注：表中2005年含铁路运输事故40起和死亡40人。

但是，安全生产任务十分艰巨，经济社会的发展与安全生产的矛盾仍然突出。企业安全生产基础薄弱，各类事故隐患依然存在，技术和管理水平相对落后，实现安全生产形势的稳定好转缺乏坚实的基础和保障。煤矿、道路交通、非煤矿山、建筑、危险化学品、烟花爆竹和民用爆破器材、消防等行业和领域的事故仍有发生，特别是煤矿、道路交通行业重、特大事故没有得到有效扼制。主要表现在：

（1）煤矿

六盘水市现有省属国有煤矿24个，核定生产能力2231万吨，地方煤矿403个，年设计能力2472万吨。矿井普遍面临着瓦斯、顶板、水、火、煤尘等五大灾害的威胁，其中，90%以上属高瓦斯矿井，部分区域还有煤与瓦斯突出现象，瓦斯、顶板灾害尤为严重，是制约煤炭生产发展的“瓶颈”。

瓦斯灾害是煤矿五大灾害之首，随着开采深度的增大，煤层瓦斯含量逐渐增加，煤与瓦斯突出的危险性增高，防治难度加大；近年来国有煤矿相继采取了预先开采保护层、高位瓦斯抽放、底板及本煤层预抽瓦斯、边掘边抽等一系列有效的瓦斯抽放和瓦斯综合治理措施，地方煤矿全部安装瓦斯监测监控系统，对已核定为煤与瓦斯突出的煤矿，按要求进行“四位一体”的防突措施管理，瓦斯灾害事故的发生得到了较大程度的控制；另一方面，顶板事故多发，市内煤层顶底板类型多属Ⅲ—Ⅴ类，极少数为Ⅰ—Ⅱ类，岩性多为泥岩、页岩、泥质粉砂岩、砂岩，遇水易膨胀，由于支护不当或支护管理不科学，易发生顶板事故，同时随着开采深度的增加，矿压显现日趋严重，多数乡镇地方煤矿仍以木支护为主，经过近几年的努力，现正在逐步推广锚（网）喷、砌碹、金属支护等材料，逐步改善矿井生产条件；水害也是六盘水市煤矿主要灾害之一，矿区岩溶发育，地形地貌复杂，气候多变，地下水、地表水都可能通过采空区、断裂及其他通道涌入井下。六枝特区、水城县等大部分矿井都有自燃发火倾向，易因内因火灾引发矿井火灾。部分矿井煤尘具有爆炸性，同时有煤矽尘肺病等职业危害。

仅2005年统计资料，全市煤矿发生各类事故77起，死亡152人，其中乡镇煤矿事故50起，死亡104人。其中：瓦斯事故5起，死亡55人，分别占煤矿事故起数和死亡人数的6.5%和36.2%；顶板事故23起，死亡29人，分别占煤矿事故起数和死亡人数的29.9%和19.1%。

（2）道路交通

六盘水市地处南北盘江和三岔河深切割的乌蒙山腹地，最高海拔2900米左右，最低海拔500米左右，地形相对高差2400余米，高山峡谷普遍。全市道路里程约1万余公里，其中国道86.6公里，省道530.6公里，高等级公路132公里，县、乡道近2800公里。全市现有机动车62564辆，现有驾驶员118815人，由于车辆多，县、乡公路所占道路比例大，部分道路路面狭窄，弯道多，存在事故黑点，经排查，交通事故多发路段(点)，国、省道共70处，其中国道2处，省道68处，危险路段210公里，易阻路段（马路市场）37处；县、乡道有危险路段415.99公里，县、乡道危险路段344处。道路交通安全形势十分严峻。

（3）非煤矿山

有证非煤矿山共计773户，其中，地方非金属露天矿山745户。非煤矿山中露天采石场占93.65%，多数生产规模小，集约化程度低，安全工作管理薄弱，部分企业安全投入不足，安全生产技术水平相对较低，多数从业者文化素质低，安全意识差。近年来事故呈上升趋势。

（4）危险化学品

全市从事危险化学品生产、经营、储存、使用的企业共338家。其中，生产企业51家、经营销售企业163家、储存企业5家、使用危险化学品企业119家。主要生产、经营、储存和使用乙炔、氧气、硫酸、纯苯、甲苯、液氨、汽油、柴油、液氯、液化气等危险化学品二十多种。

危险化学品具有易燃、易爆、强腐蚀、剧毒等特性，一旦发生事故，将会产生巨大的灾难。

（5）烟花爆竹

主要以生产烟花类、爆竹类为主，有生产企业2个、批发企业5个、零售企业（点）1339家。由于历史原因，在个别乡镇仍不同程度存在非法制造、运输、储存、销售烟花爆竹的现象。打击非法制售的工作十分艰巨。

（6）建设工程

市境，外地驻市建筑施工企业51家（含建筑、消防、装饰、装修、劳务，不含电力、水电、部分道路施工队伍），地方建筑施工企业36家，外地建筑施工企业驻六盘水分支机构15家，已取得安全生产许可证40家。近年来，高层建筑增多，房产公司、房产项目增多，工业建设工程、装饰工程、电力工程、道路工程等缺乏有效管理，建设工程安全留下很多安全隐患，有待加强管理，理顺管理体系。

（7）其他行业和领域

公共人员密集场所、娱乐场所消防安全、校园安全、旅游安全、食品药品安全管理工作水平虽然有了进一步提高，并逐步规范化，但安全生产责任制不健全不落实，管理人员的素质较低，安全生产意识淡薄等问题仍然存在，职业卫生正处于起步阶段。地面工业企业、商业流通领域中的坍塌、触电、机械伤害、高处坠落等事故仍时有发生，职业危害没有采取有效的监管措施和手段。职业安全健康体系尚不完备。

"十一五"期间，是六盘水市经济社会发展实现历史性跨越时期，国民经济持续、快速发展，安全生产工作将面临新的挑战。以公有制为主体、多种经济成分共同发展的经济制度，使安全生产的监管服务对象趋于多元化，监管难度加大。随着用工制度改革，农民工、合同工、临时工成为企业职工队伍的主体。企业职工的文化素质、安全技能等与现代企业生产的要求都存在着一定的差距，客观上增加了安全管理难度；煤炭工业、交通运输业等重点行业和领域高速发展，将使六盘水市安全生产工作面临新的考验。

2. 问题

由于历史原因，六盘水市基础工业是"三线建设"发展起来的"三边"（边设计、边建设、边生产）企业，安全生产投入不足，历史欠账较多。主要有：

（1）安全生产科研、教育力量相对薄弱，专业人员不足，在监测手段、运用和落实上缺少工程技术人员，从业人员素质低；

（2）安全生产法规和规章不配套、不完善，宣传教育力度不足，社会安全意识薄弱，安全生产法制观念不强，与经济发展不相适应；

（3）企业主体责任及安全保障措施落实不好，安全投入不足，欠账较多；

（4）应对突发公共场所事件的应急救援体系尚不完善，尚未建立起重大事故预防控制体系，应急救援队伍类型单一，数量不足、装备老化，应急救援资源分散，指挥系统的信息建设经费不足，快速反应和处置公共事件的能力尚待加强；

（5）安全生产信息系统、重大危险源的监测监控系统尚未建立，缺乏有效的手段，重大危险源的分布情况不清，安全生产信息调度系统、煤矿及其他高危行业信息装备有待加强；

（6）安全生产监察监管体系不够完善，经费保障体系尚未建立，监管力量不足，专业人员的数量相对较少，检测检验手段缺乏，个人防护用品相对缺乏。

（二）指导思想、基本方针和目标

1. 指导思想

以邓小平理论和“三个代表” 重要思想为指导，认真贯彻党的十六大和十六届五中、六中全会精神，按照构建和谐社会的战略部署，坚持以人为本、可持续发展的科学发展观，结合《六盘水市国民经济和社会发展第十一个五年发展规划纲要》，全面贯彻落实《安全生产法》，坚持安全第一、预防为主、综合治理的方针，贯彻节约发展、清洁发展、安全发展和可持续发展的科学发展理念，实施科技兴安战略，建立安全生产长效机制，坚持依法治安，努力实现六盘水市安全生产状况的根本好转。

2. 基本方针

坚持安全生产与社会经济建设统筹规划、协调发展；坚持管理、装备和培训并重；坚持创新体制机制，立足防范，依法行政，强化监管，综合治理；构建“政府统一领导、部门依法监管、企业全面负责、群众参与监督、全社会广泛支持”的安全生产工作格局。

3. 总体目标

全市生产安全事故起数和伤亡人数稳步下降；工矿商贸企业伤亡事故和死亡人数逐年下降，交通运输事故死亡人数逐步降低；煤矿、交通、非煤矿山、建筑施工、危险化学品、烟花爆竹和民用爆破器材、人员密集场所、公共消防等重点行业和领域的安全状况得到改善，重、特大事故得到有效遏制。安全生产工作初步实现从防范各类伤亡事故向全面做好安全和职业安全与健康工作转变。

4. 分类目标

（1）“十一五” 期间全市及重点行业和领域控制目标

综合指标

①生产安全事故起数下降30% 以上；

②死亡人数下降10% 以上；

③重特大事故起数下降20% 以上；

④全社会亿元生产总值死亡人数控制在1人以内；

⑤工矿商贸从业人员10万人死亡率控制在10人以下；

⑥煤矿百万吨死亡率控制在3人以内；

⑦道路交通万车死亡率控制在10人以内。

行业指标

①煤矿：死亡人数下降10% 以上；

②道路交通：死亡人数下降10% 以上；

③非煤矿山：死亡人数下降10% 以上；

④建筑：死亡人数下降10% 以上；

⑤危险化学品：死亡人数下降10% 以上；

⑥烟花爆竹：死亡人数下降10% 以上；

⑦特种设备：万台设备死亡人率控制在0.8以下；

⑧火灾（消防）：十万人口死亡率控制在0.19以下；

⑨水上交通：死亡和失踪人数下降10%以上；

⑩铁路交通（含路外）：死亡人数下降10%以上；

⑪农业机械：死亡人数下降10%以上。

（2）监管体系建设目标

①加强综合监管队伍建设，市、县（特区、区）建立起安全生产综合监督管理工作机构和执法队伍，重点乡（镇、办）建立安监站，形成完善的安全生产监管网络体系，监管、监察人员的数量占企业职工人数的千分之二以上，初步形成“政治坚定、业务精通、作风过硬”的监管监察队伍；

②行业安全生产监管机构和人员满足工作需要，重点行业和领域建立安全生产监管机构，监察监管人员满足监察任务的需要；

③各级安全监察、监管工作的机构、人员、经费、设施和装备“五到位”；

④全市安全生产的监管手段和监管人员的个人防护适应安全工作发需要。

（2）法制建设目标

建立、完善安全生产法律、法规、技术标准和相配套的适合本市的地方性安全生产法规、规章。

（3）支撑体系建设目标

健全安全生产监管体系，初步形成完善的安全生产法规体系、技术体系，形成完善的安全生产调度系统及信息体系，建立较为完善的培训体系、宣传教育体系，建立和完善应急救援体系和职业卫生健康安全体系。

（4）安全科学技术发展目标

引进和推广先进的安全管理和技术成果，推广应用事故隐患辨识、评价与监测技术，制定事故隐患分级管理和整改对策措施。

（5）重大危险源监控和事故隐患治理目标

实施重大危险源普查、申报、登记、评估、监测预警及应急救援系统；引进和推广先进的重大危险源监控技术；研发和运用重大事故隐患辨识和分级技术；建立重大事故隐患治理示范工程等。

（6）人才建设目标

依托六盘水能源矿业学院、六盘水市职业教育学院等职业培训等机构，建立起初、中级人才培训基地；建立适应于监管人员、企业负责人、安全生产管理人员及特殊工种人员及从业人员的培训机构。人才资源总量显著增加，人才结构逐步趋于合理，人才队伍的能力有较大提高，进一步完善基础教育和职业教育体系，为实现“十一五”目标提供人才保障。

（三）主要任务

1. 法制建设

（1）认真学习、宣传、贯彻国家、省颁布的安全生产法律、法规，提高全民安全生产法律意识和安全素质；提高执法人员素质，增强执法意识，做到严格、公正、文明执法，努力创造良好的安全生产监督环境和秩序；加强行政执法制度建设，指导和监督各类行政执法；按照"四不放过" 的原则（即事故原因未查清不放过、责任人员未处理不放过、整改措施未落实不放过、有关人员未受到教育不放过）查处各类事故。

（2）法规与技术标准体系建设

①根据具体情况和实际需要，遵照国家立法的基本精神，建立和制定适合本市经济发展的安全生产地方性法律法规和规章制度；

②指导和督促生产经营单位制定有关安全生产的规章制度及安全操作规程。

2. 监督管理体系建设

市、县（特区、区）建立起安全生产监察执法队伍；乡（镇、办）及以上人民政府建立起安全生产综合监督管理工作机构；行业主管部门的安全生产监管机构和人员能满足工作需要；安全监管工作的机构、人员、经费、设施和装备"五到位"；形成完善的安全生产监督网络体系；全市安全监管监察人员的数量不低于企业职工人数的千分之二。

3. 加强安全科学技术研究应用

①制定适合六盘水市的安全科技发展规划及有关行业规划，并适时组织修订；加快安全检测检验机构的建设；保证各类企业的安全监测监控系统、各类设备、仪器、仪表的定检率和检验质量，保证各类设备、仪器、仪表的性能有效。

②应用现代科技特别是信息化手段，了解掌握安全科技动态，加快安全科技新技术、新工艺、新材料的推广应用，提高企业安全装备水平，安全管理水平，淘汰落后的技术和工艺。

③搞好安全科技示范工程，在各行业树立一批安全质量标准化的"样板矿井""样板站段""样板工地"等。

④应用和推广事故隐患和重大危险源辨识标准、评价与监测技术研究，制定事故隐患和重大危险源的分级管理及整改对策措施，特别是加强煤矿瓦斯治理措施的研究。

⑤加强对事故发生有关规律的认识，特别是煤与瓦斯突出事故的发生规律，不断总结经验，建立安全生产长效机制。

4. 建立健全安全生产应急救援体系

加快建立健全安全生产应急救援体系，发挥应急救援队伍在生产安全事故或突发事件中的作用。

①组建市级安全生产应急救援指挥中心，负责协调和指挥全市各类生产安全事故或突发事件的应急救援工作。

②加快安全生产应急救援预案的编制工作。在原有应急救援总体预案的基础上，进行修改完善，针对煤矿、危险化学品等高危行业和道路交通、人员密集场所等重点

行业和领域编制专门的应急救援预案、并适时组织演练，提高生产安全事故或突发事件的应急和处置能力。

③加快应急救援资源整合，逐步改善应急救援结构。对已有的应急救援资源进行整合，发挥现有救护队伍的应急救援作用，提高救援质量。矿山救援在六枝工矿、盘江煤电、水城矿业集团和六枝特区、盘县、水城县地方救护队伍的基础上进行优化整合，由市应急救援指挥中心统一指挥、协调。在公安消防机构的基础上组建人员密集场所、危险化学品、道路交通应急救援队伍，负责对突发事件和重、特大生产安全事故的应急救援工作。各级政府安排生产安全事故应急救援资金，并由同级财政保障。

④加强救护队伍装备建设，及时更新并淘汰落后老化的装备，配备必要的交通工具、通讯装备、检测检验设备、危险化学品防化装备及个人防护用品，确保应急救援的快速反应和个人救护安全。

⑤逐步建立应急救援队伍的培训、考核体系。利用现有安全生产技术或煤矿安全培训资源，加强对应急救援队伍专业救护知识和技能的培训，定期或不定期进行救护技能练兵，提高应急和处置能力。建立相应的考核体系，定期进行考核，加强对培训机构资质和救护队伍综合素质的监督检查力度。

⑥建立应急救援专家库及数据系统，为应急救援提供技术支撑，充分发挥专家在生产安全事故或突发事件应急救援中的作用。

5. 加快安全生产信息化建设

①煤矿安全监测监控系统逐步实现网络化；

②建立重大危险源和应急救援处置网络系统；

③安全生产统计、报告网络化系统；

④逐步建立事故应急救援专家库系统；

⑤监管行业的办公现代化系统；

⑥稳步推进煤矿井下救援或搜救系统。

6. 加快安全生产技术保障体系建设

市、县（特区、区）政府每年从财政预算中安排一定的安全生产专项基金，主要用于：1. 安全生产应急救援装备、设施的建设和综合安全监管、行业安全监管等部门的技术装备、设施的建设；2. 新技术、新工艺、新材料的推广应用和安全生产专业技术人才的培养；3. 从每年的技改基金中提取一定比例，鼓励、支持和帮助生产经营单位进行必要的安全技术措施改造，逐步改善生产经营单位的安全生产条件；4. 依托六盘水能源矿业学院和市职业技术学院及其他有资质的安全技术培训机构，加强生产经营单位从业人员安全操作技能、防护技能、应急技能、避险技能以及救护技能等培训教育。

督促生产经营单位确保必要的安全生产投入和安全费用的有效使用，引导、鼓励和支持生产经营单位推广、使用有利于安全生产的新技术、新材料、新工艺，督促其淘汰落后的生产工艺、设备，高危行业新、改、扩建项目安全设施必须依法严格执行“三同时”（即新建、改建、扩建工程项目中的安全设施与主体工程同时设计、同时施工、同时投入生产和使用）有关规定，未执行“三同时”规定的要限期补欠和完善。督促生产经营单位依法为从业人员配备符合国家标准或行业标准的劳动保护用品，并监督教育从业人员按规定使用和佩戴。建立安全生产检测检验机构，完善检测手段，对安全设备及各类监测监控仪器、仪表进行定期检测和校验，保证其正常的功能。

7. 加强安全生产培训教育体系建设

以六盘水能源矿业学院和职业技术机构等教育培训机构为依托，设立安全管理、安全技术、安全工程等相关安全管理专业，扩大安全学历教育，逐步增加安全人才资源；建立安全监管人员教育培训体系，实行各级党政干部、安全生产管理人员两年一次轮训制度。加强各级安监队伍法律法规和安全综合管理能力的日常教育培训；有计划地对全市生产经营单位主要负责人、安全管理人员、特种作业人员，实施安全生产资格培训或复训，使其持证上岗率达百分百；按照国家安监总局关于教育培训的规定，加快全市二、三、四级安全培训机构建设步伐，建立满足全市生产经营单位从业人员岗前培训和每年再训的四级安全培训机构，加大对企业从业人员安全教育培训力度，努力提高企业职工安全技能的综合素质。

①培养适合六盘水经济发展的采煤、机电、地质、安全工程、安全评价、危险源辨识等初、中专业技术人才，力争在“十一五”期末，初、中专业技术人才基本能满足本地实际需要；对生产经营单位的负责人和特种作业人员进行安全生产培训、复训，煤矿等六大高危行业实行全员培训，培训率达到百分百。

②有计划地对安全监管人员进行培训和轮训。

③力争在“十一五”期末实现就地全员培训。

8. 加强重大危险源的监控和隐患的治理

①重大危险源监控

开展对重大危险源的普查、辨识、申报登记和安全评价，建立和完善市、县、乡、企业的重大危险源监测监控和应急救援体系，实施对重大危险源远程特性分析、监测监控、预警处置，避免酿成事故隐患，导致事故发生。

②重大事故隐患治理

开展对全市重大事故隐患的普查和分类建档，完善各类事故隐患排查整改制度、重大事故隐患台账制度、重大隐患整改复查制度、重大隐患责任追究制度，做到措施、责任人、资金、时间和验收“五落实”。

9. 加强人员密集公共场所的安全监督检查

①完善安全管理机构和职责

明确安监、建设、交通、质监、公安消防、教育、文化、食品药品、旅游等相关部门职责和作用，在各级政府统一领导下，加强对大型集会的管理，做好公共人员密集场所的安全管理工作。

②建立对人员密集公共场所可能发生火灾、踩踏、食品药品中毒及煤气中毒等事件的相关应急救援预案和疏散机制。

③加强人员密集公共场所交通、消防设施、水、电、气设施和锅炉、压力容器、压力管道等的安全监督检查和检测检验。并推动社会应急联动机制的建立。

④各级政府及各部门要编制人员密集公共场所的安全规划，并适时组织实施。

10. 强化职业卫生监督检查

①建立和完善职业卫生监管机制和监督检查机制，配齐专业技术监管人员，配备必要的专业监督与检查装备。重点加强对矿山、建材、轻工、化学品等职业危害严重行业的监督检查。开展职业危害企业的摸底、登记、申报工作，开展职业卫生安全管理人员、从业人员的培训，开展职业卫生安全许可证审查发证工作。开展生产性粉尘作业和有毒作业危害程度分级工作，建立矿山呼吸性粉尘监测体系，开展矿山呼吸性粉尘危害程度分级，推广高效防尘技术，降低粉尘危害。

②加强对急性中毒事故和急性中毒死亡事故的预防性检查，对可能造成急性中毒的场所和设施，加强隐患治理或监控，严格贯彻职业性接触毒物危害程度分级和有毒作业分级国家标准。加强对苯、汞、铅、砷、氯等56种主要毒物危害作业劳动条件治理工作。

③严格执行“三同时”制度，把住建设项目职业安全卫生设施的设计审查、竣工验收关。

④建立职业危害监管体系，明确机构和职责，加大职业卫生安全监管人员的培训工作，稳步推进职业安全卫生许可证制度，加大职业病防治工作力度。

11. 中介服务机构建设

加快安全设施设备的检测检验、技术咨询、安全培训、项目认证、施工设计、安全评价等中介服务机构的建设，为安全管理提供技术支撑和企业落实安全生产主体责任提供支持与帮助，提高企业、项目、生产经营场所及人民群众的生活居住环境的本质安全水平和安全管理水平，引入竞争机制，让中介服务市场化，并逐步纳入法制化轨道。

12. 深化安全生产专项整治

进一步深化煤矿、非煤矿山、危险化学品、烟花爆竹、人员密集场所消防安全的专项整治。加强公路、水上、铁道等交通安全监管，坚持开展专项治理，减少交通事故。严格执行非煤矿山、危险化学品、烟花爆竹、建筑施工、民爆器材等行业和领域安全生产许可制度。淘汰不符合安全生产标准的工艺、设备，关闭破坏资源、污染环境和不具备安全生产条件的企业。

煤矿：以遏制重特大事故为目标，强化对煤矿的定期监察、重点监察和专项监察。严格安全生产准入，严厉打击违法开工建设、违法组织生产的行为，严厉查处事故背后的失职及腐败行为。加大煤矿事故隐患排查整改和对停产整顿矿井的监管力度。整合煤矿资源，规范矿山开发秩序，逐步淘汰年产9万吨以下煤矿。

严格执行煤矿建设项目“三同时”、安全费用提取及使用、风险抵押金、企业负责人和经营管理人员下井带班等制度。加强煤矿企业技术、设备、工艺和现场等基础管理。推行煤矿企业安全生产质量标准化，改善企业安全管理状况，消除违规作业、违章指挥、违反劳动纪律现象。加强对煤与瓦斯突出、矿井火灾、水害等主要灾害的预测预报与防治。强化瓦斯治理力度，推进先抽后采，提高瓦斯抽采率，鼓励和扶持瓦斯综合利用；煤矿装备瓦斯监测监控系统，实施瓦斯数字化监测监控系统联网。对通风、防灭火、防尘等系统及主要设备、设施进行安全技术改造。开展矸石山灾害防范和治理及综合利用。力争用两年左右的时间，使煤矿重特大瓦斯爆炸事故有较大幅度的下降。按照国家统一安排部署，稳步推进煤矿整合关闭工作，严厉打击私挖滥采的非法行为。

非煤矿山：通过联合、重组、股份制改造等多种形式，整合资源，整顿关闭违法生产的非煤矿山，推动非煤矿山逐步实现规模化、集约化和规范化生产，在两年内非煤矿山数量减少15%。重点开展对地压、水害、地质滑坡等灾害的防治。

危险化学品：按照属地管理的原则，对公共安全构成威胁的危险化学品生产经营单位，采取关停、治理、搬迁、转产、限产等措施进行整治。重点对煤气、液氯、液化石油气、液氨、苯、甲苯、剧毒溶剂等危险化学品生产、储存及运输过程实行严格监控，逐步建立重大危险监测监控及应急救援系统。

烟花爆竹：整顿规范烟花爆竹生产经营单位，实行烟花爆竹工厂化生产、经营许可、运输配送和定点销售制度，加大生产、经营、运输、燃放各个环节的安全监管力度，杜绝超量储存运输和超能力、超定员、超药量违规生产，依法查处非法生产、运输、经营、储存烟花爆竹的行为，防范重特大烟花爆竹事故。

民爆器材：规范流通领域爆炸危险源的管理，严厉打击非法运输、储存、使用等违法行为。

建设工程：建立建设工程企业安全信用体系和失信惩罚机制。建立完善建筑业安全生产信息系统。建立建设工程重大质量安全事故快报系统，完善事故处理机制。突出高处坠落、施工坍塌和塔吊倒塌等多发事故的预防工作，督促和检查重点地区和重点企业事故预防措施的制定与落实，尤其是加强水利建设、公路建设、工业安装、装饰装潢等行业及外来施工队伍的监管。

特种设备：建立特种设备动态安全监管体系，构建特种设备安全技术评价体系。严把特种设备安全准入关。继续开展气瓶、压力管道、锅炉、危险化学品承压罐车、起重机械、危险运输车辆以及取缔土锅炉、简易电梯等特种设备的专项整治。加强对特种设备操作人员培训，提高操作人员的素质和持证上岗率达百分百。扶持重点特种设备检测机构，提升特种设备安全检验检测能力，特种设备完好率百分百。加强场(厂)

内铲车、电瓶车、叉车等车辆的监管和特种作业人员的培训。

消防安全：构建政府统一领导，部门依法监管、单位全面负责、群众积极参与的工作格局，加强公共消防安全基础设施建设，提高全社会防控火灾的能力。重点开展对商场、市场、学校、医院、网吧、酒吧、农村50户大村寨、大型集会活动等人员密集场所，以及易燃易爆设施、耐火等级低的密集建筑区的消防安全、电气电路安全的监督检查，解决严重威胁公共消防安全的重大问题。建立重大火灾隐患项目立案销案和挂牌督办制度，加快重大火灾隐患项目的整改治理，防范重特大火灾事故。

道路交通：建立健全市、县（特区、区）、乡（镇、办）三级安全组织协调机构。开展平安畅通县区活动。强化机动车安全检验制度，建立健全机动车安全认证、机动车强制报废、驾驶员考试登记注册等制度。建立道路设计和建设安全审核机制。加强道路运输企业规范化管理，继续治理超载超限，建立与行车记录仪和全球定位系统装备相配套的安全管理制度。有计划、有步骤地治理马路市场及治理事故多发的危险路段，加强对农用车、拖拉机、三轮车违章载客的监管。

水上交通：加强水上交通监管力量和队伍建设，开展渡口、渡船整治，杜绝非法渡运和私自改装制造船舶等违法行为。

铁路运输：按照国家统一安排和部署，加强对铁路运输安全监管。

加强对铁路与公路平交道口改立交道口工程以及铁路沿线地质滑坡、采动影响的工程治理，积极、稳妥治理铁路沿线非煤矿山、危险企业等影响铁路运输的安全隐患。

农业机械：完善农业机械安全监管体系建设，严把安全检验关、驾驶员考试关，开展农机安全使用的宣传教育和农机安全村活动。

13. 加快社区安全建设

积极组织开展社区安全文化推广活动，提高居民的安全意识，提高对灾害应变的能力。开展安全社区创建活动，建立安全示范社区。

（四）保障措施

1. 统筹安全生产与经济发展

经济发展与安全生产是相互依存和相互作用的矛盾统一体。市、县（特区、区）人民政府要把安全生产专项规划、安全生产控制指标、重大工程项目纳入国民经济和社会发展的总体规划、社会统计指标体系及投资计划，统筹安全生产与经济发展，实行同步规划、同步实施、同步实现，建立安全生产与经济发展的综合协调机制。正确处理安全生产与经济发展和社会进步的关系。始终把安全生产工作放在首要位置。对高危险和作业性粉尘、中毒、污染严重的行业要充分考虑环境容量和水平的发展，严禁先建设、先污染、后治理，严格新建项目的安全“三同时”的审批和管理。

2. 加强各级政府对安全生产工作的领导

建立强有力的安全工作组织领导和协调管理机制，保障安全生产监管机构、人员、装备、经费等到位，领导、制定和实施安全生产发展规划；各级人民政府和负有安全生产监督管理职责的部门建立健全安全生产工作会议制度，分析本地区、本行业的安全生产形势，研究、制定预防事故的措施和方案，协调、解决安全生产以及监督管理工作中的重大问题；领导制定安全检查制度、责任制度、奖罚制度，督促和协调负有安全生产监督管理职责的部门落实监管责任。

3. 强化安全生产责任制

按照中共中央总书记胡锦涛2006年3月27日在中央政治局第30次集体学习安全生产时的重要指示："要坚决落实安全生产责任制，完善安全生产管理体制机制，严格执行安全生产的各项规章制度，确保政府承担起安全生产监管主体的职责，确保企业承担起安全生产责任主体的职责，确保安全生产监管部门承担起安全生产监管的职责，把安全生产的各项要求落到实处"。

①落实各级政府领导安全生产责任。各级人民政府加强对安全生产工作的领导，将安全生产纳入经济和社会发展规划。指导、协调和督促有关部门依法履行安全生产监督管理职责；组织制定生产安全事故应急救援预案，建立应急救援体系；建立健全安全生产会议制度，每季度至少召开一次安全生产工作会议，每季度至少组织开展一次综合的安全生产大检查；定期向社会公布安全生产状况和生产安全事故情况。

②落实综合监管部门的综合监管责任。建立健全市、县（特区、区）、乡（镇、办）安全生产管理机构和监管责任制；严格安全许可和行政审批，研究、制定预防事故的措施，并组织实施；开展定期或不定期的安全生产检查和专项整治；加强对生产经营单位的监管；坚持"四不放过"的原则，查处各类生产安全事故，并跟踪责任追究和防范措施的落实。

③落实行业管理部门的监管责任。各级负有安全生产监督管理的行业部门，要落实本行业安全生产管理责任制，明确一名领导专职管理安全生产工作；督促生产经营单位依法执行国家法律法规和技术标准，保障生产经营单位持续符合安全生产条件；开展安全生产专项检查和日常监管，抓好企业职工的安全教育培训工作；认真落实企业安全生产隐患排除责任制度。

④落实企业的安全生产的主体责任。生产经营单位要依法建立健全各种安全生产责任制。制定安全生产规章制度和操作规程；严格执行国家法律法规和安全技术标准，确保具备安全生产条件；建立安全生产支撑体系，保证安全生产投入并有效使用；采取有力措施消除生产安全事故隐患；加强对企业主要负责人、安全管理人员、特种作业人员和从业人员进行安全教育考核培训，持证上岗。

⑤推进联合执法机制，形成齐抓共管合力。充分发挥各级安全生产监督管理部门的综合监管和各级安全生产委员会的协调作用，稳步推进安全生产联合执法检查；各级安监、煤监、国土、煤炭、公安、质监、乡企、工商、供电等部门，在政府的统一领导下，开展各种安全生产专项整治工作，依法整治和关闭不具备生产条件的生产经营单位；在开展联合执法中，各部门要认真履行职责，互相配合、沟通信息、形成合

力，严厉打击各种安全生产的违法行为。

4. 建立完善安全生产投入机制

各级政府每年要在财政预算中安排一定比例的配套专项资金，用于煤矿瓦斯治理、双回路等建设，用于城市消防栓、公共安全等重大事故预防与隐患治理，用于监管监察能力和保障体系等基础设施建设，公益性和社会性安全生产宣传教育培训与文化建设，安全生产先进技术示范与推广等。生产经营单位新建、改建和扩建项目必须严格执行建设工程项目“三同时”，确保安全投入，严格新建、改建和扩建项目　“三同时”审批制度，确保安全设施、设备不欠账；已建成的建设项目要制定增加安全设施计划，及时淘汰落后的工艺、设备以及不符合有关规定的安全设施设备；积极鼓励和支持企业采用新技术、新工艺、新设备、新材料；保障职工的安全培训，保障职工个人的劳动防护用品等投入；按规定为从业人员办理职工工伤保险和意外伤害保险；进一步完善煤矿等高危行业的安全风险抵押金、企业维简费、安全费用等费用的提取、使用和监管制度；督促企业切实履行安全生产的主体责任。

5. 编制和落实安全生产专项规划

县（特区、区）政府和市直有关部门要根据《规划》要求，应当编制并逐步落实本地区和本行业的安全生产总体规划和专业规划；编制煤矿安全规划、道路交通安全及危险路段治理规划、公共人员密集场所社会消防规划、安全科技成果转让及推广应用规划、安全科技体系建设和人才培养规划等专业规划。

6. 建立工伤保险与事故预防相结合的机制

按照国务院《工伤保险条例》的要求，稳步推进工矿商贸企业的工伤保险工作，煤矿企业按照有关规定还必须为井下作业人员购买赔付金额每人3万元以上的意外伤害保险。

7. 建立安全生产许可制度，严格市场准入

严格安全生产许可制度，新建企业必须具备法律规定的安全生产条件，矿山、建筑施工和危险化学品、烟花爆竹和民用爆破器材等生产企业依法办理安全生产许可证。对劳动防护用品及化工、机械、电气、高处作业、卫生等安全设备、装置及锅炉房、乙炔站、石油库、危险品库等设施实行市场准入制度，对锅炉、压力容器、电梯、避雷装置等进行定期检验，对严重危及生产安全、浪费资源和环境污染的工艺、设备实行淘汰制度。凡不具备发证条件的项目，一律不发证，尚未建设的不准开工，在建的进行清理，已建的限期改造，从源头上控制和减少事故。落实建设项目安全设施、职业卫生设施“三同时”制度。

8. 加强群众性的安全生产监督

依照《工会法》《劳动法》《安全生产法》等法律法规，加强工会组织、新闻媒体、社团组织以及社区基层组织对安全生产工作的监督。定期或不定期发布新闻发布安全生产信息，接受媒体监督。鼓励单位和个人对安全生产的违法行为进行举报。对举报

非法盗采国有资源、重大安全隐患、隐瞒安全生产事故的，经查实，根据情况分别给予举报人适当奖励，并依法保护举报人。

9. 倡导先进的安全文化

坚持面向基层，面向群众，促进安全文化的繁荣；扶持、引导和发展安全文化产业，推动安全文化建设的社会化和产业化。发挥大众传媒的作用，加强舆论阵地建设，在全社会形成关爱生命、关注安全的舆论氛围。

通过加强安全文化建设，强化全社会安全意识，强化公民的自我保护意识。领导干部要按照“三个代表”重要思想要求，树立以人为本的执政理念，落实安全第一，预防为主，综合治理的安全生产方针，落实胡锦涛总书记关于经济和社会发展 “不能以牺牲精神文明为代价，不能以牺牲生态环境为代价，更不能以牺牲人的生命为代价”的指示，加强安全培训，普及安全生产法律和安全知识，树立不伤害自己，不伤害别人，不被别人伤害的安全生产理念。

10. 加强安全生产领域的交流与合作

加强市内、省内及其企业间的安全生产交流与合作。加强技术交流与人员培训。吸收安全生产先进的经验与成果，充分利用市内外的资金、技术、人才、管理等资源，加快技术引进、消化吸收和自主创新的步伐。

（五）重点工程

1. 重大危险源监控工程

根据《安全生产法》及《重大危险源辨识（GB18218—2000）》的有关规定以及全市经济发展的实际工作需要，建设重大危险源监测监控系统和应急救援指挥系统，实施重大危险源的整治，实施重大事故隐患登记，建立重大事故隐患数据库；在评价分级的基础上，确定各级政府、有关主管部门和企业重点治理的重大事故隐患；按照分级分期的原则，有目的地组织对城市公共基础设施、人员密集场所、危险化学品仓库、公路危险路段、煤矿和铁路平交道口等构成重大事故隐患的设施、场所进行治理。

2. 煤矿事故隐患治理工程

煤矿以“一通三防”为重点，加大对瓦斯的治理力度和专项整治，加强煤矿质量标准化建设，加大安全投入，落实重大事故隐患的排查和治理，加强煤矿安全技术管理，提高矿井机械化水平。按照管理、装备和培训并重的原则，全面提高矿井抗灾救灾能力，做大做强煤炭产业。重点加强对煤矿的监管监察力度，全面落实煤矿企业的安全主体责任和安全投入主体责任。煤矿特别是高瓦斯、煤与瓦斯突出的矿井要强制配置瓦斯监控系统、瓦斯抽放系统。对煤与瓦斯突出矿井要落实“四位一体”的综合防突措施，有效控制重、特大瓦斯事故的发生。对有严重水害的矿井，必须做好水文地质调查，配备有效的探（排）水设施，严格执行“有疑必探、先探后掘”的方针，预防水灾事故发生。针对顶板、片帮事故的频发，改革支护方式，逐步推广砌碹、锚喷、锚网、单体液压等支护方式。在有条件的矿井大力推广壁式等正规采煤方法，优化矿井生产系统，实现矿井的安全、高效。对有自燃发火的矿井，要严格预防和控制井下火灾的发生，并督促落实有关措施。尽快完成部分双回路供电设施建设，确保安全生产。

3. 道路交通事故隐患治理工程

编制六盘水市国、省道，县、乡公路危险路段整治工作实施计划并适时组织落实。按照有关规定做好行车记录仪的安装工作。建立远程监测监控系统平台。取缔农村“马路市场”，逐步建立和完善道路交通事故抢险、救援、救治机制，建立事故应急救援队伍。初步形成市、县、乡三级救援体系。

4. 火灾隐患治理工程

进一步完善火警119指挥系统，实现中心城区统一集中、快速接警，及时处理火灾事故；配备大功率水罐车、云梯车、高喷车、泡沫车和灭火救援等装备。在现有的消防支队、大队的基础上，在三个中心城区增设消防特勤大队，配备特种装备，提高处置危险化学品泄漏、中毒、爆炸等事故的能力，以适应城市经济发展的需要。标本兼治，抓好农村消防工作，进一步加强农村消防组织建设，强化农村消防管理，编制切实可行的农村消防规划，狠抓落实，改善农村消防安全条件。

5. 应急救援体系建设工程

建设上接国家，下连县（特区、区）、乡（镇、办）的安全生产应急指挥中心，依托现有的救护队伍，建设完善矿山、危险化学品、消防火灾、医治救护等应急救援队伍和指挥系统，努力建设一批国家级、省级、地区级综合性和专业性相结合的应急救援基地。

6. 重大危险源普查及安全监控系统建设工程

在全市开展贮罐区（贮罐）、库区（库）、生产场所、锅炉、压力容器、尾矿库等各类重大危险源普查登记、隐患识别、重大危险源控制、事故处置等为一体的监控系统的建设。建立市、县二级重大危险源数据库。重点建设市、县级重大危险源监控预警中心，逐步构建市、县二级重大危险源动态监管及监测预警体系。

7. 安全生产信息调度系统建设工程

建立安全生产信息调度系统、数字化办公系统、安全技术培训、宣传教育系统、事故统计、执法统计报告系统、重大危险源登记、备案控制系统、煤矿瓦斯远程监测监控系统、应急救援调度指挥系统为一体的现代化安全管理系统。形成按市、县（特区、区）、乡（镇）三级为一体的安全生产信息综合调度网络系统。逐步实现职业安全与健康体系。

二、实施情况

“十一五”是六盘水市经济社会发展极为困难、取得成绩较为突出的时期。面对国际金融危机的冲击和2008年雪凝天气及2009—2010年严重干旱等自然灾害的不利影响，在市委、市政府的领导下，坚持科学发展观统领安全发展，深入贯彻国家安全生产的有关方针政策，采取了一系列强有力的政策措施，进一步落实企业和安全监管两个主体责任，深入开展安全生产执法、隐患治理排除和安全生产宣传教育三项行动（以下简称“三项行动”），切实加强安全生产法制、安全生产保障和监管能力三项建设（以下简称“三项建设”），安全投入持续增加，安全生产条件逐步改善，安全生产总体水平有所提高，事故总量和死亡人数实现双下降，安全生产状况明显好转。

1.“十五”末安全生产工作形势：2005年较大生产安全事故11起、死亡47人，比2004年分别下降47.6%和44.7%。其中：2005年安全生产四项相对指标：煤矿百万吨死亡率4.07、道路交通万车死亡率11.48、亿元GDP生产安全事故死亡率1.5、工矿商贸十万就业人员生产安全事故死亡率33.33，比2004年分别下降26.9%、15.3%、16.2%和3.6%。

2.“十一五”安全生产实现连续五年下降

（1）2010年生产安全事故304起、死亡196人，较大事故11起、死亡42人，未发生重大事故，分别比2005年下降61.9%、36.9%、47.6%、10.6%、百分百和百分百。

（2）2010年（“十一五”末期）和2005年（“十五”末期）安全生产四项相对指标对比

2010年(“十一五”末期)亿元GDP生产安全事故死亡率0.405；比2005年(“十五”末期)的1.50下降74%，比2005年《“十一五”规划》提出的指标1低61%。好于全省平均数0.49，好于省下达的0.41。

2010年（“十一五”末期）工矿商贸十万就业人员生产安全事故死亡率9.99；比2005年《“十一五”规划》的33.3下降70%；比《“十一五”规划》提出的指标10低2%。

2010年（“十一五”末期）道路交通万车死亡率3.34，比2005年（“十五”末期）的11.48下降76%；比《“十一五”规划》提出的指标10.0低72%；好于全省平均数4.92，好于省下达的3.81。

2010年（“十一五”末期）煤矿百万吨死亡率1.53，比2005年的3.52下降55.9%；比《“十一五”规划》提出的指标3低48%； 好于全省平均数2.593，好于省下达的1.552。

3.安全生产形势总体逐年向好，事故总量大幅下降。“十一五”期间六盘水市经济快速增长，亿元GDP由209亿元上升到500.64亿元，安全生产事故起数和死亡人数大幅度下降，各类事故起数和死亡人数由2005年的798起、311人下降到304起、196人，分别下降了61.9%和37%。

4.安全生产总体水平得到提高，安全生产主要控制考核指标比“十五”末大幅下降，亿元GDP生产安全事故死亡率、煤矿百万吨死亡率、道路交通万车死亡率提前3年实现“十一五”控制目标。

5.初步形成了政府统一领导、部门依法监管、企业全面负责、群众参与监督、社会广泛支持的安全生产工作格局，政府的安全生产领导责任、部门的监管责任、生产经营单位的主体责任、从业人员的岗位责任等得到进一步落实。逐级签订安全生产工作目标责任书，层层分解考核控制指标。逐步形成了横向到边、纵向到底的安全生产责任管理体系。

6. 安全生产宣传教育和培训力度进一步加大，全社会安全意识进一步提升，安全发展的理念进一步强化。深入贯彻落实科学发展观，坚持安全发展理念，加强安全生产宣传教育力度，充分利用报纸、杂志、互联网、电台等新闻媒体普及安全生产知识、安全防护知识，提高全民安全意识，在全社会形成关爱生命、安全发展的良好氛围。2006至2010年共计培训企业负责人、安全生产管理人员、从业人员和特种作业人员85000人左右。

7. 安全生产技术、信息、培训、宣传教育、应急救援等支撑体系建设取得较大进展。建成了六盘水市安全生产综合监督管理信息系统，建立了市级安全生产应急救援指挥中心，培育了一批安全中介机构，为各行业领域安全生产服务提供了有效的技术支撑。

8. 安全生产监管队伍建设得到进一步加强，形成了较为完善的市、县、乡三级综合安全生产监管网络体系。安全生产监督检查力度进一步加大，推进了安全生产监督管理工作的制度化、常规化、规范化。

9. 煤矿安全工作成效显著。六盘水市通过不断加大煤矿资源整合力度，增加安全技改资金投入，推进煤矿瓦斯治理等重大工程建设，煤矿安全生产工作成效显著。全市煤炭产量由2005年的3846万吨提高到2010年完成6001万吨。通过整合重组，六盘水市地方煤矿由560个减少到276个，设计能力由每年2472万吨提高到5284万吨，大大提高了煤炭产业集中度；煤矿瓦斯治理工程取得重大突破，已建成盘县红果煤矿10×500千瓦、钟山区东风煤矿2×500千瓦等瓦斯综合利用发电项目，2009年全市地方煤矿实现抽采瓦斯19790万立方米，利用700万立方米，地方煤矿瓦斯综合利用实现了零的历史突破；全市2个瓦斯治理示范县区，13个瓦斯治理示范矿井已通过市级初步验收；地方煤矿全部安装了瓦斯监测监控系统，并实现了升级改造；已建成六盘水市安全生产监督管理市级信息系统，实现了煤矿瓦斯监测监控系统的市、县级联网；各级政府共投入煤矿安全技改资金3600万元，建成技改示范项目17个，水城县弘财煤矿率先实现综合机械化采煤，突破了六盘水市地方煤矿无采掘机械化的历史；有力推进地方煤矿支护改革；淘汰落后的生产工艺和生产设备，煤矿科技装备水平大幅提升。

10. 全面推动煤矿、金属与非金属矿山、危险化学品行业安全标准化工作。对企业的结构和规模进行了优化。严格市场准入门槛，淘汰落后生产工艺、设备，加大企业安全投入，在提升企业竞争力的同时改善了企业的安全生产状况，减少了企业安全生产事故的发生概率。

11. 加大了煤矿、道路交通、金属与非金属矿山、危险化学品、烟花爆竹、特种设备等重点行业的专项安全监督检查和专项整治，尤其在煤矿、金属与非金属矿山从打击非法开采、隐患排查治理、大力推广先进适用的安全技术等几个方面进行专项整治。

煤矿方面以小煤矿瓦斯专项整治为突破口，扎实推进了瓦斯治理各项措施的落实；金属与非金属矿山方面重点开展了以采石场、金属矿山、尾矿库等隐患为重点的安全专项整治；危险化学品和烟花爆竹方面开展了易制毒化学品的专项治理，加强对大中型危险品储存设施、油气管线的管控，深化烟花爆竹“三超一改”安全专项整治；道路交通方面集中整治机动车涉牌涉证违法行为、酒后驾驶违法行为，加强了危险路段整治以及道路交通动态安全监管系统的安装。

12. 推动了烟花爆竹行业生产经营企业和批发企业整顿提升工作，逐步实现了工厂化、机械化、标准化、科技化、集约化“五化”要求。

第二节 “十二五”规划

一、规划编制（2011—2015年）

（一）存在问题及原因

在“十一五”期间，全市安全生产工作虽然取得了一定成绩，但仍存在事故总量较大，安全生产基础薄弱，安全生产管理水平不高，安全意识有待进一步加强，安全责任和安全监管需要进一步落实等许多突出问题和不足。安全生产形势依然严峻。

一是事故总量仍居高不下。5年内共发生各类事故1926起，死亡1162人。平均每年发生385起、死亡232人。

二是较大以上事故未得到有效遏制，重大事故时有发生。“十一五”期间共发生较大事故67起，死亡266人；重大事故4起，死亡49人。

三是煤矿、道路交通等重点行业和领域安全事故突出。“十一五”期间全市煤矿共发生安全生产事故383起、死亡539人，占各类事故总起数的19.9%和总死亡人数的46.4%；道路交通共发生安全事故769起、死亡331人，占各类事故总起数的39.9%和总死亡人数的28.5%。

四是重点行业和领域的安全管理人员、专业技术人员匮乏，从业人员素质普遍偏低，以农村劳动力为主，且流动性大。部分企业安全生产责任落实不到位，安全制度、操作规程不健全，安全培训不到位，安全投入不落实，安全生产意识淡薄，特别是一些企业重生产轻安全、重生产投入忽视安全投入，甚至无视安全投入，安全保障能力薄弱，埋下事故隐患。

五是职业安全与健康状况不容乐观。全市有涉及职业危害各类企业2000余户，其中，已普查申报的1610户，接触职业危害因素的职工总数104685人，已确诊职业病1203例。首先是各级各有关部门、各生产经营单位对职工安全与健康工作普遍未引起高度重视，规章制度不健全，监管不到位；其次是许多中小企业（如砂石厂等）生产工艺落后，设施设备简陋，作业场所劳动条件差；第三是从业人员普遍缺乏职业安全与健康知识和自我保护意识；第四是职业安全与健康监管体系建设与职业病防治体系建设滞后。

六是安全基础比较薄弱，安全投入不足。全市共有各类煤矿300个（含国有24个），其中，年产120万吨以上大型矿井11个，年产45至120万吨中型矿井20个，年产30万吨及以下的小型矿井269个。小煤矿较多，其安全基础薄弱，技术人员缺乏，从业人员素质偏低且流动频繁，零星事故多发。

道路交通基础条件差，主要是乡村道路存在路窄、坡陡、弯急、路面质量差等现象，大多数没有交通警示标志和安全防护设施。

截至2010年底，金属与非金属矿山共计565座，其中，露天矿山699座（省属11座，地方426座，小型露天采石场420座，占98.6%）、尾矿库3座（省属2座，地方1座）、电厂灰坝8座，新建非煤矿山110座。金属与非金属矿山点多、面广、规模小。普遍存在安全投入不足、开采技术落后、管理粗放和作业场所安全隐患较多等问题。

全市涉及各类危险化学品企业共727家，其中，生产企业48家，经营单位179家，使用单位500余家。危险化学品生产、经营企业分布不均衡，尚未形成工业园区，未确定危险化学品生产储存专门区域，生产工艺相对落后，装备水平、自动化控制水平低和化工装置本质安全化低；重点部位监测监控水平低；部分储罐区安全设施陈旧。城市煤气管道老化；部分危化企业周边存在民用建筑，安全距离不够。

烟花爆竹生产企业机械化程度较低，生产规模较小。批发企业仓储面积小，存在超量储存、混存现象。经营网点布点不合理，存在违法经营行为。

特种设备数量大，分布广。安全监管存在不少盲区，煤矿、化工企业的特种设备未列入监管。检测检验机构业务范围狭窄，不适应特种设备种类多元化的发展需求。

虽然企业安全投入和政府安全投入在不断加大，但与经济发展对安全生产的要求相比仍然不足，安全投入的法律保障体系未建立。

七是安全监管队伍不健全，人员配置不足，专业结构不合理，人员素质参差不齐。监管监测的装备不足，技术手段落后，监督管理工作还存在严不起来、落实不下去的现象，联合执法未能形成合力。一些重点行业和领域非法、违法生产经营问题较严重，多数重大事故都是由于非法和违法生产造成的，非法违法生产屡禁不止。

八是安全管理需进一步完善。一些企业安全规章制度不健全、岗位责任不落实，现场管理混乱，“三超”、“三违”问题比较突出。对重大危险源和重大隐患疏于防范，监控治理不力，把关不严。

九是全市应急救援体系建设不完善。安全生产应急救援投入和补偿机制没有建立，应急救援体制、机制、法制和应急预案体系不够健全，应急救援队伍分布不均，应急物资储备不足，统一的应急救援平台不完善。未建立有效的重大事故预防控制体系和应急救援体系，发生事故后，组织有效的抢险救灾力量和快速灵敏的应急救援队伍有一定的难度。

十是行业安全标准体系建设推进缓慢。各行业经济发展不均衡问题较突出，行业内部规模、机械化水平、管理水平的差别较大，安全标准化体系建设存在一定困难，加之企业对安全标准化与安全生产、经济效益的关系认识不清，思想上不够重视，行动上不够彻底，造成一些行业安全标准体系建设推进缓慢。

（二）形势与挑战

“十二五”时期，在我国经济社会的快速发展与能源需求高速增长的大环境以及国家实施西部大开发战略的影响下，六盘水市应抓住西部大开发、新阶段扶贫开发和国家扩大内需的机遇，发挥资源、区位和大企业相对集中等优势，进一步做大做强传统支柱产业，加快推进产业优化升级。加快现代化大型煤炭基地建设，培育大型煤炭企业和企业集团，加快中小煤矿的整合、技改和扩能。全力抓好“西电东送”工程，优化发展大型高效环保火电机组；大力发展煤化工。“十二五”末，全市煤炭产量将达到1亿—1.2亿吨，煤矿数量将达到300个，煤矿产业化进一步集中，产能将大大提高。全市符合国家产业政策的焦炉生产能力力争达1700万吨/年，煤焦油加工能力45万吨/年，甲醇240万吨/年，二甲醚40万吨/年，煤制烯烃60万吨/年。加快煤层气、太阳能、生物质能、风电等新能源及新型节能环保材料的开发利用。加快工业集中区建设，每个县至少建成一个工业集中区，推进以交通和水利为重点的基础设施建设，着力夯实发展基础。推进六盘水市交通运输一级枢纽建设，构建现代一流运输体系，完善北盘江等重点流域航运基础设施，加快推进月照机场建设，形成比较完善的立体交通运输体系。

全市处于经济和社会的转型期，生产力发展水平不均衡，经济高速发展且安全生产基础薄弱与人们的安全需求的矛盾越来越突出，随着经济增长速度加快和产业结构调整、工业生产规模扩张，不确定因素较多，各行业安全生产将面临许多新情况、新问题和新挑战。

一是随着国民经济快速增长，工业生产规模迅速扩张，就业人员不断增加，粗放型经济增长方式与安全生产基础薄弱的矛盾日益突出。经济快速增长的同时，粗放型经济增长方式短时间内难以根本改变，煤矿、金属与非金属矿山、危险化学品、建筑施工等行业和领域中技术装备落后、安全保障水平低的中小企业还将在一定时期内存在，安全生产基础薄弱的状况短时间内难以改变。

二是煤矿等基础产业安全生产面临新的考验。随着全市工业化进程和产业结构的调整，煤矿、金属与非金属矿山资源的整合力度进一步增大，产业优化、升级将进一步加强，导致矿山产能增加，给安全生产提出更新更高要求。“十二五”中期，六盘水市大部分整合、技改、新建煤矿将建成投产，落实企业主体责任、强化安全监管、加大安全投入、实现安全标准化及煤矿规模化、机械化程度的提高与企业安全管理人员、专业人员、从业人员的安全素质低的矛盾将更加突出；随着煤矿开采深度的增加、产量增大，煤层瓦斯含量、瓦斯涌出量等相应增加，瓦斯治理及防突工作难度进一步加大；在资源整合矿井中，大部分均由多个小煤矿整合而成，已关闭的小煤矿地质资料不详，对于废弃老窑积水情况难以掌握，水害防治工作形势严峻；“十一五”时期已关闭取缔的一些小矿存在安全隐患，如矿井水、瓦斯等问题，有些关闭矿井可能死灰复燃，治理“三超”、“三违”、“打非治违”的任务将会更加艰巨。随着国家对瓦斯(煤层气)开发利用政策的进一步实施，瓦斯(煤层气)利用、瓦斯抽采等一系列的配套工程建设任务艰巨。

三是六盘水市经济快速发展将不断加大对能源、原材料的需求量，预计未来煤、电、油等能源供应趋紧的局面将会进一步加剧，导致煤炭等基础产业超能力、超强度生产和交通运输满负荷甚至超负荷运行的问题凸现，安全生产面临新的考验。

四是全市加快快速铁路、高速公路及民用机场等基础设施建设，使全市固定资产投资逐年增大。基本建设规模剧增，其科技含量高、施工难度大的工程日益增多，工程技术风险、质量风险、安全风险日益突出，投资主体多元化格局日渐形成，给安全监管工作带来了新的困难和问题。

五是从业人员素质偏低将增加安全管理难度。六盘水市正处于工业化、城镇化、农业现代化加速发展阶段，农村剩余劳动力转移加快，从业人员素质偏低，安全意识和技能不能满足安全生产工作的需要，安全管理难度进一步加大。

六是以加速发展、加快转型、推动跨越为主基调而大力实施工业强市和城镇化带动两大战略，大量工程项目建设的实施，各类工业生产规模和就业队伍不断扩大，大量事故隐患增加，生产经营建设的面宽、线长、量大，专业性更强，安全隐患监控治理和安全监管的任务繁重。随着各行业新工艺、新材料、新设备、新技术的应用和工业自动化程度的不断推进，超大型、高参数、高风险的生产装置、储存装置日益增多，在改善生产条件的同时，也带来了一系列新的安全问题。

七是安全生产要求水准提高。随着经济社会的发展，人民群众的生活、文化水平日益提高，对自身安全健康权益的保护意识不断增强，对安全生产要求逐步提高。“十一五”期间安全生产事故基数不断下降，其基数继续下降的难度加大，对安全生产的要求更高。

八是安全方面政策和标准不断提高，安全问责力度进一步加大，人民群众对安全生产的期望值会越来越高，安全生产工作面临的压力进一步加大。

总之，面对这些挑战，只有增强责任感和紧迫感，抓住机遇，迎接挑战，乘势而上，奋发有为地做好“十二五”时期的各项工作，为实现安全生产状况的根本好转奠定具有决定意义的基础。做好安全生产工作既要妥善解决历史遗留问题，又要积极应对新情况、新问题，必须充分认识安全生产工作的长期性、艰巨性、复杂性和紧迫性，紧密结合经济结构战略性调整，统筹规划，突出重点，制定切实可行的阶段性目标，采取行之有效的措施，最大限度地减少事故发生，确保全市经济社会发展与安全生产目标的同步实现。

（三）指导思想与规划目标

1. 指导思想

以邓小平理论和“三个代表”重要思想为指导，认真贯彻落实科学发展观，坚持以人为本、可持续发展和安全发展理念，坚持“安全第一、预防为主、综合治理”的方针，深入开展安全生产执法、宣传教育和隐患排除治理行动，全面推进安全质量标准化建设，切实加强安全生产法制体制机制、保障能力和监管监察队伍建设，依靠科技进步，提高本质安全水平和应急处置能力，推动安全保障型社会建设，促进安全生产形势根本好转。

2. 规划目标

总体目标

到2015年，基本形成规范的安全生产法治秩序，进一步完善安全生产法规标准体系、技术支撑体系、应急救援体系、培训体系和宣传教育体系，安全监管监察与执法能力明显提高，全市形成人人讲安全，人人要安全的良好氛围。

以2010年为基数，到2015年，全市亿元GDP安全生产事故死亡率比2010年下降50%以上，控制在0.205以内；工矿商贸10万从业人员安全生产事故死亡率比2010年下降26.3%以上，控制在9.353以内；道路交通万车死亡率比2010年下降30.1%以上，控制在2.663以内；煤矿百万吨死亡率比2010年下降47.5%以上，控制在0.815以内。职业病发病率逐年下降，基本控制重大急性职业病危害事故发生。安全生产状况进一步好转。

行业指标（以2010年为基数）

（1）煤矿：死亡人数下降10%以上；

（2）金属与非金属矿山：死亡人数下降10%以上；

（3）危险化学品和烟花爆竹：无较大以上事故发生；

（4）建筑：死亡人数下降10%以上；

（5）消防火灾：百起火灾亡人率控制在1%以内；

（6）道路交通：死亡人数下降6.15%以上；

（7）铁路交通：死亡人数下降6.15%以上；

（8）水上交通：无较大以上事故发生；

（9）农业机械：无较大以上事故发生；

（10）特种设备：无较大以上事故发生。

（四）主要任务

深化煤矿和道路交通安全专项整治，有效防范和坚决遏制重特大事故的发生

1.煤矿

以建设安全质量标准化、管理规范化、采掘机械化、安全监控网络信息化为目标，

强化对煤矿的日常监管。加大煤矿隐患排查整改力度，切实治理煤矿重大隐患，力争隐患整改率达到百分百。推动煤炭资源整合，规范矿山开发秩序，促进煤炭企业改造重组，加快新建、技改、整合煤矿建设进度。2012年上半年全市已批准的新建、技改、整合煤矿全部投入生产。以国有大型煤炭企业兼并、地方煤炭企业整合及企业自身扩能等形式提高煤炭企业产能，增强煤炭企业的市场竞争力。在地方煤矿推行综合自动化和采掘机械化。切实加强对瓦斯、煤尘、水、火、顶板等主要灾害的预测预报与综合防治，切实做到对通风、防灭火、防尘、防治水等系统及主要设备、设施的技术改造。支持鼓励30万吨/年以上的煤矿实现瓦斯抽采利用，“十二五”期间瓦斯抽采量达到10亿立方米，利用率达到3亿立方米。瓦斯发电装机容量达到10万千瓦。加强煤矿企业技术、设备和现场等基础管理，力争50%以上的30万吨/年以上的地方煤矿实现机械化采煤。加强矿井水害防治工作，按照《煤矿防治水规定》，大力推进“物探先行、提供目标、钻探验证、综合治理”的煤矿水害防治理念，全面落实“预测预报、有疑必探、先探后掘、先治后采”的煤矿水害防治方针，防止矿井透水事故发生。进一步深化煤矿瓦斯防治工作。全面推行安全质量标准化建设，“十二五”末全市地方煤矿百分百达到三级以上标准。严格执行煤矿建设项目安全设施与主体工程同时设计、同时施工、同时投入使用规定。坚持提取安全费用、风险抵押金等制度。推进煤炭产业结构调整，全面加强煤矿安全基础管理，提高煤矿安全保障能力，突出预防为主，督促煤矿企业落实安全生产主体责任。强化安全监察监管，加大煤矿安全执法力度。加强煤矿安全监管队伍建设，提高煤矿安全监察监管执行力。

2.道路交通

加强道路交通安全设施与城乡经济社会发展同步规划、同步部署、同步建设。加强农村交通安全管理，所有县（特区、区）建成平安畅通县区，由政府牵头对各县（特区、区）考评，每年不低于2次。开展事故多发路段、危险路段的整治工作，事故多发路段的整治率达到80%，危险路段的整治率达到75%。落实客运企业安全责任，市、县中心城区建成交通自动监控系统，严厉查处整治酒后驾驶、疲劳驾驶、机动车超速、客车超员、货车超载、无证经营等交通违法行为，全市现场执法处罚率达到90%以上。进一步抓好道路交通安全动态监管工作，逐步实现客运车辆动态监管系统，抓好市、县GPS监控平台建设工作，对全部客运车辆、危险品运输车辆和重型载货汽车、半挂牵引车实施动态监控。建设安全道路示范工程，重点推进智能交通指挥中心建设。建立完善信息互通机制，提高信息资源共享的协作能力，积极推进交通安全宣传网络建设。全面提升交通管理的针对性和实效性。

加强重点行业领域安全管理，降低事故总量

1.金属与非金属矿山

继续深化金属与非金属矿山安全生产专项整治。进一步规范矿产资源开发秩序，严厉打击非法开采行为。通过关闭、资源整合、资产重组等方式，到2015年底全市金属与非金属矿山控制在500座以内，企业年均生产能力达到5万吨以上。强化金属与非金属矿山安全监管，把隐患排查治理纳入日常监管重要内容。加强安全生产许可证的颁证和管理，严格建设项目安全设施“三同时”审查工作。切实推进金属与非金属矿山安全标准化建设，2012年底全市所有小型非煤露天矿山企业达到安全标准化五级以上水平，所有大中型露天矿山达到安全标准化三级以上水平，切实提高金属与非金属矿山企业安全保障能力和本质安全水平。加快尾矿库、火电厂灰坝隐患治理和安全区域划定工作。到2015年，全市非煤露天矿山基本实现中深孔爆破、机械铲装、机械二次破碎技术，积极推广使用新型炸药和爆破器材；非煤地下深井和涌水量大的地下矿山全部应用信息管理系统；尾矿库全部实现干式排放技术，尾矿充填技术，三等及三等以上尾矿库实现在线监测。加强金属与非金属矿山应急救援队伍建设，制定和完善事故应急救援预案，建立由专职或兼职人员组成的事故应急救援组织，配备必要的应急救援器材和设备，形成分布合理、应急处置能力较强的矿山应急救援体系。

2.建筑行业

对全市已有建筑物进行抗震设防普查，对达不到或者没有抗震设防的建筑物由建设部门提出整改方案，并督促实施。对新建的城乡建筑工程，严格按照抗震设防要求和工程建设标准进行设计。重大建设工程和可能发生严重次生灾害的建设工程，按照经审定的地震安全性评价报告所确定的抗震设防要求进行抗震设防。加强对农村基础设施、公共设施和农民自建房抗震设防的指导管理，提高农村居民地震安全意识，普及建筑抗震知识。以防范坍塌、坠落等事故为重点，认真开展工程建设领域安全生产突出问题专项治理。强化工程建筑企业安全生产基础，落实安全生产主体责任。完善建筑行业安全监管体系，落实行业主管部门监管责任。创新工作机制，改善监管方法，由重事后监督转变为重事前监督，由重现场监管转变为重行为监管，由重审批转变为重动态监管，由单一监管转变为多手段监管。进一步落实安全监理责任。整顿规范建筑市场，建立良好的安全生产秩序。健全并完善建筑施工事故应急救援体系及机制。

3.危险化学品

完善危险化学品安全监管部门联动机制，落实监管责任。加强对爆炸品、压缩气体和液化气体、易燃液体、易燃固体、自燃物品和遇湿易燃物品、氧化剂和有机过氧化物、有毒品和腐蚀品、非药品类易制毒化学品等危险化学品生产、经营、储存及运输单位进行专项整治。定期开展全市危险化学品行业重大危险源的普查、登记、认证和评估，对重大危险源（点）实施有效的重点监控和管理。全面推进危化企业安全标准化工作，2015年，危险化学品企业全部要达到安全标准化三级以上水平。推进HAN阻隔防爆材料新技术在人口密集区域加油站的推广和应用。促进全市化工企业安全生产条件的进一步改善，在2015年底前完成对全市化工企业所有采用危险化工工艺的生产装置自动化进行改造。大力推进化工企业危险化学品的危险与可操作性分析。按照属地管理的原则，加强化工园区规划与建设，对威胁城市公共安全或饮用水源地的危险化学品生产经营单位，采取“治理、限产、转产、搬迁、关停”等措施进行重点整治，逐步建立危险品事故应急物资储备制度。

4.烟花爆竹

完成全市烟花爆竹生产企业的技术改造，全部实现机械化。2015年，全部烟花爆竹生产经营单位达到安全标准化二级以上水平。批发企业控制在8家以内，零售企业按照统一规划、保障安全、合理布局的原则进行审批。规范全市烟花爆竹行业安全管理，建立烟花爆竹安全发展的长效机制。严格实行烟花爆竹生产、经营和道路运输审批制度，加大对烟花爆竹生产、经营、运输、储存和燃放各个环节的安全监管力度。加大对超量储存和超能力、超定员、超药量违规生产行为的监督检查力度，整顿、规范烟花爆竹经营行为。公安机关要与县、乡基层人民政府密切配合，坚决打击和取缔烟花爆竹领域的各种非法违法行为，从源头防范和控制各类烟花爆竹事故的发生。

5.消防火灾

加强城乡消防规划、公共消防设施与城乡经济社会发展同步规划、同步部署、同步建立。加大开展人员密集场所特别是“三合一”、“多合一”生产经营单位消防安全整治。加大高层、地下建筑和人员密集场所消防监督检查，重点查处易燃、可燃有毒材料装修、疏散通道和安全出口封堵、建筑消防设施损坏等严重违法行为。落实消防安全责任制，完善重大火灾隐患政府挂牌督办制度。加强农村和城镇社区消防安全工作，及时预防、发现和消除影响公共消防安全的问题。加强消防安全基础设施建设，提高全社会防控火灾能力。加强消防应急救援专业力量和装备建设，切实提高灭火和应急救援能力，全力打造消防铁军队伍。建立社会消防安全宣传教育培训体系，提高全民消防安全素质。

6.铁路运输

完善铁路营业线施工管理办法，强化铁路工程施工现场管理、安全标准化管理。加强路外和道口安全管理，加强对铁路沿线滑坡、崩塌、泥石流、开采沉陷等地质灾害监测和预报，严防地质灾害对铁路安全运输造成人员伤亡事故，杜绝铁路沿线保护区域内的各类非法采掘活动。以境内高速铁路和提速干线为重点，全面查找设备质量、职工作业、安全管理、治安防范等方面存在的不足，采取针对性措施消除事故隐患。

实现其他行业领域安全状况稳定好转。

1.特种设备

健全完善特种设备安全监管体制，采取有力措施促进和监督特种设备安全监察、检测检验以及生产、使用单位责任制的落实。深化特种设备长效监管机制的建设，完善和构建特种设备动态监管体系、安全责任体系、风险管理体系、绩效评价体系、科技支撑体系；抓好特种设备行政许可工作，严把特种设备准入关；加强特种设备证后监督工作，严格对持证单位的监督管理；抓好对重特大事故危险源的监控及应急抢险救援预案的落实，严防重特大事故发生。加大电梯等特种设备的安全监控监管力度。

明确各县（特区、区）特种设备监管工作责任，建立相应的特种设备检验机构，增加必要的监管装备，建立远程监控体系。

2.冶金、有色金属、建材、机械、轻工等行业

进一步加强冶金、有色、纺织、建材、机械、轻工、烟草、商贸等重点行业和领域安全生产基础管理工作，强化安全监管，规范和完善建设项目安全设施“三同时”备案，逐步有序开展各行业安全标准化建设。把交叉检修作业、有限空间作业、熔融金属吊运等高风险作业环节和容易发生火灾、爆炸危险的区域作为专项检查和隐患排查治理的重点。

3.农业机械

积极开展创建平安农机，促进新农村建设活动。加强基层管理网络建设，完善农业机械安全监管体系。强化源头管理，规范拖拉机登记及驾驶证申领工作，严把安全技术检验关和驾驶人考试关。提高拖拉机及驾驶人牌证核发率、定期检验率和农机安全监管水平。抓好农忙季节的农业机械安全生产检查工作，强化对农业机械和拖拉机安全检查，加大对无牌行驶、无证驾驶、超速超载、违法载人、擅自改装等严重违法违规行为的查处力度。强化对农业机械的路面动态管理，维护农村道路交通正常秩序。建立健全农业机械安全管理信息系统。加强农机安全宣传教育，加大农机安全监理基础设施及装备建设，改善农机安全监理服务手段。

4.水上交通

强化船舶安全检查，规范船舶登记工作，坚决取缔“三无”船舶。深入开展“两防”（防船舶碰撞、防泄漏）和渡口渡船专项整治。加快淘汰污染环境、技术落后和安全生产条件差的运输船舶。建立全市水上交通和渔船动态安全监控系统。全面规划通航水域，划定、调整和公布航道、锚地、禁航区、水产养殖区。加强水上交通和渔业船舶安全监管和应急救援机制建设，落实渔业生产安全责任制，提高应急处置能力。切实开展渔业船舶隐患排查治理工作，防范和遏制重特大事故发生。

完成全市水上交通安全监管救助机构的布局建设和装备配置，在光照库区建立毛口监管救助基地，六枝中寨和水城野钟建立监管救助中心，盘县响水建立监管救助站，阿珠库区建立六枝岩脚二道水监管救助站。安全监管机构基本覆盖主要控制水域，海事装备基本实现工作有场所、巡航有船艇、检查有车辆、办公有设备。

5.民用爆破器材

强化民爆物品使用过程的监管，加大民爆企业的技术改造、技术更新力度，大力发展民爆器材新产品、新工艺、新设备、新技术，改变传统生产方式，不断提高民爆器材生产自动化水平和安全技术防范水平。重点整治民爆器材生产、销售企业外部安全距离不够等问题。提高科技管理水平，“十二五”期间完成民爆仓库远程监控系统建设。优化民爆器材产品结构和生产布局，规范生产和流通领域爆炸危险源的管理。通过教育培训，提高特殊工种的技术素质。

6.民航

加强六盘水市民用机场建设期间安全监管，落实安全监管主体责任。

7.大中型水库

落实水库安全生产责任制。现有水库，必须编制防洪抢险预案，落实水库管理、防洪安全责任人；在建水利工程，坚决按项目“四制”建设，落实安全责任及度汛措施；新建水库要做好相关的安全规划，落实防洪度汛措施。水库要实现自动化管理，集中控制。对水库大坝的变形、位移、渗漏量，水库水位、水质，库区降雨量等监测均要实现自动化监测，数据要接入市级防汛指挥部网络。进一步加大隐患的排查和治理力度，建立完善水利安全生产监管制度，严格水库大坝安全年检和注册管理制度，督促水利建设工程严格落实安全生产“三同时”制度。

8.电力

加强对火电厂、水电站安全监管，明确责任，确保电厂、电站安全发电。建立并完善电网大面积停电应急体系，提高电力系统应对突发事件的能力。坚持“统一调度、分级管理”的原则，加强对电力调度的监督与管理。加强电力设施保护，制定电网大面积故障应急预案，保证电网安全运行。开展涉网电力企业安全性评价工作。强化安全生产相关知识和技术培训。促进电力生产高新技术研究成果的推广应用。加强水电站大坝安全管理，做好水电站大坝安全注册、定期检测工作。健全电力可靠性管理和监督机制，推动电力可靠性与电力安全监管的有机结合。进一步加大双回路电源的投入，拓宽投资渠道，确保全市煤矿实现双回路供电。

9.防雷减灾

进一步完善防雷安全管理体系。加强雷电灾害风险评估，利用现代通讯、信息网络等先进技术，建立高效、反应快捷、运行可靠的防雷安全信息管理体系，及时掌握全市防雷减灾安全生产动态，提高安全管理信息化水平。制定完善雷电灾害防御的工程性和非工程性措施，进一步提高雷电灾害防御能力。建立政府与安全生产监督管理部门、安全生产委员会有关成员单位的联动机制，实现安全生产委员会成员单位之间信息畅通、资源共享。

10.森林防火

实施防火基础建设项目，进一步健全领导干部任期目标责任制。强化森林防火宣传教育，实行依法治火，严肃查处森林火灾案件，加强森林防火人员和消防人员的培训，提高队伍的扑火能力和水平，提高防火技术装备水平，努力把森林火灾受害率控制在0.5‰。“十二五”期间，建立380个防火指挥中心，1150个防火专业队伍，140个防火物资储库，530个物资储备点，470辆防火指挥车、运兵车，1150个防火公路、瞭望台。

11.校园

加强学校安全工作的组织领导，按规定建立健全学校安全工作机构，充实配齐安全管理人员；以推进校安工程建设为基础，全面加强学校设施设备安全建设，全面推进学校物防、技防建设；加大学校安全工作经费投入力度，保障学校安全管理工作必备经费；进一步突出学校安全制度建设，完善学校安全监管、考核、追究机制；加强学校安全应急工作，建设集预警、参谋、指挥为一体的应急管理平台，全面开展各项安全应急演练。继续深化学校及周边治安综合治理，实行安全工作挂牌督办制度。

12.旅游

落实旅游安全工作责任制。加强旅行社管理和从业人员培训教育，严禁无证上岗。加强重点旅游景点、景区的场所、设施、设备、区内交通安全检查，建立并落实旅游事故隐患排查与整改制度。抓好旅游客运、旅游饭店安全管理，建立完善并严格执行各项安全规章制度和事故应急救援预案。加强旅游安全知识宣传，提高游客自我保护意识。加强对旅游公路、河道沿线及景区的地质灾害排查与治理，防止地质灾害发生时对旅客造成伤害，确保旅游安全。

13.地质灾害

完善地质灾害防灾预警体系和有关制度，加大监测力度，认真核实全市范围内的地质灾害点，建立警示标志，设立监测点，落实防灾责任人和监测人。在监测的基础上，根据灾害的实际情况，按轻重缓急，分期分批列入工程治理或搬迁计划。各级国土资源部门负责指导监测工作，做好险情判断工作，为各级政府指挥防御地质灾害提供可靠的信息。

加强职业危害监管与防治

建立健全职业健康管理制度和职业病防治责任制，设置职业健康管理机构，配备专业监管人员和必要的检查装备。开展职业病防治基本调查，摸清工矿企业职业病防治基本情况，建立全市作业场所职业病危害因素申报系统。加强尘肺、矽肺、石棉肺、重大职业中毒及职业性发射性疾病的防治，开展作业场所职业危害因素的定期检测和评估，完善覆盖全市的职业病危害因素检测和评价、职业健康检查、职业病诊断治疗等职业病防治网络。加强对急性中毒事故的预防和检查，对造成急性中毒的场所和设施开展隐患排查治理。制定全市职业病防治信息采集标准和信息采集、传输、管理规范，逐步实现职业病防治信息互联互通、数据共享和规范管理。加快职业病防治监管队伍建设，配备专业人员和必要设备。加强对作业场所有毒物质及粉尘专项治理工作，加大职业危害事故查处力度，建立职业安全健康管理体系。加强职业病危害防治知识培训与教育。

重大危险源监控和重大事故隐患治理

在全市范围内加强重大危险源普查，构建重大危险源动态监管及监控预警体系。加强对重大危险源登记建档、检测、评估和监控工作的监督检查和指导。推动企业建立重大危险源安全管理及监测监控系统。

落实建设项目安全设施“三同时”制度，加强源头控制，从规划、设计、施工等环节消除事故隐患。按照分级负责原则，实施重大事故隐患排查治理。对矿山、危险化学品、交通运输、消防安全、建筑、特种设备等行业和领域的重大事故隐患的排查、整治情况，实行政府挂牌督办，并及时跟踪监督。对存在重大事故隐患的道路交通危险路段、危险化学品生产（储存）、烟花爆竹和民爆器材仓储区、尾矿库、矿山采空区、重大火灾隐患等进行重点治理。

加快安全生产标准化建设

在全市矿山、危险化学品、烟花爆竹、金属与非金属矿山等重点行业和领域推行安全质量标准化，推进安全生产工作从事后查处向强化基础转变，夯实安全生产基础。深入开展以岗位达标、专业达标和企业达标为内容的安全生产标准化建设，安全质量标准化建设由企业自主负责组织实施，企业生产各环节、各岗位要建立严格的安全质量责任制，各级有关部门要加强指导和督促。同时在冶金、有色、纺织、建材、机械、轻工、烟草、商贸等重点行业和领域也要逐步有序开展安全标准化建设。执行各行业的安全质量标准，并开展必要的考核，及时总结和推广经验，推动安全质量标准化工作扎实有效、深入持久开展。凡在规定时间内未实现达标的企业要依法暂扣其生产许可证、安全生产许可证，责令停产整顿；对整改逾期未达标的，地方政府要依法予以关闭。

依托社会团体、科研院校、中介组织，建立企业安全标准化考评机构，为标准化建设提供技术服务，加快企业安全标准化建设步伐。加强对安全标准化建设的监管，把标准化工作与各行业领域的安全专项整治和隐患排查治理工作有机地结合起来。建立安全标准化备案制度、公告制度、信息发布制度，提高监管效果。各县（特区、区）、各有关部门要根据本地实际，研究制定推进安全标准化建设的政策措施，注重先进典型的示范作用，推动本地区和相关行业（领域）企业安全标准化建设。

建立完善安全生产法制体系

根据《中华人民共和国安全生产法》《贵州省安全生产条例》及国家和省有关安全生产的法律、法规和标准，制定相关配套规定和实施办法，建立完善安全生产法制体系。

1. 一是加强法制建设。加强安全生产法制建设，建立规范的安全生产法治秩序。根据市、县（特区、区）级安全生产形势和特点，研究制定相关配套规定和实施办法，促进全市安全生产工作法制化、制度化、规范化。二是推行制度化监管。地方各级安全生产监管部门要加强对基层监督检查工作的督导，确保监督检查制度全面落实。严格高危行业从业人员准入资格。健全完善煤矿安全监管监察各项制度，增强工作的针对性、规范性和实效性；深化危险化学品生产企业制度化监督检查；在金属与非金属矿山、烟花爆竹等行业推行制度化监管，完善金属与非金属地下矿山、露天开采矿山、尾矿库等相应的监督检查办法。三是整顿和规范企业生产经营行为。各级公检法、安监、工商、质监等部门要加大联合执法的力度，严厉打击非法、违法、违规、违章行为。四是严格高危行业生产经营单位市场准入。进一步规范煤矿、危险化学品、金属与非金属矿山、烟花爆竹、建筑施工、民爆物品行政许可行为，严把准入门槛。禁止新建限制类、淘汰类项目，从严审批涉及剧毒、易燃易爆化学品以及危险反应工艺的化工建设项目；继续加大整治力度，关闭一批工艺落后、不符合基本安全生产条件的小化工、小矿山、小作坊。

2. 贯彻落实省政府《全面推进依法行政实施纲要》，切实加强安全生产依法行政。加强安全生产行政执法监督，明确安全生产行政执法职责、范围和任务，规范安全生产行政执法行为；建立完善行政执法自由裁量权和程序规范，科学界定行政执法标准；建立健全安全生产行政执法责任制度，建立公开、公正的执法效果评议考核制度和执法责任追究制度，积极探索安全生产行政执法绩效评估和奖惩办法。

加快安全生产技术保障体系和信息化体系建设

依托安全科研机构、高等院校，整合本市安全生产领域的科技资源，把安全生产中亟待解决的关键性问题列入本地区的科技攻关计划，重点推广和应用先进、成熟的科技成果。重点对涉及危险工艺的化工生产装置进行自动化控制技术改造；对重大危险源装置进行增设远传和连续报警装置的改造，鼓励开展烟花爆竹生产机械和安全型药物研发，积极推广使用安全型药物和生产机械。加快金属与非金属矿山典型灾害预测控制关键技术研究与示范工程、危险化学品事故监控与应急救援关键技术研究与示范工程和职业危害预防关键技术及装备研究步伐，重点推广煤矿瓦斯高效抽采和防突技术与装备、煤矿瓦斯、火灾与顶板重大灾害防治关键技术研究、煤矿安全网络化综合监测监控系统。积极推进数字矿山技术，在现有数字矿山安全信息系统试点的基础上，逐步推广煤矿、金属与非金属矿山数字信息管理系统，为矿山安全生产提供技术保障。企业要发挥安全生产科技成果转化、推广和应用的主体作用，主动采用新技术、新工艺、新材料和新装备，积极开展先进、适用、成熟的安全生产技术应用与示范，改造提升现有生产工艺装置，改善安全生产条件，提高企业整体安全生产水平。煤矿、金属与非金属矿山要制定和实施生产技术装备标准，安装监测监控系统、井下人员定位系统、压风自救系统、供水施救系统和通信联络系统等技术装备，并于3年之内完成。运输危险化学品、烟花爆竹、民用爆炸物品的道路专用车辆，旅游包车和3类以上的班线客车要安装使用具有行驶记录功能的卫星定位装置，于2年之内全部完成。鼓励有条件的渔船安装防撞自动识别系统，在大型尾矿库安装全过程在线监控系统，大型起重机械要安装安全监控管理系统。

建立高效灵敏、反应快速、运行可靠的市、县(特区、区)、乡(镇、街道)安全生产信息网络系统，建立完善安全生产监督管理及行政执法系统、安全生产调度与统计系统、矿山应急救援中心信息管理系统等主要业务应用系统，以及视频会议系统和远程教育培训系统。构建各级安全监管、煤矿安全监察、安全生产应急救援机构信息化共用共享支撑平台和保障系统，形成相对完整的安全生产信息系统。与有关行业联网并对重点监管企业生产基本情况、重大危险源监控、重大安全生产隐患、危险化学品等实施监管。

加强安全生产监管体系建设

强化安全生产监管部门对安全生产的综合监管，全面落实安全生产监督管理的安全生产指导职责，形成安全生产综合监管与行业监管指导相结合的工作机制，安全生产综合监管和行业管理部门要会同司法机关联合执法，以强有力措施查处、取缔非法企业。安全生产监管监察部门组织对企业安全生产状况进行安全标准化分级考核评价，评价结果向社会公开。强化项目安全设施核准审批，加强建设项目的日常安全监管，严格落实审批、监管的责任。严格落实建设、设计、施工、监理、监管等各方安全责任。严把企业安全生产条件关，依法整顿或关闭不符合安全生产条件的企业。全面实施安全生产风险抵押金制度，对从事矿山、危险化学品、建筑施工、烟花爆竹等高危行业的企业实行安全生产风险抵押金，逐步试行和推广企业安全费用提取制度。

进一步推行驻矿监察员制度。完善驻矿监察员的选派、培训、考核制度。通过市县选派和组织培训等方式，鼓励年轻的有学历的驻矿监察员学习两个或以上煤矿主体专业，提升整体素质，加强履行职责能力，逐步规范煤矿监管。

1.安全生产监管队伍建设

建立权责明确、行为规范、精干高效、保障有力的安全生产监管体系。进一步完善各级安全生产监管机构自身标准化建设，提高安全生产监管机构队伍素质，基本形成适应六盘水市安全生产行政执法的3级安全生产监管体系。乡（镇）政府、街道办事处配备专（兼）职安全生产监察员，延伸安全生产监督管理网络。加强交通、建筑、金属与非金属矿山、危险化学品、烟花爆竹、特种设备、消防等行业和领域的安全生产监管队伍建设。逐步健全市、县（特区、区）级安全生产监管执法队伍，完善监管体系，充实监管执法力量，市级安全监管机构要建立健全安全生产监管执法支队且持证执法人员不少于编制的80%；各县（特区、区）安全监管机构要建立健全安全生产监管执法大队且持证执法人员不少于编制的90%；乡（镇、街道）安全生产专职人员不少于2人。

2.提高安全生产监管执法能力

以理论武装为首要任务，加强安全监管队伍的思想政治建设。以深化干部人事制度改革为动力，加强安全监管干部选拔培养和基层组织建设。以加强业务建设为重点，提高安全监管人员的履职能力。以提高执法效能为目标，加强安全监管队伍的作风建设。以增强拒腐防变能力为重点，加强安全监管队伍的党风廉政建设。充分发挥各级政府安全生产委员会的综合协调指导作用，突出安全生产监管部门的综合监管职能，提高安全生产监管工作的权威。进一步规范安全生产行政执法行为，全面提升安全监管队伍的整体执法能力。

3.提升监管装备水平

制订安全生产监管机构装备配置方案，规范安全监管机构装备配备标准，不断完善市、县（特区、区）、乡（镇、街道）3级安全监管机构的技术装备，配备监察执法必备的交通工具、专用设备及办公器材。各级安全监管机构要加强与有关部门的协调，争取相关部门的支持，落实安全监管监察装备投入。同时，多渠道争取和筹措资金，提高各级安全监管机构的监管装备水平，创新监管监察手段，强化科学控管，增加安全生产监察监管工作的科技含量，不断提升安全监管水平和效果。

建设高效的安全生产应急救援体系

有效整合现有应急救援资源，建立应急救援指挥信息、应急救援物资保障、紧急运输保障、现场应急通讯保障、应急救援专家和应急救援防范等系统，形成全市应急管理、响应、资金物资保障体制和机制。建立健全应急救援指挥系统工作平台，通过网络和卫星，与国家和省安全生产应急平台和省级应急救援指挥系统平台互通，实现信息共享。

按照统一领导、分级管理、统筹规划、专业实施的原则，以市安全生产应急救援指挥中心为中枢，加快县级应急救援指挥体系的建设，形成统一的应急管理与协调指挥系统。全市综合应急救援队伍由市应急救援支队、县(特区、区)应急救援队伍组成。市、县(特区、区)人民政府依托市、县(特区、区)公安消防部队挂牌成立市、县(特区、区)应急救援支队、大队。各级人民政府应当在保持原有管理体制不变的前提下，将国土资源、城乡建设、交通、农业、水利、卫生、林业、气象、安监、环保、供电、供水、燃气、通信、地震、矿山救护等专业应急救援队伍纳入综合应急救援队伍的调度、作战、训练体系，将应急物资储备单位纳入应急救援体系，将应急志愿者队伍纳入应急社会动员体系。

建立应急管理培训基地、救援专家库及数据系统，为应急管理培训基地提供技术支撑。完成五大应急体系建设，包括应急管理组织体系、应急预案体系、应急信息资源共享体系、公共报警服务体系、政策法规体系。完成八大应急机制建设，包括监测预警机制、信息报告机制、应急决策和处置机制、信息发布机制、应急保障机制、社会动员机制、恢复重建机制和调查评估机制。

完善矿山救援设施，加大矿山排水和应急物资储备，在建立矿山排水应急救援基地的同时推进危险化学品应急救援体系建设。

安全监管监察部门要督促指导企业建立完善以自身为责任主体的事故应急救援预案，配置应急设备与设施，建立专(兼)职应急救援抢险队伍。企业要建立完善安全生产动态监控及预警预报体系，并落实防范和应急处置措施。对重大危险源和重大隐患要报当地安全生产监管监察部门。企业应急预案要与当地政府应急预案保持衔接，并定期进行演练。

加强安全生产培训和宣传教育体系建设

严格培训机构资质审核审批，进一步加强培训机构监管，提高培训质量。加强对各级安全生产监管人员、各行业安全管理人员及执法人员、煤矿安全监察员的培训。进一步推进对市、县(特区、区)领导干部的安全培训。强化煤矿等危险性较大行业和领域的企业主要负责人、安全生产管理人员和特种作业人员培训。加强对企业特别是中小企业安全培训的组织指导和监督检查。重点抓好矿山、危险化学品、建筑施工和烟花爆竹等行业农民工的安全培训。编制安全生产宣传教育体系规划，逐步建立安全生产宣传教育体系，形成覆盖全市的宣传教育网络。建设1个安全生产教育培训示范基地，推进安全教育培训标准化和规范化建设。组建安全生产宣传教育培训中心，利用省内外、本市大中专院校的优势，加强企业从业人员技术和安全素质的培训。将安全生产相关法律法规纳入全民普法计划范围，强化安全生产专业教育、职业教育、企业和社会宣传教育，提高全民安全素质。

加强安全产业管理，培育安全生产中介机构

针对劳动防护用品等安全产品市场现阶段的问题和薄弱环节，建立安监与工会、工商、质检、建设等部门的工作协调机制，实现监督管理的制度化和规范化。发挥协会作用，加强行业自律，规范劳动保护用品生产经营秩序。探索建立企业规范管理、部门依法监管的良性机制，明确安全性能准入标准，严格安全产品市场监督管理和监察执法，使安全产品对生产事故的防范性能得到有效保障。

大力培育和发展安全评价、认证、检测检验、培训和咨询等安全生产中介组织，并严格执行资质评审和准入关，构建安全生产中介服务体系。强化对安全生产中介组织的监督管理，规范从业行为，促进建立自我约束机制，推动中介服务专业化、社会化和规范化。鼓励各类服务机构依法参与生产经营单位安全培训、评价、论证、咨询工作，推行安全事务所制度，建立良好的竞争机制和机构管理考核机制，提高安全生产中介服务水平。进一步完善安全生产中介组织从业人员执业制度，充分发挥注册安全工程师等安全生产执业人员的作用。

（五）重大工程

安全生产基础工程

开展安全生产基础工程研究，促进全市安全生产制度化、科学化、效率化发展。主要有：

1.建立六盘水师范学院和六盘水职业技术学院2个采矿实验室；

2.重大项目成套装置安全风险评估理论研究；

3.六盘水市瓦斯基础参数及瓦斯地质规律研究；

4.六盘水市煤矿安全开采关键技术研究；

5.六盘水市煤层气开发利用关键技术及装备技术研究；

6.六盘水市山区地貌煤炭开采引发地面塌陷的规律研究；

7.危险化学品应急处置方法研究等；

8.在4个县（特区、区）各建成1个库存设计量为90吨的炸药库。

煤矿事故预防与灾害治理重大工程

1.“十二五”期间，具备条件的30万吨/年以上煤矿推行采掘机械化；

2. 加强煤矿瓦斯抽采利用，以用促抽，确保安全。“十二五”末，瓦斯抽采量达到10亿立方米以上，利用量达到3亿立方米以上；

3. 具备条件的高瓦斯矿井和煤与瓦斯突出矿井推广煤矿瓦斯含量快速测定方法及预测突出危险性技术项目；

4.全市煤矿推广应用提高小型煤矿瓦斯抽放效果途径；

5. 推广应用急倾斜煤层机械化开采技术、薄煤层机械化开采技术等开采技术新成果；

6. 建立20个高压水射流割缝增透防突技术示范项目和12个穿层钻孔旋式水射流增透防突技术示范项目；

7.垂深超过50米的用于人员上下的主要倾斜井巷，全部建立机械运送人员系统；

8.推行煤矿数字化矿山安全信息管理系统；

9.全市煤矿建立井下人员管理定位系统及无线通讯系统；

10.建立矿井水害自动监控预报预警系统；

11.全市煤矿推广应用防治水物探技术；

12.大力推广煤矿防尘的新技术和新装备的应用，建立粉尘浓度监测系统；

13.建立生产安全事故应急救援物资储备中心；

14.建立矿山救护教育培训基地；

15.完善、规范煤矿双电源供电系统。

道路及水上交通的重大工程

1.全市所有县（特区、区）建成平安畅通县（特区、区），平安畅通县（特区、区）达到省、部级各50%。新建和改造道路交叉路口33个、完善信号控制系统29个，新建人行地下通道或天桥28个。

2. 建设全市、县（特区、区）中心城区交通自动监控系统，公路巡逻实现以民警巡逻与电子监控结合的执勤方式，市中心城区建成交通智能监控和指挥调度系统。

3. 实施公路安全保障工程，完成公路危险路段整治率75%以上，事故多发路段整治率80%。专项治理公路病害200千米，专项防治公路安保工程1539千米。

金属与非金属矿山的重大工程

1. 金属与非金属露天矿山采用中深孔爆破技术、机械铲装设备、机械二次破碎设备、新型炸药和破爆器材。

2.金属与非金属地下矿山。

（1）建立地下矿山信息管理系统：建立人员自动考勤及入井身份核实管理、人员井下动态分布管理、岗位责任制检查管理、地面中心与井下人员双向信号呼叫管理等综合安全管理信息平台。

（2）井下地压监测监控技术：利用微震、声发射、光纤传感器等技术，实现井下与地面联网的综合性地压实时监测监控，并对地压灾害的发生提供预测预警。

(3)采空区监测监控技术：利用遥测、声发射、微震等技术，实现采空区监测数据的采集、传输、分析处理，为预防采空区事故引发的地质灾害提供技术支撑。

推广数字矿山信息管理系统示范矿井建设。

3.尾矿库

(1)干式排尾技术：利用浓缩或压滤设备，将尾矿中的含水量降低后再排放，有效控制库区内水位，降低浸润线，提高坝体稳定性。

(2)尾矿充填技术：利用尾矿充填采空区，减少尾矿库库容甚至消除尾矿库，保障安全生产。

(3)在线监测系统：通过GPS、网络通信、传感器等现代科技手段，自动实时监测与尾矿库安全相关的坝体位移、浸润线、调洪高度、安全高度、库区水位等指标数据，并提供相关分析，为尾矿库安全预测预警提供技术支撑。

危险化学品行业的重大工程

1.“十二五”期间，完成全市40个加油站和油库的改造工作。

2.“十二五”期间，完成全市地下煤气管网的逐步改造工程。

3.“十二五”末，对所有采用危险化工工艺的生产装置全部实现自动化改造。

消防的重大工程

1.完成六枝南环消防站、盘县红果二中队消防站、水城二中队消防站、钟山白鹤消防站、石龙2#站、老鹰山消防站、月照乡消防站建设，使城镇中心区消防站(含战勤保障中队)达到15个，基本满足城镇消防工作需要。

2.完成市中心城区1103个、六枝特区418个、盘县674个市政消火栓建设。

3.实施六盘水市消防支队综合训练基地建设和社会消防安全培训基地项目建设。

4.实施全市范围内各单位、社区、乡镇、村寨志愿消防队或治安(保安)、消防合一的兼职消防队伍建设；重点乡镇或人口在5万以上，财政收入1亿元以上的建制镇按照本级行政区财政收入的0.33%以上的支出招收组建政府专职消防队，加强消防队伍建设，增强全市消防保卫力量。

安全生产综合监管体系建设工程

加强监管监察能力建设。市、县(特区、区)、乡(镇、街道)3级安全监管部门进一步提升基础设施建设和装备配备水平，加强人员队伍建设。

进一步加快和完善市、县(特区、区)、乡(镇、街道)各级安全生产监管部门所需的办公用房、业务用房和保障型用房等基础设施的建设。按照标准配备和更新足够的交通工具、专业监督检查设备、现场执法和取证设备和办公设备，提升整体装备水平。配备和更新信息化装备，提高安全监管信息化管理水平。继续加大基层安全监察机构建设，加强各专业、行业和领域监管队伍人才的建设，全面提高安全监管队伍素质，监管人员必须做到持证上岗。主要工程包括安全生产培训基地建设、应急基地建设、装备和办公自动化系统建设。

1. 安全生产行政许可及培训基地建设，包括1个安全生产技术培训中心和1个行政许可办证大厅。

2. 设施设备建设包括煤矿安全监管设备5套、危化监管应急设备5套、职业危害检测设备6套、安全监管个体防护设备50个和安全监控中心1个。

3.办公自动化系统设备设施1套。

4.船舶安全检测检验设施设备一套。

安全生产应急救援体系建设工程

结合六盘水市的实际，在“十二五”期间进一步完善应急救援体系。依托现有突发公共事件应急指挥和组织网络，建立统一、规范、科学、高效的应急救援指挥系统。基本满足突发事件监测预警、应急处置的需要。建立信息共享、预案齐全、防患未然、科学减灾的应急救援防范体系。地企共建，整合全市应急救援资源，明确市政府各工作部门职能的同时，增加大企业在抢险工作中的职责，即：从培训、管理、装备、技术方面强化各级和部门应急联动机制建设。重点基础项目建设主要有：

1. 建立六盘水市安全生产应急管理平台。主要内容包括应急指挥平台、应急信息管理与辅助决策系统、图像监控和移动指挥系统、应急共享基础数据库、监测预警系统和应急信息交换服务平台。应急基地建设包括市安全生产应急救援指挥中心1个、配套安全应急指挥车辆1辆和特种救援车辆4辆。

2. 建成包括矿山、道路交通、消防、水上交通、建筑安全、特种设备、危险化学品重大危险事故应急救援队伍。在北盘江流域、光照库区等建立水上交通事故应急救援队伍，配备救援船只、消防器材、打捞设备。建立六盘水市水上交通监管救助指挥中心，在光照库区建立毛口监管救助基地，在六枝中寨、水城野钟建立监管救助站，在阿珠库区建立六枝岩脚二道水监管救助站。

3.建成市、县(特区、区)级应急物资储备库及紧急运输保障系统。

4.建立应急救援专家库与数据系统，为应急管理提供科技支撑。

5. 完善六枝工矿(集团)公司应急救援培训演练基地建设，增设演练装备，扩大演练范围和功能。

6. 建立煤矿安全监测监控、重大危险源和应急救援处置网络系统、安全生产统计报告网络系统、煤矿井下应急搜救等应急管理示范项目。

重大危险源动态监控系统建设

开发利用适用于矿山、危险化学品、建筑等有关行业和领域的重大危险源监控装备和系统。推广先进的职业危害控制技术。对重大危险源实行申报、登记、检测、评估制度。对重大事故隐患实行分级管理，加大对重大事故隐患的治理。主要包括以下几个方面的建设：

1.重大危险源普查、登记、建档软件开发；

2.重大危险源基础信息数据库建设；

3.重大危险源动态监控网络建设；

4.逐步构建各级重大危险源动态监控和预警系统。

安全生产信息化和安全生产标准化建设工程

建立健全六盘水市安全生产信息系统和突发事件信息系统，全面准确地反映各类生产伤亡事故的基本情况；及时报告重大、特大生产事故，掌握事故发生和抢救动态情况；为安全生产形势提供科学的分析和预测报告；对危险源和重大、特大事故隐患实行动态管理；传递各级安全生产监督管理部门政务信息、工作动态信息和其他的紧急情况；受理安全生产举报和发布安全生产信息等。

信息系统初步实现安全生产信息接收、处理、传输设施的现代化，初步形成适应安全生产监督管理工作要求的安全生产统计工作网络，使生产事故上报及时、统计口径一致。做到事故分析、预测较准确，从而实现安全生产的关口前移。逐步实行安全生产动态监督管理，达到安全生产信息工作“组织健全、技术先进、反应快捷、管理规范”的目标。

在全市开展安全生产标准化工作，特别在煤矿、金属与非金属矿山、危险化学品和烟花爆竹、建筑施工等行业将重点开展创建活动，利用1—3年时间在煤矿、金属与非金属矿山、危险化学品和烟花爆竹、建筑施工等高危行业各建设1—2家安全生产标准化企业示范工程，在其他行业应至少建设1家安全生产标准化企业示范工程，然后以点带面推进全市安全生产标准化建设。

职业卫生安全监管体系建设

职业健康工作起步晚，基础差、底子薄，职业危害较为严重。职业健康相关建设项目主要包括有：职业健康标准化示范企业建设；监管队伍装备建设；市、县两级职业危害监管数据网络建设；职业健康技术支撑服务体系建设；职业危害事故应急救援体系建设；职业健康培训师资队伍建设。

安全教育培训和安全文化建设工程

认真贯彻落实《国务院办公厅关于继续开展“安全生产年”活动的通知》精神，继续开展安全培训教育。进一步完善国家和省、市、县四级安全培训体系，强化企业培训的基础作用。继续抓好企业负责人、安全管理人员和农民工的培训，加强新进人员岗前培训工作，强化就业准入制度，加强劳动监察，严格落实特种作业人员培训持证上岗制度，做好对高危行业和中小企业一线操作人员的培训工作。加强安全专业技术人才培养，完善注册安全工程师执业资格制度，进一步落实校企合作办学、对口单招、订单式培养等政策，鼓励有条件的高危行业企业办好职业学校，提升各类人才的安全素质和水平。

进一步落实依法培训、规范培训。一是推进安全培训机构建设市场化和合理化，从企业需要出发落实培训机构建设。二是加大高危企业三项岗位人员培训考核力度，使持证率达到百分百。加大其他行业从业人员培训督察监察力度，督促企业落实从业人员培训制度。进一步完善多层次、多渠道的安全生产人才培训机制。进一步加强安全监督系统内的人员培训和教育，提高监察人员的职业素质和服务质量，培养一批政治强、业务精、装备好、作风硬的安监队伍，服务于全市的安全生产工作。

积极开展全市安全文化建设示范企业创建活动，按照《安全文化建设示范评价标准》要求，在“十二五”期间每年评选出六盘水市安全监管范围内符合要求的安全文化建设示范企业。

（六）保障措施

统筹安全发展与经济社会协调发展

经济社会的快速发展离不开安全生产的协同保障，必须正确处理安全生产与经济增长、社会发展的关系，各级各部门要把安全生产专项规划、安全生产控制指标、重大工程项目纳入国民经济和社会发展的总体规划、社会发展统计指标体系及投资计划，使安全生产与经济增长、社会发展同步规划、同步实施，实现安全生产与经济社会协调发展。各有关部门要依据全市安全生产发展规划编制部门安全生产发展专项规划。

加强安全生产法治建设

紧紧围绕贯彻落实《安全生产法》等安全生产法律法规，制定各种配套的部门规章和实施办法，逐步形成较为完善的安全生产政策法规体系，把安全生产各项工作纳入法制化和规范化轨道。严格执行建设项目安全生产“三同时”规定，规范执法行为，加大执法力度，提高执法效果，依法惩处违反安全生产法律法规的行为。

建立与新形势相适应的安全生产工作体制

建立强有力的安全生产工作组织领导和协调管理机制，进一步落实各级政府领导的安全责任，落实各有关部门的监管责任，落实企业的安全生产主体责任。创新安全生产监管方式和手段，强化综合监管职能，充分发挥行业主管部门的管理监督作用。建立健全联席会议制度和联合执法机制，协调解决安全生产中的重大问题。推进安全生产行政监督管理机构的规范化建设，提高监管监察队伍素质，保障监管机构、人员、装备、经费的落实，提高行政执法效能。做到有法必依、执法必严、违法必究，建立和完善安全生产法制秩序。按照“四不放过”原则，严格实行安全生产责任追究制度。促进安全生产监督管理方式从主要依靠行政手段管理向依法管理转变，从经验型向技术型转变，从事后处理向事前预防转变，真正实现安全生产关口前移。企业要严格按规定交纳安全生产风险抵押金，提足用好安全生产费用，全面推进安全标准化工作，不断提升安全生产管理水平。

强化各级安全生产责任制

明确各级领导干部安全生产责任制，层层落实责任。对各地区、各有关部门和企业完成年度生产安全事故控制指标情况进行严格考核，并建立激励约束机制。政府主要领导负总责，分管领导负责其工作职责范围内分工的安全生产责任，把安全生产纳入政绩考核指标体系。严格执行安全生产行政责任追究制度。煤矿、金属与非金属矿山、危险化学品、道路交通、水上交通、消防、建筑、旅游、特种设备等有关行业主管部门应将安全生产纳入本行业发展规划，指导本行业相关企业落实安全生产主体责任，企业发生重大生产安全责任事故，追究事故企业主要负责人责任。

加强安全生产监管监察能力建设

加强各级政府和有关部门的安全生产监管、执法队伍和执法能力建设，建立政府直管安全监管体系，保障安全生产监管机构设置及人员、设施和装备等配备到位。进一步加强安全生产基层基础建设，督促企业依法落实安全生产管理机构和人员。强化安全生产监管监察人员政策理论、法律法规和业务知识学习，加强党风廉政建设，不断提高安全生产监管监察队伍素质和服务水平。充分发挥各级政府安委会及其办公室的作用，加强安全生产综合协调，切实履行安全生产监督管理部门综合监管职责，不断研究、创新综合监管方法与手段，加强对各行业监管部门和主管部门履行安全生产监管职责的监督、检查和指导。坚持安全与生产的紧密结合，坚持执法与服务并重，坚持改进工作作风、工作方法，坚持依靠地方政府、依靠基层、依靠企业、依靠广大群众，不断提高监管能力和水平。

建立多元化安全生产投入机制

加强对高危行业企业安全生产费用提取和使用管理的监督检查，进一步完善高危行业企业安全生产费用财务管理制度，依法加强道路交通事故社会救助基金制度建设，加快建立完善水上搜救奖励与补偿机制。高危行业企业探索实行全员安全风险抵押金制度。完善落实工伤保险制度，积极稳妥推行安全生产责任保险制度。

建立企业、政府和社会共同参与的多元化安全生产投入机制。利用税收、信贷、保险费等经济手段激励企业加大安全生产投入。市、县两级政府要按照人均不低于5元的标准建立安全生产专项资金并纳入年度财政预算，用于保障公共安全基础设施建设、安全生产重点工程项目、安全生产保障体系建设、重大事故隐患治理、安全生产监管工作等公益性和公共安全服务体系投入。支持引导社会资金投入安全生产基础性建设。

建立保险和事故预防相结合的机制

建立责任保险与事故预防相结合的机制，完善保险制度。扩大保险覆盖面。建立企业负责人自觉保障安全投入，努力减少事故的机制。依法建立工伤保险制度，企业必须及时为从业人员足额交纳工伤保险费。在高危行业实行人身意外伤害保险。

积极推动安全生产技术服务社会化

依靠市场机制配置安全生产资源，大力培育安全技术培训、检测检验、安全评价、安全咨询等社会中介机构，完善安全生产技术服务体系，为企业安全生产和政府监管监察提供技术服务。完善中介机构的准入制度，依法加强监督管理，严格资质认证、考核和责任追究制度、黑名单制度。积极培育安全生产技术服务市场，营造良好的市场环境和政策环境，推进中介机构按照市场机制运行，实现安全生产技术服务的社会化、市场化、产业化。积极探索中小企业安全技术托管模式和推行大企业对口帮扶小企业模式，解决工业化、城镇化和非公有制经济发展过程中安全技术和安全管理人员短缺问题，为中小企业安全生产管理提供人才和技术服务保障。

严格市场准入

根据产业发展规划依法提高企业安全准入条件，淘汰落后产能、工艺和设备。把符合安全生产标准作为高危行业企业准入的前置条件，实行严格的安全标准核准制度。矿山建设项目和用于生产、储存危险物品的建设项目，应当分别按照国家有关规定进行安全条件论证和安全评价，严把安全生产准入关。严格落实建设项目安全设施设计、施工、建设“三同时”制度。严格新建、改建、扩建企业的安全生产许可审批。规范并加强安全产品、安全设备及设施、安全中介服务的市场准入。

强化人才队伍建设

建立政府引导、企业投入、院校支撑的三方合作机制，以贵州大学六盘水能源矿业学院和六盘水职业技术学院等教育培训机构为依托，设立安全管理、安全技术、安全工程等（在大中专院校增设）安全生产急需的专业，培养一批有技术、懂管理的高素质实用人才。充分发挥注册安全工程师的作用。加强对政府监管人员的业务培训。进一步强化高危行业企业主要负责人、安全管理人员、从业人员（含特种作业人员）的培训。加强对企业特别是中小企业安全培训的组织指导和监督检查。加强矿山、危险化学品和建筑等行业的农民工安全知识和技能培训。

倡导先进的安全文化

进一步开展安全生产宣传教育工作，普及安全文化，提高全社会安全意识和公众安全素质。扶持、引导和发展安全文化产业，创造更多更好的安全文化产品。加大新闻媒体安全生产宣传和舆论监督力度，建立安全生产信息公告和新闻发布制度，发挥群众监督和社会监督的作用，设立全市统一的安全生产违法行为及事故举报电话，鼓励举报安全生产违法、违纪和违规行为。以安全发展为主题，深入开展“安全生产月”“安全生产万里行”等社会性、群众性宣传活动，动员社会各界广泛参与，在全社会形成关爱生命、关注安全的舆论氛围，同时强化从业人员的安全培训和教育，提高从业人员的安全文化素养，实现从要我安全到我要安全的根本转变。通过普及安全文化，提升全社会安全意识和全民安全素质，保障各行业安全生产步入健康轨道，确保六盘水市经济社会又好又快发展。

二、规划实施情况

“十二五”期间，全市安全工作坚持安全第一，预防为主，综合治理的方针，坚持安全发展理念，牢固树立红线意识，坚守安全底线，不断完善安全生产责任体系，强化企业主体责任，深化“打非治违”、“六打六治”专项行动，实施科技强安战略，扎实开展煤矿安全教育实践活动，大力推进煤矿安全生产治本攻坚和瓦斯治理攻坚活动，狠抓煤矿安全生产八个百分百和各行业领域隐患排查治理，全市安全生产工作取得显著成效，全面实现“十二五”规划目标。

1.“十二五”规划指标提前完成。“十二五”期间，六盘水市安全生产四项相对指标均呈较大幅度下降，各类生产安全事故死亡人数和较大以上事故起数、死亡人数得到有效控制，煤矿、交通等行业领域生产安全事故得到有效遏制。在全市GDP首次迈上千亿台阶（1042.73亿元）且连续保持两位数增长的同时，生产安全事故起数和死亡人数保持逐年下降，由2010年的245起196人减少至2015年的81起48人，下降幅度分别为66.9%和75.5%。2013年起各类生产安全事故死亡人数降至100人以内。2015年煤矿实现零死亡。危险化学品、烟花爆竹、水上交通、渔业船舶、农业机械等行业领域在“十二五”期间未发生生产安全死亡事故。

2015年，四项相对指标均圆满完成“十二五”规划目标。亿元国内生产总值生产安全事故死亡率为0.040，道路交通万车死亡率为0.922，工矿商贸从业人员十万人生产安全事故死亡率为0.252，煤矿百万吨死亡率为0。其中亿元GDP生产安全事故死亡率0.040（全国0.107，全省1.106）和道路交通万车死亡率指标0.922（全国2.123，全省1.759）完成情况已经优于全国、全省平均水平。

“十二五”安全发展规划主要指标完成情况

表3–2

序号	指标名称	2010年	2015年	规划降幅	实际降幅	比规划降幅下降
1	亿元国内生产总值生产安全事故死亡率	0.405	0.040	50.0%	90.1%	40.1%
2	道路交通万车死亡率	3.340	0.922	30.1%	72.2%	42.1%
3	工矿商贸从业人员十万人生产安全事故死亡率	9.990	0.252	26.3%	97.5%	71.2%
4	煤矿百万吨死亡率	1.530	0.000	47.5%	百分百	52.5%
5	各类事故死亡总人数	196	48	–	75.5%	–
6	较大事故起数	11	3	–	72.7%	–
7	重大事故起数	0	0	–	–	–
8	工矿商贸企业事故死亡人数	70	4	–	94.3%	–

2.安全生产责任体系和体制机制逐步完善。六盘水市委、市政府高度重视安全生产工作，把安全生产纳入全市经济社会发展总体战略，并把安全生产作为全市坚守的三条底线之一，在制度建设、资金投入、政策支持、安监队伍保障能力建设等方面采取了一系列重大举措，出台了《六盘水市贯彻落实〈贵州省实行安全生产党政同责一岗双责齐抓共管暂行规定〉的实施意见》的通知，全市安全生产责任体系实现“五级五覆盖”，规模以上工业企业实现“五落实五到位”。全市各级政府、各行业各部门严格落实

“三定”职责，全面落实安全生产“党政同责、一岗双责”和“三个必须”，形成党委政府统一领导，部门依法监管，企业主体负责，群众积极参与，社会广泛监督的安全生产格局。为确保安全投入保障，市级财政将安全生产专项经费纳入同级财政预算，每年按人均5元计算标准安排1600万元安全技改专项资金，用于安全监管能力建设和生产经营单位安全技术改造。坚持从严控制指标，建立安全生产目标责任考核体系，实现安全生产和重大事故一票否决，每年在省安委会下达的控制指标基础上，制定了更加严格的安全生产工作目标，分解下达各县区、各行业主管部门。

3. 安全生产监管保障能力得到加强。全市建立了市、县（特区、区）、乡（镇）、村（社区）四级安全生产监管网络。安全监管队伍建设得到加强，全市安监系统核定编制由2013年3月底前的768人调增到1529人，2015年底在编人数978人，其中从事安全监管人员799人。市委市政府高度重视基层安监机构建设，省、市投入安全技改财政专项资金2818万，用于安监队伍执法装备配置和基层20个安监站的保障能力建设。重点乡镇建立基层安监站，给予编制，配备人员，保证安全生产工作基础扎实有力，彻底改变基层安监站人员不足，兼职人员偏多，专业人员匮乏的情况。2015年，全市完成重点乡镇基层安监站建设，配备执法装备。按照每矿2人（重点监管煤矿配备3人）派驻了驻矿安监员，现全市共派驻375人。制定了《驻矿安监员守则》《驻矿安监员日常检查日志》等安全监管制度，切实发挥驻矿安监员前方哨兵作用。

4. 各行业领域安全基础不断夯实。一是煤矿行业扎实推进全市煤矿企业兼并重组，矿井数量已从2010年的306个（国有煤矿29个，地方煤矿277个）减少至252个（生产及试运转矿井190个，建设矿井62个）。全市70个矿井实现采煤机械化，以产能为基数，全市采煤机械化程度为69%。实现机械化掘进（含机械化装载）矿井共有139个，以矿井为基数，全市掘进机械化率为55.1%，建设采掘机械化示范矿井30个。全市生产矿井全部达到安全生产标准化二级及以上，40个矿井达到安全生产标准化一级，建成“六化”示范矿井70个。全市110个30万吨/年及以上煤矿企业均配备了物探设备，水害防治能力进一步提升。二是“十二五”期间，金属和非金属矿山通过整顿关闭和砂石土资源整合，取缔关闭安全生产条件不符合产业政策的金属和非金属矿山344座。全市金属和非金属矿山控制在500座以内，其中砂石土矿山控制在188座以内。二级安全生产标准化企业6家，三级安全生产标准化企业429家。开展示范项目建设28家。3家地下矿山完成安全避险“六大系统”建设和使用。三是大力推进危险化学品及烟花爆竹生产工艺自动化改造和重大危险监测监控建设。全市危险化学品企业全部达到安全标准化三级及以上水平。危险化学品重大危险源共有12处，其中8处生产企业安设了DCS控制系统及调度室，厂区内全部实现现场视频监控。2015年底完成124座加油站油气回收系统改造。完成化工企业生产装置自动化改造3家。全市烟花爆竹生产企业3家全部完成了机械化改造，实现机械化混药、装药、全程视频监控、人药分离，实现无药插引、机械插引。烟花爆竹生产经营单位达到安全标准化三级以上水平。四是道路交通领域全市所有县（特区、区）建成省、部级平安畅通县区，公安系统天网工程共投资7000多万，建成了市、县中心城区交通智能监控和指挥调度系统，完善信号控制系统27个，全市危险路段的整治率达到75%，全市现场执法处罚率达到90%以上。五是消防火灾、建筑施工、特种设备、民爆器材、水上交通、农业机械、渔业船舶等重点行业（领域）安全监管工作得到进一步加强。

5. 安全生产信息化水平大力提升。市县财政共投资3757万元建成市、县安监系统安全生产管理信息化平台，全面实现远程监控、移动指挥、数据传输、信息共享、分级报警响应和分类处置功能，全市209处正常生产建设煤矿、30家非煤等行业企业全部实现企业、县区、市及信息化平台联网运行。在全市正常生产建设煤矿井下安装818路视频监控，对煤矿井下采掘工作面等重要作业场地实现了全程监控。结合六盘水市安全生产实际，开发应用了隐患排查治理系统、驻矿安监员日志系统、煤矿矿长带班下井日志系统和采掘工程管理系统，大大提高政府监管能力和企业安全管理水平。

6. 应急救援体系建设取得新突破。一是市、县两级安全生产应急管理机构基本组建完成，建立了涵盖46家市安委会成员单位横向应急联络机制和市、县、乡、企业四级纵向联络机制；二是安全生产应急预案体系基本形成，建立完善安全生产总体预案1个，专项预案15个，完成企业预案备案669个；三是健全完善全市应急管理专家库，现库内包含有21个行业领域124名专家；四是重点行业领域应急救援队伍建设稳步推进，煤矿矿山专职救护队伍18个，现有专职救护队员1073人，兼职救护队员2207人，加强了危险化学品、消防、建筑施工、特种设备、电力等重点行业领域专兼职应急救援队伍建设；五是启动了市、县两级互联互通的安全生产应急指挥平台建设工作。

7. 职业危害防治工作取得新进展。建立了全市作业场所职业病危害因素申报系统，申报企业1360家，其中重点监管企业503家。构建了全市职业卫生技术服务支撑体系。丙级职业卫生技术服务机构3家，职业健康体检机构15家，职业病诊断机构3家，13名专家入选全省职业卫生专家库。

8. 宣传培训教育卓有成效。一是近五年完成煤矿、非煤、危化、职业健康、道路运输、安全生产信息化、冶金工贸等八大行业的从业人员及特种作业人员培训11.75万人次，培训行政执法人员1500人次；二是全面开展普法和依法治理宣传教育，以“安全生产月”、“5·12”防震减灾日、“11·9”消防安全宣传日、“12·4”全国法制宣传日、安康杯安全知识竞赛等活动为载体，加大“六五”普法宣传力度，大力推动安全生产宣传教育进企业、进社区、进乡村、进校园、进家庭，向基层和企业发放各种安全读物、宣传教材，企业职工、社会群众广泛参加各种形式普法竞赛活动，全市人民群众安全意识显著提高。

第三节 “十三五”规划

（2016年—2020年）

“十三五”时期是落实国家全面依法治国方针，全面推进依法治市，实现安全生产状况根本好转目标的决战时期，国家区域开放战略和新一轮西部大开发给六盘水市发展带来机遇，同时经济结构转型和发展方式升级也为安全生产带来新挑战、新任务。科学编制实施安全生产“十三五”规划，对于坚持安全发展、科学发展，构建和谐社会，推动安全生产与经济社会协调发展，促进安全生产状况全面好转具有十分重大的意义。

一、发展形势与环境

“十三五”时期，六盘水市处于工业化、城镇化、农业现代化进程的快速推进时期，安全生产进入攻坚克难的治本关键期，随着国民经济发展进入增速换挡和提质增效的新常态，安全生产既要妥善解决历史遗留问题，又要积极应对新情况、新挑战，任重道远。从事故发展规律看，生产安全事故起数和死亡人数继续下降的大趋势不会改变，但降幅将逐渐趋缓，下降缓慢，较大、重大事故可能波动反复，部分行业领域和局部地区事故会有所反弹；从劳动力要素看，大量农村劳动力短期内转化为产业工人，人员安全技能和素质难以快速提升，事故风险增加；从产业结构看，生产性服务业等战略新兴产业快速发展，非传统高危行业安全风险凸显；从资源要素看，随着工业化、城镇化的不断推进，交通、能源等资源环境承载能力的刚性约束和城市安全的脆弱性将会日趋明显。

“十三五”时期，生产安全事故预计呈现诱因多样化、类型复合化、波及范围扩大化和社会影响持久化的特征。安全生产工作进入以实现安全发展为目标，推动经济社会发展转型，保障和改善民生的新阶段。因此，六盘水市安全生产工作既面临着许多机遇和有利条件，也面临着不少挑战和不利因素。

1.有利条件

一是党中央、国务院、省委、省政府、市委、市政府高度重视，为加强安全生产工作提供了根本保证。党的十八届三中全会作出深化安全生产管理体制改革，建立隐患排查治理体系和安全预防控制体系的重大决策部署。习近平总书记提出：“各级党委政府要增强责任意识，坚持管行业必须管安全，管业务必须管安全，管生产必须管安全，而且要党政同责、一岗双责、齐抓共管”，要强化红线意识，要求发展决不能以牺牲人的生命为代价。党中央、国务院对安全生产的高度重视和采取的主要措施，明确了安全生产工作的重要性和必须切实抓好的关键环节，安全生产深化改革全面启动，党政同责、一岗双责、齐抓共管已经形成。二是安全发展理念不断深入人心，安全生产责任体系和体制机制不断完善，为实现安全发展奠定了坚实的基础。省委将安全生产体制机制改革列为全省深化改革的重点项目之一，出台了《贵州省实行安全生产党政同责一岗双责齐抓共管暂行规定》，六盘水市委办、市政府办印发《六盘水市贯彻落实〈贵州省实行安全生产党政同责一岗双责齐抓共管暂行规定〉的实施意见》的通知，2015年底已经百分百做到“五级五覆盖”（即各级党委、政府都制定党政同责，政府主要负责人都担任同级安委会主任，各级党委政府都签订了一岗双责责任书，相关部门都按“管行业必须管安全”的要求落实安全监管职责，各级安监机构每季度均向同级组织部门报送安全生产情况并纳入领导干部业绩考核）。推动重点行业领域安全生产责任“五落实五到位”。全市上下对安全生产发展重要性的认识不断提高，一岗双责长效机制不断完善。依法治安工作得到切实推进，为“十三五”时期安全工作奠定了坚实思想基础和制度保障。三是随着国家新一轮西部大开发战略的深入实施，经济发展方式转变不断加快，综合经济实力不断增强，形成有利于安全发展的经济社会发展方式。转变经济增长方式，是国家和贵州省深入贯彻落实科学发展观、保持国民经济平稳健康可持续发展的重要举措。2015年5月，《中共中央国务院关于构建开放型经济新体制的若干意见》指出：“继续实施西部开发”，为六盘水市特色农业、矿山装备制造、能源、冶金等走出去带来机遇，为科技创新、人力资源、现代金融等引进来带来机遇。随着国家新一轮西部大开发战略的深入实施，国家将对西部实行差别化的经济政策，西部地区基础设施建设和基本公共服务将成为国家支持的重点，交通、水利、城市棚户区改造等重点基础设施建设将更多地向西部倾斜，这为六盘水市交通、水利等基础设施建设带来机遇。市委、市政府坚持主基调主战略，牢牢守住发展、生态和安全三条底线，进一步深化改革开放，进一步强化创新驱动，进一步调整优化结构，进一步保障改善民生，进一步建好生态文明，促进经济持续健康发展、社会和谐稳定，客观上为安全生产提供了治本之策，加快了安全生产治理进程。四是“四个全面”的协调推进为依法治安、深化安全生产领域改革推动全市安全发展提供了强力保障。全面建成小康社会、全面深化改革、全面推进依法治国、全面从严治党既是实现中国梦的战略指引，同时也对推动依法治安、深化安全生产领域改革和安全发展迈上新台阶提供了强力保障。“十二五”期间，随着新修订的《安全生产法》的深入宣传贯彻，依法治安工作的有序推进，全市安全生产法制建设进一步加强，政策措施进一步完善，安全生产监管手段进一步丰富，生产经营单位安全生产主体责任进一步落实，全民安全意识进一步增强，为做好“十三五”时期安全生产工作奠定了良好的基础。五是国家实施“中国制造2025”战略，为六盘水市装备制造发展带来机遇。六盘水市人民政府被列入“云上贵州·安全云”项目建设副云长单位，将会为六盘水市企业机械化、信息化、自动化、智能化发展注入新的活力，大力提升企业本身安全水平，促进安全发展。六是坚守“三条底线”，为六盘水市安全发展指明方向。市委、市政府提出坚守发展速度不能慢、环境质量不能降、安全生产不能松三条底线，思想上更加重视，坚持人民利益至上，牢固树立安全发展理念，强化安全底线思维。安全生产作为三条底线之一，安全发展理念深入人心，为六盘水市做好“十三五”期间安全工作指明了方向。

2. 面临挑战

一是以人为本，安全发展，构建和谐社会对安全生产工作提出了更高的要求。随着经济社会的发展，人民群众物质生活、文化、法制意识、安全生产意识不断提高，安全生产从业人员更加重视自身的安全与职业健康。落实科学发展，构建以人为本的和谐社会，对安全生产工作提出了更高的要求。企业的社会责任和劳动用工标准等问题愈来愈引起关注，企业的安全生产问题将决定企业的可持续发展，是企业参与市场竞争的重要保障，必须改善安全生产条件。二是全面建成小康社会新的目标要求。全面建成小康社会，要求不断改善和发展生产力，有效遏制生产安全事故，让人民群众充分享有安全工作、健康生活的权益。“十三五”时期是全面建成小康社会决胜阶段。经济保持中高速增长，实现人民生活水平和质量普遍提高，人民文明素质和社会文明程度显著提高、生态环境质量总体改善，各方面制度更加成熟更加定型。三是高危行业的安全基础薄弱和非传统高危行业安全风险凸显，加重了安全生产的压力。“十三五”期间，煤炭产业依然是六盘水市的主要经济支柱，虽然在大力推进“六化”矿井建设，但安全基础还较薄弱。随着经济发展方式的转变和产业结构的调整过程中，城乡一体化、人口密集化、工厂园区化、工艺复杂化、运行高速化、高度关联化水平不断提高，安全生产工作将会面临诸多新问题、新挑战，生产安全事故的多发行业（领域）已由相关传统行业（领域）向城市交通、建筑施工、消防和运行维护等行业（领域）以及特殊地区（社区、园区）转移，油气输送管道、城市燃气、高速铁路和公路运输、城市轨道交通、高层建筑、劳动密集型生产加工企业等方面的安全风险越来越大，安全生产风险日趋加大。四是高速铁路建成通车，高速公路里程增多，交通安全管理难度加大。六六高速、杭瑞高速毕都段建成通车，六盘水市实现县县通高速，境内高速公路里程较以往大幅增加。“十三五”期间，沪昆高速铁路、六安城际铁路将建成通车，六盘水市境内首次出现新的监管行业，由于一些配套基础设施建设相对滞后，交通安全管理难度加大。五是六盘水市增加民航带来新的安全管理领域。月照机场属国内支线机场，是六盘水市立体交通的重要一环、标志性工程，2014年11月28日，月照机场正式通航，已确定开通北京、上海、广州、重庆、昆明、贵阳等6条航线。航空监管面临保障能力与民航业发展不协调、不适应的局面，在刚性需求持续增长的情况下，民航的安全发展将面临严峻的挑战。六是国际职业安全健康管理体系（OSHMS）的推广，需要企业改善劳动条件，加大安全生产投入，减少职业危害，提升安全生产管理水平。随着全球经济一体化的发展，国内企业将逐渐建立起与国际接轨的职业安全健康管理制度，以强化安全管理，提高安全水平，确保安全生产，提高竞争能力。OSHMS是企业在国内、国际市场竞争中赢得优势和市场准入的通行证。七是信息化、现代化社会的发展，将使人流、物流高度集聚，城市交通、信息、公共环境等将承受更大的压力。必须加大对社会公益保障性和基础设施的安全投入，提高应对突发事件的能力，打造安全环境，保障全市社会和经济发展安全。八是行政审批制度改革和前置性审批的取消，新的小微企业将大量涌现，安全监管任务加重。如何正确处理鼓励发展小微企业与严把安全生产关之间的关系，为小微企业安全发展、科学发展提供高效良好的安全监管服务，是全市负有安全生产监督管理部门必须面对和解决的新课题。

二、指导思想、基本原则和规划目标

（一）指导思想

以科学发展、安全发展为指导，全面贯彻党的十八大、十八届三中、四中、五中全会，省委十一届六次全会和市委六届九次全会精神，协调推进“四个全面”的战略思想和战略布局，认真贯彻落实习近平总书记和李克强总理对加强安全生产工作重要指示批示精神，坚持以人为本、生命至上理念，坚守红线意识，以推进安全发展、实现平安健康为主题，以构建安全预防控制体系为主线，统筹安全生产与经济社会发展，聚焦安全生产依法治理，聚焦体制机制改革创新，聚焦安全科技引领驱动，加强安全基础建设，提升安全保障能力，切实解决影响安全生产和损害群众安全健康的突出问题，全面推进安全生产历史性转变，确保2020年安全生产状况实现根本性好转，为全市守底线、走新路、奔小康创造良好稳定的安全生产环境。

（二）基本原则

——以人为本，安全发展。牢固树立以人为本、安全发展的理念，始终把安全生产放在首要位置，以安全第一、预防为主、综合治理的安全生产方针为引领，坚持安全生产是经济发展的最大前提，把安全生产贯穿于规划、设计、建设、生产、流通、消费各环节，坚守红线，夯实安全基础，强化安全保障，坚持安全生产系统治理、依法治理、综合治理、源头治理，规范、公正、文明执法。

——统筹规划，分步实施。正确处理安全生产与经济社会发展的关系，坚持把安全生产放在重要的战略位置，同步规划、同步实施、同步发展。按事权、财权合理划分各部门及县区各级的任务，实现各司其职、各负其责。根据现实需要和实际能力，分级分步组织实施，体现规划的可操作性。

——稳步推进，注重实效。各县（特区、区）和各部门根据辖区不同类型地区和行业特点，采取针对性措施，分类指导，积极探索安全生产工作新经验、新做法，注重实际效果，稳步推进安全生产工作，提高工作质量和水平。

（三）规划目标

到2020年，基本形成责任全覆盖、管理全方位、监管全过程的安全生产现代化综合治理体系；基本形成规范完善的安全生产法治秩序；建立健全安全生产责任体系、事故隐患排查治理体系、安全预防控制体系；切实增强安全生产监管保障能力、应急救援能力和公共服务能力；企业安全管理水平普遍提高、主体责任意识明显增强；重特大事故得到有效遏制，事故总量继续下降，以煤矿为重点的高危行业领域生产状况显著改善，职业危害得到控制，全市安全生产与全国全省同步实现根本好转。

“十三五”安全发展规划指标

表3-3

序号	指标名称	2020年规划值	累计降幅	备注
1	生产安全事故死亡人数	/ /	6%	降幅与2015年值比
2	重特大事故起数	0	–	
3	亿元国内生产总值生产安全事故死亡率	0.06	57.1%	降幅与“十二五”平均水平比
4	工矿商贸就业人员十万人生产安全事故死亡率	1.12	72.9%	
5	道路交通万车死亡率	1.65	2.8%	
6	煤矿百万吨死亡率	0.17	75.4%	
7	千名就业人员生产安全事故率	/	15%	
8	十万从业人员职业病新发病例率	5.5	–	

三、主要任务

（一）依法治安，开创安全生产法治新常态

全面依法治国，要求坚持安全生产、系统治理、依法治理、综合治理、源头治理，坚持规范、公正、文明执法，加快形成科学有效的安全生产社会共治模式。

1. 制定完善与《安全生产法》相配套的法律、行政法规。以新《立法法》扩大地方立法权为契机，制定、完善与《安全生产法》《贵州省安全生产条例》相配套的法律、行政法规，完善全市安全生产法制体系，使相关的安全生产法律法规能够成为“依法治安”工作中被作为依据的“法”，确保依法治安的基础和前提条件。

2. 加大《安全生产法》等法律法规宣传力度。充分利用广播、电视、网络、报纸、杂志等各类媒体，采取集中培训、专题讲座、知识竞赛等形式，对《安全生产法》及其相关修订后的法规、规章和标准规范等进行宣传，让各级党委、政府、每一个监管部门、每一户企业、每个从业人员都熟悉、领会、掌握法律法规。

3. 督促企业抓好安全生产法律法规和标准规范的落实。通过依法进行行政许可和审批，依法开展执法检查和进行行政处罚，依法开展生产安全事故调查和进行责任追究，通过对各类专项整治、专项治理、打非治违专项行动等安全监管工作，督促企业严格落实安全生产主体责任，加大安全投入，强化安全教育和培训，依法开展隐患排查治理，强化应急救援管理，依法进行生产经营活动。

4. 开展安全监管执法规范性建设，完善依法治安体制机制。制定安全生产监管监察执法手册，规范执法程序、明确执法标准，统一执法文书；推动安全生产监管执法内容表格化，明确执法重点和主要内容；建立健全安全生产政府法律顾问、执法行为审议制度及重大行政执法决策机制；进一步完善联合执法制度、隐患排查治理制度、事故和隐患举报制度；健全安全生产监管、执法考核监督制度，开展定期考核并将结果适时公开，主动接受舆论和社会监督；制定加强安全生产监管执法的实施意见，细化行政执法自由裁量标准，规范行政强制措施实施；加强安全生产执法保障能力、执法标准化建设，提升监管执法队伍素质和能力。

（二）改革创新，构建安全生产管理新体制

1. 推进安全生产行政审批制度改革。简政放权，依法下放有关行政许可事项，按《安全生产法》的规定，取消高危行业建设项目安全设施竣工验收和生产经营单位主要负责人和安全生产管理人员资格证的核发二项行政审批。行政审批事项和行政服务事项受理、审查、审批（决定）、制证、送达五项流程全程进驻政务中心，实现行政审批一站式服务。推进“三集中三到位”，缩减行政许可办理时限，提高行政审批效能和服务水平。优化安全生产权力运行流程，推广应用安全生产行政权力“一库四平台”（行政权力项目库、行政权力网上运行平台、政务公开服务平台、法制监督平台、电子监管平台）。

2. 完善安全生产责任体系。进一步完善和落实好各级党委、政府安全生产党政同责、一岗双责、齐抓共管的要求，和管行业必须管安全、管业务必须管安全、管生产经营必须管安全的安全生产监管工作原则，明确各级党委、政府各部门的安全生产工作职责。建立健全安全生产责任考核机制，通过强化监管责任和企业主体责任的落实和考核工作，建立起生产经营单位负责、职工参与、政府监管、行业自律和社会监督的机制。做好安全监管工作上下级之间的衔接对应，着力破解制约安全发展的体制机制障碍，创建统一协调、权责明晰的安全生产监管新体系。

3. 创新安全生产监管方式。健全完善和认真落实重大隐患治理逐级挂牌督办、公告、整改、评估制度。完善重大危险源动态监管及监控预警机制。在安全生产“黑名单”制度的基础上，建立安全生产诚信制度，将安全生产诚信记录纳入社会信用体系，建立与企业信誉、项目核准、用地审批、证券融资、银行贷款等方面挂钩的安全生产约束机制。建立安全生产诚信约束机制，建设企业安全生产信用记录信息库，2016年建立安全生产违法信息库，2018年实现全国联网，并面向社会公开查询。

4. 强化社会舆论监督。发挥工会、共青团、妇联等人民团体的监督作用，依法维护和落实企业职工安全生产知情权、参与权与监督权。发挥新闻媒体舆论监督作用，充分利用网站、微信、微博等新媒体拓宽和畅通安全生产社会监督渠道，充分发挥网站举报信箱、“12350”安全生产举报投诉电话等群众监督渠道的作用，鼓励单位和个人举报安全隐患和各种非法违法生产经营建设行为，推进全民参与和监督安全生产工作。

5. 加强对安全生产中介机构的培育和监管。将安全生产社会化服务作为企业隐患排查治理体系建设的重要补充，坚持市场主导、政府推动、社会参与、企业自主，以企业购买服务为主要形式，积极引导专业服务机构参与安全生产社会化服务。通过搭建起企业安全生产市场化服务平台，切实解决广大小微企业安全生产无人管、不会管、管不好的问题。加强对安全生产中介机构的培育和监管，努力创建公开透明、竞争有序、服务规范的安全生产社会化服务市场。

（三）落实责任，促使安全管理水平上台阶

1. 严格企业落实主体责任。督促企业进一步制定完善企业主体责任体制。督促企业严格遵守安全生产有关法律法规和政策措施，依法建立安全生产管理机构，配备安全生产管理人员。督促企业建立健全各项安全生产管理规章制度和相应的考核机制并抓好制度落实。督促企业严格执行安全生产和职业卫生“三同时”制度，保障安全生产的投入。督促企业认真排查安全生产隐患并按“五落实”要求认真整改。督促企业实行全员安全培训，定期召开安全会议和开展培训教育，督促企业依法为职工参加各项社会保险，保障劳动者合法权益，提高企业应对安全生产抗风险能力。

2. 深入推进安全标准化建设。在工矿商贸和交通运输行业（领域）深入开展安全生产标准化建设，重点突出危险化学品、煤矿、非煤矿山、交通运输、建筑施工、烟花爆竹等行业（领域）。进一步加强企业安全生产规范化管理，推进全员、全方位、全过程安全管理；严格把关，分行业（领域）开展达标考评验收；不断完善工作机制，将安全生产标准化建设纳入企业生产经营全过程，促进安全生产标准化建设的动态化、规范化和制度化，有效提高企业本质安全水平。

2020年企业落实主体责任主要指标

到2020年，对规模以上企业落实安全生产主体责任实施量化考评，安全责任承诺书签订覆盖率达到百分百；重大隐患整改率达到百分百；规模以上工业企业安全生产标准化达标率达到百分百。

（四）重点治理，推动安全风险管控精准化

煤矿：深化煤矿“双七条”，大力推进安全质量标准化体系建设，建立暗查暗访、随机抽查制度。严格煤矿企业采掘合理布局，严格煤矿安全生产技术标准和煤矿产品、设备安全准入。完善井下爆破等重点环节安全管理制度。

深化煤矿瓦斯、水害、火灾综合治理，强力推进瓦斯先抽后采和区域性防突，实施保护层开采、区域预抽、石门揭煤管理等防范措施。推进煤矿兼并重组期间安全专项整治。推进小煤矿集中矿区开展区域性水害普查治理。健全灾害监控、预测预警和防治技术体系，严厉打击煤矿“五假三超”行为。

加大煤矿瓦斯防治能力评估，推动瓦斯综合利用和产业发展。2020年全面推进“采煤、采气一体化，采煤必须先采气，采气必须利用”，减少因瓦斯引发的煤矿安全事故，推动瓦斯零超限、零事故，全市井下瓦斯抽采量12.8亿立方米，井下瓦斯利用率达到60%以上。严格落实煤矿瓦斯防治《十条规定》，强化矿井瓦斯防治工作。推进瓦斯先抽后建、先抽后采、抽采达标。高瓦斯煤矿企业建立瓦斯抽采达标评估体系，建立完善瓦斯抽采达标的检查、考核、奖惩等制度，严格落实抽采达标。落实瓦斯抽采的财政补贴、税费优惠、发电上网等政策。推动煤矿瓦斯综合治理工作体系示范矿井建设，实现煤矿瓦斯抽采规模化利用和产业化发展。

切实做好隐蔽致灾因素普查工作。煤矿企业要加强建设、生产期间的地质勘查，查明井田范围内的瓦斯、水、火等隐蔽致灾因素，未查明的必须进行补充勘查，否则一律不得继续建设和生产。各煤炭企业（集团）公司要建立健全隐蔽致灾因素普查治理机制，明确隐蔽致灾因素普查治理相关内容和制定实施计划，并将隐蔽致灾因素普查治理落实到位。

推进大数据、云计算技术在煤矿瓦斯、水害、火灾、顶板管理、粉尘治理等五大灾害综合治理的应用研究，推动矿井采掘、通风、提升、运输、排水、供电等系统信息化与自动化融合，加快大中型煤矿领域机械化、信息化、自动化、智能化水平的建设力度，实现机械化减人，自动化换人。推动煤矿企业实现“减矿、减面、减产、减人、减事故”，最大限度地降低安全风险，提高安全保障能力。制定完善煤矿瓦斯抽采利用的优惠政策，将瓦斯抽采利用作为新的经济增长点，实现煤矿瓦斯抽采规模化利用和产业化发展。

2020年煤矿安全生产量化目标

生产安全事故：有效减少一般事故，严格控制较大事故，杜绝重大及以上事故。

安全生产指标：全市煤矿百万吨死亡率控制在0.17以内；矿工尘肺病新发病例年均增长率下降到15%以内。

安全质量标准化：全市所有正常生产矿井达到二级及以上标准，45万吨/年及以上煤矿达到一级标准。

采掘机械化：大型煤矿采煤机械化和掘进装载机械化程度均达到百分百，有条件的中型煤矿采煤机械化和掘进装载机械化程度分别达到80%和90%。通过自动化、机械化升级改造，到2017年煤矿井下作业人员减少30%以上，

设备完好率：大型固定在用设备完好率达到百分百；机电设备完好率达到95%以上；电器设备失爆率为零。

六大系统建设：煤矿安装使用率达到百分百。

瓦斯抽采利用：“十三五”期间，瓦斯抽采12.8亿立方米，瓦斯抽采利用率达到

60%。

非煤矿山：严格淘汰落后和严重危及安全生产的工艺、设备，严厉打击非法开采等违法生产活动。实行矿山安全标准化达标，地下矿山必须按照规定要求建成安全避险“六大系统”并确保系统正常运行。加快技术改造步伐，积极采用先进、实用、安全可靠的工艺技术和装备，提高非煤矿山安全生产装备水平。要重点加大机械装备的投入力度，从采掘、装载、运输、排水、通风等环节全面提高机械化水平。加快充填采矿法等的推广应用。露天采石场要以实现规模化、台阶式开采为重点，实现机械化铲装和中深孔爆破及二次液压破碎。进一步提高洗选新工艺、新装备的应用水平，推广应用先进适用技术和装备。

专栏5　2020年非煤矿山安全生产量化目标

生产安全事故：切实减少伤亡事故，坚决杜绝较大事故及以上事故，“十三五”期间，保持零死亡。

安全质量标准化：全市所有非煤矿山和尾矿库百分百达到国家三级以上安全生产标准化水平，大中型矿山达到国家二级以上安全生产标准化水平。

实现8个百分百：“十三五”期间，百分百实现分台阶（分层）开采、百分百建立安全信息化平台、百分百机械铲装、百分百机械二次破碎、百分百实现综合防尘、百分百建立地下矿山安全避险“六大系统”、百分百实现尾矿综合利用，具备条件的百分百实现中深孔爆破

在线监测监控：三等以上尾矿库和位于敏感区的尾矿库在线监测系统安装率达到95%以上；有毒有害气体监测报警系统安装率达到百分百；大中型露天矿山高陡边坡在线监测系统安装率达到70%以上。

危险化学品：注重安全生产规划与城乡规划相结合，在钟山区、六枝特区、盘县中心城区内，一律不再审批危险化学品生产、储存项目。推进化学品库区（仓储区）开展区域定量风险评估，严控安全容量，确保安全距离。严格危险化学品和易燃易爆品项目准入关。开展危险化学品企业外部安全距离普查，推动安全距离不达标、安全生产无保障的危险化学品企业实施搬迁。完善危险化学品登记制度，建立危险化学品分级管理机制，对风险高企业实施重点监管，加强危险化学品安全生产管理。建立危险化学品信息共享和公开机制，推进危险化学品信息公开透明。加强企业安全生产标准化创建工作。对不符合产业政策的焦化企业、气体生产企业、硫酸生产企业、黄磷生产企业逐步关闭淘汰。推进企业使用先进的安全技术、安全标准、安全设施设备。加快安全信息体系建设，推动企业使用油气回收系统、DCS装备自动化控制系统、温度和压力连锁装置、紧急停车装置、有毒有害气体报警装置、4G视频监控系统，提升企业本质安全。推动化工企业对设施设计老化、工艺落后企业实施改造升级。推动油品

储罐区动态监控技术和化工自动控制连锁紧急停车系统建设。推动危化企业加强危险生产场所的导静电设施建设。

2020年危险化学品安全生产量化目标

生产安全事故：杜绝较大事故及以上事故，“十三五”期间，保持零死亡。

安全质量标准化：安全标准化三级达标企业达到百分百。

在线监测监控：生产企业危险设施设备的自动控制、自动报警、自动联锁率达到百分百；易燃易爆场所安装可燃有毒气体浓度监测报警系统视频监控系统达到百分百。油气长输管道泄漏自动检测系统安装率达到百分百。

事故防范重点：①重点部位：化学品仓储区（仓库）、城区内化学品输送管线、油气站等易燃易爆设施；大型石化生产装置；国家重要油气储运设施。②重点环节：动火、受限空间作业、检维修作业、危险化学品运输。

烟花爆竹：市中心城区内（703平方公里），一律不再审批烟花爆竹储存项目，不再审批新建、搬迁重建烟花爆竹生产企业。严格烟花爆竹市场准入，每个县级行政区域批发企业不超过两家。严格烟花爆竹布点规划，把好烟花爆竹经营许可准入关。推动烟花爆竹行业生产及批发企业改造升级，逐步实现工厂化、机械化、标准化、科技化、集约化“五化”要求。实现重点涉药工序机械化生产和人机、人药隔离操作。推进生产企业涉裸药场所导静电设施建设。加强烟花爆竹生产、经营、运输、燃放等环节安全管理和监督，严格执行产品流向登记管理制度，严厉打击非法生产经营烟花爆竹行为。

2020年烟花爆竹安全生产量化目标

生产安全事故：切实减少伤亡事故，杜绝较大事故及以上事故，“十三五”期间，力争实现零死亡。

安全质量标准化：生产、经营企业安全标准化三级及以上达标率达到百分百。全面开展烟花爆竹的烟火药、机械设备等安全性检测检验。

机械化及自动化：烟花爆竹生产企业有药工序生产的机械化、自动化程度达百分百。

工贸行业：实施冶金、机械、轻工、建材、有色、纺织和烟草等行业事故隐患专项整治。加强工贸行业内部焦化产品、煤气、液氨等危险化学品和冶炼、电解、铸造等环节的安全监管。建立健全劳动密集型加工企业安全防护设施。完善有限空间作业、交叉检修作业安全操作规范。完善非高危行业建设项目安全设施“三同时”监管工作机制。建立企业中毒窒息应急救援风险告知制度。实施高温液态吊运、涉氨制冷企业液氨使用、粉尘防爆等安全技术改造。强化外包工程安全风险预警。推动工业互联网、云计算、大数据等技术在企业生产制造、销售服务等全流程和全产业链综合安全保障试点。推进冶金企业、涉危涉爆场所高危工艺数字控制、状态信息实时监测和安全适应控制系统建设。

道路交通：积极推动交通安全整体性治理体系建设，通过各级政府和职能部门之间的各司其职、齐抓共管、协调联动，构建道路交通安全整体治理一体化体系，探索资源共享、信息互通、优势互补、协作联动、综合治理的整体性治理之路。严格客运班线审批和监管，加强班线途经道路的安全适应性评估，合理确定营运线路、车型和时段。完善客货运输车辆安全配置标准，提高客货运输车辆运行安全性能。充分运用贵州省道路交通安全综合管理平台实施对客运、危险品运输、工程运输等车辆及其驾驶人员动态监管。改革机动车驾驶人培训考试机制，建立客货运驾驶人职业教育体系，严格对职业驾驶人，特别是大型客货运车辆驾驶人和学校校车驾驶人的特殊培训。建立有效的道路交通安全审核机制，完善城市交通规划，将城市规划、土地利用和交通规划联系起来，建立交通影响评价制度，推动交通安全设施、交通管理设施与道路建设主体工程“五同步”（同步规划、立项、设计、建设、使用），优化城市路网结构，提高城市交通服务水平，2020年底，初步建立较为完善、有效的道路安全审核机制。严格落实新建、改扩建公路“三同时”制度，2020年底，使新建道路的安全性得到明显提高。加强对道路交通事故多发路段和安全隐患路段的整治，完善对重要路段的治理实行市级、县级督办制度，由各级政府及交通部门筹措资金完成治理工作。加强交通运输企业的安全监管，2020年底，在所有客、危货运输企业建立起与具有行驶记录功能的卫星定位装置、视频监控相配套的、有效的安全行车管理制度与规范。进一步完善交通事故应急救援体系，“十三五”期间，建立形成覆盖全市高速公路网络的交通事故紧急救援网，建立道路交通事故紧急救援综合信息平台。严格落实机动车安全技术检验、维修、报废制度。强化“营改非”车辆跟踪监管，严厉打击旅游大巴和客车及校车非法改装、非法营运行为。

实施公路安全生命防护工程，2017年底，完成农村公路、急弯陡坡、临水临崖等重点路段90%的隐患治理，2020年底前基本完成重点路段隐患治理，农村公路交通安全基础设施得到明显改善。强化农村道路板块治理，进一步完善省有统筹、市有规划、县有部署、乡（镇）村（寨）有落实的四级农村交通安全组织体系，不断深化主体在县、管理在乡、延伸到村、触角到组农村道路交通安全管理格局，完善贵州省农村道路交通安全管理云平台，增加农村道路交通安全管理科技投入，实现道路交通安全管理办公室（交管站）乡镇全覆盖，对农村地区人、车、路实施户籍化、精细化管理，加强各地农村道路交通安全问题的针对性治理，将通村公路危险路段治理纳入地方政府重要议事日程。大力抓好“一站一队一点”建设，发挥各种管理力量作用，建立户籍化管理台账，严格落实包保责任制度，开展各类专项整治，总结推广“一县一策”经验做法，切实遏制农村道路交通事故多发、高发势头。

构建动态查控、应急联动和区域协同的交通安全主动防控体系和机制。加强车辆超限超载情况监测，2020年底，全市百分百的货物运输主通道、重要桥梁入口处、高速公路入口处，设立公路超限检测站或装备动（静）态监测以及对使用十年以上公路桥梁安装“桥梁监测仪”等技术设备，全面禁止超限超载违法运输车辆进入调整公路，加强治超执法管理。

强化交通事故分析及预防研究，对交通系统中固有的或潜在的危险进行预测或评估，积极探索大数据深度应用，整合交通管理基础数据、公共信息数据，共享交通、气象等部门的信息资源，通过对数据进行采集、梳理、归纳、整合，强化数据挖掘、研判，制定相应的交通事故预防研判机制，进一步推进大数据、云计算技术在道路交通安全领域的应用。

2020年道路交通安全生产量化目标

生产安全事故：大力开展平安交通建设，道路交通安全形势持续平稳，生产经营性道路运输事故死亡人数逐年下降，“十三五”末生产经营性道路运输事故死亡人数控制在190人以内；遏制重大交通事故，杜绝特别重大交通事故。

安全生产目标：全市道路交通事故总量下降，道路交通万车死亡率控制在1.65以内。

安全质量标准化：应达标的道路运输企业安全标准化达标率达到百分百；贵州省道路交通安全综合管理平台户籍化录入率达到百分百；全市94个乡镇（街道办、社区服务中心）“一站一队一点”建成率达到百分百；贵州省农村道路交通安全管理云平台户籍化录入率达到95%以上。

公路安全生命防护工程：危险路段防护栏设置率达百分百；城市主要街道公交专用通道，交通平交路口减速标识设置率达90%以上。

在线监测监控：符合国家安装规定的危险化学品运输车辆GPS安装率达百分百；全市百分百的货物运输主通道、重要桥梁入口处、高速公路入口处，设立公路超限检测站或装备动（静）态监测等技术设备；全市使用十年以上公路桥梁安装桥梁监测仪达百分百。

道路交通管控：①重点管控车辆：公路客运车辆、货运车辆、危险品运输车辆、旅游包车、校车、农村面包车、非法营运车辆、工程运输车；②管控目标：大力开展和谐交通建设，提升交通参与者安全意识，通行秩序明显改善。杜绝驾驶拼装、已达到报废标准的机动车上路行驶；无证驾驶、疲劳驾驶、超载、超速以及酒后驶驾，毒驾，不按规定车道行驶等严重交通违法行为与“十二五”期间同比下降10%；汽车安全带使用率、摩托车驾乘人员安全头盔佩戴率与“十二五”期间同比提升20%。

建筑施工：以深基坑、高边坡、高支模、脚手架和建筑起重机械设备等为重点，开展建筑行业防范高处坠落、施工坍塌、高边坡专项治理，强化临时建筑物安全监管，严厉打击建筑施工非法转包、违法分包行为。推进建筑施工企业和项目安全标准化。建立工程质量安全终身责任制。全面推行在建工程项目大型超重设备备案制度。加强建筑业安全生产责任体系建设，到2020年形成完善的建筑业安全生产控制指标考核奖惩机制和事故责任追究、事故通报、事故评析、事故约谈体系。加强建筑业生产安全事故防控体系及企业安全生产诚信体系的建设，建立建筑施工企业和从业人员安全信用体系和失信惩戒机制，对建筑企业安全不良行为实行考评记分制及行政处罚制。

加强农村危房和棚户区改造安全管理。加强建筑施工安全生产技术支撑体系建设，建立市场准入、市场违规行为查处、诚信体系建设、质量安全事故处罚相结合的工作机制。

建立完善的建筑施工安全生产监督管理体系，包括施工单位的施工安全管理体系、监理单位的施工安全控制体系、建设单位的安全责任体系和政府部门的安全监管体系等，建立健全安全生产调度与统计系统、应急救援信息管理系统以及建筑施工安全生产专家信息库、重大危险源信息库等几大数据库。全面推进建筑工地安全文明施工标准化达标，完善量化评价体系与评价制度，督促企业建立市场行为规范化、安全管理程序化、现场防护标准化的建筑施工安全综合防控体系。探索建立隧道安全施工、高架桥安全施工和运营监管模式。推进重大建设项目施工现场安全监测监控系统建设。加强建筑垃圾规范化管理，强化管控，抓好建筑垃圾、工程渣土全程动态管理，把好审批关，严管重罚，保持打击违法行为的高压态势。

2020年建筑施工安全生产量化目标

生产安全事故：切实减少伤亡事故，有效防控较大事故，杜绝重大及以上事故。

安全质量标准化：建筑施工企业及其他各类施工企业安全生产条件合格率百分百；政府投资建设项目施工工地安全文明标准诚信评价A级达标率80%以上。

在线监测监控：重大建设项目施工现场安全监控系统安装率达到百分百。

事故重点防控领域和类型：①防控领域：房屋与市政工程、交通建设工程、水利建设工程、房屋拆迁工程、地质灾害治理工程。②防范类型：高处坠落、坍塌、物体打击、触电、起重伤害。

民用爆破物品：推广民爆物品购买、运输、储存、爆破作业、清退或炸药现场混制等一体化爆破作业服务，加强民爆物品使用过程的监管，重点整治民爆物品生产、销售企业外部安全距离不够等问题。优化民爆物品产品结构和生产布局，规范生产和流通领域爆炸危险源的管理。减少危险作业场所操作人员和危险品数量。严格落实公安部“两个”标准。爆破员、安全员、保管员必须持证上岗。民爆物品仓库必须符合国家关于民用爆炸物品储存库储存的规定和要求。

消防安全：推动城市、县城、全国重点镇和经济发达镇完成消防专项规划编制和修订，2016年各县区和有条件的建制镇、示范小城镇要完成本级消防专项规划的编制或修订工作，结合城乡统筹发展和“四在农家、美丽乡村”、“平安村寨建设”，在村镇建设规划中设置消防专项规划内容并按要求实施，改善农村消防基础设施落后的现状。新建城区、开发区、工业园区等在编制总体规划的同时要同步完成消防专项规划的编制，并同步建设公共消防基础设施。严格消防安全审批程序，加强消防安全源头监督管理，建立并实行建设工程消防设计、图纸审查和消防审核验收终身负责制。

加强基层消防安全监管和消防保障能力建设。严格按照国务院五部委的要求在县区、乡镇、农村（社区）、楼院划分大、中、小三级网格，明确网格消防管理人员，实行“网格化”监管模式。推进小型消防站建设标准的制定，加快推进商业密集区、老旧城区等火灾风险高区域的小型站（执勤点）建设。推进乡镇消防队建设标准的制定，推动有条件的乡镇按标准建立专职消防队，其他乡镇按标准建立志愿消防队。2020年，所有新市镇、街道、省级及以上的经济开发区、国家4A级以上旅游景区要完成消防安全工作站组建，各行政村、社区要确定专（兼）职消防管理人员。加强市政消火栓建设，基本实现城镇建成区市政消火栓建设达到国家标准。开展消防队标准化建设，配齐配足灭火和应急救援车辆、器材和消防队员个人防护装备。

建立健全“安全自查、隐患自除、责任自负”的社会消防安全管理机制，实行消防安全标准化管理。加强易燃易爆单位、人员密集和“三合一”场所，高层建筑地下室、地下空间、大型批发集贸市场、“城中村”、“棚户区”、城区老旧民房和连片村寨、住宅改建工业用房集中区域火灾隐患排查治理，完善养老院、幼儿园等脆弱性防护目标消防安全服务。打击违规使用聚苯乙烯、聚氨酯泡沫塑料等建筑材料行为。推广家庭火灾报警装置。严格重大火灾隐患立案销案和挂牌督办制度，探索利用物联网技术对设有自动消防设施的单位实行动态监管，对消防安全重点单位实行“户籍化”管理。

2020年消防安全生产量化目标

生产安全事故：全市生产经营性火灾十万人口死亡率控制在0.1以内，有效防控重特大尤其是群死群伤火灾事故。

安全标准化：宾馆饭店、商场市场、公共娱乐场所、学校、医院、老年人福利机构、展览馆、交通枢纽等人员密集场所消防安全标准化“四个能力”建设达标率达到90%以上。

消防保障能力建设：消防站建设达到应建数的85%以上，大型居住社区、旅游度假区、商务区、开发区等项目公共消防站同步规划并配套建设达到90%以上，消防安全警示与标识设置率达到百分百，符合条件的建制镇百分百建立乡镇专职消防队。

事故重点防控领域和类型：①防控领域：高层建筑、地下建筑物、（临时性建筑）人员密集场所、易燃易爆场所、棚户区、“三合一”场所。②防范类型：电气失火、用火不慎、安全出口、消防通道不畅、自动消防设施失效。

特种设备：加强特种设备安全监管。建立重点行业、重点领域、重点单位的分类监管体系，开展经常性安全专项整治行动，加大隐患排查力度。

深化安全生产责任体系建设。强化区域责任监管和安全责任追究，2017年特种设备安全考核纳入安全生产考核体系；建立特种设备动态监管系统，建立以风险管控为核心的特种设备监测、评估、预警、处置机制；以电梯为试点，以县级政府为单位，开展电梯安全管理示范区建设，进一步完善电梯安全监管社会化共治机制；建立和完善市、县（特区、区）特种设备事故应急救援预案，增强应急救援处置能力。建立特种设备（电梯）远程安全监测监控系统，对电梯进行实时监控，确保及时发现并消除隐患，保障电梯安全运行。加强特种设备检验检测机构能力建设，充分发挥检验技术机构对特种设备质量安全与节能的支撑、保障和促进作用；技术机构检验能力不断加强，能够满足对电梯、压力容器、起重机械等特种设备的在线检测，提高隐患排查能力。建立《贵州省电梯安全评估中心（六盘水）》项目，实现对“老旧”电梯进行安全评估。建立《贵州省压力管道检测中心（六盘水）》项目，对全市埋地压力管道进行在线检测，解决埋地压力管道隐患排查无技术手段的现状，为消除埋地压力管道安全隐患提供科学准确的排查手段。推进大数据、云计算及物联网技术在特种设备监管中的应用，建立特种设备信息化平台，实现资源共享。

铁路运输：督促生产经营单位强化高铁、客车安全、施工安全、劳动安全、道口安全、新线开通安全等关键环节控制，加大铁路危险品运输安全监管执法力度。强化对铁路旅客和沿线社会人员安全行为引导。推进铁路沿线安全综合治理工作，净化铁路运输安全环境。完善铁路营业线施工管理办法，强化铁路工程施工现场管理、安全标准化管理。加强对铁路沿线滑坡、崩塌、泥石流、开采沉陷等地质灾害监测和预报，严防地质灾害造成铁路生产安全事故，杜绝铁路沿线保护区域内的各类非法采掘活动。以境内高速铁路和提速干线为重点，全面整治设备质量、职工作业、安全管理、治安防范等方面存在的事故隐患。

电力安全：推进电力企业安全风险预控体系建设。安全管理实现从关注事后分析向关注事前风险分析与控制转变，特别是作业前危害辨识工作的开展，使安全管理从静态向动态，从被动、辅助、滞后向主动、主导、超前转变，从关注结果向关注过程转变，从管事故、管结果向管违章、管事件转变；安全生产工作从靠经验向执行标准转变，形成工作前先思考，工作中按标准执行，工作后进行回顾的良好行为习惯。职工风险意识有序提升，安全管理水平逐年提高。建立并完善电网大面积停电应急体系，提高电力系统应对突发事件的能力。加强电力设施保护，制定电网大面积故障应急预案，保证电网安全运行。建立健全电力事故警示通报和约谈制度。建立电力行业安全生产舆情与监测系统。加强水电站大坝安全管理，做好水电站大坝安全注册、定期检测工作。

旅游安全：进一步强化旅游行政管理部门安全生产监管责任和旅游企业安全生产主体责任。推进全市各旅行社、星级饭店等旅游企业安全标准化建设，到2020年底，全市各旅行社、旅游星级饭店、A级景区等旅游企业全部实现安全标准化达标。严格落实旅行社必须签订租车安全协议，租用资质合格、车辆状况良好且带有GPS行车记录仪的旅游车辆。加强饭店消防安全和电力设施安全监控。加强旅行社管理和从业人员培训教育，严禁无证上岗。牵头组织有关部门加强对A级景区、重点旅游景区设施、设备、区内交通安全排查，建立长效化、常态化旅游事故隐患排查与整改机制，严格落实旅馆星级饭店，四实登记制度。抓好旅游星级饭店安全管理，建立完善事故应急救援预案。联合有关部门，加强对旅游公路、A级景区的地质灾害排查与治理。

农业机械：进一步深化平安农机创建活动，结合创建工作，大力宣传安全生产法律法规，着力普及农机安全生产知识，努力营造农机安全生产社会氛围。树立农业机械全范围监管理念，开展对危及人身财产安全的农业机械安全检验工作。逐步构建农机从业人员的安全自律机制，建立以机手为主体的基层安全互助组织，增强自我约束能力。建立农机牌证机车违法信息平台，将农机牌证机车上道路行驶发生的违法行为与公安交通违法信息联网管理，有效预防农机违法行驶行为。

水库安全：大中型水库及重要小型水库建设及运行管理中均要进行水情、工情等安全监测设施建设，力争实现大中小型水库水情和工情安全监测系统联网，将水库安全作为重要考核验收指标，确保水库工程建设及运行安全。完善大中型及重要小型水库下游的防洪安全设施建设，确保水库下游防洪安全。以在建和已建水库、水电站工程、中小河流治理、病险水库等为重点，继续开展全市水利安全生产大检查工作。加强现有水库安全生产责任和管理制度的落实，做好新建水库的安全生产管理工作，完善安全监管机构和人员队伍的建设，全面落实水库大坝定期安全检查、鉴定制度和注册登记管理。

学校：积极推动各地各学校落实领导责任制，形成党政同责、一岗双责、齐抓共管工作格局。加强学校组织保障，按3%的比例配齐配送安保人员。加强经费保障，加强安全应急预案制定工作，按教育部规定定期组织师生开展应急演练；加强学校安全隐患排查，完善排查整改、销号工作机制；加强学校技防建设，到“十三五”末，建成六盘水教育系统升级联网监控为一体；加强学校物防建设，到“十三五”末达到公安局、教育局规定中小学物际建设要求；加强学校保险防范理论研究，推动重大社会问题保险法制详细建设，进一步突出“三险合一”工作；加强责任追究，严格责任落实，推动安全工作全面深入。

2020年学校安全生产量化目标

生产安全事故：2020年，全市各级各类学校10万人口死亡率控制在0.5以内，有效控制踩踏、食物中毒、垮塌、泥石流等引起的群死群伤事故。

安全标准化：2020年，学校构筑物、消防设施、食堂设施、实验室装备、多媒体设备、防雷装置、体育器材、电缆电线荷载、专用校车等全部达到国家安全标准。

安全生产能力保障：学校监控技防建设做到全覆盖无盲区，警务室设备齐全，安全标识设置率达95%以上，安保人员全部持证上岗，年培训时间不低于16学时。

事故重点防控领域和类型：构筑物垮塌、食堂食物中毒、火灾、踩踏、实验室剧毒物品引起中毒、雷击。

地质灾害：以预防为主、综合防治为导向，按照政府主导、分级负责、部门联动、全民动员、主动防灾的工作原则和生命为天、预防为主、科技先行、专业保障、群专结合、综合防治的工作方针，扎实开展隐患排查，彻底摸清情况。结合扶贫生态移民工程，做好避险搬迁，加强工程治理力度，及时消除隐患，强化应急能力建设，提高监测预警和救援处置水平的基本要求，科学部署、统筹安排、突出重点、整体推进，精准查灾、精准防灾、精准治灾，着重解决全市地质灾害防治工作中的突出问题，最大限度避免和减少地质灾害造成的人员伤亡和经济财产损失。完成城市周边11处地质灾害隐患治理，基本消除城市周边地质灾害隐患；完成41处自然因素引发的农村重大地质灾害隐患综合治理，基本消除全市重大地质灾害隐患；完成16处农村受地质灾害威胁的人民群众搬迁工作；完成12处旅游景区地质灾害隐患综合治理，消除旅游景区地质灾害的威胁，营造和谐、安全的旅游环境。

水上交通、民航运输、渔业船舶、食品药品、市政公用等其他各行业领域结合各自实际，按照行业标准，淘汰取缔落后工艺与设施设备，依托科技创新，切实加大投入，确保按时完成各年度目标任务，提升安全保障水平，加强执法，深化专项治理，全面排查治理隐患，推进安全标准化建设。

（五）加强建设，提升监管执法的保障能力

1. 强化安全监管体系建设。以《安全生产法》实施为契机，积极争取各级党委、政府支持，强化安全监管体系建设，配齐、配足、配全人员、装备和办公设施，有效保障安全监管部门履行职责。健全完善网格化监管体系，延伸村（社区）安全监管力量，在按村（社区）规模配备专（兼）职安监人员的基础上，抓培训、提素质，形成省、市、县、乡镇（街道）、村（社区）五级纵向到底、横向到边覆盖安全生产行业领域的监管网络。

2. 提高执法监管装备配置水平。按照《国务院办公厅关于加强安全生产监管执法的通知》文件要求，建立现场执法全过程记录制度，2017年底前所有执法人员配备使用便携式移动执法终端，有效做到严格执法、科学执法、文明执法。参照国家安全监管总局《安全生产监管监察部门及其支撑机构基础设施建设与装备配备相关标准》，积极争取各级政府及其财政部门的支持，落实重点建设项目，持续加大资金投入，重点加强执法专用车辆、现场执法与调查取证分析设备和信息化装备的配置，确保执法装备配置符合标准要求。

3. 加速推进现场执法信息化建设。深入推进现场执法信息系统建设，运用信息化技术将企业安全生产基本信息、行政执法实时统计、现场执法智能化等模块整合为现场执法综合信息平台，逐步形成企业信息网上共享、执法信息网上录入、执法流程网上管理、执法活动网上监督、执法质量网上考核的执法监察新机制，实现移动执法。

2020年安全监管能力量化目标

实现专业监管人员配比不低于在职人员的75%；安全生产综合监管部门和重点行业安全监管部门基本装备配备率达到百分百；安全生产事故案件查处率达到百分百。

（六）系统规划，完善应急救援体系的建设

1. 健全安全生产应急管理机构。建立统一管理、分级负责、条块结合、属地为主的安全生产应急管理体制，提高应急管理能力和救援决策水平。推进高危行业安全生产应急管理机构建设，2017年全市规模以上工业企业百分百建立安全生产应急救援指挥机构。推进高危行业领域应急救援队伍的建设，鼓励生产经营单位和其他社会力量建立应急救援队伍，配备相应的应急救援装备和物资，提高应急救援的专业化水平。

2. 完善应急管理协调机制。完善市、县相关部门安全生产应急救援联动机制和联络员制度，完善安全生产应急管理综合监管与行业监管的协作机制，健全应急资源共享和应急救援快速协调机制。建立政府、企业、应急救援队伍间快速应急联动机制，切实提高协同应对事故灾难的能力。建立健全政府、军队、企业、队伍的多方应急协调联动、事故现场救援统一指挥机制。完善应急救援队伍有偿服务、应急物资装备征用补偿、应急救援人员人身安全保险和伤亡抚恤褒扬等政策。

3. 推进企业应急管理规范化建设。按照《贵州省人民政府办公厅关于开展基层应急管理规划化建设的通知》文件精神和市委市政府安排部署，从应急机构、应急队伍、风险隐患排查治理、应急预案、应急保障、应急制度、宣传培训等七个方面推进六盘水市企业应急管理规范化建设，切实提高企业预防和处置突发事件能力。

4. 加强专业安全生产应急救援队伍建设。统筹规划市、县应急救援队伍建设，注重培养一专多能的救援队伍，发挥救援队伍在预防性检查、预案演练、应急培训等方面的作用。推动矿山应急救援基地以及市级骨干危险化学品应急救援队伍建设，提升重大复杂事故专业救援能力。依托公安消防队伍建立市、县两级政府综合性应急救援队伍。依托大中型企业，建设若干市级安全生产应急物资储备库，满足跨地区事故灾难的应急处置需求。整合现有资源，依托辖区内具有相应能力的煤矿企业，采取政企联合、企业联合等多种方式建设专职应急救援队伍。建立企业化管理、市场化运作的应急救援社会化服务新模式，提升现场先期处置能力。

5. 完善安全生产应急预案体系。完善政府和企业的应急预案管理及响应衔接机制，完善市、县两级应急预案报备机制，简化应急预案，坚持应急预案实战化应用，推动高危行业、重点领域应急预案简明化和专项预案与现场处置方案卡片化。实施以基层为重点的实战化应急演练活动，推动企业应急演练制度化、全员化。建立健全应急预案数据库，提高预案的动态、时效管理。

6. 建设安全生产综合应急指挥平台。充分利用已建成应用的全市安全生产管理信息化平台，通过优化配置、合理整合，并结合"金安工程"网络平台更新建设和协助推进"云上贵州·安全云"建设有利条件，在六盘水市"云上贵州·安全云"应用中心建设中，建成全市安全生产综合应急指挥平台，形成集应急指挥、信息采集、危机预警、信息发布、辅助决策、调度指挥和评估统计等功能于一身的安全生产综合应急救援指挥平台。

7. 加强应急避难场所建设。根据《六盘水市中心城区综合防灾减灾规划（2015—2030）》，完善市中心城区地灾、人防、消防、气象（地震）、防洪（涝）等专项规划编制，六枝特区、盘县要加快开展城市综合防灾减灾等专项规划的编制工作。结合城市发展，加大全市应急避难场所建设，完善现有广场、公园、学校操场、体育场等应急避难场所配套设施建设，使其具备应急避难场所功能，建设一批具有憩息、娱乐、休闲、健身等功能的示范应急避难场所。

2020年应急体系建设主要指标

应急预案：大中型和高危行业企业应急预案备案率达百分百。

队伍建设：形成布局合理、救援范围全覆盖，由综合队伍、专业队伍、兼职队伍、志愿者队伍构成的市、县区和企业三级应急救援队伍体系，市、县区综合应急救援队伍人员及装备达标率达到70%以上。

平台建设：市、重点县区安全生产应急平台建设完成率达百分百，实现平台体系互联互通，重点企业动态监控体系基本建立，事故现场的图像、数据与省级应急平台可实现实时传输。

应急保障：生产安全事故后12小时内受灾群众基本生活能得到初步救助，救灾物资可满足紧急转移安置2万受灾群众的需求，市、县应急机构至少配备1种小型便携应急通信终端。

防灾减灾：城市建设中应建成若干功能分区合理的标准应急避难场所，预警信息公众覆盖率达到80%以上。

（七）科技强安，激发安全生产转型新动力

1. 科技创新破解安全生产技术瓶颈。"十三五"期间，结合六盘水市安全生产处在煤矿矿井深度不断延伸，危险化学品企业步伐不断加快，城市地下管网、高速铁路等风险不断加大的时代特征，继续坚持以事故预防科技创新工作为主攻方向，以加强安全监管能力建设，推动企业本质安全为着力点，紧紧抓住制约安全生产工作的管理瓶颈和技术瓶颈，大力推动产学研结合，逐步建立健全安全科技创新体系，努力在煤矿等高危行业领域安全生产基础理论和重大关键技术研究方面取得新进展，在科技成果和先进实用技术推广方面取得新成效，在示范工程建设和企业安全技术装备升级方面取得新提高，真正使科技创新成为安全生产的第一推动力。

2. 推进安全科技支撑体系建设。实施互联网 + 安全生产科技战略，加快构建自主可靠的安全生产信息技术体系。营造安全科技创新环境，构建安全研发政策支持保障体系。坚持由市场决定资源配置的重要原则，围绕事故高发、复发、易发类型与行业领域，建立事故推动型安全产品研发方式，建立市场决定型安全技术研发体系。鼓励行业领军企业参与安全生产基础研究及战略高技术研究。建立政府引导型安全生产技术研发机制。建立安全生产先进适用工艺设备与科技成果转化推广平台，提高安全科技成果消化吸收和再创新能力。推广先进生产工艺和安全技术，改造提升煤矿、非煤矿山、危险化学品、交通、建筑施工、消防等重点行业领域工艺技术和装备水平，促进产业安全发展。建立健全中小企业安全生产和职业病防治技术推广服务体系。推进涉及危险工艺的自动化控制系统改造，提高企业安全装备水平。建立安全生产更多依靠法制标准引领、先进装备支撑、科技创新驱动、劳动者素质来保障的体制机制。完善安全科技研发投融资、安全产业扶持、安全装备自主创新等安全产业发展财税支持政策。

3. 突出重点抓好安全科技创新工作。围绕健全安全生产长效机制，开展事故危险辨识与评价、灾害预防与控制、应急管理、安全行为科学、社会科学、经济学等基础理论研究，深刻揭示事故的发生规律，提高宏观决策的科学性。围绕重点行业领域灾害的防治，充分应用大数据、云计算、物联网、新型传感器、无领限、无时限等关键技术的开发，研究解决煤矿、危险化学品等领域重特大生产安全事故的预防预警与防治，煤矿矿山典型灾害预测与控制，快速抢险处置等关键技术和适用装备。围绕互联网技术与安全生产的融合发展，促进工业化与信息化深度融合，深入推进机械化换人、自动化换人科技强安专项行动，到2020年建成一批高危行业机械化换人、自动化换人示范企业。

（八）源头管控，创建安全健康的作业环境

1. 建立健全职业健康监督管理体制机制。加强全市职业安全健康监管队伍建设，配备必要的监管装备与设备。到2017年，建立覆盖市、县区、乡镇、企业的职业安全健康监管体系，市、县（区）、乡镇（街道）配备专兼职监管人员，建立基于大数据分析重点行业领域、区域、时段的职业病危害监管方式，实现安全生产与职业卫生一体化监管执法。以职业病危害严重的矿山、危险化学品、建材、金属冶炼等行业为重点，制定年度职业安全健康监管工作计划，组织实施及职业安全健康监督检查。

2. 开展作业场所职业病危害普查和申报工作。开展全市职业病危害普查、摸底工作，2016年底，完成七大高危职业病危害企业的普查、登记、汇总、注册、申报等工作。开展普查数据汇总与研究分析，建立普查数据综合应用机制。落实职业病危害防治落后工艺、原辅材料和设备的淘汰、限制等名录管理制度。

3. 落实职业安全健康“三同时”制度。推动职业卫生基础建设，完善防护措施，细化操作规程，强化个体防护品使用管理，严格执行建设项目职业病危害防护设施“三同时”制度，健全建设项目职业病危害预评价和控制效果评价与防护设施竣工验收制度。

4. 加强职业病危害综合防治。鼓励和支持职业病危害治理技术与装备的推广应用，建设安全生产与职业健康重大共性关键技术研发创新中心，推进化学物质毒性鉴定和职业病风险评估，实施职业病危害风险分级管控。

5. 加强职业安全健康监管。实施矿山、危险化学品、金属冶炼、建材等职业病危害严重企业的技术改造、设备更新以及关闭退出等治理行动。推动企业开展职业卫生基础设施、完善职业病防护设施，细化职业卫生操作规程，规范职业危害警示标识的设置，强化个体防护。推动职业病高危企业建设职业病危害因素关键控制点在线监控网络，实时掌握职业病危害因素防护设施使用情况。

6. 完善安全保障体系。提高企业本质安全水平和事故防范能力，加强和改进建设项目职业卫生“三同时”监管工作。完善职业卫生监管队伍。积极开展职业卫生宣教培训。建立职业病防治工作长效机制，从责任体系、规章制度、管理机构、前期预防、工作场所管理、防护设施、个体防护、教育培训、健康监护、应急管理10个方面，开展职业卫生基础建设工作。注重强化“三个结合”，坚持做到基础建设活动与安全生产目标考核相结合、与职业病危害严重行业领域专项治理相结合、与监督执法工作相结合，以专项治理和监督执法推动企业主动落实基础建设活动要求。将用人单位职业病危害警示标识与作业岗位告知卡设置率、用人单位主要负责人与职业卫生管理人员职业卫生培训率等指标，纳入安全生产考核体系。提高用人单位职业病危害警示标识与作业岗位告知卡设置、用人单位主要负责人与职业卫生管理人员职业卫生培训率。强化职业危害防护用品监管和劳动者职业健康监护，严肃查处职业危害案件。

2020年职业病危害防治量化目标

主要指标：全市十万从业人员职业病新发病例率5.5%，各县区产生职业病危害的建设项目预评价率达到85%以上，控制效果评价率达到90%以上；存在或产生职业病危害单位（煤矿除外）的职业病危害项目申报率达到百分百以上；生产经营单位负责人和劳动者职业安全健康培训率达到百分百以上；作业场所职业病危害因素监测率达到95%以上，粉尘、毒物、放射性物质等主要危害因素监测合格率达到百分百以上；作业场所职业病危害告知率和警示标识设置率达到百分百；重大急性职业病危害事件得到基本控制，接触职业病危害作业人员职业安全健康体检率达到90%以上。严重职业病危害案件查处率达到百分百。

防控领域：矿山开采、建材生产、铸造、化工医药、建筑施工、机械制造、电子、冶炼、石英砂、石棉加工等。

防范类型：粉尘危害导致的尘肺；硫化氢、一氧化碳、氯气、氨气、苯、重金属等导致的重大职业中毒。

（九）风险管控，构建安全预防控制新体系

1. 建立重大危险源监测监控体系。建立在高危行业、重点监管领域实施重大危险源普查与监控机制，确保重大危险源与居民区、公共设施、其他工作场所及其他危险源安全隔离。定期开展重大危险源安全检查工作。

开展全市范围内重大危险源普查工作，编绘重大危险源分布图，对危险源进行危险等级的评估、分级，针对不同的危险级别，实行分级管理和监控，制定防范措施和事故应急救援预案。督促企业加强重大危险源管理，要做到有危险源分级档案，有危险源分布图，有危险源防范措施，有危险源监控责任人，有危险源的事故应急救援预案。建立重大事故预防控制信息系统，利用信息化手段建设重大危险源"五可"网络监测监控系统，实现重大危险源可视（看）、可检（测）、可报（警）、可记（录）、可巡（控）。

2. 开展隐患排查治理体系的建设。根据《国务院办公厅关于加强安全生产监管执法的通知》要求："地方各级安全生产监督管理部门要建立与企业联网的隐患排查治理信息系统，实行企业自查自报自改与政府监督检查并网衔接，并建立健全线下配套监管制度，实现分级分类、互联互通、闭环管理。"推进六盘水市隐患排查治理体系建设，以现有安全生产信息化应用为基础，结合贵州省开展"云上贵州·安全云"建设的总体思路和有关要求，建成既满足国家、省、市隐患排查治理信息共享机制和功能，又符合六盘水市安全生产实际及企业需求的隐患排查治理信息系统。

（十）文化引安，弘扬安全生产全民共治理

1. 树立安全发展核心理念。全面落实依法治国、依法治安理念，建设以生命至上为核心的安全发展价值体系。拓展安全生产现代化传播途径，加强安全生产舆论正向引导，传播安全正能量。鼓励中小学开办各种形式的安全教育课堂，强化基础阶段安全教育。开展安全生产月、安全生产万里行、安康杯等多载体的社会安全生产宣传教育活动。以安全发展为主题，构建安全生产公共文化服务体系，创新安全生产文化服务方式和手段，促进安全生产宣传传统媒体与新兴媒体融合发展。引导社会资本投资新建安全文化产业，完善安全文化产品评价体系和激励机制，推动安全文化设施向社会免费开放。

2. 加强安全生产管理人员教育培训。建立安全生产培训内容、教材和考核标准定期更新制度，实施领导干部安全生产素质教育培训计划，开展基层领导干部安全生产专题培训行动。加强对安全监管人员的培训，提高安全生产综合执法能力。加强企业从业人员特别是高危行业三项岗位人员安全培训。重点抓好煤矿、非煤矿山、危险化学品、建筑施工和人员密集场所等行业从业人员岗前、岗上教育培训。加强对安全培训机构监督管理，提高培训质量，强化教考分离，推进网络考试，全面提升安全培训服务水平。

3. 发展全民安全生产教育和安全文化工程。促进城乡安全文件一体化发展，广泛开展群众性安全文化活动。推进“七五”普法宣传教育，继续深入开展安全知识进企业、进社区、进农村、进学校、进家庭行动，将交通安全、消防、防震、家庭用电等安全知识纳入中小学教育和学历教育中，大力普及全民安全教育。大力推动安全文化示范企业、安全社区、安全发展示范城市等建设。“十三五”期间，建成一批安全文化示范企业、安全文化示范社区、安全发展示范城市。引导企业把安全文化建设作为企业品牌战略的核心组成，大力推动优秀企业安全文化作品的创作和传播，推出一批企业安全文化作品，唱响企业安全文化主旋律。发挥政府的引导、组织作用，制定企业、社区安全文化建设规划。将安全文化建设与精神文明建设结合，促进企业安全文化建设，提高全员防灾减灾及避险能力。

2020年安全文化建设量化目标

“平安校园”创建达标率≥80%；安全社区覆盖人口占常住人口的比重≥30%；人民群众安全知识知晓率≥80%；企业主要负责人和安全生产管理人员、特殊工种人员持资格证书上岗和复训率达到百分百，企业从业人员安全培训合格率达到百分百。各行业（领域）创建达标一批安全文化示范企业。

四、重大工程项目

全市“十三五”期间安全生产规划重大工程项目，着力建设九大能力工程：

（一）六盘水“安全云”建设工程

建设六盘水市安全云工程，作为协同配合“云上贵州・安全云”建设推进项目。安全云工程着力推进大数据、云计算、互联网+在安全生产领域应用，提升政府管理效率和企业安全生产管理能力。安全云工程主要建设内容包括：安全生产统一数据库；安全生产数据共享与交换平台；煤矿企业采掘工程管理系统开发与应用；煤矿集团及其煤矿企业安全管理信息系统开发与应用；六盘水市“云上贵州・安全云”应用中心项目，构架基于大数据、云计算的六盘水市安全云信息平台；安全生产信息化系统迁云工程；安全生产诚信管理系统；安全技改项目管理信息系统；隐患排查治理系统；煤矿等领域安全生产大数据综合预警预控平台。实现市、县、乡三级安全生产监管部门对安全生产信息共享利用，提升重大危险源监控、重大事故隐患排查治理、职业安全健康监管、安全服务机构监管、安全教育培训体系支撑、安全诚信机制约束、事故预防预警与应急处置等能力。逐步推进安全生产领域实现大数据分析、开发和利用，科学有效推进安全生产工作向信息化、智能化、数字化管理的转变和提升，并形成“互联网+安全生产”产业融合发展的新业态。以安全云建设为抓手，推进预防预警能力建设工程，主要包括：建设横向联通、纵向贯通的安全生产数据综合预警预控平台；建设互联网+煤矿安全过程监管平台；建设企业、人员、设备、项目、事故、监管机构及人员“六位一体”的建筑施工安全监管信息平台；建设特种设备安全信息化平台；建设重大危险源基础信息数据库；建设重大危险源“五可”网络动态监控和预警系统；建设工贸行业企业安全生产预警系统，科学全面辨识企业安全风险，提升企业生产安全事故预防预警水平。

（二）监管能力建设工程

重点支持乡镇、工业园区安全生产管理部门的安全监管能力建设，在业务用房、现场执法与调查取证分析设备和信息化装备、执法专用车辆、应急救援指挥、人员培训、专业人才配备方面加强建设，并给予政策、资金扶持。

强化安全生产基层执法力量，对安全生产监管人员结构进行调整，2018年底实现专业监管人员配比不低于在职人员的75%。

推进现场执法信息化建设，建立现场执法全过程记录制度，推进市、县安监部门监管执法终端、装备与设施的建设。加强执法效果评估、事故调查鉴定分析和隐患防治技术支撑机构的建设。

运用安全云平台将企业安全生产基本信息、行政执法实时统计、现场执法智能化等模块整合为安全生产行政执法系统。通过云平台进涉安设备、产品运维平台，建设矿用及非矿用涉安产品安全标志验证和市场准入检验检测平台的建设、应用。

（三）隐患排查治理工程

建立政府、企业层面隐患排查治理体系和工作机制，实现以对企业实施分级分类管理为基础，以制定隐患排查治理标准为依据，以建立专业信息化系统为平台，以开展企业自查自改自报、部门指导监督考核为核心的动态、实时管理安全生产隐患的工作体系。推进企业围绕基础管理（包括资质证照、管理机构及人员、安全规章制度、安全教育培训、安全投入、相关方管理、重大危险源管理、个体防护装备、职业健康、应急管理、隐患排查治理、事故报告调查处理和其他共13个方面）和现场管理（包括作业场所、设备设施、防护/报险/信号装置、原辅物料、产品、职业危害病、相关方作业、安全技能、个体防护、作业许可及其他10个方面）建设。推进检验检测机构能力建设，努力建设一到两家技术能力强、检测手段高的技术检测机构，提高对安全隐患的排查和研判能力。加强政府部门在隐患排查治理的法规依据，包括文件、办法、标准、部门规章和《安全生产法》等制度体系建设；推进隐患排查治理信息系统平台的建设和隐患排查治理标准化建设。

推进企业实现完整的闭环隐患管理过程管控，逐层逐级进行隐患排查治理。实现政府与企业在隐患治理管理衔接和立体化协同、痕迹化管理的具体应用。

推进隐患排查标准规范建设，形成企业基本信息交换规范、一般隐患数据交换规范、重大隐患数据交换规范和零隐患数据交换规范四个交换标准。

（四）本质安全企业建设工程

大力推进矿山机械化、标准化、信息化和智能化建设，推进高危行业领域危险工艺自动化改造工程，加强事故预防和灾害治理，夯实安全基础，提升企业本质安全水平。

1. 煤矿

推进“六化”矿井建设。强化30万吨/年以上煤矿采、掘机械化建设，推进煤矿薄煤层机械化开采示范矿井建设。推进45万吨/年及以上煤矿安全生产一级质量标准化动态达标建设。开展煤矿井下隐蔽致灾因素普查与治理。

推进瓦斯等五大灾害防治工程建设。建立六盘水市瓦斯治理工程研究中心。继续开展煤矿两个“四位一体”瓦斯综合防治示范工程建设。加大投资力度，提高瓦斯抽采率及瓦斯利用率，推进六盘水市煤层气开发利用示范工程和地面抽采瓦斯示范工程的建设。继续推进煤矿井下水害、火灾、顶板、粉尘防治示范工程建设。

推进煤矿信息化、智能化示范矿井建设。落实减矿、减产、减面和减人，建设一批煤矿自动化综采工作面示范矿井，煤矿矿井大型固定设施设备无人值守系统示范矿井。建设煤矿水害、粉尘浓度自动监控预报预警系统工程，建设推进煤矿防爆4G无线集群通信系统示范工程，推进煤矿人员定位系统升级改造（电子签名管理系统）工程建设。

2. 非煤矿山

开展非煤矿山安全示范矿山建设。实现多人聚集、危险工艺等重点部位自动化生产。建设非煤露天矿山视频监控系统、高陡边坡位移监测监控系统。建设非煤矿山新技术、新设备（如撬毛台车、潜孔钻机）推广应用示范工程，建设非煤矿山一、二级标准化示范矿山建设工程。重点推进尾矿库无主、危、险、病库重大隐患综合治理工程的建设。改善非煤地下矿山井下通风系统，实现全矿井通风实时监测与智能调节，开展地下矿山井下隐蔽致灾因素普查与治理。

3. 危化品及烟花爆竹

推进化工高危工艺装置自动控制及安全联锁紧急停车系统建设，建设危险化学品储罐区重大危险源监控系统，推进危险化学品危险工艺自动化控制改造升级工程，开展烟花爆竹生产过程中静电监控与防治关键技术研究。推进危险化学品和烟花爆竹新技术、新设备（如化学品装卸鹤管、万向节）推广应用示范工程建设，推进烟花爆竹企业“五化”（工厂化、标准化、机械化、科技化、集约化）建设示范工程建设。

4. 道路交通

推进农村公路、急弯陡坡、临水临崖等重点路段隐患治理改造，强化乡道及以上行政等级公路隐患治理，推进农村道路交通安全防控体系建设，推进危险化学品和客车运输使用GPS行驶监控、4G网络视频传输技术的应用。

5. 其他行业

强化粉尘防爆安全技术改造，推进油气输送管道隐患治理示范工程建设，推进高温液态金属吊运安全技术改造，开展焦化企业煤气火灾爆炸事故预防研究，推进涉氨制冷企业液氨使用安全技术改造示范工程建设。推动建筑面积5万平方米以上的在建项目、土石方量10万立方以上或工期6个月以上的土石方工程安装安全监控系统。

（五）应急救援能力建设工程

建立六盘水市生产安全事故应急救援信息系统和应急通信保障系统，建设矿山安全生产应急救援综合实训演练基地和综合性、区域性矿山应急救援队伍，实现应急保障全覆盖。推进企业应急管理七项基础能力建设，在市、县安全生产应急救援指挥中心配套安全应急指挥车辆和特种应急救援车辆，建立危险化学品、公路、铁路、油气管道、电网、粮食储备、油气储备等专业应急救援队伍。建设一批安全生产应急救援物资储备库，完善应急救援专家库与数据系统，国家（区域）矿山应急救援六枝队打造成西南片区有影响力的科技研发、检测检验与物证分析、事故调查分析鉴定、技术创新及应急救援技术服务平台。

（六）安全科技示范建设工程

继续抓好安全生产技术支撑体系建设，在全市高危行业建设一批机械化、自动化示范企业。推广应用一批安全科技“四个一批”项目，建设安全生产与职业健康重大共性关键技术研发创新中心。建设安全生产科技成果产业推广与孵化基地，建设矿山、职业危害、危险化学品、烟花爆竹、石油管道、金属冶炼、地市管网等行业事故预警预防技术研究中心与检测中心。实施安全生产“大众创业、万众创新”众创空间行动计划，建立安全生产智库，建立健全中小企业安全生产和职业病防治技术推广服务体系。

开展机械化换人、自动化减人科技强安专项行动。开展煤矿开采及瓦斯防治技术研究、井下水害防治技术研究、化工工艺及自动化控制技术研究提升改造，推广使用危险化学品库区、烟花爆竹生产、库存区域雷电预警系统。

（七）区域防护能力建设工程

开展市、县中心城区城市规划、设计、建设、运行重大安全隐患普查，实施城市公共设施安全隐患综合治理。推进城市重点公共建筑安全监测和预警示范项目建设，推进公交车、出租车、校车4G视频监控系统、特种设备（电梯）远程安全监测监控系统建设。

加强特种设备监管、隐患排查及应急救援平台建设。建立特种设备（电梯）远程安全监测监控系统，对全市电梯实施实时监控，建立《贵州省电梯安全评估中心（六盘水）》项目，对老旧电梯尤其是投入使用15年以上电梯、存在重大安全隐患电梯及需要重大维修电梯进行安全评估。建立《贵州省压力管道检测中心（六盘水）》项目，对全市埋地压力管道进行在线检测，提供排查管道隐患的技术手段，通过提高检测能力和手段，为六盘水市压力管道安全提供强大的技术支撑，消除安全隐患。

完善六盘水市城市管网运行管理体系，建立城市地下燃气、供热管网安全预警预防监控系统，开展城市燃气与化学品输送管网隐患治理。在全市辖区内天然气企业燃气调度中心、中高压调压站，液化气储配站、加气站、运输车辆，公共场所和地下、半地下空间用气场所，计划性安装视频监控、电子围栏、GPS 定位监控、燃气泄漏报警仪等监控设备，实现重要设备设施电子监控全覆盖。建立全市数字地下管网信息平台，实现市政供热、燃气、供水、供电电子化信息档案管理和安全运行监测监控。

（八）职业卫生能力建设工程

开展作业场所职业病危害因素的定期监测和评估、职业病危害状况普查。推进粉尘与高毒物质危害防治、职业病危害因素数据库等工程的建设，建立职业病防治信息

平台，开展重大职业病危害防治技术攻关，建立职业安全健康监控、宣传与培训中心。

（九）文化服务能力建设工程

建设六盘水市服务安全生产领域的安全培训中心（远程网络教育培训中心），推进六盘水市煤矿安全生产培训实操基地的建设，实施矿工培训工程，建成一批安全文化示范企业、安全文化示范社区、安全发展示范城市，建设六盘水市安全生产计算机考试考核中心，实施六盘水市远程宣传教育和网络宣传教育平台建设工程，推进农民工就业前的安全教育、培训示范项目和安全文化建设示范项目。

以煤矿、非煤矿山、交通运输、建筑施工、危险化学品、烟花爆竹等行业为重点，加强企业安全生产诚信体系建设，建立六盘水市安全生产守法诚信信息平台，提升企业安全生产诚信大数据支撑能力。

五、规划实施保障与考核评估

（一）坚持安全与发展协同推进

安全是发展的最大前提，也是头号民生，坚持安全发展理念，将安全生产发展与贯彻实施国民经济“十三五”发展规划和产业转移政策紧密结合。随着经济发展和社会进步，全社会对安全生产的期待不断提高，这就要求各县区、各部门、各单位必须始终把安全生产摆在经济社会发展重中之重的位置，自觉坚持科学发展安全发展，把安全真正作为发展的前提和基础。把安全生产控制指标纳入经济社会发展统计指标体系，把安全生产重大工程项目纳入经济社会发展年度计划和政府投资计划，把实现安全发展与经济社会发展各项工作同步规划、同步部署、同步推进，建立安全生产与经济社会发展的综合决策机制。

（二）强化目标考核和责任追究

各县（特区、区）人民政府和市安委会成员单位是规划实施的责任主体，成立规划

实施领导机构，制定规划实施方案，明确职责分工，逐级分解落实规划主要任务、政策措施和目标指标，建立规划实施奖惩机制，采用安全生产决策公开、管理公开、服务公开和结果公开的运行机制，为实现安全发展提供坚强的组织保障。各县（区）人民政府要在省、市有关部门的指导下，结合本地区实际，编制实施县（区）安全生产"十三五"专项规划，并把专项规划纳入本地重点规划范围，结合自身实际建立规划实施目标责任体系，坚持解决全局性、普遍性问题与集中率先突破相结合，确保按期完成规划任务。

（三）完善安全生产的投入机制

建立安全生产多元投入机制。把政府调控与市场机制相结合、法规约束与政策激励相结合，以政府投入带动社会投入，以经济政策调动市场资源，拓宽安全投入渠道，建立和完善"政府引导、市场推进"的安全生产资金投入机制。各级人民政府要将安全生产专项资金列入财政预算，并逐步增加安全生产专项技改资金的引导性投入，支持和促进企业加大安全生产投入，重点支持列入安全生产"十三五"规划的重大工程项目。

（四）加强规划实施和评估考核

建立安全生产规划实施激励约束机制，制定规划实施考核办法及执行评价指标体系，加强对规划实施进展情况的跟踪分析。在2018年、2020年终分别对本规划实施情况进行中期评估和终期考核，考核评估结果向市人民政府报告，以适当形式向社会公布，并作为对县（区）人民政府和市各有关部门绩效考核的重要内容。

第四章 煤 矿

煤炭，作为拥有“江南煤都”、“西南煤海”美誉的六盘水市的第一主导产业，得益于国家20世纪60年代的“三线建设”大开发的政策机遇，得益于几代六盘水人的艰苦不懈、战天斗地的努力，得益于全国各地兄弟省份的无私奉献及无数人力、财力、物力的大力支持。所有参加“三线建设”的建设者们，在工作条件极其困难的环境面前，始终坚守信念，依靠大无畏的艰苦奋斗的革命精神，在六盘水得天独厚富集的资源优势条件下，用不到60年的时间，让六盘水实现了向工业型城市的华丽转变。

但是，由于六盘水煤层自身的储存条件差、地质构造发育、瓦斯涌出量大，煤矿事故亦一度伴随着六盘水市工业经济快速发展的各个阶段，成了六盘水乃至贵州全省人民心中的痛。

近十年来，在市委市政府的领导下，全市安监人坚决贯彻落实党中央、国务院关于安全生产工作的一系列重要决策部署，始终坚持安全第一、预防为主、综合治理的安全生产方针，积极探索、奋力开拓，克难攻坚、勇于拼搏，抓实“两条线”（政府监管、企业主体），筑牢“两道防”（人岗盯防、监控网防），坚持适时、有效、重点监管的“三结合”，全面形成了点线面、网格化、全覆盖的煤矿安全风险预控机制，相继出台了一系列政策措施，在抓好煤矿整顿关闭、瓦斯治理和安全基础管理的同时，大力推进煤炭产业结构调整，大力实施人才兴安、科技强安、依法治安战略，使全市煤矿安全生产长时期保持总体稳定、趋向好转的发展态势。

第一节 煤炭资源

六盘水市因煤而建、因煤而兴，煤炭是全市的支柱产业。全市101个乡（镇）中有77个乡（镇）分布有煤炭资源，63个乡镇（办）建有煤矿，含煤面积4000平方公里，主要分布于六枝、盘县、水城三大煤田，共分21个储煤构造单元，80个井田或勘探区。截至2011年底，全市煤炭资源远景储量844亿吨，占全省的44.52%。已探明储量

178.85亿吨，保有储量(可利用资源储量)170.17亿吨。煤炭资源品种齐全，有气煤、气肥煤、肥煤、焦煤、瘦煤、贫煤及无烟煤，其中炼焦煤资源非常丰富，探明储量为104.12亿吨，占六盘水探明储量的63.2%，占全省炼焦煤资源的88.7%，为全国十大煤炭基地之一。

一、六枝煤田

(一)煤田范围

北以阿德、冷坝、朗居坝高桥、三岔河、普定、魏其至头铺一线为界；东南以头铺、安顺市、马头、朵卜陇、画眉孔、斗糯、沙子沟、龙广、关脚至沙地一线为界；西南以北盘江、格所一线为界。东西长80公里，南北宽55公里，面积约为4400平方公里，含煤地层有早二叠世梁山组，晚二叠世含煤地层最发育，含煤面积约3600平方公里。预测储量158亿吨。

(二)含煤地层及煤层特性

煤田内含煤地层有早二叠世梁山组，晚二叠世长兴组，晚三叠世火把冲组及二桥组，其中晚二叠世含煤性最好。

梁山组含煤地层，厚30至257米，由石英砂岩、长石石英砂岩、粉砂岩、黏土岩、页岩、灰质页岩及灰岩薄层组成，含煤层位多集中于上中部，含煤分布地区仅限西北部，其他地方均不含煤或仅含灰质页岩，成煤环境为近海相。含煤层数2至9层，平均为2至3层。含煤总厚0.8至2.5米。可采1层，可采总厚度1米左右。煤层富集地区滥坝一带，仅由乡镇煤矿生产作民用燃料之用。

1. 龙潭组含煤地层。厚300至450米，平均厚360米左右，由粉砂质泥岩、粉砂岩、黏土岩、页岩、灰质页岩及煤层组成。含煤地层为海陆交互相沉积，沉积地厚度大，为含煤性较好的分布地区。含煤层中夹杂有页岩11至20层，平均为15层。含煤总厚14.3至90.9米(黑拉嘎至木岗)，由西向东逐渐增厚，层数相应增加。含煤层数8至32层，平均为18层。含煤总厚5.05至27.92米，平均厚度15米，含煤系数4.17%，可采1至17层，平均可采6层。可采总厚度2.43米至24.05米，平均可采厚度为12.33米。煤层及煤厚变化均大，向西南变厚，煤层增加，向北或向东煤厚变薄，煤层减少，有一定变化规律。

六枝煤田含煤地层龙潭组情况表

表4-1

煤层层数及厚度	木 岗	大 用	六 枝	黑拉嘎	中 营
含煤总层数	8	17	19	26	31
煤层总厚(米)	5.05	12.23	15.98	22.95	27.94
可采煤层	2	7	7	12	15
可采煤层总厚(米)	2.43	5.82	12.14	19.53	24.25

2. 长兴组含煤地层，厚111.4米（苦竹林）至12.25米（黑拉嘎）。一般厚度为140米。主要由灰质页岩及煤层等组成。以海相为主夹陆相岩层。含煤岩性较好，煤层多集中于下部。向西层数增加，层位升高，向东层数减少，层位降低。含煤层中夹灰岩，7至17层，灰岩厚度6.32至32.7米。由东向西灰岩逐渐减少，砂质泥岩增多。含煤层数2至8层，平均为5层。含煤总厚2.34至12.25米，平均厚度8.08米，含煤系数4.29%，可采1至6层，平均可采3层。可采总厚度1.58米至12.25米，平均可采厚度为7.33米。煤层及煤厚变化均大，向西煤层多，厚度大，向东则煤层减少，厚度减薄。

六枝煤田含煤地层长兴组情况表

表4–2

煤层层数及厚度	中　营	郎岱归宗	蟠　龙	黑拉嘎	苦竹林	地宗六枝	大用大寨	木　岗
含煤总层数	8	5	7	6	5	6	4	2
煤层总厚（米）	6.74	8.41	6.81	12.25	2.34	5.47	5.89	5.37
可采煤层数	3	3	4	6	2	3	2	1
可采煤层总厚(米)	3.99	7.66	5.61	12.25	1.56	4.59	5.39	3.59

3. 火把冲组含煤地层，厚253米，由黄绿或灰黑色泥岩、砂质泥岩、砂岩、灰质页岩煤线及薄煤层组成。含煤层数1至3层，平均为2层。含煤总厚0.24至0.7米，单层煤厚0.15至0.4米，均未达到可采厚度。煤层极不稳定变化很大，煤层多集中于上部。

4. 二桥组含煤地层，厚83米。为灰黄与灰白及黑色页岩、石英砂岩、灰质页岩及薄煤层组成。属近海成煤环境。含煤层9至17层，一般为13层。含煤总厚3.06至6.02米，平均厚度5.54米，纯煤总厚度3.98米至4.03米，单层煤厚0.05至1.25米，一般为0.2至0.67米。局部可采1层。煤层薄，结构复杂，稳定性差。

（三）煤质及工业用途

据晚二叠世龙潭组及长兴组煤层煤质分析资料（其他煤层资料不足），煤质原煤灰分平均为22.1%—23.43%。挥发分平均为18.33%—20.85%，全硫平均为3.95%—4.0%，发热量平均每公斤6620大卡；精煤灰分平均为9.74%—9.86%，挥发分平均为17.11%—19.80%，全硫平均为1.93%—2%，发热量平均每公斤8653—8691大卡，控质层厚度Y值10.7至12.7毫米；易选和中等可选煤占32.3%、难选与很难选煤占67.7%。

长兴组及龙潭组煤层的灰分和硫分均比较高。经入洗后，灰分可降到10%以下，硫分可降到1%—3%之间，仅少数煤层硫分可降到1%以下，故本区煤炭不直接炼焦，宜与低硫煤配合作为冶金炼焦用煤。从焦炭性能看，可达到工业用焦要求，其他煤种均可作动力燃料。

煤种及牌号齐全，从气煤、肥煤、焦煤、瘦煤、贫煤到无烟煤均有，煤田西部为气、肥、焦、瘦煤分布地区，东部为贫煤和无烟煤分布地区。

（四）其他有益矿产和伴生元素

含煤地层中有菱铁矿、黄铁矿、铝土矿及钛等元素。

（五）开采技术条件

煤田煤层瓦斯含量高，为11.56—23.3立方/吨，均为高瓦斯矿井，易发生瓦斯突出事故。煤尘具有爆炸性。煤层易自燃，煤层岩性变化大，岩性抗压度有很大区别，底板大多数为粉砂岩，抗压力低，易变形，遇水易膨胀。

水文地质条件较简单，含煤地层含水性弱，如位于当地湿蚀地之下或地质构造复杂时含水性增强，大多为中等。但由于小煤窑多年开采，老窑积水对大矿影响大。

二、盘县煤田

（一）煤田范围：北以官云、坪地、南格、普古、沙河、格所、达土一线为界，东北至北盘江，东南以新原、潘家庄、泥堡及黄泥河一线为界，西至云贵边界。地理坐标为北纬25°15′—26°10′，东经104°18′—105°27′之间，南北宽约75公里，东西长为90公里，面积约6750平方公里。含煤地层主要为晚二叠统龙潭组和长兴组，含煤面积4742平方公里。预测储量为154亿吨，其中炼焦用煤117亿吨。

（二）含煤地层：主要含煤地层为晚二叠统龙潭组和长兴组（包括峨眉山玄武岩含煤地层）。

1. 晚二叠统峨眉山玄武岩含煤地层，厚0至332米，由凝灰岩、凝灰质黏土岩、凝灰质砂岩、玄武岩、火山碎屑岩及煤层组成。向东厚度迅速变薄，含煤地层0至200米煤质最好。为火山喷发相或浅海边缘相沉积，煤层就伴随在相变的沉积相一边。含煤1至6层，一般为两层，含煤总厚0.5至6.92米，一般为2.07米。以分布于土城向斜及普安向斜的煤层为最好。其次为水塘向斜和雨那向斜，其余地区煤层变化大、煤层多不稳定，结构复杂，煤质灰分、硫分均高。

晚二叠统龙潭组含煤地层，厚133米（月亮田）至148米（纳木）。西南变薄北东厚。主要由砂岩、粉砂岩、泥岩夹薄层灰岩及煤层组成。西部为滨海平原陆相沉积夹有海湾泻湖相或浅海相沉积，含煤性较好。东部为海湾泻湖相或浅海相沉积，含煤性逐渐减弱。含煤层数7—36层，平均为20层。含煤总厚4.1—50.14米，平均18.29米。可采1—24层，平均可采9层。可采总厚度1.84—43.89米，平均可采厚度为13.6米。煤层富集地区以盘关向斜、土城向斜为最好，其他地区逐渐降低。煤厚及层数从西北向东南逐渐变薄，并有减少之势。

盘县煤田含煤地层龙潭组情况表

表4-3

煤层层数及厚度	盘关向斜	土城向斜	旧普安向斜	雨那向斜	晴隆向斜
煤系地层平均厚度（米）	167	295	322	210	280
平均煤层总厚（米）	21.86	31.01	29.74	10.64	7.58
含煤系数（%）	13.08	10.51	9.24	5.06	2.73

2. 晚二叠统长兴组含煤地层厚86.2米（老屋基）至168.3米（下山王家寨）。东厚西薄。岩性以砂岩、粉砂岩、泥岩为主，夹薄层铁矿、灰岩及煤层等。西部为陆相，滨海平原相和浅海相沉积。以浅海相占优势，东部以浅海相为主，西部含煤程度逐渐降低。总含煤1—15层，平均为8层。含煤总厚度0.26—13.96米，平均厚度6.07米。煤层富集地区以盘关向斜、土城向斜为最佳，向东逐渐减少。

盘县煤田含煤地层长兴组情况表

表4–4

煤层层数及厚度	盘关向斜	土城向斜	旧普安向斜	雨那向斜	晴隆向斜
煤系地层平均厚度（米）	91.13	117.7	141.72	128.59	148.87
平均煤层总厚（米）	12.13	10.51	4.90	2.31	1.57
含煤系数（%）	12.62	8.93	3.46	1.80	1.06

（三）煤质及工业用途

煤种及牌号齐全，从气煤、肥煤、焦煤、瘦煤、贫煤到无烟煤均有，以焦煤为主，在炼焦煤中，又以焦煤和瘦煤为主，肥煤和气煤次之。煤质原煤灰分平均为24.19%—29.36%。挥发分平均为20.62%—24.87%，全硫平均为1.3%—5.64%，发热量平均每千克8385—8413大卡；精煤灰分平均为7.94%—10.35%，挥发分平均为20.07%—23.93%，全硫平均为0.73%—2.27%，发热量平均每千克8613至8662大卡，控质层厚度X值为12.8至17.8毫米、Y值6.9至16毫米；易选和可选煤占53.2%、难选与很难选煤占46.8%。大多数煤的精煤灰分在10%以下，硫分在1%以下，可选性好，可作焦煤用煤，其余的煤可作动力用煤或者其他工业用煤。西部以焦煤为主，东部以动力煤为主。

（四）其他有益矿产及伴生元素

盘县煤田内伴随生有菱铁矿、黄铁矿、铝土矿、铜矿、耐火黏土、油页岩及多种稀有元素，如铀、镓、钛、钒等。

（五）开采技术条件

煤田内煤矿为高瓦斯矿井，煤层瓦斯含量为5.72—23.5立方/吨，瓦斯分布倾向，浅部含量低，深部含量高。在厚煤层中易发生瓦斯大量突出事故。煤尘具有爆炸性。煤层不易自燃。底板大多数为粉砂岩，抗压力低，易变形，遇水易膨胀。

水文地质条件较简单，含煤地层含水性弱，基本上是一层隔水层，含煤地层上部为飞仙关组泥岩，粉砂岩层，也是含水性极弱的隔水层。但由于小煤窑多年开采，老窑积水对大矿影响大。

三、水城煤田

（一）煤田范围

东北以石岗、清水、铁矿山、木嘎、坞铅、青林、田坝、陡坝至冷坝一线为界；东南由冷坝、阿佐、法那、木城、蟠龙、罗盘、花嘎至格所一线为界；南以官云、坪地、雨格、普古、沙河至格所一线为界；西南以可渡河、毛家河、拖长江与云南相邻；西以石岗、北么站、南么站、金斗、文昌至跨都一线为界。东西宽约60公里，南北长约100公里，面积约为6000平方公里，含煤地层有早石炭大塘组，早二叠世二桥组，以晚二叠世含煤地层为主。含煤面积约2500平方公里。预测储量79亿吨。

（二）含煤地层及煤层特性

煤田内含煤地层有早二叠世梁山组，晚二叠世长兴组及龙潭组，晚三叠世二桥组，其中晚二叠世含煤性最好。

1. 梁山组含煤地层，厚40—257米，向北向西均逐渐减薄，一般厚100米左右。主要为灰白、灰黄色中厚层石英砂岩，夹灰褐、灰黄、灰黑色页岩及黏土岩，局部夹灰岩。含煤2—9层，可采2层。岩相为泻湖沼泽相及闭塞近海相沉积。煤层以分布于罗盘田、滥坝一带为最好，外围含煤地层减薄，煤层减少。

2. 龙潭组含煤地层，厚119—380米，平均厚200米左右。由灰白、浅灰、灰黑色泥岩、页岩、粉砂岩、钿砂岩、中粗砂岩、粗砂岩、夹灰岩、泥灰岩、黏土岩、炭质页岩及煤层组成。岩相由滨海平原泻湖相开始，有泛滥平原的河床相、河泼相、湖泊相及三角洲相与滨海相、浅海相等互相叠层的变化。西部以陆相为主、夹薄层海相层，东部以海相为主、夹少数陆相薄层。含煤性较好。向西或向东含煤性减弱，煤层厚度也迅速变薄。含煤8—60层，一般为25层。含煤总厚度3.67—31.12米，一般厚15米左右。可采煤层1—17层，平均为5—10层。可采总厚1.36—25.17米，平均厚为15米左右。水城附近为富煤带。

水城煤田含煤地层龙潭组煤层情况表

表4–5

地层煤层厚度	水城以北	水城以南
龙潭组地层厚度（米）	119.7—198　平均152.44	235.9—380.3　平均285.17
含煤层数	8—18层　平均15层	24—60层　平均33层
含煤总厚（米）	3.67—27.64　平均6.10	18.79—31.12　平均23.54
可采煤层层数	1—13层　平均4层	9—17层　平均12层
可采总厚（米）	1.36—25.17　平均3.22	8.45—22.18　平均16.91

3. 长兴组含煤地层，厚73—120米，平均厚90米左右。由浅灰、灰白、灰黑色泥岩、

页岩、粉砂岩、中粗砂岩、灰岩、粗砂岩、泥灰岩、炭质页岩及煤层组成。岩相为滨海相、浅海相夹陆相地层。含煤性较好。以格目底东段和杨树煤层最厚。向西、北、东方向变薄，含煤层数减少，含煤3—14层，平均5层。含煤总厚2.2—24.43米，平均厚度为11.65米。可采煤层总厚1.52—22.23米，平均厚度8.88米。在含煤地层中，煤层由东向西逐渐向上抬高或迁移。到二塘，主要煤层完全集中在长兴组中，龙潭组变为含煤少甚至无可采煤层。同时煤层间距变小，集中组成煤层群的现象较突出。反之，向东煤层减少，含煤层位下降。

（三）煤质及工业用途

龙潭组及长兴组煤质指标为：原煤灰分平均23%，挥发分平均为18.23%，含硫平均为1.6%，精煤灰分平均为7.64%，挥发分平均为16.9%，含硫平均为0.97%，发热量每公斤平均为8526大卡，煤的可选性较低，易选煤、中等可选煤占16%，难选煤及很难选煤占84%。结焦性比较好。焦炭的灰分平均为20.58%，挥发分平均为1.15%，含硫平均为0.96%，焦炭筛分大于60毫米时，占76.9%。

（四）其他有益矿产和伴生元素

煤田内伴生有赤铁矿、黄铁矿、菱铁矿、铜矿、钴矿、铝土矿、耐火黏土、黏土及多种稀散元素。

（五）技术开采条件

煤层中的瓦斯含量较高，一般大于10立方米／吨，最高达30.22立方米／吨。瓦斯含量从浅部至深部逐渐增高，为高瓦斯矿井。煤尘具有爆炸性的危险。自燃倾向属三级。煤层顶底板岩性变化大，因岩性不同，抗压强度差别很大。由于黏土岩及泥岩吸水性各有差别，底板膨胀性也不相同。

含煤地区地形高低悬殊，大气降雨流泻受地形控制，能迅速排泄到水系内。含煤地层及上覆地层无较大的含水层，仅是地表风化裂隙水，水量不大，煤系下伏地层玄武岩，仅地表有风化裂隙水。下部的茅口组灰岩是含水性较强的含水层，但距煤层较远，不影响开采。含煤地层的渗透性能较弱，涌水很小。水文地质条件属于简单类型。由于小煤窑遍地开采，老窑积水较多。

第二节　矿区建设

一、煤田勘探

1929年，地质学家乐森璕等对郎岱、水城及周边几县作矿产调查，在其编著的《贵州西部地质矿产》中叙述了郎岱黑拉孔等处的煤田地质情况。

1941年，地质学家柴登榜、李用平等两次来水城踏勘，对大河边煤田向斜西翼的煤藏撰有踏勘简报，草绘有五万分之一地质图，估算22270万吨。

1942年春，燕树檀等调查二塘煤田，著有煤田报告及二万分之一地质图。并与陈庆宣等人到小河边调查，著有《贵州水城小河边煤田地质简况》。

1942年，矿物学家郭宗山在盘县马场沟、黑冲、孔官河、马坡、老纸厂、土城、九家村、淤泥河、白块、机场坪作为时3个月的煤田调查，绘有十万分之一路线地质图，著有《贵州盘县普安等县地质矿产》一书。

1956年2月，煤炭部组织西南地区煤田普查，从普定追踪至郎岱、水城、盘县，逐步发现普朗（六枝）煤田、水城北部煤田、水城南部煤田（格目底向斜）、盘县煤田以及六盘水以外的其他富藏炼焦煤的煤田。“大跃进”时期，六枝、盘县曾被当做普查、详查和勘探的重点。

1958年4月，一四二队首台钻机在六枝三丈水背斜北东翼开展煤炭资源普查。

1959年初，西南煤田地质勘探局地质十二队部分人员组成一五九地质队，在盘县开展地质测绘。

（一）普查找煤

1. 六枝矿区：1957年3月，西南煤田地质勘探局采样大队提交《普朗煤田地质踏查报告》；1958年3月，该局地质大队提交《黔西煤田普朗区初步普查报告》；1958年3月，贵州省地质局郎岱队提交《郎岱、水城地区煤田初步普查报告》。1958年4至12月，贵州省煤矿管理局地质一队在六枝三丈水背斜西南翼和涝河向斜开展1:25000地质填图，面积260平方公里。1958年4月至1959年12月，一四二队地质队在大煤山背斜面积250平方公里、梅子关背斜面积137平方公里、郎岱向斜面积52平方公里、茅口背斜南翼面积110平方公里、比德向斜南西翼(黑塘)面积200平方公里等区开展1:25000及1:10000地质填图普查找煤。

2. 盘县矿区：1957年3月，西南煤田地质勘探局地质大队八队提交《盘郎煤田地质踏查报告》；5月，该局采样大队提交《盘郎煤田煤质踏勘报告》。期间，一五九队完成土城向斜北翼的1:10000地质填图，面积276平方公里；照子河向斜的1:10000地质填图，面积209平方公里；旧普安向斜的1:10000地质填图，面积186平方公里；旧普安向斜的1:5000地质填图，面积140平方公里。

3. 水城矿区：1957年5月，西南煤田地质勘探局采样大队提交《威水煤田煤质踏勘报告》和《水城南部煤田煤质踏勘报告》；同年10月，该局地质大队五队提交《贵州省水城南部煤田地质踏勘报告》。1958年3月，贵州省地质局郎岱队提交《郎岱、水城地区煤田初步普查报告》。1960年12月，一四二队提交《格目底向斜东段详测找煤报告》。1963年2月，一五九队提交《赫威水煤田1:50000地质测量报告》。

（二）普查勘探

1. 六枝矿区：1958年10月至1959年5月，一五九队在茅口背斜北东翼普查勘探，勘探面积35.2平方公里。1959年5月，一四二队提交《李家寨井田精查地质报告》，经省煤管局审批降为普查报告。1960年7月，一四二队提交《普朗煤田三丈水背斜北东翼纳骂多林精查报告》，经省煤管局审批降为普查报告。

2. 盘县矿区：一五九队于1959年12月提交《水塘勘探区普查勘探报告》，1960年3月提交《盘南背斜南东翼普查勘探报告》，1960年10月提交《盘关向斜普查地质报告》，1962年12月提交《土城向斜普查勘探报告》。贵州省地质局安顺综合队于1962年提交《沙姑镇煤矿普查勘查地质报告》。

3. 水城矿区：1956年3至6月，西南煤田地质勘探局大河边队在水城大河边向斜1—2井进行详细普查。该局赫威水队1957—1958年先后在二塘向斜、土地垭向斜和神仙坡向斜开展详细普查。1961年11月，一四二队提交《小河边向斜北东翼普查勘探报告》。

（三）详查勘探

1. 六枝矿区：1960年6月，一四二队提交《三丈水背斜西南翼详查报告》。1964年5月汇编提交六枝矿区详查勘探报告，供矿区作规划设计依据。1963年4月，一四二队提交《普郎煤田三丈水背斜东翼凉水井井田补充勘探报告》，1964年12月，经省煤管局批准为精查报告，供凉水井井田作设计依据。

2. 盘县矿区：1963年8月，一五九队提交《盘关向斜西翼勘探报告》。

3. 水城矿区：1958年7月，贵州省地质局大河边队提交《水城煤田小河边矿区一井田储量报告》，1962年12月贵州省储量委员会审批降为详查报告。1958年12月，贵州省地质局赫威水队提交《水城煤田土地垭矿区1—8井田储量报告》，1962年8月贵州省地质局降为详查报告。贵州省地质局赫威水队1959年提交《神仙坡一、二、三井田储量报告》，1960年2月提交《二塘矿区储量报告》。

（四）精查勘探

1. 六枝矿区

六枝井田：1965年3月，一四二队提交《六枝矿区三丈水背斜北东翼六枝井田地质勘探最终报告（精查）》，同年6月西南煤矿建设指挥部批准为可供设计依据的精查报告。

地宗井田：1964年11月，一四二队提交《六枝矿区三丈水背斜北东翼地宗井田煤矿地质勘探最终报告（精查）》，1965年1月贵州省储量委员会批准为供矿井设计依据的精查报告。

平寨井田：1965年7月，一四二队、一七三队共同提交《六枝矿区平寨井田地质勘探最终报告（精查）》，同年11月西南煤矿建设指挥部批准为供建井设计依据的精查报告。

大用井田：1965年12月，一四二队提交《六枝矿区大用井田煤矿地质勘探最终报告（精查）》，1966年3月，西南煤矿建设指挥部批准为供建井设计依据的精查报告。

茅家寨井田：1965年12月，一四二队提交《普郎煤田三丈水背斜北东翼茅家寨井田最终报告（精查）》，同年11月西南煤矿建设指挥部批准为供建井设计依据的精查报告。

木岗井田：1966年6月，一四二队提交《普郎煤田六枝矿区木岗井田煤矿地质勘探最终报告（精查）》，1966年11月，西南煤矿建设指挥部批准为供建井设计依据的精查报告。

苦竹林井田：1971年12月，一四二队提交《普郎煤田三丈水背斜西南翼苦竹林井田煤矿地勘最终报告》，同月经六盘水地区燃化局批准为基本能满足矿井设计的精查报告。

上纳井田：1969年9月，一四二队提交《六枝矿区上纳井田煤矿地质勘探最终报告（精查）》，同年12月，西南煤矿建设指挥部批准为供建井依据的精查报告。

岱港、大寨井田：1966年8月，一四二队提交《六枝矿区岱港、大寨井田煤矿地勘最终报告（精查）》，1966年12月，西南煤矿建设指挥部批准为供建井依据的精查报告。

落别井田：1966年9月，一七三队提交《六枝矿区落别井田煤矿地质勘探最终报告（精查）》，同年11月，西南煤矿建设指挥部批准为可供建井依据的精查报告。

2. 盘县矿区

火烧铺井田：1965年12月，一五九队提交精查地质报告，1966年3月西南煤矿建设指挥部批准为可供建井设计依据的精查报告。

滥泥箐井田：1967年12月，一五九队提交精查地质报告，1970年8月六盘水地区生产领导小组批准为可满足中小矿井开发需要精查报告。

老屋基井田：1966年8月，一五九提交精查勘探报告，1967年7月西南煤矿建设指挥部批准为可供建井设计依据的精查报告。

月亮田井田：1966年7月，一一二队提交精查地质报告。

大田坝井田：1966年11月，一二二队提交精查地质报告，以后该井田并入月亮田矿统一规划开采。1980年12月，一五九队提交精查补勘地质报告。

土城一、二井田：1966年3月，一二九队提交精查地质报告，同年11月西南煤矿建设指挥部批准为可供建井设计依据的精查报告。后来矿井扩大设计生产能力，1977年6月一五九队提交《土城二号井精查补勘地质报告》。

土城三号井田：1967年6月，一二九队提交《土城三井田精查地质报告》。1975年，土城向斜矿井开发规划方案变更，将土城三井田和茨戛井田淤泥河以西范围合并为一个矿井，更名为松河井田。1982年12日提交《松河井田精查补充勘探地质报告》，1983年4月煤炭部地质局批准为可供建井设计依据的精查报告。

羊场坡井田：1967年6月，一五九队提交精查报告，1970年7月，六盘水地区生产领导小组批准为基本满足设计与建设需要精查报告。

3. 水城矿区

老鹰山井田：1965年6月，毕节地质大队提交《水城县小河边煤矿老鹰山井田最终储量报告》，同年8月全国储量委员会批准为可供建井设计依据的精查报告。矿井建成生产后，发现西采区断层较多，影响正常开采。1977年12月，一四二队应生产部门要求对该井田西翼进行补勘，提交《水城老鹰山井田补充勘探报告》，使矿井原设计生产能力得以保持。

那罗寨井田：1966年7月，一四二队提交《水城那罗寨井田详细勘探报告》，1982年提交《水城特区水城煤矿区那罗寨井田详细勘探补充报告》。1983年1月，贵州省煤炭工业局批准为可供建井依据的精查报告。

汪家寨井田：1965年10月，大河边队提交汪家寨井田补充勘探报告，1966年1月西南煤矿建设指挥部批准为建井设计依据的精查报告，可供建大中型矿井之用。

大河边井田：1965年10月，一〇七队提交大河边井田补充勘探报告，1966年1月，西南煤矿建设指挥部批准为建井设计依据的精查报告，可供建大中型矿井之用。1988年一四二队提交《大河边煤矿深部扩大勘探报告》。

二塘矿区（木冲沟、大湾、顶拉）：1960年12月，赫威水队提交《二塘矿区储量报告》。"三线建设"开始后矿区总体设计调整修改，对勘探提出新的要求，1966年一五二队提交《二塘矿区木冲沟、大湾、顶拉井田精查补勘报告》，1966年11月，西南煤矿建设指挥部批准为可供建井设计依据的精查报告。1974年12月一四二队提交《二塘矿区木冲沟井田和大湾井田（采区）补充勘探报告》，1985年12月一四二队提交《大湾井田精查补勘地质报告》，1988年11月贵州省储量委员会批准为建井设计与生产依据的精查报告。

立新一、二井田：1966年12月，一五九队提交《水城煤田立新矿区一、二井田精查补充勘探报告》，1968年9月六盘水地区煤田地勘公司等单位批准为可供建井设计初步依据的精查报告。

二、矿区规划

1964年6月17日，中共中央工作会议结束。次日，煤炭部党组召开扩大会议，传达毛泽东和中央领导同志在中央工作会议上的指示，明确煤炭工业建设要在国家统一安排下，积极主动地进行，满足"三线建设"的需要。煤炭部党组确定由副部长钟子云负责，组织力量，总结经验，提出一个切合国情、体现总路线精神的建设方案；煤炭部派两名司长随国家计委常务副主任程子华到西南地区调研，提出"三线建设"规划，并提出"三线建设"需要一气呵成，一、二线要积极支援"三线建设"的建议。

同年6、7月份，煤炭部与国家计委负责煤炭工作的人员一起对西南三省进行一个多月的调查研究，走遍云南、贵州、四川三省的19个矿区进行选择。最后一致认为："位于黔西部的六枝、盘县、水城蕴藏着丰富的炼焦煤和动力煤"。

7月底至8月，中共中央西南局在四川西昌召开"三线建设"规划会（史称"西昌会议"）。会议由中共中央政治局委员、西南局第一书记李井泉主持，中央各有关部委、云川贵三省主要负责人出席会议，煤炭部常务副部长钟子云、贵州省煤炭工业管理局局长李健刚参加会议。会议确定以六盘水为中心的煤炭基地，是与攀枝花钢铁基地配套的"三线建设"的重点项目。西昌会议规划内容涉及四个方面，其中第一个即是以六盘水为中心（当时的煤炭基地，还包括云南的宝鼎山，四川的芙蓉山等。同年9月2日，煤炭部决定将芙蓉山矿区建设指挥部划归四川省煤管局领导，宝鼎山矿区建设指挥部的计划安排由云南省煤管局负责，日常工作由渡口总指挥部统一领导。此后的“六盘水煤炭基地”所指限于六枝、盘县、水城三个矿区）的煤炭基地建设。建设远景规划为2200万吨／年，第一期规划为1000万吨／年。

“西昌会议”后，煤炭部成立由钟子云等7人组成的“三线建设”办公室，负责统筹规划三线地区的煤炭工业建设。1965年1月1日，西南煤矿建设指挥部正式成立，六盘水煤炭基地的规划任务由西南煤矿建设指挥部负责。

1965年8月，中共中央西南局三线建设委员会成都会议决定：“三五”计划期间，六盘水矿区共建新井16个，总投资为5.12亿元，设计能力为1200吨／年。到1970年，建成矿井13个，设计能力840万吨/年，当年生产能力达到430万吨。中共中央批准的国家计委1965年9月2日《关于第三个五年计划安排情况的汇报提纲（草稿）》有更具体的数据：贵州六枝矿区，建井规模150万吨／年，第三个五年全部移交，投资1.05亿元；盘县矿区，建井规模570万吨／年，第三个五年移交270万吨，投资2.75亿元；水城矿区，建井规模480万吨／年，第三个五年移交360万吨，投资2.5亿元。

1966年2月7日，中共中央西南局三线建设委员会确定六盘水矿区“三五”计划期间开工规模由原定1200万吨增加到2000万吨／年，移交生产能力1200万吨／年，1970年新井田产煤600万—700万吨。

1966年5月，西南煤矿建设指挥部提出总的建设方针：高举毛泽东思想伟大红旗，以解放军、大庆、大寨为榜样，走自己的道路，创造出一个中国的社会主义的现代化的煤炭工业企业，尽快完成六枝、盘县、水城大会战，满足国家对煤炭需要的战略要求。逐步使六盘水的煤不仅保证攀枝花钢铁基地用煤，而且也有利于缓解西南工业用煤和“北煤南运”的紧张局面。据此，西南煤矿建设指挥部在缺乏国家计划依据及实现规划有很大困难的情况下，编写《六盘水矿区“三五”汇报提纲》，设想在“三五”、“四五”、“五五”3个五年计划内，力争实现规划“二、四、六”，生产原煤“一、三、五”的目标，即力争在1970、1975及1980年三个年度，建设规模累计分别达到2000万吨／年、4000万吨／年、6000万吨／年；原煤产量分别保证700万—800万吨争取1000万吨、3000万吨、5000万吨。

1966年6月1日至7月3日，西南煤矿建设指挥部在盘县瓦厂召开六盘水地区现场设计审查会议，全面审查六盘水矿区总体设计方案，拟定《六盘水矿区总体设计方案意见》。按此《意见》，六盘水矿区原煤生产能力为：六枝矿区300万吨／年；盘县矿区705万吨／年；水城矿区640万吨／年，总计1645万吨／年；建洗煤厂10座，入洗原煤总能力为1220万吨／年。

1966年7月，中共中央西南局“三线建设”委员会在盘县召开六盘水地区综合规划会议。西南“三线建设”委员会副主任程子华、彭德怀出席会议。程子华主持会议。参加会议的有国家计委、国家建设委员会、煤炭部、水利电力部、铁道部、化工部、建材部、交通部，云南省委、贵州省委及两省有关厅局、有关地委和六盘水地区重点企业的领导及技术人员共200多人。会议学习毛泽东的“五七”指示，决定按照指示建设亦工亦农基地；对西南“三线建设”的钢铁、煤炭、电力、农业生产、副食品供应等作安排。会议讨论编制六盘水地区“三五”综合规划。根据邓小平的要求，将各部门的建设规模和建设速度做统一衔接，分1968年、1970年两个阶段规划。初步确定，“三五”期间六盘水地区包括交通、邮电部门在内的各行业共建项目27个，总投资27.6亿元。其中1966至1968年投资17亿元；1969至1970年投资10.6亿元。“三五”期间建设矿井26个，设计年产原煤2020万吨；建洗煤厂10座，设计1970年生产精煤240万—390万吨。

1966年9月8日，中共中央西南局向中共中央报送《关于贵州省六枝、盘县、水城地区第三个五年计划时期工业建设规划的报告》，提出“三五”期间建设矿井26个，年产原煤能力2020万吨，包括现有矿井1970年生产原煤800万吨；建设洗煤厂10座，1970年生产精煤240万—390万吨。是年10月12日，煤炭部以〔1966〕煤发字1390号文下发《对六盘水矿区总体设计审查意见的批复》，同意六盘水三个矿区总体设计总建设规模为1645万吨／年，入洗原煤1260万吨／年。其中六枝矿区生产原煤300万吨／年，入洗原煤100万吨／年；盘县矿区生产原煤705万吨／年，入洗原煤720万吨／年；水城矿区生产原煤640万吨／年，入洗原煤440万吨／年。并同意对矿井和洗煤厂的安排。

据“三五”期间总体规划估算，六盘水矿区总计需投资14.32亿元。其中矿井建设8.26亿元，选煤厂2.10亿元、其他工厂及辅助企业2.13亿元、交通运输0.96亿元、供电0.38亿元、小井0.46亿元、其他0.03亿元。需投入设备17万吨，其中永久设备14.36万吨、施工设备2.30万吨、生产设备0.17万吨（电缆，包括小井）、地质设备0.17万吨。需钢材25.5万吨，木材142.2万立方米（含生产71.8万立方米），水泥71.6万吨。另还需地质勘探事业费9000万元。

劳动力估算：六盘水矿区1970年职工总数控制在15万人左右。其中：地质勘探7000人、设计1500人、施工队伍6000人、生产人员8200人（煤炭6000人、其他生产2200人）、其他（指挥部、后勤等）3000人。比1965年末职工总数48000人增加106000人。除由老矿区调入10000人外，新增亦工亦农轮换工、基建工程兵等需请上级安排解决。至1970年时，老职工应占职工总数的30%。

三、矿区设计

（一）六枝矿区

六枝矿区位于六枝特区境内，总面积425平方公里，含煤面积263平方公里。六枝矿区的煤炭资源经历年勘探，共探明储量25.6亿吨。矿区煤炭埋藏浅，露头多，易于开采，开发较早。清初，这一带已普遍烧煤。到民国初期，郎岱全县各地均产煤。民国29年（1940年）贵州省政府《各县产煤传记》中，记有“郎岱3000吨”的产量。当时小煤窑多为一家一硐，季节性开采，产量极不稳定。

1955年的农业合作化时期，农民采取自愿结合或兼雇工的办法，全县约办有3000多个小煤窑，由季节性生产转为常年性生产。

1956年，国家将六枝煤炭资源开发列为重点。5月，煤炭部西南煤田地质勘探局派出采样大队来到六枝矿区。自此，到1985年底，西南煤田地质十一队，贵州省地质局五五八队、石油普查大队，贵州省煤田地质勘探公司一一三队、一四二队、一七三队、一九八队、一二九队、水源队、地测大队等先后来到矿区，进行煤田地质勘探工作，提交精查地质报告13件，详查（最终）地质报告1件，地质测量报告5件，普查报告9件，对27个井田进行了普、详、精查勘探，共钻孔954个，钻探进尺308758米。

第二个五年计划期间，六枝矿区被列为贵州省煤炭工业建设重点。1958年7月15日，新成立郎岱建井工程处，由22名男女干部组成先遣队，进入六枝矿区。经过仓促筹备，人员陆续到达现场。8月开工矿井3个，即凉水井一号、二号和倒马坎。9月从吉林通化矿务局调来300名施工人员，从安顺调来200名干部和新招收的工人陆续到达工地，又开工3个矿井，即六枝矿井（大跃进一号）、猫猫洞矿井、四角田（老）矿井。11月只开工地宗平硐（包括马老箐风井）。12月毛家寨矿井（大跃进三号）开工。五个月中，先后开工8个矿井，设计能力共计为271万吨/年。后因凉水井二号划为六枝平硐风井，故应为7个矿井，设计能力256万吨/年。1959年4月与同年12月相继又开工了2个矿井，设计能力45万吨/年，于1960年和1961年分别停建。

短时间内要开工这么多工程项目，需汇集3000多人，生产和生活都面临了很多困难，缺水、缺电、缺住房、缺工具、缺设备、缺劳保用品。除凉水井有公路通井口外，其余工地皆不通公路，用人背肩扛运坑木，广大职工住茅棚、帐篷，吃苞谷豆子煮南瓜，用钢钎、铁锤打炮眼。当时仅有从通化、开滦调来的8名技术员，负责百果矿区的施工技术工作，夜以继日、奔跑劳累、工作艰辛。从老矿区调来的老工人，起到骨干作用，在大断面全岩平硐施工中，日进最高5米，月进最高达92米，创最好成绩。

当时勘探、设计、施工同步进行，施工中问题逐渐暴露。1959年6月，国家计委和煤炭部组成的工作组到六枝矿区检查工作，提出《郎岱矿区简要情况及开发意见》指出：猫猫洞、倒马坎矿井由于资料不清，应暂作勘探井，不作正式项目。大跃进一、二、三号为本矿区较正规矿井，但尚无正式设计，四角田（老）矿井资料尚未提出，亦无正规设计，这些矿井规模较大，开采期较长，应按正规程序作好设计，积极建设。这些意见成为后来调整施工项目的依据。从1958年至1966年，六枝矿区共开工兴建10个矿井，除上述8个外，还有龙滩口矿井、邓家寨矿井。同期开工还有30-Ⅰ、30-Ⅱ简易型洗煤厂3座（凉水井、马老箐、猫猫洞）及六枝电厂、那玉砖厂、六枝矿山机械厂、铁路专用线等，总计投资5177万元，建成投产的工程项目有凉水井矿井、凉水井洗煤厂、六枝电厂等。

1951年根据贵州省煤管局意见并报经煤炭部批准，对矿区的建设项目分别不同情况按停建、缓建和关闭报废处理，其中：六枝矿井，地质资源可靠，拟在1965年复工，因此需要保持巷道通风，用木架维护，已有27台设备和60台矿产集中入库，已有房屋利用2532平方米，拆除临时建筑386平方米，留下少数人看管。茅家寨矿井，开工至1961年7月停工，完成投资100万元，近期不复工。龙滩口矿井，开工至1961年7月1日停工，完成投资4791万元。由于矿井地质资源不清，水文条件复杂，十河、纳马河横过井田南端，高于井下运输水平，距矿井只有60—80米，加之井口位置在五条断层地带，故矿井作报废处理。四角田矿井(老)，开工至1961年7月停工，完成投资233万元，矿井无可靠资源资料，井口位置不当，矿井停工。倒马坎矿井，开工至1961年7月停工，完成投资196万元，井田无正式地质报告，据施工资料证实，资源可靠，煤质尚好，如果今后复工，拟改为10万吨小型矿井开发。邓家寨矿井，1959年9月停工，地质情况不清，报废处理。地宗筛分厂，开工至1961年停工，完成投资248万元，有设备219台，项目暂取消(后来于1965年复工建成)。马老箐选煤厂，开工至1961年1月停工，已建成房屋1388平方米，设备安装完毕，未移交生产，项目取消。矿山机械厂，开工至1963年3月停工，完成投资380万元。近期不复工(后来于1966年建成)。

调整施工项目的同时，对施工队伍也进行了精减，第二基本建设公司由2752人减为1100人，修铁路的民工全部转回农村。

建设项目削减以后，投资较集中用于六枝、地宗两个矿井和地面装运系统等重点工程，1963年，基本建成地宗铁路专用线5.7公里，轻轨1.3公里。

1965年，西南煤矿建设指挥部提出六枝矿区规模为321万吨，计矿井8个；筛分厂1座，处理原煤150万吨；铁路专用线19.64公里，窄轨铁路3.7公里以及其他辅助企业，由水城煤矿设计研究院担负设计任务。1966年7月，西南煤矿建设指挥部对总体设计提出审查意见，报煤炭部批准，将规模调整为255万—270万吨，计有：地宗矿井45万吨，大用矿井45万吨，大寨矿井(后更名为化处矿井)45万吨，木岗矿井45万吨，连同已投产的六枝矿井60万吨，凉水井矿井15万吨，四角田矿井15万吨，共计270万吨；地宗筛分厂1座，能力100万吨；其他机修厂等附属企业及设施按服务于300万吨矿区考虑。这次批准的矿区总体设计，是矿区建设的依据，其中化处矿井由45万吨改为30万吨。

1965年4月，六枝矿区建设指挥部成立，根据西南煤矿指挥部的安排，在六枝矿区组织“一个战役、四个战场”的施工。至年末，按质量标准化要求建成六枝矿井(原系简易投产)，同时建成与矿井配套的地宗铁路专用线5.5公里、地宗轻便轨3.7公里和处理原煤105万吨的地宗筛分厂。还复工建设地宗矿井、新开工四角田(新)、倒马坎两处小井。

1966年，建设队伍的积极性很高，当年开工的矿井有大用、木岗矿井。直属西南煤矿建设指挥部的六盘水煤矿机械厂也在2月开工。参加地宗矿井会战的3000余名职工，来自7省、市共18个单位，其中11个快速掘进队有来自北京的京西队，来自山西大同的三〇一队，来自辽宁的一四〇一队，来自河南的四四〇一队等是全国的等级队。11个掘进队分布在三个硐口、3个煤层、3个水平、18个工作面上，仅用8个月时间，完成巷道工程18000余米，保证了矿井10月1日投产，创造了国内快速建井的纪录。六十五工程处八五〇一掘进队，施工大用主平硐，1月掘进成巷360米，创全国纪录。4月至9月共掘进1341米，平均月进223米，9月份取得独头成巷323.9米好成绩，受到煤炭部通报全国表扬。六盘水煤矿机械厂，施工56天，完成第一期工程投产，当年完成产品产量1246吨，产值达212万元。这一年，全矿完成的投资和工程量多、速度快、效益好。

1967年1月12日，大用矿平硐发生煤与瓦斯突出特大恶性事故，突出煤量达2000多吨，瓦斯量达130万立方米，造成98名职工死亡。事故发生后，省、地、县三级政府组织慰问和善后处理，成都军区派人来矿区慰问死者家属。死亡职工所在地的县政府，竭力协助矿区妥善处理后事。2月以后，矿区各级党政组织先后受“文化大革命”的影响，开始瘫痪。4月16日矿区指挥部实行军管，建设处于半停工状态。至1969年三年中，没有矿井建成投产。1970年8月至1974年12月，四角田矿井、大用矿井、木岗矿井、化处矿井先后投产。至此六枝矿区的7个矿井基本建成，总设计能力255万吨。

六枝矿区的矿井的投产时间较早，有的投产时标准偏低。中共十一届三中全会以后，对矿井进行了技术改造和改扩建工程。1979至12月四角田矿井二水平延深工程开工，1981年5月凉水井矿井二水平延深工程开工，1985年安排了六枝矿井三水平、地宗矿井二水平和大用矿井二水平的延深工程，以保证矿井的水平接替。1982年9月，煤炭工业部审定四角田矿井扩建为年产30万吨；木岗矿井从核定年产能力15万吨提高到30万吨；大用矿井三采区配套，这三项工程于1983年开工。地宗选煤厂于1980年开工，1983年投入生产，设计能力为洗原煤60万吨 / 年，同时还建成住宅89278平方米，使职工居住条件有了改善。1985年建成了六枝煤矿瓦斯民用项目，为开发利用煤矿瓦斯提供了经验。

（二）盘江矿区

盘江矿区（1972年10月前称盘县矿区）位于本市盘县辖区矿区范围，南北长79.7公里，东西宽59.5公里，面积4742平方公里。

盘江矿区煤炭资源丰富，品质优良，当地人常说：“盘县煤炭实在太多，煤井焦窑像蜂窝，公路修在煤层上，挖煤就在灶门脚”。矿区探明储量为75.5亿吨，其中工业储量为36.8亿吨。矿区煤种较多，主要为炼焦用煤，约占全省焦煤储量的48%。煤质优良，精煤硫分低于1%，灰分低于1.5%，应用基低位发热量每公斤5700千卡左右。

盘江矿区煤层埋藏浅，便于开采，民国年间，政府曾派人至土城、洒基等处考察煤炭资源情况，谓“将来交通便利，认真开发，可供滇黔两省四十年之用。”民国29年（1940年）《贵州省主要各县煤炭产量及最近市价调查表》记有：盘县，每月平均产煤250公吨。

1955年，盘县铜铁厂在火烧铺建煤矿，为钢铁厂提供焦煤（后移交盘县矿区指挥部）。5月以后，煤田地质勘探队伍首先进入盘县矿区， 西南煤田地质勘探局采样大队二分队，地质八队先进行了煤田查勘，1958年贵州省煤田地质勘探公司一五九队又在盘关向斜、盘南向斜、水塘向斜、土城向斜进行普查勘探，共钻孔98个，进尺31870米，普查面积278平方公里，提交报告7件。从1964年开始由普查转为精查，贵州煤田地勘公司迁往盘县，煤炭部从吉林请来一一二队，从中南调来一二九队，从云南调来一九八队，加上原有的一五九队，勘探人员达2132人。他们在海拔1100米到2200米之间的荒山和深谷中苦战。不到一年的时间提交了一批勘探报告，计有火烧铺（精查）、月亮田（补勘）、土城一号、土城二号（精查）等井田的报告。探明上述井田有焦煤、气煤、肥煤等多种牌号的煤炭储量22亿吨。

盘江矿区的总体设计工作由水城煤矿设计研究院承担，华东煤矿设计院、沈阳煤矿设计研究院和北京煤矿设计研究院分别派出小分队参加设计工作。1965年8月，煤炭部下达了《盘西矿区设计任务书》。规定第三个五年计划期间，开发规模为500万吨。第四个五年计划期间，开发规模为1000万吨/年。11月，国家计委副主任余秋里、煤炭部副部长钟子云到盘县矿区视察工作。根据当时国家需要冶金焦煤的紧迫形势，指示西南煤矿建设指挥部将盘县矿区总规模扩大到2000万吨/年以上；盘江矿区要尽快提高产量。设计单位据此指示，初步确定了盘江矿区的设计规模和矿井井型。其中6个大中型矿井设计生产能力为年产750万吨，矿区规模为800万吨，比设计任务书多300万吨，还计划小规模矿井150万吨。建选煤厂4座，年选煤能力710万吨。总投资53684万元（不包括铁路专用线）。1966年6月，对《盘江矿区总体设计》进行审查，大中型矿井由原来的750万吨改为705万吨。10月12日，煤炭部批复同意。1971年6月，水城煤矿设计研究院提出《盘江矿区总体修改设计》，设计规划14个矿井，生产能力年产1023万吨，其中近期工程计划年产678万吨，后期规模为345万吨。计有：火烧铺矿井120万吨，沙陀矿井37万吨，松山矿井60万吨，老屋基矿井90万吨，山脚树矿井45万吨，月亮田矿井60万吨，大田坝矿井30万吨，比仲矿井45万吨，土城小井21万吨，五七矿井（土城矿井）120万吨，佳竹箐矿井60万吨，鄢家寨矿井90万吨。规划设计选煤厂4处，共计处理原煤能力730万吨，其中有火烧铺选煤厂90万吨，沙陀选煤厂150万吨，老屋基选煤厂150万吨，土城矿选煤厂240万吨。1972年12月19日，燃料化学工业部批准了《盘江矿区总体修改设计》中的火烧铺、沙陀、松山、老屋基、山脚树、月亮田、大田坝、土城等8个矿井设计。

盘江矿区大规模开发始于1965年下半年。首先施工的工程项目是自备电厂、输电线路、铁路支线及专用线、公路等。盘关小电厂由宁夏石嘴山电厂、抚顺矿务局第十五工程处和云南六十工程处施工，12月开工，从土建到安装仅用了两个月，一座装机400千瓦小电厂建成发电，解决了盘关施工用电燃眉之急。紧接着上述人员又奔火烧铺电厂工地，加上煤炭部六十八工程处、七十五工程处、七十六工程处人员，3月13日开工，5月1日第一台1500千瓦机组发电。7月，3台机组全部投入运行，相应的输变电工程与电厂建设同步施工。6月架通由云南宣威电厂经羊场至盘关（羊盘线）110千伏输电线路及盘关变电站建成，12月完成盘关至平田35千伏输电线路工程。

由沾益经火铺至土城的矿区铁路支线，全长136公里，早在贵昆铁路全线通车之前就开始筹备工作。1965年12月11日，铁道兵副总司令郭满城、煤炭部副部长钟子云、冶金部副部长徐驰在云南宣威听取了铁道部设计队的汇报后，确定了矿区铁路支线的设计。1966年3月，贵昆铁路全线通车以后，即从主线抽调铁道部第四工程局第六工程处开始沾益至富源段施工。1970年6月沾益至火烧铺通车，而火烧铺至小云尚段沿线矿井早已开工，有的基本建成，将发生产煤待运的情况。加之铁路工程较大施工力量不足，于是决定以“会战”形式突击抢修。1970年7月盘西铁路支线指挥部在昆明召开会议，确定由原来2万人施工，增加到5万人施工，其中铁路工人3万，民兵2万。10月增加人员全部到工地。至1975年通车至柏果，会战告一段落，柏果至土城由煤炭基本建设九十四局工程处施工。1985年通车至小云尚。

在铁路尚未通车的情况下，大批物资和建设队伍全靠汽车运输至矿区，而盘县至土城一段公路都是简易公路，路面狭窄，年久失修，经常中断，矿区大批物资运不到施工点。1966年1月春节期间，矿区指挥部组织盘县筑路大队、矿区所在的工程处和公路附近16个公社的农民17000多人进行公路会战。

从两头河至土城在冬季全线动工，日夜奋战38天，全长36公里的公路通车，全长198公里，使水城至盘县矿区不必绕道安顺或宣威，可缩短运输里程300公里。

从1965年4月至1966年4月，煤炭部先后从河北煤炭工业管理局、峰峰基建工程公司、吉林舒兰矿务局、辽宁煤炭工业管理局、开滦矿务局、黑龙江鸡西矿务局、京西矿务局、抚顺建安工程处、鹤壁工程处、贺兰山煤炭工业公司、双鸭山矿建工程处、华东煤炭工业公司等单位调集施工队伍到盘县矿区。同时，参加贵昆铁路会战结束的辽煤支铁大队（七十七工程处）、黑（龙江）煤支铁大队（七十八工程处）、铁法矿区十四工程处、四十四工程处、抚顺矿务局十九工程处、阜新矿务局七十四工程处、京西矿务局七十六工程处也齐集盘县矿区，陆续进驻月亮田、洒基、火烧铺、老屋基、盘关、瓦场等施工驻地，施工队伍达15000多人。1966年8月1日，矿区指挥部和大部分工程处改编为中国人民解放军基建工程兵四十一支队，矿区的火烧铺电厂、四十四工程处和九十五工程处等单位没有改编。

1965年12月开始至1966年2月，矿区小井——火烧铺大麦地、李子树、山脚树小井、月亮田小井相继开工；3月，火烧铺平硐、月亮田斜井开工；9月，老屋基矿井和土城矿井开工；10月火烧铺斜井开工。至此，盘江矿区近期工程的大中型矿井全部开工，规模达435万吨/年。盘江矿区建设受到“文化大革命”的影响。从1967年下半年至1969年10月，矿区工程处于半开工状态，工程质量差，伤亡事故多，设备损坏，材料丢失。为保证渡口1970年7月1日前出铁，矿区曾组织“夺煤保钢大会战”，建设情况有了好转。集中力量突击三矿（火烧铺矿、山脚树矿、月亮田矿）、“两厂”（火烧铺选煤厂、水泥厂）施工。1970年12月火烧铺平硐投入生产。1971年12月月亮田斜井投入生产。从1973年起，施工重点转移，力量主要投入收尾工程。1974年9月山脚树一号井投入生产。1975年9月老屋基矿井投入生产。这些矿井均在“文化大革命”期间投入生产。同期投产的配套生产企业，还有火烧铺选煤厂、六七一厂和汽车修配厂。其中火烧铺选煤厂厂址滑坡，政治耗费人、财、物力颇多。从1972年起四十一支队、六十九工程处和七十二工程处陆续调离盘江矿区。当时，土城矿井、老屋基选煤厂和矿区机电修配厂正在建设中，其他附属企业和生活设施欠缺甚多。

中共十一届三中全会以后，盘江矿区建设稳步发展，年产120万吨的土城矿井，经历“四上三下”的曲折，在1984年12月建成投产。矿井这次投产验收，克服过去马虎凑合的缺点，逐项对照验收标准，是贵州煤矿验收的新起点。1979年初，机电修配厂正式投产。1980年2月，水泥厂二期工程竣工。1982年4月，火烧铺矿井北三采区补套工程移交生产，补上矿井移交时所欠的30万吨生产能力。6月，月亮田矿井南山补套工程开工续建。1984年火烧铺选煤厂改扩建工程完成，原煤入选能力由90万吨/年提高到120万吨/年。在文教卫生、生活福利等设施，增加了投资。到1983年，盘江矿区建成矿井7个，设计生产能力435万吨/年。建成选煤厂2座，实际能力为270万吨/年(火烧铺选煤厂改造后年生产能力120万吨）。机电修配厂、汽车大修、发电、水泥、火工产品等辅助工厂基本与矿井生产配套建成，形成综合生产能力。在昔日偏僻的崇山峻岭之中，一座新型矿区已初具规模。

（三）水城矿区

水城矿区位于贵州西部水城特区境内，含煤面积2600平方公里。矿区煤炭资源开发利用较早，乾隆十一年（1746年）水城厅福集铅锌厂炼铅时，每炉每日以焦煤300斤为燃料。嘉庆年间民间开采煤炭主要用于炼铅、锌、铜、银、铁，有较大发展，开采地点集中于小河边、大河边、格目底、土地垭等地。据在穿洞湾发现的小煤窑遗址，开采方式为无支撑挖浅洞，到深直百米用原木支撑，用竹筒抽巷道积水。民国32年至34年（1943年至1945年），贵州省《各县煤矿矿产调查表》记载：水城小河边、滥坝等地年产煤达2700吨，民间自由开采。

1955年，贵州省工业厅所属水城铁厂建立附属采煤炼焦车间。这是新中国建立后水城矿区第一次有国营企业开发煤炭资源。采煤车间在小河边井田内开了一些小井，手工土法开采。1956年西南地质局、西南煤田地质勘探局，陆续派出人员到水城矿区采集煤样，开展煤质普查，进行煤田地质测量。查明水城矿区有丰富炼焦煤资源，可供大规模进行勘探和开发利用。1958年，水城矿区列为贵州省重点开发的矿区之一，贵州省煤矿管理局7月份成立水城煤矿筹建处，接收水城钢铁厂采煤炼焦车间，兴建小河一、二、三号井，同时成立水城建井工程处，由煤炭部从河北、东北调来技术力量和成都军区训练团的复员专业军人为主组成，担负了大河边五号井（即汪家寨平硐）的施工任务，1959年2月开工。同期开工的工程项目还有自备电厂和选煤厂各一座。水城县也组织群众到汪家寨、周家湾等井田内开办多处小井，遍地开花，最多时全县有小煤窑550余个，年产量65万吨。1961年7月，大河边五号井停建，建设队伍调离矿区，小煤窑也随着铁厂的关闭而减少。

1964年下半年，大“三线建设”开始，水城矿区也列为西南五个煤炭建设基地之一。水城矿区的煤田地质勘探任务，主要由地质部所属的勘探队承担。矿区地质勘探工作分为几个区域同时开展。小河边向斜由贵州地质勘探局毕节地质队担负，从1964年开始，6月提交了老鹰山井田最终地质报告。大河边向斜由地质部从福建调来的一〇七地质队担负大河边、汪家寨、那罗寨等井田的勘探任务。1964年11月开始，1965年9月完成大河边、汪家寨井田的补充勘探工作，基本满足了矿井建设的需要。那罗寨则因地质构造复杂，勘探控制程度不够，被迫停建待勘。这时一〇七地质队已调往格目底东段，其补充勘探工作由一四二煤田地质勘探队继续施工。格目底向斜东段是勘探重点，地质部先后从四川调来一一六地质队，从云南调来宝鼎十队加上一〇七共三个地质队集中勘探。从1966年3月到1973年6月，三个地质队共完成五千分之一的地形地质图，157平方公里，钻孔345孔，共计126372米，提交了玉舍、滥坝、勺米、鹅戛、米罗、阿戛、马场、牛场等8个井田的详勘(精勘)地质报告，获得储量共计16亿吨。未开发的格目底东段的详勘任务由贵州地质矿产勘探局一一三地质队承担。

水城煤矿设计研究院承担水城矿区设计任务，依据国家计委《关于贵州省水城矿区设计任务书复函》和西南煤矿建设指挥部《贵州省水城矿区设计任务书》编制了水城矿区总体设计。总体设计于1965年4月完成，同年12月19日经煤炭部批准。矿区规模按年产505万吨设计，矿井7个，其中小河边矿井生产能力25万吨/年，老鹰山立井能力为90万吨/年，大河边矿井能力为60万吨/年，汪家寨平硐能力为60万吨/年，汪家寨斜井能力为90万吨/年，木冲沟矿井能力为60万吨/年，大湾矿井能力为60万吨/年，顶拉矿井能力为60万吨/年，选煤厂2处，能力为350万吨/年，按照“靠山、隐蔽、分散”的原则安排总体布局。

从1965年6月开始，水城煤矿设计研究院陆续提交矿井、选煤厂和其他工程的初步设计和施工图设计，基本上满足了建设施工的要求。水城矿区在建设和施工中，贯彻执行了不占或少占农田的规定。老鹰山竖井建设在窝泥塘内，大河边矿井和顶拉矿井的井口都建设在山坡上，汪家寨矿井井口建设在水草淤泥上，木冲沟矿井井口建设在河滩上。全矿区共征地9470亩，其中田130亩，旱土6461亩，荒山2879亩。当时的设计也曾受“左”的思想影响，通过建设和生产实践的检验，暴露出一些问题，经过后来的补充，修改，日趋完善。

煤炭部对矿区建设队伍确定了“三老带三新”和对口包干的原则，由山东省煤炭基建局和华东煤炭工业公司为主，组成水城矿区指挥部。下令抽调山东省基建局，华东煤炭工业公司及其所属第二工程处、第六工程处、第八工程处，淮南建井工程处，煤炭部第二十四工程处、三十七工程处、三十六工程处，山西太原煤炭工业公司，鸡西矿务局，淮北矿务局杜集机电修配厂，通化矿务局，开滦煤矿的人员。建设期间煤炭部又派出北京医疗队、华东医疗队、渭北汽车队、华东汽车队、双鸣山红火箭（掘进）队、平顶山群英（掘进）队等支援。调迁单位按照要求，人员配备齐全，带有施工设备、活动房屋、生活用具，调迁人员家属留在原驻地，成立留守处管理和照顾。广大职工不因离故土，减少工资（计件工资部分）、增加支出（两地开支）等困难所扰，一心一意建设矿区，调任的12892名人员中，只发生一人撤离矿区。随着建设队伍陆续到达，矿区组织机构逐步建立。1965年2月，水城矿区建设指挥部成立。1966年上半年人员基本到齐，加上新招的工人，全矿区施工队伍达到4万余人。

水城矿区的建设，本着矿区建设为主体，骨干工程和配套工程相适应，全面开展突出重点的指导思想，全面安排施工力量。整个矿区建设从时间上分为两个阶段（当时叫两大战役），第一阶段以汪家寨平硐、汪家寨斜井、老鹰山竖井、老鹰山选煤厂、汪家寨选煤厂为主体；第二个阶段以大河边矿井、顶拉矿井、木冲沟矿井、那罗寨矿井、大湾矿井和大湾选煤厂为主体。从施工阶段上分为三个片区（当时叫三大战场）即小河边、大河边、二塘。三个片区内与矿井同时开工的工程有输变电、铁路专用线、公路、仓库、机修厂、砂石厂、医院等工程，形成综合性建设。大中型矿井开工未出煤之前还从黑龙家鸡西矿务局调来287名职工成立小井开发处，在白岩脚、周家湾、汪家寨、老鹰山开发多处小井，解决了施工单位生活和动力用煤。1965年10月老鹰山竖井开工，11月汪家寨平硐复工，斜井开工，标志着第一阶段施工全面开展；1966年3月，大河边矿井开工，8月木冲沟矿井开工，第二阶段施工齐头并进。矿井开工后，矿区指挥部集中人力、物力组织快速施工。煤炭部从全国抽调著名的快速掘进队进入矿区，采用地面多开口，井下多开头的办法多开辟工作面，主副井筒和重要巷道由重点掘进队担负施工任务。七十工程处（原华东六处）韩世芳掘进队（七〇〇一队）施工汪家寨主平硐。1965年12月创月进245米的最好成绩。1966年9月在同一施工地点创月进405米的全国纪录。1966年4月，七十一工程处（原华东八处）七〇〇一队施工老鹰山立井副井，完成掘进105米，砌壁106米；同月四十二工程处（原淮南建井处）即二〇一掘进队施工汪家寨主斜井，掘进210米，砌碹58米；5月支援水城矿区的双鸭山红火箭掘进队完成双头掘进532米和全岩大断面井巷220米，成绩在当时煤炭行业中名列前茅。曾在全国煤炭岩巷掘进会议上介绍他们的经验。建设中还采用了一些新的技术、新经验，其中老鹰山竖井副井施工时，采用柔性掩护支架、金属滑动模板、快硬混凝土、掘进砌碹平行作业的成套新技术，效果显著，煤炭部曾指示推广。汪家寨斜井施工时，将普通的平巷装岩机改成斜井装岩机，这在当时斜井装岩机没有定型生产的情况下，大大提高了斜井掘进的功效。

1966年下半年以后，“文化大革命”的干扰破坏日益严重，矿区建设的部署被打乱，原计划开工的矿井未能开工，已开工的矿井有的停建，有的拖延了移交生产的时间。经过广大职工的共同努力，矿井和选煤厂陆续投入生产。1973年7月，根据国家建委的决定，从水城矿区抽调走5个掘进工程处、3个建筑安装处共计22497人，基本建设投资大幅压缩。当时有的矿井生产环节不配套、不完善、遗留工程多，其中汪家寨斜井原设计3个采区、7个工作面、总长700米，移交时欠交1个采区、2个工作面；老鹰山矿井原设计9个工作面、总长1340米，移交时只有6个工作面、总长610米；木冲沟矿井原来设计11个工作面，总长1610米，移交时只有6个工作面，总长650米。其他辅助生产工作和生活福利、文教卫生设施相差甚多，延缓了矿区形成综合生产能力的时间。

中共十一届三中全会以后，水城矿区全面进场工程补套，完成汪家寨、木冲沟矿井采取的补套工程，提高矿井生产能力；复工那罗寨矿井。完成房屋建筑17.96万平方米，初步改善职工的居住条件。经过20年的艰苦创业，到1985年止，建成矿井8个，设计年生产能力430万吨；建成选煤厂2座，设计年入洗能力230万吨；建成机电修配厂和自备电厂各1座，铁路专用线11.5公里，35千伏输电线路127公里；矿区医院3所、600床位，房屋竣工面积883854平方米。原来的深山僻野中，出现新兴的百里矿区。

第三节　开采历程

一、早期开发

六盘水煤炭利用历史悠久，因煤层露头发育，易于发现和开采，相传，春秋战国时期，乌蒙山区（含六盘水部分）的先民便已发现一种可燃的“黑土”，可用以取暖、做饭。明永乐十六年（1418年）编纂的《普安州志》（今盘县）中“过普安”诗中有“窗映松脂火，炉飞石炭煤”之句，是六盘水境内利用煤炭的最早记载。清光绪二十年(1894年)，郎岱厅六枝凉水井开办煤矿，矿地10余亩，开采者30余人。民国18年（1929年）地质学家乐森璕在其编著的《贵州西部地质矿产》中叙述了郎岱黑拉孔等处的煤田地质情况。民国29年（1940年）《贵州省主要各县每月煤矿产量及最近市场调查表》中记有盘县每月平均产煤250公吨。民国36年（1947年）何辑五编著《十年来贵州经济建设》（1937—1947）中记载“盘县土城为二叠纪煤田。以水城、盘县一带或其西之各煤田硫灰少（硫不及1%，灰15%以下），为最佳之工业用煤。”

解放以来，六盘水地方煤矿的发展经历了坎坷曲折艰难旅程，曾一度陷入困境。资金大部分来源于民间，矿井建设及安全生产资金严重不足，装备、人员、技术、管理等方面比较落后。为满足当地民用和小手工业用煤，各县小煤窑年生产几千吨或1万多吨煤炭供应市场，1953年，全市共产原煤3万吨。

1957年4月，国务院作出《关于发展小煤窑的指示》，就地解决民用燃料的供应。当年，盘县和水城共生产原煤11.1万吨。

1958年，为适应全民大办钢铁的需要，盘县兴办集体煤矿57个；水城县有煤窑550个，煤厂172个；六枝兴办县煤厂3个及部分小煤窑。当年三个县共产原煤154.3万吨。

1961年，贯彻“调整、巩固、充实、提高”的八字方针，陆续关闭、报废、停建一批矿井和辅助工程，精简职工，停办一大批小煤窑。

1964年，三个县原煤产量下降到17.2万吨，六枝矿区产原煤1.3万吨。六盘水煤炭初期开发虽受到“大跃进”的影响，大上大下给矿区建设造成很大损失，但也为后来大规模开发煤炭资源积累了经验，为六盘水煤炭基地建设奠定了一定基础。

二、“三线建设”

1964年，根据“三线建设”和“备战备荒”的需要，国家决定建设与四川攀枝花钢铁基地相配套的六盘水煤炭基地。1964年9月，煤炭部决定从全国各地成建制抽调建设队伍进入六盘水，一年多的时间，从15个省、25个矿务局抽调28个工程处(含新组建)、8个地质勘探队到六盘水参加煤炭基地建设，一时，“千军万马”云集六盘水，打响了“三线建设”大会战。1965年1月，西南煤矿建设指挥部在六枝成立，六盘水煤炭基地建设拉开帷幕。自此，电力、交通、信息、先进设备、生产工艺、科技人才、现代化工业的生产技术给六盘水地方煤矿的生产注入了新鲜活力，建成了六枝矿务局、水城矿务局、盘江矿务局，形成了较大的生产规模。各县、区对煤矿投入资金和人力，恢复和新建了一批煤矿，并具备了一定生产规模，机械化程度也不断提高。1972年，随着六盘水煤炭管理机构的建立和不断完善，全面实行了产、供、销统一管理，从而改变了以前煤矿生产混乱局面。

1978年至1985年，六盘水市全面贯彻落实党的十一届三中全会精神，深化改革开放，坚持以经济建设为中心，六盘水地方煤矿开始崛起。煤炭工业逐步成为六盘水市经济重要支柱，在全市国民经济中有着举足轻重的地位。

进入20世纪90年代，六盘水地方煤矿发展曾一度泛滥：煤矿多，最高年份达到3300口煤井；生产规模小；开采方式落后，基础设施差，作坊式管理，从业人员素质低，资源浪费大；煤炭产品综合利用率低；安全事故频发；矿井生产能力低、单产不超过0.5万吨/年，百万吨死亡率在25至50人之间波动；生产过剩，煤炭产品积压，市场疲软，资源破坏，环境污染严重。

1998年后，六盘水煤炭工业实施取缔土法炼焦、关井压产、整顿煤炭生产经营秩序和开展煤矿安全专项整治等一系列工作，境内煤炭企业发生深刻变化。

2000年实施关井压产以后，大规模减少煤矿数量，取缔了无证煤窑，规范了产、供、销、运、安全管理，煤炭生产、销售秩序步入正常化轨道。煤炭企业不断壮大，煤炭产业结构调整初见成效，煤炭生产基本实现了从无序非法开采向有序依法生产的转变，煤矿事故得到有效控制，煤矿的综合水平有了很大的提高。地方煤炭工业整体水平不断提升，朝着安全、高效、持续、健康方向迈进。

党的十六大以来，党中央以科学发展观统领经济社会发展全局，坚持以人为本，在法制、体制、机制和投入等方面采取一系列措施加强安全生产工作。六盘水紧紧围绕煤炭支柱产业，做大做强，发挥优势这条根本路子，从安全求生存，从安全求发展，牢固树立以人为本、安全为天、不要带血的GDP的理念，坚持运用科学发展观统领社会全局，构建新型、和谐社会为指导，坚持国家煤矿“安全第一，预防为主”的安全生产方针，开创性地扎实工作，在煤矿安全管理上敢于“亮剑”，出新招，敢为天下先。

三、小煤矿整治

（一）“关井压产”阶段

2000年的关井压产前，全市乡镇煤炭工业发展较快，最高年份达到3300多口矿井，生产规模小，开采方式落后，基础设施差，作坊式管理，从业人员素质低，资源浪费大，煤炭产品综合利用率低，安全事故频发，矿井生产能力低、单产不超过0.5万吨/年，百万吨死亡率在25—50人之间波动。

2000年后，煤矿执行证照管理，依法办矿，将全市3300多个煤矿整合为521个有证矿井。取缔无证煤窑，规范产、供、销、运、安全管理，煤炭生产、销售秩序步入正常化轨道，初步形成了规范化的煤矿安全管理模式。

1. 技术装备：境内煤矿全部实现机械通风、矿车运输或机械提升，并按规定全部安装了瓦斯监测监控系统，绝大部分矿井采用放炮落煤。电瓶式机车、皮带输送机、刮板输送机、单体液压支柱等有一定科技含量的装备进入小煤矿生产领域，防爆门、密闭、风门、风电闭锁、瓦斯电闭锁、双回路供电等安全设施设备进一步规范与统一。

2. 矿井规模：地方煤矿规模年产在3万吨以上，个别矿井达到年产25万吨左右。

3. 煤矿人员素质：截至2004年底，市境煤矿矿长均通过省级组织的培训，并持证上岗；管理人员、工程技术人员配备及在职培训逐步到位；安全员、瓦检员、电工、放炮员、绞车司机、监测员等特殊工种全部持证上岗，并步入正常、有规律的轮训、复训阶段；通风工、支护工、维修工、回柱工等技术工人逐步从普通工人中分离出来，进行专门培训，走向专业化道路。

（二）关闭整合阶段

2005年，根据《国务院关于促进煤炭工业健康发展的若干意见》精神，进一步改造整顿中小型煤矿。加快中小型煤矿的整顿、改造和提高，整合煤炭资源，实行集约化开发经营，六盘水市煤矿开始进行整合关闭工作。

2006年12月，《省政府关于六枝特区等四县（区）煤矿整合和调整布局方案的批复》文件，原则同意六盘水市六枝、水城、盘县、钟山等四县、特区、区的煤矿整合方案。四地有煤矿521个，参与整合或扩界整合尚有利用价值的煤炭资源374个煤矿整合为136个。其余147个未纳入整合的煤矿，年生产能力在3万吨及以下的，其中属于煤与瓦斯突出、水害威胁严重的，在2006年底前进行了关闭；其他煤矿，在2007年底前关闭。不具备安全生产条件的煤矿立即关闭。具备技改扩能条件的，应严格按照国家和省有关政策规定办理相关手续。

2007年5月，实施《关于六枝特区等四县(区)煤矿整合和调整布局方案》。经整合后，全市地方煤矿保留421个。其中在建矿井58个，整改矿井53个，生产矿井310个。

2007年8月，根据《国务院办公厅转发安全监管总局等部门关于进一步做好煤矿整顿关闭工作意见的通知》和《国务院安委办关于印发2007年煤矿整顿关闭工作要点的通知》要求，对全市58个不符合国家产业政策、布局不合理、不符合安全标准、不符合环保要求、浪费资源的16个煤矿进行关闭。

2009年，省煤矿整关办分两批公告关闭六盘水市21个煤矿，于2010年2月底前全部实施关闭。

2010年省煤矿整关领导小组发出《关于上报2010年度关闭煤矿名单的紧急通知》，六盘水市整关煤矿27个。

2010年6月7日省整关领导小组《关于吊（注）销我省2010年关闭煤矿（第一批）相关证照及有关事项的通知》，公告关闭六盘水市煤矿33个。市整关办及时印发了《关于做好2010年关闭煤矿有关事项的通知》，全市公告关闭地方煤矿173个。

按照省人民政府办公厅《关于关闭不具备安全生产条件煤矿的通知》和《关于报送关闭不具备安全生产条件煤矿工作情况的通知》，制定了《六盘水市2010年煤矿整顿关闭工作实施方案》，明确工作责任和目标，成立了市级煤矿整顿关闭督导工作组，切实加强组织领导，按照分类实施、分期关闭的原则，有计划、有措施、有步骤，严格按标准和要求及时限组织实施关闭。截至2010年12月16日，按照国务院令第446号第十三条规定的五条标准，累计实施关闭81个。

（三）兼并重组阶段

2011年5月，贵州省能源局下发《关于加快推进煤矿企业兼并重组工作的指导意见》，进一步细化了兼并重组的具体措施。这个被业内称为新一轮整合开启标志的“47号文”，首次明确了兼并重组主体企业要担负起被兼并煤矿企业的安全生产主体责任，地方各级政府要加强对被兼并重组企业的安全生产监管。

2011年6月，省人民政府印发《省人民政府办公厅关于下达六盘水市煤矿生产建设关停计划的通知》，要求六盘水市30个规模9万吨/年及91个规模15万吨/年的在建煤矿一律停止建设，对规模21万吨/年及以上建设矿井，9万吨/年及以上联合试运转和生产矿井必须在2011年底前进入集团化改造。

2011年6月，根据省人民政府办公厅《转发省能源局关于加快推进煤矿企业兼并重组工作指导意见的通知》，结合六盘水市实际，市人民政府办公室印发《六盘水市加快推进煤矿企业兼并重组工作实施意见的通知》，要求推进公司化管理，实现由个人办矿向集团化办矿的实质性转变，实现由粗放型管理向现代企业集约型管理的转变。兼并重组后煤炭企业集团控制在42个以内，其中地方煤炭集团控制在40个以内。企业集团规模不低于200万吨/年。形成1个年生产能力5000万吨特大型煤炭旗舰企业集团，1个年生产能力3000万吨以上的大型煤炭企业集团（市内产能达2000万/年吨以上），2个年生产能力1000万吨以上的煤炭企业集团，2个年生产能力500万吨以上的煤炭企业集团，9个年生产能力300万吨以上的煤炭企业集团。

根据《国务院关于进一步加强淘汰落后产能工作的通知》、国家安全监管总局等14部委局《关于深化煤矿整顿关闭工作的指导意见》和国家煤炭产业政策，为加强煤矿安全生产，促进省煤炭产业持续健康发展，经各市（州）政府（地区行署）审查和省煤矿证照及相关事宜联合审批联席会议审议，并报经省人民政府同意，决定依法对六枝特区大田煤矿等44个煤矿生产系统实施整合关闭。2011年11月，省人民政府办公厅印发《省人民政府办公厅关于依法整合关闭有关煤矿的通知》和《省人民政府办公厅关于依法整合关闭有关煤矿及生产系统的通知》文，于2011年12月30日前，依法关闭六盘水市13个煤矿。

按照《国务院办公厅转发发展改革委关于加快推进煤矿企业兼并重组若干意见的通知》《关于"十二五"期间进一步推进煤炭行业淘汰落后产能工作的通知》《国家能源局、财政部、国家煤矿安全监察局关于进一步做好煤炭行业淘汰落后产能检查验收工作的通知》《关于做好2014年煤炭行业淘汰落后产能工作的通知》和《省人民政府办公厅关于进一步深入推进全省煤矿企业兼并重组工作的通知》要求，及2014年第1号和第2号公告，对六盘水市企业自愿申请关闭的安全生产条件差、资源枯竭、布局不合理和不符合国家产业政策的31个煤矿（含矿权）实施关闭。

截至2015年1月14日，全市共有252个煤矿，规模9226万吨/年（其中，生产矿井191个，规模7114万吨/年；建设矿井60个，规模2112万吨/年）。另有预留矿权4个，规模39万吨/年；保留矿权41个，规模603万吨/年；拟建矿井5个，规模114万吨/年；其他无矿权但已经开工建设煤矿4个，规模1080万吨/年。

第四节 国有煤矿

一、六枝工矿（集团）有限责任公司

六枝工矿（集团）有限责任公司前身为六枝矿务局，位于六枝特区境内，始建于50年代末。1956年，煤炭部根据中共中央政治局北京会议精神，决定开发贵州六盘水煤田，两年后，六枝矿区的地质勘探和矿井建设工作同时开始。

1958年8月，凉水井一、二号平硐破土动工。9至11月，六枝、地宗两个矿井开建。12月，成立郎岱矿务局（后改称六枝矿务局）。1959年，四角田、毛毛洞、倒马坎、马

老箐、茅家寨、龙谭口、邓家寨等10个矿井开建，设计能力345万吨/年。同时，六枝电厂、毛毛洞洗煤厂、凉水井洗煤厂、马老箐洗煤厂、那玉砖厂、六枝水泥厂、矿山机械厂、15.1公里的铁路专用线等项目开工建设，共投资5177万元。

1965年，西南煤矿建设指挥部成立，统一领导六枝、盘县、水城三个矿区。1965年水城煤矿设计院对六枝矿区规划了27个矿井，同年5月成立了六枝矿区指挥部。

1970年7月3日，六枝矿务局成立。

1966—1975年，共有6个矿井投入生产，其中新建矿井有四角田矿、大用矿、化处矿、木岗矿。续建矿井有六枝矿、地宗矿，加上1960年投产的凉水井矿，已建成7个矿井，总设计能力255万吨/年，设计总投资15964万元。

1978年，中国共产党第十一届三中全会召开，煤炭工业获得新生，生产形势发生了可喜变化。1979年六枝矿务局原煤产量完成141.83万吨，亏损指标由计划的1950万元下降到1828.5万元，减亏121.5万元。

1980年根据六枝矿区7个矿井的实际生产能力，经煤炭部核定，由原设计能力255万吨/年，降为138万吨/年。

1986年11月1日，大用煤矿由于煤矿资源枯竭、瓦斯含量大、开采难度大、吨煤成本高等原因，经煤炭部批准停办。

1985年至1990年，煤炭工业部对全国统配矿务局实行投入产出六年总承包：包原煤产量，包基建投资及投产矿井能力，实行盈亏包干，超亏不补，减亏归已，同时赋予相应独立经营的若干权力。1989年，原煤包干产量、矿井自产量、原煤全员效率、百万吨死亡率、人均收入等十项指标创历史最好水平。总承包对六枝矿务局的基数是：六年原煤产量965万吨，年平均160.8万吨。

进入90年代，六枝矿务局进行了小井开发。1992年7月26日，动工兴建苦竹林煤矿，设计生产能力30万吨/年。1995年9月至12月15日进行试生产，同年12月22日验收投产，工期36个月，总投资7254万元。

“八五”期间，煤炭市场疲软，供大于求。1992年11月，六枝矿务局对木岗、凉水井两矿关闭停产，实施转产经营。1993年下半年，由于市场急骤变化，煤炭运输不畅，安全形势严峻，超亏严重。1994年，六枝矿务局精减分流1812人，原煤全员工效、回采工效率、掘进工效率、工业生产效率、基本建设劳动生产率、综合劳动生产率均比上年提高。

1996年是实施“九五”计划的第一年，六枝矿务局围绕“加快两个发展”的战略目标，坚持走以煤为本，多种经营，综合发展的路子，以提高经济效益为中心，以减亏增盈为目标，内抓管理，外拓市场，全局15个经营承包单位有13个单位实现减亏增利。

1997年，市场急骤变化，货款拖欠严重，资金极度紧张，职工收入下降，六枝矿务局一度陷入困境。

1998年8月由煤炭部下放贵州省管理。1999年9月，实施政策性破产。2000年1月

11日，经贵州省政府批准，用原六枝矿务局破产资产及职工安置费成立了六枝工矿（集团）有限责任公司，为省属一类国有企业。2011年2月，贵州省政府决定六枝工矿与盘江投资控股公司进行重组，将所持股权授权盘江投资控股公司经营管理。2015年1月1日，六枝工矿从盘江投资控股中分离出来，收回省国资委管理，成为国资委管理的国有独资有限责任公司。

截至2014年12月31日，下属子公司、分公司、控股公司15家，职工7053人，各类管理和专业技术人员1353人。有生产煤矿4处，设计生产能力345万吨/年；选煤厂两座，入选能力165万吨/年；在建大型煤矿3个，设计生产能力540万吨/年。有与煤炭主业相配套的矿山救护队、物资供应、煤炭销售、勘察设计等涉煤单位。集团公司所属煤矿共有7个。其中，生产矿井4个，基建矿井3个。

六枝工矿（集团）所属主要煤矿基本情况表

表4-6

序号	煤矿名称	所在县区	规模（万吨/年）	阶段现状
1	化处煤炭分公司	六枝特区	36	生产
2	苦竹林煤炭有限责任公司	六枝特区	30	停产
3	新华煤矿	六枝特区	120	建设
4	贵州玉舍煤业有限公司（格目底西井）	水城县	120	生产
5	聚鑫煤矿	六枝特区	15	停建

二、盘江精煤股份有限公司

贵州盘江精煤股份有限公司前身为盘江矿务局，位于六盘水市盘县境内，始建于1965年，是“三线建设”的主要战场。由于特殊环境下的战备保密需要，开发初期易名频繁，先后曾用过盘县矿区指挥部、小井开发处、龙山农场生产指挥部等名称。

1967年，根据煤炭部〔1967〕569号文件指示，将龙山农场生产指挥部改名盘县矿务局。

1972年10月25日，经六盘水地委批准，盘县矿务局更名为“盘江矿务局”。

1984年1月1日，将原属贵州省煤炭厅管理的盘江矿务局划归煤炭部直属，为国家统配矿务局。

1997年7月，盘江矿务局改制为盘江煤电（集团）有限公司。

1999年10月29日，由盘江煤电（集团）有限责任公司控股，联合中国煤炭工业进出口集团公司、贵阳特殊钢有限责任公司等7家法人单位，发起创立的贵州盘江精煤股份有限公司，在贵州省工商局注册登记创立。从创立至2010年9月的11年间，生产经营并未完全与盘江煤电（集团）有限公司分离。

2009年3月，盘江煤电（集团）有限公司进行资产重组，煤炭主业整体上市，资产全部注入“盘江股份”（2010年9月经贵州省人民政府批准，盘江煤电（集团）有限公司更名为贵州盘江投资控股集团公司并迁址贵阳，公司业务由生产经营向战略规划、投资管理、资本经营、资源开发、高新技术产业开发等转型）。自此，贵州盘江精煤股份有限公司全部承接了盘江煤电（集团）有限公司的主体业务，成为以原煤生产、洗选加工为主导，融资本营运、发电、安装、矿建、机械加工及维修、仪器仪表、质检化验为一体的生产能力超千万吨的大型煤炭工业企业，也是中国长江以南唯一一家上市煤炭企业。

盘江精煤股份有限公司是盘江矿区主要煤炭开发主体，拥有丰富的煤炭资源，2007年原煤生产突破1000万吨，2008年生产原煤1190万吨，实现营业收入55亿元，盈利13亿元，成为江南首家特大型煤炭工业企业，是我国南方地区重要的大型炼焦煤和动力煤生产基地。盘江煤被评为中国知名出口品牌、煤炭质量信得过产品。

盘江精煤股份有限公司现有原煤生产矿6个，生产能力为995万吨/年。其中：土城矿生产能力280万吨/年；月亮田矿115万吨/年；老屋基矿115万吨/年；山脚树矿180万吨/年；金佳矿180万吨/年；火铺矿240万吨/年。另有控股矿井松河矿井，设计产能240万吨/年；代上级公司（贵州盘江投资控股集团公司）管理响水矿井，设计产量400万吨/年。

盘江精煤所属及控股主要煤矿基本情况表

表4-7

序号	煤矿名称	所在县区	规模（万吨/年）	阶段现状
1	土城矿	盘县	280	生产
2	月亮田矿	盘县	115	生产
3	山脚树矿	盘县	180	生产
4	老屋基矿	盘县	115	生产
5	金佳矿	盘县	180	生产
6	火烧铺矿	盘县	240	生产
7	响水矿	盘县	400	生产
8	松河矿	盘县	240	生产

三、贵州水矿控股集团有限公司

贵州水矿控股集团有限责任公司前身系水城矿务局，为原煤炭部直属企业，位于六盘水市钟山区、水城县境内。1964年，水城矿区作为“三线建设”重点项目之一开始大规模开发建设，至1969年，新建矿井陆续建成并简易投产。1970年，组建水城矿务局。1998年转为贵州省管理，2001年11月改制为贵州水城矿业（集团）有限责任公司，

2011年7月经省政府批准设立贵州水矿控股集团有限责任公司，2012年7月28日正式挂牌运作，为贵州省国有资产监督管理委员会监管企业。

贵州水矿控股集团有限责任公司是以煤炭生产及加工为主，集煤化工、商贸物流、煤机制造、建筑安装、房地产开发、医疗医药、通信等产业为一体的具有较强经济带动力和竞争力的跨地区、跨行业、跨所有制的综合性大型企业集团，生产经营规模居南方同行业前列，是江南重要的煤炭生产基地之一。2009年，公司原煤产量突破1000万吨，跨入千万吨级大型煤炭企业行列。公司现有总资产301.9亿元，在册职工2.4万余人，离退休人员1.9万人。其中，所属重要子公司贵州水城矿业股份有限公司，有8处生产矿井，生产能力1147万吨/年（在六盘水境内煤矿生产能力847万吨/年），在建矿井8处，设计能力1365万吨/年（在六盘水境内在建煤矿设计能力405万吨/年）；洗煤厂4座，入洗能力700万吨/年。2014年，全公司煤炭产量1016万吨；营业收入105.29亿元，同比增长了23.8%；应缴税费5.79亿元，同比增长了6.36%；实现利润总额1.22亿元，同比增长了51.29%。

水矿集团所属主要煤矿基本情况表

表4-8

序号	煤矿名称	所在县区	规模（万吨/年）	阶段现状
1	老鹰山煤矿	水城县	90	生产
2	玉舍煤矿中井	水城县	60	生产
3	大河边煤矿	钟山区	120	生产
4	大湾煤矿	钟山区	300	生产
5	盛远煤矿（木冲沟煤矿）	钟山区	90	生产
6	那罗寨煤矿	钟山区	180	生产
7	汪家寨煤矿	钟山区	270	生产
8	马场煤矿	水城县	45	建设
9	米箩煤矿	水城县	120	建设

第五节 地方煤矿

截至2015年底全市有煤矿252个，规模9226万吨/年。正常生产矿井108个，规模5764万吨/年。正常建设矿井9个，规模495万吨/年。停产矿井78个，规模1440万吨/年。停建矿井55个，规模1467万吨/年。试运转矿井2个，规模60万吨/年。其中省属国有煤矿22个，规模3571万吨/年；地方煤矿230个，规模5655万吨/年。

一、六枝特区地方煤炭集团公司及煤矿基本情况

（一）煤矿概况：现阶段，六枝特区共有地方煤矿28个，规模548万吨/年。其中：正常生产矿井6个，规模240万吨/年；停产矿井11个，规模240万吨/年；停建矿井11个，规模273万吨/年。

六枝特区地方煤矿基本情况汇总表

表4-9

序号	矿井名称	所有制	所在乡镇	所属集团公司	公司注册地	规模（万吨/年）	性质
1	六龙煤矿	地方	平寨镇	贵州丰联矿业有限公司	黔西南州普安县	30	生产
2	天泰煤矿	地方	箐口乡	贵州美升能源集团有限公司	六枝特区	15	生产
3	猴子田煤矿	地方	箐口乡	贵州路鑫喜义工矿股份有限公司	六枝特区	30	生产
4	兴旺煤矿	地方	新窑乡	飞尚能源集团公司	贵阳市观山湖区	30	生产
5	湘发煤业有限责任公司	地方	中寨乡	贵州省通林矿业投资股份有限公司	钟山区	15	生产
6	凸山田煤矿	地方	中寨乡	贵州路鑫喜义工矿股份有限公司	六枝特区	15	生产
7	黑石头煤矿	地方	大用镇	贵州美升能源集团有限公司	六枝特区	15	停产
8	青菜塘煤矿	地方	郎岱镇	贵州路鑫喜义工矿股份有限公司	六枝特区	30	停产
9	中柱煤矿	央企	郎岱镇	国电贵州煤业公司	安顺市西秀区	15	停产
10	平桥煤矿	地方	郎岱镇	飞尚能源集团公司	贵阳市观山湖区	15	停产
11	箐川煤矿	地方	箐口乡	贵州美升能源集团有限公司	六枝特区	15	停产
12	林家秂煤业（竹林寨）	地方	新华乡	飞尚能源集团公司	贵阳市观山湖区	30	停产
13	六家坝煤矿	地方	新华乡	飞尚能源集团公司	贵阳市观山湖区	30	停产
14	华际煤矿	地方	新窑乡	贵州万海隆矿业集团股份有限公司	贵阳市观山湖区	15	停产
15	播雨村煤矿	地方	新窑乡	贵州万海隆矿业集团股份有限公司	贵阳市观山湖区	30	停产
16	新兴煤矿	地方	新窑乡	贵州美升能源集团有限公司	六枝特区	30	停产
17	中渝煤矿	地方	中寨乡	贵州路鑫喜义工矿股份有限公司	六枝特区	15	停产

续表4-9

序号	矿井名称	所有制	所在乡镇	所属集团公司	公司注册地	规模（万吨/年）	性质
18	新宝元煤矿	地方	堕劫乡	贵州路鑫喜义工矿股份有限公司	六枝特区	15	停建
19	启文煤矿	地方	郎岱镇	飞尚能源集团公司	贵阳市观山湖区	9	停建
20	安家寨煤业	央企	龙场乡	国电贵州煤业公司	安顺市西秀区	90	停建
21	龙岭煤矿	地方	龙场乡	贵州新西南矿业股份有限公司	毕节市七星关区	15	停建
22	四新煤矿	央企	落别乡	国电贵州煤业公司	安顺市西秀区	30	停建
23	洒志煤矿	央企	洒志乡	国电贵州煤业公司	安顺市西秀区	30	停建
24	杉树林煤矿	地方	新窑乡	贵州路鑫喜义工矿股份有限公司	六枝特区	15	停建
25	联兴煤矿	地方	新窑乡	贵州省博鑫矿业股份有限公司	盘县	15	停建
26	川黔友谊煤矿	地方	岩脚镇	贵州湾田煤业集团有限公司	盘县	9	停建
27	宏顺发煤矿	地方	中寨乡	贵州路鑫喜义工矿股份有限公司	六枝特区	15	停建
28	贵州六枝前都煤业	地方	中寨乡	贵州路鑫喜义工矿股份有限公司	六枝特区	30	停建

（二）地方煤炭集团公司概况（本地注册）

六枝特区境内注册的地方煤炭集团公司共2个。

1. 贵州美升能源集团有限公司：于2011年4月13日注册成立，注册资本21300万元人民币，注册经营地六枝特区。于2012年6月27日取得安全生产许可证，2014年2月12日贵州省能源局以黔煤兼并重组办〔2014〕2号文批复公司兼并重组实施方案，规划产能240万吨/年。该公司在本市境内煤矿6个（规模105万吨/年）：水城县天宗煤矿（15万吨/年）、水城县阿佐煤矿（15万吨/年）、六枝特区黑石头煤矿（15万吨/年）、六枝特区箐川煤矿（15万吨/年）、六枝特区新兴煤矿（30万吨/年）、六枝特区天泰煤矿（15万吨/年）。

2. 贵州路鑫喜义工矿股份有限公司：于2011年注册成立，注册资本2亿元人民币。2012年获得贵州省煤炭整合主体资格，2014年贵州省能源局以黔煤兼并重组办〔2014〕44号文批复公司兼并重组实施方案，规划产能270万吨/年。该公司在本市境内煤矿11个（规模192万吨/年）：猴子田煤矿（30万吨/年）、凸山田煤矿（15万吨/年）、青菜塘煤矿（30万吨/年）、中渝煤矿（15万吨/年）、新宝元煤矿（15万吨/年）、杉树林煤矿（15万吨/年）、宏顺发煤矿（15万吨/年）、六枝前都煤业有限责任公司（30万吨/年）、店子煤矿（9万吨/年）、小田坝煤矿（9万吨/年）、亮水田煤矿（9万吨/年）。

二、盘县地方煤炭集团公司及煤矿基本情况

（一）概况：现阶段，盘县共有地方煤矿100个，规模2428万吨/年。其中：正常生产矿井47个，规模1278万吨/年；建设矿井6个，规模270万吨/年；停产矿井27个，规模527万吨/年；停建矿井20个，规模353万吨/年。

盘县地方煤矿基本情况汇总表

表4–10

序号	矿井名称	所有制	所在乡镇	所属集团公司	公司注册地	规模（万吨/年）	性质
1	兴达煤矿	地方	柏果镇	六盘水恒鼎实业有限公司	盘县	30	生产
2	红旗煤矿	地方	柏果镇	贵州德佳投资有限公司	盘县	30	生产
3	麦地煤矿	地方	柏果镇	盘县煤炭开发总公司	盘县	30	生产
4	陆忠德煤矿	地方	柏果镇	贵州德佳投资有限公司	盘县	21	生产
5	冬瓜凹煤矿	地方	柏果镇	贵州丰鑫源矿业有限公司	毕节市大方县	30	生产
6	麦子沟煤矿	地方	柏果镇	贵州吉龙投资有限公司	盘县	21	生产
7	新田煤矿	地方	柏果镇	贵州丰鑫源矿业有限公司	毕节市大方县	21	生产
8	大丫口煤矿	地方	柏果镇	贵州丰鑫源矿业有限公司	毕节市大方县	15	生产
9	东李煤矿	地方	板桥镇	贵州邦达能源开发有限公司	盘县	45	生产
10	小河边煤矿	地方	大山镇	盘县煤炭开发总公司	盘县	30	生产
11	吉源煤矿	地方	大山镇	贵州正华矿业有限公司	钟山	30	生产
12	新起点煤矿	地方	断江镇	贵州邦达能源开发有限公司	盘县	15	生产
13	红果煤矿	地方	红果镇	贵州邦达能源开发有限公司	盘县	45	生产
14	苞谷山煤矿	地方	红果镇	贵州邦达能源开发有限公司	盘县	45	生产
15	樟木树煤矿	地方	红果镇	贵州毕节百矿大能煤业有限责任公司	毕节市七星关区	30	生产
16	小关河边煤矿	地方	红果镇	贵州中纸投资有限公司	盘县	15	生产
17	中纸厂煤矿	地方	红果镇	贵州中纸投资有限公司	盘县	45	生产
18	打牛厂煤矿	地方	红果镇	贵州中纸投资有限公司	盘县	15	生产
19	银河煤矿	地方	红果镇	贵州中纸投资有限公司	盘县	15	生产
20	仲恒煤矿	地方	红果镇	贵州盘县紫森源（集团）发展投资有限实业公司	盘县	90	生产

续表4–10

序号	矿井名称	所有制	所在乡镇	所属集团公司	公司注册地	规模（万吨/年）	性质
21	保庆煤矿	地方	滑石乡	盘县煤炭开发总公司	盘县	30	生产
22	雄兴煤矿	地方	火铺镇	贵州中纸投资有限公司	盘县	15	生产
23	兴源煤矿	地方	火铺镇	贵州中纸投资有限公司	盘县	15	生产
24	云脚煤矿	地方	鸡场坪	贵州吉龙投资有限公司	盘县	15	生产
25	银逢煤矿	地方	老厂镇	贵州德佳投资有限公司	盘县	15	生产
26	鸿辉煤矿	地方	乐民镇	贵州盘县紫森源（集团）发展投资有限实业公司	盘县	30	生产
27	大田煤矿	地方	乐民镇	盘县盘南煤业投资有限公司	盘县	15	生产
28	洪兴煤矿	地方	乐民镇	六盘水恒鼎实业有限公司	盘县	60	生产
29	下河坝煤矿	外省国有	乐民镇	贵州湘能实业有限公司	水城	15	生产
30	五星煤矿	地方	玛依镇	盘县煤炭开发总公司	盘县	15	生产
31	米田煤矿	地方	平关镇	贵州湾田煤业集团有限公司	盘县	15	生产
32	烂泥田煤矿	地方	平关镇	贵州湾田煤业集团有限公司	盘县	15	生产
33	平迤煤矿	地方	平关镇	盘县煤炭开发总公司	盘县	15	生产
34	二排煤矿	地方	洒基镇	贵州省博鑫矿业股份有限公司	盘县	30	生产
35	湘桥煤矿	地方	石桥镇	贵州湾田煤业集团有限公司	盘县	15	生产
36	东渔煤矿	地方	石桥镇	贵州中纸投资有限公司	盘县	15	生产
37	老洼地煤矿	地方	石桥镇	贵州邦达能源开发有限公司	盘县	30	生产
38	佳竹箐煤矿	地方	石桥镇	贵州毕节百矿大能煤业有限责任公司	毕节市七星关区	30	生产
39	鹏程煤矿	地方	石桥镇	贵州中纸投资有限公司	盘县	15	生产
40	喜乐箐煤矿	地方	石桥镇	六盘水恒鼎实业有限公司	盘县	30	生产
41	永响煤矿	地方	响水镇	贵州邦达能源开发有限公司	盘县	15	生产
42	龙鑫煤矿	地方	新民乡	贵州东银同城能源有限公司	贵阳市观山湖区	15	生产
43	羊场煤矿	地方	羊场乡	六盘水恒鼎实业有限公司	盘县	60	生产
44	谢家河沟煤矿	地方	羊场乡	贵州德佳投资有限公司	盘县	15	生产
45	松杨煤矿	地方	羊场乡	贵州德佳投资有限公司	盘县	15	生产
46	昌兴煤矿	地方	淤泥乡	贵州邦达能源开发有限公司	盘县	30	生产
47	湾田煤矿	地方	淤泥乡	贵州湾田煤业集团有限公司	盘县	45	生产
48	金河煤矿	地方	柏果镇	六盘水恒鼎实业有限公司	盘县	45	建设

续表4-10

序号	矿井名称	所有制	所在乡镇	所属集团公司	公司注册地	规模（万吨/年）	性质
49	大坪煤矿	地方	平关镇	贵州中纸投资有限公司	盘县	30	建设
50	祥兴煤矿	地方	西冲镇	六盘水恒鼎实业有限公司	盘县	60	建设
51	金河煤矿	地方	淤泥乡	六盘水恒鼎实业有限公司	盘县	60	建设
52	大河煤矿	地方	淤泥乡	六盘水恒鼎实业有限公司	盘县	45	建设
53	蟒源煤矿	地方	响水镇	贵州盘县紫森源（集团）发展投资有限实业公司	盘县	30	试运转
54	老沙田煤矿	地方	柏果镇	盘县煤炭开发总公司	盘县	9	停产
55	鸡场河煤矿	地方	柏果镇	六盘水恒鼎实业有限公司	盘县	15	停产
56	小河头煤矿	地方	柏果镇	贵州吉龙投资有限公司	盘县	30	停产
57	毛寨煤矿	地方	柏果镇	贵州德佳投资有限公司	盘县	30	停产
58	柏坪煤矿	地方	柏果镇	华阳集团	盘县	15	停产
59	云尚煤矿	地方	柏果镇	华阳集团	盘县	15	停产
60	旧屋基煤矿	地方	大山镇	贵州湾田煤业集团有限公司	盘县	15	停产
61	兴黔煤矿	地方	断江镇	贵州中纸投资有限公司	盘县	9	停产
62	上纸厂煤矿	地方	红果镇	六盘水铭兴煤业有限公司	水城	45	停产
63	椅棋煤矿	地方	鸡场坪乡	六盘水恒鼎实业有限公司	盘县	15	停产
64	云贵煤矿	地方	老厂镇	华阳集团	盘县	15	停产
65	弓角田煤矿	地方	乐民镇	六盘水恒鼎实业有限公司	盘县	15	停产
66	梓木嘎煤矿	地方	乐民镇	盘县盘南煤业投资有限公司	盘县	30	停产
67	永红煤矿	地方	乐民镇	贵州绿宝能源开发有限公司	遵义市凤冈县	15	停产
68	兴发煤矿	地方	盘江镇	贵州国源矿业开发有限公司	贵阳市观山湖区	9	停产
69	长箐煤矿	地方	洒基镇	贵州吉龙投资有限公司	盘县	30	停产
70	荣祥煤矿	地方	洒基镇	贵州吉龙投资有限公司	盘县	30	停产
71	五排煤矿	地方	洒基镇	贵州吉龙投资有限公司	盘县	30	停产
72	小凹子煤矿	地方	水塘镇	贵州天伦矿业投资控股有限公司	盘县	15	停产
73	黑皮凹子煤矿	地方	水塘镇	贵州晴隆恒盛西南矿业投资管理有限公司	黔西南州晴隆县	30	停产
74	新华煤矿	地方	松河乡	湖南安石（集团）六盘水煤业有限公司	水城	15	停产
75	松林煤矿	地方	松河乡	贵州吉龙投资有限公司	盘县	30	停产
76	三鑫煤矿	地方	松河乡	盘县煤炭开发总公司	盘县	15	停产

续表4-10

序号	矿井名称	所有制	所在乡镇	所属集团公司	公司注册地	规模（万吨/年）	性质
77	富新煤矿	地方	新民乡	盘县煤炭开发总公司	盘县	15	停产
78	古树寨煤矿	地方	羊场乡	六盘水恒鼎实业有限公司	盘县	15	停产
79	鑫锋煤矿	地方	羊场乡	贵州德佳投资有限公司	盘县	15	停产
80	黄什煤矿	央企	珠东乡	贵州中铝恒泰合矿业有限公司	水城	15	停产
81	龙山头煤矿	地方	柏果镇	盘县煤炭开发总公司	盘县	9	停建
82	法土煤矿	地方	柏果镇	贵州德佳投资有限公司	盘县	15	停建
83	猛者二矿	地方	柏果镇	贵州盘县紫森源（集团）发展投资有限实业公司	盘县	15	停建
84	森林煤矿	地方	板桥镇	华阳集团	盘县	30	停建
85	丘田沟煤矿	地方	断江镇	贵州捷利达矿业股份有限公司	贵阳市高新区	15	停建
86	新寨煤矿	地方	红果镇	贵州盘县紫森源（集团）发展投资有限实业公司	盘县	9	停建
87	厨子田煤矿	地方	红果镇	贵州盘县紫森源（集团）发展投资有限实业公司	盘县	9	停建
88	福地煤矿	地方	红果镇	贵州中纸投资有限公司	盘县	9	停建
89	柿花树煤矿	地方	滑石乡	贵州吉龙投资有限公司	盘县	9	停建
90	羊场坡煤矿	地方	火铺镇	贵州盘县紫森源（集团）发展投资有限实业公司	盘县	30	停建
91	威红煤矿	地方	乐民镇	盘县煤炭开发总公司	盘县	15	停建
92	刘家田煤矿	地方	乐民镇	盘县盘南煤业投资有限公司	盘县	15	停建
93	猴田煤矿	地方	乐民镇	盘县盘南煤业投资有限公司	盘县	15	停建
94	煤炭沟煤矿	地方	平关镇	贵州中纸投资有限公司	盘县	15	停建
95	恩胜煤矿	地方	石桥镇	贵州晴隆恒盛西南矿业投资管理有限公司	黔西南州晴隆县	15	停建
96	小梁子煤矿	地方	石桥镇	盘县盘南煤业投资有限公司	盘县	9	停建
97	郭官煤矿	地方	水塘镇	贵州国源矿业开发有限公司	贵阳市观山湖区	15	停建
98	顺源煤矿	地方	西冲镇	六盘水恒鼎实业有限公司	盘县	45	停建
99	德昌煤矿	地方	西冲镇	六盘水恒鼎实业有限公司	盘县	45	停建
100	达拉寨煤矿	地方	羊场乡	贵州德佳投资有限公司	盘县	15	停建

（二）地方煤炭集团公司概况（本地注册）

盘县境内注册的地方煤炭集团公司共10个。

1. 贵州邦达能源开发有限公司：成立于2006年10月，原名为六盘水市红果经济开发区邦达选煤有限公司，经2012年整合后更名为现名，为贵州省100个整合主体集团公司之一，20家上市重点扶持企业之一。持证生产能力270万吨/年，规划产能400万吨/年，该公司在本市境内煤矿7个（规模225万吨/年）：红果煤矿（45万吨/年）、苞谷山煤矿（45万吨/年）、昌兴煤矿（30万吨/年）、东李煤矿（45万吨/年）、老洼地煤矿（30万吨/年）、永响煤矿（15万吨/年）、新起点煤矿（15万吨/年）。

2. 贵州德佳投资有限公司：2011年8月22日由云南德胜钢铁有限公司和六盘水红旗煤业有限公司共同投资5亿元人民币注册成立，资本公积金14.61亿元人民币，注册地贵州省六盘水市盘县柏果镇，规划产能285万吨/年。该公司在本市境内煤矿10个（规模201万吨/年）：红旗煤矿（30万吨/年）、毛寨煤矿（30万吨/年）、松杨煤矿（15万吨/年）、志鸿煤矿（30万吨/年）、谢家河沟煤矿（15万吨/年）、达拉寨煤矿（15万吨/年）、鑫锋煤矿（15万吨/年）、陆忠德煤矿（21万吨/年）、银逢煤矿（15万吨/年）、法土煤矿（15万吨/年）。

3. 贵州吉龙投资有限公司：2010年11月18日注册成立，同时取得企业营业执照，注册/实收资本1000万元人民币，注册地盘县柏果镇。2013年11月26日，贵州省能源局公示取得煤矿兼并重组主体资格，规划产能294万吨/年。该公司在本市境内煤矿9个（规模225万吨/年）：小河头煤矿（30万吨/年）、云脚煤矿（15万吨/年）、霖源煤矿（30万吨/年）、麦子沟煤矿（21万吨/年）、荣祥煤矿（30万吨/年）、长箐煤矿（30万吨/年）、五排煤矿（30万吨/年）、松林煤矿（30万吨/年）、柿花树煤矿（9万吨/年）。

4. 贵州盘县紫森源（集团）实业发展投资有限公司：2010年注册成立，注册资本1亿元人民币，注册地盘县红果镇。2014年6月获得兼并重组主体资格，设计产能210万吨/年，规划产能360万吨/年。该公司在本市境内煤矿7个（规模223万吨/年）：仲恒煤矿（90万吨/年）、羊场坡煤矿（30万吨/年）、蟒源煤矿（30万吨/年）、鸿辉煤矿（30万吨/年）、猛者二矿（15万吨/年）、新寨煤矿（9万吨/年）、厨子田煤矿（9万吨/年）。

5. 贵州湾田煤业集团有限公司：始建于2003年，2009年8月注册成立集团公司，注册地盘县红果镇，规划产能210万吨/年。该公司在本市境内煤矿6个（规模120万吨/年）：湾田煤矿（45万吨/年）、湘桥煤矿（15万吨/年）、米田煤矿（15万吨/年）、烂泥田煤矿（15万吨/年）、旧屋基煤矿（15万吨/年）、川黔友谊煤矿（15万吨/年）。

6. 六盘水恒鼎实业有限公司：2006年8月31日由恒鼎实业国际发展有限公司投资组建成立，注册资本30亿元人民币，注册地盘县红果经济开发区，规划产能465万吨/年。该公司在本市境内煤矿14个（规模540万吨/年）：洪兴煤矿（60万吨/年）、羊场煤矿（60万吨/年）、喜乐庆煤矿（30万吨/年）、兴达煤矿（30万吨/年）、鸡场河煤矿（15万吨/年）、弓角田煤矿（15万吨/年）、祥兴煤矿（60万吨/年）、柏果金河煤矿（45万吨/年）、淤泥金河煤矿（60万吨/年）、淤泥大河煤矿（45万吨/年）、古树寨煤矿（15万吨/年）、椅棋煤矿（15万吨/年）、德昌煤矿（45万吨/年）、顺源煤矿（45

万吨/年）。

7. 盘县煤炭开发总公司：1993年经盘县人民政府批准成立、隶属盘县煤炭局监督和管理的国营独资企业，位于盘县红果镇，注册资金2000万元人民币。于2013年4月27日取得煤矿兼并重组主体企业资格。该公司在本市境内煤矿9个（规模184万吨/年）：麦地煤矿（30万吨/年）、小河边煤矿（30万吨/年）、保庆煤矿（30万吨/年）、五星煤矿（15万吨/年）、平迤煤矿（15万吨/年）、三鑫煤矿（15万吨/年）、老沙田煤矿（9万吨/年）、富新煤矿（15万吨/年）、龙山头煤矿（9万吨/年）、威红煤矿（15万吨/年）。

8. 贵州省博鑫矿业股份有限公司：2011年注册成立，注册资本3600万元人民币，注册地盘县洒基镇，规划产能249万吨/年。该公司在本市境内煤矿3个（规模75万吨/年）：二排煤矿（30万吨/年）、联兴煤矿（15万吨/年）、金源煤矿（30万吨/年）。

9. 贵州天伦矿业投资控股有限公司：2012年11月23日在贵州省工商行政管理局注册，注册资本2000万元人民币，注册地盘县，规划产能285万吨/年。该公司在本市境内煤矿5个（规模120万吨/年）：水城吉源煤矿（30万吨/年）、凉水沟煤矿（30万吨/年）、关门山煤矿（15万吨/年）、桑达煤矿（30万吨/年）、小凹子煤矿（15万吨/年）。

10. 贵州中纸投资有限公司：2012年3月注册成立，注册资本1000万元人民币，注册地盘县红果镇，规划产能360万吨/年。该公司在本市境内煤矿8个（规模195万吨/年）：中纸厂煤矿（45万吨/年）、打牛厂煤矿（45万吨/年）、小关河边煤矿（15万吨/年）、银河煤矿（15万吨/年）、兴源煤矿（15万吨/年）、雄兴煤矿（15万吨/年）、大坪煤矿（30万吨/年）、东渔煤矿（15万吨/年）。

三、水城县地方煤炭集团公司及煤矿基本情况

（一）概况：现阶段，水城县共有地方煤矿77个，规模2280万吨/年。其中：正常生产矿井34个，规模1320万吨/年；建设矿井3个，规模120万吨/年；停产矿井26个，规模471万吨/年；停建矿井14个，规模369万吨/年。

水城县地方煤矿基本情况汇总表

表4-11

序号	矿井名称	所有制	所在乡镇	所属集团公司	公司注册地	规模（万吨/年）	性质
1	吉源煤业	地方	阿戛乡	贵州天伦矿业投资控股有限公司	盘县	30	生产
2	陈家沟煤矿	地方	阿戛乡	贵州华瑞鼎兴能源有限公司	水城县	30	生产
3	凉水沟煤矿	地方	阿戛乡	贵州天伦矿业投资控股有限公司	盘县	30	生产
4	禹举民煤矿	地方	阿戛乡	贵州久益矿业股份有限公司	水城县	30	生产
5	阿戛煤矿	地方	阿戛乡	贵州华瑞鼎兴能源有限公司	水城县	30	生产
6	小牛煤业	地方	阿戛乡	江煤贵州矿业有限公司	贵阳市南明区	60	生产

续表4–11

序号	矿井名称	所有制	所在乡镇	所属集团公司	公司注册地	规模（万吨/年）	性质
7	保华实业煤矿	地方	保华乡	贵州峄兴矿业有限公司	水城县	15	生产
8	河坝煤矿	地方	比德乡	贵州省钰祥煤业有限公司	毕节市金沙县	15	生产
9	丰源煤矿	央企	比德乡	贵州华电华和能源有限公司	安顺	15	生产
10	三岔沟煤矿	地方	比德乡	贵州万海隆矿业集团股份有限公司	贵阳市观山湖区	30	生产
11	都格保兴煤矿	地方	都格乡	贵州久益矿业股份有限公司	水城县	60	生产
12	发耳煤矿	外省国有	发耳乡	兖矿贵州能化有限公司	贵阳市观山湖区	300	生产
13	朝阳煤矿	地方	化乐乡	贵州正华矿业有限公司	钟山区	30	生产
14	锦源煤矿	地方	化乐乡	贵州国源矿业开发有限公司	贵阳市观山湖区	30	生产
15	宏宇煤矿	地方	化乐乡	贵州久益矿业股份有限公司	水城县	30	生产
16	大田煤矿	地方	化乐乡	贵州华瑞鼎兴能源有限公司	水城县	30	生产
17	黔源煤矿	外省国有	鸡场乡	贵州湘能实业有限公司	水城县	15	生产
18	志鸿煤矿	地方	鸡场乡	贵州德佳投资有限公司	盘县	30	生产
19	攀枝花煤矿	地方	鸡场乡	贵州贵能投资股份有限公司	水城县	45	生产
20	义忠煤矿	外省国有	金盆乡	贵州湘能实业有限公司	水城县	60	生产
21	神仙坡煤矿	外省国有	木果乡	贵州湘能实业有限公司	水城县	45	生产
22	甘家沟煤矿	地方	蟠龙乡	贵州万海隆矿业集团股份有限公司	贵阳市观山湖区	30	生产
23	范家寨煤矿	地方	勺米乡	贵州贵能投资股份有限公司	水城县	15	生产
24	弘才煤矿	地方	勺米乡	贵州贵能投资股份有限公司	水城县	30	生产
25	顺发煤矿	地方	勺米乡	贵州峄兴矿业有限公司	水城县	30	生产
26	荒田煤矿	地方	勺米乡	贵州贵能投资股份有限公司	水城县	30	生产
27	老地沟煤矿	央企	勺米乡	贵州中铝恒泰合矿业有限公司	钟山区	15	生产
28	关门山煤矿	地方	勺米乡	贵州天伦矿业投资控股有限公司	盘县	15	生产
29	大坪煤矿	地方	玉舍乡	贵州毕节百矿大能煤业有限责任公司	毕节市七星关区	30	生产
30	支都煤矿	地方	玉舍乡	贵州万海隆矿业集团股份有限公司	贵阳市观山湖区	30	生产
31	鲁能煤矿	地方	玉舍乡	贵州峄兴矿业有限公司	水城县	30	生产
32	新兴煤矿	央企	纸厂乡	贵州华电华和能源有限公司	安顺市	30	生产
33	石板河煤矿	央企	老鹰山	贵州中铝恒泰合矿业有限公司	钟山区	15	生产
34	东风煤矿	央企	老鹰山	贵州中铝恒泰合矿业有限公司	钟山区	30	生产

续表4-11

序号	矿井名称	所有制	所在乡镇	所属集团公司	公司注册地	规模（万吨/年）	性质
35	贵新矿业	外省国有	阿戛乡	江煤贵州矿业有限责任公司	贵阳市南明区	45	建设
36	腾庆煤业	地方	化乐乡	贵州贵能投资股份有限公司	水城县	45	建设
37	杨家寨煤矿	央企	阿戛乡	贵州华电华和能源有限公司	安顺市	30	试运转
38	大树脚煤矿	地方	阿戛乡	贵州毕节百矿大能煤业有限责任公司	毕节市七星关区	30	停产
39	捡材沟煤矿	地方	阿戛乡	贵州万海隆矿业集团股份有限公司	贵阳市观山湖区	30	停产
40	保华丰胜煤矿	外省国有	保华乡	贵州湘能实业有限公司	水城县	15	停产
41	保华煤矿	外省国有	保华乡	贵州湘能实业有限公司	水城县	30	停产
42	都格河边煤矿	地方	都格乡	六盘水铭兴煤业有限公司	水城县	30	停产
43	喜家堡煤矿	地方	陡箐乡	湖南安石（集团）六盘水煤业有限公司	水城县	9	停产
44	阿佐煤矿	地方	陡箐乡	贵州美升能源集团有限公司	六枝特区	15	停产
45	陡箐福利煤矿	地方	陡箐乡	贵州勇能能源开发有限公司	钟山区	9	停产
46	发箐龙泰煤矿	地方	发箐乡	贵州盛鑫矿业集团投资有限公司	水城县	15	停产
47	新寨煤矿	地方	红岩乡	贵州勇能能源开发有限公司	钟山区	15	停产
48	安平煤矿	地方	红岩乡	湖南安石（集团）六盘水煤业有限公司	水城县	15	停产
49	小田坝煤矿	地方	猴场乡	贵州路鑫喜义工矿股份有限公司	六枝特区	9	停产
50	亮水田煤矿	地方	猴场乡	贵州路鑫喜义工矿股份有限公司	六枝特区	9	停产
51	桑达煤矿	地方	化乐乡	贵州天伦矿业投资控股有限公司	盘县	30	停产
52	霖源煤矿	地方	鸡场乡	贵州吉龙投资有限公司	盘县	30	停产
53	晋家冲煤矿	外省国有	木果乡	贵州湘能实业有限公司	水城县	45	停产
54	店子煤矿	地方	蟠龙乡	贵州路鑫喜义工矿股份有限公司	六枝特区	9	停产
55	天宗煤矿	地方	蟠龙乡	贵州美升能源集团有限公司	六枝特区	15	停产
56	营脚沟煤矿	地方	勺米乡	贵州盛鑫矿业集团投资有限公司	水城	30	停产
57	中寨煤矿	地方	玉舍乡	湖南安石（集团）六盘水煤业有限公司	水城县	15	停产
58	振兴煤业有限公司	央企	纸厂乡	贵州中铝恒泰合矿业有限公司	钟山区	9	停产

续表4-11

序号	矿井名称	所有制	所在乡镇	所属集团公司	公司注册地	规模（万吨/年）	性质
59	老厂煤矿	央企	老鹰山	贵州中铝恒泰合矿业有限公司	钟山区	9	停产
60	晨光煤矿	地方	老鹰山	贵州万海隆矿业集团股份有限公司	贵阳市观山湖区	15	停产
61	兴发煤矿	央企	老鹰山	贵州中铝恒泰合矿业有限公司	钟山区	15	停产
62	扶贫煤矿	央企	老鹰山	贵州中铝恒泰合矿业有限公司	钟山区	9	停产
63	八八煤矿	地方	老鹰山	贵州勇能能源开发有限公司	钟山区	9	停产
64	岩脚田煤矿	地方	阿戛乡	贵州盛鑫矿业集团投资有限公司	水城县	30	停建
65	祥雅煤矿	地方	阿戛乡	贵州正华矿业有限公司	钟山	30	停建
66	保华乡住鑫（大梁子）煤业	地方	保华乡	湖南安石（集团）六盘水煤业有限公司	水城县	45	停建
67	保华新光煤矿	地方	保华乡	贵州国源矿业开发有限公司	贵阳市观山湖区	45	停建
68	元宝山新建煤矿	地方	陡箐乡	湖南安石（集团）六盘水煤业有限公司	水城县	30	停建
69	陡箐腾魏煤矿	央企	陡箐乡	贵州中铝恒泰合矿业有限公司	钟山区	9	停建
70	发耳新龙煤矿	地方	发耳乡	贵州华电华和能源有限公司	安顺市	30	停建
71	猴场泰磷煤矿	地方	猴场乡	贵州鲁中矿业有限责任公司	毕节市织金县	15	停建
72	丫口煤矿	地方	木果乡	贵州盛鑫矿业集团投资有限公司	水城县	30	停建
73	群力煤矿	地方	木果乡	贵州盛鑫矿业集团投资有限公司	水城县	30	停建
74	兴盛煤矿	地方	木果乡	贵州兴伟兴能源投资有限公司	安顺市西秀区	15	停建
75	蟠龙煤业有限公司	地方	蟠龙乡	贵州中铝恒泰合矿业有限公司	钟山区	30	停建
76	长银煤矿	地方	蟠龙乡	贵州勇能能源开发有限公司	钟山	15	停建
77	华欣煤业希望煤矿	地方	纸厂乡	贵州星海投资有限公司	黔南州	15	停建

（二）地方煤炭集团公司概况（本地注册）

水城县境内注册的地方煤炭集团公司共6个。

1.贵州湘能实业有限公司：2007年4月注册成立，注册资本6000万元人民币，注册地水城县，设计产能210万吨/年。该公司在本市境内煤矿7个（规模225万吨/年）：下河坝煤矿（15万吨/年）、黔源煤矿（15万吨/年）、义忠煤矿（60万吨/年）、神仙坡煤矿（45万吨/年）、保华丰胜煤矿（15万吨/年）、保华煤矿（30万吨/年）、晋家冲煤矿（45万吨/年）。

2. 贵州盛鑫矿业集团投资有限公司：2010年注册成立，注册资本2亿元人民币，注册地水城县。该公司在本市境内煤矿5个（规模135万吨/年）：发箐龙泰煤矿（15万吨/年）、营脚沟煤矿30(万吨/年)、岩脚田煤矿(30万吨/年)、丫口煤矿(30万吨/年)、群力煤矿（30万吨/年）。

3. 贵州久益矿业股份有限公司：2011年7月注册成立，注册资本8800万元人民币，注册地水城县。该公司在本市境内煤矿3个（规模120万吨/年）：禹举民煤矿（30万吨/年）、都格保兴煤矿（60万吨/年）、宏宇煤矿（30万吨/年）。

4. 贵州贵能投资股份有限公司：2011年11月注册成立，注册资本1亿元人民币，注册地水城县，设计产能180万吨/年。该公司在本市境内煤矿7个(规模183万吨/年)：攀枝花煤矿（45万吨/年）、范家寨煤矿（15万吨/年）、弘财煤矿（30万吨/年）、荒田煤矿（30万吨/年）、腾庆煤矿（45万吨/年）、第五煤矿（9万吨/年）、双戛煤矿（9万吨/年）。

5. 贵州峄兴矿业有限公司：2008年4月注册成立，注册资本1.5亿元人民币，注册地水城县，设计产能180万吨/年。该公司在本市境内煤矿3个（规模75万吨/年）：保华实业煤矿（15万吨/年）、顺发煤矿（30万吨/年）、鲁能煤矿（30万吨/年）。

6. 贵州华瑞鼎兴能源有限公司：2011年7月注册成立，注册资本1亿元，注册地水城县，设计产能240万吨/年。该公司在本市境内煤矿3个（规模90万吨/年）：陈家沟煤矿（30万吨/年）、大田煤矿（30万吨/年）、阿戛煤矿（30万吨/年）。

四、钟山区地方煤炭集团公司及煤矿基本情况

（一）概况：现阶段，钟山区共有地方煤矿19个，规模255万吨/年。其中：正常生产矿井3个，规模45万吨/年；停产矿井12个，规模153万吨/年；停建矿井4个，规模57万吨/年。

钟山区地方煤矿基本情况汇总表

表4-12

序号	矿井名称	所有制	所在乡镇	所属集团公司	公司注册地	规模（万吨/年）	性质
1	正高煤矿	地方	德坞镇	贵州勇能能源开发有限公司	钟山	15	生产
2	福安煤矿	地方	汪家寨	贵州汉诺矿业有限公司	黔西南州兴仁县	15	生产
3	铜厂坡煤矿	地方	汪家寨	贵州正华矿业有限公司	钟山	15	生产
4	宏发煤矿	地方	大河镇	贵州正华矿业有限公司	钟山	15	停产
5	紫旭煤矿	地方	大河镇	贵州正华矿业有限公司	钟山	9	停产

续表4–12

序号	矿井名称	所有制	所在乡镇	所属集团公司	公司注册地	规模（万吨/年）	性质
6	第四煤矿	地方	大河镇	贵州正华矿业有限公司	钟山	9	停产
7	兴鑫煤矿	地方	大河镇	贵州正华矿业有限公司	钟山	9	停产
8	登山煤矿	地方	大湾镇	贵州兴伟兴能源投资有限公司	安顺市西秀区	15	停产
9	钟山一矿	地方	大湾镇	贵州省通林矿业投资股份有限公司	钟山	15	停产
10	兴潮煤矿	地方	大湾镇	贵州安龙县同煤有限公司	黔西南州	9	停产
11	三鑫煤矿	央企	大湾镇	贵州中铝恒泰合矿业有限公司	钟山区	9	停产
12	兴旺煤矿	地方	大湾镇	贵州勇能能源开发有限公司	钟山区	15	停产
13	煤洞坡煤矿	地方	汪家寨	贵州正华矿业有限公司	钟山区	9	停产
14	镇艺煤矿	地方	汪家寨	贵州省通林矿业投资股份有限公司	钟山	30	停产
15	黄猫洞煤矿	地方	汪家寨	贵州正华矿业有限公司	钟山区	9	停产
16	金源煤矿	地方	大河镇	贵州省博鑫矿业股份有限公司	盘县	30	停建
17	第五煤矿	地方	大河镇	贵州贵能投资股份有限公司	水城县	9	停建
18	通达煤矿	地方	大湾镇	贵州省通林矿业投资股份有限公司	钟山	9	停建
19	双戛煤矿	地方	双戛乡	贵州贵能投资股份有限公司	水城县	9	停建

（二）地方煤炭集团公司概况（本地注册）

钟山区境内注册的地方煤炭集团公司共4个。

1. 贵州正华矿业（集团）有限公司：2011年8月注册成立，注册资本16亿元人民币，注册地钟山区。2014年贵州省能源局以黔煤兼并重组办〔2014〕99号文批复公司兼并重组实施方案，设计产能207万吨/年。该公司在本市境内煤矿10个(规模165万吨/年)：吉源煤矿（30万吨/年)、朝阳煤矿（30万吨/年)、铜厂坡煤矿（15万吨/年)、宏发煤矿(15万吨/年)、紫旭煤矿(9万吨/年)、第四煤矿(9万吨/年)、兴鑫煤矿(9万吨/年)、煤洞坡煤矿（9万吨/年)、黄猫洞煤矿（9万吨/年)、祥雅煤矿（30万吨/年)。

2. 贵州勇能能源开发有限公司：2011年8月注册成立，注册资本10500万元人民币，注册地钟山区，证载能力111万吨/年，规划产能330万吨/年。该公司在本市境内煤矿6个（规模78万吨/年)：正高煤矿（15万吨/年)、陡箐福利煤矿 (9万吨/年)、水城新寨煤矿 (15万吨/年)、八八煤矿 (9万吨/年)、兴旺煤矿 (15万吨/年)、长银煤矿 (15万吨/年)。

3. 贵州中铝恒泰合矿业有限公司：由中铝贵州矿业有限公司与六盘水恒泰合矿业

投资有限公司于2011年共同发起成立，注册资本4亿元人民币，注册地钟山区，规划产能200万吨/年。该公司在本市境内煤矿11个（规模165万吨/年）：老地沟煤矿(15万吨/年)、石板河煤矿(15万吨/年)、东风煤矿(30万吨/年)、黄什煤矿(15万吨/年)、振兴煤业有限公司(9万吨/年)、老厂煤矿(9万吨/年)、兴发煤矿(15万吨/年)、扶贫煤矿(9万吨/年)、三鑫煤矿（9万吨/年)、陡箐腾魏煤矿(9万吨/年)、蟠龙煤业有限公司(30万吨/年)。

4. 贵州省通林矿业投资股份有限公司：2010年10月注册成立，注册资本1.2亿元人民币，注册地钟山区，规划产能180万吨/年。该公司在本市境内煤矿4个（规模69万吨/年)：湘发煤业有限责任公司(15万吨/年)、钟山一矿(15万吨/年)、镇艺煤矿(30万吨/年)、通达煤矿(9万吨/年)。

第六节　安全管理

一、机构沿革

煤矿最早的安全管理人员称为槌手。小煤窑开井之前，窑主需雇佣有挖煤经验的人当槌手，槌手凭经验并靠身体感觉及土办法来管理矿井安全。

自1958年起，各国营煤矿和建井工程处在其内部设立安全监察科，各建设矿区和各矿井相应设立安全检查组，业务上受安全监察科指导。

1965年西南煤矿建设指挥部成立，设立安全监察室，负责六枝、盘县、水城矿区指挥部安全监察室的业务指导。“文化大革命”期间，矿山安全监察工作受到冲击，安全机构处于瘫痪状态。

1969年，六盘水地区革命委员会设立生产领导小组（1970年4月改称生产组），下设安全检查组，负责协调各矿业的安全检查工作。

1970年后，六盘水地区革委会设燃料化学工业局（后改称煤炭工业局），内设安全监察组。

1976年，各矿务局的安全检查组改为安全质量检查处，各矿相应成立安全质量检查科。

1978年12月，六盘水地区改为六盘水市。1979年3月，六盘水市煤炭工业局与省煤炭工业局合并，地方煤矿的安全工作由市社队企业管理局管理。

1980年，六盘水三大矿务局分别成立安全监察局，各矿、各工程处成立安全监察站，由矿务局安全监察局领导。

1982年，六盘水统配煤矿各矿的安全监察站改为驻矿安全监察处，工作人员由所属矿务局安监局派出。

同年，六盘水市革命委员会以市革发〔1982〕14号文批准成立六盘水市安全生产领导小组，其办公室设在劳动局。

1983年，各矿务局安全监察局配备专职副局长和安全副总工程师，局与矿均成立安全监察检查委员会，基层的共青团、工会和家属也成立了安全协管会，形成了专管与群管相结合的安全管理网络。

1984年3月30日，市政府下发《关于建立市煤炭工业局的通知》，决定成立市煤炭工业局，归口市经济委员会，局内设安全监察科，各县区煤炭工业管理局设安全监察股。

1986年，为加强矿山安全监察工作的横向联系和管理力度，市劳动局下设矿山安全监察室，负责全市矿山安全监察工作。同时，各县、特区、区劳动部门也相继建立安全监察站。自此，全市矿山安全监察工作进入系统化网络状管理新阶段。截至1999年末，全市劳动部门共有矿山安全监察员16人（其中六枝特区、盘县、水城县各3人，钟山区4人，市3人）。

2004年6月22日，市政府组建市安全监管局，受市政府委托在全市范围内行使安全生产综合监督管理职能。原市经贸委职业安全监察职能、矿山安全监察科职能与人员一并同时划入市安全监管局。

2006年10月23日，市安全监管局成立煤矿安全监管一科、煤矿安全监管二科。监管一科主要职责：依法监督检查全市国有和国有控股煤炭生产和加工企业贯彻执行安全生产法律法规情况及其安全生产条件、设备设施安全和作业场所职业卫生情况，参与相关的建设项目安全设施设计审查和竣工验收；参与煤炭生产和加工企业事故的调查处理工作，并监督事故查处的落实情况；组织指导事故应急救援工作。监管二科主要职责：依法监督检查全市非公有制煤炭生产和加工企业贯彻执行安全生产法律法规情况及其安全生产条件，设备设施安全和作业场所职业卫生情况；参与相关的建设项目安全设施设计审查和竣工验收；参与煤炭生产和加工企业事故的调查处理工作，并监督事故查处的落实情况；组织指导事故应急救援工作。

2012年5月8日，根据《中共六盘水市委常委会议纪要》及市机构编制委员会市机编发〔2011〕29号文件精神，批准组建六盘水市安全生产执法监管监察支队。

2011年12月15日，市煤矿安全生产监督管理局挂牌成立，标志着六盘水市煤矿安全监管工作进入新阶段。其主要职能：

1. 负责全市的煤矿安全生产监督管理；承担全市煤矿安全生产日常监管的指导、协调工作。

2. 研究提出加强全市煤矿安全生产的政策措施和建议；组织起草煤矿安全生产规范性文件；协调解决全市煤矿安全生产中的重大问题。

3. 督促指导各县（特区、区）人民政府及其有关部门贯彻落实国家、省、市加强煤矿安全生产的政策措施；对煤矿安全生产监督管理存在的问题提出处理意见或建议。

4. 依法对煤矿贯彻落实安全生产法律法规、安全技术标准情况及其安全生产条件、设备设施进行监督检查；对检查发现的煤矿安全隐患依法督促落实整改并组织复查；依法对煤矿安全生产违法违规行为作出现场处理和实施行政处罚。

5. 拟定全市煤矿安全投入、安全装备、安全科技创新的规划和措施并督促落实。

6. 对煤矿建设项目提出建议；会同有关部门审核煤矿安全技术改造和瓦斯综合治理与利用项目；监督管理煤矿安全专项技术改造资金的使用和项目实施。

7. 组织开展全市煤矿安全专项整治、安全标准化建设和隐患排查治理的工作；指导协调煤矿整顿关闭工作。

8. 组织开展全市煤矿安全生产宣传教育和安全培训工作；督促煤矿企业对煤矿职工开展安全技能和知识培训；对煤矿安全技术中介服务机构进行监督管理。

9. 指导、协调或参与煤矿安全生产事故的应急救援和调查处理工作。

10. 承办市委、市政府交办的其他工作事项。

2013年12月23日，市安全生产执法监察局挂牌成立。主要职能为：负责全市煤矿安全生产监督管理；承担全市安全生产执法监察；指导、协调各县区煤矿安全生产日常监管和执法监察；组织开展全市煤矿安全专项整治、安全标准化建设和隐患排查治理；指导协调煤矿整顿关闭工作、督促指导全市煤矿安全投入、安全装备、科技强安等工作。

为适应新形势下的安全监管工作需要，2013年，通过“考、选、引”相结合的方式，从中国科技大学、西安矿业大学等10所高校共考调、引进安全监管人才341名，全市安监专业人才队伍从2004年的31人扩充到1351人，安全监管队伍得以充实壮大。由此，各县级安全监管部门在每个正常生产矿井配备2名驻矿安监员，吃、住、工作在煤矿，将安全监管“关口”前移。

二、安全科技

1990年，全市统配煤矿共有生产矿井21个，建成瓦斯监测系统矿井11个，即六枝、地宗、化处、火烧铺斜井、老屋基、山脚树、月亮田、土城、汪家寨平硐、老鹰山、那罗寨。同年，统配煤矿共有瓦斯监控探头764个，使用388个。共有便携式瓦斯检测报警仪3153台，使用2032台。同年，全市统配煤矿21个正常生产矿井中有14个建立瓦斯抽放系统。

2001年，全市全面推进煤矿井下人员强制培训，持证上岗。同年9月，全市第一家地方煤矿使用单体支护走向长壁采煤法的工作面在盘县柏果镇小河头煤矿投产。

2002年，地方煤矿第一家瓦斯监测监控系统在盘县柏果镇小河头煤矿安装并投入使用。

2003年8月，地方煤矿第一家瓦斯抽放系统在盘县柏果镇麦地煤矿安装投入使用；当年底全市瓦斯监测监控安装完毕。

2004年，水城县鸡场乡攀枝花煤矿采用顺层条带抽放技术对本煤层瓦斯进行预抽。

2005年，全市所有高瓦斯及煤与瓦斯突出生产矿井完成瓦斯抽放系统安装工作。

同年，盘县199个生产矿井全部实现壁式等正规采煤法，其中153个煤矿使用了单体液压支柱，15个矿井使用金属摩擦支柱。永久井巷采用了砌碹、锚喷、“U”形“工字”钢等形式，提高了矿井支护强度，改善了作业环境条件，有效地控制了顶板事故的发生。

2006年，全市推进地方煤矿瓦斯安全监控系统工程建设工作。

2008年，全市地方煤矿安装各类瓦斯抽放泵152台（套），其中：六枝35台（套）、盘县63台（套）、水城46台（套）、钟山8台（套）。

2009年，为加强煤矿瓦斯治理，推进煤矿质量标准化建设，打造数字矿山，建设本质安全型煤矿，全市实施第一批煤矿安全示范建设项目，主要设置煤矿井下人员定位和无线通信系统、煤矿瓦斯抽放利用、井下人员运输系统等方面的项目建设，共计11个专项技改示范项目和3个安全监管保障能力建设项目。总投资2914.4万元，其中：省级补助资金754万元，市级补助资金176万元，县（区）配套补助资金115万元，其余为企业自筹。

2010年，六盘水市开展第二批煤矿安全示范建设项目，煤矿安全示范矿井建设共计建设47个子项目，总投资5521.4万元，其中：省级补助资金270万元，市级补助资金366万元，县区配套补助资金465万元，企业自筹资金4420.4万元。

2011年，为贯彻落实贵州省委、省政府“三个建设年”的精神，根据《贵州省煤矿安全专项技改资金管理暂行办法》的规定，全市确定第一批贵州省煤矿安全专项技改资金项目共计7个，主要投入方向为煤矿瓦斯抽采利用、矿井“六大系统”建设和煤矿安全质量标准化示范矿井建设等方面。总计投资4189.1万元，其中：省技改补助资金120万元，自筹4069.1万元。全市第二批贵州省煤矿安全专项技改资金项目共计13个，总计投资5780万元，其中：省技改补助资金400万元，自筹5380万元。

2012年，按照省政府《关于切实加强煤矿安全生产工作的意见》和省煤炭价格调剂基金管理委员会《关于研究调整2012年省级煤调基金收支预算等问题的会议纪要》等精神，全市2012年煤矿安全技改补助资金建设项目21个，总投资5610万元，其中：省级资金1200万元，自筹资金4410万元。

2013年，作为全市“二十件”民生实事之一的市级安全生产监管综合信息化平台按照数据、语音、视频三网合一的要求建设完成，项目总投资89.89万元。同时，全面推进全市各县（特区、区）及辖区内煤矿企业的安全监管信息化平台建设工作，110家煤矿企业实现市、县、集团公司、企业四级联网，共计投入资金1.73亿元人民币。

同年，大力推进矿山机械化建设，加大安全技术改造力度，市级财政每年拿出1000万元的专项资金作为机械化示范矿井建设支持资金，全市累计完成煤矿综采、综掘设备299套（其中综采126套、综掘173套），31个煤矿通过省级煤矿采掘机械化示范矿井验收，煤矿采掘机械化水平大力提升。

2014年，全市主要从煤矿瓦斯综合治理、防治水、防灭火、瓦斯实验室建设、安全管理信息化建设等方面实施项目建设，煤矿领域共计实施17个建设项目，总投资6325万元，其中：市级补助资金970万元，自筹资金5355万元。同年，全市有205家煤矿企业安全信息化管理平台接入市级信息化监控系统，并正常运行使用，安全保障能力成倍增强。

三、攻坚举措

2001年至2006年，全市煤矿安全综合能力快速提高。该阶段按照上规模、上水平、上台阶和建设安全高效矿井的要求，以增加科技含量、加大投入和加强管理为主线，全面提高矿井生产能力和抗灾能力，矿井安装了备用主扇，主井运输全面使用绞车提升和皮带运输。煤矿在管理、装备、培训上不断下功夫，地方煤矿产量和安全也不断得到提高和保障，产量从2001年的480万吨增加到2006年2655万吨，百万吨死亡率逐年下降，2003至2006年分别为6.15、5.4、3.5和2.65。

2005年，推广学习借鉴《煤矿瓦斯治理经验五十条》，贯彻先抽后采、监测监控、以风定产的瓦斯治理工作方针，树立瓦斯事故是可以预防和避免的意识，实施可保尽保、应抽尽抽的瓦斯综合治理战略，坚持高投入、高素质、严管理、强技术、重责任，变抽放为抽采，以完善通风系统为前提，以瓦斯抽采和防突为重点，以监测监控为保障，区域治理与局部治理并重，以抽定产，以风定产，地质保障，掘进先行，技术突破，装备升级，管理创新，落实责任，实现煤与瓦斯共采，建设安全、高效、环保矿区。

2007年，开展煤矿关闭整合和瓦斯治理工作“两个攻坚战”行动，不断提高全市地方煤矿的生产规模和抗灾能力，特别是通过对瓦斯的防治工作，坚决控制和遏制重、特大瓦斯事故的发生，减少和预防一般事故的发生。

2008年，为着力推进煤矿瓦斯治理和综合利用，根据国务院安委会办公室《关于组织编制煤矿瓦斯治理和利用“十一五”后三年规划的通知》，抽采总量突破52680万立方米，瓦斯利用总量超过19380万立方米，建成27个瓦斯治理示范矿井和1个瓦斯治理示范县，煤矿瓦斯治理工作体系建设取得明显成效，为实现煤矿安全生产状况从明显好转到根本好转奠定基础。

瓦斯事故控制指标：2008年，全市煤矿瓦斯事故起数控制在9起，死亡人数控制在30人以内。2009年，全市煤矿瓦斯事故起数控制在9起，死亡人数控制在28人以内。2010年，全市煤矿瓦斯事故起数控制在8起，死亡人数控制在25人以内。实际完成情况：2008年，全市发生煤矿瓦斯事故4起，死亡7人。2009年，全市发生煤矿瓦斯事故3起，死亡9人。2010年，全市发生煤矿瓦斯事故5起，死亡19人。

抽采利用规划目标：2008年，全市煤矿瓦斯抽采39950万立方米（地方3000万立方米，国有及控股煤矿36950万立方米），利用8480万立方米（地方300万立方米，国有及控股煤矿8180万立方米）；2009年，全市煤矿瓦斯抽采48470万立方米（地方4400万立方米，国有及控股煤矿44070万立方米），利用12823万立方米（地方900万立方米，国有及控股煤矿11923万立方米）；2010年，全市煤矿瓦斯抽采52680万立方米（地方5300万立方米，国有及控股煤矿47380万立方米），利用19380万立方米（地方1500万立方米，国有及控股煤矿17880万立方米）。

2009至2010年，开展煤矿瓦斯治理工作体系示范工程建设。按照国家实施煤矿瓦斯治理工作体系示范工程建设规划，到2010年底，将盘县建成国家级瓦斯治理工作体系示范县；盘江精煤股份公司土城煤矿、老屋基煤矿，水城矿业（集团）公司大湾煤矿、那罗寨煤矿等4个煤矿建成国家级瓦斯治理示范矿井。结合全市情况将钟山区列为市级瓦斯治理工作体系示范县（区）；六枝工矿（集团）玉舍煤业有限公司、六枝特区中寨乡凸山田煤矿、郎岱镇青菜塘煤矿，盘县红果镇红果煤矿、石桥镇佳竹箐煤矿，水城县贵州湘能实业有限公司神仙坡煤矿、鸡场乡攀枝花煤矿，钟山区大湾镇钟山一矿、老鹰山镇东风煤矿等9个煤矿列为市级瓦斯治理工作体系示范矿井。

2011年，在全市开展煤矿瓦斯和水害防治技术会诊工作，制定《煤矿瓦斯和水害技术会诊工作方案》，对照《防治煤与瓦斯突出规定》《煤矿水害防治规定》《煤矿安全规程》和相关标准、规范等，对矿井采掘部署、通风系统、瓦斯抽采、防突措施、监测监控、防治水措施、现场管理、安全生产技术管理等关键环节进行全面技术会诊。2011年还将安装完善煤矿瓦斯抽采计量装置作为全面提升煤矿瓦斯综合治理能力、有效遏制煤矿瓦斯事故的一项重要举措。煤矿瓦斯抽采系统根据抽采达标评价需要布置计量测点，测定抽采浓度、流量、压差、负压、温度等参数。根据煤矿企业实际采掘部署和瓦斯综合治理情况，配备足够数量的人工测量仪器仪表，对各主管、干管、支管、独立的抽采区域等位置的计量测点的参数进行测量和对比分析。细化煤矿瓦斯抽采计量管理。计量装置及仪器仪表要符合相关标准要求，并定期进行校检，确保计量准确、规范。

2013年，启动重点产煤县攻坚工作，全市将在国家确定的2个重点攻坚县（盘县和水城县）的基础上，增加六枝特区、钟山区为重点攻坚县，成立了领导小组，制定了工作方案，明确了目标责任。截至2015年年底，如期实现计划目标，顺利完成重点攻坚县摘帽工作。

2014年，为进一步加强煤矿安全生产工作，扭转全市煤矿安全生产上的不利局面，市人民政府出台了一系列改善和增强煤矿安全生产保障能力的措施，其中包括《六盘水市煤矿安全生产八个百分百》《六盘水市煤矿瓦斯治理十项措施》《六盘水市煤矿防治水七项措施》《六盘水市煤矿顶板管理七项措施》等专项措施，有效遏制煤矿事故，提出了指导性和操作性较强的煤矿主要生产安全事故的刚性防治手段，为有效遏制煤矿事故提供了有力的刚性防治手段。

《六盘水市煤矿安全生产八个百分百》主要内容：

（1）百分百做到真查、真改、真验；

（2）百分百做到煤矿安全分类管理；

（3）百分百落实驻矿安监员工作职责；

（4）百分百落实放炮撤人制度；

（5）百分百落实“1077”重点措施；

（6）百分百落实矿级领导入井带班制度；

（7）百分百落实煤矿安全生产包保责任制；

（8）百分百建立严管、严查、严处制度。

《六盘水市煤矿瓦斯治理十项措施》主要内容：

（1）必须进行突出危险性鉴定，实时测定主要参数；编制矿井瓦斯地质图；

（2）有突出危险的区域必须进行保护层开采等综合瓦斯治理措施；

（3）石门揭煤必须编制专项设计、严格执行地质预测、综合防突措施、消突评判及安全防护；

（4）必须确保通风系统稳定可靠；

（5）必须强化瓦斯治理全过程管控，确保真实有效；

（6）合理规划采掘接续，严格执行“四量”管理；

（7）严格瓦斯超限管理、防灭火管理及现场管理；

（8）瓦斯抽采系统、安全监控系统及信息化平台可靠运行；

（9）建立健全以煤矿企业主要负责人全面负责、以总工程师为核心的瓦斯治理责任体系；

（10）加大瓦斯治理执法检查力度，严肃查处隐患，督促煤矿企业落实瓦斯治理主体责任。

《六盘水市煤矿防治水七项措施》主要内容：

（1）必须查明老窑、采空区等水害隐蔽致灾因素，准确划分矿井水文地质类型；

（2）受水害威胁的矿井必须留设防隔水煤（岩）柱，并准确绘制在采掘工程平面图等基础图件上；

（3）必须坚持“预测预报、有掘必探、先探后掘、先治后采”；

（4）必须配备物探设备，坚持物探先行、提供目标、钻探验证、综合治理；

（5）必须严格落实“三专”探放水要求；

（6）探放水钻孔设计、施工、验收必须符合规定；

（7）必须扎实开展雨季“三防”工作。

《六盘水市煤矿顶板管理七项措施》主要内容：

（1）大力提升采掘机械化水平；

（2）扎实推行支护改革；

（3）采煤工作面过地质构造带、过断层、过老巷等必须编制专项安全技术措施；

（4）采煤工作面必须编制初次放顶设计，成立初次放顶领导小组；

（5）采煤工作面基本支护齐全，特殊支护数量满足要求；

（6）采煤工作面回收必须编制专项安全技术措施，回收方法、回收顺序符合规定；

（7）掘进工作面必须采取临时支护，严禁空顶作业；巷道维修时，严禁多段作业。

四、安全质量标准化

煤矿安全质量标准化工作是煤矿安全生产的基础和建立安全生产长效机制的主要内容和根本途径，是贯彻落实科学发展、安全发展的重要措施，是构建煤矿安全生产长效机制、强化煤矿安全基础管理的重要手段，是提升煤矿安全生产保障能力和安全生产水平的有效措施，是实现煤矿本质安全的有效途径。全市按照煤矿安全质量标准化建设要求，分步骤制定安全质量标准化工作方案和达标时限，努力做到质量达标、本质安全。

2005年，全市督促企业依法建立煤矿强制性安全投入制度，切实改善煤矿安全基础设施和提高安全质量标准化水平，树立“科技兴安”的思想，大力推广使用新科技、新设备、新工艺和新材料，努力提高企业安全装备水平。按照省下达的安全质量标准化矿井建设标准要求，在2004年试点的基础上，加快推进建设一批如盘县银河煤矿、茨门沟煤矿、钟山一矿这样的安全质量标准化矿井。要求到2005年底，要有20%以上的矿井达到省级安全质量化矿井，计划到2010年，国有大中型煤矿百分百达到国家二级安全质量标准化矿井，地方煤矿60%以上达到省级安全质量标准化矿井，构建安全生产长效机制。

2007年，全市煤矿安全质量标准化工作开始稳步推进，煤矿本质安全水平有所提高，抗风险的能力有所加强，工作的重点在着力改善和提高基层组织、基础工作、基础设施。力争在较短时间内建设更多的安全质量标准化矿井，具体目标是在2010年内，大中型矿井百分百达到全国安全质量标准化矿井，规模以下矿井15%以上达到全国质量标准化矿井，60%以上矿井达到省级质量标准化矿井，百分百达到市级安全质量标准化矿井。

2009年，根据《贵州省煤矿安全质量标准化达标规划》，制定了全市煤矿企业的安全质量标准化标准及考核评分办法，要求到2010年底，全市地方煤矿20%达标，国有及国有控股煤矿60%达标；计划到2015年底，全市所有煤矿企业达标。

2010年，全市煤矿安全质量标准化工作对各县、特区、区及生产企业实行责任目标考核。质量标准化工作领导小组办公室强力推进煤矿安全质量标准化工作，组织、协调完成39个煤矿安全质量标准化达标。

整个“十一五”时期，全市积极推广煤矿安全质量标准化建设的经验，建立健全各环节、各岗位的安全质量工作标准，规范安全生产行为，推动企业安全质量管理上等级。搞好安全科技示范化工程，树立安全质量标准化的“样板矿井”。通过开展安全质量标准化活动，把安全综合评价中发现问题作为工作重点，通过抓标准化，夯实煤矿安全生产基础，提高煤矿企业安全生产工作水平，建立安全生产长效机制。

2011年，按照省安委办《关于进一步加强煤矿安全质量标准化工作的意见》要求，组织煤矿企业开展安全质量标准化建设，所属矿井安全质量标准达省级二级及以上，对已持有安全生产许可证的煤与瓦斯突出矿井、水害严重矿井进行统计，并妥善部署、安排、督促、引导这类矿井尽快完成安全质量标准化晋级考核工作，并达到省二级标准化标准。要求对未达到标准的煤矿从2013年1月1日起不得组织生产。

2012年，针对煤与瓦斯突出矿井和水害严重的矿井，为了加大煤矿灾害治理力度，切实提高煤矿抗灾能力，从2012年3月1日起凡申请建设项目安全设施竣工验收和安全生产许可证验收的矿井必须达到省二级及以上安全质量标准化标准；对已颁发安全生产许可证的煤与瓦斯突出矿井、水害严重的矿井，在2012年12月31日前必须达到省二级及以上标准，否则从2013年1月1日起不得生产；所有生产矿井必须按照《国家安全监管总局国家煤矿安监局关于认真贯彻落实国务院〈通知〉精神切实加强煤矿安全生产工作的实施意见》要求，凡在2011年底前达不到省三级安全质量标准化标准的，生产矿井一律停产整改，建设矿井不得进入联合试运转；对国有及国有控股的建设、技改和整合矿井，申请建设项目安全设施竣工验收和安全生产许可证验收前必须达到省二级及以上安全质量标准化标准；国有及国有控股的生产矿井在2012年12月31日前必须全部达到省二级及以上安全质量标准化标准，否则从2013年1月1日起不得生产。

2013年，全市建立健全了煤矿安全质量标准化检查、验收、复核等一系列制度，明确了工作目标，制定了工作措施和工作计划，全市正常生产建设矿井全部按照贵州省二级安全质量标准进行建设。全市303个煤矿（包含保留矿权）中，除建设矿井、长期停产停建的150个矿井未进行质量标准化等级评定外，正常生产矿井148个和试运转矿井5个全部达到二级质量标准化以上。2013年一级质量标准化矿井完成23个，二级质量标准化矿井完成125个。

2014年，按照《关于2014年贵州省煤矿安全质量标准化达标任务及有关事项的通知》文件精神，全市一级质量标准化建设完成40个。其中国有煤矿企业建成8个一级安全质量标准化矿井，地方煤矿企业建成32个一级安全质量标准化矿井。全市所有生产矿井百分百达到二级及以上标准。

通过深入持久地开展安全质量标准化建设工作，煤矿企业责任意识得到进一步加强，在全面提升全市煤矿安全质量标准化矿井建设水平基础上，安全基础管理得到进一步强化，从本质上促进煤矿安全状况持续稳定好转。

第七节　灾害防治

一、瓦斯

煤矿瓦斯是煤层气的重要组成部分，既是宝贵的能源资源，也是煤矿安全生产的重大隐患，包括瓦斯窒息、瓦斯燃烧、瓦斯爆炸、煤与瓦斯突出，是造成群死群伤的“第一杀手”。一直以来，煤矿瓦斯事故时有发生，给人民生命财产造成重大损失。同时，未经处理的瓦斯排放到大气，形成温室效应，造成严重的环境污染和资源浪费。

（一）防治的必要性

1. 瓦斯是煤矿安全生产的“第一杀手”。就全市而言，2004年至2014年一次死亡10人以上事故基本上全部是瓦斯事故，重大煤矿瓦斯事故占煤矿重大事故的80%以上。虽然2007年以后有所好转，但在煤矿重大事故中，瓦斯事故死亡人数仍占主要部分，由此可见，煤矿瓦斯治理是煤矿安全的重中之重，是煤矿生存与发展的必须要求，瓦斯不治，矿无宁日。

2. 治理煤矿瓦斯是煤矿生存、发展、培育新的经济增长点的迫切需要。瓦斯抽采既是生命工程，也是资源工程，多抽一方瓦斯，少担一份风险。随着煤矿开采深度的增加，瓦斯涌出量以几何级数增加，吨煤瓦斯涌出量超过40立方米。且瓦斯压力、地压急剧增加，通常情况下，矿井采煤工作面、掘进工作面的推进速度、煤矿生产量的高低，不是仅仅取决于开采机械化程度的高低，而是取决于瓦斯抽采的状况，所以说，治理瓦斯是煤矿生存发展的迫切需要。同时，瓦斯是宝贵的能源资源，素有非常规天然气之称，其发热量很高，据有关资料介绍，1立方米瓦斯完全燃烧，可放出23000—27600千焦的热量，相当于1升汽油或0.8公斤标煤。从20世纪80年代开始，瓦斯作为民用燃气已得到广泛使用，近年来，随着低热值发电技术的推广应用，瓦斯发电也成为一种发展趋势，成为煤矿培育新的经济增长点的又一重要途径。

3. 治理煤矿瓦斯是实现清洁发展、节约发展、安全发展的重大举措。煤矿瓦斯治理的基本原则是先抽后采、应抽尽抽、以用促抽，按照这个基本原则，凡高瓦斯矿井都要采取瓦斯抽采措施，将瓦斯抽采到煤层始突深度的煤层瓦斯含量或瓦斯压力以下；或者将瓦斯含量降到吨煤8立方米以下，或瓦斯压力降到0.74兆帕以下，才能为安全发展奠定基础。瓦斯的主要含量是甲烷，排放到空气中会对大气产生强烈的温室效应，污染大气环境，同时对资源也是一种浪费，因此，抽采与利用相结合，既对企业发展、培育新的经济增长点、控制煤矿瓦斯事故有积极的意义，也对保护环境、节约资源有积极的意义。

（二）存在问题

1. 全市煤矿地质条件极其复杂，煤矿开采难度大。从地形地貌来看，六盘水市位于云贵高原一、二级台地斜坡上，地处乌蒙山区，是长江水系和珠江水系的分水岭，属于典型喀斯特岩溶地貌，区内大部分地形山高坡陡，切割较深，自然地质条件脆弱，易遭破坏，属于各种地质灾害的高发区，矿产资源的开发利用，极易引发崩塌、滑坡、泥石流、地裂缝、地面塌陷、地面沉降等地质灾害。从区域地质构造条件来看，六盘水位于扬子板块的西南边缘，经历多次板块碰撞，区域地质构造极其复杂，存在显著的“四场”（地应力场、构造应力场、裂隙场、瓦斯场）叠加现象，根据《煤矿地质工作规定》，极复杂地质类型矿井占比达百分百；煤层“二高一低一强”（高瓦斯、高地压、低透气性、强突出）特征明显。突出灾害治理难度极大增加，煤层埋深不到100米开始出现突出，属全国罕见现象，且由于突出隐蔽致灾因素尚未完全掌控，六盘水市瓦斯灾害治理工作更具有复杂性、艰巨性和隐蔽性。

2. 灾害治理科技支撑能力不足。全市由于煤矿井型相对较小，煤矿安全基础较弱等原因，全市灾害治理科技化水平较为薄弱。如防突工程钻孔施工设备落后于全国先进水平，钻孔长度普遍小于100米（定向钻机已能实现1000米以上）。封孔器材仍然沿用90年代的水泥砂浆、孔口玛丽散等封孔，抽采率远低于国内平均水平。六盘水市极大部分煤层均属难抽采煤层，但卸压增透先进适用技术推广严重滞后。地质预测预报工作仍然采用低功率钻机进行点探，缺少先进的地质构造探测技术装备和突出预警装置。

3. 随着开采深度和强度的增加，瓦斯灾害防治难度逐渐加大。防治煤与瓦斯突出是一项资金密集型、技术密集型和管理精细化的复杂系统工程。一是随着矿井开采深度加大，许多普通矿井升级为范围更广、强度更大的突出矿井，全市突出矿井数量多，突出事故占比大，全市共计252个煤矿，其中突出矿井211个，突出矿井占比达83.7%，其比例远超其他地区。全市突出矿井数量占全省突出矿井的42%；占全国突出矿井的19%。无论从突出矿井数量还是突出危险性来看，六盘水均是全国瓦斯灾害最严重的地区之一。加上煤矿企业本身内耗大，生产成本逐年攀升，生产经营困难、工资发放困难，使得瓦斯治理资金缺口加大、安全投入明显不足等成为制约煤炭行业继续健康发展的普遍问题。二是自然条件差、灾害严重。尤其是西南地区煤矿赋存条件差、极薄煤层多、倾斜或急倾斜煤层多，机械化开采难度大。随着煤矿开采深度增大，各种灾害尤其是煤与瓦斯突出、顶板等灾害越来越严重，且相互作用，防治煤与瓦斯突出的难度进一步突显。

4. 煤矿企业自身普遍存在的问题。一是矿井采掘部署不合理，瓦斯治理失衡。不少煤矿生产、生存压力大，急于出煤，未根据煤层赋存情况，安全生产条件等客观条件科学划定产能、规划开采顺序、选择保护层和瓦斯抽采配套工程、调整通风系统等，致使防突工作没有足够的治理时间和空间，难以实现抽、掘、采平衡。二是矿井防突设计存在缺陷，且落实不到位。区域或局部防突措施设计有缺陷，如未考虑保护层的相关参数、未实际测定钻孔瓦斯抽放半径，钻孔设计数量不足或抽放时间不够等。防突措施没有执行或执行不力，如由于煤层松软施工钻孔困难、煤层较薄无法施工顺层钻孔，抽放措施存在空白带和死角等。三是管理人才和技术人才匮乏。煤矿企业、煤炭中介技术服务机构等各类管理人才和技能型人才队伍整体数量不足，能力和水平与安全生产的需求还不相适应，相当多民营煤矿没有比较得力的瓦斯防治专业化队伍。如石门揭煤、防突钻孔封孔施工、防突指标检测、瓦斯抽采系统维护管理等专业人才少，素质不高。四是科技保障能力不强。防治煤与瓦斯突出科技支撑保障体系还不健全、科技研发投入不足、机制不完善、政策引导力度不够。煤矿企业作为科技研发主体的积极性和作用还没有得到充分调动和发挥。一些重大、共性、关键技术及装备还需加强攻关，先进、适用技术和装备特别是煤与瓦斯突出防治方面的技术和装备还需加大推广。

5. 煤矿企业面临困难。随着开采深度的增加，瓦斯灾害趋于严重化的同时，灾害还呈现出多变性的特点，尽管煤矿企业在瓦斯防治技术、安全管理、治理措施等方面进行了相当多的探索和补充完善，但还跟不上煤矿瓦斯灾害更趋严重的速度。主要体现在以下几个方面：一是煤层埋深增大，煤与瓦斯突出范围和强度增大，但是开采保护层措施由于受到埋藏条件等的制约，不能全面实施到位；部分由于采掘部署调整时间较长，不能有效治理瓦斯灾害。二是受地质构造探测技术手段限制，一些地质构造较难发现和掌控，防治的技术措施缺乏针对性。三是《防治煤与瓦斯突出规定》对重点区域和一般区域不能很好地区分，对重点环节掌控不到位，导致大面积上防突措施缺乏针对性。四是防突鉴定工作与生产相互制约，缺乏指导性。五是突出矿井安全费用投入大，安全资金落实困难。

（三）防治工作的阶段性

按技术、管理、装备划分，全市瓦斯防治大致可分为五个阶段，即自然通风阶段、风排瓦斯阶段、监测监控阶段、抽放瓦斯阶段和综合治理利用阶段。

第一阶段是自然通风阶段。自20世纪80年代初到1998年关井压产以前，瓦斯管理的主要特征是以局扇通风、自然通风为主，基本上没有任何通风设施和检测手段。早期阶段还依靠鸡、鸽子、老鼠等生物检测，后期在部分矿井出现了光干涉式瓦检器，但人员培训、瓦检器校验基本没有。这一时期煤矿事故基本上是瓦斯事故，尤其以瓦斯爆炸为主，如1997年，全市发生煤矿事故25起，死亡165人，其中10人以上重大事故4起死亡69人，分别占全部煤矿事故的16% 和41.82%；3人以上较大事故15起85人，其中瓦斯事故13起78人，占较大事故数的86.67% 和91.67%，占全部煤矿事故的52% 和47.27%。瓦斯事故百分百是较大以上事故，分别占煤矿事故的54.4% 和90.09%。

第二阶段是风排瓦斯阶段。主要指1999年至2002年的关井压产时期。这一时期，完成了矿井负压通风，地方煤矿普遍使用7.5—15千瓦轴流式风机供煤矿通风，光干涉式瓦检器得到普遍运用，风墙、风门、风窗、密封等通风设施开始使用，煤矿业主对设备和仪器仪表的检测检验校正有了初步认识，采用非正规渠道由附近国有矿进行校正检验。三年间，地方煤矿发生事故59起，死亡378人，其中，10人以上事故9起155人，全部是瓦斯事故，占煤矿事故的15.25%和41.01%；3人以上较大事故36起死亡218人，其中瓦斯事故32起死亡203人，占较大事故的94.44%和93.12%，占全部煤矿事故的54.24%和53.7%，瓦斯事故占全部煤矿事故的69.49%和94.71%。

第三阶段是监测监控阶段。主要是2002年到2004年，这3年是煤矿得到较快发展的3年，全市地方煤矿通过整顿提高，换发了煤炭生产许可证、申办煤矿安全生产许可证。这一时期瓦斯治理的主要特征是：风排瓦斯量加大，一般使用22.5—45千瓦风机供煤矿通风，轴流式、离心式风机逐步开始使用，推广了壁式采煤方法，50%以上矿井实现了工作面负压通风；全部矿井安装了瓦斯监测监控系统，煤矿瓦斯实现了自动监测；便携式瓦检器得到广泛应用；煤矿安装了防爆门，实现了主要风门联锁；局部通风管理，风门、风墙、风窗、密闭等通风设施逐步向规范安装，使用管理过渡，仪器仪表及监控系统的维护校验主要依靠安装企业完成。这3年间，煤矿发生事故143起，死亡330人，相对上一个3年，产量从年均475万吨，提高到1326万吨，死亡人数减少38人。这3年间，发生一次死亡10人以上事故4起，死亡73人，较上期减少5起，少死亡82人。重大事故39起134人，少死亡84人，其中瓦斯事故16起88人，占重大事故次数和死亡人数的41.03%和65.67%；瓦斯事故次数占煤矿事故次数的13.99%，死亡人数占煤矿事故死亡人数的48.78%，比上一个3年分别下降55.5%和45.93%。

第四阶段是抽放瓦斯阶段。主要是2005年到2008年，这一时期地方煤矿产量从上一时期年均1326万吨提高到2655.53万吨。根据安全生产需要实施瓦斯抽放，部分矿井开始开采保护层，在落实“四位一体”的综合防突和瓦斯治理措施上有了较大改进。新建矿井、技改矿井和整合矿井从开采设计方案就严格要求，设计内容必须包含三条井筒“三条生命线”、“四位一体”综合防突措施、瓦斯治理、防灭火、矿井综合防尘系统、人员定位系统等有关内容。瓦斯监控系统管理使用水平进一步提高，盘县安达公司等一批光干涉式瓦检器、便携式瓦检器、瓦斯探头等安全仪器仪表社会性中介机构成立并开始运行，瓦斯等级鉴定工作日渐完善，85%以上矿井开展了瓦斯等级鉴定工作。这一时期瓦斯事故起数占事故起数的20%左右，死亡人数仍高达40%，10人以上群死群伤事故仍然是瓦斯事故，重大事故中，瓦斯事故比例减少，顶板事故增加。

第五阶段是综合治理利用阶段。2009年以后，煤炭产量从2009年的5126万吨增加到2014年的7117万吨，增加38.8%；煤矿事故起数和死亡人数从2009年的72起93人减少到2014年的6起39人，减少66起，少死亡54人，分别下降91.7%和58.1%；全市煤炭百万吨死亡率从2009年的1.87下降到2014年的0.55，下降70.6%。煤矿事故得到有效遏制，煤矿安全的重点转向本质安全矿井建设，煤矿瓦斯始终坚持以用促抽，大力推进瓦斯抽采利用。全市先后制定了《六盘水市煤矿瓦斯治理与综合利用规划》和《煤矿瓦斯治理与综合利用考核管理奖惩暂行办法》等，完善了瓦斯治理领导机构，明确了责任，健全了措施落实体系，以防突和瓦斯治理及利用为重点，大力推进瓦斯抽采利用。积极引导扶持贵州盘江投资控股(集团)有限公司成立了六盘水清洁能源有限公司，负责全市境内地方煤矿的瓦斯抽采利用开发，切实加大抽采和综合利用力度，促进“以用促抽”格局的形成。全市257个突出矿井和35个高瓦斯矿井，全部安装了地面永久瓦斯抽放系统，并正常运行。2013年全市共抽采瓦斯4.57亿立方米，利用瓦斯1.16亿立方米。截至2014年，全市已建成投产低浓度瓦斯发电机组271台，装机容量15.23万千瓦。六盘水清洁能源有限公司于2013年8月在盘江矿区松河矿实施煤层气地面抽采示范项目，集勘探、科研、试采为一体，为我省煤层气产业化开发利用提供先导性试验。截至2015年4月，9口煤层气井已完成钻井及压裂施工，日产气量达到9300立方米以上，预计至2015年8月日产气量达到20000立方米左右。公司煤层气集输及加工利用项目已经完工，并于2015年3月完成CNG压缩试生产作业。六盘水清洁能源有限公司还开展低浓度瓦斯发电业务。从2009年开始，在盘江矿区、六枝、水城、黔西、织金和习水等地区已建成低浓度瓦斯发电站33座，总装机规模10.77万千瓦，累计发电12.77亿千瓦时，利用瓦斯4.39亿立方米，节约标煤15.7万吨，减排二氧化碳658.62万吨，余热加工热水270万吨。公司另外还开展煤矿瓦斯区域性治理、低浓度瓦斯提纯和瓦斯发电余热利用项目。公司于2011年5月在盘江矿区金佳矿开工建设全国首座金佳低浓度瓦斯提纯制天然气示范项目工程，将甲烷浓度为16%及以上的矿井瓦斯经过提纯至95%以上，设计规模为每年4.2万立方米。

本阶段重在牢固树立瓦斯防治重在治本、瓦斯事故可防可控和瓦斯超限就是事故的理念，积极推进瓦斯治理由措施向工程、由局部向区域、由单一向综合、由平面向立体转变，完善现场管理和消突过程管控，实现零超限、零爆炸、零燃烧、零窒息、零突出的瓦斯防治“五零”目标，切实有效遏制煤矿瓦斯事故。全面完善防治煤与瓦斯突出两个“四位一体”措施，认真落实两个“四位一体”综合防突措施，强力推进开采保护层、顶(底)板瓦斯抽采巷穿层钻孔预抽煤层瓦斯、顺层钻孔预抽煤层瓦斯等区域防突措施。2013年全市257个突出矿井中，采取开采保护层的煤矿有109个，不具备开采保护层条件而采取布置顶(底)板专用瓦斯抽采巷穿层钻孔预抽煤层瓦斯的有104个。如盘江精煤公司金佳矿采用开采下保护层、土城矿采用开采下保护层，均取得了很好的瓦斯治理效果。针对六盘水地区地质构造复杂、煤层透气性差、瓦斯抽采率低等具体情况，采取二次封孔、加密孔、大直径钻孔技术和预抽、卸压抽、采空区抽采等综合抽放技术，瓦斯治理取得较好的成果，正在全市逐步推广。

2010年全市瓦斯抽采与利用量分解表

表4-13

序号	县（区）	抽采量（万立方米）	利用量（万立方米）
1	全市合计	68000	20000
2	六枝特区	9000	1000
3	盘县	30000	9000
4	水城县	7000	1000
5	钟山区	22000	9000

2011年全市煤矿瓦斯抽采利用目标分解表

表4-14

序号	县（区）	抽采量（万立方米）	利用量（万立方米）
1	全市合计	60000	21600
2	六枝特区	6000	1100
3	盘县	24000	13000
4	水城县	11000	400
5	钟山区	19000	7100

2012年度各县区瓦斯抽采及利用指标分解表

表4-15

序号	县（区）	抽采量（万立方米）	利用量（万立方米）
1	全市合计	38000	11000
2	六枝	5000	1500
3	盘县	18000	5000
4	水城	12000	3300
5	钟山	3000	1200

注：2012年度不含国有及国有控股企业。

2013年度各县区瓦斯抽采及利用指标分解表

表4-16

序号	县（区）	抽采量（万立方米）	利用量（万立方米）
1	全市合计	50195	11359
2	六枝	5913	905
3	盘县	22588	4328
4	水城	15746	3672
5	钟山	5948	2454

2014年度各县区瓦斯抽采及利用指标分解表

表4-17

序号	县(区)	抽采量(万立方米)	利用量(万立方米)
1	全市合计	109853	32584
2	六枝	5430	790
3	盘县	52390	20037
4	水城	39577	7294
5	钟山	12456	4463

二、火灾

矿井火灾主要是煤层自燃发火和其他火灾的综合，发生在地面或者井下，威胁矿井安全生产，造成损失的一切非控制性燃烧。矿井一旦发生火灾，后果十分严重，轻则影响安全生产，重则烧毁煤炭资源和物资设备，会造成重大人员伤亡和财产损失，还会引发瓦斯、煤尘爆炸，导致灾害进一步扩大。

(一)矿井火灾的危害性

1. 人员伤亡：当煤矿井下发生火灾以后，煤、坑木等可燃物质燃烧，释放出有害气体，此外，火灾诱发的爆炸事故还会对人员造成机械性伤害(冲击、碰撞、爆炸飞岩砸伤等)。

2. 矿井生产接续紧张：井下火灾，尤其是发生在采空区或煤柱里的内因火灾，往往在短期内难以消灭。在这种情况下，一般都要采取封闭火区的处理方法，从而造成大量煤炭冻结，矿井生产接续紧张，对于一矿一井一面的集约化生产矿井，这种封闭会造成全矿停产。

3. 巨大的经济损失：有些矿井火灾火势发展很迅猛，往往会烧毁大量的采掘运输设备和器材，暂时没被烧毁的设备和器材，由于火区长时间封闭和灭火材料的腐蚀，也都可能部分或全部报废，造成巨大的经济损失。另外，白白烧掉的煤炭资源，矿井的停产都是巨大的经济损失。

4. 污染环境：矿井火灾产生的大量有毒有害气体，如一氧化碳、二氧化碳、二氧化硫、烟尘等，会造成环境污染，特别是像新疆等地的煤层露头火灾，由于火源面积大、燃烧深度深、火区温度高以及缺乏足够资金和先进的灭火技术，使得火灾长时间不能熄灭，不但烧毁了大量的煤炭资源，还造成大气中有害气体严重超标，形成大范围的酸雨和温室效应。

根据不同引火热源，矿井火灾可分为外因火灾和内因火灾。在煤矿里自燃火灾主要是指，煤炭在一定的条件和环境下(如煤柱破裂，浮煤集中堆积，又有一定的风流供给)自身发生物理化学变化(吸氧、氧化、发热)聚积热量导致着火而形成火灾。自燃火灾大多是发生在采空区、遗留的煤柱、破裂的煤壁、煤巷的高冒以及浮煤堆积的地点。自燃火灾的特点是：它的发生有一个或长或短的过程，而且有预兆，易于早期发现。但火源隐蔽，往往发生在人们难以或不能进去的采空区或煤柱内，要想找到真正的火源确非易事。因此不能及时扑灭，以及有的自燃火灾可以持续数月、数年、数十年而不灭。燃烧的范围逐渐蔓延加大，燃烧大量煤炭资源，冻结大量开拓煤量。因此，煤矿必须采取积极有效的措施进行防治。

（二）防治

1. 火灾监测：煤矿企业必须按规定在掘进工作面的回风流、采煤工作面的回风巷、采区回风巷、矿井总回巷中设置一氧化碳传感器和温度传感器，并在采煤工作面建立束管监测系统并植入采空区中，确保对井下火灾情况进行实时监测监控。

2. 内因火灾防治

（1）选择合理的开拓、开采技术措施：开拓巷道采用岩石巷道，分层巷道采取重叠布置，推广无煤柱开采技术，回采工作面采用长臂后退式开采，选择合理开采顺序。

（2）预防性灌浆：将水和不燃性固体材料（黄土、煤矸石、炉烟灰等）按一定比例混合，配制成适当浓度的浆液，然后利用管道将其送到采空区等可能发生煤炭自燃的地点，以防止自燃火灾的发生。

（3）阻化剂防火：阻化剂是无机盐类化合物，如氧化钙、氯化镁等或是一些废液，如造纸厂废液、酒厂废液等。将这些物质喷洒在遗煤上，能起到阻止煤的氧化和防止煤炭自燃的作用。

（4）惰性气体防火：惰性气体防火就是将不助燃、不燃烧的氮气或二氧化碳气体注入已封闭的或有自燃危险的区域，降低其氧气的浓度，从而预防发火或使火区因缺氧而将火熄灭。

（5）均压防灭火：均压是通过降低漏风通道两端的风压差，即削弱漏风的动力来源来达到减少漏风的目的。

3. 外因火灾防治：外因火灾的主要特点是突然发生，来势迅猛，发生的时间和地点出人意料。由于这种突发性、意外性，常使人们惊慌失措而造成恶性事故。矿井中一切能够产生高温、明火、火花的以及由可燃材料制成的器材和设备，如使用不当都可能会引起外因火灾。绝大多数外因火灾是由于机电设备质量不高，安装不良，又缺乏严格的检修、维护制度，长期带病运行而引起的。

外因火灾的防治主要应从两个方面着手，一是防止失控的高温热源；二是在井下尽量采用不燃或耐燃的材料和制品。

三、水害

矿井水害是指影响矿井正常生产活动，对矿井安全生产构成威胁以及使矿井局部或全部被淹没的矿井涌水事故。

六盘水岩溶发育，地貌类型复杂，气候类型多样，雨量充沛，年降雨量在1000毫米以上，多集中在6至8月份，易形成山洪，造成淹井。2004年至2014年间，全市煤矿发生透水事故20起，死亡54人，其中：2004年，全市煤矿发生透水事故3起，死亡11人；2005年，全市煤矿发生透水事故1起，死亡2人；2006年，全市煤矿发生透水事故5起，死亡12人；2007年，全市煤矿发生透水事故4起，死亡5人；2008年，全市煤矿发生透水事故4起，死亡10人；2009年，全市煤矿发生透水事故2起，死亡6人；2011年，全市煤矿发生透水事故1起，死亡8人。

（一）矿井水害的危害性

恶化工作环境、缩短设备使用寿命、引起巷道变形（增加开采成本）、降低资源开出率（保安防水煤柱）、易引起瓦斯积聚、爆炸或中毒、失控易造成淹井及人员伤亡。

（二）矿井主要水害类型

地表山洪水害、老空积水透水水害、煤层顶板充水含水层水害、煤层底板承压充水含水层水害、岩溶陷柱水害、裂隙（孔隙）水水害、断层破碎带突水水害。

（三）矿井水害发生条件

充水水源、充水途径、充水强度、失控。

（四）矿井水害防治措施

1. 煤矿企业应当按照“三专”要求配备能满足需要的防治水专业技术人员，配齐专用探放水设备，建立专门的探放水作业队伍，建立健全防治水各项制度，装备必要的防治水抢险救援设备。

2. 地面水害防治

（1）井口和工业广场内建筑物的地面标高必须高于当地最高洪水位；若低于当地历年来最高洪水位的，应当修筑堤坝、沟渠或者采取其他可靠防御洪水的措施。

（2）防治地表渗水，井田范围内的河流、沟渠地表水，可以通过裂隙渗透到井下造成水害，因此，应将其疏干或改道移至矿区以外。

（3）防治地表积水，对井田开采范围内的地面低洼处、塌陷区等容易积水区，应设法填平，防治积水，积水量大时，要用水泵排出。

（4）对可能引起漏水的地表裂隙、塌陷、废弃钻孔等，应及时用黏土充填或用水泥堵塞。

（5）加强防洪防汛工作，在每年的雨季来临之前和雨季期间，要加强对矿区内防洪工程的检查和防汛抢险工作，发现问题及时处理。

3. 井下水害防治

（1）做好矿井水文地质工作；

（2）留设防水煤（岩）隔离柱；

（3）保证安全厚度：煤层顶板以上和底板以下的距离要符合安全厚度；

（4）建防水建筑物：防水墙、水闸门等；

（5）疏放水；

（6）注浆堵水；

（7）井下探放水。

总的来说，预防煤矿水害的措施可概括为“防、排、探、放、疏、截、堵”7个字。

四、粉尘

煤矿粉尘：矿井建设和生产过程中所产生的各种矿物细微颗粒的总称。按其成分可分为岩尘、煤尘、烟尘、水泥尘。

（一）煤矿粉尘危害性：煤矿粉尘特有的性质决定了其具有很大的危害性：污染工作场所，危害人体健康，引起职业病；加速机械设备磨损，缩短精密仪器的使用寿命；降低工作场所能见度，增加工伤事故的发生；在一定条件下发生爆炸（如煤尘、硫化尘）。

（二）煤矿粉尘防治措施

1. 减、降尘措施：煤层注水。

2. 限制煤尘爆炸范围扩大措施：清除落尘、撒布岩粉、设置隔爆水棚。

3. 综合防尘技术措施：通风除尘、湿式作业、密闭抽尘、净化风流、个体防护及一些特殊的除、降尘措施。

1962年以前，市境煤矿井下基本无防尘措施，普遍采用干式作业。1962年，部分煤矿掘进进行湿式打眼。1963年7月开始全面推广中心供水风站。1975年开始强调井下巷道建立防尘洒水系统。1984年，放炮推广使用水泡泥。1985年，化处、老屋基、土城、汪家寨、大河边等煤矿进行煤体注水试验。1989年，各矿务局制定防尘工作规划。

五、顶板

顶板灾害是指煤矿巷道或采区顶上的岩层发生的各种垮塌或冒落事故。在煤矿五大自然灾害中，无论发生次数还是死亡人数，顶板灾害事故所占比重均是最大的。六盘水矿区地质构造复杂，断层发育，顶板破碎，煤系地层赋存不稳定，致使巷道压力大，采面顶板压力大，管理和维护较困难，对通风、运输和人员安全都带来严重的影响。

近十年来，随着煤炭工业科学技术的发展，液压支柱、架的使用，机械化程度的不断提高，市境内煤矿顶板事故已得到有效控制。2004年至2014年间，全市煤矿发生顶板事故318起，死亡388人，其中2004年，全市发生煤矿顶板事故49起，死亡65人。2005年，全市发生煤矿顶板事故38起，死亡45人。2006年，全市发生煤矿顶板事故50起，死亡57人。2007年，全市发生煤矿顶板事故33起，死亡37人。2008年，全市发生煤矿顶板事故39起，死亡48人。2009年，全市发生煤矿顶板事故39起，死亡53人。2010年，全市发生煤矿顶板事故35起，死亡41人。2011年，全市发生煤矿顶板事故18起，死亡19人。2012年，全市发生煤矿顶板事故12起，死亡16人。2013年，全市发生煤矿顶板事故4起，死亡6人。2014年，全市发生煤矿顶板事故1起，死亡1人。

（一）顶板控制

顶板控制目标：支、护、稳、让。

支——支柱的工作阻力应能支撑住冒落带岩层的重量。

护——是指防止工作面漏冒型冒顶和防止支柱钻底。

稳——为防止发生复合顶板推跨型冒顶和冲击推跨型冒顶，应保证冒落带与裂隙带之间不离层，保证整个直接顶的整体性和稳固性。

让——就是对工作面基本顶的下沉要采取“让”的管理原则，支柱的可缩量应能适应裂隙带及冒落带基本顶岩层的下沉。

（二）巷道顶板灾害防治

1. 全面对施工地点进行安全技术论证。

2. 对施工中出现未预见的新情况时，及时补充安全技术措施。

3. 认真执行敲帮问顶制度，局部破碎地带，及时采取有效支护控帮控顶。

4. 坚持一次成巷。

5. 严格控制工作面空顶距离，严禁空顶作业。

6. 严格按作业规程规定的支护设计进行支护。

7. 施工中注意观察围岩变化，加强顶板管理。

（三）回采工作面顶板灾害防治

1. 局部冒顶预防措施：防止应力和放顶不实；合理选择工作面推进方向；采取正确的支护方法；坚持工作面正规循环作业；减少顶板暴露面积和缩短顶板暴露时间。

2. 大面积冒顶预防措施：加强矿井地质工作，全面掌握开采煤层顶底板岩性、组成及物理学性质；切实结合实际编制回采工作面作业规程；注意观察顶板，掌握顶板活动规律，进行顶板来压预报；重视初次放顶；加强支护和管理。

第八节　煤矿事故

六盘水市的煤矿由于生产环境的特殊性，自然条件多变性和开采环境的复杂性，发生各类事故的几率较高。

一、1960至2003年全市特大以上事故情况

1960年至2003年间，市境煤矿共发生11起特大煤矿安全生产事故，共造成669人死亡。

（一）1960年4月17日，郎岱第一建井工程处施工六枝平硐，先停电48小时，送电后井下通风机和地面主扇反向逆转，瓦斯积聚，矿灯失爆产生火花，引起瓦斯爆炸，死亡38人。

（二）1967年1月12日，煤炭部六十五工程处施工大用主平硐，揭7号煤层发生煤与瓦斯突出，死亡98人。

（三）1983年3月20日，水城矿务局木冲沟煤矿11111工作面上巷与切眼贯通时，由于放炮时切眼一方未检出瓦斯，放炮火花引起瓦斯煤尘传导爆炸，死亡84人。

（四）1986年9月1日，水城特区大河镇纳福管理区2号煤井，独眼井，照明线路产生火花，引起积聚瓦斯爆炸，死亡31人。

（五）1988年5月6日，钟山区二塘乡安乐村与威宁县猴场镇政府联营煤矿因停风一天，送风送电时照明火花引起瓦斯爆炸，死亡45人。

（六）1994年8月26日，盘县特区乐民乡煤窑沟个体煤窑，管理不善，违章蛮干，造成透老窑水，死亡34人。

（七）1995年12月31日，盘江局老屋基矿北三采区131211采面，违章放炮引起瓦斯爆炸，爆炸又引起多次爆炸，死亡65人。

（八）1997年11月4日，盘江公司月亮田矿，工作面上隅角抽放管被拉断，处理时产生火花引起瓦斯爆炸，死亡43人。

（九）1997年12月31日，钟山区钟山一矿，矿车碰撞产生火花引起瓦斯爆炸，死亡30人。

（十）2000年9月27日，水城矿务局木冲沟煤矿四采区发生一起特别重大瓦斯煤尘爆炸事故，造成162人死亡，37人受伤（其中重伤14人），直接经济损失1227.22万元。

（十一）2003年2月24日，水城矿业集团公司木冲沟煤矿发生一起特大瓦斯爆炸事故，造成39人死亡,18人受伤,直接经济损失381.409万元。

二、2004—2014年全市煤矿事故

（一）总体情况

2004—2014年，六盘水市辖区内煤矿共发生各类生产安全事故632起，造成1092人死亡，其中：国有煤矿共发生266起，死亡361人，分别占事故总数的42.8%和死亡人数的32.51%；地方煤矿共发生367起，死亡731人，分别占事故总数的58.1%和死亡人数的67.03%。

2004—2014年六盘水市煤矿事故总体情况

表4-18

年份	事故起数	死亡数（人）			事故分类						百万吨死亡率		
		总计	其中										
			国有矿	地方矿	瓦斯	顶板	机电运输	透水	中毒窒息	其他	百万吨死亡率	国有	地方
2004	79	173	30	143	84	65	12	11	0	1	5.57	0.93	5.4
2005	75	148	44	104	57	45	27	2	4	13	4.07	2.97	3.5
2006	87	120	34	86	18	57	17	12	2	14	2.71	1.14	2.65
2007	74	124	40	84	40	37	16	5	11	15	3.08	1.91	2.65
2008	78	99	29	70	7	48	22	10	1	11	2.19	1.02	3.27
2009	75	103	37	66	9	53	22	6	5	8	1.91	1.48	2.36
2010	71	92	31	61	19	41	17	0	2	13	1.53	1.16	1.81
2011	52	94	20	74	37	19	16	8	0	14	1.67	0.75	2.51
2012	27	53	38	15	24	16	11	0	0	2	0.71	1.42	0.3
2013	8	47	40	7	38	6	0	0	2	1	0.545	1.69	0
2014	6	39	18	21	38	1	0	0	0	0	0.548	1.46	0.41
合计	632	1092	361	731	371	388	160	54	27	92			

（二）事故分类

1.按事故原因分类。2004年至2014年，全市煤矿共发生顶板事故318起，死亡388人，分别占事故总数的50.31%和35.53%；瓦斯事故54起，死亡371人，分别占事故总数的8.5%和33.97%；机电事故38起，死亡39人，分别占事故总数的6.01%和3.57%；运输事故120起，死亡121人，分别占事故总数的18.99%和11.08%；透水事故20起，死亡54人，分别占事故总数的3.16%和4.95%；中毒窒息事故18起，死亡27人，分别占事故总数的2.85%和2.47%；其他煤矿安全生产事故64起，死亡92人，分别占事故总数的10.13%和8.42%。

2004—2014年六盘水市煤矿事故原因分类统计表

表4-19

年份	事故起数	死亡人数	瓦斯事故		顶板事故		透水事故		机电事故		运输事故		中毒窒息		其他事故	
			起数	死亡	起数	死亡	起数	死亡	起数	死亡	起数	死亡	起数	死亡	起数	死亡
2004	79	173	14	84	49	65	3	11	1	1	11	11	0	0	1	1
2005	75	148	5	57	38	45	1	2	4	4	23	23	2	4	2	13

续表4–19

年份	事故起数	死亡人数	瓦斯事故		顶板事故		透水事故		机电事故		运输事故		中毒窒息		其他事故	
			起数	死亡	起数	死亡	起数	死亡	起数	死亡	起数	死亡	起数	死亡	起数	死亡
2006	87	120	5	18	50	57	5	12	4	4	13	13	2	2	8	14
2007	74	124	5	40	33	37	4	5	2	3	13	13	8	11	9	15
2008	78	99	4	7	39	48	4	10	6	6	16	16	1	1	8	11
2009	75	103	3	9	39	53	2	6	8	8	14	14	2	5	7	8
2010	71	92	5	19	35	41	0	0	4	4	13	13	2	2	12	13
2011	52	94	3	37	18	19	1	8	7	7	9	9	0	0	14	14
2012	27	53	3	24	12	16	0	0	2	2	8	9	0	0	2	2
2013	8	47	2	38	4	6	0	0	0	0	0	0	1	2	1	1
2014	6	39	5	38	1	1	0	0	0	0	0	0	0	0	0	0
合计	632	1092	54	371	318	388	20	54	38	39	120	121	18	27	64	92

2. 按事故性质分类。按照六盘水市2004—2014年煤矿事故性质分类，一般事故561起，死亡604人，占事故总数的88.7%和55.31%；较大事故55起，死亡239人，占事故总数的8.7%和21.89%；重大事故16起，死亡249人，占事故总数的2.53%和22.8%。

2004—2014年六盘水市煤矿事故性质分类统计表

表4–20

年份	事故起数	死亡数	一般事故		较大事故		重大事故	
			起数	死亡人数	起数	死亡人数	起数	死亡人数
2004	79	173	64	71	12	51	3	51
2005	75	148	64	64	7	23	4	61
2006	87	120	79	83	8	37	0	0
2007	74	124	67	75	5	23	2	26
2008	78	99	72	79	6	20	0	0
2009	75	103	68	77	7	26	0	0
2010	71	92	66	68	5	24	0	0
2011	52	94	48	49	2	16	2	29
2012	27	53	25	26	1	4	1	23
2013	8	47	6	9	0	0	2	38
2014	6	39	2	3	2	15	2	21
合计	632	1092	561	604	55	239	16	249

（二）部分典型事故案例选录

1. 六盘水市钟山区汪家寨镇尹家地煤矿“2·11”重大瓦斯爆炸事故

事故情况：2004年2月11日11时35分，六盘水市钟山区汪家寨镇尹家地煤矿发生重大瓦斯爆炸事故，造成25人死亡，10人受伤（其中1人重伤），直接经济损失约120万元。

事故原因：事故发生前，尹家地煤矿31103运输巷掘进工作面局部通风机曾停止运行28分钟，因为该切眼供风的风筒未连接到位，距迎头20余米巷道无风，造成切眼瓦斯积聚，放炮线裸露，放炮时产生火花，引起瓦斯爆炸。

2. 六枝特区落别乡永六煤矿“6·9”重大瓦斯爆炸事故

事故情况：2004年6月9日10时05分，六盘水市六枝特区落别乡永六煤矿发生重大瓦斯爆炸事故，造成10人死亡，1人受伤，直接经济损失约80万元。

事故原因：永六煤矿三水平开拓掘进工作面发生煤与瓦斯倾出，因串联通风致使1183机巷瓦斯超限且达到爆炸浓度。工人向三水平开拓掘进工作面送风时，失爆的开关产生火花，引起瓦斯爆炸。

3. 钟山区大湾镇木冲沟联营煤矿“6·25”较大透水事故

事故情况：2004年6月25日11时10分，钟山区大湾镇木冲沟联营煤矿发生一起较大透水事故，造成7人死亡，直接经济损失约40万元。

事故原因：木冲沟联营煤矿管理极为混乱，不具备基本的安全生产条件。煤矿无规章制度，无技术人员、无作业规程和有效的安全防范措施。与相邻无证煤窑非法开采煤炭资源，违章组织工人冒险作业，穿透积水老窑导致事故发生。

4. 四角田分公司“8·10”较大顶板事故

事故情况：2005年8月10日15时35分，四角田分公司西三采区2672（1）采煤工作面发生一起较大顶板事故，造成3人死亡，直接经济损失约80万元。

事故原因：四角田分公司2672（1）工作面顶板属复合顶板，没有采取针对性措施，仍然按照常规的顶板管理办法进行管理。当顶板出现冒顶预兆时，职工安全意识较差，没有及时采取撤退措施，导致事故发生。

5. 六盘水市水城县都格河边煤矿“8·7”较大煤与瓦斯突出事故

事故情况：2010年8月7日20时，六盘水市水城县都格河边煤矿主斜井+770水平绕道掘进工作面发生一起较大煤与瓦斯突出事故，造成5人死亡，直接经济损失约500万元。

事故原因：都格河边煤矿+770水平绕道掘进工作面掘进期间未采取“边探边掘”措施，巷道顶帮出现破碎带时为及时采取有效的支护，顶帮破碎带垮落诱发煤与瓦斯突出，突出的大量高浓度瓦斯和抛出的煤炭埋压，导致人员窒息死亡。

7. 六盘水市盘县淤泥乡昌兴煤矿“8·9”较大煤与瓦斯突出事故

事故情况：2010年8月9日10时30分，六盘水市盘县淤泥乡昌兴煤矿整合技改系统31701瓦斯抽放巷掘进工作面发生一起煤与瓦斯突出事故，造成3人死亡、1人受伤，直接经济损失约300万元。

事故原因：昌兴煤矿31701瓦斯抽放巷布置在有突出危险性的17#主采煤层中，未按规定采取区域防突措施，在施工大直径瓦斯排放钻孔过程中诱发煤与瓦斯突出，导致事故发生。

8. 盘县石桥镇长田煤矿“11·22”较大顶板事故

事故情况：2010年11月22日23时25分，盘县石桥镇长田煤矿1173采面发生一起较大顶板事故，造成3人死亡，直接经济损失约300万元。

事故原因：长田煤矿1173采面回采初期未按作业规程和初次放顶措施的要求支护顶板，将措施规定的“四·五”排管理擅自改变为“三·四”排管理；部分基本柱支护角度不附合规定（退山），缺戗柱和密集柱等特殊支护。以上原因致使该采面整体支护质量不符合要求、支护强度不足，导致采面顶板大面积冒落。

9. 盘县新成公司第四复采单元（原金银煤矿）“3·12”重大瓦斯爆炸事故

事故情况：2011年3月12日1时许，贵州盘县新成煤业复采有限责任公司（以下简称新成公司）第四复采单元内已公告关闭的原金银煤矿发生一起重大瓦斯爆炸事故，造成19人死亡、15人受伤，直接经济损失1675.3万元。

事故原因：四单元长期在已公告关闭的金银煤矿组织非法生产；井下通风设施不符合规定，造成通风系统不稳定；9#层采煤作业点采用独头巷道回采，使用国家禁止井工煤矿使用的局部通风机供风，风量不足，造成瓦斯积聚；放炮时母线短路产生火花，导致事故发生。

10. 盘县淤泥乡罗多煤矿“3·28”较大煤与瓦斯突出事故

事故情况：2011年3月28日3时30分，盘县淤泥乡罗多煤矿（以下简称罗多煤矿）11007回风上山掘进工作面发生一起较大煤与瓦斯突出事故，造成8人死亡、3人受伤，直接经济损失635.5万元。

事故原因：罗多煤矿未执行监管部门下达的停产整改指令。在3月22日监管部门查出其瓦斯治理、防突工作、监测监控系统、瓦斯抽放系统不到位等问题，要求停产停调后，未按要求进行停产整改。11007回风上山开口位置发生煤与瓦斯突出，造成受波及范围内的人员吸入高浓度瓦斯后窒息死亡。

11. 盘县小凹子煤矿“4·24”较大透水事故

事故情况：2011年4月24日19时许，盘县水塘镇小凹子煤矿（以下简称小凹子煤矿）11191运输巷掘进工作面发生一起透水事故，造成8人死亡，直接经济损失约659.86万元。

事故原因：小凹子煤矿《安全专篇》明确界定其水文条件为复杂类型，但未引起该矿的足够重视。没有研究本矿水文地质条件，对周边小窑积水情况没有调查。11191运输巷总共掘进362米，只进行过一次探放水作业，而且在前方老窑积水不清的情况下，只打4个钻孔，不符合要求。废弃煤矿老窑积水从11191运输巷迎头下方突入11191运输巷，将人员淹没窒息死亡。

12. 盘县过河口煤矿"8·14"重大瓦斯爆炸事故

事故情况：2011年8月14日21时，盘县过河口煤矿12124运输巷掘进工作面发生一起重大瓦斯爆炸事故，造成10人死亡。

事故原因：12124运输巷掘进工作面在爆破作业后，引起断层带冒顶，加大了瓦斯涌出，并达到爆炸浓度，违章强行启动被冒落煤矸埋压的刮板输送机，导致链条与链轮摩擦产生火花，引起瓦斯爆炸。

13. 水城县木果乡晋家冲煤矿"7·27"较大顶板事故

事故情况：2012年7月27日15时45分，水城县木果乡晋家冲煤矿（以下简称晋家冲煤矿）发生一起较大顶板事故。造成4人死亡，直接经济损失约350万元。

事故原因：晋家冲煤矿维修巷道将原来的U形棚支护改为梯形棚支护，扩帮后支护跨度加大，且现场施工人员未按措施加固支护，导致支护强度不足；维修段局部空帮空顶，应力集中显现造成巷道顶板推垮型冒落，导致事故发生。

14. 贵州盘南煤炭开发有限责任公司响水矿井"11·24"重大煤与瓦斯突出事故

事故情况：2012年11月24日10时55分，贵州盘南煤炭开发有限责任公司（以下简称盘南公司）响水矿井发生煤与瓦斯突出，造成23人死亡，5人受伤，直接经济损失3031万元。

事故原因：1135运输巷掘进工作面防突措施落实不到位，抽采不达标，未消除突出危险，使用风镐作业诱发煤与瓦斯突出，导致事故发生。

15. 贵州盘江精煤股份有限公司金佳矿"1·18"重大煤与瓦斯突出事故

事故情况：2013年1月18日17时25分，贵州盘江精煤股份有限公司金佳矿（以下简称金佳矿）金一采取井下211运输石门掘进工作面发生特大型煤与瓦斯突出，造成13人死亡，3人受伤，直接经济损失约1705万元。

事故原因：金佳矿区域18#煤层具有较强突出危险性，而实施的石门揭煤区域防突措施存在不足、区域措施效果检验数据测算不合理，在未消除突出危险的情况下使用风镐刷右帮硬底时诱发煤与瓦斯突出。

16. 贵州玉马能源开发有限公司马场煤矿"3·12"重大煤与瓦斯突出事故

事故情况：2013年3月12日20时7分，贵州玉马能源开发有限公司马场煤矿（以下简称马场煤矿）13302底板瓦斯抽放进风巷（以下简称底抽巷）发生特大型煤与瓦斯突出，造成25人死亡，22人受伤，直接经济损失2909万元。

事故原因：马场煤矿13302底抽巷处于地质构造带，在已揭露煤层有突出预兆的情况下，未采取防突措施，破碎顶板冒落导致发生煤与瓦斯突出事故。

17. 盘县淤泥乡湾田煤矿"4·18"较大煤与瓦斯突出事故

事故情况：2014年4月18日0时30分，六盘水市盘县淤泥乡湾田煤矿（以下简称湾田煤矿）11001综采面发生一起煤与瓦斯突出事故，造成7人死亡、一人受伤，直接经济损失1347.4万元。

事故原因：湾田煤矿11001综采面区域防突措施缺失、局部防突措施不到位，未消除煤体突出危险，煤壁前方有集中应力，采煤机割煤诱导煤与瓦斯突出。

18. 贵州玉舍煤业有限公司玉舍西井“5・25”较大煤与瓦斯突出事故

事故情况：2014年5月25日15时14分，六盘水市贵州玉舍煤业有限公司玉舍西井（以下简称玉舍西井）1182（Ⅱ）机巷地板抽放巷发生一起较大煤与瓦斯突出事故，造成8人死亡、1人受伤，直接经济损失约1048.8万元。

事故原因：玉舍西井1182（Ⅱ）机巷地板抽放巷掘进过程中，K18煤层受断层影响已被切割至距顶板约3米位置，未采取防突措施消除突出危险性，综掘机掘进诱发煤与瓦斯突出，导致事故发生。

19. 贵州省六枝工矿（集团）公司新华煤矿“6・11”重大煤与瓦斯突出事故

事故情况：2014年6月11日0时5分许，贵州六枝工矿（集团）公司（以下简称六枝工矿）新华煤矿（以下简称新华煤矿）发生重大煤与瓦斯突出事故，突出煤（岩）量约1010吨，瓦斯涌出量约12万立方米，造成10人死亡，直接经济损失1634万元。

事故原因：新华煤矿区域和局部防突措施落实不到位，1601回风顺槽2# 联络巷揭穿的M6煤层未消除突出危险性，石门揭煤时放炮诱发煤与瓦斯突出。

20. 贵州省六盘水市盘县松河乡松林煤矿“11・27”重大瓦斯爆炸事故

事故情况：2014年11月27日3时52分，六盘水市盘县松河乡松林煤矿发生一起重大瓦斯爆炸事故，造成11人死亡、8人受伤，直接经济损失3003.2万元。

事故原因：因井下监控分站电源漏电造成1705工作面区域停电，1705工作面改造巷停风、瓦斯积聚；恢复送电后，采取“一风吹”的方式将1705工作面改造巷内积聚的高浓度瓦斯压出；误启动1705改造巷开口往里4米位置闲置的风机，变形叶片运转产生摩擦火花，造成瓦斯爆炸。

第五章　交通运输

第一节　公　路

一、概况

六盘水市地处贵州西部之川滇黔桂四省交界结合部，有“四省立交桥”之称，是国家规划的179个一级交通枢纽城市之一，是贵州西部的综合交通枢纽，具有得天独厚的区位交通优势。新中国成立前，六盘水市境内交通闭塞，运输主要靠人背马驮，交通工具极其落后。

中华人民共和国成立后，经过1958年的“大跃进”、1964年的“三线建设”，掀起了全市公路交通建设高潮。1966年1月，盘县矿区组织1.7万筑路大军，经过38天的苦战，建成全长53公里的两头河至土城公路。后逐步修建了全市境内省道干线公路和部分县乡公路，建成了遍布全市，连接城镇、乡村、厂矿的县乡公路。

1978年12月18日，中共十一届三中全会胜利召开，给刚刚成立的六盘水市的交通建设带来又一次飞速发展的大机遇。到1980年，全市公路通车里程达到2504公里。1978至1985年间，主要以改造、完善原有公路为主。1985至1995年，六盘水进入交通扶贫时期，先后实施用粮棉布以工代赈扶贫计划。特别自1990年起，国家又以中低档工业品以工代赈及各级财政配套资金7000余万元修建公路28条计529公里，桥梁38座计1154. 2 延米；利用城市建设投资1000余万元改造贵烟线市中心区过境段二级公路10公里；盘县电厂投资1000余万元改造“两水线”三线公路13公里水泥路面；利用交通发展基金和交通部补助资金1050万元分别在水城、盘县建成功能齐全的一级汽车站1个，二级汽车客运站1个，以适应当时汽车客货运输的需要。期间还先后建成了水盘东线公路、姬（官营）龙（场）公路、下扒瓦桥、高家渡桥等一批重大项目。加上“八七扶贫攻坚计划”的实施，1995至2000年，国家实行积极的财政政策，扩大内需，加快基础设施建设，六盘水市公路建设投入国家以工代赈及部省级补助资金、银行贷款、各级地方政府财政配套资金共4.106亿元。新建和改造二级公路88.4公里，其中市中心城区南环路21.9公里按“一路一公司”首先尝试了贷款收费还贷的模式，高等级公路实现零的突破。改造三级公路和新建、改造四级公路，到2000年底，境内公路通车里程达到2875.3公里，公路密度为每百平方公里29公里，全市有乡村简易机动车道里程6890公里，实现了全市98个乡、镇、办事处“乡乡通公路”目标。

2003年，国家利用车购税安排修建通村公路。新建改造通村公路5046公里，通村（试点）公路142公里；2006年实施乡镇汽车站建设，为规范乡镇客运管理奠定了基础。一级汽车客运站一个，乡镇汽车站38个；20个乡镇的公路过境段改造成水泥路面，沟通行政村580个，基本解决了农村广大人民群众出行难的问题，为山区脱贫致富创造了有利条件。特别是2007年实施油路建设，标志着“新农村建设”改善农村出行的通行条件工程正式启动。

2014年底，全市公路通车里程达到13012公里，新修公路里程245公里，公路密度为每百平方公里131公里。其中：高速公路259公里，一级公路3公里，二级公路365公里，三级公路500公里；77个乡镇通油路，通油路率为78%；国道153公里，省道635公里，县道1969公里，乡道2356公里，村道6805公里，专用公路85公里。水盘高速（水城—盘县）通车里程91公里，六镇高速（六枝—镇宁）44公里，六六高速（六盘水—六枝）60公里。以乡镇为单位，全市公路通车率达百分百，柏油、硬化路通车率达百分百。以村为单位，全市柏油、硬化路通车率达56%，同比增加15%。境内“二横二纵一环线”的高速公路逐渐形成。

国家高速公路有四条通过六盘水境。分别是：沪昆高速（G60，上海—昆明）六盘水境67公里、都香高速（G7611，都匀—香格里拉）六盘水境154公里、杭瑞高速（G56，杭州—瑞丽）六盘水境64.5公里、纳兴高速（G7612，纳雍—兴义）六盘水境65公里（拟建）。省级高速公路有4条。分别是：昭通至安龙（S77），其中水城至盘县段91公里已建成通车，盘县至兴义段60.6公里尚在建设中；六盘水至赫章高速25公里；盘县至宣威高速22公里拟建；机场高速20公里已建成通车。市境内现有高速公路通车里程203公里。

为加快高速公路建设，贵州省全面启动高速公路建设“三年会战”，“十二五”后期全面加速建设步伐，“十二五”末六盘水高速公路通车里程达450公里（每百平方公里4.5公里），距贵阳250公里、重庆610公里、成都700公里、南宁700公里、昆明310公里，极大地缩短了与周边各省会城市、省内市州所在地的运输距离，大大节约了运输成本和行车时间。

1. 镇胜高速盘县段：沪昆高速镇宁至胜境关段于2009年12月23日全线建成，里程63.5公里。镇胜高速公路全长194公里，概算总投资126.57亿元，起于镇宁自治县，途经黄果树、关岭自治县、晴隆县、普安县、盘县，止于盘县与云南省富源县交界处胜境关，是国道主干线上海至瑞丽公路在贵州省境内的重要路段，也是贵州省规划的“两横两纵四联线”公路主骨架的重要组成部分。

2. 水盘高速：2009年12月26日，在水城县玉舍乡俄脚村法窝举行开工仪式在。水盘高速公路是贵州省最新规划的2008—2030年高速公路“六横七纵八联”网中，第七纵昭通至安龙高速公路的一段，同时也是国家高速公路网中杭瑞线与沪昆线之间的横向联系大通道。水盘高速公路北起水城县玉舍乡俄脚法窝（接拟建的杭瑞高速公路）与贵州省212省道相连，南至盘县红果海铺与镇胜高速公路相连，全长91公里，路线采用双向四车道高速公路标准，设计行车速度80公里/小时，路基宽度21.5米。2013年8月16日，六盘水至盘县高速公路经过参建单位的4年多苦战，终于建成通车，进入通车试运行阶段，天堑最终变通途。

水盘高速公路胜利通车，搭起了六盘水市交通发展的主骨架，成为经济振兴的大动脉，对沿线的经济发展具有较强的辐射、拉动作用，使市中心城区至盘县的公路行车里程缩短80公里，行车时间从原来的7—8小时缩短至1.5个小时。项目的建设对于完善区域公路网，促进毕节—六盘水—兴义经济带的发展及实现全省西部大开发战略目标具有重要意义。

3. 六镇高速：连接贵州省六枝至镇宁段高速公路，是贵州省高速公路网的第7联，是国家高速公路第12横杭瑞高速公路和第13横沪昆高速公路的联络线，也是贵州省高速公路第3横江口至六盘水高速公路和第4横鲇鱼铺至胜境关高速公路的联络线，为全立交、全控制出入的四车道高速公路。该路起点于六枝特区那玉村，终点位于镇宁县的杨家山，全长45.07公里，总投资29.98亿元。全线设计速度80公里/小时。2012年12月22日建成通车。

4. 六六高速：六盘水市中心城区至六枝特区的高速公路。是国家高速公路第12横杭瑞高速公路和第13横沪昆高速公路的联络线，为控制出入的四车道高速公路，根据2013年通过的国家高速公路规划，六六高速系都香高速的一段。设计时速为每小时80公里，全长60.067公里，工程总投资为55.84亿元。起点位于水城县境内，终点位于六枝特区新窑乡那玉村。沿线设双水、滥坝、陡箐、新场乡、岩脚镇、六枝西六个收费站。2014年底交工验收，2015年1月6日晚22点整，由贵州高速公路集团公司组织实施的六盘水至六枝高速公路正式开通投入营运。贵阳至六盘水行车时间从以前的6小时缩短至2小时30分。

二、公路安全管理

1. 六盘水市交通运输局

市交通运输局是市政府工作部门。下设6个内设机构、8个事业单位、3个国有企业（六盘水路桥发展总公司、市交通建设公司、市公交总公司）。

市交通运输局主要职责：贯彻执行国家、省交通运输行业发展的方针政策和法律法规；拟定公路、水路、交通运输业发展规划、中长期规划和年度计划并监督实施；参与拟定物流业发展战略和规划，监督实施有关政策和标准；培育和规范物流市场；负责公路、水路交通运输行业统计和引导交通运输信息化建设。承担道路、水路运输市场监管责任。监督实施道路、水路运输相关政策、准入制度、技术标准和运营规范；负责提出市内公路、水路固定资产投资规模、方向和财政性资金安排建议，按规定权限审批、核准年度计划规模内固定资产投资项目。指导交通运输业体制改革工作。培育和管理交通运输市场以及交通建设市场，维护道路、水路交通运输业的平等竞争秩序；指导城乡客运及有关设施规划和管理工作，管理城市客运（城市公共交通和出租车）；引导交通运输业优化结构和协调发展。负责道路、水路交通运输业管理工作，指导公路、水路交通运输业安全生产和应急管理工作；组织协调国家重点物资和紧急客货运输，承担交通运输通讯、信息和国防动员相关工作。承担公路、水路建设市场监管责任。负责公路及水路交通基础设施建设、维护、质量与安全监督和造价管理；组织实施国家重点公路及水路交通工程建设，监督交通基础设施建设资金的使用；负责交通规费征收稽查和审计监督工作。负责地方高速公路及重点干线路网的运行监测、协调和车辆超限超载治理工作；归口管理公路、水路的收费站（卡）和车辆超限运输检测站点的设置申报及收费工作。承担水上交通安全监管责任。负责水上交通安全监督、船舶及水上设施检验、水上消防、救助打捞、防止船舶污染、航道、港口及岸线管理等工作；归口管理船员培训考核。负责汽车维修市场、汽车驾驶学校和驾驶员培训的行业管理；实施汽车综合性能检测行业管理。推广交通科技新技术、新产品，实施科技开发，推动行业科技进步、环境保护和节能减排工作。承办市人民政府和省交通运输厅交办的其他事项。由市交通运输局牵头，会同市发展和改革委员会、铁道等部门建立综合运输体系协调配合机制。

2. 贵州省水城高速公路管理处（水城高速公路路政执法支队）

贵州省水城高速公路管理处位于钟山区水西北路8号，于2010年8月由原水城征费稽查处与镇水高等级公路管理处整合而成立。截至2015年有正式职工146人，下设5个路政执法大队，一个超限超载检测站。工作职责：负责六盘水市行政辖区内高速公路路政管理行政执法、路产保护和路权维护、车辆救援组织、超限运输治理等工作；高速公路营运通行费稽查和涉及联网收费管理；对所辖高速公路养护、安全生产、路况考核评定、高速公路服务区（含加油站）等行业监管等。

该处下设7个内设机构、6个执法部门（盘县路政执法大队、胜境关超限检测站、水城路政执法一大队、红果路政执法大队、六枝路政执法大队、老鹰山路政执法大队）。

至2010年机构整合以来，该处充分运用路网监控、查缉布控系统功能，做好源头动态结合，实现科技、人力、制度优势的整合，采取路网发现、前端采集、动态跟踪、安全引导、站点处罚五个步骤，实施第一时间干预提示、第一时间消除隐患的“五步一提示一消除”动态交通安全管控手段，对影响道路交通安全的超限超载、占道行驶、违法停车、逆向行驶、追逐竞驶、红眼客车、黑客运、黑市场等重点违法、违规行为进行实时监控、及时预警、快速处置，科学引导勤务，合理使用人力，形成贵州高速公路交通安全管理“即发现、即干预、即提示即消除”的勤务模式。依托智慧“交通云”“交警云”，整合全省高速公路收费站过车图像数据、路段视频监控等相关科技信息资源，汇集高速公路流量、环境、事件、气象、卡口以及违法取证等信息化执法功能，在2015年建成使用联合应急指挥调度平台（12328），综合公安、交通等部门管理职责和执法手段，健全完善日常联合执法工作制度，形成“三统一、三联合”联动工作长效机制，全面强化对公路客运车、旅游车、危化品运输车、重型货车等重点对象以及隧道、桥梁、事故多发路段的动态凸显监控，实现对高速公路突发事件的及时发现、快速处置，并加快高速公路轻微事故“快处快赔”相关配套制度建设，严防次生事故。通过三年建设，最终促成联合应急指挥调度平台成为政府统一领导、部门协调配合、企业落实管理的资源共享平台。

针对贵州山区高速公路邻崖、邻水路段多，隧道、桥梁占比高，长下坡路段隐患突出等特点，按照横到边、纵到底的原则，省、市（州）县三级要建立完善政府统筹领导，高速公路“一路三方”安全隐患日常排查的工作机制，制定安全隐患治理年度计划和工作方案，不间断地开展安全隐患大排查、大排除工作，尤其是要针对长隧道、特长隧道，高边坡路段，长下坡路段，特大桥，多雾、易凝冻路段重点加强隐患排查、排除，确保重点管控路段的车辆通行安全。2015年完成治理隐患529处、增设1058块“三严禁”标志牌，2010年之后排查出来的隐患每年治理率均达到百分百。

3. 贵州水城公路管理局

工作范围：六盘水市境内国道、省道等干线公路。

该局内设12个内设机构、5个公路管理段（站）。有在职职工684人，离退休职工748人。

工作职责：负责局属公路、桥梁、渡口、养护生产和大、中、改造工程的管理、计划统计工作；参与制订本地区公路中、长期发展规划；指导和监督各管理段公路建设的实施和养护年度计划的落实；组织公路养护质量评定与检查评比，开展技术服务和交通战备工作，抢修公路水毁和公路桥梁加固，负责公路绿化、美化等工作；组织局管理的大、中、改工程项目可行性研究报告和初步设计方案，工程实施方案设计文件、设计预算的编制、报批和施工管理以及工程竣工验收工作；综合平衡公路建养年度计划和经济技术指标，检查计划执行情况及管辖区公路路况；负责辖区公路交通流量调查、汇总、上报以及公路建养统计工作，负责局属工程企业管理工作。负责制定和贯彻有关技术法规、技术政策、新技术、新工艺、新材料推广应用和质量监督工作；负责技术标准、标准计量和管理及公路建养材料的试验工作；负责公路改造、大、中修和养护质量监理及全局质量管理；对重大设施、施工质量事故进行调查处理；组织和参与辖区公路大、中、改工程的交、竣工验收工做。负责所管养公路路政管理工作。依据《中华人民共和国公路法》，以及有关法规、规章拟定路政管理的规章和制度；负责对公路的特殊利用、占用和超限运输费用收取；根据省厅、局授权，对不符合规定的收费站（点）予以查处和纠正；协调处理重大路政事件，依法维护路产路权，维护公路管理机构及其工作人员的合法权益；负责标志、标线及绿化工作。认真贯彻执行党和国家的安全生产法规，开展本行业安全生产监督管理；参与制定安全生产管理制度、责任制度和办法，负责安全生产日常监管工作，参加单位安全例会，对安全隐患提出意见，监督落实改进措施；健全安全生产的各种台账和记录，做好安全管理基础工作，完成各种安全资料的统计上报工作；检查督促管理人员、从业人员遵守安全生产规章制度和操作规程，制止、纠正违章作业和违章指挥；采取定期或不定期检查安全生产工作，督促从业人员正确使用安全生产设施；参加安全生产事故的调查、取证工作，将事故及时上报，配合相关部门做好善后工作。

4. 六盘水市公安局交通警察支队

市公安局交通警察支队是市公安局主管全市道路交通管理工作的职能部门。主要负责指导、监督各地维护道路交通安全、交通秩序以及开展机动车辆、驾驶员管理工作。县、特区、区公安局下设交通警察大队，大队下设中队。

全市道路交通管理始于80年代初。1983年12月，经市委组织部批准设立市公安局交通管理处，对外称五处，主要负责市区面积62平方公里、道路45公里范围内的交通管理工作。1986年10月，根据国务院《关于改革道路交通管理体制的通知》，交通监理监业划归公安部门。1987年11月4日，市公安局交通警察支队正式成立，下设车辆管理所。

其主要业务：机动车的检验发证；驾驶员管理。1994年12月，支队车辆管理所升格为副县级单位。下辖警卫特勤大队、水黄高等级公路管理大队、巴西交警大队，各县、特区、区设有钟山交巡警大队，六枝特区、盘县、水城县交警大队。1998年3月25日，根据公安部公安体制改革精神，成立市公安局公路巡逻民警支队，与支队“两块牌子、一套人马”管理。支队及各大队多次被上级授予交通管理先进单位、打击车匪路霸先进单位、人民满意交警支队、城市畅通工作先进单位等光荣称号。2000—2003年，连续四年被评为全省道路交通安全管理第一名。2014年被国家三部委（交通运输部、公安部、国家安全监管总局）评为道路客运安全年活动突出的市级管理机构。

5. 县乡道路及城市道路安全管理

2005年8月9日，贵州省安全生产委员会办公室制定印发《贵州省乡（镇）道路交通安全协管员管理办法》。2014年12月，全省执行印江经验破解农村道路交通监管难题，围绕抓民生、保稳定、促发展工作主线，着手实践党政齐抓、部门联动、全民参与、共建共享社会化管理机制，探索出切合实际的主体在县、管理在乡、延伸到村、触角到组管理模式，走出一条“五在乡镇”农村道路交通管理新路子，破解了农村道路基础薄弱、职责模糊、秩序混乱、监管不够、事故频发、保障乏力等难题。

坚持“属地化”管理原则，健全乡镇设道路安监站、站有执法队、村有劝导点、组有联络员的管理体系，并明确具体人员负责具体工作。深入实施网格化管理，以路段为网面、行政村为网格、村民组为网点层层明确责任领导、责任干部和包保人，形成横向到边、纵向到底、无缝衔接的网格化管理体系。

严格落实场天跟管等制度，将红白喜事用车监管员纳入执事名单，组建县直部门赶场队，每月开展集中排查整治。积极发动包村干部、村组干部，每季度对人、车、路安全隐患开展滚动式和地毯式大排查，建立户籍化管理台账和无证驾驶、无牌车辆、超期未检、非法营运等黑名单数据库，真正从源头上管住人和车。坚持以人为本，紧扣“三农”问题，以农村摩托车为重点，积极出台政府补贴、乡镇宣传、交警下乡、优惠车主等系列惠民措施，定期开展“流动车管所”下乡服务，广泛开展送法律、送服务、送安全、送政策的“四送”活动。

三、“十二五”期间道路交通形势

“十二五”期间，全市道路交通安全生产形势持续稳定向好。

1. 指标控制情况：

（1）道路交通万车死亡率大幅下降。“十二五”末道路交通万车死亡率降到0.92人，比“十二五”规划目标下降65%（“十二五”规划目标2.663人），同比“十一五”下降了72%。好于全省平均水平1.4，好于全国的平均水平2.1。

（2）事故总量和死亡人数连年实现“双降”。“十二五”期间，全市共发生各类道路交通事故418起，死亡215人，事故总数和死亡人数比“十一五”期间分别下降40.2%和35%。

（3）较大事故起数和死亡人数得到有效遏制，杜绝了重大以上事故发生。“十二五”期间，发生较大道路交通事故17起、死亡63人，事故总数和死亡人数比“十一五”期间分别下降43.3%和43.2%。“十一五”期间发生2起重大交通事故、死亡23人，未发生重大以上道路交通事故。

2. 事故原因及措施：

（1）分析事故原因，深入开展公路安全隐患治理。据统计，“十二五”期间，较大事故主要集中在二级公路，事故占较大事故起数的82%，死亡人数占较大事故死亡人数的84%。高速公路三起较大交通事故，死亡10人，事故占较大事故起数的17%，死亡人数占较大事故死亡人数的15.8%，其中两起发生在沪昆高速，一起水盘高速匝道，而高速公路发生事故的主要原因是长途疲劳驾驶。为此，六盘水市在认真吸取省外发生的道路交通事故教训的基础上，强力推进和落实企业的主体责任，连续二年开展和巩固道路交通百日整治行动取得的成果，组织开展全市性道路交通安全专项整治和交通安全隐患的排查治理，2011年面对水黄公路攻坚之年，市政府利用技改资金，在水黄公路上建设避险车道，改善道路通行安全条件。

（2）排查危险路段，防控整治影响运输安全因素。六盘水市由于没有平原支撑，县、乡公路技术等级总体偏低，通车公路总长1.4万公里。其中：高速公路319公里，占总数的2.7%；二级公路480公里，占总数的2.8%；三级以下公路1.3万公里，占92%以上。生命安全防护工程严重不足，农村道路较大以上交通事故是防控重点。近五年来，农村二级公路发生较大事故主要集中在水黄公路、贵烟公路，其事故的主要原因是路面硬化后，原限速为60公里/小时公路，驾驶员超速行驶，以危险方式驾驶车辆。如2015年水黄公路"1·2"事故、"2·23"事故均为责任事故；其中最大的问题是农村道路没有车速监测设施。运输安全因素不断增多，如：大健康旅游私家车集中出行多、村村通带来的新增公路、在旅游景区开展大型群体性庆典活动、观众集中出行等，给道路交通安全工作带来新的安全隐患。每年冬季最容易凝冻路段，也是运输安全高危区。如：S212省道梅花山高炉村段，是全省海拔最高(2470米)的交通要道；沪昆高速上的胜境关，是贵州至云南的主要交通要道，每年凝冻期极易造成大量车辆滞留水盘高速；发耳隧道存在地质灾害开裂隐患。以上，均给全市交通安全带来巨大困难和压力。

近五年来，全市深入贯彻落实《国务院关于加强道路交通安全工作的意见》和道路交通安全工作"五整顿、三加强"等工作措施，切实加强组织领导，对道路交通安全实施综合治理。虽然全市道路交通形势总体平稳，但形势依然严峻，需要切实加强组织领导，向科技要手段，强化道路交通安全监管。

（3）有的放矢，强化事故多发路段的隐患治理。2011年，水城至黄果树公路封闭运行变为开放式交通后，交通管制难度增大，交通事故频发。2011年全年发生的一次性死亡3人以上交通事故7起（死亡26人）中，就有4起发生在水黄公路（死亡16人），占全市交通事故死亡人数的61%。分别是：水黄公路"4·1"交通事故、"11·18"事故、"11·25"事故、"12·13"事故。仅水黄公路k21—k23、k61—k63、k107—k110、k112—k115等路段，2011—2012年间发生交通事故死亡28人、伤92人。"十二五"期间，水黄公路发生一次性死亡3至9人的事故7起、共计死31人，分别占全市5年来较大事故总数的41%和较大事故死亡人数51.8%。针对上述情况，贵州水城公路管理局对摩擦系数较小的路段实施了21公里微表处工程，在隧道进出口、危险路段修建了7848平方米彩色防滑路面，重新划出路面标线、震荡标线，增设一部分标志牌、轮廓标等；通过论证并布点，设置货运车辆加水点7处。通过以上手段和措施，事故明显下降，2013年水黄公路的交通事故发生率、死亡人数同比均减少53%。

四、机动车管理与驾驶员培训考核

据不完全统计：2014年底，全省汽车达到251万辆，每百个家庭平均拥有24辆汽车，接近全国25辆的平均值；六盘水市汽车达到30万辆，每百个家庭平均拥有28辆，这意味着曾经欠开发、欠发达的贵州及六盘水也步入了汽车社会。特别是近年六盘水市农村地区人、车、路呈现爆发式增长，2014年底机动车驾驶人达45万名，机动车达30万辆，通车里程达1.3万公里，各种安全隐患进一步暴露。驾驶员、车辆、道路、环境等均要监管。

五、重点运输企业

1. 六盘水市交通运输集团有限公司：始建于1972年，原名贵州省水城汽车运输公司，系贵州省交通厅直属九大国有专业运输企业之一。1992年4月，公司成建制划归地方管理。2011年12月2日，通过公司制改建为市交通运输集团有限公司（国有独资），为全市最大的具有二级客运资质的国有专业运输企业，全国质量信誉考核AAA企业。经营范围：公路客运、旅游客运、出租的士、城市公交、汽车维修、汽车检测、驾驶培训等项目（二级安全标准化达标企业）。截至2013年12月31日，公司职工数为1182人，在册职工626人。公司现有资产总额为10525万元，固定资产5486万元。有客运车辆544辆，出租车8辆；经营长、短途客运班线151条，日发班942余个班次，跨省线路有广东、福建、浙江、重庆等省市；跨区线路有贵阳、毕节、遵义、兴义等地区；跨县和县境内的线路遍及本市、六枝、盘县、水城及周边乡镇。

2. 六盘水市公共交通总公司：2013年，六盘水市公共交通总公司在册职工380人，营运车辆175辆（公营车115辆，联合经营20辆，承包车40辆），营运线路13条。载客5230万余人次（执行60周岁老年人免票乘车880万余人次），营运里程1332万公里。

对一批冒黑烟的公交车作报废处理。内筹外贷2000多万元，新购38辆气（电）混合新燃料公交车到凉都1路运营；投入140余万元，对75辆老旧公交车进行了钣金恢复喷漆、冒黑烟处理；营运车辆实行一天一洗、一趟一扫、随脏随抹的管理制度；统一规范车辆头牌、腰牌、尾牌及提示牌；督促车身破损、车内设施缺损的公交车修复整改。整改的公交车96台次，更换垃圾桶120个，更新座套120件，更换车身破损广告500余台次。

为更好地为市民提供方便、快捷的出行服务，2013年，投资200多万元建设智能公交IC卡乘车、智能调度、视频监控等三个系统。公交智能系统的运行，实现了公交车辆智能化管理，方便了市民乘车，也为运营管理提供科学准确的数字信息，从而使公交车辆运行有序、平稳、高效、协调。

第二节　铁路

六盘水铁路货运量居全省之首。境内成都铁路局所辖的六盘水站，客流量仅次于成都、重庆、贵阳、达州站；昆明铁路局所辖的红果站，客流量仅次于昆明站。

1964年7月，标志着西南“三线建设”长远规划的西昌会议决定，修建成昆（成都—昆明）、川黔（重庆—贵阳）和滇黔（昆明—贵阳）三条铁路，形成西南环线。1964年10

月，铁道部批准成立西南铁路建设总指挥部工地指挥部（驻安顺）。贵昆线六枝至梅花山段，由西南铁路工程局，中国人民解放军铁路道兵7659、8506、8700部队和煤炭部调集的黑龙江、辽宁、四川、京西支铁大队负责施工。1966年，铁道部第四工程局第1、6工程处，参加盘西铁路富源至红果段施工，交通部抽调三局五公司到六盘水修建矿区公路。为保证六盘水矿区、铁路和水钢等建设工程，1965年，水利电力部先后调集17、33、35、45、47、48、54等列车电站进驻六盘水，累计装机2.35万千瓦。煤炭工业部还调集河南支电大队，承担六枝至水城的输变电线路建设。1965年11月，六枝县在六枝矿区和铁路沿线共设服务网点65个，煤炭系统征用土地3036.5亩，农业支援煤炭系统劳动力1619人次。矿区支援农业安装水泵和提供电力，改善农业生产条件。1966年6月，水城县人委会为支援六盘水"三线建设"，为贵昆铁路水城段、水大支线、水城矿区、水城水泥厂、水城发电厂共征拨土地三万余亩，投入劳力数万人次。1965年11月，邓小平视察西南煤矿建设指挥部时指出，六盘水煤矿基地建设很重要，改变了北煤南运，使南方大煤炭基地在贵州。邓小平在视察贵昆铁路施工现场时，还亲笔为六枝的关寨站题写了站名。

六盘水市是国家"三线建设"时期建设起来的能源原材料城市，境内现有铁路440公里（铺轨里程740公里）。其中：贵昆铁路123公里（双线电气化），内昆铁路23公里，水红铁路162公里，南昆铁路57公里，盘西铁路34公里，水大支线41公里，威红线56公里，南环上下行线约50公里以及六盘水南编组站（近期货物总运量5162吨，远期6727万吨）。六盘水是贵州省铁路交通较为发达的地区，是贵州连接广西、云南、四川、重庆等地重要的交通枢纽和物流中心。按照《贵州省铁路网规划（2013—2030）》，沪昆客运专线长沙至昆明段通过六盘水盘县境65公里（在建，预计2016年建成，设计时速350公里），六盘水至安顺城际铁路98公里（2015年动工，设计时速200公里），拟建六盘水至威宁城际铁路、纳雍至六盘水铁路、六盘水至攀枝花铁路等项目，铁路运输能力将得到进一步提升。

2013年，六盘水的铁路客运量达1125万人次，货运量3400万吨。今后，六盘水将成为华南、西南铁路大通道的重要支点，形成北上四川入江、南下广西入海、东出湖南到华东、西进云南进入东南亚的铁路大"十"字，成为西南地区重要的铁路枢纽城市。

一、六盘水工务段

成都铁路局六盘水工务段前身水城工务段，成立于1966年，1988年更名为六盘水工务段。它位于成都局管内沪昆线西大门，东与贵阳工务段相依、西与昆明铁路局曲靖工务段相邻、北同内江工务段相交、南与昆明局水红公司相接。管内溶洞和暗河密布，断层与软土纵横，线路蜿蜒曲折于高山峡谷和悬崖峭壁之中，桥隧相连。常年气候多变，冬季凝冻时间长，自然条件差。六盘水工务段管辖正线795.507公里。其中：贵昆线155.429公里，内六线133.382公里，水大支线40.023公里，六盘水南环线35.100

公里，水柏引入线1.614公里，曹六联络线2.119公里，六南联络线5.814公里，水柏客联线120.3公里；站线193.505公里，道岔675组，正线曲线460个，最小半径300米，最大坡度13‰。有桥梁279座、36137延长米。其中：特大桥8座。分别为：内昆线5座、贵昆线1座、南环线1座、曹六联络线1座。隧道183座、84805延长米。其中：长大隧道3座。分别为：贵昆线1座、内昆线1座、水大支线1座。涵渠791座、20491延长米。六盘水工务段轨检车评分进入8分以内，桥路抗洪能力进一步增强，顺利实现防洪安全年，探伤比武获全局第一。

二、六盘水铁路车务段

2013年12月31日，六盘水铁路车务段管辖铁路里程417.677公里。管辖范围：沪昆线六枝至且午、内六线梅花山至昭通南站、水大支线、六盘水站、六盘水南站，共35个车站、一个乘务车间，下设劳动服务公司。其中：一等站2个，二等站1个，三等站6个，四、五等站26个。段机关设10个科室，年末在册职工1624人。2012年12月31日，六盘水车务段实现无责任行车特别重大事故13014天，无责任行车一般D类事故147天。无责任职工因工死亡事故2476天，无责任职工因工重伤事故1177天，无责任职工轻伤事故2115天。2013年在国庆期间全段发送旅客28.75万人，较2012年同期增长18.71%。客运收入完成1223.66万元，同比增长9.15%，增幅在全局运输站段中排名居首位。10月1日全段发送旅客4.4万人，当日六盘水站发送29530人，均创历史新高。草海站三次刷新纪录，10月7日旅客发送达到5917人。

三、六盘水铁路护路办

六盘水市的铁路护路联防工作始建于1988年8月1日。按照“党委领导、政府承包、多部门协作参与、齐抓共管、打防结合、综合治理”的工作思路，省政府与市政府签订承包责任书，市政府与各县（特区、区）政府签订承包责任书，各县（特区、区）政府分别与铁路沿线各责任乡（镇、街道）签订承包责任书，各责任乡分别与铁路沿线各责任村（社区）签订承包责任书。

六盘水市铁路沿线的乡（镇、街道）、村（社区），均逐级设立铁路护路联防领导小组及办公室。市、县护路联防领导小组组长一般由同级政府常务副（市、县）长担任，成员单位包括综治、公安、安全监管、工商、司法、教育、人武、财政等相关部门。

原市委常委、市政府副市长黄金、徐毓贤等均先后担任过两任市铁路护路联防领导小组组长。现市铁路护路联防领导小组组长，由副市长付昭祥担任。

市铁路护路办主任：

袁　野：1988年8月1日至2002年12月；

陈正榈：2003年1月至今。

铁路沿途有四个县（特区、区）、40个乡（镇、街道）、191个村（社区）纳入铁路护路联防承包目标管理，市、县（特区、区）、乡（镇、街道）三级护路联防组织共有专兼职护路干部55人（其中市级5人，县区级10人，乡镇办级40人），设有重点路段和重点目标巡查、守护执勤分队18个（其中水红线“5隧1桥”重点目标执勤分队共8个）。有专职护路保安队员90名（其中六枝18名、盘县16名、水城35名、钟山21名）。境内铁路涉及成都、昆明两个铁路局，贵阳、昆明、开远三个铁路公安处，6个铁路车站派出所。其中，涉及贵铁公安处的有六枝、滥坝、六盘水3个车站派出所，涉及昆铁公安处的有红果车站派出所和水柏铁路派出所，盘县境内的威红线涉及开远铁路公安处的威舍站派出所。

1993年3月27日，省长陈士能签发《贵州省铁路护路联防承包管理办法》，自1993年4月10日起施行。

2012年2月1日，省政府第57次常务会议通过修改后的《贵州省铁路护路联防管理办法》。2月24日，省长赵克志签发贵州省人民政府令第132号公布，正式发布施行。

贵州省铁路护路联防管理办法（修订）

第一条　为加强铁路护路联防工作，维护铁路治安秩序，根据《中华人民共和国铁路法》和《铁路运输安全保护条例》及有关法律法规的规定，结合本省实际，制定本办法。

第二条　铁路沿线各级人民政府（以下简称地方）和铁路部门，应当遵照本办法的规定，对铁道线路、车站等进行护路联防承包，保障铁路运输安全畅通。

第三条　铁路护路联防承包，实行铁路车站和货场以铁路部门为主，地方为辅；铁路线以地方为主，铁路部门为辅的原则，坚持专门护路队伍与群众联防、地方与铁路部门联防相结合，齐抓共管，综合治理。

第四条　铁路护路联防承包工作在同级人民政府的领导下进行。铁路护路联防领导小组是同级人民政府管理铁路护路联防承包的工作机构。铁路护路联防领导小组办公室负责办理日常事务工作。

社会管理综合治理、公安、财政、人力资源和社会保障、工商、人武、铁路等部门各负其责，协同做好铁路护路联防工作。

第五条　县以上铁路护路联防领导小组的主要职责：

（一）研究制定铁路护路联防承包工作计划，并组织实施；

（二）指导、协调铁路护路联防承包工作，对执行情况进行监督检查；

（三）开展调查研究，传递工作信息，交流推广先进经验；

（四）建立健全工作制度，对铁路护路联防承包工作进行考核、总结；

（五）组织开展维护铁路治安、爱路护路等宣传教育活动。

第六条　铁路护路联防实行有偿承包责任制。

地方以县级行政区为单位，按铁道线路分片划段，由市、州人民政府（以下称地方承包方）承包铁路线和隧道、桥梁及铁路设备、设施的巡查和守护。

贵阳铁路公安部门（以下称铁路承包方）承包铁路车站和货场的治安联防，维护正常的治安秩序。

第七条　省铁路护路联防领导小组负责组织签订全省铁路护路联防承包责任书。地方承包方和铁路承包方应当分别与省铁路护路联防领导小组签订承包责任书。

承包责任书每满二年签订一次。确需延长的，应当经省人民政府批准。

第八条　地方承包方和铁路承包方应当按照承包责任书的规定，组建护路联防组织，配足护路人员。

护路人员应当从政治表现好，熟悉了解治安法律法规，工作责任心强，身体健康的18岁至45岁公民或者退伍转业军人中选聘，并依法签订劳动合同。

第九条　地方承包方组建的护路联防组织及人员依法履行下列职责：

（一）制止破坏铁路设备、设施和哄抢、盗窃运输物资的行为；

（二）制止拦截、击打列车的行为；

（三）维护铁路路基完整，参加铁路防洪抢险；

（四）发生意外事件和险情应当及时报告，并尽可能排除；

（五）开展爱路护路宣传教育活动。

第十条　铁路承包方组建的护路联防组织及人员依法履行下列职责：

（一）负责铁路车站和货场的治安联防，在指定区域巡逻执勤；

（二）制止违反铁路车、站、场治安管理的行为；

（三）制止围车叫卖或者强迫旅客购买物品的行为；

（四）制止在车站抛扔杂物及其他影响环境卫生的行为；

（五）开展爱路护路宣传教育活动。

第十一条　护路人员执勤时，应当佩戴全省统一制作的执勤标志，着装整齐，文明执勤，礼貌上岗，遵纪守法，接受群众监督。

第十二条　铁路沿线乡、镇，应当把铁路护路联防作为社会管理综合治理的重要内容，在村（居）民和中小学生中开展爱路护路宣传教育活动，组织村（居）民维护铁路安全。

第十三条　铁路护路联防领导小组办公室应当加强对护路人员的管理，建立健全上岗执勤、交接班等制度，会同有关部门采取多种形式，对护路人员进行思想教育，开展业务知识、军事技能培训，使护路联防逐步规范化。

第十四条　铁路护路联防经费，由省铁路护路联防领导小组委托相关铁路局从铁路货物运输费用（粮食、盐、军用、支农、救灾物资除外）中收取，收费办法由省铁路护路联防领导小组办公室拟订，报省财政厅和省物价局审核，经省人民政府批准后执行。

第十五条　铁路护路联防经费，由省铁路护路联防领导小组办公室负责管理，并按承包责任书的规定，足额划拨给承包方，由承包方包干使用。

第十六条　铁路护路联防经费，主要用于护路人员的工资、社会保险、意外伤害保险、劳保用品和铁路护路联防工作。经费使用情况，接受财政、价格、审计部门的监督。

第十七条　省铁路护路联防领导小组办公室应当为护路人员办理意外伤害保险和社会保险。在执勤中致伤、致残和死亡的，依法给予赔付。

第十八条　有下列情形之一的单位和个人，由省人民政府或者有关部门按照国家有关规定给予表彰或者奖励：

（一）在铁路护路联防工作中成绩突出的；

（二）同破坏铁路设备、设施，哄抢、盗窃铁路运输物资的犯罪行为作斗争的；

（三）防止铁路事故发生、排除铁路障碍物成绩突出的；

（四）在铁路防洪抢险中成绩突出的；

（五）拣拾或者追缴被盗的铁路运输物资，送交铁路部门的。

第十九条　护路人员弄虚作假、擅离职守、内外勾结、监守自盗，造成铁路设备、设施、物资丢失、被盗或者损坏，尚不构成犯罪的，依法给予处罚、处分，并承担相应的赔偿责任。

第二十条　本办法自发布之日起施行。1993年3月27日省人民政府发布、1994年7月27日省人民政府修订的《贵州省铁路护路联防承包管理办法》同时废止。

第三节　民　航

六盘水月照机场位于六盘水市钟山区月照乡大坝村与水城县董地乡大窑村的交界处，是国家民航局“十一五”规划建设的重点基础设施项目和贵州省“十一五”综合交通规划项目之一。月照机场按满足2020年旅客吞吐量25万人次、货邮吞吐量1250吨的目标进行设计，跑道主降主起方向为东北向西南方向，可以起降包括波音737和空客320在内的各主流机型。2007年11月7日，中国民航总局《关于贵州六盘水月照机场场址的审查意见》，原则同意将花竹林场址作为机场推荐场址；2009年3月24日，国务院、中央军委《关于同意新建设六盘水月照机场的批复》同意六盘水月照机场的立项；2010年12月8日，国家发改委《关于贵州六盘水机场工程可行性研究报告的批复》批复项目可研报告，项目总投资129888万元，工程建设规模为：飞行区等级指标为4C，新建跑道长2800米，宽45米，一条长136.5米、宽18米的垂直联络道，站机坪位3个，航站楼面积3500平方米（后增加为8300平方米），停车场3500平方米，货运仓库和业务用房300平方米；2011年5月26日，民航西南地区管理局批复六盘水月照机场飞行区工程初步设计及概算；2012年11月16日，民航西南地区管理局、贵州省发展和改革委员会联合批复六盘水机场工程初步设计及概算，核定工程总概算为142484.53万元，其中129888.14万元按国家发改委可研批复的资金渠道解决，增加的12596.39万元由六盘水市政府安排财政资金解决；2012年11月26日，市发展改革委《关于六盘水月照民用机场增设展览厅项目初步设计的批复》同意增设展览厅4842平方米，展览厅总投资概算5920.5万元；2013年4月8日，市发展改革委《关于六盘水月照民用机场增设展览厅配套工程初步设计的批复》同意增加服务用车300万元，展览厅配套工程3029.3万元。累计批复投资总概算为15.17亿元。

为加速月照机场航线特别是北京、上海、广州等重点航线的申报和尽早投入运行，2015年4月30日，六盘水市安全监管局在最短的时间内完成对机场航油及场内自用油加油站项目的安全条件审查与竣工验收，及时给机场颁发了危险化学品经营许可证。

月照机场是国内支线机场中挖填土石方量最大（5968万立方米）、填方高度最高（最大高差165米，最大填深85米）、地质条件最复杂（包括九黄机场、攀枝花机场的所有地质灾害）、施工条件最艰难（炭质泥岩、煤层、粉砂质泥岩等填料）的机场之一，项目于2011年9月26日开工，2012年2月27日，月照机场飞行区土石方工程正式动工，标志着月照机场建设正式启动。

2013年，飞行区土石方工程已全部完成，所有分项工程的招标均完成，道面及附属、围场路、排水、助航灯光工程、工程设备总包采购、供暖及供配电工程、使用油库工程、消防工程、总图工程、航站楼主体工程、航站楼附属工程等所有机场建设项目均已进场展开全面施工。

2014年11月12日，月照机场建设工程以高质量、高标准的验收评价顺利通过了民航行业验收。2014年11月28日，六盘水月照机场正式通航。

六盘水月照机场有限责任公司，是六盘水市从事机场建设、运营和管理的国有独资企业。

贵州民航安全由民航西南地区管理局实施管理。2009年4月15日，中国民用航空贵州安全监督管理局在贵阳成立。随着民航行政管理体制改革的深化，为加强民航基层安全监管职能，经国务院及民航局批准，原民航贵州安全监督管理办公室更名为中国民用航空贵州安全监督管理局，代表民航西南地区管理局，负责对贵州辖区民航企事业单位履行航空安全监督和航空市场管理等职责。民航是构建立体综合交通运输体系重要组成部分，安全管理是民航业管理的重点工作。现阶段，我国民航业的发展取得了巨大的进步，但在安全管理能力、技术等方面仍然与发达国家存在一定的差距，已经出现了民航业安全保障能力与民航运输活动的高速增长势头不相适应的矛盾。然而，我们看到在国民经济快速发展和国内外大环境的驱动下，中国的航空运输在今后很长一段时期内仍将保持高速增长的势头，这样一来，对我国民用航空公共领域的安全保障能力提出了更高的要求，我国民航的安全保障工作面临的困难将逐步增多，压力越来越大。首先，从国际民航组织的要求来看，我国作为国际民航组织的成员国，同时也是民用航空的大国，有责任和义务按照国际民航组织颁布的时间表完成安全管理系统的建设。其次，从我国民航企业要求来看，虽然国内民航企业实施完整的安全管理系统还在少数，但国内外严峻的民航安全形势迫使我们要借鉴国外一些民航安全管理系统的实际经验，加强对我国民航企业安全管理系统的研究及应用，从自身实际出发建立一套符合民航企业要求的安全管理系统，提高我国民航业安全管理模式。

第四节　水　运

六盘水市地处长江、珠江流域分水岭地带，以滇黔铁路为分水岭线，以北属长江流域乌江水系，以南属珠江水系。乌江水系在市境以三岔河为干流，地处北部地区，包括水城县、六枝特区。珠江水系以北盘江为干流，自西向东贯穿六盘水市腹部，南盘江支流分布在南部边缘。

境内水资源主要源于天然降水。地表水与地下水相互补给，转化频繁。地下水循环交替强烈，化学类型简单，以低矿化度重碳酸盐类淡水为主，除局部轻度污染外，大部分地区水质良好。过境客水主要为北盘江及三岔河干流客水。北盘江多年平均入境径流总量23.5亿立方米，三岔河多年平均入境径流总量13亿立方米，总量36.5亿立方米。由于河流切割深，农田灌溉难于利用。全市水能资源理论蕴藏量116.65万千瓦，平均每平方公里土地拥有水能资源理论蕴藏量117.66千瓦。可开发水力资源70.68万千瓦，占理论蕴藏量的59.84%。六盘水市共有毛口、中寨和野钟等三座货运码头，西嘎浮动码头一座，均位于光照库区，承担着沿岸的货物及旅客运输。

2014年末，全市航道里程总计198.9公里。其中四级航道25.2公里，五级航道23公里，六级航道92.25公里，七级航道9公里，等外航道49.45公里。有乡镇渡口76道，渡口船21艘。其中义渡渡口10道，半义渡渡口11道。有毛口、中寨和野钟等三座货运码头，西嘎浮动码头一座，均位于光照库区，承担着沿岸的货物及旅客运输。

船舶情况：全市有货运船舶10艘，200载重吨；客船41艘，1431客位；机动客渡船21艘，636个客位；非机动渡船7艘，140个客位；船44艘；自用船130艘；游乐船48艘，96个客位。

第六章　非煤矿矿山

第一节　概　况

一、概念

非煤矿山是指除煤矿以外的金属矿、非金属矿、水气矿和海洋、陆上石油天然气开采及其附属设施的总称。

非煤矿矿山企业是指金属非金属矿山企业及其尾矿库、地质勘探单位、采掘施工企业、石油天然气企业。

金属非金属矿山企业是指从事金属矿、非金属矿、水气矿和除煤矿、石油天然气以外的能源矿，以及选矿厂、尾矿库、排土场等矿山附属设施的总称。

金属非金属矿山露天矿山是指在地表开挖区通过剥离围岩、表土或砾石，采出供建筑业、工业或加工业用的金属或非金属矿物的采矿场及其附属设施。

金属非金属地下矿山是指以平硐、斜井、斜坡道、竖井等作为出入口，深入地表以下，采出供建筑业、工业或加工业使用的金属或非金属矿物的采矿场及其附属设施。

尾矿库是指筑坝拦截谷口或者围地构成的，用以贮存金属非金属矿石选别后排出尾矿的场所，包括氧化铝厂赤泥库（不包括核工业矿山尾矿库及电厂灰渣库）。

地质勘探单位是指采用钻探工程、坑探工程对金属非金属矿产资源进行勘探作业的单位。

采掘施工企业是指承担金属非金属矿山采掘工程施工的单位。

石油天然气企业是指从事海洋、陆上石油和天然气勘探、开发生产、储运的单位。

二、概况

六盘水矿产资源丰富多样，为以煤炭、电力、冶金、建材为支柱的工业城市。除煤矿外，还蕴藏铁、铅、锌、铜、银、金、石灰石等30多种金属非金属矿产资源，为冶金、有色、机械建材等工业企业及城乡基础设施建设提供得天独厚原材料基础。2009年9月，国务院将六盘水纳入“资源富集区、循环经济区”试点。

截至2015年，全市生产建设非煤矿山企业共578家。其中取得安全生产许可证的507家，在建矿山71家。砂石土矿山528家，占总数的95.1%；其他金属非金属矿山38家，尾矿库1座。市级安全监管部门颁证的497家，省级颁证10家（地勘单位4家，省属国有矿山企业6家）。另外，国土部门批准的地勘项目有18个，已开工建设的2个。

1. 按区县分类

六枝特区：96家；盘县：306家；水城县：115家；钟山区：42家；红桥新区：19家。

2. 按持证情况分类

已取得安全生产许可证企业491家，证件超期的88家。

3. 按照矿山类型分类

露天矿山569座，地下矿山5座，尾矿库1座。

4. 按开采矿种分类

砂石土矿山528座，玄武岩2座，石膏矿1座，白云岩1座，方解石6座，萤石矿2座，铅锌矿4座，铁矿2座，锰矿2座，金矿1座，水泥石灰石矿山5座，饰面石材矿山12座。

5. 按生产规模分类

年产100万吨以上矿山企业4家，50万—100万吨矿山企业3家。

6. 砂石土矿山情况

六盘水市非煤矿产资源主要以建筑用砂石灰岩为主。石灰岩出露广泛，面积约占全市国土总面积的63%。砂石土矿山分布较广，规模小，绝大多数砂石土矿山的生产规模为5万吨/年（约合2万立方米/年），有的矿山生产规模仅为1万吨/年。由于历史原因，布局选址不合理，“多、小、散、乱”的现象十分突出，砂石土矿山开采导致山体自然景观和生态环境受到严重破坏。

2015年，全市共有砂石土矿山数量为528个。其中：六枝特区（含六枝经济开发区）106个，盘县（含红果经济开发区、盘北经济开发区）273个，水城县（含水城经济开发区）93个，钟山区47个，钟山经济开发区（红桥新区）9个。生产总规模约3600万吨/年（约合1400万立方米/年），每年的实际产量约在1600万立方米左右。从业人员近万人，年产量3000余万方，年产值近20亿。

按照省政府《关于加强砂石土资源开发管理的通知》的规划部署，为加强砂石土资源开发管理，做到统一规划、合理布局、安全生产，实现资源、环境、生态、安全和经济效益相统一，到2015年底，全市将原有528个砂石土矿山，通过关闭、整顿、整合、提升，控制到188个以内，关闭矿山340个。其中：六枝特区从106个减少为35个；盘县从273个减少为70个；水城从93个减少为60个；钟山区从47个减少为18个；钟山经济开发区从9个减少为5个。

三、发展历程

六盘水市非煤矿山安全生产的发展历程，大致经历四个阶段：

1. 混乱无序阶段（2004年以前）

从改革开放到2004年，随着民营个体经济的大量涌入，据不完全统计，全市约有非煤矿山1000多个，无证开采、私挖滥采现象普遍存在。矿山安全条件差，生产方式落后，劳动强度大，人推手敲、作业环境恶劣，职业危害严重，经济效益差，是典型的劳动密集型产业。企业几无安全投入，职工健康安全意识差，事故多发、频发，职工权益毫无保障，安全责任得不到落实，安全监管几近空白，整个行业混乱无序。

2. 规范管理阶段（2004—2009年）

2004年1月，国务院颁布《安全生产许可证条例》。到2009年，经过几年来的关闭整顿和专项整治，696家矿山取得了安全生产许可证。同时，还批准新建矿山134家，矿山总数为830家。理顺和明确了政府工作部门职责，清理、淘汰关闭了一些非法开采、安全条件无保障、环境污染严重、资源浪费大的企业，非煤矿山各项管理工作逐步走入正轨。

3. 整体提升阶段（2010—2014年）

通过深入开展非煤矿山专项整治、整顿关闭、“打非治违”、“六打六治”等专项行动，大力推进安全标准化建设和推广新工艺、新设备、新技术等手段，淘汰一批落后生产工艺和设备，以实现露天矿山“四个百分百”、推广地下矿山机械通风、安装使用安全避险“六大系统”、尾矿充填等工作为切入点，以严格行政许可、加大行政执法工作和严肃查处生产安全事故为抓手，四年间又关闭、淘汰、整合了287家非煤矿山。矿山生产规模逐步从原来的年产几千吨提升到不低于5万吨。大中型矿山从无到有，机械铲装、机械化二次破碎等生产工艺全面普及，安全性能较高的非电爆破、微差爆破技术得到大面积推广，粉尘等职业危害得到较好治理，各项规章制度逐步建立，劳动用工日渐规范，职业危害“三岗”体检有序开展，小、散、乱、差状况得到明显改变。

4. 规范开发管理阶段（2015年）

2015年起，按照省政府的统一安排部署，全市砂石土矿山从原来的528座控制在188座以内，各企业的年生产能力不得低于15万吨。29家小型露天采石场通过资源整合，兼并重组，收购买断等多种方式，经过审查审批，按照规模化、机械化、标准化、信息化、科学化和本质安全型、绿色环保型的“五化两型”矿山建设目标开始重新选择新建或扩建，多、小、散、乱情况大为改观。

自2008年以来，全市非煤矿山领域安全生产形势持续稳定向好，已连续7年没有发生较大以上事故。2013年6月至2015年12月，连续30个月未发生生产安全事故，实现零伤亡。

第二节　重点工作回顾

一、重点工作情况

2004年

7月，刚刚组建的市安全监管局依照《安全生产许可证条例》和《非煤矿矿山建设项目安全设施设计审查与竣工验收办法》的规定，对全市非煤矿山实施“先归口、后规范”管理。结合当时85%以上企业不具备颁证条件，面临停产或非法生产的局面，着手加速以完善安全条件为主要内容的安全生产整顿，提高企业本质安全水平，将830家持工商营业执照、采矿许可证或生产许可证的非煤矿矿山企业纳入监管范畴。

本年度发生生产安全事故9起、死亡9人，为省控制指标10人的90%，实现双降。

2005年

突出抓好对非法和不具备安全生产条件的小矿山的集中治理，对安全评估达不到安全条件的全部停产整顿，经整顿仍然不合格一律予以关闭。

加强非煤矿山安全专项整治，突出抓好安全隐患的排查治理，严格实施安全生产许可证制度，贯彻落实《安全生产法》和《贵州省安全生产条例》，全面执行《金属非金属矿山安全规程》或《小型露天采石场安全生产暂行规定》，以安全生产许可证申办为契机，通过现场条件审查和安全现状综合评价开展工作，打击一批、整顿一批、关闭一批、处罚一批。

加大对无登记在册、无证照、从业人员未培训上岗、无安全防护设施的非煤矿山企业整治力度。加强技术管理和现场管理，安全生产管理水平得到有效提高。

根据省安全监管局《关于委托颁发露天非煤矿山企业安全生产许可证的通知》要求，市安全监管局组织600余家非煤矿山开展安全评价，对400家非煤矿山企业申请办理安全生产许可证组织受理、审查工作。12月，颁发第一批非煤矿山企业安全生产许可证302户（钟山区33户，水城县56户，盘县169户，六枝特区44户）。

本年度发生生产安全事故7起、死亡8人，同比分别下降22.2%和11.1%，为省控制指标9人的88.9%，实现“双降”。

2006年

深入开展非煤矿山专项整治和整顿关闭两个攻坚战。配合整顿规范矿产资源开发秩序，以资源源头管理为切入点，突出重点矿区、重点矿种，制定实施深化整治方案，对2005年12月31日未提出安全生产许可证申请，2006年6月30日仍未取得安全生产许可证的，依法进行关闭。

以关闭整顿非法和不具备基本安全生产条件的非煤矿山为重点，坚决打击非法开采和超层越界开采行为。继续抓好非煤矿山特别是井工矿山的安全专项整治和事故隐患排查治理。加强对尾矿库的检查和监控，防止垮坝事故。严格市场准入，继续关闭一批不符合基本安全条件的小矿山、小采石场。强力推进矿井机械通风、中深孔爆破技术，杜绝中毒窒息和飞石伤人事故。

本年度，全市实有非煤矿山企业660户。其中：取得安全生产许可证企业373户；批准盘县松河金瓯石膏矿等81家非煤矿山建设项目安全设施建设；206户企业正在申请办证。

培训企业主要负责人、安全管理人员220人，特种作业人员2269人，其他培训3042人。

发生生产安全事故11起、死亡12人，为省控制指标7人的171.4%，比控制进度多死亡5人。同比增加4起、多4人，分别上升57.1%和35.7%。

2007年

配合有关部门深入开展专项整治。严格安全许可和安全设施“三同时”制度，推进非煤矿山安全质量标准化；配合国土资源部门继续整顿规范矿产资源开发秩序；严格执行非煤矿山安全技术标准，强制推行井工矿机械通风和采石场中深孔爆破；加强尾矿库安全监管监控，严防垮坝事故。

运用经济、法律和行政等多种手段，从源头上彻底整治违法开采、以探代采和乱挖滥采等危及安全生产的行为。进一步规范露天矿山采场的台阶布置和爆破作业，积极推进机械采剥和机械化铲装作业；合理布局地下矿山采掘巷道，强制推行机械通风，加强运输巷道的支护和采场顶板管理，提高采掘运输机械化装备水平；加强对露天边坡、提升设备、排土场、尾矿库等易发生事故的场所、设施设备的档案登记和监测监控。

培训企业主要负责人、安全管理人员894人，特种作业人员752人，其他培训2954人。

发生生产安全事故5起、死亡5人，为省控制指标10人的50%，同比减少6起、少7人，分别下降54.5%和58.3%，实现双降。

2008年

继续深入开展金属非金属矿山安全专项整治工作，推动企业隐患排查治理工作。加强金属非金属矿山安全准入工作，认真做好新建、改建、扩建项目安全设施“三同时”审查验收。继续推进地下矿山建立机械通风。推行安全标准化工作进程。在露天矿山推行中深孔爆破技术，提升小型采石场安全技术管理水平。加大对坑探、槽探等探矿企业的安全监察力度。配合国土部门坚决打击无证生产或持过期无效许可证进行勘查、开采，以及以采代探、非法转让采矿权、非法承包等行为。认真开展尾矿库安全专项整治，加强从业人员的安全培训。开展事故查处和对水城县“3・11”较大事故的警示教育活动。

建立非煤企业重大安全隐患台账，对以下五项重大隐患制定安保措施和治理方案：①钟山区2# 山体；②钟山区3# 山体；③水城矿业（集团）公司大河矿矸石山；④盘县黔桂电力公司乌珠河灰渣坝；⑤盘江煤电集团公司火铺矿矸石山。

受理非煤矿矿山各类行政许可36件。其中：建设项目安全设施设计审查申请29件；竣工验收申请3件；安全生产许可证颁证申请3件；安全生产许可证变更、延期申请1件。

培训企业主要负责人、安全管理人员1317人，特种作业人员641人，其他培训1541人。

发生生产安全事故10起、死亡13人，为省控制指标10人的130%，分别上升百分百和160%。

2009年

继续深化非煤矿山隐患排查治理、安全生产专项整治，认真开展清理整顿，淘汰落后生产工艺，依法取缔关闭不具备安全生产条件矿山和非法矿山，淘汰关闭安全隐患严重，可能诱发地质灾害和对人文景观有较大破坏的规模小、效益差、安全投入不足的小型露天采石场；继续推行中深孔爆破技术。加强尾矿库（坝）煤矿矸石山、排土场、工业排渣场的日常安全监管和监督检查，对病库、险库、危库分类，落实整改措施、整改计划、整改负责人、整改资金、完成时限，防止事故发生。

本年度，全市有非煤矿山企业816家。其中：持有安全生产许可证企业696家，新建矿山120家；露天开采798户，地下矿山18户，尾矿库企业3户。

五项重大隐患治理情况：

①2008年8月，水矿集团大河矸石山向下滑移15米，直接威胁铁路、学校安全。通过紧急处置，矸石山上部已经紧急减载22万余方煤矸石，加固下部挡矸墙，矸石山体作植被处理。

②盘江煤电集团公司火铺矿矸石山。火铺矿已停止向矸石山东侧排矸，改为向南侧进行排矸，并对矸石山东侧矸石紧急减载44220方。在大坝上方安装两根泄洪管和两台水泵泄洪，并对周围27户村民进行了必要的应急避险、自救的宣传教育，当地政府组织受威胁村民搬迁。

③贵州黔桂发电有限责任公司乌珠河灰渣坝。2008年6月24日，省安监局组织召开贵州黔桂发电有限责任公司3＃灰场隐患会议，明确了3＃灰场的整改要求，盘县人民政府、柏果镇人民政府及有关部门积极协调处理3＃灰场隐患问题，停止在保安煤柱范围内进行采掘活动。

④贵州中水能源公司野马寨发电厂灰场。3级子坝修建完毕，整改要求全部落实。

⑤钟山区2#、3# 山体。附近居民全部组织撤离，对南环路部分道路进行封闭和交通管制后治理。

根据《贵州省尾矿库隐患治理实施方案》，市发改委、市经贸局、市财政局、市环保局、市国土局等部门联合下发了《六盘水市尾矿库隐患治理实施方案》，制定市尾矿库隐患治理工作联席会议制度，明确各自职责，开展专项治理工作。

受理非煤矿山各类行政许可98项。其中：建设项目安全设施设计审查申请24项；安全设施设计竣工验收申请17项；安全生产许可证颁证申请13项；安全生产许可证变更、延期申请45项。

培训企业主要负责人、安全管理人员1294人，特种作业人员2488人，其他培训1872人。

发生生产安全事故4起、死亡4人，为省控制指标10人的40%，同比减少6起、少9人，分别下降60% 和69.2%，实现双降。

2010年

全面实现“十一五”非煤矿山安全规划目标和任务。

全年主要完成以下十项工作任务：

①制定“十二五”非煤矿山安全发展规划。

②关闭71座金属非金属矿山（尾矿库），矿山总量在2009年的基础上减少10%。

③事故起数控制在5起、死亡5人以内，重特大事故得到遏制。

④125座金属非金属矿山企业达到安全标准化五级以上水平，新建露天矿山百分百实现自上而下分台阶（分层）开采，井工矿山百分百实现机械通风。

⑤露天矿山推广安全的爆破技术。

⑥推广使用机械化铲装，机械二次破碎设备工艺。

⑦推广地下矿山安全避险六大系统技术。

⑧完成6座尾矿库隐患治理，11座尾矿库安全控制区域的划定，贵州金元发电运营有限公司发耳分公司灰场在线监测监控。

⑨加强非煤矿山安全生产基础管理。

⑩争取市级安全技改资金，开展矿山安全标准化矿山建设10座。

工作中，还强力推进露天矿山正规开采方式、中深孔爆破技术、机械化铲装、机械二次破碎和地下矿山机械通风等新技术、新工艺，11座大中型露天矿山（钟山区5座，盘县3座，水城县2座，六枝特区1座）实现中深孔爆破，年产5万吨以上的露天矿山有条件地逐步推行了中深孔爆破工艺，新建矿山全部按照中深孔爆破进行设计。持有安全生产许可证的6座地下矿山全部实现机械通风。

受理行政许可565项。其中：申请领取、延期、变更安全生产许可证的509项；申请安全设施设计审查的23项；申请竣工验收的33项。截至12月31日，全市持有安全生产许可证的非煤矿山企业共436户。

培训企业主要负责人、安全管理人员1283人，特种作业人员2325人，其他培训870人。

全年发生生产安全事故5起、死亡5人，同比增加1起、多1人，分别上升25%和69.2%。

2011年

加快安全生产标准化建设，60%金属非金属矿山企业达到安全标准化五级以上水平，大中型矿山、三级以上尾矿库（电厂灰坝）百分百达标。完成10座金属非金属矿山安全标准化示范项目建设。20%露天矿山实现中深孔爆破。三级以上尾矿库(电厂灰坝）实现在线监测监控。建立非煤地下矿山矿领导下井带班制度。矿山企业安装使用监测监控系统、紧急避险系统、压风自救系统、供水施救系统和通信联络系统等技术装备。完成35座金属非金属矿山（尾矿库）关闭任务。

按照国家、省对金属非金属地下矿山安全避险"六大系统"建设总体要求，指导督促7座生产矿山按照技术规范编制设计，推进非煤地下矿山"六大系统"建设；对10座非煤地下建设矿山要求项目建设单位补充"六大系统"设计，与主体工程同步开展建设工作，与安全设施一并申请竣工验收。

争取市政府安全技改资金对10家(其中六枝2家，盘县2家，水城县3家，钟山区3家）露天采石场进行示范企业建设。

受理行政许可83件。其中：竣工验收14项，安全设施设计审查36项，核发安全生产许可证22个，申请安全生产许可证延期4项。

培训企业主要负责人、安全管理人员1622人，特种作业人员176人，其他专题培训883人。

全年发生生产安全事故9起、死亡10人，为省控制指标5人的200%，比控制指标多5人，同比增加4起、多5人，分别上升80%和百分百。

2012年

扎实开展"三个年"（标准化建设年、隐患排除年、本质安全年）活动。狠抓隐患排查，集中开展安全生产领域"打非治违"专项行动，以治理井下工程非法外包，以采代探等严重隐患和问题为重点，深化安全专项整治。对地下矿山通风系统、运输系统、采掘系统、机电系统进行全面检查，实施示范项目建设，严防各类事故发生。

露天矿山实现自上而下分台分层开采、机械化铲装和二次液压破碎技术。70%以上使用中深孔爆破技术。推行非电起爆等安全性能好的民爆器材和新爆破技术。在地下矿山全面推进安全避险"六大系统"建设。

开展安全标准化达标创建工作。年内，所有大中型矿山全部达到安全标准化二级以上水平，小型矿山60%以上达到三级以上安全标准化水平。

开展小型露天采石场关闭整合，小型露天采石场数量减少10%。

年内有非煤矿山企业619家。其中：持有安全生产许可证企业499家（露天矿山487家，地下矿山5家，地勘单位4家，总公司2家，尾矿库1座），新建矿山120家。

督促、指导首钢水城钢铁公司观音山矿业分公司、六盘水佳联铅锌开发有限公司铅锌矿、六盘水市钟山区青山矿业有限公司完成安全避险“六大系统”的安装与使用工作。

标准化建设稳步推进，209家企业达到三级安全标准化企业要求。

争取市政府安全技改资金开展10家金属非金属矿山(六枝2家、盘县3家、水城2家、钟山2家、红桥1家)安全标准化示范项目和2家地下矿山安全避险“六大系统”示范项目。

受理行政许可133件。其中：安全设施设计审查23件，安全设施竣工验收38件，核发安全生产许可证37件，办理安全生产许可证延期24件、变更11件。

培训企业主要负责人、安全管理人员1453人，特种作业人员986人，其他专题培训718人。

全年发生生产安全事故3起、死亡3人，为省控制指标5人的60%，比控制指标少2人，同比减少6起、少7人，分别下降67%和70%。六枝特区、水城县未发生生产安全事故。

2013年

完成以下主要工作：

①坚持日常监管、属地监管两结合，突出重点企业、重点时段、重点岗位、重点人员执法检查。

②充分发挥专家查隐患和“三位一体”执法机制，强化“打非治违”。

③树立“执法就是责任、管理就是服务”的意识，坚持执法为民、人本执法、依法行政、文明执法，心系企业，强化服务式管理执法。

④统筹执法力量和装备，分析研判执法重点、企业分布特点，合理确定检查频次。

⑤开展联合执法、强化监管。

⑥加大执法结果在目标考核中的权重。

⑦把好安全生产源头关，依照程序标准，落实“三同时”制度。

⑧建立市县执法检查信息联络和统计上报制度。

⑨依法履行职责，杜绝不作为、慢作为、乱作为。

4月16日，组织全市110家非煤矿山企业到贵州安凯达建材有限公司召开现场会。观看由市安全监管局制作的《扬帆奋进的非煤矿山》视频短片；对全年的非煤矿山整顿关闭、安全标准化、地下矿山安全避险“六大系统”等工作进行了具体的安排和部署，为全年各项工作任务的实现打下坚实的基础。

制定全市非煤矿山安全大检查工作方案和安全保障措施，认真开展安全大检查及“回头看”活动，确保在六盘水市召开全省第八届旅发大会期间非煤矿山安全生产。

以行政许可、标准化建设、执法检查为抓手，全面推进自上而下正规开采，以机械化铲装，机械化二次破碎，中深孔爆破、非电器材爆破，生产性粉尘综合治理等为重点，不断淘汰落后，推广先进。2015年，全市非煤露天矿山中深孔爆破技术使用达到63%，机械化铲装水平达到90%，机械化二次破碎达到88%，综合除尘设施设备使用达到92%。

督促、指导六盘水佳联铅锌有限公司、盘县松河宏发石膏矿和首钢（水钢）观音山矿业分公司等三座正常生产地下矿山开展了安全避险“六大系统”建设。

对30家非煤矿山企业（盘县14家，水城县6家，六枝特区6家，钟山区4家），录入基础信息，使信息化建设的4家企业视频传输到市局指挥中心平台。

434家非煤矿山企业开展了安全标准化建设。其中：达到安全标准化二级4家，三级324家，四级18家，五级88家；对未达标的69家企业下达停产整顿指令，限期达标。

向省政府上报68座非煤矿山关闭企业名单。

开展执法检查125家次，下达整改指令72份，查处安全隐患478条。对严重违反安全生产法律法规，存在重大安全隐患的4家企业进行24.9万元的经济罚款。

全年受理非煤矿山行政许可326件。其中：安全设施设计审查18件，安全设施竣工验收15件，核发安全生产许可证14件、延期256件、变更23件。

培训企业主要负责人、安全管理人员1366人，特种作业人员1350人，其他专题培训1474人。

年内有非煤矿山582座。其中：持证501座，新建矿山81座。

全年发生生产安全事故2起，死亡2人（均发生在水城县境内），为省控制指标3人的75%，同比减少1起、少1人，分别下降33.3%和33.3%。其他县（区）未发生生产安全事故，实现历史性突破。

2014年

继续加大非煤矿山专项整治。年内完成关闭52家非煤矿山企业任务；严格非煤矿山建设项目准入条件，对达不到相关产业政策要求以及不符合相关法律法规规定最小安全距离的不予办理行政许可，并将职业卫生“三同时”履行情况作为新建矿山审批的前置条件；对全市非煤矿山企业未达到三级以上安全标准化水平的进行停产整顿；露天矿山百分百实现自上而下分层分台阶开采、机械化铲装和机械二次破碎工艺。积极推进地下矿山安全避险“六大系统”建设；加大对尾矿库（电厂灰坝）的日常监管，积极推广在线监测、干式排放和尾矿库回采再利用等先进技术；加强非煤矿山信息化建设，确保市、县、企业实现联网；加大执法力度，对证照不齐全、证照过期等非法违法行为予以重处重罚。

2月25日，召开全市非煤矿山监管工作会议，总结去年工作，分析面临的问题和不足，安排部署全年重点工作。

切实加强元旦、春节及全国、省“两会”期间非煤矿山安全生产工作。节后申请复工（产）企业，通过验收恢复生产建设的有294家。

开展对外包工程安全管理专项检查。对盘县三合水泥厂石灰石矿山、鑫盛煤化工水泥厂石灰石矿山等两家违反62号令有关规定的行为进行了查处。

按照省里安排，到毕节市、威宁县两地开展非煤矿山“六打六治”、“打非治违”交叉检查。

在全市组织开展非煤矿山、冶金等工贸行业为期1月的安全生产交叉大检查。

认真落实市政府对市中心城区规划范围及周边53家砂石土企业处置意见，对其进行分类管理，严防事故发生。

组织开展金属非金属地下矿山矿长“谈心对话”活动。

全年共受理行政许可85项。其中：设施设计审查7项；竣工验收15项；颁发安全生产许可证18项、变更18项、延期27项。

培训企业主要负责人、安全管理人员980人，特种作业人员303人，其他专题培训981人。

全年未发生生产安全事故，首次实现非煤矿山企业生产安全“零事故、零死亡”目标。

2015年

继续开展“依法治安”、“六打六治”专项行动，开展刚刚修订的《安全生产法》及“双十条”宣贯、安全生产攻坚克难和砂石土资源整合活动。强力推进安全生产责任体系建设，建立健全隐患排查治理长效机制，认真开展非煤矿山专项整治活动，全面推进安全生产标准化升级和在建地下矿山安全避险“六大系统”建设，强化技术支撑体系建设，继续保持非煤矿山安全生产形势持续稳定向好。

对15家非煤矿山企业（大中型矿山8家）开展安全标准化二级达标创建工作，指导5家企业实施安全技改项目建设。

围绕专家会诊、风险分级、微信助力三项措施要求，制定工作方案，开展了“三项监管”工作。组织38名专家会诊企业44家次。对119家非煤矿山企业的基本信息进行填报入库。

对14家地下矿山、尾矿库、50万吨及以上规模的露天矿山开展谈心对话活动。

开展金属非金属矿山安全生产攻坚克难工作，彻底扭转六盘水市金属非金属矿山小、散、乱、差现状，推动非煤矿山实现新的跨越发展。

制定砂石土资源整合期间关于违法违规组织生产、证照延期、新建项目选址、“三同时”履行等方面的安全监管7项应对措施。

根据黔府办函〔2014〕5号文和省国土资源厅第9号公告等政策要求，对一批不符合产业政策规定的砂石土矿山、矸石砖厂矿山等企业不予办理安全生产许可证的延期，督促相关企业积极参与整合工作。

依照总局39号令要求，严格把300米安全距离作为底线，加强与国土部门沟通协调，在各县（区）整合过程中严格对新（改、扩）建项目选址工作的把关，并向有关部门提出建议措施，有效避免整合后建设项目的“先天不足”问题。严格新建项目行政审批。

进一步规范和加强建设项目建设周期管理。印发《关于进一步加强非煤矿山安全设施“三同时”工作的通知》，对建设项目的界定、分级管理原则、安全评价报告编制、安全设施设计审查、建设周期管理、安全设施竣工验收等具体问题作明确规定。

全年受理各类行政许可27项。其中：安全设施设计审查18项，核发安全生产许可证3项、延期6项。

培训企业主要负责人、安全管理人员551人，其他专题培训1651人。

12月，关闭证照不齐、资源整合、不具备安全生产条件的非煤矿山46座（六枝特区8家，盘县25家，水城县9家，钟山区3家，钟山经济开发区1家）。

全年未发生生产安全事故。

二、各阶段工作

（一）“十一五”期间

“十一五”期间，通过每年深入持久的非煤矿山专项治理，事故逐年下降，较大以上事故得以有效遏制。露天矿山机械化程度不断提高，生产规模日益扩大，生产秩序和安全条件得到一定改善；中深孔爆破等技术、工艺得到推广；淘汰了一大批规模小、条件差、无安全投入能力的小型企业；加大安全教育培训和执法监管力度；粉尘危害得到有效治理；企业办公条件得到改善，安全生产、文明生产意识得到大幅度提高。

主要工作完成情况：

①矿山数量减少。矿山总数从830家下降到554家，减少276家；打击、取缔盗采矿产资源的行为，基本杜绝了私挖滥采。

②生产规模提高。露天采石场达到5万吨/年以上规模，中等规模矿山不断增加。

③推广正规开采。大部分露天矿山从上至下分层或分台阶开采，并补充完善了各种矿山技术资料，定时开展安全评价。

④机械化程度提高。露天采石场全部配备了挖掘机、装载机装车，破碎加工能力、资源综合利用能力大幅度提高。

⑤安全标准化建设推进。通过安全标准化建设，非煤矿山安全生产基础得到很大提升，企业现场管理更加规范，进一步建立健全了各项规章制度、操作规程、安全记录，露天采石场的粉尘危害得到根本性的控制。

⑥推广先进技术。树立科技兴安的理念，爆破方式更加科学、合理而有效。逐步采用非电雷管、中深孔爆破技术等技术和工艺，极大提高了生产效率，确保了生产安全。

⑦取缔地下矿山自然通风。全市6座地下矿山全部实现机械通风，完善和规范了通风技术资料和现场管理，新建、改建、扩建的地下矿山全部补充完善通风系统设计。

⑧职业危害得到有效治理。将职业卫生工作纳入日常管理工作的重点，破碎系统安装防尘、降尘、密封等设施设备，采取“改、水、密、封、管、教、护、查”等综合防尘措施，有效减轻粉尘等职业危害。

⑨开展全员安全教育培训。通过不断加大的安全培训教育，非煤矿山主要负责人、安全管理人员、特种作业人员、从业人员全部持证上岗，参加各类培训人数累计近5万余人次，员工安全意识、知识技能、操作水平得到很大提升。

⑩安全生产事故得以有效控制。2010年，六盘水市非煤矿山事故共造成人员死亡5人，仅为2006年的一半，下降50%。2009、2010年的两年间，未发生较大事故，事故起数、死亡人数持续下降，较大及以上事故得到有效遏制。

（二）“十二五”期间

2011年，全市发生生产安全事故10起、死亡10人；2012年为3起、3人；2013年2起、2人；2014至2015年无事故。年平均死亡人数为3人，连续7年未发生较大以上事故。以2010年死亡6人为基数，年均下降50%。

主要工作完成情况：

①按照《贵州省人民政府办公厅关于转发省安全监管局等部门贵州省2012—2015年金属非金属矿山整顿关闭工作方案的通知》《贵州省人民政府办公厅关于加强砂石土资源开发管理的通知》要求，2010—2015年间，淘汰和关闭344座违反产业政策、不具备安全生产条件的非煤矿山。矿山数量由830家降至585座。通过2015年全市砂石土矿山资源整合、兼并重组，年底非煤矿山数量为239家，生产能力从5万吨/年全部提升到6万吨/年以上，铅锌矿山达到3万吨/年的产能。

②深入开展专项整治、“打非治违”、“六打六治”、“隐患大排查大整治”专项行动及安全生产攻坚克难工作。全市568家非煤矿山企业开展安全生产标准化建设，其中达到二级的4家，达到三级的403家，四级的10家，五级的153家。

③尾矿库完成2座闭库治理、4座隐患整改治理，组织了野马寨电厂老艾冲新灰场等8座尾矿库（电厂灰坝）的安全控制区域划定。

④全市砂石土矿山中深孔爆破技术使用达到63%，机械化铲装水平达到90%，机械化二次破碎达到88%，综合除尘设施设备使用率达到92%，480家非煤矿山取得安全生产许可证，33家非煤矿山开展了安全生产信息化系统建设，4家企业工业视频已传输到市安全监管局指挥中心监控平台。

④全市有尾矿库一座（五等，为80年代初建成使用），2013年经批准实施尾矿综合

利用后填充采空区；无三等以上尾矿库。

⑤矿山企业全部建立以管理人员和从业人员为主体的兼职应急救援队伍，就近与医疗机构签订救护协议，配备了必要的应急救援器材和设备。并编制应急救援预案，适时组织应急救援演练。

⑥加快安全生产技术保障体系和信息化体系建设。2013年，六盘水市正常生产的3座地下矿山安装使用检测监控、井下人员定位、压风自救、供水施救、通信联络和安全避险“六大系统”。

（三）“十三五”规划

到2020年，全面提高金属非金属矿山“五化”（规模化、机械化、标准化、信息化、科学化）水平。

具体目标：

①实现全市金属与非金属矿山控制在372座以内，企业年均生产能力达到6万立方米/年以上（中心市中心区砂石土矿山控制在15座，生产能力达10万立方米/年以上）。

②持续推进安全生产达标升级创建活动。全市所有合法生产小型露天矿山达到安全标准化三级以上水平，所有大中型露天矿山、国有矿山及50%其他矿山达到安全标准化二级以上水平，安装使用安全监管信息化系统。

③实现八个百分百目标，即百分百实现分台阶（分层）开采、百分百机械铲装、百分百机械二次破碎、百分百实现综合防尘、百分百中深孔爆破、百分百建立安全避险“六大系统”、百分百实现尾矿综合利用、百分百实现科学化管理。

④形成典型示范、整体推进的工作格局，每个县（区）培育2—5家示范企业，树立行业标杆，充分发挥示范引领作用。

⑤推广尾矿库实现干式排放、尾矿充填技术、边坡监测技术和三等以上尾矿库在线监测技术。

⑥2017年底全面完成攻坚克难目标和任务。

⑦扎实推进“四个一批”非煤矿山安全生产先进适用技术，到“十三五”末普及重点技术装备。

⑧全面推进专家会诊，分级监管，微信助力“三项监管”和规范执法、严格执法、闭环执法、公开执法、文明执法“五项执法”。

⑨全面建设本质安全型、绿色环保型“两型矿山”，稳步实现安全生产零伤亡目标。

“十三五”期间事故风险防控与对策措施：

“十三五”时期，是六盘水市全面深化改革和经济发展的深水期、加速期、转型期与矛盾期，安全生产工作面临着长期性、艰巨性和复杂性等特点。既要社会经济持续发展，又要确保安全生产平稳向好。安全生产工作既是机遇，更是挑战。因此，做好非煤矿山重大事故的风险分析和预防工作尤为重要。

①深入推进安全标准化达标升级活动。强力推进非煤矿山安全生产标准化建设，

凡未达到标准化最低等级的，一律不予办理安全生产许可证延期；对新建矿山同步开展标准化建设，达标后方可办理竣工验收手续。大中型非煤矿山和三等以上尾矿库达到二级以上安全标准化水平。鼓励条件好的小型矿山开展达标升级建设，增加二级标准企业数量。

②提高地下矿山安全避险“六大系统”运行质量。加强对已建设3家地下矿山企业安全避险“六大系统”督促指导，推动新建地下矿山企业按要求、按时限完成建设任务，与安全设施同步申请竣工验收。规范信息系统的维护保养，提高人员素质，保障系统正常运行使用。

③进一步加大应急救援能力建设。督促指导矿山企业建立专（兼）职救援队伍，强化应急物资储备，提高应急处置效率；健全完善安全生产应急预案，加强应急能力演练。

④继续推广应用非煤矿山安全生产先进适用技术和装备。地下矿山重点推广尾砂充填技术、地压和采空区监测监控技术，露天矿山重点推广高陡边坡监测监控技术，尾矿库重点推广干式排尾、一次性筑坝、在线监测和尾矿综合利用技术，建设示范工程，以点带面，从源头上提升企业安全保障能力。

⑤推广新建地下矿山采用充填开采、尾矿综合利用的激励约束政策和措施。

⑥严格建设项目安全设施“三同时”工作，从严处罚未批先建、边批边建的建设项目及行为。

⑦严格安全许可，对低于属地最小开采规模和最低服务年限标准的非煤矿山企业，不予延期换发安全生产许可证，对新建项目不予审批发证；对未采用机械通风、没有为从业人员配备自救器、未按规定配备便携式有毒有害气体检测仪的地下矿山，未采用中深孔爆破、机械铲装、机械二次破碎技术和装备的露天矿山，要责令停产整改，情节严重的，依法吊销安全生产许可证。

⑧开展地下矿山防中毒窒息、露天矿山采场和排土场边坡专项整治，对通风系统、局部通风机使用情况等进行全面检查，严防事故发生。组织开展采空区、排土场等普查工作。

⑨健全完善非煤矿山安全隐患排查治理体系，切实落实安全生产隐患排查治理责任。对重大隐患实行逐级挂牌督办。

⑩制定非煤矿山建设项目安全核准办法，严格安全准入条件，通过资源整合、严格准入、淘汰落后等有效手段，非煤矿山数量总数再减少。

第三节　行政许可

一、由来

2004年1月，国务院《安全生产许可证条例》颁布后，国家实施对矿山生产企业实行安全生产许可制度。5月，国家安全监管总局颁布《非煤矿矿山企业安全生产许可证实施办法》，为安全监管部门颁发非煤矿山安全生产许可证建立了法律依据，实行国家、省两级发证，列为政府行政许可事项。

随后，总局、省安全监管局先后出台《关于非煤矿矿山企业安全生产许可证审核颁发工作有关问题的复函》《关于进一步做好安全生产许可证颁发管理工作的意见》《关于印发非煤矿矿山企业安全许可证申请书等13种文书格式的通知》《关于〈非煤矿矿山企业安全生产许可证实施办法〉若干问题说明的通知》《关于印发〈贵州省非煤矿矿山企业安全生产许可证颁发管理工作方案〉的通知》等一系列规范性文件，确定了非煤矿山安全生产许可证颁证管理工作的目标、原则及基本流程等。为此，迎来了自安全监管部门成立以来的第一轮行政许可工作。

2005年，省安全监管局下发《关于委托颁发露天非煤矿矿山企业〈安全生产许可证〉的通知》，将原由省局负责的省属以下小型露天非煤矿山安全生产许可证的申请、受理、审查工作，下放到市、州；对符合颁证条件的非煤矿山企业，由市、州向省行文报告，由省安全监管局审核颁证。

2009年6月8日，国家安监总局颁布第20号令，修改出台新的《非煤矿矿山企业安全生产许可证实施办法》，废止了原9号令。10月，省安全监管局下发《关于委托颁发管理非煤矿矿山企业安全生产许可证的通知》文，将“省属以下非煤矿山企业（不含上市公司、外资公司及总库容100万立方米以上尾矿库）安全生产许可证的颁发管理工作”，委托市、州安全监管局实施。委托期为5年。自此，六盘水市省属以下非煤矿山企业的安全生产许可证改由市安全监管局颁发。

2011年5月4日，国家安全监管总局颁布《尾矿库安全监督管理规定》，明确规定核工业矿山尾矿库、电厂灰渣库的安全监督管理工作，不适用本规定。

2014年12月22日，省安全生产监督管理局下发《关于继续委托颁发管理非煤矿矿山企业安全生产许可证的通知》，将“省属以下非煤矿山企业（不含上市公司、外资公司及总库容100万立方米以上尾矿库）安全生产许可证的颁发管理工作”，继续委托市、州安全监管局实施（委托期为2014年11月20日至2019年11月19日）。

二、颁证情况

2004年以来，六盘水市非煤矿山企业安全生产许可证颁证情况如下：

累计颁证1783个次。其中：省级发证766个，市级发证1017个；2005年颁证302个，2006年颁证373个，2007年颁证52个，2008年颁证4个，2009年颁证58个，2010年颁证509个，2011年颁证33个，2012年颁证72个，2013年颁证283个，2014年颁证63个，2015年颁证9个。

安全生产许可制度的实行，为强化非煤矿山安全生产基础管理，提升安全管理水平，提高企业安全条件，保障安全生产能力，预防和减少生产安全事故起到了明显的作用。

三、安全"三同时"

2006年，六盘水市非煤矿山建设项目安全设施设计审查和竣工验收，正式列入六盘水市安全生产行政许可服务事项。

2007年2月，市安全监管局印发《六盘水市新改扩建金属非金属矿山安全设施"三同时"工作程序》，对六盘水市金属非金属矿山建设项目安全设施设计、竣工验收以及颁发安全生产许可证工作进行了明确和规范。

是年，对86户新建非煤露天矿山，严格按照《非煤矿山建设项目安全设施设计审查与竣工验收办法》(原国家安监局18号令)和《小型露天采石场安全生产暂行规定》(原国家安监局19号令)进行了审查；对达不到安全生产条件或安全设施设计不符合有关规定要求的一律不予审批；对19户经现场验收达不到安全生产条件的新建非煤露天矿山，下达了《新建非煤露天矿山竣工验收不合格通知书》。

2010年8月，国务院安委会办公室印发了关于贯彻落实《关于进一步加强非煤矿山安全生产工作的实施意见》，第23条明确规定，对以下新建非煤矿山建设项目一律不予批准：

①低于国家或本地区规定的最低生产规模的；

②金属非金属矿山开采年限小于3年的；

③相邻露天矿山开采范围之间的最小安全距离小于300米的；

④没有按规定配备专业技术人员的；

⑤没有按规定装备采掘设备的；

⑥三等以上尾矿库没有采用全过程在线安全监测监控系统的；

⑦在运行尾矿库周边从事采掘作业对尾矿库坝体稳定性造成影响的；

⑧达不到法律法规规定的其他安全生产条件要求的。

2014年8月，新修改的《中华人民共和国安全生产法》(第13号主席令)规定：矿山建设项目应当按照国家规定进行安全评价，安全设施设计应当按照国家有关规定报经有关部门审查，投入生产或者使用前，应当有建设单位负责组织对安全设施进行验收，验收合格后，方可投入生产和使用，安全生产监督管理部门应当加强对建设单位验收活动和验收结果的监督核查。

2015年3月16日，国家安全监管总局颁布《金属非金属矿山建设项目安全设施目录（试行）》，对非煤矿山建设项目基本安全设施、专用安全设施进行了科学界定，规范了安全设施内容概念。

2014年11月26日，省安全生产监管局贵州煤监局印发了关于做好实施新《安全生产法》有关衔接工作的通知，对按照修订的《安全生产法》对非煤矿山建设项目安全设施竣工验收做出如下规定：

①非煤矿山建设项目安全设施竣工验收由建设单位负责组织验收，并对验收结果负责。

②非煤矿山建设项目安全设施竣工验收前必须按照安全监管部门批准的安全设施设计全部完成施工，单项工程必须验收合格，施工、监理等单位必须具备相应的资质。建设单位在验收前要按照《关于印发金属非金属矿山建设项目安全专篇编写提纲等文书格式的通知》中验收表的要求，收集验收相关资料。

③非煤矿山建设项目安全设施竣工或试运行完成后，建设单位应当委托有相应资质的安全评价机构对安全设施进行验收评价，并编制建设项目安全验收评价报告。

④非煤矿山建设项目安全设施竣工验收前，建设单位要编制工作方案，明确验收内容、工作计划、验收人员及验收任务等内容。验收组由企业主要负责人、企业技术人员和专家组组成，建设单位首先要组织专家组对验收评价报告进行评审，评审合格后方可通过现场验收。现场验收要按照谁验收、谁签字、谁负责的原则，对照经安全监管部门批准的《安全设施设计》内容和《关于印发金属非金属矿山建设项目安全专篇编写提纲等文书格式的通知》要求，认真开展竣工验收工作，逐项填写验收表，出具现场验收意见，主要负责人签字盖章对验收结论负责。

⑤严格执行竣工验收工作报告制度。建设单位在组织现场验收前，要将编制的验收工作方案及专家组名单报送相关安全监管部门，主动报告验收工作开展情况、主动接受监督核查。验收工作结束后，应出具验收意见，并报送安全监管部门。验收结论为合格的，要及时申请办理安全生产许可证；验收结论为不合格的，要制定整改方案，限期整改完毕后重新组织验收。

2015年5月26日，国家安全监管总局颁布《关于废止和修改非煤矿矿山领域九部规章的决定》（第78号令），废止了《非煤矿矿山建设项目安全设施设计审查与竣工验收办法》，并对《非煤矿矿山企业安全生产许可证实施办法》《金属非金属地下矿山企业领导带班下井及监督检查暂行规定》《金属与非金属矿产资源地质勘探安全生产监督管理暂行规定》《尾矿库安全监督管理规定》《小型露天采石场安全管理与监督检查规定》《非煤矿山外包工程安全管理暂行办法》《海洋石油安全生产规定》《海洋石油安全管理细则》

等9部法规作出修改。

为进一步推动砂石土资源整合，加快建设项目审批进度，减少审批程序，2015年9月，市安委会办公室下发《关于在砂石土资源整合矿山新建期间有关安全生产工作的通知》文，决定对整合新建小型露天采石场实行将矿山开采设计方案、安全专篇、职业危害防治专篇整合在《开采设计方案》，极大地推进了审批工作和建设进度。

2015年10月，市安全监管局《关于进一步加强非煤矿山建设项目安全设施"三同时"工作的通知》文，对六盘水市非煤矿山建设项目安全设施"三同时"工作进行规范，从建设项目界定、分级管理原则、评价报告编制、设施设计审查、项目建设周期管理、竣工验收等方面进一步作出规范。随着新修订的《安全生产法》的颁布实施，六盘水市非煤矿山建设项目竣工验收的行政服务事项，从2014年12月1日起取消。

历年行政许可情况统计（2006—2015年）：

（1）设施设计审查318项（2006年81项，2007年59项，2008年29项，2009年24项，2010年23项，2011年36项，2012年23项，2013年18项，2014年7项，2015年18项）。

（2）竣工验收252项（2006年84项，2007年33项，2008年3项，2009年17项，2010年33项，2011年14项，2012年38项，2013年15项，2014年15项，2015年0项）。

第四节　专项整治

2004年

按照国家安全监管总局、公安部、监察部、国土资源部、国家工商总局、国家环保总局六部委局联合下发的《关于加强非煤矿山安全整治工作的意见》有关要求，市六部门参照制订了《关于印发〈六盘水市深化非煤矿山安全生产专项整治方案〉的通知》，成立了非煤矿山的安全专项整治督查组，对全市的非煤矿山进行督查。督查重点：非煤矿山基本安全条件是否达标，以及企业安全生产责任制、规章制度等保障制度贯彻落实情况；企业日常管理及县级安全监管部门的日常监管情况。

开展专项整治，取缔中心城区布局不合理的采石场15家，查出安全隐患400条，下达整改通知书84份，对32家安全生产违法行为进行经济处罚。

2005年

全年对416户非煤矿山企业开展专项整治。取缔不具备安全生产条件的企业111户，打击非法开采砂石矿山26个，对证照不齐的34户下达停产整顿，下发安全生产违法行为通知书206份，隐患1228条，对盘县平关镇红星砂石厂、盘县聚鑫矿业有限公司珠东炼山坡金矿、砂锅金矿等企业处罚15万元，实施和提请关闭企业90户。

2006年

以受理、审查、颁发非煤矿山安全生产许可证为抓手，深入到4个县、特区、区的98个办、镇、乡开展安全检查。深入开展非煤矿山安全生产专项整治工作，取缔盘县平关镇非法开采黄金窝点33个、钟山区凤凰办事处老鹰岩铅锌矿非法采点、水城县滥坝镇老鹰岩非法铅锌矿。全年开展专项整治4次。对42家非煤矿山企业（尾矿库企业13家）开展执法检查，下达整改指令90份，查出安全隐患460条，重大隐患5条，监督整改412条，停产整顿企业14户，暂扣证照的14个，经济处罚6.3万元。

2007年

制订下发《关于进一步深化全市非煤矿山安全生产专项整治工作方案的通知》《关于全市金属与非金属地下矿山机械通风专项整治工作方案的通知》《关于尾矿库专项整治工作方案的通知》《关于开展金属与非金属矿山安全生产隐患排查治理专项行动工作方案通知》系列文件，并按要求对各个专项整治工作情况进行监督检查。以全市安全生产大检查、专项检查、申请验收、办证、延期的现场安全条件审查等形式，对全市的80余户非煤矿矿山企业进行抽查、督查，查处隐患500余条，下达《违反安全生产行政行为通知书》80余份。

开展三次对金属与非金属地下矿山机械通风专项整治的督促和检查。6月30日前，督促已取得安全生产许可证的6户地下矿山（水城钢铁集团公司观音山铁矿、钟山区青山联营铅锌矿1#、2#、3#井，六盘水钟山佳联铅锌矿、水城县正勇铅锌矿）机械通风系统全部安装完毕，并投入正常使用。

根据省安全监管局、省国土资源厅《关于取缔不具备安全生产条件和未取得安全生产许可证非煤矿山的通知》的要求，组织相关人员督促落实，对80余户非煤矿矿山企业进行抽查、督查，查处隐患500余条；对盘江煤电（集团）建设工程有限公司石材厂等6户不具备安全生产条件或未取得安全生产许可证的非煤矿山实施依法关闭。

2008年

印发《六盘水市金属非金属矿山安全生产专项整治工作方案的通知》等一系列文件，明确2008年对全市金属非金属矿山开展深化整治的工作目标、内容、要求、措施、职责等14个方面内容，尾矿库开展10个方面整治，全年分三个时段开展工作。

4至6月，组织开展非煤矿山安全生产“百日督查”专项行动。共抽查企业226家，下达《整改指令书》148份。

按照省、市政府关于“安全生产百日督查专项行动延续至9月底”的要求，制定了《金属非金属矿山等重点行业（领域）安全督查专项行动延续方案》，提出了具体的督查要求、督查方式、督查日程。

制定《六盘水市尾矿库安全生产排查工作方案》，开展对尾矿库的专项整治。按照国家安全监管总局和省安全监管局《关于报送尾矿库隐患治理工程项目的通知》要求，及时上报六盘水市11家尾矿库治理工程项目的基本情况，组织开展防汛安全检查和隐患排查治理。

9月，国务院安委办决定，在全国开展为期3个月的打击安全生产非法违法行为专项行动。重点打击：

①无证无照、证照不全进行生产经营活动；

②依法关闭取缔后，又擅自恢复生产经营活动，死灰复燃；

③存在超层越界、未经批准修建尾矿库、违规排放尾矿等严重违法违规行为；

④蓄意瞒报事故，隐瞒事故真相；

⑤抗拒安全执法，拒不执行停产整顿、关闭取缔指令等5类严重违反安全生产法律法规行为。

2009年

按照国务院办公厅、省政府办公厅印发的《关于推进安全生产“三项行动”具体实施方案》的要求以及省安委办《贵州省金属非金属矿山冶金等行业企业安全生产“三项行动”细化实施方案》，制订六盘水市《2009年非煤矿山、尾矿库专项整治工作方案》《金属非金属矿山冶金等行业企业安全生产“三项行动”实施方案》，由市安全监管局牵头，成立全市金属非金属矿山冶金等行业企业安全生产“三项行动”督查组，对四个县、特区、区政府及非煤企业落实“三项行动”安全工作进行督查。

深入尾矿库安全专项整治。按照国家安全监管总局等四部委《关于印发开展尾矿库专项整治行动工作方案的通知》，认真落实“一法两案”（即《贵州省尾矿库管理安全办法》《贵州省尾矿库隐患治理工作方案》《尾矿库综合治理方案》），制定《六盘水市开展尾矿库专项整治行动工作方案》。建立六盘水市尾矿库隐患治理工作联席会议制度，对隐患治理工作提出具体要求，并要求各地区也要制定实施细则。对列入省级治理名单的六座尾矿库、电厂灰坝开展专项整治行动，要求其制定有针对性的方案措施，尽快落实整改。对全市的11座尾矿库（电厂灰坝）全部开展一次监督检查，全面推进6座尾矿库（电厂灰坝）隐患治理及11座尾矿库（电厂灰坝）安全控制区域划定工作，指导开展本地区尾矿库隐患治理工作和非煤矿山专项整治工作。

按照省安委办《关于做好尾矿库安全控制区域划定工作的指导意见》的要求，组织安全监管、国土资源、林业、地方政府进行现场划定，并下发控制区域划定公告。

2010年

年初，按照国务院办公厅《关于进一步加强矿山安全生产工作的紧急通知》，省安全监管局、发展改革委、公安厅、财政厅等十部门《贵州省非煤矿山安全生产专项整治方案》要求，确立2010至2012三年非煤矿山专项整治的具体工作任务、完成目标及工作职责，细化分解三年中六盘水市非煤矿山整合关闭任务和安全标准化目标。

经市政府同意，市安全监管局等十部门下发《六盘水市非煤矿山安全生产专项整治工作方案》，提出了3年整合和关闭140座（具体为：2010年关闭70座，2011年35座，2012年35座）非煤矿山工作目标，矿山总数从696座减少到556座。开展566座（2010年实施125座，2011年230座，2012年201座）非煤矿山安全标准化建设计划。建立六盘水市非煤矿山安全生产专项整治工作联席会议制度，明确十家部门在专项整治工作中的职责和任务。

制订《六盘水市金属非金属地下矿山安全生产专项检查工作方案》和《六盘水市尾矿库隐患治理实施方案》，对全市非煤地下矿山分阶段组织专项大检查。按照年初省局的安排，认真落实“一法两案”，建立六盘水市尾矿库隐患治理工作联席会议制度，加强非煤矿山、尾矿库隐患排查治理工作。

对全市11座尾矿库（电厂灰坝）开展执法检查，同时对工作进度较慢的企业进行督促整改，下达执法文书16份。通过加大工作力度，6座尾矿库（电厂灰坝）隐患治理及11座尾矿库（电厂灰坝）安全控制区域划定工作基本按照年初签订的工作目标责任书推进：

1. 贵州黔桂发电有限责任公司3# 灰场 (钨珠河)

主要问题或治理内容：已停用，排洪系统整治，建立监测系统，作闭库现状安全评价，履行闭库程序。

钨珠河灰场现状评价报告由贵州省劳科院评价完成。闭库设计和施工分别由贵阳建筑勘察设计有限公司和重庆渝康建设（集团）有限公司设计和施工。2015年闭库施工结束，已经向盘县人民政府写出书面报告申请复查销号，市政府核实后转报省政府。

2. 野马寨电厂老艾冲新灰场

主要问题或治理内容：大坝加固、加高子坝，修复加固截洪沟。

老艾冲新灰场已经对截洪沟进行了清理和修复。2015年该灰场已经开始五级子坝的加高，大坝的加固、子坝的加高由贵州省电建一公司进行施工。2015年隐患治理工作已经结束，已经向水城县人民政府写出书面报告申请复查销号，市政府经核实后已转报省政府。

3. 贵州黔源公司老艾冲灰场 (原水城发电厂灰场)

主要问题或治理内容：已停用，尾矿库修复加固，排洪系统整治，建立监测系统，作闭库现状安全评价，履行闭库程序。

老艾冲灰场现状评价委托湖南劳保院，但评价工作还未完成，未建立监测系统，未履行闭库设计，闭库施工等程序。公司已向省、市、县安监部门写出了《关于水城发电厂老艾冲储灰场闭库工作计划的报告》，申请治理工作延期至2016年5月底以前完成。

4. 水钢观音山铁矿尾矿库1#

主要问题或治理内容：未取得安全生产许可证，限期整改。

企业制定了消除隐患施工方案，正在抓紧组织清除尾矿，撤销坝体，由于各种客观因素，治理工作还未全部完成，企业已向省安全监管局申请延期销号。

5. 水钢观音山铁矿尾矿库2#

主要问题或治理内容：未取得安全生产许可证，限期整改。

企业制定了消除隐患施工方案，正在抓紧组织清除尾矿，撤销坝体。由于各种客观因素，治理工作还未全部完成，企业已向省局申请延期销号。

6. 原杉树林铅锌矿尾矿库

主要问题或治理内容：未取得安全生产许可证，限期整改。

坝体稳定性报告由贵州省水电院实施完成，新疆玖安公司进行现状安全评价。评价报告提出的整改建议基本整改完毕，已经向钟山区政府写出书面报告申请复查销号，市政府经核实后已转报省政府，同时向市安全监管局申请领取安全生产许可证。

7. 安全控制区域划定

贵州黔桂发电有限责任公司1#、2#、3#、4#灰场，野马寨电厂老艾冲新灰场，原杉树林铅锌矿尾矿库，盘南电厂灰场，发耳电厂灰场已经委托中介机构编制了安全控制区域划定资料，涉及的县级人民政府已按照《关于做好尾矿库安全控制区域划定工作的指导意见》的规定组织安全监管、国土资源、林业、地方基层政府进行了现场划定，并下发了控制区域划定公告。水钢观音山铁矿1#、2#尾矿库正在彻底撤除坝体，不存在区域划定。大唐公司发耳电厂灰场在线监测监控因多方因素，起步较晚，2015年安装设计已通过论证，正组织施工，企业已向省局写出延期申请，明年4月底以前全面完成。

2011年

按照国务院、省政府统一安排部署，开展“打非治违”专项行动。下发《关于在非煤矿山、尾矿库以及冶金机械等行业领域立即开展严厉打击非法违法生产经营建设行为的紧急通知》，对各地工作开展情况进行督促检查。同时，要求各地对已公告关闭的非煤矿山按照六条标准进行实地巡查，建立关闭档案。

制定《六盘水市非煤矿山百日安全生产专项整治工作方案》，力争最后100天实现生产安全事故“零控制”目标。

随着水钢观音山矿1#、2#尾矿库和贵州黔源公司老艾冲电厂灰坝隐患治理工作的完成，2010年省政府挂牌督办的6座尾矿库（电厂灰坝）的隐患治理工作全面完成。

2012年

3月12日，省政府下发《关于在非煤矿山、尾矿库以及冶金机械等行业领域立即开展严厉打击非法违法生产经营建设行为的紧急通知》后，我局立即组织人员对各地工作开展情况进行督查。

4月，组织开展对非煤矿山领域的“打非治违”工作。重点打击：无采矿许可证、安全生产许可证等证照私挖滥采，超层越界开采，以采代探；未依法履行有关审批程序，擅自勘探、建设和生产；借整合技改之名逃避关闭、擅自开采矿产资源；未按设计和规定进行施工建设、生产、作业。

下发《关于强化安全监管遏制非煤矿山事故发生的紧急通知》《关于进一步加强露天采石场安全监管工作的紧急通知》《关于切实做好当前非煤矿山安全生产工作，遏制事故发生的通知》及《六盘水市非煤矿山百日安全生产专项整治工作方案》，对上述工作提出更加严格、具体的要求。

加大督促、指导，完成水钢观音山矿1#、2#尾矿库和贵州黔源公司老艾冲电厂灰坝隐患治理后期工作，全面完成2009年省政府挂牌督办的6座尾矿库（电厂灰坝）隐患治理工作。

2013年

市政府办公室下发《转发市安监局等部门关于进一步加强全市非煤矿山安全生产工作的实施意见的通知》，对全市2012至2015年金属非金属矿山整顿关闭工作进行安排部署，制定总体要求和目标任务，明确整顿关闭重点和工作步骤。颁布17类主要矿种开发准入条件和最低产能标准，4年内全市再整顿关闭金属非金属矿山228座（2012年整顿关闭58座，2013年68座，2014年56座，2015年46座），总量从2012年的600座减少到2015年372座，实现矿山总数进一步减少、生产能力进一步提升、矿权设置进一步优化、科技水平进一步提高、安全生产保障能力不断增强。

对S212两水线、水黄公路、六郎线公路两侧的小型露天采石场开展专项整治。

配合国土等部门对城区周边54家砂石厂进行清理和整顿。

2014年

为彻底扭转砂石土矿山生产规模小、布局不合理、严重破坏山体自然景观和生态环境的局面，市政府召开专题工作会，并下发《关于切实加强砂石土资源开发管理工作的通知》，对省政府下达给六盘水市非煤矿山总数控制在188个以内的指标进行分解。允许保留矿山数：六枝35个，盘县70个，水城60个，钟山18个，钟山经济开发区5个。

根据省国土资源勘测规划研究院编制的《六盘水市砂石土资源开发规划》，六盘水市划定禁采区17处，划定开采区110处；市中心城区规划区范围最低生产规模不得低于15万立方米/年，其他乡镇不得低于6万立方米/年。为此，六盘水市各级安全监管部门在当地政府的统一领导下，积极配合国土资源部门，在矿权设置中积极履行职责，严把安全距离关，为国土部门合理划定资源和企业依法办理安全生产许可证提供坚强保障。

下发《关于开展外包工程安全管理专项检查的通知》和《开展金属非金属矿产资源地质勘探项目安全生产专项检查的通知》，对盘县、水城县、钟山区三地进行重点督查。

制定六盘水市《集中开展“六打六治”打非治违专项行动方案》和《严防八类非煤矿山生产安全事故及小型露天矿山专项整治工作方案》，开展对全市小型露天矿山的专项整治和非煤矿山“六打六治”打非治违专项行动。

非煤矿山“六打六治”打非治违专项行动工作重点：

①打击无证开采、超越批准的矿区范围采矿行为，整治图纸造假、图实不符问题。

②打击露天矿山未按照规定自上而下分台阶（分层）开采行为，整治“一面墙”开采行为。

③打击尾矿库非法建设、运行行为，整治危库、病库运行的问题。

④打击不执行严防九类非煤矿山安全生产事故行为，整治九类事故隐患。

⑤打击不贯彻落实《非煤矿山企业安全生产十条规定》，整治违反十条规定问题。

⑥打击违反非煤矿山外包工程安全管理行为，整治外包不规范问题。

针对因爆破施工作业极易造成炮损事件的严峻形势，按照市政府安排，市安全监管局会同纪检监察、规划、国土资源、经信、公安、住房与城乡建设、林业、环境保护、交通运输等部门，以市安委会名义制定《六盘水市关于加强爆破施工作业安全管理的措施》，加强爆破施工作业管理，明确各自工作职责，预防和减少炮损事件的发生。

认真落实市政府对市中心城区规划范围及周边53家砂石土企业处置意见，下发《关于加强市中心城区规划范围及周边砂石土企业处置期间安全生产监管工作的通知》文，加大对上述企业的日常监管和分类指导。

2015年

深入开展非煤矿山“六打六治”打非治违专项行动、小型露天矿山专项整治行动和查大系统、除大隐患、防大事故专项检查。

8月，由市委市政府督查室牵头，市国土资源、安全监管、环境保护、经信、规划组成的全市砂石土矿山整顿关闭工作督查组，深入各县、特区、区和钟山经济开发区开展现场督查。督查结束后，下发《关于全市砂石土矿山整顿关闭工作推进情况的督查通报》，整顿关闭工作实现既定目标。

9月，市政府召开全市金属非金属矿山安全生产攻坚克难工作视频会。会后，市安委办立即下发《六盘水市金属非金属矿山安全生产攻坚克难工作方案》，成立工作领导小组，建立工作联系督导机制，以“12345”工作法，明确以深入开展“打非治违”和扎实推进非煤矿山规模化、机械化、信息化、标准化、科学化建设的8项攻坚克难措施为目标，全面推进非煤矿山“五化两型”建设。

第五节　安全标准化

一、工作进程

2005—2010年，国家安全监管总局、省安全监管局就金属非金属矿山安全质量标准化工作先后出台《关于印发〈金属非金属矿山安全质量标准化企业考评办法及标准〉（试行）的通知》《贵州省金属非金属矿山安全质量标准化工作方案》《关于做好金属非金属矿山安全标准化企业考评工作的通知》《关于发布金属非金属矿山企业安全标准化证书和标志牌式样的函》《国家安全监管总局关于加强金属非金属矿山安全标准化建设的指导意见》《贵州省金属非金属矿山安全质量标准化工作方案》《关于推进金属非金属矿山安全标准化建设和尾矿库隐患治理工作的意见》等一系列文件，将非煤矿山安全标准化等级分为五级，一级最高，五级最低。并明确标准化建设工作目标：2010年，全省20%以上矿山达到五级以上标准；2011年，全省地下矿山争取60%达到五级以上标准，大中型露天矿山70%达到三级以上标准，小型露天矿山、采石场50%达到五级以上标准；到2013年，地下矿山全部达到五级以上标准，大中型露天矿山全部达到三级以上标准，尾矿库全部达到五级以上标准，小型露天矿山全部达到五级以上标准；确定省级标准化建设试点单位，各地区建立1—4家标准化建设试点单位。

2013年5月，国家安监总局颁布《金属非金属矿山安全标准化规范导则》《金属非金属矿山安全标准化规范·露天矿山实施指南》《金属非金属矿山安全标准化规范·地下矿山实施指南》《金属非金属矿山安全标准化规范·尾矿库实施指南》《金属非金属矿山安全标准化规范·小型露天采石场实施指南》，并制订金属非金属露天矿山、地下矿山、尾矿库和小型露天采石场安全标准化评定标准。

2011年2月，国务院安委办下发《企业安全生产标准化建设指导意见》，将各行业企业安全生产标准化统一为三个等级，其中一级最高，三级最低。一级由国家安全监管总局核准，二级由省级安全监管部门核准，三级由市（州）级安全监管部门核准。

国家安全监管总局《非煤矿山安全生产标准化评审工作指导意见》明确提出：到2013年底，所有非煤矿山必须达到安全生产标准化三级以上水平，否则不予办理安全生产许可证延期手续；同时，修订发布了金属非金属矿山安全生产标准导则、实施指南和评分标准。

2014年9月，国家安全监管总局下发《企业安全生产标准化评审工作管理办法（试行）的通知》，规范了企业安全标准化评审工作。12月8日，省安全监管局下发《关于进一步加强非煤矿山安全生产标准化建设工作的意见》，进一步细化了非煤矿山标准化建设总体思路、工作目标、分级管理原则、评定程序和工作要求。

按照国家、省的工作安排，全市从2010年起开展非煤矿山标准化建设工作。先后制定《六盘水市金属非金属矿山安全标准化考评工作办法(试行)》和《六盘水市金属非金属矿山安全标准化建设工作方案》，实行总体推进、逐步实施、分期达标，全面开展安全标准化建设。建设中，将露天采石场正规化开采、机械化铲装、中深孔爆破、破碎系统的综合防尘治理、安全避险“六大系统”、井下机械通风、办公设施建设等作为达标的必需条件。

二、等级评定

2010年以来，全市568家非煤矿山企业开展了安全生产标准化建设。通过评审和认定，评定结果：获得二级安全标准化企业称号4家，三级称号401家，四级称号10家，五级称号153家。

各时间段评定情况：

2010年：149家开展，23家达到四级，100家单位达到五级标准化；

2012年：252家达到三级；

2013年：116家达到三级；

2014年：50家达到三级。

二级标准化称号企业9家：瑞安水泥石灰石矿山、砂石矿山，博宏石灰石矿山，博宏白云石矿山，野马寨采石场，六枝瑞安畅达水泥厂矿山等。

三、安全技术改造

2007年3月，国家安全监管总局下发《关于开展金属与非金属地下矿山机械通风专项整治工作的通知》，在金属非金属地下矿山强制推行机械通风，并作为颁发安全生产许可证的必备条件。10月，下发《关于加强金属非金属矿山安全基础管理的指导意见》，提出基础管理工作的指导原则、工作目标和主要任务，建立完善企业安全管理机构制定，加强和改进安全技术管理，加强安全生产现场管理，加强隐患排查治理，加强应急管理和事故处理等35个方面的内容。

2009年3月，国家安全监管总局下发《关于加强金属非金属矿山安全基础管理的指导意见》，明确了中小型金属非金属露天矿山、地下矿山、尾矿库的基本条件和安全要求。

2010年10月，国家安监总局下发《金属非金属地下矿山安全避险“六大系统”安装使用和监督检查暂行规定的通知》，明确了监测监控系统、井下人员定位系统、紧急避险系统、压风自救系统、供水施救系统和通讯联络系统等安全避险“六大系统”的建设要求和技术规范。同时规定：取得安全生产许可证的金属非金属地下矿山，必须在2013年6月30日前全部安装完毕，投入正常使用；建设矿山要在原《安全设施设计》中增加“六大系统”建设内容，竣工验收时同步组织验收并合格后，方可办理安全生产许可证。

2010年11月，国务院安委会办公室下发《关于贯彻落实〈国务院关于进一步加强企业安全生产工作的通知〉精神进一步加强非煤矿山安全生产工作的实施意见》，提出非煤矿山安全生产的总体要求和工作目标，以及全面加强非煤矿山企业安全基础管理，全面加强非煤矿山企业安全生产保障能力建设，全面加强非煤矿山安全监管工作，加快推进非煤矿山产业发展方式转变，严格安全目标考核和责任追究等39个方面的意见。露天矿山强制淘汰扩壶爆破、使用爆破方式进行二次破碎、人工转载矿岩、没有捕层装置的干式凿岩、雷电多发区采用电雷管起爆等落后技术、工艺和设备。地下矿山强制淘汰横撑支柱采矿法、局部通风机非阻燃风筒、主要井巷木支撑、主提升设备使用带式制动器、凸轮式防坠保险装置、非阻燃电缆和带式输送机、非矿用局部通风机、空场法开采、人工转载岩矿等落后技术、工艺和设备。

2013年9月，国家安监总局发布《第一批金属非金属矿山禁止使用的设备及工艺目录》，对19种工艺设备按照规定时限予以强制淘汰。2015年2月，国家安监总局发布《第二批金属非金属矿山禁止使用的设备及工艺目录》，对9种工艺设备按照规定时限予以强制淘汰。同月，国家安监总局发布《第一批金属非金属矿山新型适用安全技术及装备推广目录》，推广使用13种先进适用技术。

2007年，全市正常生产6家金属非金属地下矿山企业机械通风系统全部安装完毕并投入正常使用。11家新、改、扩建的金属与非金属地下矿山机械通风系统补充设计，同步开展建设。

2008年，在全市非煤矿山企业大力推广先进适用技术。露天矿山全面推行自上而下正规开采、机械化铲装、机械化二次破碎、中深孔爆破、非电器材爆破、生产性粉尘综合治理、信息化建设，不断淘汰落后，推广先进。

第七章 危险化学品和烟花爆竹

第一节 概 况

一、基本概念

1. 危险化学品：是指具有毒害、腐蚀、爆炸、燃烧、助燃等性质，对人体、设施、环境具有危害的剧毒化学品和其他化学品。六盘水市主要涉及的危险化学品有：煤焦油、粗苯、甲苯、二甲苯、蒽、萘、甲醇、汽油、柴油、液氨、硫酸、黄磷、氧气、液氧、氮气、液氮、氩气、乙炔等。习惯上简称“危化品”。

2. 烟花爆竹：是指烟花爆竹制品和用于生产烟花爆竹的民用黑火药、烟火药、引火线等物品。

二、职责职能

1. 危化品安全监管

2002年以前，危化品的生产、经营、储存、运输、使用环节的安全监管主要由各级公安机关和劳动部门等承担。2002年3月15日，国务院颁布《危险化学品安全管理条例》，将危化品安全监管的部分职能划归国家经贸委安全生产管理局（时为副部级二级单位）承担。2003年，国家安全生产监督管理局从国家经贸委体系中独立出来，成为国务院直属的专门负责全国各行业、领域安全监管工作的部门；危化品的安全监管职能，也从国家经贸委一并划归国家安全监管局。

根据国务院《危险化学品安全管理条例》的规定，安全监管部门负责：危化品安全监督管理综合工作，组织确定、公布、调整危化品目录，对新建、改建、扩建的生产、储存危化品（包括使用长输管道输送危化品）的建设项目进行安全条件审查，核发危险化学品安全生产许可证、危险化学品安全使用许可证和危险化学品经营许可证，并负责危险化学品登记工作。

作为2004年新组建的六盘水市安全监管局，具体负责：全市危化品生产企业、经营单位的安全监管；危化品管道（包括使用长输管道输送危化品的）安全监管；危险化学品安全生产许可证的初审；危险化学品经营许可证、危险化学品安全使用许可证的核发；市级投资主管部门审批的建设项目的安全条件审查；非药品类易制毒化学品生产经营备案；组织开展企业相关人员的安全培训；安全标准化等级评定；督促本辖区内危化品企业的登记工作；事故查处等。

2. 烟花爆竹安全监管

2004年以前，烟花爆竹行业的安全监管主要由各级公安机关具体负责。

2004年8月20日，根据国务院《烟花爆竹安全管理条例》的规定及贵州省安全监管局、贵州省公安厅联合下发的《关于认真做好我省烟花爆竹安全监督管理移交工作的通知》精神，六盘水市安全监管局、市公安局于2004年8月30日联合下发《关于认真做好六盘水市烟花爆竹安全监督管理移交工作的通知》。正式明确全市烟花爆竹生产经营单位的安全监管职权，正式由市公安局移交给市安全监管局。

市安全监管局负责：烟花爆竹生产企业、批发企业和零售网点的安全监管；烟花爆竹安全生产许可证的初审；烟花爆竹经营（批发）许可证的核发；烟花爆竹批发企业建设项目的安全条件审查；组织开展企业相关人员的安全培训；安全标准化等级评定；配合公安机构做好大型燃放活动的相关安全事宜及非法违法制品的销毁工作；事故查处等。

县级安全监管部门负责：烟花爆竹生产企业、批发企业、各零售经营网点的日常安全监管；烟花爆竹经营（零售）许可证的核发及相关人员培训；配合当地公安机关开展烟花爆竹的“打非治违”、大型燃放活动的相关安全事宜、非法违法制品的销毁，以及上级业务主管部门所作出的各类安全专项整治活动。

2004年6月，市安全监管局正式挂牌成立。按照市政府办《关于印发六盘水市安全生产监督管理局机构编制方案的通知》精神，将原市贸易合作局承担的危化品经营资格审查、登记发证的职责和原市公安局承担的烟花爆竹生产经营单位的安全监管职责，一并划入市安全监管局。局机关下设危化品安全监管科，具体负责全市危化品和烟花爆竹生产经营单位的安全监管工作。各县、特区、区局也相继成立了危化品监管机构，承担本辖区内危化品和烟花爆竹生产经营单位的日常安全监管职责。

三、监管历程

2004至2015年，六盘水市危化品、烟花爆竹行业的安全监管，可大致划分为三个阶段：

1. 理顺关系阶段（2004至2005年）

市、县两级陆续将危化品生产经营单位安全监管职责由经贸部门划入安监部门，将烟花爆竹生产经营安全监管职责由公安机关划入安监部门。这一时期的主要工作，是理顺监管职责与工作关系，开展调查摸底，组建机构及人员配备，实施监督检查。

2. 归口管理阶段（2006至2007年）

在理顺安全监管职责的同时，国家《危险化学品安全管理条例》（2002年实施）、《易制毒化学品管理条例》（2005年实施）、《烟花爆竹安全管理条例》（2006年实施）先后颁布实施，六盘水市安全监管部门依照法律法规和国家、省的要求，开始组织安全培训及首轮安全许可的工作。

截至2007年底，六盘水市首轮颁证完成。全市共颁发危险化学品安全生产许可证41家，烟花爆竹安全生产许可证2家，烟花爆竹经营许可证（批发）4家，危险化学品经营许可证（甲种证）115家，危险化学品经营许可证（乙种证）45家。

3. 规范提升阶段（2008至2015年）

按照“先归口、后规范”的总体思路，结合国家各项规范、标准的调整及安全标准化创建达标工作的开展，六盘水市危化品和烟花爆竹行业安全监管法制化、规范化、标准化建设稳步推进，企业面貌焕然一新，本质安全水平大幅度提高。

具体做法：

（1）规范、完善各类规章制度。在国家、省出台《危险化学品生产企业安全生产许可实施办法》《危险化学品建设项目安全监督管理办法》《烟花爆竹生产企业安全生产许可证实施办法》等配套法规之后，六盘水市也先后制定《六盘水市化工企业十条规定》《六盘水市危险化学品安全管理十个百分之百》《六盘水市烟花爆竹安全管理十个百分之百》，督促、指导企业建立和完善内部规章制度、操作规程，健全管理体制。

（2）认真落实建设项目三同时。稳步推进六盘水市危化品和烟花爆竹建设项目安全设施设计“三同时”制度，严格项目审查、行政审批和执法检查，并逐步使之法制化、规范化和标准化。

（3）扎实开展各类专项整治活动。结合日常监管与综合监管，突出重点地区、重点行业（领域）、重点部位、重点环节、重要时段的日常安全检查，有针对性地开展油气化管道保护、烟花爆竹仓储、成品油储存库、城市中心地段加油站、石油液化气充装站、烟花爆竹销售集中区等重要场所的联合执法和专项整治，配合公安、工商、质监、消防等部门开展“打非治违”专项行动。

（4）事故警示。以事故通报、召开座谈会、视频会、约谈等方式，开展事故警示教育，以达到一地出事故、万厂受警示的目的。

（5）安全文化建设。鼓励企业开展形式多样的安全文化活动，如印发宣传资料、张贴标语、黑板报、编制小品等；充分利用报纸、杂志、网络媒体等开展宣传；在刊物上发表《浅析如何做好六盘水市烟花爆竹的“打非”工作》等带指导性的理论研讨文章等。

（6）扎实开展安全标准化创建达标，提高企业本质安全水平和抗风险能力。

截至2015年12月，全市共有危化品企业229家。其中正常生产企业11家（甲醇生产企业1家，年产甲醇30万吨；甲醇加工企业1家，年处理甲醇15万吨，生产甲醇汽油20万吨）；焦化生产企业4家；气体生产企业5家；危险化学品经营企业209家（其中：加油站140家，经营剧毒化学品和易制爆化学品的2家；按类型分，中石化79家，中石油22家，私营39家；按区域分，六枝特区15家，盘县55家，水城县32家，钟山区34家，钟山经济开发区4家；成品油油库2座，设计储量共4.6万立方米）。

全市有烟花爆竹生产企业3家，烟花爆竹批发企业8家，烟花爆竹零售网点2034个（六枝特区595个、盘县320个、水城县739个、钟山区370个、钟山经济开发区10个）。

四、重点企业

1. 中国石化销售有限公司贵州六盘水石油分公司

中国石化（俗称中国南方公司）前身叫6719油库（即滥坝油库），1967年经国家计委批准建立。1985年5月15日，从六盘水市商业局划出，成立建制，归中国石化销售公司贵州省石油公司和六盘水市政府双重领导。

2000年，中国石化改组上市后，六盘水石油分公司系中国石油化工股份有限公司贵州分公司下属地（市）级公司，辖钟山区、水城县、盘县、六枝特区4个县区公司的83座加油站（在营77座）。在营油库2座（即滥坝油库、盘县油库），库容4.88万立方米。主要业务：各种规格的汽、柴、煤油料及各类润滑油的进、销、存和批发零售；非油品销售。现有在册职工900余人。

2. 中国石油贵州六盘水销售分公司

中国石油（俗称中国北方公司）于2001年6月进入六盘水市场，当时仅有耀华1座加油站。2002年，收购了广源、厚源2座加油站，并分别于3月和11月正式投入运行。

2002年6月，中国石油天然气股份有限公司贵州六盘水销售分公司成立，主要经营六盘水市成品油的批发和零售。公司现有在营加油站17座，员工近160人，加油站营业网点覆盖了市中心城区及盘县、六枝特区两县、区的主要乡镇。

从2010年起，为了实现系统化和信息化管理，集团公司投入大量资金将油罐高低液位报警系统与加油站站级系统相连接，实现油品库存系统自动读取数据；将加油站视频监控全部更换为联通光纤（内部网络），实现远程监控。

3. 首钢水钢（集团）公司煤焦化分公司

该公司系首钢水钢城钢铁（集团）有限责任公司下辖二级单位，原名“水钢焦化厂”，始建于1966年。1998年改制为分公司。现有焦炉4座，煤气净化处理装置2套及焦油粗苯加工装置。现有在册职工1100余人。生产的化工产品主要有：工业萘、中温沥青、高温沥青、改质沥青、纯苯、甲苯、二甲苯、粗酚、沥青漆等。

4. 贵州黔桂天能焦化有限责任公司

该公司成立于2002年4月，坐落于贵州省六盘水市盘县柏果镇，原名六盘水红果经济开发区天能煤焦有限公司。2004年8月，更名为盘县天能焦化有限责任公司。2009年7月，再次更为贵州黔桂天能焦化有限责任公司。

现有职工1620余人。有配套选煤厂2座。其中：一期120万吨/年、二期240万吨/年；有焦炉2座，年产冶金焦200万吨，一期70万吨/年1座、二期130万吨/年1座；煤气净化处理装置2套；焦油粗苯加工装置5万吨/年，其中，纯苯3.48万吨/年、甲苯7000吨/年、二甲苯2000吨/年、非芳烃1800吨/年、重苯4400吨/年；余热发电装机容量2×20兆瓦和焦炉煤气制液化天然气（LNG）工段12万吨/年，无水氨3000吨/年。

5. 贵州鑫晟煤化工有限公司

贵州水矿集团公司下属的鑫晟煤化工有限公司，是一个集煤、电、化、材一体化的项目。该公司为利用六盘水市丰富的煤炭资源，实现甲醇生产、烯烃生产、蒸汽利用、自备电厂和水泥生产一体化发展的循环经济项目。项目总投资100亿元。2008年4月，开工建设30万吨甲醇/年生产装置、240万吨水泥生产线和2×50兆瓦热电车间。2010年11月，建成投产。

6. 贵州万丰实业投资有限公司

万丰公司由原盘县顺鑫乙炔厂、盘县兴旺气体制造厂、盘县火铺大兴乙炔气厂三家企业经整合重组而成。主要生产、充装（溶解乙炔、工业氧、氩气、二氧化碳、液化石油气、二甲醚）工业用、民用气体。公司拥有年产20万瓶溶解乙炔生产线3条，工业氧年生产能力超过30万瓶，二氧化碳年产能达6万瓶，氩气年产能达6万瓶。

该公司是盘县气体行业协会的会长单位，是盘县境内气体生产产量最大、气体品种最多的一个危化品生产企业，也是六盘水市民营气体行业的标杆企业。曾多次获得县、乡两级授予的安全生产先进单位、安全一等奖等荣誉称号。

7. 水城县荣发烟花爆竹厂

该厂始建于1997年，原名“钟山区联发烟花爆竹厂”。2008年10月，因钟山经济开发区建设用地的需要，该厂异地搬迁至水城县滥坝镇法都村。2010年10月，新建厂通过验收投入生产。

该企业占地总面积62.8亩，总投资为980万元。生产的主要产品为爆竹，年产值近1000万元，产品主销于市中心城区周边各乡镇。按照国家安全监管总局对烟花爆竹生产企业“五化”标准（工厂化、机械化、信息化、标准化和规模化）的要求，该厂通过几年的时间，在对其工艺、技术、设备作较大改造后，现拥有全自动装药机1台，全自动插引机12台，自动结编机8台，炮筒机50台，视频监控及烟花爆竹流向管理系统一套。企业现有职工77人。

第二节　安全监管

一、职责

2004年，根据市政府办《关于印发六盘水市安全生产监督管理局机构编制方案的通知》规定，市安全监管局危化品安全监管职责主要为：监督管理全市危化品安全生产工作；负责全市危化品生产和储存企业设立及其改建和扩建的安全审查、危化品包装物和容器专业生产企业的安全审查和定点、《危险化学品经营许可证》的发放、国内危化品登记工作并监督检查。负责烟花爆竹生产经营单位的安全监督管理。依法监督检查化工（含石油化工）、医药和烟花爆竹行业生产经营单位贯彻执行安全生产法律、法规情况及其安全生产条件、设备设施安全和作业场所职业卫生情况；组织查处不具备安全生产基本条件的生产经营单位；组织相关的建设项目安全设施的涉及审查和竣工验收；指导和监督相关行业重大事故的调查处理，参与调查处理相关的特大事故，并监督事故查处的落实情况；指导协调或参与相关的事故应急救援工作。

市安全监管局负责危化品安全监管的内设机构为危化品安全监督管理科（监管三科）。

2014年，按照市政府办重新下发的《关于印发六盘水市安全生产监督管理局主要职责内设机构和人员编制规定的通知》，市安全监管局危化品安全监管职责调整为：监督管理危化品和烟花爆竹生产、经营和储存的安全生产工作；依法监督检查化工（含石油化工）、烟花爆竹和医药生产经营单位安全生产情况；承担危化品和烟花爆竹行业安全生产及经营的安全准入管理，依法组织查处不具备安全生产条件的生产经营单位；指导非药品类易制毒化学品生产、经营监督管理工作；承担危化品经营和烟花爆竹经营（批发）准入管理和非药品类易制毒化学品生产经营备案工作；组织相关建设项目安全审查工作；配合上级业务主管部门督促相关企业做好危险化学品登记工作；组织、指导、监督有关安全标准化工作；督促相关行业和领域对安全生产隐患进行整改并组织复查；指导、协调相关部门和行业安全生产专项督查和专项整治工作；参与相关行业重大事故调查处理和应急救援工作。

二、重点工作与重要事件

2004年

8月20日，根据《省安全监管局省公安厅关于认真做好烟花爆竹安全监督管理移交工作的通知》精神，市安全监管局、市公安局于2004年8月30日联合下发《关于认真做好烟花爆竹安全监督管理移交工作的通知》，明确全市烟花爆竹生产、经营、储存单位的安全监管职权由市公安局移交至市安全监管局。安全监管部门负责监督检查烟花爆竹生产经营单位贯彻执行安全生产法律、法规情况及安全生产条件、设备设施安全和作业场所职业卫生情况，负责办理相关行政许可事项，组织查处烟花爆竹生产安全事故。公安机关负责烟花爆竹运输通行证发放和烟花爆竹运输路线确定，负责管理烟花爆竹禁放，实施烟花爆竹厂点四邻安全距离等公共安全，侦查非法生产、经营、储存、运输、邮寄烟花爆竹的刑事案件。

9月23日，为认真贯彻落实《国务院关于进一步加强安全生产工作的决定》联合下发的《六盘水市深化危险化学品安全专项整治方案的实施意见》，要求各县、特区、区政府，市直有关部门，从2004年起至2005年底，开展为期两年的危险化学品生产、储存、经营、运输、使用和废弃处置的从业单位安全专项整治。查处重点：不具备安全生产基本条件、不符合有关资质要求的危险化学品从业单位；整治事故隐患；关闭事故隐患多、安全无保障、拒不整改或整改无力的从业单位；重点监控有重大危险源的从业单位；查处非法从事危险化学品的生产经营活动，严厉打击利用危险化学品从事违法犯罪活动的行为。

10月27日，为切实做好全市危险化学品和烟花爆竹生产企业安全生产许可证颁证工作，市安全生产监管局印发《危险化学品及烟花爆竹生产企业安全生产许可证颁发工作方案》。要求全市危险化学品和烟花爆竹生产企业，必须于2004年11月1日起，申请办理并持有安全生产许可证，方可从事生产经营活动。

2005年

7月7日，水矿（集团）公司金山角大厦游泳馆（人民路七十三转盘与明湖路交汇处）在对池水消毒时因操作失当，发生氯气急性中毒事故，造成正在游泳的34名现场人员轻度中毒。根据省、市有关领导的批示指示精神，市安全监管局在市直有关部门及省卫生行政主管部门的大力支持配合下，组织开展事故调查。该事故虽然直接经济损失仅5万余元，但社会影响较大。

9月14日，省安全监管局、省供销合作联社联合下发《关于开展贵州省烟花爆竹临时销售许可证发放工作的通知》，对烟花爆竹临时销售许可证的颁证条件、总体要求、申请审批程序等提出具体要求。为落实省里的要求，市安全监管局下发《关于认真做好2006年烟花爆竹临时销售许可证发放工作的通知》，着手规范六盘水市烟花爆竹（临时）销售许可证的有关工作和相关流程。

11月13日，吉林省吉林市中石油吉林石化公司双苯厂发生爆炸事故，造成6人失踪、近70人受伤和数万人紧急疏散。为深刻汲取事故教训，市安全监管局下发《关于立即开展危险化学品生产经营储存单位安全检查的通知》，在全市范围内开展为期20日的安全大检查。

为认真做好全市危险化学品和烟花爆竹生产经营单位安全生产许可证、危险化学品经营许可证的申报颁证工作，市安全监管局下发《关于抓紧做好六盘水市危险化学品烟花爆竹生产经营单位安全生产许可证申报工作的紧急通知》，要求全市所有危险化学品和烟花爆竹生产经营单位，务必在2005年12月31日前，向安全监管部门申报颁证。

2006年

5月23日，为加强六盘水市烟花爆竹安全管理，本着方便企业、简化办事程序的原则，市安全监管局、市公安局联合下发文件，并明确规定：市中心城区烟花爆竹运输环节及市、水城县、钟山区等三地批发公司在市中心城区的所有乡、镇、街道办事处的经营网点配送烟花爆竹产品时，一律视为本地销售，勿需到当地公安机关办理道路运输许可手续。

7月20日，为加强全市剧毒化学品安全管理，市安全监管局下发《关于加强剧毒化学品安全管理的通知》。

7月23日，市安全监管局印发《六盘水市危险化学品及烟花爆竹行政许可制度》。

8月15日，省、市、钟山区三级安全监管部门，联合对钟山区联发烟花爆竹厂进行竣工验收。

11月上、中旬，市安全监管局、市质监局联合开展禁止违规使用氯酸钾生产烟花爆竹专项治理行动。

11月13日，为规范市中心城区烟花爆竹销售市场，市、钟山区安全监管局联合对由于历史原因已形成一定规模，且连片经营、安全隐患多且极易造成群死群伤的向阳北路烟花爆竹零售市场进行专项整治。该路段在不足100米的范围内，原有烟花爆竹零售经营点24处，且紧靠医院（六盘水市中医院）和学校（水城县二中）。通过召开座谈会等形式集体协商，最后仅保留了11处烟花爆竹零售点。

11至12月，按照国务院安委办和省安委办的安排部署，市安委办牵头，市安全监管局、市公安局、市交通局、市建设局、市质监局联合开展危险化学品槽罐车充装单位专项整治活动，并制定《危险化学品槽罐车充装单位专项整治活动实施方案》，对全市液氯、液氨、液化石油气、剧毒溶剂等重点品种和汽车罐车、长管拖车、罐式集装箱的液化气体、永久气体充装站或有安全生产违法、违纪记录的充装单位开展专项整治活动。

12月7—17日，全市重大危险源培训工作结束。

2007年

1月12日，市安全监管局下发《关于开展非药品类易制毒化学品生产经营许可工作有关问题的通知》，规范六盘水市非药品类易制毒化学品生产经营备案工作。

按照中共中央办公厅、国务院办公厅《关于做好2007年元旦春节期间有关工作的通知》精神，国家安全监管总局于2007年1月中旬至2月上旬对全国烟花爆竹生产经营安全生产开展一次全面检查。六盘水市制定了《六盘水市严厉打击非法生产经营烟花爆竹工作方案》，全力开展整治，成效显著：一是规范仓储建设。指导和督促各地新建烟花爆竹储存仓库，达到远离城区、建设规范、设计合理、储存安全、科学管理的目的，确保了市中心区、六枝特区、盘县、水城县的库房在2007年上半年建设完成并全部投入使用。二是狠抓颁证前的培训。全市全年共培训烟花爆竹零售户并颁证1237户，生产企业的59名危险工种从业人员参加了安全法规培训。三是强力开展专项整治。收缴各种非法烟花爆竹制品300余件（合7400余柄），总价值16万余元；没收黑火药26公斤、引线105米、银粉307公斤、土制火炮16000余头；销毁价值5万余元的假冒伪劣生产原材料；捣毁非法储存仓库2个，捣毁火炮土制工具3套；处罚非法经营户10户、共处罚4.27万元；移交公安机关立案查处1件。

3月2日，省安全监管局下发《贵州省烟花爆竹生产、储存建设项目安全许可暂行办法》。新建烟花爆竹生产建设项目必须按照国家对烟花爆竹生产企业“五化”要求进行建设。生产烟花、爆竹和引火线三种产品的新建企业，其厂房和设备设施的投资总额不应低于300万元，占地面积不应低于70亩；生产烟花、爆竹和引火线中两种产品的新建企业，其厂房和设备设施的投资总额不应低于200万元，占地面积不应低于50亩；生产烟花、爆竹和引线中一种产品的企业，其厂房和设备设施的投资总额不应低于100万元，厂区占地面积不应低于30亩。

制定下发《六盘水市化工企业安全生产专项整治工作方案》。整治重点：全市危险化学品生产企业持证情况及危险化学品生产、储存建设项目安全“三同时”工作；重点产业是氯碱、合成氨（包括尿素合成）和黄磷生产企业。

按照《省安全监管局关于进一步规范我省烟花爆竹产品省外供货单位监督管理的通知》要求，省安全监管局于2007年6月28日公布2007年度贵州省省外烟花爆竹产品供货单位名单，共78家。

7月，全省危险化学品生产企业首次申请安全生产许可证工作结束。

7月20日，为加强加油站安全监督管理，提高执法水平，促进危险化学品经营单位安全标准化管理，省安全监管局出台加油站安全现场检查表，方便基层监管执法人员开展执法工作。

8月3日，省安全监管局下发《贵州省烟花爆竹生产经营企业安全标准化考评办法（试行）》。

9月4日，全江化工投资有限公司盘县分公司，因液氨贮槽与总变电室气柜与居民楼安全距离不符合规定要求，被省安委会列为“重大安全生产事故隐患”挂牌督办。

11月9日，市安委会办公室公告2007年第一批重大隐患挂牌督办项目，盘县月亮山加油站因存在安全规章制度不落实、安全管理机构不明确等重大隐患被挂牌督办。

12月3日，全国烟花爆竹电视电话会议召开。国家安全监管总局副局长孙华山出席会议并讲话，总局危险化学品安全监管三司司长王浩水通报了近期烟花爆竹安全监管情况。会上，还安排部署了春节期间烟花爆竹安全监管工作。

12月24日，省安全监管局下发《关于做好烟花爆竹生产企业安全生产许可证换证工作的通知》，要求全省烟花爆竹生产企业必须按照《贵州省烟花生产储存建设项目安全许可暂行办法》的规定，具备一定规模的方能办理换证手续；达不到规模的企业，一律不予延期。严格执行《烟花爆竹工厂设计安全规范》《烟花爆竹劳动安全技术规程》和《烟花爆竹生产企业安全生产许可证实施办法》的规定，所有烟花爆竹生产企业必须符合上述标准和条例规定要求的生产条件。

12月27日，省安全监管局下发《贵州省危险化学品建设项目试生产安全管理规定

（试行）》。

2008年

1月28日，群众举报盘县城关镇鼓楼社区平街贩卖烟花爆竹存在安全隐患。市安全监管局高度重视，局主要领导立即做出批示，并与市公安消防支队联系，责成盘县安监局、盘县消防大队立即展开调查取证工作。接到市里通知后，盘县安委办迅速制定《关于开展盘县平街烟花爆竹整治专项行动的实施方案》，于2月2日起，由盘县安监局牵头，联合县公安、消防、工商等部门开展联合行动，检查烟花爆竹零售网点20余户，查处变更经营地点的烟花爆竹零售网点4户，非法经营土火炮的零售网点1户，收缴土火炮4万余头。

2月3日，江苏省南京市浦口区中石化乌江加油站，因受连日暴雪影响导致罩棚垮塌，造成4人死亡、16人受伤。为深刻汲取事故教训，市安全监管要求各级安全监管部门要会同当地建设行政主管部门，立即组织开展对辖区内所有加油站的安全督查，特别要对城市中心区、人员密集区以及在日常监管中问题较多的加油站重点进行检查。同时要求各成品油销售企业要加强内部管理，落实安全生产主体责任，严防各类事故的发生。

2月6日，北京市海淀区一烟花爆竹零售网点因周边燃放的烟花窜入，引燃该零售点30余箱烟花爆竹产品，但未造成人员伤亡。为汲取事故教训，市安全监管局在全市范围内对该起事故进行了通报，并对近期烟花爆竹安全监管工作提出要求。

根据省安委会办公室《2007年贵州省124处省挂牌督办重大安全生产事故隐患整改情况报告》，全省原124处督办项目仅剩12处未完成整改，其中位于盘县境内的贵州全江化工厂投资有限公司液氨储槽与总变电室、气柜与居民楼安全距离不符合规定的重大安全隐患仍未整改。4月17日，市安全监管局到该公司现场进行督查。4月28日，市安委会办公室向盘县政府下达督查意见书，要求县政府务必督促该企业于5月31日前将隐患整改完毕；隐患未整改之前，该企业不得组织生产。

5月30日，省安全监管局公布2008年度贵州省省外烟花爆竹产品供货单位名单，共106家。

6月，按照国家安全监管总局对危险化学品生产企业登记工作的要求以及省危险化学品登记办公室对全省危险化学品登记工作的安排部署，六盘水市危险化学品登记管理工作正式启动。

7月以来，市中心城区先后发生三起不明气体泄漏事件：7月2日，在钟山区凤凰山实验二小门前；8月25日，在水西路金源酒店门前；9月2日，在黄土坡建设路中段的钟山区武装部门前。为有效防范类似事件的发生，市安委会办公室下发《关于做好不明气体泄漏事件应急处置工作的通知》，要求各级安监、环保、公安、消防等部门要高度重视，完善应急处置联动机制，立即消除隐患并做好事故防范工作。

7月7日，国家安全监管总局下发《关于做好烟花爆竹安全生产许可有关工作的通知》，要求各地把烟花爆竹安全生产许可证换证工作与地方烟花爆竹产业安全发展规划、安全标准化和隐患排查治理工作有机结合起来。

8月5日，公安部、国家安全监管总局等五部局联合发出公告，将羟亚胺列为第一类易制毒化学品。

8月9日，全市危险化学品和烟花爆竹主要负责人、安全管理人员安全资格培训班结束。

8月，为确保第29次奥运会期间安全生产形势平稳，按照《关于加强奥运期间安全生产工作的通知》和《关于认真做好奥运圣火在我省传递及奥运会期间安全生产工作的通知》的要求，六盘水市全面加强此期间的危险化学品和烟花爆竹行业的安全监管，加大执法检查力度，深入开展隐患排查治理，加强对重点化学品的管理，实行重点危险化学品购买实名登记制度，杜绝危险化学品丢失事件的发生。严格执行烟花爆竹企业高温、雷雨天气停产作业制度，确保奥运会期间六盘水市安全生产形势的稳定。

8月20日，为深刻汲取云南省富宁县粗酚运输车辆翻车事故教训，落实市政府分管副市长的重要批示精神，六盘水市建立危险化学品道路运输事故协查工作机制和工作制度。一旦发生危险化学品道路运输事故，立即启动市政府危险化学品事故应急救援预案，各有关部门根据各自职责及分工，迅速开展应急救援、事故调查、事故善后处理等工作。

11月24日，市安全监管局下发《关于认真做好危险化学品经营许可证延期换证工作的通知》，对延期条件、资料提供、县级安监部门审核意见等作出具体要求，并公布了证件到期企业名单。

12月5日，市安全监管局批复同意水城县宏运烟花爆竹销售有限公司从事烟花爆竹批发经营业务的申请报告。

12月19日15时40分左右，盘县水塘镇木龙村二组发生一起非法生产烟花爆竹爆炸事件，造成2人死亡，2间民房倒塌，19间民房部分受损。副市长陈少荣为此作出批示。市安委会办公室立即对该起事件进行通报，并要求各地切实做好烟花爆竹安全监管工作，严厉打击非法生产、储存、运输、销售烟花爆竹行为。

2009年

1月6日，市安委会办公室下发《关于加强“两节”期间烟花爆竹安全监管工作的紧急通知》，要求各县、特区、区人民政府加强领导，周密部署，严厉打击非法生产、销售烟花爆竹行为，坚决遏制非法运输烟花爆竹行为。

2月25日，市安全监管局批准同意钟山区联发烟花爆竹厂从钟山区凤凰街道办事处石桥村搬迁至水城县滥坝镇。

3月17日至4月1日，市安全监管局组织开展全市危险化学品及烟花爆竹行业一季度安全大检查。检查工作以县、区交叉检查方式进行，市局从各县级安全监管局抽调人员参加。此次检查企业共20家。

4月20日，针对我省非法生产经营烟花爆竹的严峻形势，经省政府同意，省安全监管局补助水城县5万元资金，用于配备远距离炸药检测仪。

5月8日，省安全监管局下发《关于做好烟花爆竹经营（批发）许可证延期换证工作的通知》。根据国家对烟花爆竹批发经营企业统一规划、保障安全、合理布局、总量控制和严格控制数量的有关要求，我省每个县（市、区、特区）级行政区域内的批发企业数量严格控制在2个以内。同时，烟花爆竹产品应按国家标准规定以A、C级分级分库进行储存，仓库面积不小于200平方米。

6月12日，国家安全监管总局公布《首批15个重点监管危险化工工艺》。要求企业要按照《首批重点监管的危险化工工艺安全控制要求、重点监控参数及推荐的控制方案》，对照企业采用的危险化工工艺及其特点，确定重点监控的工艺参数，装备和完善自动控制系统，大型和高度危险化工装置要按照推荐的控制方案装备紧急停车系统。所有涉及危险化工工艺的生产企业，要在2010年底前完成生产装置自动化改造工作。今后，采用危险化工工艺的新建生产装置原则上要由甲级资质化工设计单位进行设计。

6月15日15时42分，钟山区人民中路161号门前人行道下铺设的煤气管道发生泄漏，煤气经地下电信光缆套管窜入人行道上供电部门的铁十三YBM29—12/0.4欧式箱变内。由于箱变中电气元件产生的放电引发爆燃，随即造成该箱变下方西侧2米处煤气管道断裂，大量煤气涌出并发生煤气燃烧。事故造成直接经济损失302881.38元，但未造成人员伤亡。事故发生后，市委常委、钟山区委书记牟海松及市安全监管局、市建设局、钟山区政府等单位负责人先后赶到现场，并迅速成立现场抢险指挥部指挥抢险。指挥长由时任钟山区政府副区长的肖一担任。经各部门的密切配合和市燃气总公司的全力抢修，泄漏点于23时封堵完毕，煤气管网恢复正常供气，抢险工作结束。

6月17日，省安全监管局公布2009年度贵州省省外烟花爆竹产品第一批供货单位名单，共58家；10月13日，公布第二批供货单位名单，共50家。

6月24日，为推动危险化学品生产、经营、储存单位全面开展安全生产标准化工作，改善安全生产条件，规范和改进安全管理工作，提高安全生产水平，国家安全监管总局下发《关于进一步加强危险化学品企业安全生产标准化工作的指导意见的通知》。

9月3日，为确保国庆60周年庆典活动的顺利进行，市安委会办公室下发《关于做好国庆期间危险化学品及烟花爆竹安全监管工作的紧急通知》，切实加强国庆期间六盘水市危险化学品及烟花爆竹行业安全监管，严防事故发生。

10月19日23时15分左右，水城县南开乡浑塘村九组发生一起私制土火炮爆炸事件，当场造成2人死亡、5人受伤，其中2名伤者送至医院后经抢救无效死亡。该事件造成6间房屋倒塌，周边62间房屋受到不同程度的损坏，直接经济损失25万元。

11月16日10时20分左右，钟山区大湾镇小湾村一组发生一起私制土火炮爆炸事件，当场造成1人死亡、1人受伤。伤者送至医院后，经抢救无效死亡。该事件造成1间房屋倒塌，周边48户村民的房屋受到不同程度的损坏，其中有10余间房屋的墙体出现了裂痕，直接经济损失13万元。

11月19日17时25分左右，六枝特区龙场乡桅木村三角组发生一起私制土火炮爆炸事件，当场造成2人死亡、6人受伤，其中1名伤者在送往医院途中死亡。该事件造成2间房屋严重受损，周边3户村民的10余间房屋受到不同程度的损坏，直接经济损失15万元。事故发生后，市委、市政府高度重视，市委书记刘一民，市政府市长何刚、副市长陈少荣等领导先后作出批示。

11月24日，市安委会办公室下发《关于对六盘水市近期发生的三起爆炸事件的通报》，对各地开展烟花爆竹“打非”工作提出要求。

11月9日，市安全监管局批准同意六枝特区金盛烟花爆竹批发有限责任公司的项目申请报告。

11月23日，市政府下发《六盘水市油气田及输油气管道安全保卫工作联系会议制度》，旨在建立长效工作机制，预防、打击涉油违法犯罪活动，维护全市油气资源、设施和生产经营安全。

12月16日，省安全监管局印发《贵州省危险化学品建设项目安全许可实施细则》。

2010年

3月25日，市安全监管局下发《关于在六盘水市成品油经营网点推广运用HAN阻隔防爆技术的通知》，要求全市所有加油站和油库在“十二五”期间完成HAN阻隔防爆技术改造。

5月5日，按照市政府办公室《关于印发六盘水市安全生产监督管理主要职责内设机构和人员编制规定的通知》，市安全监管局危险化学品安全监管科更名为安全监管三科。

7月22日，市安全监管局批准同意盘县顺鑫乙炔厂新建氩气、二氧化碳车间的项目选址。

7月22日8时45分，贵州宜化化工有限责任公司半水煤气变换工段发生爆裂，泄漏的变换系统工艺气当即发生爆炸，造成5人当场死亡，2人经医院抢救无效后死亡，2人重伤，2人轻伤。这是我省化工企业生产安全事故中伤亡人数最多的一起。

9月13日，国家安全监管总局、公安部联合下发《关于加强烟花爆竹(礼花弹)流向信息化监管工作的通知》，要求建设并使用烟花爆竹(礼花弹)流向监管信息系统，规范烟花爆竹生产、运输、燃放、出口行为及废弃礼花弹销毁工作。《通知》要求，从10月1日起，所有生产的烟花爆竹制品必须按规定张贴标签。

10月29日，六枝特区湘枝烟花爆竹厂申请关闭。

12月7日，市安全监管局同意盘县柏果铜厂沟烟花爆竹厂的项目选址。

2011年

1月20日，省政府办公厅转发《省安全监管局关于加强全省烟花爆竹安全监督管理工作实施意见的通知》，明确全省每个县级行政区域的烟花爆竹批发企业数量不超过2家。

5月13日，按照国家安全监管总局《关于开展烟花爆竹生产经营企业转包分包等违法违规行为专项治理的通知》要求，六盘水市立即开展打击烟花爆竹生产经营企业转包、分包行为专项治理行动。

6月21日，国家安监总局公布《首批重点监管危险化学品目录》，目录涉及汽油、苯等60种危险化学品。

7月1日，国家安监总局公布《首批重点监管危险化学品安全措施和应急处置原则》。

8月4日，市安全监管局批准同意市日杂公司、钟山区日杂公司的烟花爆竹仓库的异地改造申请报告。

9—12月，全市开展全面排查整治危险化学品和烟花爆竹企业安全隐患专项整治行动。

9月21日，湖南澳威物流有限公司六盘水分公司一辆甲醇罐车在水黄路110公里处翻下公路，造成3人受伤，少量甲醇泄漏。10月8日，为进一步加强危险化学品安全管理，市政府下发《关于切实加强危险化学品安全管理工作的通知》，对六盘水市危险化学品生产、储存、经营、运输、使用等环节的安全监管工作提出明确要求。

11月10日，省安全监管局下发《贵州省危险化学品生产企业安全生产许可证颁发管理实施细则》。

11月30日，为进一步加强六盘水市危险化学品和烟花爆竹安全监管工作，充分发挥各职能部门的作用，强化部门间的协作配合，有效预防和遏制各类危险化学品和烟花爆竹安全生产事故，经市安委会研究同意，制定《六盘水市危险化学品和烟花爆竹安全监管联席会议制度》。联席会议的主要任务是：贯彻落实国、省、市法律法规，制定全市危险化学品和烟花爆竹安全管理工作规划，通报全市安全情况，组织开展打非治违行动等。联席会议成员单位由市安全监管局、市经信委、市公安局、市交通局、市工商局、市质监局、市环保局、市商务粮食局、市规划局、市国资委、市卫生局、市邮政局、市公安消防支队组成。联席会议每半年召开一次。

12月1日，新修订的《危险化学品安全管理条例》（国务院令第591号）正式实施。市安全监管局下发《关于做好〈危险化学品安全管理条例〉贯彻实施工作的通知》，对六盘水市的宣贯工作提出具体要求。

2012年

3月19日，依照《城镇燃气管理条例》和《危险化学品安全管理条例》的规定，经省安全监管局请示国家安监总局同意，安全监管部门不再负责燃气加气站的安全生产行政许可工作。

5月28日，根据《危险化学品安全管理条例》及全省危险化学品和烟花爆竹安全监管工作会议精神，市安全监管局下发《关于规范六盘水市危险化学品经营许可的通知》。明确：从事剧毒化学品、易致爆危险化学品经营的企业及有储存设施的危险化学品经营企业，由市级安全监管部门颁发危险化学品经营许可证；无储存设施的危险化学品经营企业，由县级安全监管部门颁发危险化学品经营许可证。

6月29日，国家安监总局、国家发展改革委、工业和信息化部、住房和城乡建设部联合下发《关于开展提升危险化学品领域本质安全水平专项行动的通知》，以集中开展危险化学品领域“打非治违”；加快涉及“两重点一重大”企业的自动化控制系统改造；加强危险化学品生产储存装置设计安全管理；开展穿越公共区域的危险化学品输送管道专项治理；推动城镇人口密集区域危险化学品企业的搬迁；推动重点工作落实；切实提高危险化学品安全管理水平；提高产业人员准入条件和专业素质等7个方面为重点内容。省、市安全监管部门分别制定了具体的《实施方案》。

8—12月，六盘水市开展易制毒化学品专项整治行动。

9月6日，最高人民法院、最高人民检察院、公安部、国家安监总局下发《关于依法加强对涉嫌犯罪的非法生产经营烟花爆竹行为刑事责任追究的通知》。

2013年

1月10日，为规范危险化学品建设项目安全“三同时”审批程序，市安全监管局下发《关于进一步规范六盘水市成品油经营场所新建改建扩建等过程中有关安全监管问题的通知》。

1月20日，国家安全监管总局公布《第二批重点监管危险化工工艺目录》，并对首批重点监管危险化工工艺中部分典型工艺进行了调整。

2月5日，按照《贵州省提升危险化学品领域本质安全水平专项行动方案》的要求，六盘水市危险化学品生产储存企业自动化监测监控及安全联锁技术改造工作正式启动。

3月1日，根据省政府《关于2012年度取消和调整行政许可项目的决定》（省政府令第138号）和省安全监管局《关于调整行政许可事项的通知》的要求，贵州省烟花爆竹经营（批发）许可证核发的实施机关由省安全监管局调整为市安全监管局，

3月18日，省安全监管局转发《国家安全监管总局办公厅关于加强烟花爆竹生产机械设备使用安全管理工作的通知》，要求全省所有的爆竹生产企业一律取缔手工装混药生产工艺。

6至10月，市安委办组织开展全市危险化学品和烟花爆竹行业安全生产大检查。

7月15日，为进一步规范六盘水市化工和烟花爆竹两个行业的生产经营行为，实现精致、细致、极致的安全管理，市安监局印发《六盘水市化工企业十个百分百》和《六盘水市烟花爆竹生产企业十个百分百》。

7月29日至9月10日，按照《贵州省石油化工企业石油库和油气装卸码头安全专项检查工作方案》的要求，市安委办组织开展全市石油库安全专项检查。市安委办副主任、市安全监管局副局长王圣刚任组长，市政府副县级安全生产督查员夏国方任副组长，市质监局、市商务粮食局、市交通运输局、市公安局、市经信委等单位为成员，联合组织开展安全检查。

7月23日，国家安全监管总局印发《关于加强化工过程安全管理的指导意见》。

9月3日17时22分，盘县两河经冯家庄至红果快速通道K1+930—K2+170段填方路基发生山体滑坡，造成下方中石化华南分公司输油管道的盘县段部分管道位移断裂，直接经济损失约350余万元。但未造成人员伤亡。根据省政府专题会议部署及副省长王江平的批示精神，9月11—12日，省安全监管局副局长孙晓东率省公安厅、省交通运输厅等有关单位及专家组成调研组，赴盘县对该起输油管道断裂漏油事故进行了调研。调研组认定，该起事故是一起责任事故，并将调研情况向省政府作了报告。按照省、市领导的批示精神和有关法律法规的规定，由市安全监管局牵头，会同市监察局、公安局、总工会等单位组成事故调查组，开展事故调查，并报请市政府依法对该事故责任单位及有关责任人员进行了处理。

10月15日，市安委办下发《关于认真切实组织开展今冬明春烟花爆竹“打非治违”工作的通知》。

10月24日，市安全监管局公布全市已审查通过的151家《六盘水市危险化学品和烟花爆竹三级安全标准化企业名单》。其中：危险化学品企业142家，烟花爆竹企业9家。

11月5—20日，为确保党的十八届三中全会期间六盘水市安全生产形势的稳定，市安全监管局组织开展全市危险化学品和烟花爆竹行业安全大检查。

11月30日，市政府印发《六盘水市烟花爆竹“打非治违”专项整治工作方案》，定于2013年11月30日—2014年2月10日，在全市烟花爆竹行业持续开展“打非治违”专项整治行动。

12月4日，为深刻吸取青岛“11·22”原油泄漏爆燃事故教训，针对中石化西南成品油输油管道盘县段存在的安全隐患问题，市安委办向盘县政府、红果经济开发区管委会下达督办通知。

2014年

1月27日，市安委办下发《关于认真做好春节期间全市危险化学品和烟花爆竹行业安全生产工作的通知》。

2月1日，中石化贵州六盘水石油分公司金马加油站内一辆前来加油的轿车发生自燃，但未造成人员伤亡和财产损失。事件发生后，市安全监管局高度重视，立即组织钟山区安全监管局、中石化六盘水石油分公司召开座谈会，分析该未遂事故原因，总结经验，以更好地防范类似事故的发生。会后，进行了全市通报。

2月19日，市安全监管局下发《关于进一步明确市安监局内设机构有关监管职责的通知》，再次对局内涉及危险化学品安全监管的有关科室的职责分工进行了明确。

3月4日，为深入贯彻落实全省安全生产紧急电视电话会议精神，切实做好全国“两会”期间安全生产工作，组织开展全市成品油输送管道、油库、加油站安全生产大检查。

3月17日，按照市委、市政府的安排部署，市安全监管局、市商务粮食局、市质监局、钟山区政府、市公安消防支队、市人民医院等单位联合行动，由市政府副秘书长陈泉任指挥长，市安全执法监察局副局长夏国方、市商务粮食局局长李世雄、市质监局局长张汉刚、钟山区副区长黎家良任副指挥长，经过科学组织和密切配合，将市食品公司冷库储罐中的3吨液氨成功抽排并妥善处置，使这一多年以来的重大安全隐患得以彻底消除。

4月17日，国家安全监管总局要求烟花爆竹生产企业禁止使用甲醇进行生产作业。

5月30日，六盘水市危险化学品和烟花爆竹企业主要负责人和安全管理人员安全资格培训班结束。

6月4日，国家安全监管总局印发《关于民用爆炸物品重大危险源备案事项的复函》。《危险化学品安全管理条例》第97条规定，民用爆炸物品的安全管理，不适用本条例。因此，民用爆炸物品从业单位储存民用爆炸物品的数量构成危险化学品重大危险源的，不适用《危险化学品安全管理条例》和《危险化学品重大危险源监督管理暂行规定》关于“报所在地县级安全监管部门备案”的规定。

6月12日，市安全监管局下发《关于加强危险化学品装卸环节安全监管工作的通知》。

6月24日，省安全监管局因终止危险化学品生产活动或安全生产许可证有效期届满后未被及时批准延续等原因，依法注销德马燃气有限公司等六盘水市24家企业的危险化学品安全生产许可证。

6至10月，市安全监管局对全市烟花爆竹批发企业、零售单位主要负责人开展“谈心对话”活动。

7月11日，省政府将权限内危险化学品经营许可证核发和危险化学品安全使用许可证核发两项行政许可事项下放到市（州）安全监管部门。

7月23日，市安全监管局下发《关于做好汛期危险化学品和烟花爆竹安全生产工作的通知》。

7月28日—8月7日，市安全监管局对全市22座纳入重点监管的加油站开展专项检查，并下发《检查情况通报》。

8月20日，市安全监管局副局长王圣刚、市安全执法监察局副局长夏国方组织市商务粮食局、六盘水月照机场有限责任公司、中石化六盘水石油分公司、钟山区安监局等部门召开协调会，研究解决办理月照机场航油油库安全许可的相关事宜。

8月27日，全省三季度危化品和烟花爆竹安全监管工作会在六盘水市锦江大酒店召开。省安全监管局副局长孙晓东出席会议，全省各市（州）、贵安新区及省直管试点县安全监管局分管领导和部门负责人参加会议。会议传达学习了近期国家和省有关安全生产工作的安排部署，观看了青岛“11·22”等危化品事故警示教育片，分析总结了今年以来全省危化品和烟花爆竹安全监管工作情况，研究部署近期重点工作。市安全监管局党组书记、局长蔡军到会并致欢迎词。

8月29日，经请示省安全监管局并获批准同意，特委托六盘水市安全监管局全权负责六盘水月照机场航空油库建设项目安全“三同时”审查及核发颁证事宜，以加快机场的建设步伐。

9月2日，市安全监管局下发《六盘水市危险化学品和烟花爆竹行业安全生产大检查专项方案》，组织开展为期3个月的安全大检查。

10月14日，为深刻汲取湖南省株洲市醴陵南阳出口鞭炮厂“9·22”爆炸事故和遵义市湄潭县“10·6”非法制造烟花爆竹爆炸事故教训，市安委办下发《关于做好今冬明春烟花爆竹“打非治违”工作的通知》。

10月16日，市安全监管局、市公安局联合下发《关于进一步明确市中心城区烟花爆竹运输问题的通知》，规定周边所有乡、镇、社区的烟花爆竹经营网点配送产品时，一律视为本地销售，勿需办理道路运输许可手续。

11月12日，为加强危险化学品和烟花爆竹生产经营单位学法、知法、用法的能力，广泛深入开展《安全生产法》宣贯工作，市安全监管局下发《关于开展危险化学品领域和烟花爆竹行业新〈安全生产法〉宣贯工作的通知》。

12月8—21日，根据市安全监管局《关于开展危险化学品和烟花爆竹行业安全生产交叉检查的通知》要求，开展对全市81家危险化学品和烟花爆竹生产经营单位的安全检查。查出各类安全隐患296条；对盘县汇通石化加油站等3家企业作出暂扣证照、责令限期整改的决定；对红果经济开发区月亮山等4个加油站作出停产停业整顿的处罚。

2015年

2月13日，市环保局、市公安局、市安全监管局印发《关于在2015年春节期间实施烟花爆竹禁限放的通告》，规定除除夕、正月初一、正月初五至正月十五7:00—22:00外，其他时间在市中心城区一律不得燃放烟花爆竹。

4月13日，为深刻汲取博帕尔事故教训，国家安全监管总局决定在全国化工和危险化学品生产企业开展博帕尔事故警示教育活动。

4月28日，市安全监管局印发《六盘水市烟花爆竹经营安全专项治理检查方案》，从4至12月，对全市烟花爆竹经营企业按照烟花爆竹零售点“两关闭”、“三严禁”和烟花爆竹批发企业“六严禁”的要求开展专项整治。

6月10日，六盘水市开展危险化学品和烟花爆竹安全专题行活动。

6月23日，市安全监管局印发《六盘水市开展危险化学品企业安全隐患专项排查整治工作方案》。

7月28日至8月25日，为深刻吸取山东石大科技石化有限公司“7·16”着火爆炸事故教训，按照国务院安委办、省安委办的安排和部署，六盘水市组织在全市范围内全面开展危险化学品和易燃易爆物品暨化学品罐区“安全隐患大排查、大整治”专项整治行动。共开展重点督查25家（次），出动执法检查人员110人（次），查处隐患137条，并下发《关于全市危险化学品和易燃易爆物品暨化学品罐区安全专项整治情况的通报》。

9月4日，全市危险化学品和烟花爆竹主要负责人、安全管理人员安全资格培训工作结束。

9月9日，国务院安全生产第六督查组到首钢水钢集团有限公司水电（氧气）厂、中石化六盘水石油分公司滥坝油库开展督查。

9月10日，市安委会下发《关于深入开展危险化学品和易燃易爆物品安全专项整治的实施方案》。

9月14日，为深刻汲取天津港“8·12”瑞海公司危险品仓库特别重大火灾爆炸事故教训，按照全省危险化学品和易燃易爆物品安全监管工作推进会精神，六盘水市创新监管方式，向12家重点监管的危险化学品和烟花爆竹企业派驻“安全督查员”。

9月15日至10月31日，市安全监管局组织对市、县（区）中心城区加油站开展安全专项整治行动。

10月13日，为全面落实《化学品生产单位特殊作业安全规范》，市安全监管局印发《六盘水市化工和危险化学品及医药企业特殊作业安全专项治理工作方案》。

10月14日，市政府召开危险化学品和易燃易爆物品及油气化安全生产专题推进会。

11月12日，市安委办印发《关于切实做好六盘水市今冬明春烟花爆竹生产经营旺季安全监管的通知》。

三、专项整治

1. 三年攻坚行动

深入贯彻落实国务院《关于坚持科学发展安全发展促进安全生产形势持续稳定好转的意见》，以及氯酸钾和礼花弹等A级产品专项治理，切实推进烟花爆竹生产、批发企业的整顿和提升改造。

2. “打非治违”专项行动

2012年5月21日，根据市政府办公室《关于印发六盘水市集中开展安全生产领域打非治违实施方案的通知》，扎实推进六盘水市“打非治违”专项行动深入开展，确保专项行动取得实效。

2014年10月14日，市安委办下发《关于做好今冬明春烟花爆竹“打非治违”工作的通知》，要求有关烟花爆竹“打非”工作进行督查，并将督查情况及时向社会通报。

3. 安全生产大检查

一直以来，特别是雨季、两节、两会及春运期间，安全大检查均有形势分析、有安排部署、有督促督导、有整改落实。

2013年6月24日，市安委会办公室下发《关于印发六盘水市危险化学品领域和烟花爆竹行业安全生产大检查方案的通知》和全国、全省和全市安全生产工作电视电话会议精神，进一步加强全市安全生产工作，从2013年6月7日起至2013年10月20日，分自查自纠、重点检查阶段、整改落实阶段、回头看阶段四个阶段同步推进、交叉进行，在全市集中开展全面、系统的安全生产大检查。主要采取明察暗访、突击夜查、重点抽查、跟踪检查、回头检查、交叉检查等多种方式进行，对重大隐患要挂牌督办、持续跟踪、一盯到底。对存在重大隐患的，要依法停产整顿，对整改落实情况进行跟踪督查，经复查验收合格，方可恢复生产。严厉打击非法违法行为，对非法生产经营建设的有关单位和责任人，一律按规定上限予以处罚；对存在违法生产经营建设的单位，一律责令停产停业整顿，并严格落实监管措施；对触犯法律的有关单位和人员，一律依法严格追究法律责任。

4. “六打六治”打非治违专项行动

2014年8月5日，根据国务院安委会的安排部署，按照《省安委会关于集中开展“六打六治”打非治违专项行动的通知》要求，市安委会下发《市安委会关于印发〈六盘水市集中开展“六打六治”打非治违专项行动方案〉的通知》，决定在全市范围内开展以“六打六治”为主要内容的打非治违专项行动，集中打击、整治一批表现突出的非法违法、违规违章行为，严格落实停产整顿、关闭取缔、上限处罚和严厉追责的“四个一律”措施，进一步规范安全生产法治秩序，大幅减少非法违法导致的事故，确保全市安全生产形势持续稳定好转。由市安全监管局牵头，对全市危险化学品和烟花爆竹领域开展“六打六治”打非治违专项行动。专项行动从2014年8月开始至12月底结束。危险化学品方面：检查了5家（中缅天然气管道六枝段、六枝大用液化石油气站、盛安石化六枝加油站、中石化平寨加油站、运货道路运输检查站），查出一般事故隐患5条，下达4份执法文书。烟花爆竹方面：检查了2家烟花爆竹批发企业（六枝特区日用杂品公司、六枝特区金盛烟花爆竹批发有限责任公司），查出一般事故隐患19条，下达执法文书4份。中石化平寨加油站人员在卸油时存在违规违章作业现象，市安全监管局已对中石化六枝公司经理、平寨加油站站长和计量员作出经济处罚。

第三节 油气化管道

一、输油管道

1. 名称：中国石化销售有限公司华南分公司西南成品油管道。

2. 基本情况：中国石化销售有限公司华南分公司西南成品油管道建成于2005年12月26日，东自广东茂名炼油厂起，途经广西，贵州、云南三省一区，管道全长2400公里，肩负着三省一区的油源供应，同时也是国家的能源大动脉。西南成品油输送管道在六盘水市境内由盘县输油站负责管理，管道东起盘县英武乡上午起村虎跳河，与晴隆输油泵站接壤，西至盘县平关镇胜境村，与昆明管理处曲靖输油站交界，全长75.5公里，全线有三个线路截断阀室：桥西坡阀室、刘官阀室、平关阀室，管道经过盘县境内英武乡、刘官镇、西冲镇、两河乡、红果镇、火铺镇、平关镇等七个乡镇。辖区内管道穿越噜嘟河、亦资孔河流、平关河流等三处。全线共有17名巡线承揽人，负责所属管段的巡查工作，每天巡查一次，2010年10月以来公司推行GPS卫星定位仪进行巡线监管，管道沿线设立警示牌和标志桩，表明管道的走向。

二、输气管道

1. 名称：中国石油天然气集团公司中缅天然气输送管道。

2. 基本情况：中国石油天然气集团公司中缅天然气输送管道建成于2013年9月30日，起点在缅甸若开邦的皎漂县皎漂港，经缅甸若开邦、马圭省、曼德勒省和掸邦，从缅中边境地区进入中国云南省瑞丽市，再延伸至广西贵港市。其中国内段干线全长1726.8公里，全线管径D1016毫米，设计压力10兆帕，采用X80/X70级钢管。2013年10月18日，西南管道贵阳输油气分公司贵阳输气站点火成功，标志着中缅天然气顺利抵黔。中国石油天然气集团公司中缅天然气输送管道在六盘水市全长54.6公里，其中盘县49.5公里、六枝特区5.1公里，共经过6个乡镇(断江镇、两河乡、刘官镇、旧营乡、英武乡、落别乡)，设置3座监控阀室，修建6座管道专用隧道、1条中型河流跨越专用桥梁；穿越高速公路1处、铁路1处、县道3处。

中国石油集团西南管道有限公司贵阳输油气分公司安顺输油气站晴隆管道保护站负责六盘水市境内管道的管理，聘用属地化管道巡线工13人，阀室专职看护工3人，罗细河跨越管道专用桥梁专职看护工1人。管道巡线工每天进行徒步巡线。为了更准确地标明管道走向，管道每100米设置一个百米桩，每1公里设置一个里程桩，管道与道路、河流及电(光)缆等穿跨越处设置了标识桩，在重点和特殊地段设置警示牌。

三、城镇燃气管道

六盘水市燃气总公司成立于1984年，1990年12月正式供气，是六盘水市专营城市管道煤气的公用性国有企业。公司注册资金2086万元，总资产1.7亿余元，在册职工305人。总公司下设六盘水星炬建筑安装有限公司、六盘水燃气热力设计院、盘县燃气公司、六盘水城市燃气化学分析有限公司、六盘水清洁能源有限公司、六盘水热力公司（在组建）及相关业务部门。主要承担市中心城区煤气管道设计与施工、煤气储配、输送和燃器具维修工作。历经20余年的建设与发展，公司现已发展煤气用户8万余户，公建用户1600余户，建成煤气管网700余公里，3万立方米煤气柜及10万立方米煤气柜各1座，区域调压站（箱）200余座，初步形成了东起双水、西至德坞、南抵凤凰山、北到水矿（集团）及大河等片区的城市供气网络，城市气化率近60%。

2014年12月29日，六盘水市燃气总公司以增资扩股方式引进贵州燃气（集团）公司、盘江控股（集团）公司、六盘水能源开发投资公司作为战略投资者。新组建的贵州燃气（集团）公司六盘水分公司，属贵州燃气（集团）公司控股的股份制公司，成立相应法人治理结构，并积极推进六枝至六盘水天然气支线管道的建设、优先利用当地的页岩煤层气资源、建设LNG站点、全力推进城市集中供热项目建设等。

四、危险化学品输送管道

六盘水市危险化学品输送管道仅有1条。2012年8月建成，未穿越六盘水市城镇建成区域，且未投入使用；管道产权及使用单位均为贵州鑫晟煤化工有限公司（以下称鑫晟煤化工）。所在区域为水城县老鹰山镇石河村，上级主管单位为贵州水城矿业（集团）有限公司。管道始于鑫晟煤化工甲醇成品罐，终点至滥坝火车站装卸点，全长2.8公里，为埋地铺设（埋深：1.5米）；设计压力2.5兆帕，最高工作压力1.2兆帕，采用的是20#钢无缝钢管，管径200毫米，壁厚6.3毫米，输送介质为煤化工产品甲醇。管线上设置有YTZ-150（电阻）型远传压力表，能实时监测管道运行中压力波动情况，可及时有效地监测到管道受损及泄露等诸多情况。

五、工作开展情况

为切实加强六盘水市境内石油天然气长输管道、城市燃气管网、危险化学品输送管道安全保护工作，市安委会印发《六盘水市石油天然气长输管道城市燃气管网油气存储销售危险化学品输送管道安全保护工作机制》。2014年3月26日，市政府召开全市油气化安全保护工作会议，有序推动全市油气化安全保护工作。

2015年1月30日，市安委会印发《六盘水市油气化安全保护工作小组成员名单》和《六盘水市油气化安全保护工作小组成员单位工作职责》。由市能源局牵头，组成市油气化安全保护工作小组办公室开展工作。市公安局承担市输油气管道安全保护工作联系会召集单位工作。

根据《六盘水市安全生产委员会办公室关于对油气输送管道安全隐患进行挂牌督办的通知》《六盘水市石油天然气输送管道安全隐患整治攻坚实施方案》《六盘水市油气化安全专题行活动方案》《六盘水市油气管线隐患大排查、大整治专项行动工作方案》等文件，市、县政府及相关部门多次组织开展各种形式的隐患排查整治和“打非治违”行动。2015年，六盘水市各级各部门共出动350余人次对油气化企业进行检查，其中长输油气管道共检查出33个方面的问题，城市燃气管网75项问题，油气储存销售45项问题。所查出问题，已责令企业整改完毕。

截至2015年12月31日，全市境内油气输送管道安全隐患累计登记在册共349项，完成整改257项，整改率73.64%。其中全省挂牌督办隐患六盘水市22项，整改21项，整改率95%。油气输送管道安全隐患排除取得阶段性成果。

第四节　法律法规

2002年3月15日，国务院颁布实施《危险化学品安全管理条例》(国务院令第344号)。1987年2月17日国务院颁布的《化学危险物品安全管理条例》同时废止。

2002年10月8日，国家经贸委颁布实施《危险化学品登记管理办法》(原国家经贸委令第35号)。

2002年10月8日，国家经贸委颁布实施《危险化学品经营许可管理办法》(原国家经贸委令第36号)。

2004年4月19日，国家安全监管总局颁布实施《烟花爆竹生产企业安全生产许可实施办法》(原安监总局令第11号)。

2004年5月17日，国家安全监管总局颁布实施《危险化学品生产企业安全生产许可实施办法》(原安监总局令第10号)。

2005年11月1日，国务院颁布实施《易制毒化学品管理条例》(国务院令第445号)。

2006年1月11日，国务院颁布实施《烟花爆竹安全管理条例》(国务院令第455号)。

2006年4月15日，国家安全监管总局颁布实施《非药品类易制毒化学品生产、经营许可办法》(安监总局令第5号)。

2006年10月1日，国家安全监管总局颁布实施《烟花爆竹经营许可实施办法》(安监总局令第7号)。

2006年10月1日，国家安全监管总局颁布实施《危险化学品建设项目安全许可实施办法》(安监总局令第8号)。

2011年12月1日，国家安全监管总局颁布实施《危险化学品重大危险源监督管理暂行规定》(安监总局令第40号)。

2011年12月1日，国务院修订颁布实施《危险化学品安全管理条例》(国务院令第591号)。

2011年12月1日，国家安全监管总局颁布实施《危险化学品生产企业安全生产许可实施办法》(安监总局令第41号)。原国家安全监管总局颁布实施的《危险化学品生产企业安全生产许可实施办法》同时废止。

2012年3月1日，国家安全监管总局颁布实施《危险化学品输送管道安全管理规定》(安监总局令第43号)。

2012年4月1日，国家安全监管总局颁布实施《危险化学品建设项目安全监督管理办法》(安监总局令第45号)。国家安全监管总局颁布实施的《危险化学品建设项目安全许可实施办法》同时废止。

2012年8月1日，国家安全监管总局颁布实施《危险化学品管理登记办法》(安监总局令第53号)。原国家经济贸易委员会颁布实施的《危险化学品登记管理办法》同时废止。

2012年8月1日，国家安全监管总局颁布实施《烟花爆竹生产企业安全生产许可证实施办法》(安监总局令第54号)。原《烟花爆竹生产企业安全生产许可证实施办法》同时废止。

2012年9月1日，国家安全监管总局颁布实施《危险化学品经营许可证管理办法》(安监总局令第55号)。原国家经济贸易委员会颁布实施的《危险化学品经营许可证管理办法》同时废止。

2013年5月1日，国家安全监管总局颁布实施《危险化学品安全使用许可实施办法》(安监总局令第57号)。

2013年7月17日，国家安全监管总局颁布实施《烟花爆竹企业保障生产安全十条规定》(安监总局令第61号)。

2013年9月18日，国家安全监管总局颁布实施《化工(危险化学品)企业保障生产安全十条规定》(安监总局令第64号)。

2013年12月1日，国家安全监管总局颁布实施《烟花爆竹经营许可实施办法》(安监总局令第65号)。原《烟花爆竹经营许可实施办法》同时废止。

2015年8月4日，国家安全监管总局颁布实施《油气罐区防火防爆十条规定》(安监总局令第84号)。

第五节　安全标准化

2011年5月23日，市安全监管局印发《六盘水市危险化学品企业安全生产标准化考评实施方案》和《六盘水市危险化学品从业单位安全生产标准化三级企业考评办法》。

2011年12月30日，市安全监管局印发《六盘水市烟花爆竹企业安全生产标准化工作方案》。六盘水市现有烟花爆竹企业，在2012年底前已全部达到安全标准化三级水平。

2012年3月1日，省安全监管局公告：六盘水市危险化学品安全生产标准化三级评审组织单位，为六盘水市安全生产技术协会。

2012年以来，全市194家危险化学品和烟花爆竹企业开展安全标准化创建工作。通过评审和认定，194家获得三级称号(2012年，达到三级标准化单位9家；2013年151家；2014年12家；2015年22家）。贵州黔桂天能焦化有限责任公司，完成二级标准化申报工作。

第八章　冶金工贸等八大行业

“八大行业”，主要指冶金、有色、建筑、机械、轻工、纺织、烟草、商贸等行业。

2008年8月18日，市政府办公室在《六盘水市安全生产监督管理局主要职责内设机构和人员编制规定的通知》中明确规定“监督检查和指导全市冶金、有色、建材、机械、轻工、纺织等行业的安全生产工作”由市安全监管局负责。

在市安全监管局内部，该工作最先由监管一科负责，后划至监管四科。2015年12月17日，经市编委会办公室批复同意，监管四科与职业健康安全管理科合并，其科室名称定为职业安全健康与工贸行业监管科。

职业安全健康与工贸行业监管科在八大行业方面的具体职责是：监督检查全市冶金、有色、建材、机械、轻工、纺织、烟草、商贸等行业的安全生产情况；组织开展冶金等工贸行业安全生产标准化创建工作；督促相关行业和领域重大事故隐患整改并组织复查；指导、协调相关部门和行业安全生产专项督查和专项整治工作；参与相关行业和领域生产安全事故调查处理和应急救援工作。

第一节　概　况

六盘水市的“八大行业”，经过建国后半个多世纪的发展，先后涌现出一大批有代表性的标杆企业。如：首钢水城钢铁（集团）有限责任公司、贵州省六盘水双元铝业有限责任公司、贵州六矿瑞安水泥有限公司、富士康盘县精密电子有限公司等。它们的不断发展壮大，成为六盘水市地方经济中主要支柱产业的重要部分。

一、历史变迁

六盘水市“八大行业”的管理，经历了多次历史性的重大变迁。1998年3月10日，九届全国人大一次会议审议通过了《国务院机构改革方案》，政府职能转变有了重大进展，国家、地方相继撤销了几乎所有的工业经济专管部门，政企不分的组织架构在很大程度上得以消除。众多的工业经济专管部门是计划经济时代的产物，在当时的历史条件下，它们是资源配置的载体，是落实经济计划的依托。但是在建立社会主义市场经济体制的过程中，这些部门的存在极不利于充分发挥市场在资源配置中的基础性作用，不利于充分发挥企业在微观经济发展中的主体地位和作用。在一定意义上说，撤销工业经济专管部门，就是取消了国家与企业之间的“二道贩子”，消除了政企不分的组织堡垒。

随着大部制的改革，“八大行业”的主管部门职责进一步规范，逐步由计划经济向市场经济转变，实现了政企的根本分离。在1949年至2001年间，这些企业的安全监管工作，先后由国务院安全生产委员会、国家劳动部下属的劳动保护监管局、国家安全生产监管局负责。

2001年2月26日，国家安全生产监督管理局（国家煤矿安全监察局）正式宣告成立，标志着中国安全生产管理体制的改革取得重大进展。

改革开放以来，中国的安全生产状况总体上逐年好转。同时也要看到，由于进入市场经济以后的企业间的竞争加剧，一些地方片面追求眼前利益，减少安全生产和劳动保护方面的投入，放松了安全管理。加之体制不顺，监管力量薄弱等原因，导致一个时期以来重特大事故多发、频发。这次安全管理体制改革，从转变政府职能入手，通过体制创新，为扭转原来安全生产的被动局面，创造了必要的体制条件。2005年2月26日，国务院《关于国家安全生产监管局(国家煤矿安监局)机构调整的通知》，将原国家安全生产监管局(国家煤矿安监局)的安全生产监督管理职责，划入国家安全监管总局，并明确：冶金、有色、建材行业安全生产由安全监管一司负责，机械、轻工、纺织、烟草、贸易行业安全监管由安全监管二司负责。

2008年7月11日，在国务院办公厅《关于印发国家安全监管总局主要职责内设机构和人员编制规定的通知》中，将安全监管一司、安全监管二司负责的冶金、有色、建材、机械、轻工、纺织、烟草、商贸等行业安全监管职能划出，组建安全监管四司。该司的工作职责：依法监督检查冶金、有色、建材、机械、轻工、纺织、烟草、商贸等行业生产经营单位贯彻执行安全生产法律法规情况及其安全生产条件、设备设施安全情况；组织相关大型建设项目安全设施的设计审查和竣工验收；参与相关行业特别重大事故的调查处理和应急救援工作。由此，我国“八大行业”的安全监管体制基本理顺并成型。

二、六盘水市“八大行业”现状

截至2014年12月31日，全市规模以上“八大行业”共104家。

按区域分：六枝特区20家，盘县20家，水城县13家，钟山区28家，钟山经济开发区23家。

按行业分：冶金18家，有色2家，建材行业33家，机械16家，轻工19家，烟草1家，商贸15家，纺织企业暂无。

主要企业选录：

1. 首钢水城钢铁（集团）有限责任公司（简称水钢）

以钢铁制造业为主，集采矿、煤焦化、进出口贸易、汽车运输、机械加工、建筑安装、水泥等多种配套产业于一体的国有大型钢铁联合企业。资产总额150.5亿元，在岗职工1.91万人，钢铁主线生产具备500万吨/年钢的产能规模。主要产品有螺纹钢、棒材、高速线材、焦炭及焦化副产品等20余种，在国家西部大开发基础设施建设、城镇化建设、新农村建设等系列工程项目中被广泛使用。企业获全国先进基层党组织、全国五一劳动奖状、全国质量工作先进集体、全国企业文化建设优秀单位等荣誉称号。

水钢以精细做强、创新做优、转型突破为工作定位，按照国家以科学发展为主题、以加快转变经济发展方式为主线和贵州以加速发展、加快转型、推动跨越为主基调的总体要求，高举发展、团结、奋斗旗帜，抢抓国家实施新一轮西部大开发战略和贵州实施工业强省、城镇化带动两大战略带来的机遇，依托科技进步与技术创新，借助地方矿产资源禀赋和首钢总公司长材技术优势，转变发展方式，调整产品结构，推进深加工，延伸产业链，大力发展循环经济，做活做好非钢产业，更好更快建成技术先进、品种合理、节能高效、生态环保、效益良好、竞争力强、稳定和谐的中国西部长材精品基地。

2. 贵州省六盘水双元铝业有限责任公司

为中国鑫仁铝业控股有限公司的下属分公司。（集团）公司于2010年在新加坡上市，主要从事铝冶炼及铝深加工、进出口贸易等综合业务。双元铝业从2006年开始动工建设，总投资14亿元，现有14.5万吨/年的电解铝生产能力，10万吨/年铝板生产能力，年产值约30亿元。公司2009年荣获2009贵州企业50强、贵州民营企业50强第三名；2010年荣获中国诚信民营企业称号，2010年、2011年荣获了贵州省100强企业、六盘水市明星企业。

3. 贵州六矿瑞安水泥有限公司

前身为六枝工矿（集团）公司的下属企业。于1997年建成一条年产30万吨水泥湿法生产线。2003年底，六枝工矿（集团）公司与香港瑞安集团公司合资组建畅达瑞安水泥有限公司。2008年10月28日，合资建成一条日产2500吨新型干法水泥生产线，组建贵州六矿瑞安水泥有限公司。2011年8月，六枝工矿（集团）公司回购了香港瑞安公司所持有的40.16%的股权，贵州六矿瑞安水泥有限公司自此成为一个国有独资企业。

2011年10月14日，六枝工矿（集团）公司与安徽海螺水泥有限公司股权合作正式签约，海螺水泥增资51%控股经营六矿瑞安公司。11月，公司进行了管理权移交。11月18日，公司二期扩建日产4500吨熟料水泥生产线正式签约，项目总投资9亿元人民币。主要生产高标号低碱水泥、熟料。运用新工艺和新技术，以工业废渣做原料，实施余热发电项目，大力发展循环经济。二期项目建成后，公司规模已达到年产熟料260万吨、水泥320万吨，是六盘水市境内规模最大的水泥生产企业。

4. 西南天地煤机装备制造有限公司

该公司由中国煤炭科工集团下属的天地科技股份有限公司与贵州水城矿业股份有限公司控股的特大型煤矿成套装备制造企业，是贵州省政府面向大型中央企业的重点招商引资项目。公司坐落在红桥新区，占地1160余亩。公司依托中国煤炭科工集团的人才技术优势，以煤机成套装备制造维修为支柱产业，并在煤矿勘探、煤矿设计、煤矿开采方法、煤矿灾害治理、安全装备、煤矿培训等方面开展研究实践和技术服务。2013年上半年，实现刮板输送机、皮带输送机下线；2013年年底，具备液压支架生产能力； 2014年，实现采煤机、掘进机生产，最终形成年产液压支架1.5万架、采煤机200台、掘进机400台、配套综采刮板输送机200台、其他刮板输送机500台、皮带输送机600台的生产能力。

第二节 安全管理

一、工作概况

2008年，市安全监管局印发《关于做好2008年六盘水市非煤矿山及相关行业安全生产监管工作的通知》中明确提出：(1)深刻汲取省外发生的钢水包脱落、铝水外溢、粉尘爆炸等事故教训，加强冶金、有色、建材等行业安全基础管理工作，督促冶金、有色、建材等行业加强隐患排查，建立隐患排查制度，强化职业安全卫生管理，建立健全职工职业安全卫生档案制度，加强职业安全卫生防护工作。冶金、有色、建材等行业的新、改、扩建设项目要按照国家的有关规定完善安全设施“三同时”手续，坚决取缔国家明令淘汰、禁止使用的危及生产安全的工艺和设备。(2)加强冶金、有色、建材等行业从业人员的安全培训。新上岗的从业人员岗前安全培训时间不低于20学时，其他从业人员每年的安全再培训时间不低于16学时。同时，培训机构必须取得四级以上安全培训资质。从业人员经岗位培训后，由市级安监部门统一负责管理考核发证。

2009年，市安全监管局印发《关于贯彻落实〈国家安全监管总局关于进一步做好冶金有色建材机械轻工纺织烟草商贸等行业建设项目安全设施“三同时”工作的通知〉的通知》《六盘水市金属非金属矿山冶金等行业企业安全生产“三项行动”细化实施方案》。

2010年6月，市安全监管局印发《关于印发冶金有色建材机械轻工纺织烟草商贸等行业建设项目安全预评价报告、安全设施设计专篇和安全设施竣工验收备案工作实施办法(试行)的通知》《关于开展木质家具制造企业高毒物质危害治理工作的通知》《关于印发冶金等行业建设项目安全“三同时”专项检查工作方案的通知》。

2011年，市安全监管局下发《关于印发冶金等工贸企业安全生产标准化工作方案的通知》《关于在冶金机械等行业领域开展严厉打击非法违法生产经营建设行为的紧急通知》《2011年冶金机械等行业安全监管工作意见安排》《关于开展冶金等工贸企业有限空间作业安全生产专项检查的紧急通知》，转发《总局关于广西壮族自治区贵港钢铁集团有限公司“7·28”煤气中毒事故的通报》，转发《总局关于今年以来冶金等工贸企业有限空间作业较大事故的通报》，转发《总局关于进一步加强冶金等工商贸企业粉尘爆炸事故防范工作的通知》，转发《省安全监管局关于加强水泥生产企业安全生产管理工作的指导意见》，转发《省安全监管局关于近期两起冶金企业生产安全事故的通报》。

2012年，印发《2012年六盘水市冶金等工贸行业安全监管工作安排意见》，并转发省安全监管局《关于印发贵州省冶金等工贸企业建设项目安全设施“三同时”监督管理实施办法的通知》《关于印发贵州省冶金等工贸企业建设项目安全专篇编制指南和贵州省冶金等工贸企业建设项目安全设施目录的通知》。

2013年，印发《全市冶金等工贸行业安全监管工作安排意见》，转发《贵州省工贸行业领域涉氨制冷企业安全管理规定》。

2014年，印发《总局关于切实做好工矿商贸企业春季消防安全工作的通知》《总局关于开展有限空间作业安全条件确认工作的通知》《省安委办关于继续深入开展涉案制冷企业液氨使用专项治理的通知》《关于召开全市冶金等工贸行业安全生产标准化建设推进会的通知》《冶金等工贸行业开展涉及粉尘作业安全专项治理实施方案》《总局严防企业粉尘爆炸五条规定条文释义》。

二、专项整治

（1）水晶玻璃制品。按照省经济和信息化委等八部门联合下发《关于加强人工水晶生产管理的通知》。

六盘水市取缔关闭水晶玻璃制品企业名单

表8-1

序号	企业名称	企业地址	企业类型	负责人	关停时间	加工设备(套)	备注
1	六枝特区树春水晶工艺品加工厂	六枝特区平寨镇五小老教学楼	个人独资	李树春	2014年5月16日	10	
2	六枝特区怡悦水晶工艺品加工厂	六枝特区平寨镇五小老教学楼	个人独资	胡国敏	2014年5月16日	9	
3	六枝特区段洪祥水晶工艺品加工厂	六枝特区平寨镇五小老教学楼	个人独资	段洪祥	2014年5月16日	20	
4	六枝特区安琴水晶工艺品加工厂	六枝特区平寨镇五小老教学楼	个人独资	安　琴	2014年5月16日	11	
5	六枝特区李树忠水晶工艺品加工厂	六枝特区平寨镇五小老教学楼	个人独资	李树忠	2014年5月16日	15	
6	六枝特区永春水晶加工厂	六枝特区平寨镇五小老教学楼	个人独资	吴维敏	2014年5月16日	6	
7	六枝特区孙氏水晶加工厂	六枝特区平寨镇罗家寨	个人独资	孙小芳	2014年5月16日		未投产
8	六枝特区高强水晶艺术品加工厂	六枝特区洒志乡平桥村	个人独资	高　强	2013年4月	20	
9	六枝特区王光祥水晶工艺品加工厂	六枝特区洒志乡洒志村	个人独资	王光祥	2013年1月	30	
10	六枝特区忠峰水晶灯饰加工厂	六枝特区洒志乡簸箕田村	个人独资	卢篩华	2014年5月16日		未投产
11	六枝特区丽晶水晶工艺品加工厂	六枝特区洒志乡平桥村	个人独资	马兴亮			已搬镇宁县
12	盘县滑石乡水晶加工厂	盘县滑石乡旧寨高速公路旁	个人独资	范权松	2014年5月20日		未投产
13	盘县鸡场坪乡水晶加工厂	盘县盘北经济开发区	个人独资	洪国昌	2014年5月20日		未投产
14	盘县松河乡水晶加工厂	盘县松河乡布书梅村	个人独资	黄河成	2014年5月20日		未投产
15	水城县长委水晶加工厂	水城县营盘乡	个人独资		2014年5月24日	6	
16	水城县营盘水晶加工厂	水城县营盘乡	个人独资		2014年5月24日	6	
17	水城县晶金综合加工厂	水城县发耳镇新联村一组	个人独资		2014年5月24日		未安装设备，改加工螺丝

（2）涉氨制冷。全市曾有涉氨制冷企业4家。其中在使用企业2家，停止使用企业2家。为认真汲取吉林省长春市宝源丰禽业有限公司“6・3”特别重大火灾爆炸事故和上海翁牌冷藏实业有限公司“8・31”重大氨气泄漏事故教训，全市专项治理完成对食品加工类企业2家、仓储类企业2家的整治工作。液氨储量企业分别为：重庆啤酒集团六盘水啤酒有限责任公司，设计储存量10吨，实际储存量5吨；六盘水奔牛食品厂，设计储存量5吨，实际存量3吨。停止使用企业：市食品公司于2014年3月17日，由市政府组织相关部门完成液氨抽排后，彻底消除了残余液氨对周边居民的安全隐患；六盘水市中心区机械化屠宰厂，于2013年11月25日停用，完成液氨抽排工作。

（3）石灰窑。为深刻吸取黔东南州岑巩县水尾镇一处非法石灰窑发生一起煤气中毒事故教训，坚决遏制类似事故发生，2014年5月，市安全监管局转发了《省安全监管局关于开展石灰窑专项治理的通知》整治方案，全市安全监管部门对辖区内所有石灰窑开展拉网式排查。经核查，全市共有石灰窑生产企业3家。其中：生产企业2家，停产1家。市县两级安全监管部门就企业煤气安全管理、提升设备、运输设备等关键关节点和领域开展专项检查，进一步督促企业安全主体责任落实。

（4）粉尘。按照国务院安委会办公室《关于深刻吸取江苏省昆山市“8・2”特别重大事故教训深入开展安全生产专项整治的紧急通知》精神，为深刻汲取事故教训，改善企业作业环境，建立企业粉尘防爆安全监管长效机制，防范粉尘爆炸事故发生，市安委办制定《关于冶金等工贸行业开展涉及粉尘作业安全专职治理实施方案》《涉及粉尘作业企业基本情况统计表》，在市公安消防支队、林业局、商务粮食局等安委会成员单位的通力合作下，摸底排查出全市存在粉尘爆炸危险企业30家；未发现涉及铝镁等金属粉尘企业。其中：规模以上企业12家，其他企业18家。

2014年9月，结合安全生产标准化评审工作，聘请贵州省化工研究院邱山、周训清等两位安全评价师，对六盘水市水城县黔峰水泥有限公司等14家“八大行业”企业开展安全标准化评审。

（5）交叉检查。2014年11月，市安全监管局制定《关于集中开展“六打六治”打非治违专项行动方案》，进一步抓好全市“八大行业”安全生产工作，在全市范围内开展安全生产交叉大检查。检查组紧密围绕《安全生产法》《有限空间作业五条规定》《严防企业粉尘爆炸五条规定》等，对企业宣教培训、安全设施、职业危害防护设施“三同时”、安全标准化创建等情况，认真开展检查。

（6）安全大检查。2015年2月，市四大班子领导率队到四个县、区，对六盘水市12个“八大行业”企业开展春节期间安全生产大检查，确保节前、“两会”之际六盘水市安全生产形势平稳。

（7）产业园区调研。与市经信委一道，联合对全市11个工业园区开展专项执法检查和调研。仅钟山经济开发区设置有专门的安全监管机构，其余均未设置。随着六盘水市产业园区引入企业数量的不断增加，园区安全监管责任模糊，企业安全意识薄弱，给安全生产埋下较多安全隐患。

全市工业园区安全监管情况

表8–2

序号	县区	园区名称	园区类别	园区地址	企业数量	安监机构		安全管理机构
						机构数量	在岗人数	
1	六枝特区	六枝经济开发区（六枝特区岩脚工业园区）	省级	六枝特区岩脚镇	6	1	2	经开区管委会安监办
2		六枝特区木岗工业园区	市级	六枝特区木岗镇	6	—	—	
3		六枝特区路喜循环经济产业园	市级	六枝特区新窑乡	4	—	—	
4	盘县	红果经济开发区	省级	盘县两河乡	107	1	2	当地安监站
5		盘县盘北经济开发区	省级	盘县鸡场坪乡	22	0	0	当地安监站
6		盘县盘南工业园区	县级	盘县保田镇	11	0	0	当地安监站
7	水城	水城经济开发区	省级	水城县董地乡	10	0	0	当地安监站
8		水城县发耳煤电化产业园区	县级	水城县发耳乡	9	0	0	当地安监站
9	钟山区	钟山区水月园区	市级	钟山区月照乡	40	0	0	当地安监站
10		大河经济开发区	县级	大河、大湾、汪家寨	30	0	0	当地安监站
11	钟山经济开发区	钟山经济开发区	省级	六盘水市红桥新区	31	1	4	安监局（在编4人）

三、培训教育

（1）企业安全培训。安全生产教育培训是伴随着企业创建就一直存在的，如入厂时的三级教育（厂级、车间、班组），岗位操作规程、岗位应急管理等安全知识培训等。如六盘水烟草专卖局（公司）《企业安全文化手册》，涵盖了企业安全理念文化、安全行为文化、安全制度文化、安全环境文化、安全应急处置、安全相关知识、安全人文提示等7个方面，理顺了企业安全文化与企业文化的关系，彰显了由安全生产向安全文化指引企业发展。

（2）企业有关人员培训。2013年至2015年，市安全监管局、市安全生产技术中心，联合组织全市“八大行业”企业主要负责人和安全管理员培训。2013年、2014年、2015年分别完成229人次、298人次、277人次的培训。培训课程以宣贯安全生产法律法规，剖析近年来全国“八大行业”的生产安全事故案例为主，起到良好的教育作用。

（3）特种作业人员培训。“八大行业”特种作业人员，系指电工作业、起重机械作业、金属切割焊接作业、锅炉司炉等特殊工种作业。根据国家规定，特种作业人员应具备以下基本条件：年龄满18周岁；身体健康，无妨碍从事相应工种的疾病和生理缺陷；初中以上文化程度，具备相应工种的安全技术知识，参加国家规定的安全技术理论和实际操作考核并成绩合格；符合相应特种作业需要的其他条件。

从事特种作业人员，必须接受安全教育和安全技术培训。经考试合格，才能独立作业；考试不合格的，不能上岗作业。

四、事故案例选录

案例一

2004年4月4日13时30分左右，正在大修的水城钢铁集团公司2号高炉在清理炉渣过程中，高炉内衬及残留物突然发生坍塌，造成正在现场的40名作业人员中的8人死亡、3人重伤、8人轻伤。

事故原因：一是水钢2号高炉清理炉渣工程的承包者，组织民工在没有任何安全防护措施、不具备安全生产条件的环境中作业，劳动组织不合理，且违章放炮、违章指挥，致使事故发生。二是中国有色金属工业集团第十四冶金建设公司承包水钢2号高炉的炉渣清理后，违反有关规定，将工程转包给无资质的人员承接，以包代管，不按工程方案执行，不依法执行技术规程，无有效的安全措施。三是工程建设方贵州水城钢铁集团公司对该工程安全监督检查认识不到位，审查安全技术措施把关不严，纠正违章作业不坚决。

案例二

2006年1月6日9时51分，水城钢铁(集团)有限责任公司氧气厂3号制氧机组空分塔扒砂过程中，因珠光砂从空分塔底入孔处喷出，发生重大窒息责任事故，造成7人死亡、轻伤24人，直接经济损失122.6173万元。

事故原因：一是空分塔下入孔板被取下，由于珠光砂流动性强，导致珠光砂瞬时大量涌出，将在场等待装砂作业民工掩埋是造成本次事故的直接原因。二是氧气厂扒珠光砂作业，在机动处未下达批准外委施工手续，也未到安全环保处办理安全协议审批手续，擅自开工是本次事故的主要原因。三是氧气厂安全技术规程没有明确规定排砂入孔的开度大小，安全技术规程不健全，凭经验开入孔板是本次事故的原因之一。

案例三

2008年9月24日11时10分，贵州省六盘水双牌铝业有限责任公司铝排车间发生一起铝锭爆炸责任事故，造成4人死亡、3人轻伤。

事故原因：未经有资质的设计单位设计；安全管理混乱，安全生产主要负责人、安全管理人员均未依法参加培训；职工安全教育工作重视不足，多数特种作业人员无证上岗，其他从业人员未依法进行安全教育培训；特种设备未经检验合格，违规使用；主要负责人安全意识淡薄，对安全生产工作未引起高度重视，多年以来，省、市、县安全监管部门多次到公司进行安全检查，责令其补做正规设计、安全现状评价、职业危害评价、完善安全“三同时”手续等，但公司一直未予及时、认真落实。

案例四

2010年9月16日19时15分，六盘水市金六发商贸实业有限公司，在清理发耳电厂员工公寓楼生活污水处理池时，发生窒息事故，造成4人死亡。

事故原因：公司在清污前，未对污水处理池内的有毒有害气体进行检测；在未采取任何保护措施的前提下施工作业；事故发生后，盲目施救，导致事故扩大。

案例五

2014年8月10日0时5分，首钢水城钢铁(集团)有限责任公司炼铁厂三、四号高炉共用浴室发生煤气中毒事故，导致正在浴室洗澡的15名职工不同程度中毒，事故造成2人死亡、13人轻伤，直接经济损失约200余万元。

事故原因：一是管理缺失。在炼铁厂一号炉降料面时，未能及时预知管道前端的蒸汽使用量大于正常生产时的蒸汽用量，会导致蒸汽母管压力下降，使处于管道末端的四号高炉平台工业蒸汽蒸汽压力低于四号高炉炉顶压力，造成煤气反窜至集汽包。二是设备缺失。四号高炉顶至工业蒸汽集汽包的连接管道，使用普通蒸汽闸阀进行切断控制，致其关闭不严。三是设计缺陷。设计单位设计事发浴室蒸汽管直接接于工业蒸汽集汽包上，违反了相关行业标准，安全验收、安全标准化等技术服务机构均未发现该设计缺陷。

第三节　安全标准化

一、由来

2004年,《国务院关于进一步加强安全生产工作的决定》首次提出在全国所有的工矿、商贸、交通、建筑施工等企业普遍开展安全标准化活动的要求，在煤矿、非煤矿山、危险化学品、烟花爆竹、“八大行业”开展安全标准化创建工作。

2010年7月19日,《国务院关于进一步加强企业安全生产工作的通知》文中，再次明确提出“深入开展以岗位达标、专业达标和企业达标为内容的安全生产标准化建设”。

2011年5月3日，国务院安委会下发《关于深入开展企业安全生产标准化建设的指导意见》，提出规模以下企业要在2015年前实现达标。

2011年5月13日，国务院安委会办公室下发《关于深入开展全国冶金等工贸行业安全生产标准化建设的实施意见》。

6月7日，国家安全监管总局下发《关于印发全国冶金等工贸企业安全生产标准化考评办法的通知》，明确了考评及管理办法。

6月30日，市安全监管局下发《六盘水市冶金等工贸企业安全生产标准化工作方案的通知》，明确六盘水市第一批开展标准化建设的企业名单及完成创建时间。

9月5日，省安全监管局印发《贵州省冶金等工贸企业安全生产标准化建设工作管理办法的通知》，规范了我省冶金等工贸企业安全生产标准化建设工作。

达标创建

2011年1月20日，首钢水城钢铁(集团)有限责任公司炼钢厂(二炼钢)通过安全生产标准化二级评审，成为六盘水市第一家“八大行业”企业安全标准化二级示范企业。

2012年，贵州黔桂三合水泥有限责任公司、贵州省烟草公司六盘水公司、首钢水城钢铁(集团)有限责任公司煤焦化分公司等6家单位通过安全标准化三级评审。同年，贵州六盘水盛鸿达机械设备制造有限公司、贵州省六盘水双元铝业有限公司等2家通过企业安全生产标准化三级评审。

2013年，首钢水城钢铁(集团)有限责任公司炼铁厂四高炉系统等3家通过安全生产标准化二级评审，贵州安凯达新型建材有限责任公司等24家单位通过安全生产标准化三级评审。

2014年，贵州水城瑞安水泥有限公司通过安全生产标准化一级评审，贵州水城矿业股份有限公司机械制造分公司等2家通过安全生产标准化二级评审，首钢水城钢铁(集团)有限责任公司生活服务分公司、环保建材公司等14家通过安全生产标准化三级评审。

至此，全市共53家企业完成安全生产标准化评审。其中：一级1家，二级13家，三级40家。

2014年6月，国家安全监管总局《关于印发企业安全生产标准化评审工作管理办法(试行)的通知》提出，进一步规范非煤矿山、危险化学品、化工、医药、烟花爆竹、冶金、有色、建材、机械、轻工、纺织、烟草、商贸企业安全生产标准化评审程序。这是我国安全标准化的一件大事，它进一步规范和完善了企业安全标准化评审的考评办法、考评程序。

六盘水市“八大行业”企业安全标准化达标情况

表8-3

序号	县区	企业名称	行业	定级	公告时间	有效期至
1	六枝	贵州宏狮煤机制造有限公司	机械	三级	2013年12月31日	2016年12月
2		六枝特区华兴管业制品有限公	轻工	三级	2013年12月31日	2016年12月
3		六盘水鑫望预制构件有限公司	建材	三级	2013年12月31日	2016年12月
4		六枝聚炳商品混凝土有限公司	建材	三级	2014年11月24日	2017年11月
5		六枝特区鹏远纸厂	轻工	三级	2014年11月24日	2017年11月

续表8-3

序号	县区	企业名称	行业	定级	公告时间	有效期至
6	盘县	盘县盘翼选煤有限公司	选矿厂	三级	2013年6月11日	2016年6月
7		盘县盘鑫选煤有限公司	选矿厂	三级	2013年6月11日	2016年6月
8		盘县启明煤业有限公司	选矿厂	三级	2013年6月11日	2016年6月
9		盘县大为煤业有限公司	选矿厂	三级	2013年6月11日	2016年6月
10		盘县兴富洗选有限公司	选矿厂	三级	2013年6月11日	2016年6月
11		盘县益民选煤有限公司	选矿厂	三级	2013年6月11日	2016年6月
12		盘县淤泥湾田煤矿重介有限公司	选矿厂	三级	2013年6月11日	2016年6月
13		贵州兴科工贸有限公司	建材	三级	2014年11月24日	2017年11月
14		贵州黔桂三合水泥有限责任公司	建材	二级	2012年7月16日	2015年7月
15	水城	六盘水大自然饮业有限公司	轻工	三级	2013年12月31日	2016年12月
16		水城县鑫涛新型建材有限公司	建材	三级	2013年12月31日	2016年12月
17		六盘水开源商品混凝土有限公司	建材	三级	2013年12月31日	2016年12月
18		贵州鑫晟煤化工有限公司（水泥生产线）	建材	三级	2013年12月31日	2016年12月
19		贵州省六盘水市旗盛焦化有限公司（焦化部分）	冶金	三级	2013年12月31日	2016年12月
20		贵州省六盘水双元铝业有限公司	有色	三级	2012年12月10日	2015年12月
21		贵州水城县黔峰水泥有限公司	建材	三级	2014年11月24日	2017年11月
22		六盘水三得家居有限公司	商贸	三级	2014年11月24日	2017年11月
23		水城县鑫新碳素有限责任公司	有色	三级	2014年11月24日	2017年11月
24	钟山	贵州六盘水盛鸿达机械设备制造有限公司	机械	三级	2012年9月29日	2015年9月
25		六盘水德鑫预拌商品砼有限公司	建材	三级	2013年12月31日	2016年12月
26		六盘水品三商贸有限公司	建材	三级	2013年12月31日	2016年12月
27		六盘水国贸广场春天百货有限公司	商贸	三级	2013年12月31日	2016年12月
28		贵州安凯达新型建材有限责任公司	商贸	三级	2013年12月31日	2016年12月
29		六盘水双龙混凝土有限公司	建材	三级	2013年12月31日	2016年12月
30		贵州水矿西洋焦化有限公司（焦化部分）	冶金	三级	2013年12月31日	2016年12月
31		六盘水百盛商业发展有限公司	商贸	三级	2013年12月31日	2016年12月

续表8-3

序号	县区	企业名称	行业	定级	公告时间	有效期至
32	钟山	六盘水通源铸铁有限公司	冶金	三级	2013年12月31日	2016年12月
33		首钢水钢生活服务分公司环保建材公司	建材	三级	2014年11月24日	2017年11月
34		首钢水钢炼铁厂一高炉	冶金	三级	2014年11月24日	2017年11月
35		首钢水城钢铁（集团）有限责任公司炼铁厂二高炉	冶金	三级	2014年11月24日	2017年11月
36		重庆啤酒集团六盘水啤酒有限责任公司	轻工	三级	2014年11月24日	2017年11月
37		六盘水顺安商砼有限公司	建材	三级	2014年11月24日	2017年11月
38		六盘水顶津饮品有限公司	轻工	三级	2014年11月24日	2017年11月
39		首钢水钢炼钢厂（一炼钢）	冶金	二级	2014年5月19日	2017年5月
40		贵州水城矿业股份有限公司机械制造分公司	机械	二级	2014年5月19日	2017年5月
41		首钢水钢炼铁厂4#、5#烧结系统	冶金	二级	2013年12月31日	2016年12月
42	钟山	首钢水钢轧钢厂三棒线、二高线	冶金	二级	2013年12月31日	2016年12月
43		首钢水钢炼铁厂四高炉系统	冶金	二级	2013年12月31日	2016年12月
44		贵州省烟草公司六盘水公司	烟草	二级	2012年12月31日	2015年12月
45		首钢水钢炼铁厂6#、7#烧结机系统	冶金	二级	2012年12月4日	2015年12月
46		首钢水钢炼铁厂三高炉系统	冶金	二级	2012年12月4日	2015年12月
47		首钢水钢煤焦化分公司	冶金焦化	二级	2012年2月7日	2015年2月
48		首钢水钢炼钢厂	冶金炼钢	二级	2012年2月7日	2015年2月
49		首钢水钢炼钢厂（二炼钢）	冶金	二级	2011年1月20日	2014年1月
50		贵州水城瑞安水泥有限公司	建材	一级	2014年6月3日	2017年6月
51	钟山经济开发区	六盘水西南家居装饰博览城有限公司	商贸	三级	2013年12月31日	2016年12月
52		六盘水瑞都建材有限公司	建材	三级	2014年11月24日	2017年11月
53		六盘水恒森钢材有限公司	机械	三级	2014年11月24日	2017年11月

六盘水市主要“八大行业”企业名单

表8–4

总序号	分序号	县区	企业名称	所属行业
1	1	六枝特区	六枝特区华兴管业制品有限公司	轻工
2	2		六枝特区鹏远造纸厂	轻工
3	3		六盘水鑫望预制构件有限公司	建材
4	4		六枝特区任进轻质建材有限公司	建材
5	5		贵州畅达瑞安水泥有限公司	建材
6	6		贵州宏狮煤机制造有限公司	机械
7	7		贵州黔华混凝土有限责任公司	建材
8	8		六枝特区聚炳商混有限责任公司	建材
9	9		六枝特区泰丰商砼有限责任公司	建材
10	10		六枝特区大海水泥制品有限公司	轻工
11	11		磊鑫硅业有限公司	冶金
12	12		六枝特区永盛冶炼有限公司	冶金
13	13		六枝特区岩脚大畅面业有限公司	轻工
14	14		六枝特区德鑫合金有限公司	冶金
15	15		六枝特区永鑫硅业有限公司	冶金
16	16		六枝特区朝阳彩印厂	轻工
17	17		六枝特区雾峰纯天然食品厂	轻工
18	18		六枝特区碧海洗煤厂	有色
19	19		六枝特区永兴机械铸造有限责任公司	机械
20	20		六枝特区渝兴煤矸石砖厂	建材
21	1	盘县	红果经济开发区龙鼎工贸有限公司	机械
22	2		盘县虹桥实业有限责任公司	机械
23	3		红果经济开发区光宏金属制品有限公司	机械
24	4	盘县	红果绿缘科技环保建材有限公司	建材
25	5		红果丰益商砼有限公司	建材
26	6		贵州信友实业有限公司核桃乳厂	轻工
27	7		盘县盘龙酒业有限公司	轻工
28	8		六盘水盛红安装有限责任公司	机械
29	9		贵州天刺力食品科技有限责任公司	轻工

续表8-4

总序号	分序号	县区	企业名称	所属行业
30	10	盘县	贵州盘江矿山机械有限公司	机械
31	11		盘县益康管业有限责任公司	建材
32	12		贵州黔桂三合水泥有限责任公司	建材
33	13		贵州兴科工贸有限公司	建材
34	14		贵州盘江煤电建设工程有限公司	建材
35	15		贵州恒创鞋业有限公司	轻工
36	16		贵州盘江胜动新能源装备制造及维修项目	机械
37	17		富士康精密电子有限公司	轻工
38	18		红果联城商品混凝土有限公司	建材
39	19		贵州明城科技有限公司	轻工
40	20		盘县岩博酒业公司	轻工
41	1	水城	水城县黔峰水泥有限公司	建材
42	2		水城县鑫涛新型建材有限责任公司	建材
43	3		六盘水开源商品混凝土有限公司	建材
44	4		六盘水大自然饮业有限公司	轻工
45	5		六盘水双元铝业有限责任公司	有色
46	6		水城县鑫新碳素有限公司	有色
47	7		水城县三得家居广场	商贸
48	8		贵州博宏小河金属铸业有限责任公司	冶金
49	9		贵州博宏实业有限责任公司水泥分公司	建材
50	10		六盘水首嘉博宏建材有限公司	建材
51	11		水城海螺盘江水泥有限责任公司	建材
52	12		水城县双水柏兰面条厂	轻工
53	13		水城县双水双丰面条厂	轻工
54	1	钟山	首钢水钢炼铁厂	冶金
55	2		首钢水钢炼钢厂	冶金
56	3		通源铁业有限公司	冶金
57	4		六盘水烟草公司	烟草
58	5		首钢水钢轧钢厂	机械
59	6		六盘水百盛商业发展有限公司	商贸
60	7		重庆啤酒集团六盘水啤酒有限责任公司	轻工

续表8-4

总序号	分序号	县区	企业名称	所属行业
61	8	钟山	安凯达新型建材有限公司	建材
62	9		贵州水城瑞安水泥有限公司	建材
63	10		六盘水豪龙水泥有限公司	建材
64	11		六盘水顺安商砼有限公司	建材
65	12		六盘水品三商贸有限公司	建材
66	13		六盘水德馨预拌商品砼有限公司	建材
67	14		六盘水双龙混凝土有限公司	建材
68	15		六盘水国贸广场春天百货有限公司	商贸
69	16		六盘水顶津饮品有限公司	轻工
70	17		六盘水市中心区机械化屠宰厂	轻工
71	18		六盘水大润发商业有限公司	商贸
72	19		贵州六盘水恩华酒厂	轻工
73	20		水矿机械制造厂	机械
74	21		首钢水钢盛鸿达公司	机械
75	22		水城天瑞食品有限公司	轻工
76	23		贵州永辉超市六盘水市钟山分公司	商贸
77	24		六盘水佳惠华盛堂百货有限责任公司	商贸
78	25		沃尔玛（贵州）百货有限公司 六盘水钟山中路店	商贸
79	26		六盘水涵辰经贸有限公司	建材
80	27		首钢水钢公务分公司环保建司砖厂	建材
81	28		苏宁电器（钟山西路店）	商贸
82	1	红桥	六盘水新西南家居装饰博览城	商贸
83	2		水城钢铁集团工贸有限公司	商贸
84	3		六盘水荷源面业有限公司	轻工
85	4		六盘水市亮点门窗	轻工
86	5		六盘水昱霖门窗装饰有限公司	轻工
87	6		六盘水卓亿商贸有限公司	轻工
88	7		六盘水瑞都建材有限公司	建材
89	8		六盘水嘉锐商品混凝土有限责任公司	建材
90	9		六盘水鸿海建材有限公司	建材

续表8-4

总序号	分序号	县区	企业名称	所属行业
91	10	红桥	六盘水黔丰商品混凝土有限公司	建材
92	11		六盘水恒森钢材有限公司	机械
93	12		贵州东海钢结构工程有限公司	机械
94	13		六盘水华栋再生资源利用有限公司	机械
95	14		六盘水华栋报废汽车回收拆解有限公司	机械
96	15		西南天地煤炭装备制造有限公司	机械
97	16		六盘水金鼎钢结构有限公司	机械
98	17		六盘水鑫钢源贸易有限责任公司	机械
99	18		六盘水市金福瑞商贸有限公司	商贸
100	19	钟山区	贵州源能新能源机车产业有限公司	机械
101	20		贵州水钢同鑫晟金属制品有限公司	机械
102	21		贵州六盘水红豆缘酒业有限公司	轻工
103	22		六盘水市蔬菜水产公司	轻工
104	23		六盘水市食品公司	轻工

第九章 职业健康

职业健康是指研究、预防因从事职业活动所导致的疾病，并以此去防止原有疾病恶化的管理过程。职业健康的主要表现为从事职业活动中因环境及接触有害因素所引起的人体生理机能的变化。

职业健康的定义很多，但最具权威的是1950年国际劳工组织与世界卫生组织的联合职业委员会给出的定义。即：职业健康，应以促进并维持各行业职工的生理、心理及社交处在最好状态为目的；以防止职工的健康受工作环境影响；以保护职工不受健康危害因素而受到伤害；将职工安排在适合他们的生理和心理的工作环境中。

第一节 发展历程

一、历史沿革

（1）概况

我国职业卫生监管职能一共发生过三次重大变化。

第一阶段（新中国成立到1998年）：职业卫生监管工作，主要由各级劳动部门负责。

第二阶段（1998—2002年）：职业卫生监管工作由卫生部门负责。

第三阶段（从2003年起）：2003年，中央机构编制委员会对职业卫生监管职责进行调整，将卫生部承担的作业场所职业卫生监督检查职责划到原国家经贸委下属的安全监管局。2005年，又明确将此项职能划归到国家安全监管总局；煤矿方面的职业卫生监管职能，划归国家煤矿安监局负责。

2010年，中央机构编制委员会办公室印发《关于职业卫生监管部门职责分工的通知》，对卫生部、国家安全监管总局、人力资源社会保障部、全国总工会等四部门职业卫生监管职责进行明确分工。

（2）职能调整

60年代中期至70年代末，六盘水进入大规模的开发建设时期，矿山掘进、金属冶炼、隧道工程、矿山放炮、地质勘探、化工建材等建设同时推进。防尘、防毒等工业卫生工作任务十分繁重。

六盘水职业病普查防治工作，最早始于1959年郎岱建井工程处卫生所负责的职业病防治。

1963年，根据国务院颁布的《关于防治矽尘危害的决定》，贵州省煤炭工业管理局第二基本建设公司医院配备工业卫生医师一人，购买了化验设备，开始对井下粉尘浓度进行测定。

20世纪70年代后，盘江矿务局、水城矿务局、水城钢铁（集团）有限责任公司等企业以及地方卫生部门、防疫检测部门，均先后设立职业病防治机构或专职医护人员，开始了六盘水市对职业病的全面普查工作。

2005年，按照国家安全监管总局、卫生部《关于职业安全健康监管工作职责划分的意见》，六盘水市安全监管局成立了职业安全与健康监管科，开始实施对本辖区内各作业场所职业危害的普查与监督检查。

2010年，根据中央编委对职业卫生监管职责重新进行划分的要求，六盘水市政府在下发《关于六盘水市安全生产监督管理局主要职责内设机构和人员编制规定的通知》时，将市安全监管局的职业安全健康职责，具体明确为：

（1）依法监督检查工矿商贸作业场所（煤矿作业场所除外）职业卫生情况；

（2）拟定作业场所职业卫生有关安全规章和标准；

（3）依法组织查处不具备安全生产条件的生产经营单位；

（4）承担职业卫生安全许可证的颁发管理工作；

（5）承担安全生产劳动防护用品的监督管理工作；

（6）监督检查有关职业安全培训工作；

（7）组织职业危害申报工作；

（8）参与职业危害事故调查处理和应急救援工作；

（9）指导、协调相关部门和行业安全生产专项督查和专项整治工作。

自此，对六盘水市安全监管与卫生行政主管部门有关职业卫生监管职责正式进行了明确：

市安全监管局负责全市作业场所职业卫生监督检查；承担职业卫生安全生产许可证的颁发管理；组织查处职业危害事故和有关违法违规行为。

市卫生局负责职业病的预防、保健、检查与救治、职业卫生技术服务机构资质认定；职业卫生评价；化学品毒性鉴定。

2011年1月24日，市编委根据贵州省编委《关于进一步明确职业卫生监管部门职责分工的通知》精神，再次将六盘水市卫生部门负责的职业卫生检测、评价技术服务机构的资质认定工作划转给安全监管部门。同时，还明确安全监管部门：负责新建、改建、扩建建设项目和技术改造、技术引进项目的职业卫生“三同时”审查及监督检查。

至此，六盘水市职业健康监管职责全部划分明确，多年以来的职责交叉问题全部得以理顺。

二、现状

六盘水市是以采矿、钢铁、建材、电力等能源原材料为主的重工业城市，涉及职业病危害企业高达1360家。其中，七大职业病危害高危重点监管企业（金属、非金属矿采选；危险化学品生产；金属冶炼及加工；建材；木质家具制造；电力生产和供应；建筑施工）503家。全市劳动者总人数156812人，接触职业病危害劳动者112764人。其中，接触粉尘劳动者58344人，占劳动者总数的38%，占接触危害人数的52%，是职业病发生的主要危害因素。

截至2015年，全市登记有职业病人数836人，主要集中在采矿业和制造业。

第二节　普查登记

一、项目申报

1. 制度的建立

职业病危害项目申报制度的建立，对促进职业病防治工作具有积极重要的意义。为了规范作业场所职业病危害项目申报工作，加强对生产经营单位的职业健康工作的监督管理，国家卫生部在2002年3月28日下发的《职业病危害项目申报管理办法》规定，职业病危害项目是指存在或者产生职业病危害因素的项目。其申报内容包括：用人单位基本情况；工作场所职业病危害因素种类、浓度、强度；产生职业病危害因素的生产技术、工艺和材料；职业病危害防护设施、应急救援设施。

国家安全监管总局成立并接手作业场所职业健康监督检查职能后，2009年9月8日出台《作业场所职业危害申报管理办法》，对作业场所职业危害重新作了定义。即指从业人员在从事职业活动中，由于接触粉尘、毒物等有害因素而对身体健康所造成的各种危害。

2011年12月31日，全国人大在修改《职业病防治法》时，也相应就职业卫生有关法律条款作了修订完善。

2012年4月27日，国家安全监管总局在颁布新《作业场所职业病危害项目申报管理办法》时，规定用人单位(煤矿除外)工作场所存在职业病目录所列职业病的危害因素的，应当及时、如实向所在地安全监管部门申报危害项目，并接受安全监管部门的监督管理（煤矿职业病危害项目申报办法，另行规定）。

职业病危害项目申报工作实行属地分级管理。中央企业、省属企业及其所属用人单位的职业病危害项目，向其所在地设区的市级人民政府安全监管部门申报；除中央企业、省属企业及其所属用人单位以外的其他用人单位的职业病危害项目，向其所在地县级人民政府安全监管部门申报。

用人单位申报职业病危害项目时，应当提交《职业病危害项目申报表》并提供用人单位的基本情况；工作场所职业病危害因素种类、分布情况以及接触人数；法律、法规和规章规定的其他文件、资料。

用人单位进行职业病危害项目申报，应同时采取电子数据和纸质文本的方式。申报流程为登录申报系统注册→在线填写和提交《申报表》→安全监管部门审查备案→打印审查备案的《申报表》并签字盖章，按规定报送地方安全监管部门。

在职业病危害申报与备案管理系统（网址：http://www.chinasafety.ac.cn）进行电子数据申报，并及时将纸质文本数据报送安全生产监督管理部门。

2. 普查情况

六盘水市是以采矿、钢铁、建材、电力等能源原材料为主的重工业城市。因此，职业病危害主要因素有：粉尘（包括矽尘、煤尘、水泥尘、电焊尘等）、物理因素（包括噪声、振动、高低温等）、化学因素（包括氮氧化合物、一氧化碳、硫化氢、电离辐射、汽油等）。

近年来，通过组织全市企业进行职业病危害项目申报，并根据申报数据的整理和分析，进一步摸清了六盘水市职业健康基本状况。截至2014年12月31日，全市累计开展采矿业、制造业、水电气生产和供应业、建筑业、交通运输、居民服务及其他企业等6大行业职业病危害项目申报1749家（其中国企252家、私企1232家），为全市11382家企业的15.4%。接触职业危害劳动者计113597人，占劳动者总人数159068的71.4%；职业病人数累计903人，占接触人数的7.95‰。接触粉尘劳动者58840人，占劳动者总数的37%，占接触危害人数的51.8%，是职业病发生的主要危害因素。

随着政策的变化，全市非煤矿山正处于资源整合期并按照省安全监管局职业卫生相关工作的要求，及时将申报系统中已经整合、关闭的企业进行注销清理。经过清理，截至2015年4月9日，全市非煤矿山行业职业病危害申报企业1359家（其中：六枝特区23家，盘县803家，水城县269家，钟山区252家，钟山经济开发区12家），劳动者总人数135814人，接触职业病危害因素总人数102275人，接触率75.3%。主要集中在采矿业、制造业、居民服务和其他服务业、电力、燃气生产及供应业等行业领域。

3. 现状分析

（1）职业危害因素多、分布广。经过对1359家申报单位的职业危害因素统计分析，共涉及职业危害因素77种。其中：粉尘类12种；物理因素类6种，化学物质类56种，生物因素3种。职业危害多分布于工矿商贸等行业领域的生产经营活动过程中，采矿、冶金、电力、建材、危化品等行业领域职业危害严重企业所占比例大。职业卫生监管、职业病防治任务十分繁重。

（2）接触职业危害人数总量大。在以上申报的企业中，接触粉尘危害从业人员数49894人，占接触总人数的48.78%；接触化学因素危害从业人员数18149人，占接触总人数的17.75%；接触物理因素危害从业人员数31864人，占接触总人数的31.16%；接触放射性物质及其他类危害因素560人，占接触总人数的0.55%;累计职业病人数836人，发病率约为0.82%，从以上数据可以看出，六盘水市职业病危害主要以粉尘接触与物理因素为主。接触职业危害的劳动者比例较大，六盘水市职业健康工作任重道远。

（3）局部地区职业病患者多，防治形势严峻。职业病累计836人，占接触职业危害人数的0.82%；粉尘病例是发生职业病的主要危害因素，占职业病累计人数的80%。

第三节　专项治理

2009年，根据国家安全监管总局、卫生部、人力资源和社会保障部、中华全国总工会《关于开展粉尘与高毒物品危害治理专项行动的通知》，要求全面治理职业危害防治薄弱环节，改善劳动者作业条件，建立职业危害防治工作的长效机制，预防职业危害事故发生，保护从业人员生命安全、身体健康，促进全市职业危害防治形势稳定好转。

2011年，为规范六盘水市金矿开采企业的职业卫生管理工作，有效控制粉尘危害，切实保障劳动者的健康权益，市安全监管局制定《六盘水市开展金矿开采企业粉尘危害治理工作实施方案》。提出：在2012年8月前，全市所有金矿开采企业均要达到职业卫生基本要求，粉尘危害得到有效控制，作业岗位粉尘浓度符合职业接触限值要求，个体防护用品符合国家标准要求。

2012年，出台《六盘水市职业卫生专项检查工作方案》，组织开展职业卫生专项检查。检查对象：矿山开采、冶金冶炼、木制家具制造业及使用喷漆、涂胶和凉漆生产工艺中职业危害较重企业。其间，对盘县三合水泥有限责任公司石英砂岩矿、六枝特区陇脚乡新春村高寨硅石厂2家重点企业开展了粉尘专项治理和督导；盘县政府召集县环保局、监察局、安全监管局、国土资源局、供电局、公安局、水利局、工商局、珠东乡、159地质勘探队、盘县聚鑫矿业开发有限公司炼山坡和砂锅厂金矿，就有关事宜进行专题研究。会议决定：盘县聚鑫矿业开发有限公司立即停止金矿作业，并于7月29日前，撤除所有金矿附属的地面构筑物及设备设施。开展全市石英砂加工、木质家具制造、石棉矿山及制品、金矿开采等职业危害严重的行业和企业的专项整治。

2013年，下发《六盘水市水泥生产企业职业病危害专项治理工作方案》，对该行业职业病危害展开专项治理。

2014年，按照国家安全监管总局《关于加强水泥制造和石材加工企业粉尘危害专项治理工作的通知》和《贵州省开展金属冶炼行业职业病危害专项治理工作实施方案》，以及《六盘水市关于继续开展水泥制造和石材加工企业粉尘危害专项治理工作的通知》有关要求，组织对辖区内水泥生产、冶炼行业企业进行摸底排查。5月27—29日，对5家水泥生产企业开展粉尘危害专项治理。

第四节　安全标准化

职业健康标准化工作，坚持"安全第一、预防为主、综合治理"及"预防为主、防治结合"的职业病防治方针，坚持以人为本安全发展理念。职业健康标准化，是对企业安全生产方面所作出的更高要求，也是对安全生产许可制度的进一步深化。

2010年7月6日，下发《关于开展全市职业健康标准化试点和职业健康监督员岗位建设试点评审工作的通知》，对全市职业健康标准化试点工作进行安排部署。开展企业职业健康标准化工作，是全面落实企业职业健康主体责任的必要途径，是强化企业职业健康基础工作的长效制度，是监管部门实施企业职业健康分类指导、分级监管的重要依据，也是有效防范企业职业安全事故的重要手段。

2011年，开展职业健康标准化评审。全年，共核准职业卫生标准化达标企业8家。其中，达到二级的6家：水城钢铁集团有限责任公司轧钢厂、水城钢铁集团有限责任公司炼钢厂、水城钢铁集团有限责任公司煤焦化分公司、贵州黔桂天能焦化有限责任公司、贵州水城瑞安水泥有限公司、贵州黔桂三合水泥有限责任公司；达到三级2家：贵州六矿瑞安水泥有限公司和水城县双戛玮鑫建材有限公司。

2012年，通过评审，核准达到三级以上职业健康标准化企业9家(其中二级3家)。

2013年，核准达到三级以上的职业健康标准化企业34家(其中二级10家)。

3月27日，国家安全监管总局印发《关于开展用人单位职业卫生基础建设活动的通知》，决定在全国开展用人单位职业卫生基础建设活动。

2014年2月10日，省安全监管局《贵州省用人单位职业卫生基础建设活动工作方案》出台。职业卫生基础建设活动的内容涵盖了用人单位在职业病的预防环节应当履行的义务和职责。通过深入开展这次活动，有效引导了各用人单位对照要求，查找差距，落实职业病防治主体责任，提高职业卫生管理水平，进一步改善企业劳动者的工作环境和劳动条件。

《六盘水市用人单位职业卫生基础建设活动工作方案》的出台，将全市用人单位职业卫生基础建设活动进行任务分解细化。职业卫生基础建设活动主要内容分为：责任体系、规章制度、管理机构、前期预防、工作场所管理、防护设施、个人防护、教育培训、健康监护、应急管理等10个方面，共计60个考核项。

通过开展企业自查自评，由县、区安全监管部门组织验收，2014年，全市开展用人单位职业卫生基础建设活动参加企业196家（全市任务数163家，实际完成率120.25%）。其中：六枝特区26家，盘县116家，水城县35家，钟山区12家，钟山经济开发区6家。

2015年，全市继续组织开展用人单位职业卫生基础建设活动，企业达到七个职业病危害重点监管企业的40%（与职业病危害现状评价数相同），共202家。

第十章　其他重点行业

安全生产工作涉及社会生产生活的各个行业。就其危险性、事故发生频率等来讲，习惯上所称的安全生产综合监管的其他重点行业是指除煤矿、非煤矿矿山、危险化学品、烟花爆竹等以外的行业领域。主要是社会消防、建筑施工、学校教育、生态旅游、特种设备、供电、食品药品、民爆物品、水利水电、森林防火、气象、自然灾害等。这些行业的日常安全监管工作，由具体的行业主管部门负责。

多年以来，各部门始终坚持“安全第一、预防为主、综合治理”的方针，坚决落实安全生产“一岗双责”和“管行业必须管安全、管业务必须管安全、管生产经营必须管安全”的指导原则，根据“三定方案”及国家法律、法规、标准所赋予的工作职责，认真履行安全生产监管工作。

第一节　社会消防

一、机构沿革

自2004年后，六盘水市的公安消防部门及其队伍建设得到不断的健全、完善和壮大。2004年11月，市公安消防支队（以下简称支队）正式搬迁至南环路杉树林村。

2005年9月，水城县消防大队搬迁至双水新区，并开始组建其各消防中队。

2009年11月，贵州省消防总队批准组建六盘水市特勤中队，编制为正连级。

2011年，全国消防部队编制改革，支队执行二类编制，定职级为正团级。支队机关下设司令部、政治处、后勤处、防火监督处四个部门（副团级）；在司令部、政治处、后勤处、防火监督处之下所辖科室为正营级；支队作战指挥中心、战勤保障大队、培训基地为正营级；警勤中队为正连级。支队下辖4个消防大队，即钟山区公安消防大队、六枝特区公安消防大队、盘县公安消防大队、水城县公安消防大队。同时，钟山大队一中队更名为钟山西路中队，钟山大队二中队更名为人民中路中队，特勤中队和钟山西路中队职级升格为副营级。

2012年，贵州省公安消防总队批准组建红桥新区消防大队，职级为正营级。

二、执勤备战

2004年，支队结合全市消防部队任务、编制、岗位、装备，大力开展了全员岗位大练兵活动，将岗位练兵与业务工作相结合，坚持以“四个重在”为目标，以“四个着力点”为引导，以“五个机制”为保障，提高了司、政、后、防等各个岗位人员的综合素质和业务水平，推进了“161”工程的顺利实施。

2005年，支队被定为全国重大危险源调查评估试点单位。6月10日，市政府组织各县、特区、区人民政府、经济开发区管委会、市直各工作部门、各直属事业单位，在全市范围内开展重大危险源调查评估工作。12月8日，全市重大危险源专家委员会对全市范围内的重大危险源单体和区域火灾风险、城市公共消防设施和消防灭火救援力量进行专题论证评估，确定了六盘水市的10家重大危险源。它们分别是：水钢焦化厂精苯车间、水钢15万立方煤气柜、水钢3万立方煤气柜、水钢2万立方煤气柜、中石化滥坝油库、市燃气总公司煤气柜、贵州五月天餐饮娱乐有限公司蓝博湾娱乐城、六盘水供电局城中变电所、六盘水电信局电信机房、市师范高等专科学校宿舍区。

2006年，支队建立健全全勤指挥部，由指挥长1名，作战助理、信息助理、调度助理、火调助理、宣传助理各1名组成，规定了相应的工作职责，将火警划分为四级。在力量调度上，火警的力量调集，按制定的灭火救援预案实施；未制定预案的，一级火警由支队消防调度指挥中心或独立接警处的县（市）消防大（中）队指挥员组织指挥，二级火警由大队或支队全勤指挥部负责组织指挥，三级火警由支队或总队全勤指挥部负责组织指挥，四级火警由总队全勤指挥部负责组织指挥。

2007年，支队以规范部队执勤战斗秩序、提高部队战斗力为目标，本着贴近基层、贴近一线、贴近实战的原则，针对六盘水市消防部队现役体制、编制序列及指挥方式等特点和执勤战斗面临的新情况、新问题，对灭火救援的指导思想、组织指挥体系、抢险救援行动、执勤战斗保障、战评与总结等方面进行了修改、补充，进一步规范完善。

3月29日，贵州省公安消防总队在六盘水市举办全省消防部队勤务实战化建设观摩会。

2008年6月26日，总队组织全省9个支队的支队长（学校政委、部分支队副支队长）、参谋长、通讯参谋及总队机关司令部、政治部、后勤部、防火部相关人员，到六枝特区参观“三台合一”建设成果。

2008年7月25日，贵州、云南消防部队在中石化六盘水石油分公司盘县油库联合举行“迎奥运、保平安”跨区域石油化工火灾实兵演习。六盘水支队、安顺支队、黔西南支队、云南曲靖支队和灭火救援社会联动单位等，均参加了此次联合演习。贵州省消防总队参谋长赵音强、六盘水市党政领导，现场观看了演习。同时到场观看演习的，还有市和盘县有关单位及37个乡镇党委政府主要负责人，驻地群众共800余人等。

2010年8月5日，省政府在六盘水市召开贵州省综合应急救援队伍建设现场会。省委常委、副省长黄康生亲临会议并作重要讲话。

2012年7月18—21日，全省消防部队跨区域地震救援实战拉动演练，在毕节市赫章县及六盘水市水城县、钟山区成功举行。

8月，支队制定实施正规化建设精细化管理规定。该规定紧紧围绕软、硬件建设标准进行建设，对值班备勤管理、战备管理、战斗行动管理、训练秩序管理、工作秩序管理、网络信息管理、生活秩序管理、官兵行为等进行规范。修订完善工作制度145个、工作流程182项、工作职责80个，对全支队88个各类库、室、馆、厅、区，按照精细化管理标准进行设置，全面完成精细化、正规化建设任务。

2014年，在全省消防部队年度整建制铁军中队实战化练兵比武竞赛中，六盘水代表队荣获竞赛第一名。

三、专兼职消防队伍

自1978年六盘水建市以来，全市共建立了21家专兼职消防队。随着国家经济体制改革的逐步深化，社会组织结构转型升级，不少企业单位纷纷重组，有的则进行了关、停、并、转，部分单位领导特别是私有民营企业，侧重提升经济效益，忽视消防安全管理，对多种形式消防队伍建设观念淡薄，减少投入，导致企业消防力量被严重削弱，因单位经济效益差而自行解散专职消防队的有6家。

2011年，全市有专兼职消防队7支，队员153人，各类执勤车辆16辆。当时，全市只有60名专职消防队员（水钢专职消防队）。其余单位为了减少人员经费开支，把消防、治安、门卫等工作职责合并在一起，大多数队员身兼数职，专职消防队通常是1人在队值班（驾驶员），1人负责门卫，1人在厂区巡逻。由于专职消防队人员少，致使专兼职消防队无法开展正常的执勤教育训练，管理教育层的人员业务不精，队员业务素质过于低下，制约了专职消防队的发展，几乎是名存实亡。

四、机构沿革

1983年1月，市消防大队及所属单位划入市武警支队序列，改称武警六盘水市支队消防科（副团级）。1986年7月，消防科机关从曹家湾迁至市中心区钟山西路82号。10月，消防科划出武警序列，成立武警六盘水市消防支队（副团级），又称六盘水市公安消防支队，分属六盘水市公安局以及贵州省消防总队双重领导，下设防火处负责全市消防监督工作。各县区也相继成立消防科，1997—1998年，钟山、六枝、盘县、水城消防科升为消防大队（正营级），2012年，贵州省消防总队批准组建红桥新区消防大队，编制为正营职。

近年来，市政府先后出台了《六盘水市建设工程消防监督管理办法》《六盘水市市政消火栓管理办法》《六盘水市消防联动执法暨信息互通机制》《六盘水市“96119”火灾隐患举报投诉管理办法》《六盘水市多产权单位消防安全管理实施办法》等重要文件，为六盘水消防事业的发展提供了坚实的政策保障。

从2008年起，对明确为消防安全重点单位的，通过互联网面向社会予以公布，并将情况抄告所属行业部门，进一步强化对重点单位的消防监管。全市有消防安全重点监管单位448家。

五、消防宣传教育

2004年，六盘水市“119”指挥中心建设完成后，在支队指挥中心1楼建设了市消防教育馆，成为对全市市民免费开放的消防安全知识教育基地。

2006年初，支队利用多种形式主流媒体开展消防宣传。六盘水《凉都晚报》开设了“消防关系你我他”消防科普栏目，每天均刊载消防安全知识；六盘水市广播电台在每周一、三、五下午5时至6时的法律节目中定期插播消防安全知识；六盘水市电视台针对全市主要消防安全活动，在电视台进行消防报道；市电信公司开通了消防知识和业务办理查询声讯台——“16820119”，方便群众及时查询消防安全知识和消防业务办理情况；六盘水移动通讯公司在消防部门所有移动手机中设置了以“关注安全、珍爱生命”为主题的消防宣传提示音。11月3日，支队集社会力量举办了“火之魂·119大型主题晚会”，近3万余名市中心城区的群众观看了演出，以寓教于乐的形式让广大市民学习消防、体验消防、走进消防，使广大人民群众的消防安全意识得到普遍提高，营造了良好的消防宣传氛围。

2007年4月至10月，市安全监管局和支队联合举办了“凉都·六盘水消防书画摄影比赛”活动，结集出版了《热血风采——凉都·六盘水2007年消防书画摄影优秀作品集》。5月15日，市委组织部、市委党校和支队联合发出通知，在全市各党校开设了消防知识课程和消防知识讲座，在党员干部培训学习中开展消防安全管理知识培训。市委党校组织对120名参加党校培训的全市98个乡(镇)的乡(镇)长和党委书记进行消防知识培训。6月“安全生产月”活动期间，市政府举行“安全生产贵州行”启动仪式。通过上街宣传、派出所宣传车下乡宣传、走进企事业单位开展培训等形式，广泛开展宣传活动。

2008年，投入5.5万元建成全市消防信息采编中心，以提高消防部队宣传报道水平。11月5日，副市长陈少荣在六盘水电视台发表“119”消防宣传暨冬季防火工作电视讲话。9月22日，对全市中小学的310名消防安全责任人、管理人员进行消防安全培训，提高学校消防安全管理水平。支队与市公安局、团市委、市总工会等12个部门，联合开展消防志愿者服务活动，全市组建了310支计7280人消防志愿服务队伍，先后参加抗凝冻、抗震救灾、奥运安保等活动28次。11月8日，在人民广场举办了“消防志愿者在行动暨消防知识有奖竞答活动”抽奖及颁奖仪式，市政府副秘书长蔡军、支队政委张旭等领导出席活动现场。

2009年4月29日，由省公安消防总队与市政府主办、支队与盘县政府承办的“新《消防法》暨消防普法文艺演出进乡村启动仪式”在盘县华夏中学举行。消防总队副总队长李立志、副市长陈少荣等领导出席仪式。普法文艺演出还在全市各乡、镇进行了文艺巡演。11月8日，支队牵头，联合省、市主流媒体开展了“118”牵手“119”活动。该年，全市开展消防培训班33期，培训消防安全重点单位责任人、管理人、控制室值班人员等1100名，培训消防志愿者520人。全年投入宣传经费285万，制作大型固定宣传牌86块，宣传标语20万张，宣传资料30万份。

2010年，支队在《中国民族报》开设六盘水市构筑社会消防安全专刊。11月9日，在人民广场举办了“消防之声119文艺演出”。2011年，市政府投入86万元，为支队购置消防宣传车1台。支队利用消防宣传车，深入广大农村、社区开展宣传120余次，向20余万名群众普及消防知识。

2012年7月4日，支队联合团市委制定了《六盘水市开展“我为十八大消防安全保卫做贡献”消防志愿服务活动实施方案》，在全市范围部署开展“我为十八大消防安全保卫做贡献”主题消防志愿服务活动。7月9日，支队开展“喜迎十八大　热血铸警魂”文艺调演。9月15日，全市“全国科普日”宣传活动在六枝特区举行。9月20—30日，在全市范围内组织开展声势浩大的火灾隐患举报投诉“96119”宣传活动。11月9日，在人民广场隆重举行以“人人参与消防　共创平安和谐”为主题的大型宣传活动。

2013年5月2日，主办六盘水市首部消防微电影《火热凉都情》，在距离城区60余公里的水城县发箐乡发箐组正式开机拍摄。7月26日，在城区人流、物流量大且相对集中的永辉超市举办了“平安贵州”消防安全大排查大整治之“万人体验生命通道”活动。8月，在全市范围内组建21支流动消防夜校宣传服务队伍。8月23日，组织义务消防员在城区大型会所伊人花园会所进行应急疏散演练，全面掀开了全市万名义务消防员“查身边隐患、学疏散逃生、促隐患整改”行动的序幕。9月13日，六盘水十万师生消防安全“我体验、我参与、我安全”主题宣传活动在市师范学院举行，1700名入学新生通过聆听消防安全知识讲座、模拟火场逃生疏散演练等“品尝丰富的消防套餐”。

2014年，由市委宣传部牵头，市公安、教育、民政、卫生、文广、安全监管等部门召开会议研究消防宣传教育工作，联合下发《关于贯彻落实〈全民消防安全宣传教育纲要〉2014年度工作计划的通知》，明确规定各部门要切实履行的职责，建立了完善的职能部门协作机制、新闻媒体联动机制、考核奖惩机制和问责机制。3月26日，市文明办、团市委、支队制定《六盘水市志愿者2014年消防工作计划》。全年，支队在省、市各级广播、电视、报刊、网络、手机短信等五大媒介开设消防宣传专栏11个，利用微信、微博等新兴媒体与群众粉丝开展互动。建立消防安全不良行为公布制度，通过电视、网络、报纸等媒体曝光了14家单位和5名个人的消防安全不良行为。

2014年，编辑出版《六盘水消防》杂志30000余册，实现进政府、进单位、进学校、进宾馆客房、进酒店包间，营造了浓厚消防宣传氛围。在全省首次国民消防安全知识知晓率调查中，全市的国民消防安全知识知晓率仅次于省会贵阳，排名高居全省第二。

六、火灾扑救及重大抢险救援案例

（1）2004年2月5日5时8分，钟山区钟山西路南调秀吧因电气线路故障引发火灾，钟山区消防一中队出动3台消防车、28名官兵将火灾扑灭。该起火灾受灾1户、受伤2人。

（2）2004年12月4日22时20分，钟山区大河镇裕民村二组龙玖林住宅因生活用火不慎引发火灾，经附近居民扑救将火灾扑灭。该起火灾受灾1户、死亡3人。

（3）2005年9月10日14时43分，水城县木果乡徐家湾费克学（个体）加油站发生火灾，支队调集8台消防车、54名消防官兵，抽调水钢专职消防大队泡沫消防车1辆、指战员7名先后赶到现场进行扑救，成功扑灭火灾。

（4）2006年8月31日，山城啤酒厂因切割啤酒罐体时引发罐体燃烧。支队立即调动区钟山大队一中队2台消防水罐车、1台抢险救援车及二中队1台高喷车、1台水罐车火速赶赴现场。经过近3小时的紧急扑救，成功将大火彻底扑灭。

（5）2007年1月21日，钟山区一违法开设的锆粉加工坊在粉碎锆碎片过程中引发火灾。支队接到报警后，迅速调集中心城区2个中队的2台特勤消防车、2台水罐消防车以及支队全勤指挥部的1台指挥车、32名官兵投入灭火战斗。经过两个小时的英勇奋战，成功扑灭了火灾。钟山区消防二中队副中队长朱登、上等兵李小彬在火灾扑救中英勇负伤。

（6）2008年7月13日13时40分，水城县南开乡凉山村十二组（原南开乡玉兰村四组）张同云住宅因刑事放火引发火灾，火灾经附近居民扑灭。火灾受灾1户、造成3人伤亡。

（7）2004年7月3日，三名来自北京山鹰队和清华山野队的学生在六枝特区登山时发生事故，其中一名坠崖身亡，一名学生被困在半山腰的悬崖峭壁上，另一名学生和向导被困月亮洞中。市长廖少华，市委副书记、市委组织部长欧阳光炬，副市长左定超连夜组织救援人员赶往现场。在市委、市政府领导的统一指挥下，22名消防特勤官兵冒着随时坠崖的危险，轮流登山展开营救。4日下午6时，三名被困人员成功获救。

（8）2004年5月30日，位于水城县金盆乡营盘村鱼岭组发生山体滑坡，造成1人轻伤、4人重伤、11人被掩埋的重大事故。支队接到命令后，先后调派水城大队、直属中队官兵投入抢险救援中。经过连续36小时的艰苦奋战，至31日晚上7点，最后一具遇难村民遗体被找到，圆满完成了搜救任务。

（9）2005年9月1日3时10分许，盘县西冲镇右所屯村19组王寿亭家发生因堡坎倒塌，压倒一民房造成一家六口被活埋的惨剧。消防官兵经过5小时的奋战之后，成功从废墟中将6具尸体挖出。

（10）2005年12月24日晚23时20分，盘南煤炭开发有限责任公司响水矿井播土采区19#煤皮带上山发生爆炸起火。支队长赵音强、副支队长杨先华连夜率队赶往事故现场。经过六盘水、黔西南、贵阳消防支队及驻盘县各企业专职消防队及各种矿山救援力量的共同努力，12月26日11时成功控制洞内火势。

（11）2006年1月6日，水城钢铁集团公司氧气场空气分离塔的3号机组出现故障，塔内大量珠光砂喷落下来掩埋了周边作业的工人。在片区消防官兵、水刚专职消防队和矿山救护大队等社会力量4个多小时的竭力奋战下，成功救出20名受伤人员，挖掘出7具遇难群众尸体。

（12）2007年7月30日，盘县断江镇老屋基大白村10组发生民房垮塌事故，3人被埋废墟中。盘县大队立即出动1辆指挥车、1辆抢险救援车、8名消防官兵赶赴事故现场，挖出3具遇难群众尸体。

（13）2007年7月4日中午，在纳雍通往水城方向的公路上发生一起特大交通事故，一辆客运公共汽车在输送乘客途中翻下了离公路约100米处的山谷之中，车上20名乘客12人死亡、8人不同程度受伤。接到事故报警后，支队调动水城中队全体官兵和一辆特勤车、一辆水罐车、一辆指挥车15人赶赴现场进行处置。经过近2小时的战斗，成功抢救疏散出20人。

（14）2008年2月20日17时48分，六枝特区党校老纸厂内氯气储罐发生泄漏事故，造成6人中毒。六枝大队出动1辆指挥车、1辆特勤车、2辆水罐车和15名官兵火速赶赴事发地点进行事故处置。在安全监管局、环保局、公安局等部门共同救援下，经过5个多小时的紧张战斗，成功处置该起事故。

（15）2009年8月23日下午14时许，盘县盘江镇天龙焦化厂发生一起危险化学品泄漏燃烧事故。盘县大队立即调派出1辆水罐车、1辆泡沫车、18名官兵和城关中队1辆水罐车、8名官兵第一时间赶赴现场进行扑救。在经20分钟奋力扑救后，终将大火扑灭，确保周围储罐区内4个储罐200余吨危险化学品安全。

（16）2008年，全市遭遇57年不遇的特大冰雪凝冻灾害。全市消防部队在地方党委、政府和公安机关的统一领导下，顶风冒雪、夜以继日、连续奋战40余天，出色完成各项抢险任务。

（17）2008年10月24日，一辆从贵阳开往威宁的大客车行至水黄公路75公里处时，坠入公路右侧斜坡长约50多米的山谷中，车上乘客死伤多人。支队指挥中心接到报警后，立即调集水城县中队、钟山消防二中队2辆指挥车、2辆特勤车、20名官兵迅速携带各种救生抢险器材火速赶赴事故现场处置。经过参战消防官兵2小时的奋战，抢救疏散出11人，成功处置了此次恶性交通事故。

（18）2011年9月21日，一辆运载32吨甲醇的槽罐挂车在从六盘水驶往广西途中，途经水黄公路时因刹车失控，翻下40余米高山崖。支队指挥中心先后调集4个中队3辆水罐车、1辆泡沫车、2辆抢险救援车、1台A类泡沫消防车，并调集鑫晟煤化工、滥坝油库、奥威物流公司、中石化六盘水分公司1台泡沫车、1台气体检测车、2台油罐车、3台防爆泵前往处置。经连续作战30小时后，32吨甲醇安全输转。

（19）2013年1月22日17时25分，钟山区钟山大道与凤凰路路口处地下煤气管道因挖掘机施工不慎造成管道泄漏起火。支队指挥中心先后调集人民中路中队、钟山西路中队、特勤中队共10台消防车，经过各大队参战官兵以及社会联动单位历时4个多小时的协同作战，成功处置该起事故。

（20）2014年8月11日，钟山区大湾镇遇百年一遇特大洪灾。支队指挥中心紧急调集3个中队、11辆消防车、消防官兵65人赶赴受灾现场救援。历时28小时，共营救被困群众180余人，疏散被困群众560余人，抢救和保护财产价值3000余万元。

七、“119”指挥中心建设

2003年，在省公安消防总队和市委、市政府及市公安局的大力支持下，投入1000余万元启动“119”指挥中心大楼建设。2004年11月10日举行落成仪式，市委书记辛维光等领导应邀出席，标志着六盘水市消防事业发展翻开崭新的一页。

2008年，投入230万元启动“三台合一”调度指挥中心建设，当年建成投入使用。

2009年，投入97万元购置通信指挥车和海事卫星电话，建立通信指挥前沿阵地。

2010年，启动消防联勤数据库建设。着手基础数据采集（各类社会消防工作、执法工作和后勤装备等基础数据），有效实施综合管控，进一步提升防火、灭火、抢险救援工作科技含量，从而提高工作效率和水平。

支队历任主要领导

表10-1

姓名	职位	任职起止时间
赵音强	支队长	2002年11月—2007年7月
戴尚玉	政治委员	2003年4月—2007年4月
罗文波	支队长	2007年11月—2013年6月
张　旭	政治委员	2007年11月—2010年4月
杨　彬	政治委员	2010年4月—2011年4月
曹　进	政治委员	2011年6月—2013年6月
	支队长	2013年6月—
蔡大强	政治委员	2013年6月—2015年6月
钟　钢	政治委员	2015年6月—

第二节　建筑施工

一、建筑施工单概况

2014年末，全市有建筑施工企业102家。其中市属建筑施工企业48家，市属建筑施工（劳务）企业34家，市外驻市建筑施工企业28家。

二、城市标志性景观及建筑建设情况

2013年，完成凉都大道、人民路、钟山大道提级改造和绿化美化工程，凤池路隧道、水西北路等13条城市干道及断头路全面贯通，完成人民路、凉都大道等主次干道提级改造及100余条小街小巷改造工程。建成以城市湿地公园、贵州三线建设博物馆、凉都体育中心等为代表的一批城市标志性景观及建筑。开工建设凉都大剧院、会议中心、市档案馆、市地方志馆、市博物馆、市城市规划展览馆、凤凰山综合写字楼和五条城市干道。凤凰山、体育中心、红桥等城市综合体完成投资47.7亿元。启动了25个特色小城镇建设，其中10个示范小城镇完成规划编制，累计完成投资42.3亿元。打造了淤泥乡、羊场乡、岩脚镇、玉舍镇等一批“小而精、小而美、小而富、小而特”的特色小城镇。

三、城市开发与管理

2013年，高起点、高标准规划城市综合体和城市棚户区改造项目，启动德坞老街、八一、金三角等9个棚户区附着物调查及土地征收工作。拆除中心城区“两违”建筑约18.19万平方米，房屋征收8700余户。凤凰片区、荷城片区等一批城市综合体已初具雏形，城市品质进一步提升。

2013年，实施精细化城管，以“迎旅发、促五创”活动为载体，出台城市管理“1+8”配套文件，加大城镇环卫清洁投入，交通智能信息化管控系统投入使用。市中心城区综合交通规划、绿地系统规划、公共设施规划、环卫设施规划、建安组团控规修编等工作有序推进，第四轮城市总体规划修编工作加快推进。

四、建材行业

2014年末，全市有水泥企业12户，生产能力400万吨，其中新型干法水泥产量360万吨。砖瓦企业128户，生产能力20亿块，多是以煤矸石、粉爆灰等为材料的烧结红砖。灰沙石生产能力1000万立方米。形成年产325#、425#、525#水泥150万吨的规模，除水城水泥厂、六枝畅达水泥厂、水钢水泥厂属湿法旋窑生产工艺外，其他的都是机立窑，分别是六枝塔山水泥厂、郑家寨水泥厂、北山水泥厂、东方水泥厂、二建司水泥厂、六枝特区水泥厂、神强水泥厂、中铁五局集团六盘水水泥有限公司、盘县碧云水泥厂、红果水泥厂、祥瑞水泥厂、盘江煤电集团水泥厂、水城小河水泥厂等。

2014年，六盘水采用新技术、新工艺和新设备提升改造传统建材业。水城瑞安水泥公司淘汰湿法旋窑生产工艺，新建日产2000吨熟料新型干法水泥生产线。六枝畅达水泥公司淘汰湿法旋窑生产工艺，新建日产2500吨熟料新型干法水泥生产线。水城钢铁（集团）公司淘汰湿法旋窑生产工艺，新建日产2000吨的熟料新型干法水泥生产线和年规模20万吨的粉磨站生产线。盘县三合水泥公司新建日产2500吨熟料新型干法水泥生产线。盘江煤电（集团）水泥厂淘汰机立窑生产线，改建为年设计能力20万吨的粉磨站生产线，淘汰关闭了盘县碧云水泥厂，其他水泥厂分别进行了整合和改造。按照市中心城区逐步推广预拌混凝土的需求，新建预拌混凝土生产企业5户，年产能力160万立方米。

五、典型事故

2013年3月11日9时10分，工程承包人黄合冲安排浇筑贵州黔桂天能焦化有限责任公司扩建项目外围输焦廊道16号皮带桥综合框架混凝土。11时30分，当横梁浇筑至3米左右时，模板支撑架失稳由东向西侧倾覆倒塌，压垮支撑架。死亡5人，伤4人。

第三节　教育（校园安全）

2014年末，全市有各类学校1424所。其中公办学校1188所，民办学校171所，企办学校65所；大专院校3所，中职学校10所，高中30所，初中206所，小学1045所，幼儿园87所。有在校学生674622人，教职工28521人，专任教师25427人，校舍2684289平方米。

一、基础建设

1. 工程建设

2014年末，市境基础设施建设共完成教育建设工程269个，总投资21630万元，建成校舍378508平方米。其中完成中小学危房改造工程82个，投资3539万元，改造和维修校舍79924平方米；完成农村寄宿制学校建设工程项目77个，投资785万元，建成校舍148728平方米；完成“普九工程”70个，投资3916万元，建成校舍66972平方米；完成逸夫工程3个，投资109万元，建成校舍2400平方米；完成“一山一河”工程5个，投资88万元，建成校舍2364平方米；完成高中贷款贴息项目2个，投资1950万元，建成校舍12430平方米。

2. 远程教育

2014年末，农村中小学现代远程教育工程共建成农村中小学现代远程教育工程项目学校1355所。其中，2004年建设卫星教学收视点35所、教学播放点370所，2005年(第二轮农村中小学现代远程教育建设）建成卫星教学收视点863所，计算机多媒体教室87所。两年资金总投入2964万元，其中中央投入2064.1万元，省级投入452万，市级配套179.1万元、县级配套268.6万元。

3.“两基”工作

2004至2005年，各级党委、政府和教育行政部门把“两基”工作为重点工作来抓，各县（区）采取开设宣传栏、制作宣传碑牌、悬挂标语、出动宣传车、发放告人民书和“两基”指标明白卡、编发简报、文艺演出等形式，广泛宣传《教育法》《义务教育法》《扫盲工作条例》等法律法规，宣传、动员并督促群众送子女入学，使“两基”工作家喻户晓，人人皆知，形成“宣传鼓动、政策带动、依法促动、整体推动”的“两基”攻坚联动机制。根据边远落后地区办学教育的实际，各县（区）建立起以财政拨款为主，社会捐资、银行贷款等为辅的“两基”攻坚资金筹措机制。采取各种措施积极解决普九资金。

4.示范学校

2014年末，经省教育厅评议：市三中、市实验小学、水城矿业（集团）公司一中、水钢一中、钟山区四中、大河中心学校、凤凰中心学校、丫口小学为普及中小学实验教学省级示范学校。

二、安全管理

2004年，市教育局对教育系统安全生产的专项管理主要集中在干部的安全培训上；2005年，主要集中在汛期学校安全、学校食堂安全管理上；2006年，主要集中在学校及周边治安综合治理工作上；2007年，主要集中在安全保卫装备建设和交通安全上；2008年，主要集中在中小学公共安全教育上；2009年后，主要集中在安全生产宣传、建筑生产安全、安全培训、交通安全等上。

从2005年开始，市教育局对教育系统的安全工作实行目标考核。每年1月，组织对上一年度教育系统的安全生产工作考核。考核对象一是县、区教育行政主管部门，二是市直学校。考核结束后，兑现目标考核奖励。

2013年，市教育局制定《六盘水市学校安全工作奖惩办法（暂行）》，对学校目标管理以规范性文件进行规范。

三、“三防”与规范化建设

市教育局“三防”建设由于客观原因，起步较晚。

2007年，市教育局发出《关于加强学校安全保卫装备建设的通知》，对学校物防建设提出了要求。

2009年，对学校安保人员建设提出了按300∶1比例进行配备的要求。

2011年，市教育局、市编办、市财政局、市人资社保局、市公安局、市综治办联合下发《关于学校安全保卫人员配备事宜的通知》，规定学校按在校生人数3%比例配备安全保卫人员。市委办、市政府办印发《关于进一步加强校园安全管理工作的实施意见》，对学校技防建设提出了要求："在加强人防建设基础上，大力加强学校物防、技防建设，以学校安全防范监控系统建设为基础，构建本地集视频监控、报警、信息交流、指挥参谋为一体的学校安全防范监控系统"。

市教育局安全规范性建设起步较早。2006年市教育局下发《严格执行学校安全管理有关规定的通知》，对学校安全工作规范建设提出了目标与要求。2008年，市教育局下发了《关于规范制定学校安全工作应急预案的通知》，对学校制度规范建设提出了要求。2012年市教育局、市公安局、市综治办联合下发《关于加强和规范学校安全保卫工作机构与队伍建设的通知》，对学校安全规范化建设作进一步强调。

要求安全工作要达到"六有"：有领导，实行一把手负总责，分管领导具体负责；有机构，县区教育局完善了学校安全工作办公室（安全办），学校明确了专门机构负责安全治安稳定工作；有人员，落实了专（兼）职人员具体抓好学校安全工作；有职责，明确了教育局长、学校校长、班主任、科任教师和其他管理人员的安全工作管理职责；有投入，尽力挤出资金用于学校安全工作开支，舍得拿钱买安全、保稳定和平安；有奖惩，对安全工作成绩优异的单位和个人予以奖励，对安全工作不落实的单位和个人予以惩诫，并严格执行责任追究制。

四、事故案例

（1）2004年11月2日16时，钟山区一小放学过程中，在教学楼至二层楼梯转弯处，由于学生拥挤发生踩踏事故，造成9名学生受伤。其中1名10岁女生送医院抢救无效死亡；3名重伤、5名轻伤学生经医院救治康复。

（2）2005年3月21日9时30分，水城县发耳小学教学楼一至二层楼梯转弯处，由于上下楼学生拥挤发生踩踏事故，造成7人重伤、49人轻伤。

市教育局历任分管安全工作领导名录

表10–2

姓　名	职　务	任职起止时间
王时明	局长，总负责	2004年—2014年12月
田本华	副局长	2004年3月—2012年9月
薛月琼	副局长	2012年10月—2014年8月
彭大章	副局长	2014年9月至今

第四节　生态旅游

六盘水旅游资源独具特色。市境山奇水秀，气候宜人，具有集民族风情与喀斯特地貌风光为一体的独特旅游资源。

2005年8月，六盘水市以凉爽、舒适、滋润、清新、紫外线辐射适中的气候特点，被中国气象学会授予“中国凉都”的称号。境内名山、喀斯特景观与洞穴、河段漂流、温泉、林木、草场、野生动物栖息地、人类文化遗址、古建筑、革命纪念地、特色村落与园林等各显风姿，加上地域特征明显，气候资源独特，为六盘水开发集休闲游览、避暑度假为一体的旅游项目奠定了良好的基础。已开发的旅游路线主要有盘县精品线路、六枝旅游精品线路、中心城区周边游、凉都山水风光游、凉都民族风情游、凉都地质生态游、凉都山地休闲度假游。主要景点有廻龙溪景区（岩脚古镇）、牂牁江风景区、梭戛长角苗国际生态博物馆、陇脚凉都·月亮河夜郎布依生态文化园、盘县会议会址（九间楼）、妥乐银杏景区、丹霞山护国寺、四格坡上牧场、长海子景区、盘县大洞古人类文化遗址、盘县万亩竹海、天生湖景区、罗咪期度假区、玉舍森林公园、麒麟洞公园、荷城花园、白鹤旅游区、韭菜坪景区等。

一、机构沿革

1990年3月17日，市政府成立市旅游事业领导小组。组长袁廉洁（市政府副秘书长兼市外办主任）；副组长何俊章（市建委副主任）；成员杨爱华（市外办副主任）、斯信强（市文化局副局长）、李保芳（市计委副主任）、车光贤（市民委主任）。

1991年7月25日，市政府成立市旅游办公室，与市外事办公室合署办公，“两块牌子、一套人员”。主任袁廉洁（兼任）；副主任杨爱华（负责常务工作）。

1992年8月10日，市旅游办公室更名为市旅游局，仍与市外事办合署办公，称市外事侨务（旅游局）办公室。8月27日，市政府任命李瑞章为市旅游局局长；杨爱华为副局长。1993年8月31日，市政府任命杨普光为市旅游局副局长。1996年10月23日，市政府任命杨爱华为市旅游局局长。

2001年，全市进行机构改革时，正式命名为市外事侨务办公室（旅游局），下设综合科、外事侨务科、旅游管理科，有工作人员13人。张若兰任主任（局长），樊勇任副主任（副局长）。

2002年，朱丹任副主任（副局长）。

2004年6月29日，成立市旅游事业局，为市政府的直属事业单位（参照公务员管理）。内设办公室、市场开发科、旅游规划科、质量规范管理科。市长助理叶大川兼任旅游局局长，杨京华、朱丹任副局长。

2005年4月至2010年4月，杨京华任局长。

2006年11月至2010年3月，朱德贵、杨谦麟任副局长。

2010年4月14日，市旅游事业局与市外事侨务办公室合并，成立市外事侨务旅游局，为市政府工作部门。内设办公室、外事侨务科、质量规范科、规划与开发科。杨京华任党组书记；郑学群任党组副书记、局长；朱德贵、樊勇、杨谦麟任副局长。

2012年，外事侨务和旅游再次分开设置，成立外事侨务办和市旅游局。市旅游局由李飞霜任党组书记、局长；樊勇、李松涛任党组成员、副局长；2013年，李伟任党组成员、副局长。樊勇分管旅游安全工作。

2014年机构改革，在市旅游局的基础上成立市生态文明建设和旅游发展委员会，周应寿任党组书记、主任；樊勇、李松涛、卢薇任党组成员、副主任。樊勇分管旅游安全工作。

二、景区发展

2010年9月，全市有国家地质公园1处——乌蒙山国家地质公园；国家级森林公园1处——水城玉舍国家森林公园；全国工农业旅游示范点3个——水钢全国工业旅游示范点、水城县纸厂乡前进村全国农业旅游示范点、六枝特区陇脚乡夜郎月亮河布依文化园全国农业旅游示范点；省级森林公园3处——盘县七指峰、钟山区凉都、六枝特区花德河；省级风景名胜区5个——六枝特区牂牁江，水城县南开，盘县坡上草原、古银杏、大洞竹海；打造了3个民族文化园——海坪彝族生态文化园、六枝陇脚夜郎月亮河布依族民族文化生态园、苗族生态文化园；市郊旅游度假区有5个：啰咪期生态旅游度假区（水城）、双水明洞水库公园（水城），白鹤旅游区、石河生态旅游区、双坝农业经济观光园（钟山区）；红色旅游景点数个——红二、六军团盘县会议会址，盘县城关镇九间楼等；古文化遗址盘县大洞；盘县二叠纪古生物化石村新民羊圈村。

全市拥有星级饭店11家。其中：四星级1家、三星级4家、二星级6家，乡村旅游及农家乐226家；挂牌43家，星级饭店和农家乐共有床位约20000个；国内旅行社（含分社4家）24家；旅游车队1个，拥有各类大中小型旅游观光巴士20辆；旅游集散中心1个；旅游商品企业3家——水城姜业有限公司、六盘水市食品总厂等。

全市共有旅游从业人员2万余人。

安全生产。自1993年市旅游机构成立以来，全行业从未发生任何安全事故，连续17年安全事故为零。2007年纳入市安委会成员单位以来，连续3年获市政府安全目标年度目标考核奖，并连续多年被评为全市消防工作先进单位，多人次获得安全工作先进个人奖。在全国抗击“非典”、禽流感H1N1，全省抗击雪凝灾害等项工作中获得表彰，个人获市政府嘉奖者甚多。

从2004年开始至2010年9月，开展全行业行风治理活动，多次获得市纠风办认定的“优秀”等次。

旅游产品：

（1）2005年8月12日，中国气象学会组织中国科学院、北京大学、国家环保总局、中国气象局、中国气象科学院、中国旅游出版社、北京市气象局、贵州省气象局12位专家委员从气象、环保、医学三个方面，通过气候资料分析、空气质量监测、对疾病影响的分析，以及紫外线负离子、气象探空等观测，对“中国凉都·六盘水”论证，充分肯定了六盘水市夏季凉爽、舒适、滋润、清新、紫外线适中的独特性，经过集中论证，中国气象学会正式将“中国凉都”称号颁发给六盘水市。

（2）自2006年以来，六盘水市连续多年，多次被香港、北京等著名传媒评为“中国最受欢迎的十大避暑胜地”之一。

（3）2009年，六盘水市获全国大学生旅游节最受欢迎旅游目的地钻石奖。

（4）2013年8月18日，第八届贵州旅游发展产业大会在六盘水召开。活动筹备期间，按照省委书记、省人大常委会主任赵克志关于“有创新、有改进、有提升”和省长陈敏尔关于“六盘水要由观光型旅游向休闲体验型旅游方式转变”的指示，六盘水市把承办旅发大会作为推动经济社会转型的重要机遇、展示凉都形象的重要平台、促进旅游产业发展的重要抓手，紧紧围绕打造世界知名、国内一流的户外旅游休闲目的地目标，建设旅发大会项目99个，投资249亿元，加快交通基础设施建设，大力完善城市功能型基础设施，着力推动景区开发建设步伐。全面改善城市环境，提升城市形象，推出度假旅游产品和户外运动产品，开发建设了月亮河、野玉海、百车河、乌蒙大草原、妥乐银杏等11个新旅游景区，推出了“玉舍高山滑雪之旅”、“野玉海山地运动之旅”等精品旅游线路，实现由资源型城市向旅游宜居生态城市的转变。

（5）2013年8月，第十届中国凉都·六盘水消夏文化节与第八届贵州旅游产业发展大会联动举办。其间举办了中国凉都·六盘水夏季国际马拉松赛、中国凉都·六盘水国际滑翔伞公开赛暨全国滑翔伞优秀选手赛、中国凉都·六盘水全国露营大会（包含中国凉都·六盘水全国露营大会、中国凉都·六盘水山地自行车公路骑行游活动、中国凉都·六盘水房车展示、中国凉都·六盘水全国摩托车越野锦标赛水城分站赛等活动）、全国桥牌赛、中日韩少儿围棋赛、钢琴独奏音乐会等。

三、旅游酒店

全市具备团队接待能力酒店共36家。其中：星级酒店12家，新建五星级标准酒店2家。有旅行社总社18家，旅行社分社14家。

2013年接待游客700万人次，旅游总收入44.36亿元，分别增长38%和34.9%。

商贸业集聚带动作用明显。全市共有各类商业网点4万多个，规模以上商场30余家，各类商品市场200家，规模以上批发市场50余家。

物流业发展迅速。各产业园区的物流园区、煤炭、建材、汽车、矿山机械、农产品等专业化物流交易市场和集散基地等物流基础设施进入大规模建设高潮。

盘县工艺布鞋获2009年全国旅游铜奖，形成了水城农民画、陈文友剪纸等旅游商品中的拳头产品。

第五节　特种设备

全市特种设备的安全监察与检测检验工作，在2000年12月前归市劳动局(后改称市劳动和社会保障局，市人资社保局)负责。之后，其职责连同人、财、物一道划归市质量技术监督局(以下简称市质监局)负责。2003年6月1日国务院《特种设备安全监察条例》施行后，全市质量技术监督部门成为本行政区域的特种设备安全监管部门。

随着六盘水市特种设备数量的迅速增长，特种设备安全监察工作覆盖面日渐扩大，其安全生产的重要性也日渐凸显，特种设备安全监察工作成为六盘水市质量技术监督部门的重点工作。

一、行政许可

(一)受理审查

市质监局自接手特种设备安全监察工作以后，严格执行《特种设备行政许可实施办法》《锅炉压力容器使用登记管理办法》规定，按照行政许可申请、受理、审查、发证的程序，开展全市特种设备行政许可工作。

2005年上半年，共受理特种设备使用登记申请154份，受理特种设备作业人员考核申请586份。

2007年4月6日，盘县顺鑫乙炔厂取得贵州省质监局颁发的气瓶充装许可证。许可证编号：TS4252249-2011号，获准充装介质为氧气，氧气瓶永久标识为52BAIxxxx。同年8月15日，六盘水市银光乙炔气厂取得省质监局颁发的气瓶充装许可证，许可证编号为TS4252003-2011号；气瓶永久标识为液化石油气瓶52BBFxxxx，溶解乙炔气瓶52BCBxxxx。

(二)注册登记

从2005年起，全市特种设备安全监察工作严格市场准入，公开告知行政许可工作程序。全年共注册登记特种设备221台。

2006年，全市特种设备安全监察工作规范实施特种设备安装，维修告知申请程序。采取资料审查在前，监督检验紧跟其后的方法，监察机构与检验机构协调配合，对特种设备的安装维修告知到监督检验使用实行严格控制，严格特种设备的市场准入。全年办理特种设备告知申请232份。同时，规范特种设备注册登记程序，并予公开，全年办理特种设备注册登记使用证257个。

2007年，办理特种设备告知申请158份；办理特种设备注册登记使用证504个。

2008年，全市质监部门注重行政许可，从源头对特种设备实行把关。

1. 规范特种设备安装、维修告知申请程序，全年办理特种设备告知申请210份。

2. 规范特种设备注册登记程序，全年办理特种设备注册登记使用证740个，注册气瓶20022只。

3. 加强气瓶充装站的年度审查。全市有气瓶充装站20家，年度审查合格18家，因无充装人员及充装许可证超期，勒令停止充装2家。

针对特种设备使用单位的作业人员底数不清和设备底数不清的情况，市局下发《关于要求特种设备生产、使用单位建立特种设备台账的通知》。截至2008年11月28日，全市新注册电梯使用登记136台，锅炉使用登记28台，压力容器使用登记证196台，厂（场）内机动车使用注册登记证120台，起重机械使用注册登记260台；对1341名特种设备作业人员进行新取（换）证培训并将资料录入信息库。全市对监管体系数据库多次进行清理，报废注销锅炉3台、压力容器4台，移装锅炉1台，报停锅炉11台、压力容器21台、电梯4台，将承压压力容器改为常压使用1台。并对数据库设备信息进行纠错填充，随时根据数据库信息督促检验机构更新检验信息，督促县、区局根据数据库信息加强辖区内特种设备安全监察工作，数据库的清理同时也为上级部门制定监管措施提供准确的信息。

2009年，全市质监系统对新增及未及时注册和经检验机构检验合格的特种设备及时登记注册。截至11月28日，新注册电梯使用登记128台，锅炉使用登记19台，压力容器使用登记68台，厂(场)内机动车使用注册登记32台，起重机械使用注册登记121台；对1036名特种设备作业人员进行新取（换）证培训并将资料录入信息库。经清理，报废注销锅炉8台、报停锅炉23台、改承压为常压锅炉2台，压力容器报停3台，电梯报停15台、拆除电梯2台，起重机报停3台，厂（场）内机动车辆注销1台。

2009年，全年办理特种设备告知申请246份，办理特种设备注册登记使用证368份，气瓶注册20022只。

（三）人员培训及管理

2002年，举办3期司炉工培训班，参加培训人数150人。

2003至2005年，为解决全市企业特种设备管理人员、操作人员长期缺乏培训，导致特种设备管理不科学、操作人员无证上岗的问题，质监部门会同劳动部门以及在有关企业的配合下，对特种设备管理人员和操作人员进行培训。共举办培训班18期，培训人员1000多名，发放各种操作证1000多本。2005年，全年共核发作业人员证773个。

2006年，组织县（区）质监部门参加省特种设备安全监察员培训。是年，特种设备作业人员考核发证工作已进一步规范，全年考核特种设备作业人员1036个，发证1033个。截至11月，全市共有各类特种设备作业持证人员4000余人。

建立完善应急救援体系。一是全市质监系统内应急救援体系的建立，从市到县都结合实际修改和完善了特种设备应急救援预案；二是督促企业，尤其是重大危险源单位，制定特种设备应急救援预案，并督促其开展事故应急救援演练。

2007全年，全市质监系统规范特种设备作业人员考核发证工作，全年考核特种设备作业人员1500个，发证1500个。

2008年，在水城钢铁（集团）公司、黔桂发电有限责任公司、玉源水厂、雨田酒店、六枝特区电力宾馆等5个企业，开展特种设备事故应急救援演练。

2009年，帮助首钢水城钢铁（集团）公司、贵州盘江精煤股份有限公司、六枝工矿（集团）公司、水城矿业（集团）公司等大企业进行70台锅炉房改造和高耗能的特种设备节能培训工作，共培训300人。全年全市质监系统发（换）特种设备作业人员操作证1036个。

二、特种设备检验

（一）定期检验

定期检验是特种设备安全运行的技术保障，也是发现特种设备事故隐患的重要手段之一。

2004年，根据《锅炉压力容器检验单位监督考核办法》以及《气瓶定期检验站技术条件》，对全市范围内从事特种设备检验的技术机构进行严格考核，同时规范对检验技术机构的管理。

2006年11月15日，向市政府报送《2006年六盘水市特种设备安全状况分析报告》。全年定期检验锅炉242台，检验压力容器218台，检验电梯153台，检验起重机械516台，检验压力管道520余米，气瓶送检10389只。

2007年，委托遵义市特种设备监督检验所对全市辖区内的起重机械作定期检验和监督检验，定检率达到了百分百。同时，完成全市厂（场）内机动车辆普查整治、检验试点工作及起重机械制造监督检查工作。

（二）监督检验

2006年，加强检验机构的年度监督工作。共检查检验机构5家。完成锅炉安装质量监督检验56台、压力容器安装质量监督检验40台、电梯安装质量监督检验80台。

2008年，对2家检验机构实行监督检查，促使其提高管理水平和检验质量。

2009年，检查检验机构3家。

三、 特种设备安全监察

（一）特种设备数量及事故状况

2000至2002年，全市共有锅炉463台、压力容器682台、特种设备329台。通过检验和整顿治理后，注册登记数为：锅炉310台、压力容器420台、电梯56台、起重机械

19台。

2006年11月，全市已有各类特种设备近2000台，各类气瓶6万余只。其中锅炉400余台，电梯200余台，起重机械500余台，压力管道100余公里，压力容器800余台。

事故情况。共发生特种设备生产安全事故（事件）3起：

2003年，盘县旧营乡一村民用于打粑粑蒸饭用的土锅炉发生爆炸，死亡1人、重伤两人。

2004年1月19日，六枝特区红太阳康体休闲中心三楼锅炉房发生爆炸事故，造成锅炉报废、简易锅炉房被完全炸毁、司炉工轻伤。

2005年，钟山区双坝村一乙炔非法充装点发生爆炸，造成1人轻伤。

（二）动态监管

2004年普查，全市有起重机械197台，已检验140台；有压力管道161千米。

2007年11月，根据《安全生产法》《特种设备安全监察条例》和《贵州省特种设备安全监察工作督查制度》的相关规定，制定《六盘水市特种设备安全监察工作督查制度》等8项制度。分别是：六盘水市特种设备安全监察工作督查制度；六盘水市特种设备安全监察工作会议制度；六盘水市特种设备安全监察工作信息通报制度；六盘水市特种设备重大危险源监控责任制；六盘水市特种设备安全状况分析制度；六盘水市特种设备事故报告制度；六盘水市特种设备重大违法行为和严重事故隐患报告制度；六盘水市特种设备安全监察责任追究制度。

市质监局历任分管安全生产工作领导名录

表10-3

姓名	职务	任职起止时间
王幼平	总工程师	2004年1月—2006年12月
王美玉	副局长	2006年12月—2013年3月
张道波	纪检组长	2013年3月—2014年3月
徐　娅	总工程师	2014年3月—

第六节　供　电

一、概况

1965年以前，市境电网建设还是一片空白。作为六盘水地区行署所在地水城特区，当时的特区机关单位，仅靠安装在土桥的一台锅驼机带两台48千瓦的发电机供电照明，整个城镇居民和附近农村，仍处于蜡烛和煤油灯时代。

国务院西昌会议后，国家水电部1966年7月8日批准设立六盘水电力指挥部，直属于西南电业建设管理局领导，下设发电工程部和供电工程部。8月16日，指挥部挂牌成立，从领导、管理人员到工人，全部由山东省电管局包干支援建设。9月，140余人(包括发电部分)先期到达水城。至此，市境有了正式的供电企业和专门从事电工作业的职工队伍。

二、机构沿革

1. 第一阶段(1966—1979年)

即白手起家、艰苦创业的“三线建设”时期。这一时期是伴随着“文化大革命”度过的。1967年9月，六盘水电力指挥部撤销，成立六盘水地区供电所，隶属贵州省电力办公室，1974年更名为六盘水供电所。企业管理逐步走上正常轨道，恢复了正常的生产秩序。

1966年起，国家水利电力部由省外先后调来8台列车发电站，用来解决“三线建设”中的各项基础设施及建设用电问题。同年，西南电力设计院、云南送变电工程处、煤炭工程兵四十一支队等，分别对110千伏输电线的六水段和水野段、110千伏盘关变电站、110千伏杉树林变电站等输变电进行设计、土建施工和电气安装。至此，六盘水地区电网建设全面展开。1979年，六盘水市四条110千伏线路、四座110千伏变电站及相应配套的输变电设施陆续建成投运，成为六盘水电网的最初雏形。

这一阶段，六盘水电力供应面临着种种的压力与考验。由于“文化大革命”的影响，造成大部分电力职工离开工作岗位，回原单位“闹革命”。这时期人心思混乱无心工作，各项工作处于瘫痪状态。1968年10月后，离开工作岗位的大多数职工陆续返回供电基地，六盘水供电所出现新的转机。1970年初，解放军代表正式进驻六盘水供电所，通过整党恢复了党团组织，取消3组1室(政工组、生产指挥组、后勤组、办公室)的管理模式，恢复了所、科室(车间)、班组三级管理体制，各项工作逐步展开。

1970年3月25日，六盘水供电所第一次有计划、有组织地开展春秋两次安全生产大检查和每年雷雨季节到来前的变电站设备预防性试验。1971年11月22日，杉树林变电站110千伏半自动准同期并列装置好自动解列保护安装调试成功。从1972年起，针对内部管理制度在很多方面处在空白的状况，用1年多的时间陆续建立了变电运行、安全管理、带电作业、继电保护、仪表校验等10余种工程和“两票三制”、设备管理、大修改造工程管理、调度运行等11种生产管理制度，为以后的企业管理打下了基础。

1979年，全市售电量达到50143.8万千瓦时，比“文化大革命”初期1967年的2447万千瓦，增长20.4倍；职工人数为401人；资产总额为3311.9万元。

老一代供电人克服“文化大革命”的干扰和面临的各种困难，确保了“三线建设”

时期各项社会事业所需的电力供电。其间付出很多艰辛，也作出了巨大贡献。

2. 第二阶段（1980—1997年）

中共十一届三中全会以后，我国进入了改革开放和社会主义建设的新时期。

1980年3月29日，六盘水供电所更名为六盘水供电局。这一阶段，六盘水供电局通过一系列重大改革，强化内部管理，安全生产、电力营销等工作有序推进，企业稳步发展并不断壮大。

1980年11月，六盘水供电局技术员方文第主持设计试制成功的大电感直流电阻快速测试仪，荣获1980年全国科学大会奖。

1982年，根据国家“调整、改革、巩固、提高”的八字方针，对企业进行全面整顿，取得显著成果。经1983年5月贵州省电力局验收，六盘水供电局获水电部颁发的企业验收合格证。

1985年4月，改过去的党委领导下的局长负责制为局长负责制，继而实行局长任期目标责任制，与贵州省电力局签订了“双保双挂”承包合同。

1988年，开始实行企业升级、“双达标”（安全生产、文明生产）工作。

1993年，开始进行劳动、人事、工资的三项制度改革，同时加大班组基础管理和设备整治工作力度，加快安全文明达标步伐。到1997年底，主要生产、经济技术指标及各项管理已达贵州电力系统先进水平。

十多年来，六盘水供电局的生产经营得以持续稳定发展，安全生产得到全面加强，“安全第一、预防为主”安全生产方针得到进一步贯彻落实，取得良好成绩，先后荣获贵州省安全生产先进单位、国家电力工业部安全文明生产达标企业、贵州省电力局优秀企业等称号。

1990年，六盘水供电局参与研究《贵州冰区划分及覆冰预测》，并荣获贵州省1991年科技进步三等奖。

1997年，全网共有220千伏变电站1座，110千伏变电站9座，35千伏变电站6座，变压器总容量为527450千伏安；35千伏及以上输电线路28条，总长达1000千米。

1997年，最大负荷为23.6万千瓦，年售电量为140520万千瓦时，是1967年建局时期157.4倍；职工人数729人；资产总额为35747.4万元。

3. 第三阶段（1998起）

是六盘水供电局深入学习实践科学发展观，推动科技进步，实现跨越式发展的阶段。

从1998年起，六盘水市“三线一站”建设（内昆铁路、株六复线、水柏铁路、六盘水编组站及其枢纽工程）拉开序幕。相继建成梅花山、威宁、老锅厂、滥坝、平田、平关、茅草坪、松河、白鸡坡等9个110千伏铁路牵引变电工程及相关35千伏及以下变配工程，六盘水电网共覆盖14个110千伏铁路牵引变电站及输电线路。

1999年1月，《国务院批转国家经贸委关于加快农村电力体制改革加强农村电力管理意见的通知》出台，全国各地的农村电力体制改革和农网建设工作迅速展开，六盘水供电局先后代管钟山区、六枝特区、盘县、水城县的四个地方电力公司（供电局）。

21世纪初，六盘水供电事业得到有序、长足发展。2004至2014年，供电部门全力推进安全生产一体化管理，安全生产形势总体平稳，未发生贵州电网公司安全生产责任目标考核事故。

三、发展历程

（一）生产技术主要指标

1. 安全管理。杜绝二级及以上人身事件；杜绝有责任的二级及以上电力安全、设备事件；杜绝恶性误操作事件；不发生三级人身事件；不发生有责任的三级电力安全、设备事件；不发生对公司和局造成不良影响的安全事件。

2. 供电质量。全口径综合供电可靠率大于99.865%；全口径城市供电可靠率大于99.960%；全口径农村供电可靠率大于99.846%；全口径综合电压合格率大于97.6%；全口径城市居民端电压合格率大于99.51%；全口径农村居民端电压合格率大于96.27%。

3. 设备管理。主设备综合可用系数大于99.837%，110千伏及以上线路可用系数大于99.852%,110千伏及以上变压器可用系数大于99.79%,110千伏及以上断路器可用系数大于99.885%；大修技改完成率百分百，预试定检完成率百分百，科技计划完成率百分百。

4. 系统运行。220千伏及以上故障快速切除率百分百，220千伏及以上保护正确动作率99.67%，110千伏保护正确动作率99.67%，35千伏保护正确动作率99.5%，安全自动装置正确动作率98.7%，调度自动化主站系统失灵次数为0，生产实时控制业务通信通道平均中断时间不超过5分钟。

（二）电网运行

截至2014年底，六盘水电网电源总装机3678.9兆瓦，其中火电机组2377兆瓦（不含盘南电厂和发耳电厂），约占总装机的64.6%；水电机组884.4兆瓦，约占总装机的24.04%；余热余压机组223.5兆瓦，约占总装机的6.07%；风电机组194兆瓦，约占总装机的5.27%。2014年六盘水电网最高负荷为1444.13兆瓦，根据资料数据对比，以及市场部提供的售电量方案，预计2015年六盘水电网负荷将持续增加。

至2014年，六盘水电网已投入运行500千伏变电站1座，变压器2台，容量2×750兆伏安；220千伏变电站10座（不含盘县电厂升压站），变压器17台，容量2910兆伏安；110千伏变电站38座，变压器71台，总容量为3127兆伏安。500千伏线路2条68.346千米，220千伏线路36条1283.222千米，110千伏线路108条1789.639千米（含用户线路）。

（三）安全生产

1. 基础管理

（1）充分应用好安全大检查，例行春、秋季安全检查、违章纠察、事件分析调查等工作掌握车间、县供电局日常安全管理工作中存在的问题。

（2）通过隐患排查、风险评估、任务观察等工作开展，动态掌握作业现场、作业流程及安全生产工作中存在的问题。

（3）针对问题查管理制度、技术标准、作业流程，深挖管理原因；建立安全管理问题档案，按照“量化、限时、定责”、“分层、分级、分类、分专业”的要求制定整改措施，将解决问题的任务落实到岗位。

（4）积极协调、紧盯问题整改，对整改落实责任追溯机制，真正实现“内容全覆盖、问题零容忍、追究严执法、整改重实效”。

（5）对安全管理问题实施动态、闭环管理。

2. 风险管控

（1）有效运用风险数据库，重点防范触电、倒杆、高空坠落人身安全风险，将风险管控措施落实到岗位，评估结果直接引入作业指导书、风险控制卡，有效运用于作业过程管控，不断提升作业风险管控有效性、针对性。

（2）抓培训，源头治理违章。细化严重违章条款，常态抓实培训，针对性抓好外包工程作业人员违章条款培训，培训率、考试合格率必须达到百分百方可参加工作，保持反违章的高压态势，抓好违章纠察，严防发生严重违章，减少一般违章，对习惯性违章坚决做到严查、严管。

（3）进一步加强对承包商的安全管理。坚持甲方项目经理制，管控业主缺位，建立现场监管指导服务机制，严格执行承包商扣分标准、评价制度。

（4）提高县供电局作业安全管理水平。坚决杜绝凭经验作业、无票作业，严肃查处“两票”执行存在的问题，加大“两票”管理督察，使“两票”执行、现场安全措施落实、安全工具规范使用等有效落地。

3. 电网风险管理

（1）落实电网风险管控，建立电网风险底线意识，适时识别电网三级及以上电力安全事件和城市大面积停电风险，通过负荷调整、落实特巡特维等各种手段，降低风险，完善安全风险闭环管控长效机制。

（2）持续开展继电保护等二次系统专项治理，搭建“大二次”管控理念，落实保护定值整定管理、保护策略风险分析、自动化信息规范排查等，确保继电保护与安自装置正确动作率均达百分百。

（3）通过发布电网风险预警通知书的形式，明确电网运行方式改变时设备及作业风险的防控措施并下发设备运维部门执行。

4. 综合管理措施

开展继电保护、自动装置预试定检，定值配合，现场压板投切检查。开展一次设备专项检查，对变电站直流系统运行维护情况，防过电压反措及控制措施落实情况进行检查，及时消除隐患。开展防误操作检查，强化“五防”装置维护管理，执行大型复杂操作报备制度，按照分级管理原则对大型复杂操作落实现场管理责任人。

精心安排防雷设备预试定检工作，将所有防雷设备纳入预试定检计划，对不合格地网在雷雨季节来临前完成改造，确保杆塔良好接地。实施综合措施，降低雷击掉闸率，对输电线路架空地线线夹连接情况、锈蚀情况以及是否存在断股、断线、损伤或灼伤等情况进行全面排查，对存在缺陷的线路作风险分析，根据评估结果及时进行修补、更换。

加强主网、城农网设备日常运行维护，及时发现缺陷、隐患并消除，转被动抢修为主动运行维护，根据110千伏输电线路雷区图准确分析防雷薄弱点，有针对性开展差异化防雷改造，减少农网线路雷击掉闸导致的设备非计划停运。

充分利用覆冰预警系统、防山火系统等技术手段实现对输电线路本体、通道及走廊的实时监测，对存在风险的输电线路进行差异化运维。落实责任，严控外力破坏。加强与地方政府部门协调沟通，建立良好的合作机制，互通外力隐患情况，加强宣传和安全交底，防止野蛮施工导致设备非计划停运，造成施工人员伤亡及财产损失。

外包工程安全管理：

(1)加强严重违章管理，将履职到位纳入违章管控，对违章人员、单位实施思想教育、经济处罚综合管理方式，实现违章率和严重违章率双下降。

(2)加大对外包工程承包商的管理力度，开展承包商评价，实施动态管理，实现对承包商的优胜劣汰管理。

(3)加强基建等外包工程和农村配电网作业安全管理，强化业主现场管控力度，特别加强临时抢修、新开工项目人员、工作负责人和施工人员安全意识、安全技能的教育和培训，外包工程作业人员违章条款培训率百分百，杜绝违章指挥、野蛮施工、冒险作业。完善交叉跨越、高低压共杆、同杆双回多回、临近带电线路、高空作业等危险点台账，加强对高空作业、临近带电设备(线路)、交叉跨越线路等高风险作业的管控，重点防范“触电、倒杆、高空坠落”人身安全风险，按照“事前、事中、事后”三个环节，实施风险动态“四分”管控，确保不发生外包工程及农村配电网死亡事故。

(4)提升作业人员安全技能和安全意识，尤其加强外包工程、供电所作业人员安全培训，配网准军事化培训覆盖率达百分百。

5. 安全检查

按照公司对安全大检查工作的总体部署，严格执行。

(1)按照“全覆盖、零容忍、严执行、重实效”的原则，落实谁检查、谁负责、谁签字、谁负责的责任追溯机制，全面开展安全大检查和隐患排查治理。

(2)开展城市电缆管网、管沟专项隐患排查行动，形成中心城区110千伏、10千伏电缆管网专项隐患排查及治理报告，纳入公司、局及地方的安全隐患专项整改计划。

(3)狠抓城农网隐患排查治理，形成隐患管理的联动机制，实现隐患事后管理向事前预控转变。

（4）按照公司以问题为导向管理要求，我局率先出台了《六盘水供电局以问题为导向安全管理指导意见》，建立了以问题为导向管理机制，将违章纠察、隐患排查、现场检查作为问题发现的渠道。通过安全检查、现场纠察、隐患排查、事件分析、任务观察等作为问题发问式的方式、渠道，通过发现问题，找准安全管理的短板，通过解决问题消除薄弱环节，从而提升安全管理水平。

（5）日常检查工作中督促各部门要自我发现问题，通过自查，充分暴露自身安全管理工作中存在的薄弱环节，针对问题查管理制度、标准、作业流程存在的问题，深挖管理原因，从根源上解决管理真空、盲点。重点对历次检查中发现的问题进行整改落实，防止同类问题重复发生。

6. 煤矿“双电源”、“双回路”建设

（1）重点将停送电通知及处理、安全隐患及违章用电汇报处理、煤矿发生事故后的调查分析、工作检查与调查取证、煤矿关闭工作作为核心工作内容来抓。

（2）严格按要求对用户实施业扩报装，严格按《煤矿双回路规划》实施煤矿双回路建设，对用户报审的设计资料严格按规划及时配合审查，确保双回路建设按规划有序实施。

（3）按照市政府对煤矿安全检查工作的总体部署，积极配合，派专业能力强、工作认真负责、有煤矿供电工作经验的工作人员参与市政府煤矿安全检查工作。

7. 宣教活动

（1）根据市政府“安全生产月”活动实施方案，每年均制订了具体活动方案。

（2）在局办公大楼等重要场所悬挂“安全生产月”活动横幅，张贴宣传画、宣传挂图等宣传品。

（3）在局办公大楼、钟山区、水城县、盘县、六枝等地设置咨询服务台，向群众讲解安全用电基本常识，发放《电力设施保护条例》《安全用电常识》等宣传资料。

8. 监督体系建设

（1）梳理风险，找准控制重点。针对中、高风险，从局、车间、班组层面制定预控措施，将岗位风险制作成提示卡，发放到每一名从事现场作业的职工手中，提醒工作中安全注意事项，将风险控制落到具体岗位，针对性开展管控。

（2）分析根源，源头治理违章。深刻分析违章产生的原因，开展作业风险及作业过程中主要违章表象培训。

（3）加大违章纠察力度。

（4）创新方式，从严管理违章。

（5）以写反思、承诺、公开检讨、观看警示片、全局通报、约谈、经济处罚等多种方式对违章实施综合治理，对违章实施零容忍，做到发现一起、教育一起、惩处一起，以铁的手腕处置违章。

9. 风险体系建设

（1）深化风险体系建设及标准化达标工作。将安全风险管理要求融入“两册”，覆盖率、应用率均达百分百。安全生产标准化达标建设得分85.5分，达二级标准。全面推广应用“两本手册”，本地化修编《一体化作业手册》共计17分册，889个作业表单，覆盖率、应用率均达百分百。

（2）做好与贵州电网公司发布风险的承接工作，发布人身、电网、设备风险报告，按年、月、周发布风险控制措施，抓好防控措施的责任落实与执行，督促各部门制定与落实现场安全风险管控措施，按照事前、事中、事后三个环节，实施风险动态“四分”闭环管控与监督，严守安全生产底线，确保各类风险可控在控。即：注重安全生产系统性管理，安全管理工作中有效应用体系系统性管理思想，从本质上抓管理落实，形成闭环管控，实实在在推进体系有效运转；全面承接南网一体化管理标准，以提高班组工作效率为目标，完善“两册”，重点抓好班组应用落地；依据专业管理一体化，以示范供电所及县局建设为突破口，全力推进县局安全生产规范管理；全力推进生产业务信息系统实用化。严格生产管理信息系统的数据质量提升，全面推进配网DIS、DMS实用化，实现所有县局实用化达标。加强雷电定位系统以及电子污区图的维护与应用，按照公司移动平台实用化进度，推进“两册”应用的信息化；持续提升县供电局安全风险体系运转质量，夯实安全管理基础。

（3）持续深化安风体系建设和标准化达标。深化安风体系质量建设。结合信息系统建设，以精简、高效、务实为原则，大力推进“两册”在班组的应用落地，实现移动作业平台在地区局及县局的实用化。

10. 应急管理体系建设

制定《低温凝冻灾害应急预案》《防汛预案》《地质灾害预案》《六盘水供电局保供电工作实施细则》等。

通过建立并完善电网大面积停电应急体系，提高了电力系统应对突发事件的能力。

通过坚持统一调度、分级管理的原则，加强电力调度的管理。

通过加强电力设施保护、制定电网大面积故障应急预案，切实保证了电网安全运行。

通过积极组织开展涉网电力企业安全性评价工作，指导客户安全用电。

通过强化安全生产相关知识和技术培训，提高了从业人员安全生产能力与意识。

通过健全电力可靠性管理和监督机制，电网运行可靠性指标优于同期政府下达的指标。

通过促进电力生产技术研究成果的推广应用，提升行业技术进步。

通过进一步加大双回路电源的投入，确保了全市煤矿实现双回路供电。

六盘水供电局历届分管安全生产工作领导名录

表10-4

姓　名	职位	任职起止时间
刘　宁	副局长	2004—2007年
王瑞祥	副局长	2007—2010年
杨永祥	副局长	2010—2014年

第七节　食品药品

一、机构沿革

2001年8月，六盘水市撤销市医药管理局，成立市药品监督管理局。2002年，六枝特区、盘县、水城县相继成立药品监督管理局。

2001年9月，市药品检验所转属市药品监督管理局。市药品检验所是六盘水市唯一的药品检验中心，承担全市辖区内药品质量检验、技术复核、标准起草修订等工作。2014年8月获食品检验认证资格，改为食品药品检验检测所，承担全市食品药品检验检测工作。

2004年2月，市药品监督管理局更名为市食品药品监督管理局，仍由贵州省食品药品监督管理局垂直管理。5月，成立市食品安全协调委员会，市卫生局、市工商行政管理局等15个部门为成员单位。

2008年8月20日，钟山区食品药品监管局成立。钟山区食品药品监督管理局是贵州省最后一个成立的食品药品监督管理局。

2010年，市食品药品监督管理局成建制划归市政府管理，同时将原由市卫生监督所管理的餐饮服务管理划归该局负责。同年各县、特区、区食品药品监督管理局也划归地方管理，与县卫生局合并成卫生和食品药品监管局。

2014年7月，市政府将原由市质监局管理的食品生产、市工商局管理的食品流通环节食品监督划归市食品药品监督管理局。市食品药品监督管理局（市政府食品安全委员会办公室）设12个内设机构。同年，各县、特区、区也相继成立市场监督管理局，将食品药品监督管理职能整合至县（区）市场监督管理局。

二、工作职责

市食品药品监督管理局主要职责：

1. 贯彻落实国家关于食品药品监督管理的法律、法规、规章和政策，拟订全市食品药品监督管理工作规划并组织实施。

2. 组织实施食品行政许可、食品安全标准和监督管理。建立食品安全隐患排查治理机制，制定食品安全检查年度计划、重大整顿治理方案并组织落实；实施食品安全信息统一公布制度，公布重大食品安全信息；组织开展食品安全监督抽样检验；会同有关部门制定并组织实施食品安全风险监测计划。

3. 依法负责药品、医疗器械、保健食品、化妆品的监督管理和行政许可相关工作。组织并监督实施药品、医疗器械、保健食品、化妆品标准以及药品、医疗器械分类管理制度；组织并监督实施药品和医疗器械研制、生产、经营、使用的质量管理规范；监督实施中药饮片炮制规范；组织开展药品不良反应和医疗器械不良事件监测、处置工作；开展药品、医疗器械、保健食品、化妆品广告监测；配合实施国家基本药物制度。

4. 制定并组织实施食品药品监督管理的稽查制度，组织查处重大违法行为，监督实施问题产品召回和处置制度。

5. 负责全市食品药品安全事故应急体系建设，组织和指导食品药品安全事故应急处置和调查处理工作，监督事故查处情况。

6. 制定食品药品安全科技发展规划并组织实施，推动食品药品检验检测体系、电子监管追溯体系和信息化建设。

7. 开展食品药品安全宣传、教育培训、对外交流与合作，推进诚信体系建设。

8. 指导县（特区、区）食品药品监督管理工作，规范行政执法行为，完善行政执法与刑事司法有效衔接的机制。

9. 承担市政府食品安全委员会日常工作。负责食品安全监督管理综合协调，健全协调联动机制。

10. 承办市政府、市食品安委会及省食药监局交办的其他事项。

三、2010年至2014年开展食品药品安全监管情况

（一）2010年

检查药品生产、经营、使用单位4036户；快检药品1000批次，快检筛查到可疑品种57批次，抽样57批次；抽样药品602批次，在17家医疗器械经营、使用单位抽样医疗器械40批次送省医疗器械检测中心检验；监测违法药品电视广告844条次移送工商行政管理部门13起；监测违法保健食品电视广告共355条次，移送工商行政管理部门10起；没收违法药品宣传小报50余份；上报药品不良反应监测报告599例、医疗器械不良事件报告2例、药物滥用监测调查表1030份；组织开展食品安全宣传月，印制发放食品安全知识宣传册1万余份，在电视台、广播电台、报纸、移动、联通等媒体大力宣传食品安全知识；组织开展清查问题乳粉工作。

（二）2011年

检查药品生产、经营、使用单位1376户次；完成药品抽样607批次，完成医疗器

械抽样28批次；完成快速检测药品500批次；加大违法药品、医疗器械、保健食品广告的监测力度。共监测违法药品电视广告107条次，移送工商行政管理部门6起；监测违法保健食品电视广告86条次，移送工商行政管理部门6起；没收违法药品宣传小报238份；上报药品不良反应监测报告218例、药物滥用监测调查表511份；开展食品安全抽样工作，对92家食品生产经营单位生产、经营、使用的食用植物油、米粉、豆制品、熟肉制品进行监督抽检。

（三）2012年

检查药品、医疗器械生产经营使用单位5979家次，立案查处29件，罚款18.185万元；完成药品抽验710批次，完成药品快速筛查1000批次；加大违法药品、医疗器械广告监测力度，监测违法药品广告1028条次，移送工商行政管理部门28起，违法医疗器械广告296条次，移送工商行政管理部门5件，违法保健食品广告共165条次，移送工商行政管理部门9起；上报有效药品不良反应报告1450份，医疗器械不良事件报告450份，药物滥用监测表690份；发放餐饮服务业许可证1452户；督促餐饮服务单位落实食品安全主体责任；推进餐饮服务食品安全监督量化分级管理，严格动态等级评定和年度等级评定。

（四）2013年

检查药品、医疗器械生产经营使用单位5979家次，责令整改158家次，立案查处58件，办结55件，罚款29.20万元；监测违法药品广告981条次，移送工商部门查处20起；监测违法保健食品广告1703条次，移送工商部门查处5起；完成药品抽验计划600批次，完成药品快检1012批次；检查食品生产经营户6.6万余户次，查处违法违规生产经营户2678户，收缴不合格食品6.79吨，涉案货值107.22万元，立案查处177件，罚款192.07万元，移送公安机关查处4件，抓获犯罪嫌疑人5人；完成食品抽检670批次；培训监管人员197余人次，从业人员2.6万余人次。

（五）2014年

开展药品生产企业专项检查、终止妊娠药品专项整治、特殊管理药品专项整治检查1256家次；完成药品抽样640批次；　收集、评价、上报药品不良反应报告1758例、医疗器械不良事件报告465例、化妆品不良反应报告15例，药物滥用监测605份，注册新增基层报告用户28户；有效应对“明胶事件”，食用野生菌中毒等突发事件；及时监测并组织查处、澄清了网民传言“猪肉有虫”网络舆情和40余起“猪肉有虫”举报投诉案件，并在第一时间通过互联网、电视、广播电台、报纸、微信、微博和短信等进行辟谣，发布手机短信60余万条，有力消除了市民恐慌，抵制了谣言传播，维护了猪肉行业正常生产经营秩序；召开创建国家卫生城市和全国文明城市专项整治动员暨培训会21场次，培训网格管理人员300余名、餐饮从业人员8200余名、学校食堂从业人员408名；组织开展预防野生菌食用中毒专题培训25场次，培训学校食品从业人员、小餐饮食品从业人员、乡村卫生员3750人次，发放宣传资料12650份、张贴宣传画册7675

幅、制作宣传橱窗1768期；组织开展了新版GSP（药品经营质量管理规范）宣传培训和认证工作。培训GSP认证员67人，培训药品零售企业负责人1072人；开展食品药品安全知识进社区、进农村、进学校、进厂矿活动，开展食品药品安全知识大讲堂35场次；开展食品安全宣传周、药品安全宣传月和集中销毁假劣食品药品宣传等8个专题142场次的宣传活动，组织召开新闻发布会1次，在社区、农村设置宣传专栏436个，发放宣传资料45000余份，发放宣传环保袋2500个，编发宣传短信80余万条，展示展板46块。

制定实施《六盘水市突发食品安全事故应急预案》《六盘水市药品和医疗器械突发性群体不良事件应急预案》，加强食品药品安全应急管理。

市食药监局历届分管安全生产工作领导名录

表10-5

序号	姓名	起止时间	备注
1	牟绍璞	2004—2010年	
2	瞿从勇	2011—2013年	
3	雷　青	2014年	
4	牟绍璞	2015年	

第八节　民爆物品

2014年末，六盘水市有涉爆单位475家。其中：钟山区81家，水城县161家，盘县187，六枝特区46家，市管10家，销售4家，爆破作业公司15家。民爆物品安全主要涉及运输、储存、经营销售、施爆环节的管理措施。

一、职责分工

1. 经信部门：牵头负责全市民爆物品安全管理，规范民爆物品经营秩序。

2. 公安机关治安部门：（1）负责审批民爆物品运输通行证。（2）监控运输车辆通行时间及运输线路。利用民爆企业GPS监控平台，对民爆物品运输车辆实施动态监控。

同时规定：（1）销售环节，严格监控长途运输民爆品的运输。（2）运输环节，凡在市境运输或途经市境的民爆、危化物品运输车辆必须持有运输许可证，按照公安机关指定的运输路线进行运输。（3）营业性爆破公司在爆破工程备案时，将运输路线报公安机关进行审批。（4）配送民爆物品的车辆必须持有所属公司配送单（配送单上注明项目名称、运输车辆车牌号、驾驶员、押运员姓名、运输物品的品名、数量，企业负责人签字），按照交警部门指定的货运通道进行配送。所有车辆的驾驶员、押运员均必须持证上岗。(5)凡在市境运输的民爆、危化物品运输车辆，必须避免在交通高峰时段进行运输。市境城区的主要交通要道在8时至18时，禁止一切民爆、危化物品运输车辆通行。(6)凡市境的民爆、危化物品运输车辆在无物品运输情况下，停放在指定的停车场内，不允许出现空车在市区乱窜、乱停现象。严禁民爆、危化物品运输车辆在运输过程中停靠在人员密集场所、路段，如遇突发事件必须尽快向公安机关报告。车辆所属企业随时掌握运输车辆的现状，发现异常情况及时与驾驶员联系，并报告当地公安机关。所有运输车辆必须符合国家安全标准。严禁民爆物品运输车辆发生混装、超量现象。

二、安全管理

对运输、储存、销售、施爆环节的安全管理，主要是强化民爆行业安全监管。市经信委负责实施对民用爆破器材生产企业的安全监管。企业严格按照核定的品种和产量进行生产，严厉整治四超(超时、超产、超员、超量)和三违法(违法建设、违法生产、违法经营)行为。以危险作业工房的建筑结构、危险工序的防护、监控设施、民爆专用生产设备为重点，加大隐患排查治理力度，并督促企业对排查出的隐患做到整改措施、责任、资金、时限和预案五到位。推进民用爆炸物品运输车辆安装具有行驶记录功能的卫星定位装置。2011年完成烟花爆竹、民用爆炸物品生产和销售企业在专用运输车上加装具有行驶记录功能的卫星定位装置。2014年推行在炸药现场混装车上加装安全监控装置。

三、安全监管情况

(一)2004年

1. 烟花爆竹

在各级安全监管部门的配合下，对重点区域、乡镇、集贸市场烟花爆竹销售点进行清理整治，其中重点烟花爆竹乡镇3个，零星销售摊点27个，规范和净化了市场环境。自2004年起，全市烟花爆竹零售经营许可证改由安全监管部门发放。通过清理整治，全市审核发放烟花爆竹零售许可证1590个。

在打击非法生产、走私烟花爆竹违法犯罪活动中，共下整改通知书53份，取缔零售点37个，捣毁非法生产作坊16个，捣毁制作土火炮工具11套，收缴银粉3公斤，引线1.95公斤、黑火药6.5公斤，收土火炮半成品、成品1000公斤另50.54万头。收缴走私烟花爆竹45箱零20余万头，擦炮30盒，销毁烟花爆竹547件。共查处涉案人员61人，其中刑事拘留6人，行政拘留13人，治安罚款38人，治安警告4人。

2. 民爆物品

根据“2・13”全市安全生产紧急会议精神，市公安局治安支队组织4个工作组，由4名支队领导带队，分两次对全市各民爆点进行了安全检查。各县局、分局治安部门也积极开展了安全检查活动。全年共检查民爆物品储存管理单位96个，涉爆单位及民爆储存点468处，民爆站28个，“三小”企业105个，化肥销售网点24个。检查中，对安全隐患严重、未经批准违规存放的，按规定进行收缴。共收缴炸药440.6公斤，雷管17246发，导火索194米。安全转移炸药1042.5公斤，雷管2262发。如钟山公安分局治安大队在对黄办七星砂石厂进行检查时，发现一起非法开山采石，并非法买卖硝铵炸药6公斤、雷管64发、导火索28米的案件，当即对当事人刑事拘留，收缴民爆物品。共刑事拘留4人，治安处罚91人。

3. 剧毒化学品

根据市政府关于清查收缴毒鼠强以及上级公安部门关于查处毒鼠强案件线索的有关精神，全市公安机关均把清查收缴毒鼠强作为一项重要内容，并加强对农村集贸市场和剧毒品储存单位的检查，严厉打击利用毒鼠强进行违法犯罪。全年共收缴毒鼠强1950克，刑拘1人；查破非法买卖剧毒化学品案件2起2人，刑拘2人。红桥和云盘公安分局每月将《民爆器材、剧毒化学品丢失、被盗、涉爆涉毒案件和事故登记表》上报市局，为掌握情况，加强管理提供了可靠的依据。

（二）2010年

1. 烟花爆竹

加强对易燃易爆、烟花爆竹的生产、包装、储存、运输、销售、使用和废弃处置等各个环节的监控。严肃查处私自生产烟花爆竹的违法行为，并督促烟花爆竹生产企业按照小型、分散、少量、多次、勤运的原则组织生产，杜绝超人员、超药量违规生产和超量储存、购销私炮等违规现象发生。在专项行动中，共检查烟花爆竹销售户59家次。2010年9月23日22时，查获非法运输危险物质案件一起，收缴土炮成品9箱143串7382发，有效防止了烟花爆竹爆炸事件的发生。

2. 民爆物品

加强对民用爆炸物品运输、存储、使用环节的监管力度，进一步规范管理，做到底数清、情况明。同时，督促各涉爆单位落实技防、物防、人防等措施，严格要求涉爆单位遵守收存、发放制度，禁止乱存、乱放和登记不实的情况发生。在专项整治中，共检查涉爆单位564家次；发现隐患10处；主动上交炸药6.4公斤、雷管67发；查处私藏危险物质案件2起、行政拘留2人；张贴通告177份，发放宣传资料820份。

3. 剧毒化学品

严格按照《剧毒化学物品安全管理条例》，加强了对剧毒化学物品单位监督管理。检查剧毒化学物品从业单位16家次，督促完善其剧毒化学品登记备案制度，对执行五双管理制度（即双人双发、双人领用、双把锁、双本账、双人保管）进行严格检查。加大对从业单位负责人、生产技术人员、安全管理人员、保管员、押运员、操作人员的教育培训工作力度。

（三）2012年

1. 烟花爆竹

为进一步加强烟花爆竹安全监管工作，有效预防、坚决遏制烟花爆竹引发的各类安全事故以及爆炸案件的发生，根据上级部门的要求和部署，六盘水市各级公安机关与安全监管部门一道，开展烟花爆竹专项整治活动。各地按照保护合法、打击非法的原则，在加强治安防范管理的同时，依法从严打击涉及烟花爆竹的各种非法、违法行为。全年全市各级治安部门配合安全监管、工商等部门共检查烟花爆竹销售点86处，查获非法烟花爆竹1200件、48万余头土炮竹，治安拘留1人、其他处理6人，罚款18000元；销毁烟花1400余件，及时、有效地消除了安全隐患，给老百姓创建一个安定的社会环境。

2. 民爆物品

检查涉爆单位2089家（次），发现安全隐患210起，排查重点人员1588人（次）；主动上交和收缴爆炸物品雷管21641枚、炸药16869.65公斤、黑火药1.5公斤、索类爆炸物75米、易制爆化学品41公斤；抓获涉爆在逃人员3人；查处涉爆治安案件4起，治安处罚6人，刑事拘留3人；发现非法矿点并通报有关部门查处1家，删除本地网上涉枪涉爆有害信息21条。

3. 剧毒化学品

为切实防范涉剧毒案件、事故的发生，全市各级公安机关结合缉枪治爆专项行动，严格按照《危险化学品管理条例》，严格、认真审查、规范审批剧毒化学品管理。同时，加强对涉危化品经营单位及其安全保卫工作的检查、督促和指导工作。全年全市共检查剧毒化学品从业单位46家（次），发现安全隐患21起；收缴剧毒化学品50.4295公斤、危险化学品545公斤。

（十一）2014年

1. 烟花爆竹

依法从严打击涉及烟花爆竹的违法行为。2014年，全市共检查烟花爆竹销售点1138家（次），烟花爆竹生产企业62家（次），烟花爆竹储存仓库70家（次）；收缴非法烟花90余件、非法生产爆竹20余件，责令23家烟花爆竹无营业许可证或营业许可证已过期的经营户停止营业，张贴发放烟花爆竹安全宣传画18000份。

2. 民爆物品

对营业性爆破作业单位使用乳化炸药情况作全面摸底排查。开展了缉枪治爆专项行动，下发《2014年全市缉枪治爆专项行动方案》。针对民爆物品出入库登记领用清退制度，对是否存在乱存、乱放、私拿、私藏等方面进行了检查，对非法爆炸物品进行了收缴。为加强节假日社会治安的稳定，全市针对春节、五一等节假日开展专项检查。通过涉爆单位自查和公安机关抽查的方式，加强对节假日期间民爆物品的监管；开展涉爆作业人员培训年审及培训，培训、年审的7000余名涉爆人员全部通过考试合格；

检查涉爆单位1253家（次），发现安全隐患84处，主动上交和收缴炸药52140.6公斤、雷管92115发，索类爆炸物品32米、易制爆化学品22407公斤；查获涉爆刑事案件1起，刑事拘留2人，抓获涉爆在逃人员2人；办理违反《民用爆炸物品安全条例》案4起，处罚25万元。

3. 剧毒化学品

加强对涉危化品经营单位及其安全保卫工作的检查、督促和指导，对发现的问题现场进行督促整改。组织相关人员及剧毒化学品从业单位负责人80余人参加剧毒化学品信息系统升级培训会。一年来，全市共检查剧毒化学品从业单位92家（次），发现安全隐患12条。

市公安局历任分管安全生产工作领导名录

表10-6

姓　名	职位	任职起止时间
雷　平	市公安局副局长	2004—2011年（现任省公安厅禁毒总队副总队长）
马从容	市公安局副局长	2012年起—

市经济和信息化委分管安全生产工作领导名录

表10-7

姓名	职位	任职起止时间
郭丙生	副主任	2010年8月4日—2012年1月11日
李仁杰	副主任	2012年1月11日—2013年1月19日（南方电网公司到我委挂职）
王宜明	副主任	2013年1月19日—2014年9月4日
吴　坚	副主任	2014年9月4日—2015年2月9日
梅建南	总经济师	2015年2月9日—

第九节　水利水电

一、建设历程

六盘水建市初期，修建人畜饮水工程多是分散、简陋和家庭小水窖、小山塘等低标准小型水利工程。20世纪90年代初，国家开始实施“渴望工程”、“解困工程”，加大解决农村饮水困难的投资。到1996年底，全市累计解决近62万人的饮水困难问题。

“十五”期间，国家累计投入六盘水市解决农村人畜饮水建设的资金达1.3亿元，解决81万人、40.72万头牲畜的饮水困难。

2005年，全市建成蓄、引、提水利工程1640处。(1)蓄水工程350处。其中：中型72处，小(一)型12处，小(二)型45处，小(二)型以下221处。引水工程1227处。其中小(二)型94处，小(二)型以下1133处。(2)提水工程66处。其中：机械提水1处，电力提水工程59处，水轮泵提水工程6处。

至2014年，全市共建成各类供水工程1895处。(1)中型水库2座，小(一)型水库12座，小(二)型水库49座，总库容9738万立方米。(2)水利工程年供水6.45亿立方米，有效灌溉面积68.43万亩，除涝面积2.88万亩，解决了农村46.24万人的饮水安全问题，治理水土流失2783.25平方公里。

至此，全市有效灌溉面积累计达465150亩。其中：水田314850亩，水浇地150300亩，累计解决人畜饮水145.7万人、9477万头，水土流失治理面积累计达2264平方公里，除涝面积28828亩，总库容达9421万立方米，引水流量达27.1934秒/立方米，防洪河堤累计达232.44公里，水电装机容量达11.73万千瓦。解决农村20万人饮水困难，农民群众亲切地称它为民心工程、德政工程。

二、水库

(1)玉舍水库：

地理位置高，成库条件好，水质良好，水量充足，是解决市中心城区用水问题的理想水源。

1992年2月10日玉舍供水工程获国家计委批准，1999年4月10日工程正式动工，2007年7月通过工程竣工验收。

玉舍供水工程由水源工程(含玉舍水库和输水工程)、水厂工程两大部分组成。水库大坝位于水城县玉舍乡境内北盘江支流舍嘎河上，属珠江流域，距市中心区22公里。玉舍水库正常蓄水位海拔高1956.04米，总库容3380万立方米，有效库容2780万立方米，死水位为海拔高1926.7米，死库容600万立方米。水库大坝最大坝高78.4米，年供水量3650万立方米，供水保证率97%；输水工程线路总长15828.64米，其中隧洞6座，总长13589.72米，渡槽1座，长38.87米，倒虹管4座，总长2165.93米，暗渠1处，长34.12米。输水流量1.2立方米/秒，最大输水流量1.8立方米/秒。水厂位于钟山区境内，属长江流域，日供水能力10万吨。

2009年5月4日，水城县境内双桥水库可行性报告，获贵州省发展改革委员会批准，设计正常蓄水位海拔高1614.5米，总库容9670万立方米。

(2)窑上水库：

位于三岔河支流响水河源头，距市中心城区4公里。坐落于城市上游，是一座集防洪、城市供水和景观用水为一体的综合性水库工程。

水库建于1957年，大坝为均质土坝，最大坝高13米，总库容109万立方米。坝址以上集水面积17.03平方公里（地表集水面积3.95平方公里、地下集水面积13.08平方公里），坝址以上主河长4.17公里；1992年扩建，在原大坝基础上加高，坝型为黏土斜墙堆石坝，最大坝高22.5米，总库容550万立方米。

扩建后的主要功能为：承担部分城市防洪任务，每天向市中心城区供水3万立方米。2007年又对该水库进行了除险加固。

2011年11月1日，明湖水利风景区（窑上水库）经水利部批准为第十一批“国家水利风景区”。窑上水库原功能为防洪、灌溉、供水，因城市发展已无灌溉任务，主要供水任务已由玉舍水库承担，同时紧邻窑上水库下游的明湖湿地公园、城区河道及凤池园需要补充生态景观水量，抬高正常蓄水位后，可增加水库水面面积和库容，景观效果更好，蓄水量更多，更具旅游观赏性和满足生态景观用水需求。

三、水利工程

（1）六枝城区防洪工程

六枝特区城区长年因六枝河道过洪能力低，洪涝灾害频繁发生，严重影响了城区人民群众的生命财产安全和机关企事业单位的正常工作。2004年，特区九届人大二次会议将六枝特区城区河道治理列为议案，由特区政府进行治理。工程治理从2004年11月起至2006年5月，共分一期、二期和续建一期阶段，工程总投资865万元。

通过三个阶段对城区主要河段进行治理，治理河段达到50年一遇防洪标准。

（2）盘县城关排洪洞工程

盘县城关排洪洞工程位于盘县城关镇南部，工程由疏通水洞的暗河和新开隧洞部分组成。

盘县城关水洞排洪洞工程列为五级防洪工程，按20年一遇的洪水设计，工程总投资为2364万元。

（3）水城河治理工程

水城河亮丽工程是市委、市政府2004年“十件实事”之一。工程由水域河沿岸城市景观园林绿化工程和水城河水力自控翻板坝工程组成。工程于2004年6月1日正式开工建设，7月29日完成建设任务并进行阶段验收，8月10日正式对外开放。完成人民广场人行拱桥东西两侧780米长，两岸各20米宽的园林绿化工程；完成水电管线安装8730米；完成河道护栏安装1000米，庭院灯具、数码灯管安装已全部完成。

（4）市中心城区防洪治涝（一期）工程

六盘水市中心城区防洪治涝（一期）工程于1998年12月开工，2005年已全面完成一期河堤砌筑、河道整治疏浚和4座水力自控翻板坝建设，完成德坞龙贵地水库大坝砌筑。

（5）病险水库治理工程

2005年12月，完成了清底河、木龙、松官、中坝、白岩脚、瓦窑和加开营等7座病险水库主体工程整治及验收工作。

（6）玉舍供水工程

该工程累计完成投资21251万元，累计完成工程量土方18.94万方、石方33.62万方、砼340579立方米。为了缓解市中心城区供水紧张状况，已于2005年3月23日正式投入试运行，向市中心城区城市管网供水。2005年11月底，水库大坝工程、输水管道和隧洞工程、水厂工程等主体工程全面完工。

四、库区水域安全管理

2010年，市政府下发《六盘水市水库库区水域安全生产管理办法》。

五、典型水库事件

2009年6月29日凌晨3点20分，受大暴雨影响，水城县发耳乡马场水库溢洪道发生决口，造成水红铁路停运，盘县至水城公路中断。

因事前气象预警和乡镇干部及时发现险情并疏散村民，未造成人员伤亡。倾泻而出的洪水又将下游2公里远的水红铁路K480＋20段点近30米的路基冲毁，同时造成省道盘县至水城段发耳乡新联村20米路段整体下陷2至3米，铁路、公路同时中断，冲毁农田300余亩。洪水将铁路路基拦腰截断，形成了一个深10米、宽25米的缺口。因及时报警，成都铁路局工务段采取措施，将当天经过的列车进行调度绕行，最大限度地减少损失。

2004—2015年期间市水务局分管安全生产工作领导名录

表10-8

姓名	职位	任职起止时间
钟承志	市水利局党组成员、副局长	至2004年7月
何维申	市水利局党组成员、副局长	2004年7月—2007年4月
周有柏	市水利局党组成员、副局长	2007年5月—2008年5月
何维申	市水利局党组成员、副局长	2008年6月—2011年3月
李文科	市水利局党组副书记、局长	2011年4月—2012年4月
周有柏	市水利局党组成员、副局长	2012年5月—2015年12月

第十节 森林防火

六盘水市野生植物种类繁多。按其用途，可分为牧草类、药用类、果类及其他类4个类型。牧草类植物有40科、192514种。药用植物约700余种，主要品种有195种。野生果类有刺梨、猕猴桃、棠梨、山楂、樱桃、葡萄、枇杷、杨梅、草莓等。其他有用野生植物有毛栗、毛脉山栎、青冈子、蕨类、火棘、野生茶树、苦丁茶、八角、花椒、棕榈等。市境乔木树种及竹种223个，分属62种、140属。其中有国家一级保护树种水杉、秃松，二级保护树种红豆杉、伞花木、香果树、银杏、杜仲、十齿花、光叶珙桐、鹅掌楸、野茶树，三级保护树种银雀树、黄杉、西康玉兰、三尖杉、檫木、厚朴、清香木、木荷等；有省、市珍稀树种木棉、紫树、复叶栾树、黄连木、香楠、毛黑壳楠、山桐子、黄牛奶树、火绳树、贵州紫薇、红花油茶、灯台树等。具观赏价值的树种有滇杨、杜鹃、大官杨、沙兰杨、水杉、垂柳、法桐、女贞、枫杨、冬青、雪松、玉兰、木槿、龙柏、凤尾柏、木芙蓉、郁李、桂花、夹竹桃、山茶、罗汉松等。粮食作物有玉米、稻、马铃薯、麦、大豆、荞类等。玉米产量居全市大田作物之首，次以稻产为大宗。经济作物有油菜、烟草、花生、茶、麻类、棉、糖料、蚕桑、芝麻及其他油料作物。所产水果分属12科22属计30余种。

林业安全涉及营林生产、森林抚育、野生动植物保护、森林采伐、木材经营加工、资源保护、林业产业发展及林产品加工、林业建设项目、林业有害生物预警防治、森林防火等生产环节。

市境有国有林场、自然保护区、森林公园、湿地公园、重要林区、林业产业园区、森林旅游景区、景点等易受自然灾害影响的林业生产经营单位和人员密集场所；有火灾易发多发频发区域、林区山体周边房屋、民工集中的劳动密集型企业和住宿地等重点部位。在安全管理中，市林业局成立以局党组书记、局长为组长，其他党组成员为副组长，局属各科、室、站负责人为成员的全市林业安全生产领导小组开展管理工作。2004年至2013年，领导小组办公室设在市林业局办公室。2014年起改设在防火科。

建立健全党政同责、一岗双责、齐抓共管的安全生产责任体系，深入落实管行业必须管安全、管业务必须管安全、管生产必须管安全的要求，积极开展“安全生产月”宣传活动、林业系统安全生产大检查、森林防火安全大检查、汛期安全生产大检查、“六打六治”打非治违专项行动和除大隐患防大事故安全生产大检查等工作，为林业发展创造了良好的安全环境，确保全市林业系统无重大安全事故发生和人员伤亡。

一、森林执法

市境森林公安队伍始建于1986年。当时设1个林业公安科和3个林业派出所，共17名民警。经过20多年的发展，现改称六盘水市森林公安局及六枝特区森林公安局（下设3个派出所）、盘县森林公安局（下设7个派出所）、水城县森林公安局（下设2个派出所）、钟山区森林公安局。有森林民警91人。

2007年，根据市编委《关于市林业局森林公安科更名的通知》，将市林业局森林公安科更名为市森林公安局。2014年5月，机构规格由正科级升格为副县级。

2005年至2015年8月，全市森林公安共立涉林刑事案件576起，破385起，抓获犯罪嫌疑人380人；受理涉林行政案件4241起，查处3861起，行政处罚4485人次，行政罚款124.81万元。

二、森林防火

根据国家林业局新修订的《全国森林火险区区划等级》，全市森林火险等级制划分为：林业用地50.2580万公顷。其中：Ⅰ级火险区面积3.9500万公顷，占7.86%；Ⅱ级火险区22.8210万公顷，占45.41%；Ⅲ级火险区6.9500万公顷，占13.83%。

2014年5月20日，省林业厅《关于发布2014年贵州省森林火险等级区划的通知》，重新确认全省各县、区森林火险等级：六盘水市盘县、水城县、钟山区火险等级为一级，六枝特区火险等级为二级。

每年4月，是森林火灾高发期。多年以来，六盘水市始终坚持小火当大火打的工作方针，在明火扑灭后还必须认真组织火场清理和看守，严防死灰复燃。据统计，2006年至2014年，全市共发生森林火灾1026起（其中火警914起），火场面积10551.18公顷，受灾森林面积2779.8公顷，无重特大森林火灾发生。绝大部分火灾扑救相对及时，减少了各种损失。但因山高路远、交通不方便的地方，损失相对较大。

三、森防机构沿革

1. 六枝特区

1992年，六枝特区森林防火办公室成立。

2004年8月16日，确定六枝特区森林防火办公室为特区林业局下属正股级财政全额拨款事业单位，与特区森林警察大队合署办公，一套人员、两块牌子。办公室主任由森林警察大队副大队长兼任。

2003年4月3日，制定《六枝特区森林防火暂行规定》。2005年9月12日，制定《六枝特区森林火灾应急预案》；11月21日，六枝特区人民政府发布《关于对特区中心城区及周边可视山头实行冬春森林防火管理的通告》《六枝特区中心城区及周边可视山头冬春森林防火管理实施方案》。在森林防火期，禁止在城区绿化山头和周边可视山头违规用火，燃烧香、蜡、纸、烛和燃放烟花爆竹。要求各乡镇结合本乡镇实际，成立相应森林防火组织机构，制定适宜启动和操作的森林扑火措施或预案。

2008年12月19日，重新修订《六枝特区森林火灾应急预案》。

2. 盘县

1999年，盘县特区更名为盘县，盘县特区森林防火指挥部及办公室，分别更名为盘县森林防火指挥部、盘县森林防火指挥部办公室。

2005年，重新修订《盘县森林火灾应急预案》。并明确：县长担任指挥长；分管副县长、县林业局局长任副指挥长；成员由法院、检察院、人武部、发改局、消防大队、国土局、民政局、安全监管局、监察局、交通运输局、邮政局、电信局、公安局、司法局、煤炭局、环保局、粮食局、气象局、广播电视局、林业局、公安局林业分局保险公司等单位负责人组成。

2008年，县林业局成立森林防火站，具体负责县森林防火指挥部办公室的日常工作。

3. 水城县

2003年，水城县调整森林防火指挥部成员，指挥长由分管县长杨昌显担任。下设办公室在森林警察大队，由李江姿任办公室主任。

2008年，办公室主任改由耿礼祥兼任，副主任由森林警察大队于河平担任。

4. 钟山区

2001年11月份，钟山区组建森林消防专业队伍，共12人，其工作人员实行聘用制，经费由区财政拨款，半军事化管理。

近年来，扩建为20人的专业队伍。采取按梯队排班，小火时一般动用一个梯队，大火动用两个梯队，遇重大火灾时则全部出动，确保火灾火情的及时有效处置。

四、森林病虫害防治

林业有害生物灾害是我国森林的主要灾害之一。随着全球气候的逐步变暖，林业有害生物越来越肆意猖狂。2005年达35万亩，首创全市历史上林业有害生物发生面积新高。此后，林业有害生物发生面积逐年下降。近年来，发生面积稳定在每年20万亩左右。

六盘水市森林病虫害防治检疫站成立于1986年。2004—2014年间，随着改革开放的不断深入，全市不断加大对森防工作的资金投入。

1. 基础设施

1998年以前，全市每年森防投入不足10万元；2004年以来，国家用于林业有害生物防治的投入却高达1000余万元，年均100余万元。极大地改善了林业有害生物防治工作的基础设施，提高了防治能力。

2. 监测预警

六盘水市林业有害生物监测预报工作，大体经历了三个阶段。

（1）第一阶段（1978—2003年）

20世纪70年代末期，由于各种原因森林资源保护工作尚未得到足够重视，林业有害生物监测预报工作尚未真正纳入政府和林业主管部门职责，测报工作比较粗放。到80年代初至20世纪末，为全面推进阶段。这一时期林业有害生物监测预报工作开始纳入各级林业主管部门职责范围，明确要求各级森防部门必须开展林业有害生物监测预报工作，检疫机构队伍建设、测报制度建设全面推进。2000年以后，是快速发展阶段。建立了国家、省、市、县、乡（镇）测报网络；制定颁布了一系列监测预报制度和办法；开发和推广了全国林业有害生物信息管理系统、网络森林医院、远程诊断系统等。

（2）第二阶段（2004—2014年）

2004—2014年，全市林业有害生物监测预警经历了从弱到强、从手工计算到软件汇总与分析、从纸质文字汇报到数字化网络传输的重大突破。同时，机构与人员队伍建设、监测预报网络体系建设、监测预报技术创新等方面取得长足进展，并形成了较为完善的林业有害生物监测预警体系。据统计，全市林业有害生物预测准确率平均超过90%。

建立起市、县（区）、乡（镇）三级森林病虫害监测预警体系，从业人员100余人。分别在盘县、六枝特区建设国家级中心测报站点2个，在水城县、钟山区建设省级测报点2个。基层测报站点20个，培养各类专业测报人员500多人次，形成了一个相对完善的机构体系和强大的专业测报队伍。

3. 检疫执法

按照《森林植物检疫技术规程》，对苗木生产单位和个人进行检疫登记，完善产地检疫档案管理。一经检疫合格，签发苗木产地检疫合格证。检疫不合格的，责成苗木生产单位限期治理。凡检疫不合格、未获得苗木产地检疫合格证的苗木生产单位或个人，苗木一律不得出圃，不予签发植物检疫证书。

2012年来，每年检疫苗木数量都在一亿株以上，产地检疫率达百分百。并认真做好调运检疫和复检。

2013年，共办理植物检疫证书800余份，共复检松木2467立方米，对900余盘光电缆盘进行检查；全年开展检疫执法行动30余次，发现违法调运案件8起，罚款5700元。

4. 防治普查

开展林业有害生物越冬代调查及林业有害生物普查，根据调查结果编制危险性林业有害生物防治预案。每年开展对黄缘阿扁叶蜂、松纵坑切梢小蠹、松墨天牛、双天杉天牛、鼠兔害工程治理，编制《重大林业有害生物灾害应急预案》。各县以乡（镇）、林场为单位，组建专业除治队伍，实行专业队除治与群防群治相结合，每年对管理人员、专业技术人员和除治专业队员，进行技术培训，应急演练，有效提高应对林业有害生物灾害的应急处置能力。

60至70年代，全市共发生林业有害生物面积23.17万亩，种类有松毛虫、松潜介壳虫和松大蚜。另有少量病害发生，主要为松赤枯病和落针病。

80年代，全市共发生林业有害生物面积16.66万亩。主要病虫种类有松毛虫、黄缘阿扁叶蜂和杉木黄化病。

90年代，全市共发生林业有害生物面积9.1万亩。其中：病害5.6万亩，虫害3.5万亩。主要病虫种类为黄缘阿扁叶蜂和杉木黄化病。

2000年至2012年8月，全市累计发生林业有害生物面积221.43万亩。主要林业有害生物种类有纵坑切梢小蠹、云南木蠹象、板栗剪枝象、栗实象、板栗瘿蜂、松褐天牛、黄缘阿扁叶蜂、松叶蜂、鼠（兔）害等。发生特点：总体发生面积呈大幅上升趋势，虫害面积大，危险性林业有害生物种类增多；病害发生面积小，危害轻。具体体现：危险性病虫仍然严重，有扩散蔓延趋势；食叶害虫发生相对稳定；地下害虫、蛀干害虫、鼠兔害趋于严重；有害植物（紫茎泽兰）进一步扩散。

5. 物资储备

到2014年，全市有专业应急物资储备背负式机动喷雾机25台、担架式喷雾机15台、机动打孔机10台、高压水泵3台、输水管1000米、杀虫灯30盏等专业设备。

五、林场林区

全市森林面积476万亩，灌林面积281万亩。有国有林场四个，即：六枝特区花德河林场、盘县老厂林场、水城县杨梅林场、水城县玉舍林场。经营总面积16.75万亩，有林地面积14.65亩。现有职工441人，其中在职职工210人，退休职工231人。

四个国有林场始建于1958年。除杨梅林场属事业差额拨款外，其余三个均为基建型林场。省每年给予一定基建拨款；不足部分，靠伐木收入解决生产生活开支和林场正常运转，直到90年代。从90年代初开始，全部停止拨款和财政补贴，加之1999年国家实施天保工程后，除盘县老厂林场有少量的采伐指标外，其余的场全部实行禁伐，林场断了经济来源，职工生产、生活走入困境。

2003—2004年的两年间，花德河林场、玉舍林场相继开展了“三项制度”改革，但未达到预期目标。2005年，开始实施采伐试点。由于基础差，林场创业举步维艰。为了解决林场职工的稳定和吃饭问题，依托自身优势，林场相继开展了森林公园建设，花德河林场、老厂林场、玉舍林场成立了森林公园管理处，一套人员、两块牌子。

2012年初，市政府在广泛调研的基础上，专门出台政策：各县（区）把四个国有林场职工工资差额部分纳入本县（区）财政预算，从2010年1月起足额发放；职工的工资补齐后，原则上未经批准，林场不能再进行经营性采伐；已参保职工继续参保，参保退休职工的养老金由当地社保部门发放，其待遇中差额部分由县（区）财政补足；按照属地管理原则，林场职工工资待遇增加部分，由各县（区）财政给予解决。

市林业局历届分管安全工作领导名录

表10–9

姓　名	职　位	任职起止时间
况明刚	副局长	2004年1月—2012年7月
聂玉林	副局长	2012年7月起

第十一节　气象及自然灾害

一、气象防灾减灾

1. 暴雨

2004至2014年间，六盘水市每年的暴雨出现次数在4至21次之间不等，以2014年的21次为最多。其次由高到低是：2005年的15次，2008年的14次；2006年、2011年和2013年为最少，均只出现4次。

六盘水市近年来因暴雨导致较重的洪涝灾害：

（1）2009年6月28日夜间，六盘水市境内普降大到暴雨，其中发耳乡28日8时至29日8时降水量达194.8毫米。由于预报准确，服务到位、及时，政府应急处置得当，及时转移搬迁水库下游3个村共299户897名群众，未造成人员伤亡。

（2）2009年7月12日，盘县保基、盘江、刘官、保田等13个乡镇受到洪涝灾害袭击，共造成63041人受灾，因灾死亡1人，农作物受灾面积3515公顷，绝收286公顷，直接经济损失813.8万元。

（3）2009年7月26日，受洪涝灾害影响，钟山区共造成5395人受灾，农作物受灾面积80公顷，直接经济损失81万元。盘县受灾人口38690人，死亡2人，农作物受灾面积1488公顷，直接经济损失373.7万元。

（4）2014年6至9月局地暴雨较多，导致灾害较重。据民政部门统计：暴雨致洪灾害造成六盘水市受灾农作物面积20.334万亩，成灾面积9.621万亩，房屋倒塌417间，毁损房屋1181间，死亡3人，造成直接经济损失4.028亿元。

（5）2014年7月15至16日，连续性暴雨天气造成市中心城区严重内涝和8月11至12日的强降水天气导致钟山区大湾镇5个煤矿受灾严重。

2. 雷电与冰雹

2004至2014年间，六盘水市年雷电出现日数在30.3至57.7天之间，以2004年出现57.7天为最多。其次是2005年的55.3天，2008年的47.3天；以2011年的30.3天为最少，其次是2012年的32.7天。

2004至2014年间，六盘水市年冰雹出现日数在0.0至3.7天之间，除2012年各气象观测站上未出现冰雹外，其余年份均有冰雹发生，尤以2004年出现3.7天为最多。其次是2014年的1.7天，再次是2013年的1.3天。

因雷电、冰雹造成人员伤亡、经济损失较重的几次灾害：

（1）2007年5月23日下午，盘县普田、保田、大山、民主、马依、马场、响水、珠东、鸡场坪等9个乡镇受到风雹灾害的袭击，造成农作物不同程度减产和绝收，受灾的有9个乡镇68个村692个村民组、19826户81286人，雷电击死1人，击伤1人，转移安置灾民26人；因灾倒房16户40间，损房210户315间，农作物受灾1944公顷，绝收407公顷，毁坏田土66公顷，减产粮食2478吨，烤烟900担，毁坏乡镇公路600方，冲垮960方，刮倒大树120棵，电杆11根，电视卫星接收器296个，农户瓦片数万片，击坏变压器一台，造成直接经济损失566万元，其中农业损失553万元。

（2）2010年7月21日，水城县红岩乡发生雷击灾害，造成一人死亡，一人重伤。

（3）2013年4月27日下午，水城县米箩、发箐、盐井、勺米、龙场、果布戛等乡遭受风雹灾害袭击。据水城县气象观测站测得冰雹最大直径30毫米，持续时间20分钟；此次雹灾造成33个村241个组16051户62191人受灾，1人受轻伤，砸伤牛2只，砸死羊20只，损坏房屋4873间，损坏蔬菜大棚38个、地膜5000余亩；造成农作物受灾面积8588.7公顷，成灾5785公顷，绝收773公顷，农作物以马铃薯、玉米、小麦、蔬菜等受灾较重，茶叶、烤烟、药材类不同程度受损；直接经济损失11379.28万元。其中：农业损失10673.03万元。尤其是米箩乡猕猴桃基地受灾严重，猕猴桃及其他经果林受灾损失达6745万元。同时，钟山区月照乡部分社区也遭受冰雹袭击，持续时间15分钟左右，冰雹直径约4—5毫米，对马铃薯、玉米、蔬菜类等农作物造成影响；据民政部门统计，此次雹灾造成2019人受灾，农作物受灾面积50公顷。

3. 凝冻

2004至2014年间，六盘水市各地出现凝冻日数在0至39天之间，以水城出现凝冻天气最多，年平均有20.5天；盘县出现凝冻天气次之，年平均有10.8天；六枝出现凝冻天气最少，年平均只有4.8天。

水城县每年都有凝冻天气发生，以2008年、2011年的39天为最多。比如2008年，1月13日至2月14日，六盘水市出现强降温及大范围雪凝天气，市中心城区低温雨雪冰冻天气累计为32天，是自1984年（1984年1月18日至2月2日，共计26天）以来影响范围最大、持续时间最长以及灾害最重的一次冰冻天气过程。此次灾害给六盘水市工农业生产及人民群众生活造成了巨大的经济损失，长时间的低温雪凝天气对六盘水市的电力影响较大，此外交通、通信、城市等基础设施也受损巨大，严重影响了人民群众的生产生活。据电力部门不完全统计：造成六盘水电网运行的输电线路设备多起倒杆、断线事故，西部高寒地区，覆冰情况尤为严重，受损110千伏线路11条，受损杆塔8基；受损35千伏线路20条，受损杆塔18基；10千伏线路107条，受损杆塔1671基，受损10千伏配电变压器115台；400伏线路受损长度83.79公里，受损杆塔1049基，影响26个乡镇25万户居民用电，损失负荷最大约305兆瓦，损失电量约2.8764亿千瓦时(1月12日至3月3日)，直接经济损失2900万余元。据民政局统计：六盘水的工业直接经济损失20亿元以上，农业农村直接经济损失也在6.5亿元以上，加上其他行业，累计损失33亿元。

4. 干旱

六盘水市主要是以春旱为主，几乎每年都有春旱发生。

2004至2014年间，各地春旱发生天数在13至86天之间。以盘县发生春旱天气最多，年平均有50.4天；六枝发生春旱天气次之，年平均有40.9天；水城发生春旱天气最少，年平均为37.5天。2010年春旱最重，各地均在70天以上，其次是2006年，各地春旱均在60天以上；相对而言，2004年和2008年春旱较轻。春季发生干旱，影响春耕春播和人、畜饮水。如2009年8月下旬到2010年6月上旬六盘水市出现了秋冬连旱叠加春旱。干旱共造成205.3万人受灾，123.7万人饮水困难，死亡牲畜597头，农作物受灾面积达13.81万公顷，成灾面积11.75万公顷，绝收面积8.03万公顷，造成直接经济损失19.27亿元，其中农业经济损失15.07亿元。

二、对气候变化的应对

1. 人工影响天气

人工影响天气作为防灾减灾的手段之一，在防御和减轻气象灾害以及合理利用水资源中发挥着越来越大的作用。

2015年，全市各级气象部门共有高炮42门，分布在4个县、区，其中六枝13门，盘县19门，水城县9门，钟山区1门。有6台移动火箭作业点，分布在3个县、区及市气象部门，其中六枝1台，盘县3台，水城县1台，市局1台。全市共有高炮作业民兵207人(六枝特区63人，盘县96人，水城县43人，钟山区5人)，火箭手8人。

随着科技进步与发展，人工影响天气的作用日渐凸显，能有效地减少气象灾害，为六盘水市工农业创收和经济发展奠定了坚实的基础。

2. 防雷减灾

2001年，市防雷减灾办公室成立，负责全市防雷减灾安全管理工作。

自《安全生产法》《贵州省气象灾害防御条例》《防雷减灾管理办法》《防雷装置设计审核和竣工验收规定》等法律法规相继出台后，逐步形成了国家法律、部门规章和地方法规的防雷法律法规体系，进一步明确了气象主管机构依法履行防雷减灾管理职责，防雷安全管理体制和责任体系初步建立，防雷减灾安全工作步入法制化、规范化的轨道。

随着市、县(区)气象部门先后被纳入当地政府的安委会成员单位，防雷减灾工作也相继纳入安全生产管理范围。近年来，六盘水市各级气象部门会同市(县)直政府各相关部门，下发了各行业防雷减灾安全的规范性文件，加大了防雷减灾安全监管和行政执法力度，开展重点行业和领域防雷安全专项治理，消除事故隐患，减少雷击安全事故的发生，为全市安全生产工作做出了应有的贡献。

三、地质灾害

六盘水市的地质灾害防治工作，主要由各级国土资源部门牵头负责。每年，市国土资源管理部门都要编制《六盘水市年度地质灾害防治方案》，并报市政府批准实施。

在市政府的统一领导下，组织开展汛前排查、汛中检查、汛后排查工作。同时，组织各乡镇在各个地质灾害隐患点所在地选聘地质灾害隐患点监测人员，并配备相应的监测工具和报警工具。

从4月中旬起，国土资源部门的相关指导监测人员，对地质灾害隐患点作定时监测和记录，并将各地质灾害隐患点监测任务明确到人，责任落实到人。在地质灾害隐患点发放统一印制的《地质灾害避险明白卡》，让受地质灾害威胁的群众真正弄明白平常应注意什么，遇险怎么办，从而用科学的方法防灾减灾。同时，利用“4·22地球日”、“5·12防灾减灾日”开展《地质灾害防治条例》、国土资源部《地质灾害防治管理办法》、《贵州省地质灾害防治管理暂行办法》及相关地质灾害防灾减灾常识街头宣传。

1. 近年地质灾害防治情况：

（1）2005年。六盘水市国土资源局委托贵州省地质工程勘察院编制完成了《六盘水市地质灾害防治规划》，2005年7月8日通过省、市有关专家及市直有关部门初审。

（2）2006年。全市共发生地质灾害9起，未造成人员伤亡。直接经济损失约195.5万元。成功预测1起，2006年6月18日夜1点20分，盘县新民乡梆树村象鼻岭组监测人员发现该隐患点加剧，立即组织人员避让，1时30分地质灾害发生，由于措施得当，两栋房屋被毁，但6户21人得到及时撤离，未出现人员伤亡。

开展对全市矿山地质环境受损面积调查，初步建立了地质灾害治理项目库。

（3）2007年。全市共有地质灾害隐患点740处（特别危险点89处，一般隐患点651处），受威胁户数23939户、104411人。其中汛期增加13处。对因地质灾害受威胁的524户1855人，共投入资金2373.2万元。维护受损房屋294户，1176人，58.8万元。

编制《地质灾害防治方案》，并将38处地质灾害特别危险点与38个市直单位挂钩，对危险点进行检查、巡查。

全年全市共发生地质灾害28起，死亡1人伤1人。向省国土资源厅申报治理项目3件，水城县顺场滑坡（国家补助资金治理项目）、盘县洒基中学滑坡、钟山区老鹰山镇仁和洞村滑坡（省级资金补助项目）。

在保证安全的情况下组织专业人员采取爆破方式成功清除了水城县营盘乡兰花村特别危险点1处，为六盘水市地质灾害防治取得了一点成功经验。

随着市境地方煤矿生产规模的扩大，因采矿所造成的地质灾害日趋严重，村民反响强烈，引起的纠纷不断。同年，调解因采矿所诱发的地质灾害纠纷32起。

地质灾害防治宣传培训。2007年，开展地质灾害防治宣传培训万村培训工作。其中：六枝特区对10个乡镇有针对性地授课，发放宣传光碟50张，宣传画45套、书籍500本，散发传单近3500余份，宣讲培训活动共播放《贵州地质灾害及其预防》和《新农村建设中的地质安全保障》宣传片23场，发放《新农村建设中的地质安全保障》宣传资料45册，讲解当地地质灾害现象及解答地质灾害咨询近1000人次；盘县对受地质灾害威胁的104户2010人进行了宣传，发放《地质灾害防治条例》《地质灾害科普知识宣传手册》900余份。

（4）2008年。市境共发生地质灾害14起，未发生人员伤亡事件。其中成功预报4起，有效避免154户、610人伤亡，避免经济损失910万元。

2. 成功预报案例：

（1）六枝特区箐口乡荆竹林组。该村组由于连续降雨，原地表裂缝逐步扩大，5月25日夜该村委主任令其危险区域内的2户10人采取避让措施，于5月26日凌晨6时该点发生局部滑坡，将该2户农户房屋损坏，未造成人员伤亡。

（2）六枝特区岩脚镇木贡村大湾组。5月28日，由于连续降雨，省国土资源厅发布了全省地质灾害5级预警信息。六盘水市国土部门立即作出安排部署，要求各隐患点提高预防工作。凌晨3时许，该村组发生滑坡，使6户、20人的房屋严重受损。但在险情发生前已安排村民及时撤离，未造成人员伤亡。

（3）2008年5月30日2时30分，玛依小寨发生滑坡，毁坏公路200余米，滑坡规模约10万立方米，共威胁19户、76人，直接经济损失100万余元。

（4）化乐乡猫场村望天冲大岩地质灾害点，是水城县排查出的地质灾害特别危险点之一。该地质灾害点在2008年以来共发生四次崩塌。由于化乐乡政府提前作出预报，将受威胁人员及时撤离危险区，四次崩塌均无人员伤亡情况发生。

3. 开展应急演练：

（1）2008年6月2日，市国土资源局钟山分局会同钟山区政府、区民政部门等一道，在老鹰山镇木桥村福集组开展了地质灾害应急演练；

（2）2008年6月14日，水城县国土资源局会同县政府、县民政等部门，在化乐乡猫场村开展地质灾害应急演练；

（3）2008年12月11日，六枝特区国土资源局会同特区政府及特区相关单位，在梭戛乡安柱村上石龙组开展地质灾害应急演练。

4. 争取上级项目：

全市共争取到国家项目3个，省级项目2个。

国家治理项目：

即洒基中学滑坡治理，该项目省级补助资金221万元；

钟山区大河边煤矿矸石滑坡防治工程，项目经费220万元；

顺场乡街上滑坡治理，治理经费1700余万，国家因年初雪凝灾害影响先期给付

180万元做前期工作，其余资金逐年续报。

省级治理项目：

乐民普彝村地质灾害治理，项目经费350万元；

钟山区杉树林滑坡群地质灾害治理，省级补助资金342万；

2008年，获得雪凝灾害补助200万元。

自2007年5月起，实施缴存使用矿山环境治理恢复保证金工作。

5. 典型案例：

2010年7月2日晚上22点许，盘县松河乡垤坞村六组(新成煤业第四采区)发生滑坡，滑坡方量约18万立方米，滑坡体将新成煤业第四采区（原金银煤矿）办公楼、职工宿舍等掩埋5栋，损坏5栋。滑坡体对新成煤业第四采区(原金银煤矿)主井口造成严重威胁。直接经济损失约350万元，间接经济损失大于1000万元。避免财产损失500万元。

6. 成功预报典型案例：

滑坡体由二叠系上统龙潭组（P3L）薄至中厚层状砂岩、细砂岩及煤层风化形成，主要成分为砂泥岩、块石、砂、泥、煤等，滑坡体坡度20—30度，地形较陡，滑动方向280度，岩层产状95度<10度，为一逆向坡。

自2009年雨季开始，山体开始出现地裂缝。松河乡国土资源所经现场调查后要求新成煤业第四采区（原金银煤矿）立即安排人员随时进行观察。2010年7月2日15点，观察人员发现滑坡开始变形，至晚上22点左右滑坡体整体滑下。据调查，该区长期以来有采煤活动，6月26至27日当地发生强降雨。

由于前期工作到位，发现险情及时，虽然造成一定的财产损失，但避免了人员伤亡。

7. 2012年应急演练及调查：

（1）7月，钟山分局结合钟山区防洪防灾演练，与钟山区水利局、民政局在钟山区大湾镇联合举行了地质灾害防灾减灾演练；

（2）7月22日，盘县国土资源局在忠义乡茅草坪村二、三、四组组织开展突发性地质灾害演练；

（3）8月31日，水城县国土资源局在水城县阿戛乡阿戛村何家寨组开展了地质灾害应急演练，参演群众达550余人，参演人员达100余人，观摩人员达100余人；

（4）9月22日，六枝特区国土资源局协同水利局、人武部、洒志乡人民政府共同在洒志乡平桥村光照电站移民安置点，开展了地质灾害应急抢险救援演习，现场参加工作人员及群众达800余人。

2012年，对全市四个县、特区、区的重大地质灾害隐患点、新增地质灾害隐患点进行了拉网式排查。其中，重点对42处突发性地质灾害点进行应急调查，提交应急调查报告42份。

项目申报实施情况：2012年，全市共申报了9个地质灾害搬迁治理项目。分别是：

盘县洒基半坡、水塘黑坝齿、民主下糯寨老寨子；水城县果布戛乡枫香村大水井官寨、徐家寨，蟠龙乡庆祝村四、五、六、七、八组，野钟乡锌铅村干沟组，米箩乡俄戛村东风组，顺场乡梨箐村李家、瓦房、对门组，南开乡沙拉村三组。地质灾害搬迁项目经国家和省厅批准正在实施的项目5个。分别是：

（1）六枝特区平寨镇南极山危岩群防治工程。获得省级财政地质灾害治理项目资金补助，治理资金总计244.51万元，省级补助111万元，其余资金由市、特区两级财政配套。

（2）盘县洒基半坡村滑坡治理项目，省级补助资金244万元。

（3）水城县顺场滑坡治理（第三期）工程的申报。第三期工程申请到中央补助资金1000万元。

（4）六盘水市第五中学、第十四中学危岩带防治工程获得省级财政地质灾害治理项目资金补助，治理资金总计654万元，省级补助377万元，其余资金由市、区两级财政配套。

（5）大湾镇大湾村双包包危岩崩塌治理工程，治理资金256万元，由水矿集团自筹资金进行治理。

8. 2013年应急演练及调查：

全市共计有地质灾害隐患点1278处，共受胁57200户，224392人。其中特别危险点88处，共计受胁5826户，24633人，特别危险点的受胁人数占总受胁人数的10.98%。其中滑坡896处、崩塌196处、泥石流9处、地裂缝48处、地面沉陷129处。因自然因素诱发的地质灾害点共862处，受胁29627户，120115人。人为工程活动诱发的416处，受胁27573户，104277人。

全年无因地质灾害而出现伤亡情况。

（1）保证金缴存使用：2013年，共计缴存矿山环境恢复治理保证金约51373.3万元，全市近年来累计缴存保证金19亿元。

（2）地灾治理项目申报情况：组织申报了1个部级地灾治理项目和5个省级地灾治理项目，部级项目即水城县野钟乡铅锌村崩塌治理，可研预算资金5058.13万元。5个省级项目国土资源厅和财政厅已批复实施，5个项目共争取省级资金1706万元。相比2011年争取资金上升了48%（2011年争取资金总计1150万元），相比2012年争取资金上升133%（2012年争取资金总计732万元）。2013年批复实施项目即：

①《六枝特区堕却乡兴发村田坝、以至组滑坡地灾灾害防治工程》，批复治理资金1386万元，省级补助485万元。

②钟山区大湾镇山根脚村6.7组滑坡地质灾害治理项目，批复治理资金466万元，省级补助163万元。

③水城县顺场乡梨庆村滑坡群治理项目，批复治理资金2100万元，省级补助735万元。

④盘县民主镇下糯寨村一、二组地质灾害治理项目，批复治理资金701万元，省级补助245万元。

⑤ 钟山区杨柳街道办三块田危岩崩塌治理应急项目，省级补助78万元。

（3）项目治理实施情况：

2013年，经国土资源部、省国土资源厅及六盘水市批准实施的项目有5个，完成治理工程4个，1个正在实施。分别如下：

① 六枝特区平寨镇南极山危岩群崩塌防治工程。该项目已获得省级财政地质灾害治理项目资金补助，治理资金总计244.51万元，省级补助111万元，其余资金由市、特区两级财政配套，现已完成并组织专家进行竣工验收，隐患消除。

② 盘县洒基半坡村滑坡治理项目已批准实施，获省级补助资金244万元，现已进场施工。

③ 水城县顺场滑坡治理（第三期）工程的申报。第三期工程申请到中央补助资金1000万元。已完工并已组织专家进行初步竣工验收，达到设计要求。

④ 市第五中学、第十四中学危岩带防治工程获得省级财政地质灾害治理项目资金补助，现已完成招投标，中标单位为省地矿工程施工公司。治理资金总计645万元，省级补助377万元，现已完成并组织专家进行竣工验收，隐患消除。

⑤ 大湾镇大湾村双包包危岩崩塌治理工程，由水矿集团自筹资金进行治理，现已完成并组织专家进行竣工验收，隐患消除。

（4）应急调查情况：

2013年组织省地质环境监测院六盘水分院完成地质灾害应急调查41个，为地质灾害防治提供有力的科学依据。

（5）矿山复绿实施情况：

根据国土资源部办公厅关于印发《“矿山复绿”行动方案》的通知及省国土资源厅文件《关于印发贵州省“矿山复绿”行动实施方案的通知》文件精神，六盘水市2013年3月初着手安排部署各县（区）开展“矿山复绿”摸底调查工作。

为了确保工作顺利开展，2013年4月15日成立六盘水市“矿山复绿”行动领导小组。组长，由局长方化担任；副组长，由总工程师黄友青担任；成员，由地环科及地质灾害防治中心组成。领导小组下设办公室在地质环境科，负责开展日常“矿山复绿”工作。

委托贵州省地质环境监测院编制了《矿山复绿行动实施方案》，总计纳入矿山复绿的矿山数为842个，复绿面积1180.5公顷。纳入省级复绿规划的2013年1个，2014年12个，2015年14个，2016至2020年11个。其余804个纳入市、县复绿规划。市及各县（区）国土资源局均已委托地勘单位编制完成《“矿山复绿”实施方案》。

9. 2014年应急演练及调查：

全市地质灾害隐患点共计1214处（其中六枝特区地质灾害隐患点166处、盘县地质灾害隐患点654处、水城县地质灾害隐患点315处、钟山区地质灾害隐患点79处），威胁51631户、202570人。特别危险点69处，共计受胁5943户，25905人。

全市成功避让地质灾害6起，避免69户，256人伤亡。它们是：

① 2014年7月16日下午6时，钟山区德坞街道办马落箐三组徐家沟发生山体滑坡，12户66人及时安全撤离；

② 2014年7月16日，水城县纸厂乡黄泥坡组发生滑坡，4户17人及时安全撤离；

③ 2014年9月18日早上9点10分，龙场乡娱乐村老米组发生山体滑坡，并造成泥石流，滑坡方量约6000立方米，导致一通村公路中断，一户农房受损(人员5人已撤出)，农田受损8亩，未造成人员伤亡；

④ 2014年9月17日18时10分，水城县比德镇水库村黄家沟组地质灾害隐患点发生局部小滑坡，方量约100立方米，造成一户农户(王营兰家，人口三人)两栋房屋垮塌，未造成人员伤亡；

⑤ 2014年9月18日下午2时3分，盘县人民政府亦资街道办事处西铺村西铺小学旁地质滑坡隐患该滑坡体瞬间下滑，造成12户村民的12栋房屋掩埋；掩埋40余头大小牲畜；掩埋摩托车10余辆，造成直接经济损失480余万元。由于响应及时、组织疏散有序，迅速撤离受胁群众，避免了33户108人伤亡事件的发生；

⑥ 2014年9月18日17时40分左右，盘县断江镇沿塘村11组滑坡体发生下滑，造成熊金堂村民5间房屋倒塌，邱小美房屋后墙倒塌，掩埋12余头大小牲畜；熊金堂所有财产全部被掩埋，造成直接经济损失80余万元。由于宣传到位，群测群防措施得当，组织疏散有序，迅速撤离受胁群众，避免了18户57人伤亡事件的发生。

(1)环境治理恢复保证金使用情况：

矿山地质环境治理恢复保证金缴存工作以来，六盘水市近年来累计缴存保证金约21亿元，使用矿山环境恢复治理保证金约13亿元。

2014年，共计使用23128.5万元，搬迁740余户，矿山复绿14处。

(2)地质灾害大排查与大演练：

根据《省国土资源厅关于组织开展全省地质灾害隐患大排查和地质灾害隐患点防灾应急预案演练工作的通知》要求，结合六盘水市实际情况，经过认真研究，部署具体排查和演练方案。

9月28日，《方案》报送市人民政府批准。

30日，市政府下发《六盘水市地质灾害隐患大排查、防灾应急预案演练工作方案》。

(3)重大地质灾害治理项目落实情况：

开展施工的地质灾害治理项目共计5个，省级资金配套1706万元。分别是：

① 六枝特区堕却乡兴发村田坝、以至组滑坡地质灾害防治工程，省级补助资金485万元；

② 钟山区大湾镇山根脚村6、7组滑坡地质灾害治理项目，省级补助资金163万元；

③ 水城县顺场乡梨庆村滑坡群治理项目，省级补助资金735万元；

④ 盘县民主镇下糯寨村一、二组地质灾害治理项目，省级补助资金245万元；

⑤ 钟山区杨柳街道办三块田危岩崩塌治理应急项目，省级补助78万元，已竣工，并通过市国土资源局、市财政局验收。

报送省国土资源厅审查后修改的项目共计4个。分别是：

① 水城县果布戛乡枫香村崩塌地质灾害防治工程，可研概算1470.4万元；

② 水城县花戛乡都云村花戛中学滑坡地质灾害防治工程，可研概算892.8万元；

③ 水城县蟠龙镇庆祝村崩塌地质灾害防治工程，可研概算6869.26万元；

④ 水城县新街乡新街村街上组（小学）滑坡地质灾害防治工程，可研概算1234.7万元。

报送省国土资源厅的项目4个，可研资金概算约1869.17万元。分别是：

① 六枝特区新场乡白果村岩脚寨组崩塌治理，可研概算601.7万；

② 六枝特区箐口乡过瓦村箐脚组崩塌，可研概算378万；

③ 六枝特区龙场乡陇木村上下计卯组崩塌，可研概算542.15万；

④ 六枝特区龙场乡营盘村营盘组滑坡，可研概算347.32万。

（4）“矿山复绿”情况：

根据国土资源部办公厅关于印发《“矿山复绿”行动方案》的通知及省国土资源厅文件《关于印发贵州省“矿山复绿”行动实施方案的通知》文件精神，六盘水市总计纳入矿山复绿的矿山数为842个，复绿面积1180.5公顷。纳入省级复绿规划的2013年1个，2014年12个，2015年14个，2016—2020年11个。其余804个纳入市、县复绿规划。市、县国土资源局《“矿山复绿”实施方案》通过审查。

启动13个“矿山复绿”项目。

（5）受地质灾害危害学校的治理：

根据《贵州省受地质灾害危害学校治理实施方案的通知》要求，市境涉及受地质灾害危害学校共27所。其中：22所学校实施工程治理，4所学校搬迁，1所撤并。

2015年，市政府印发《六盘水市2015年“十件民生实事”责任分解表的通知》，将受地质灾害危害学校列入2015“十件民生实事”办理（注：因盘县松河中学经多次论证，治理达不到消除隐患要求，经省教育厅、省国土资源厅等同意由治理变更为搬迁，地质灾害治理学校由23所变为22所，撤并搬迁由4所变为5所）。

（6）资金配套情况：省级补助50%、市级配套30%、县级配套20%。即：省级补助6365万元，市级配套资金3819万元，共计10184万元。

市气象局分管安全的领导名录

表10-10

姓名	职位	任职起止时间
张普宇	副局长	2004年1月1日—2010年9月30日
刘书华	副局长	2010年10月1日—2015年18日
易烈刚	副局长	2015年10月19日—

第十二节 农业机械

一、机构沿革

1974年10月以前，六盘水地区的农业机械管理工作由地区工业局负责，农机供应、管理和使用，由物资局负责。1983年，改归市经贸委负责。1984年，转由市农机局负责。2000年后，统归新组建的市农委管理。

二、概况

2004年，全市农业面积124103亩，机械半机械化脱粒量131722吨，节种精少量播种面积205929亩，化肥深施面积202055亩。日农副产品加工量498200吨，农机运输量49886万公里，机械植保面积148200亩。平均每年完成市境各类农机人员培训班180期，培训各类人员10018人。

2005年，全市农机经营户有39985户，从业人员111200人。市级农机管理机构1个，共6人；县级农机安全管理机构4个，29人。市级农机化技术推广机构1个，3人；县级农业管理机构4个，21人。全市农机化教育、培训机构6个、31人，农机经营机构88个、346人。

2014年，全市有农用汽车4520辆，排泄械15380台，收获机械7716台，农副产品加工机械61387台（套），植保机械18966台（套），畜牧机械16980台，机械半机械化农机具43260台（件）。

多年来，全市农业机械安全坚持“安全第一，以防为主，综合治理”的方针，认真执行和落实安全生产各项法律法规，农业机械安全形势平稳。

第十三节 社区文化

一、概况

2014年，六盘水市有营业性网吧212家，歌舞娱乐场所145家，电影院7家。

文化市场安全管理，始于2004年3月。

二、监管与整治

2004年，市政府对全市网吧等互联网上网服务营业场所开展专项整治，成立以副市长黄金为组长的全市网吧等互联网服务营业场所专项整治工作协调小组，并制定网吧专项治理整治方案。经检查，取缔无证照黑网吧3家，取缔中小学校园周围200米内及居民住宅楼（院）内的网吧2家，查处接纳未成年人入内、超时经营等违规经营网吧55家，完成全市中小学校周围200米内及居民住宅楼（院）内网吧的全部搬迁或关闭。建立互联网网吧管理平台，实行微机建档管理（此项工作经省网吧专项整治协查小组的检查后通过验收）。

2004年，全年共出动执法人员2500余人次，车辆500台（次），检查文化经营单位3500家（次）；收缴博彩性质电子游戏机40台，苹果机20台，游戏机主板300块；取缔非法经营电了游戏机（室）2家，取缔出版物非法经营户5家；对10多户歌舞厅、卡拉OK厅、夜总会超时，超音量，超定员营业进行限期整改；受理市长热线和群众举报电话90起；编发简报12期。

2005年至2015年，全市登记办证的歌舞娱乐场所145家。其中：文化艺术培训23家，电影放映2家，工艺美术装潢部6家，电子游戏厅(室)50家，茶室、咖啡屋、酒吧50家，老年活动娱乐室72家，台球室28家，保龄球馆1家，音像制品出租零售286家，互联网上网服务营业场所128家，印刷业36家，书报刊发行169家。解决劳动就业4000余人，年创税250余万元。

三、文化事业

（1）项目：

① 凉都体育中心2013年完成投资8.2亿元，并已投入使用；

② 贵州三线建设博物馆已向游客开放；

③ 老王山多梯度高原运动训练示范基地项目，其可研报告已通过专家评审；

④ 2013年，全市建成公共电子阅览室20个，社区文化活动中心2个。为10个社区文化活动室配置信息资源共享设备，完成30个数字图书进农家设备配置；投资584万元，建成全民健身路径42套、村级农民体育健身工程62个、乡镇农民体育健身工程7个；建成广播电视直播卫星户户通工程200516套；农村广播电视村村通工程，建设43764套；行政村有线广播电视联网延伸覆盖工程825个；完成农村电影公益放映12338场。

（2）项目建设：

2013年，共计争取到各类文化专项资金1278.5万元，主要用于公共图书馆、文化馆（站）免费开放及基层文化设备设施的基本运行维护、书报更新、文艺演出、农村体育活动等。其中：中央农村文化建设专项资金620万元，免费开放资金606.5万元，省级农村文化建设专项资金52万元。

四、市文体广电新闻出版局2004—2015年期间分管安全生产工作领导名录

表10-11

姓名	职务	起止时间	备注
高荣光	局长	2004年1日—2012年4日	原市文化局
龚永华	局长	2004年1日—2008年4日	原市广播电视局
付亚萍	局长	2008年4日—2012年4日	原市广播电视局
金之栋	局长	2004年1日—2009年6日	原市体育局
高荣光	局长	2009年6日—2012年4日	原市体育局
周应寿	局长	2012年4日—2014年8日	市文体广电新闻出版局
闫秀春（女）	局长	2014年8日至今	市文体广电新闻出版局

第十四节　矿产资源

六盘水市的矿产资源管控职能由市、县（区）国土资源部门负责。2004年以前，矿产资源管控尚未明确行业安全生产管理机构。2005至2011年，根据国家、省、市机构改革精神，明确市级国土行业安全生产领导小组办公室设在市国土资源执法监察支队。2012年后，改设在矿产资源管理科。

一、非法采矿的取缔

2004年，全市各级国土资源部门共报请当地人民政府依法取缔非法采煤窝点1573个次、2005年取缔1512个次、2006年取缔976个次、2007年取缔2151个次、2008年取缔3454个次、2009年取缔3043个次、2010年取缔2989个次、2011年取缔3527个次、2012年取缔2223个次、2013年取缔345个次、2014年取缔165个次。

二、违法案件查处

1. 2005年，全市国土资源部门共立案查结矿产资源违法案件35件，收缴罚没款147.67万元。

2. 2006年，立案查处各类矿产违法案件82件；本年度结案77件，收缴罚没款368.62万元。

3. 2007年，立案查处各类矿产违法案件44件（其中无证开采1件，越界开采7件，非法转让采矿权36件）；本年度结案36件（其中处理上年未结案5件），收缴罚没款276.5万元。

4. 2008年，立案查处各类矿产违法案件18件（其中无证勘查1件，越界勘查1件，无证开采3件，越界开采5件，非法转让采矿权8件）；本年度结案30件（其中处理上年未结案13件），收缴罚没款123.5万元。

5. 2009年，立案查处各类矿产违法案件66件（其中无证勘查1件，非法转让探矿权3件，其他类非法勘查1件，越界开采22件，非法转让采矿权16件，不按规定缴纳矿补费1件，其他类非法开采22件）；本年度结案66件（其中处理上年未结案1件），收缴罚没款322.5万元。

6. 2010年，立案查处各类矿产违法案件136件（其中无证勘查1件，其他类非法勘查1件，无证开采3件，越界开采68件，非法转让采矿权12件，其他类非法开采51件）；本年度结案133件（其中处理上年未结案1件），收缴罚没款430.03万元。

7. 2011年，立案查处各类矿产违法案件86件（其中非法转让探矿权1件，其他类非法勘查6件，无证开采8件，越界开采18件，非法转让采矿权3件，其他类非法开采50件）；本年度结案86件（其中处理上年未结案4件），收缴罚没款165.32万元。

8. 2012年，立案查处各类矿产违法案件87件（其中其他类非法勘查3件，无证开采7件，越界开采20件，非法转让采矿权3件，其他类非法开采54件）；本年度结案91件（其中处理上年未结案4件），收缴罚没款176.4万元。

9. 2013年，立案查处各类矿产违法案件54件（其中无证开采3件，越界开采7件，非法转让采矿权6件，其他类非法开采38件）；本年度结案53件，收缴罚没款129.26万元。

10. 2014年，立案查处各类矿产违法案件36件（其中无证开采1件，越界开采7件，其他类非法开采28件）；本年度结案37件(其中处理上年未结案1件)，收缴罚没款53万元。

市国土资源局历届分管安全生产工作领导名录

表10-12

姓　名	任　职	任职起止时间
覃丽蓉	副局长	2005—2011年
黄友青	总工程师	2012—2013年
张　应	执法支队长	2014—2015年

第十一章　安全文化

安全文化是提高人类社会及全民安全生产法制意识、增强生产安全事故防控能力、维护社会长期和谐稳定的重要基础和强有力的保证。

2004至2015年，是六盘水市安全文化建设快速、全面发展的一个重要时期。其中，宣传教育与培训，是其中的一项极其重要的基础性工作。它对于进一步宣贯党和国家有关安全生产法律法规、标准规范、政策措施，提升全社会安全意识和企业员工的实际操作水平，强化安全发展的理念，有效预防各类生产安全事故的发生，起到至关重要作用。

长期以来，六盘水市各地、各级、各部门在市委市政府的坚强领导下，在上级各行业厅（局）的正确指导和帮助下，充分利用六盘水市自身的广播、电视、报纸、杂志、互联网等新闻媒体，普及和强化安全生产知识，提高全民安全意识，已形成全社会共同关注、全民主动参与、齐抓共管的“关爱生命、关注安全、安全发展、和谐发展”的良好的安全生产氛围。

第一节　载体与文化创建

一、刊物

近几年来，六盘水市各地、各有关部门都极其重视安全生产宣传教育工作，各类相关刊物应运而生。

《安全凉都》杂志（月刊），是由市安委办、市安全监管局、市安全执法监察局（市煤矿安监局）联合主办的一份内部赠阅刊物。杂志创刊于2005年1月，是全国最早的一本安全生产专业性刊物。杂志除分送给省、市有关领导参阅外，主要还分送各县（区）、乡（镇、社区）党委政府，各经济开发区管委会，市直有关部门，全市安全监管系统及市内各生产经营单位。

该刊的办刊宗旨，是宣传党和国家安全生产方针政策和法律法规，传播安全生产知识和工作信息，研讨和交流安全生产监管经验，展示安全生产创新成果，促进六盘水市安全生产形势的不断稳定好转。周文武、蔡军、李恒超等先后担任过本刊的社长，范存文、张富书、吴学刚、王圣刚、蒋弟明、李建辉、穆江、陈长虹、徐应华、夏国方、李广生、任广向、余洪盛、韦兴国、刘盛明等曾先后担任过副社长。总编辑为夏国方。

《安全凉都》自创刊以来一直为月刊，每期字数约6万字，印数300至1000册不等。栏目设置主要有领导言论、监管动态、基层快讯、安全论坛、安全文苑、热点关注、政策法规、工作综述、时政要闻及事故案例等。其间，还根据工作需要，先后开辟了县委书记谈安全、企业家谈安全、国家高层及省部级领导论安全等栏目，深受市内外广大读者所喜欢。2006年，还得到了正在六盘水市调研的原国家安全监管总局局长李毅中的高度肯定和赞誉。

在领导言论栏目里，辛维光（时任市委书记）《在全市煤炭企业安全生产培训会暨安全工作会议上讲话（录音整理）》（2005年第3期）、刘一民（时任市委副书记、市长）《在全市第二次煤炭企业安全工作会议的讲话》（2005年第12期）、王晓光（时任市委书记）《在全市煤矿安全生产责任保证金启动大会上的讲话》（2013年第2期）、周荣（市委副书记、市长）《坚守安全底线　促进安全发展——在省委中心组领导干部学习读书会上的发言》（2015年第7期），以及12年来市政府历任分管安全工作的副市长叶文邦、杨明达、陈少荣、尹志华、陈华的《讲话》等重要言论，高屋建瓴，实事求是，具有很强的政策性、指导性和实用性，充分体现了中共六盘水市委、市人民政府对六盘水市安全生产工作的高度重视和狠抓安全生产工作的决心与信心。

在热点关注栏目里，蔡军的《安全是小康社会和人民幸福的基本要求》（2012年第12期）、李恒超的《自觉践行三严三实做人民群众信任的安全卫士》（2015年第8期卷首语）、余洪盛的《抓好安全生产必须坚持走群众路线》（2014年第4期）；夏国方的《凝心聚力　勇于开拓　为六盘水的安全发展添砖加瓦》（2014年第5期）、李清勇的《用忠诚和责任诠释安监誓言》（2012年第6期）等文章，关注社会热点，紧扣时代主题，充分表达了作者的思想理念和对六盘水市未来安全生产工作思路、想法及展望，意义深远。

在安全文苑栏目里，冯俊的《老赵的嗓门有点“高”》（2012年第2期）、张菊香的《猴子理论与安全文化》（2013年第9期）、李炳来的《一位基层安监站长的家事》（2011年第12期）以及安全漫画、生活小贴士、健康小使者、小幽默、安全小常识等，汇聚了大量群众喜闻乐见的安全基础知识和生活技巧，让广大读者在轻松愉快的氛围中学到了诸多的安全知识。

《安全凉都》还转载和摘录了《沪蓉高速公路南广段“8·26”重大道路交通事故》（2013年第5期）、《盘县红果镇过河口煤矿“8·14”重大瓦斯爆炸事故》（2013年第8期）、《河北克尔化工有限责任公司“2·28”重大爆炸事故》（2012年第4期）、《云南省曲靖市师宗县和庄煤矿“11·10”特别重大煤与瓦斯突出事故》（2012年第12期）、《国务院安委办关于黑龙江省伊春市华利实业有限公司“8·16”特别重大烟花爆竹爆炸事故调查处理结果的通报》(2011年第8期)、《因施救不当造成伤亡扩大事故三案例》(2009年第3期)等事故案例以及事故的处理情况。事故案例栏目，真正起到了一矿有问题、全矿得警示、一厂出事故、万厂受教育的目的。

截至2015年12月，六盘水市《安全凉都》杂志共办刊132期。其中：刊载学术论文500余篇，约150万余字；刊载基层信息2000余篇，约70万余字；刊载领导讲话及言论400余篇，约100万余字；跟踪各类安全执法情况3000余篇，约120万余字。

二、网站

1. 中国凉都安全网

中国凉都安全网(网址为 http://ajj.gzlps.gov.cn)，是市安全监管局主办的官方门户网站。2008年2月正式开通运行。网站建设的宗旨是：汇聚法律法规，讲述政策动态，报道工作进展，交流监管心得，推动政务公开，促进廉政建设。

网站栏目包括首页、组织机构、政策法规、标准规范、时政动态、领导行踪、监管服务、政务公开、应急抢险、《安全凉都》期刊及与外界相关链接等。

中国凉都安全网自开通以来，已进行了三次较大改版升级。每次改版，均使网站在规划、设计、服务、信息资源开发等方面来了一次较为明显的提升，逐步形成了自己的特色，并使栏目设置更加合理、信息内容更加充实、实用性更强。

2012年，根据《2012六盘水市部门网站标准建设方案》要求，对该网站进行升级改造，由市电子政务办按照政府采购标准，选取三家网络公司公开竞标。2012年8月，该项目由六盘水创恒网络有限公司按照《2012六盘水市部门网站标准建设方案》要求进行改版升级。升级后，网站设置栏目有信息公开指南、信息公开目录、信息公开工作年报、部门概况、专题专栏、审批服务、办事服务、办事常见问题、网上调查、领导信箱等。

2. 政务微博中国凉都·安监

2014年3月，结合新媒体使用情况，根据工作需要开设了政务微博，命名为“中国凉都·安监”，并申请了官方认证。该微博主要是发布安全生产信息、工作动态、政务公开等。2014年4月，网站再次进行了升级，主办单位增加了市安全执法监察局和市煤矿安全监管局。此次改版主要参照国家安监总局、省安全监管局网站建设及内容调整，新增了领导信息栏目，并对部分栏目进行了调整和改进。改版后的主要栏目有工作动态、要闻、重要会议、领导讲话、行业动态、公示公告、工程建设领域项目信息和信用信息公开共享专栏、应急救援、安全培训等专栏等模块，并在网上办事专栏设置了领导信箱、事故举报、网上投稿、曝光台、网上调查、在线咨询、在线留言等互联网办事模块。同时，还设置了友情链接专栏，主要包括市、县(区)政府网站、市安委会成员单位网站、国家安全监管总局网站、全国省级安全监管局网站、我省市(州)级安全监管局网站等100余个友情链接，方便快捷地为广大市民提供访问服务。开辟了安全生产月活动专栏、党的群众路线教育实践活动专栏、六打六治打非治违专栏、新《安全生产法》学习宣传专题、职业健康信息专栏、《矿长保护矿工生命七条规定》等专栏。

2014年8月，根据市委网信办要求，开设政务微信。

2015年4月，按照省政府《贵州省开展第一次全省政府网站普查工作实施方案的通知》要求，开展网站普查，对网站的内容、栏目进行全面升级改造，进一步提高了网站功能和实际应用效果。7月，完成"凉都·安监"微信平台认证。截至12月31日，发布微信130余条，点击3000余人次，有粉丝120余人。

在抓好中国凉都安全网建设的同时，县级网站建设以及"金安"工程（国家安全生产信息系统）（一期）也稳步推进。全市四个县（市、区）的安全网站全部建成并投入使用，成为贵州省全部开通市县两级安全生产网站的地级市之一。各县（特区、区）安全生产网站上传资料日益丰厚，逐渐成为信息量强大的安全生产资料库，较好地为领导决策和社会公众提供安全生产信息服务。到2015年12月，全市所有煤矿及部分其他行业的监测监控，均与安全监管应急指挥平台系统联网，实现了国家、省、市、县四级安全生产数据、语音、视频互联互通，切实做到对全市煤矿瓦斯数据的实时监控与调度指挥。

中国凉都安全网开通后，不但实现了政务公开、安监资讯、公共服务、政策法规、互动交流的资源整合，成为六盘水市安全生产资源共享、服务群众的重要信息平台，还实现了内网、外网的有机结合，形成自己的网站特色，使政府服务更加人性化，工作服务更加专业化，OA办公更加便捷，信息查询更加快捷。截至2015年12月，总访问量已达71万人次。2012年6月，市安全监管局的中国凉都安全网荣获全市30余个网站考评的一等奖。

三、简报与黑板报

《六盘水安全生产简报》，是市安全监管局编印的内部信息刊物。主要是第一时间及时报道全市安全生产信息，反映全市安全生产工作情况。2004至2015年，共发行《简报》180余期、《黑板报》132期，较好地营造了市安全监管局机关的安全文化氛围。

四、新闻媒体

市安全监管局还充分依靠各种市内各大媒体，广泛、深入开展安全生产宣传教育活动。2004至2015年11年间，共在《六盘水日报》、《六盘水晚报》、六盘水电台、六盘水电视台以及中国凉都·六盘水政府网站等市级其他主流媒体上登载、播报和网络传播安全生产法律法规知识、新闻信息1000余篇（条）、30余万字，刊发省、市领导讲话110篇、20余万字。特别是两次上线六盘水人民广播电台，局领导通过媒体与市民交流、回答市民提出的有关安全生产问题，在社会上引起强烈反响，起到了积极而广泛的宣传教育作用。

根据六盘水市2011年开展的“向人民报告、请人民监督、让人民满意”评议工作实施方案的安排，市安全监管局于2011年7月23日，上线六盘水人民广播电台“政风行风亲民热线”节目，现场接受人民群众的监督和评议，进行述职述廉报告，回答网民、听众及现场评议代表提出的问题。

根据市委市政府《关于六盘水市“阳光晒权”——治理“脑梗阻、中梗阻、肠梗阻”系列评议活动实施方案》，市安全监管局于2013年8月21日，上线六盘水人民广播电台，参加“阳光晒权”系列评议活动热线节目。在线的局领导蔡军、范存文、王圣刚等，对群众反映较多的煤矿、非煤矿石、道路交通、烟花爆竹等行业领域的热点难点问题，进行了耐心、细致的解答。

五、安全文化创建

从2012年起，开展全市安全文化建设示范工程创建工作，以及企业安全文化和安全文化进机关、进企业、进学校、进社区、进家庭的五进活动。截至2015年12月，共完成安全文化建设示范创建项目69个。其中：示范矿区17个、示范企业11个、示范社区8个、示范乡镇10个、示范校园16个、示范客运站4个、示范工业园区3个。

六盘水市安全文化建设示范企业名单（2012—2015年）

表11-1

年份 类别	2012年	2013年	2014年	2015年	合计
示范矿区	(1)六枝特区青菜塘煤矿；(2)盘县打牛厂煤矿；(3)洪兴煤矿	(1)六枝特区六家坝煤矿；(2)盘县银河煤矿；(3)盘县仲恒煤矿；(4)水城发耳煤业；(5)水矿盛远煤矿	(1)六枝特区猴子田煤矿；(2)六枝特区播雨村煤矿；(3)贵州钰祥集团水城县河坝煤矿；(4)贵州峄兴矿业水城县鲁能煤矿；(5)钟山区铜厂坡煤矿；(6)水城矿业大河边煤矿	(1)盘县板桥镇东李煤矿；(2)格目底矿业有限公司米罗煤矿；(3)盘县丰益砂石材料有限公司	17
示范企业	贵州金元发电盘南分公司；发耳煤业；水城县荣发烟花爆竹厂；泸州市佳乐建筑安装工程有限公司	六枝特区长湾砂石厂；贵州邦达能源开发有限公司；贵州安凯达新型建材有限责任公司	盘县物资贸易总公司；贵州盘县紫森源(集团)公司；黔晟新能源公司；水城县黔峰水泥有限公司		11
示范社区	盘县迎旭社区；荷城街道花园路社区	六枝特区银壶社区；水城县双水广场社区	水城县老选社区；钟山区红岩路居委会；钟山区向阳北路居委会	盘县梓木噶社区	8

续表11-1

年份 类别	2012年	2013年	2014年	2015年	合计
示范乡镇	盘县乐民镇；钟山区德坞街道办事处	六枝特区平寨镇	六枝特区新窑乡；水城县滥坝镇；钟山区大河镇；钟山区大湾镇	盘县板桥镇；盘县大山镇	10
示范校园	六枝特区二小；盘县华夏中学；水城县第一小学；市第十中学	六枝特区郎岱镇中学；六枝特区第二小学；市第八中学；市实验小学	六枝特区实验幼儿园；盘县第七中学；水城县发耳小学；市第十三中学	六枝特区第一小学；盘县第三中学；钟山区第十五小学；水城县候场中学	16
示范客运站	红果汽车站	市交通运输集团水城汽车站	市交通运输集团；六枝汽车站		4
示范园区	红果经济开发区管委会	水城经济开发区	大河经济开发区管委会		3

第二节 “安全生产月”活动

一、活动由来

1980年6月，由国家经委、国家建委、国防工办、国务院财贸小组、国家农委、公安部、卫生部、国家劳动总局、全国总工会和中央广播事业局等十部门联合组织开展的全国安全月活动，是我国建国以来的第一次安全月活动。

1991至2001年，国务院安委会在全国组织开展“安全生产周”活动。

从2002年起，中宣部、国家安全监管局等部委结合全国安全生产形势，将“安全生产周”改为“安全生产月”，将“安全生产周”的活动形式和内容进行延伸，并确定每年的6月为全国“安全生产月”活动月。活动的主要内容：事故警示教育周、宣传咨询日；应急预案演练周、安全生产万里行、煤矿班组建设、安全社区建设、“生命之歌”大家唱；“安康杯”知识竞赛等。并确定2002年6月，为全国第一个安全生产月。活动主题为“安全责任重于泰山”。

按照中央、省、市的统一部署，市安全监管局紧紧围绕历年全国“安全生产月”的活动主题，深入开展全方位、多层次、多形式的安全生产宣传教育活动，将普及安全知识、事故警示教育、应急演练、安全生产大讨论、安全文化建设等，作为全市活动开展的重要内容。

二、历年重要活动

2006年，是全国第五个“安全生产月”。活动主题是“安全发展、国泰民安”。重要活动：市安全监管局、市广播电视局、水城钢铁（集团）公司联合举办“水钢杯”安全生产知识电视大奖赛。本次大赛，全市共有34支代表队参加。本次活动，引起了全市上下及各新闻媒体的广泛关注，六盘水电视台、六盘水电台、六盘水日报、凉都晚报、凉都六盘水网站、六盘水信息港网站，均争先对大赛活动实况等进行详细的宣传报道。

2007年，是全国第六个“安全生产月”。活动主题是“综合治理、保障平安”。重要活动：（1）贵州省安全生产贵州行活动启动仪式，于6月3日在市人民广场举行。（2）市安全监管局组织1609名市民，参加了全省安全生产法律法规知识竞赛。

2009年，是全国第八个“安全生产月”。活动主题是“关爱生命、安全发展”。这一年，也是贵州省的本质安全年和隐患排除年。重要活动：市安全监管局、市教育局联合举办的安全知识进校园活动启动仪式，在六盘水市第三中学举行。活动期间，市安全监管局副局长吴学刚向市三中赠送了由本局编印的《校园安全知识手册》100本，向现场师生发放安全知识宣传单2000份。同时，还组织全校师生员工开展安全谜语竞猜活动。

2010年，是全国第九个“安全生产月”。活动主题是“安全发展、预防为主”。重要活动：市安全监管局在首日活动当天，组织专门工作服务队，深入到水城县泥猪河水电站建设工程工地，开展安全生产“三下乡”服务活动，帮助该企业建立和完善各项规章制度、查找安全隐患、制定隐患整改措施、营造安全生产氛围等。

2011年，是全国第十个“安全生产月”。活动主题是“安全责任、重在落实”。重要活动：（1）市安委办（市安全监管局）在水城矿业（集团）公司举办煤矿班组安全建设先进事迹报告会，大力推广白国周班组管理法，提高六盘水市煤矿安全管理水平。（2）组织开展首日活动、事故警示教育周活动、宣传咨询日活动、煤矿班组安全建设活动、生命之歌大家唱等15项活动。

2012年6月10日，是全国第十一个“安全生产月”宣传咨询日。活动主题是“科学发展、安全发展”。重要活动：（1）市安全监管局、水城县政府、钟山区政府等10家单位制作的11辆主题鲜明、内容丰富的安全宣传彩车，沿钟山大街、人民广场、人民路等市中心城区人流密度较大路段，开展宣传彩车巡游宣传。（2）展出安全知识和事故案例展板15块、发放宣传资料39400份。

2013年，是全国第十二个“安全生产月”。活动主题是“强化安全基础、推动安全发展”。重要活动：由市安委会主办，市安全监管局、市文体广电局、钟山区政府联合承办的全市安全生产群众性文艺晚会在市人民广场举行，数万群众到现场观看。晚会通过合唱《生命的守护神》、诗朗诵《矿工万岁》、小品《生命在文明中延续》等节目，向市民宣传了安全第一、生命至上的安全发展理念。

2014年，是全国第十三个“安全生产月”。活动主题是“强化红线意识、促进安全发展”。重要活动：(1)由市安全监管局、市公安消防支队、水矿(集团)公司联合举办的六盘水市2014年综合应急救援演练，是六盘水市历史上规模最大、参加部门最多的一次演练活动。市、县两级10余个部门和单位联动，100余人、20余台车参演。(2)由市安全监管局主办的六盘水市第一届“凉都·安监杯”男子篮球赛，取得圆满成功。市直有关部门、省驻市有关单位、市有关企业，共16支代表队参加比赛。经过30余场的激烈拼搏，最后，市公安局交警支队代表队、市安全监管局代表队分别获得此次比赛的冠、亚军。

2015年，是全国第十四个“安全生产月”。活动主题是“加强安全法制、保障安全生产”。由市安委办组织52家市安委会成员单位，集中开展安全生产咨询日活动。

在2005—2015年间的历次“安全生产月”活动中，市安全监管局根据市政府、市安委会制定的“安全生产月”活动方案，共组织和参与“安全生产月”首日活动和咨询日活动11次，展出宣传展板约10000余块(次)，发放安全生产宣传资料600万余份、安全宣传扑克牌1000余副，悬挂安全生产标语约30000余条，接受咨询10000余人次；组织“服务队下基层”、安全知识竞赛、文艺会演、彩车巡游等形式多样的活动100余次；通过中国电信、中国移动、中国联通六盘水分公司分别向全市人民发送安全生产手机短信共计100万余条。

第三节　“安康杯”竞赛

一、活动由来

“安康杯”竞赛活动是由中华全国总工会、国家安全监管总局等部委联合举办的一项群众性安全生产竞赛活动，是为取安全与健康之意而设立的荣誉奖杯。“安康杯”竞赛活动旨在通过强化法律法规的学习、基层安全管理、职工安全意识，检验全体职工对安全生产知识等综合能力水平的竞赛活动，不断推进企事业单位的安全生产工作和安全文化建设，不断扩大社会影响，进而实现全面提高全民安全生产意识和应急处置能力，最终达到降低生产安全事故和职业病发病率的目的。

到2014年，“安康杯”竞赛活动已历时15年。从2010年起各地、各单位参加“安康杯”竞赛活动情况正式列入省政府对各市(州)政府及省直有关部门年度安全生产目标考核的一个内容。

多年以来，市总工会、市安全监管局按照国家和省的统一部署，在市委市政府的统一领导下，把“安康杯”竞赛活动与企业的生产经营活动有机结合，突出在煤矿安全、交通运输安全、建筑施工安全、非煤矿山安全等高危行业和重点企业中开展。2004至

2014年以来，六盘水市共有5000家（次）企业、40000个（次）班组、950000名（次）职工参加了全国、全省“安康杯”竞赛活动，涌现出了全国优秀班组22个、优胜企业15个、优秀组织单位7个、优秀组织者5人。

二、历年获奖情况

1. 全国“安康杯”

在2004年的“安康杯”竞赛活动中，水城矿业（集团）有限责任公司大湾煤矿获全国“安康杯”竞赛优秀班组奖，公司职工刘振涛获先进个人奖。

2005年，在以“牢固树立以人为本思想、加强职工安全生产教育”为主题的全国“安康杯”竞赛活动中，盘江煤电（集团）有限责任公司佳竹箐煤矿获优秀班组奖；水城钢铁（集团）公司煤焦化分公司二炼焦车间推焦甲班，获优胜企业奖；盘县总工会获优秀组织单位奖；唐方信（市委宣传部长）获优秀组织者奖。

2006年，在以“牢固树立以人为本思想、加强职工安全生产教育”为主题的全国“安康杯”竞赛活动中，盘江煤电集团公司火铺矿采煤一区掘进一队、水城钢铁（集团）有限责任公司炼铁厂料运车间运料班、六枝工矿（集团）地宗煤炭分公司综合队杨成会采煤班、贵州水城矿业（集团）有限责任公司大湾煤矿掘进二区李仁华队，分获竞赛优胜班组奖；六盘水市政获府获优秀组织单位奖；赵桂兰（市总工会副主席）获优秀组织者奖。

2007年，以“以人为本、安全发展、提高素质、促进和谐”为主题的全国“安康杯”竞赛活动中，六盘水盛远工矿有限公司、盘江煤电（集团）有限责任公司获优胜企业奖；水城钢铁（集团）有限责任公司炼钢厂一炼钢车间二号转炉，获优胜班组奖；市总工会获优秀组织单位奖。

2008年，在以“提高安全健康整体素质、实现安全健康科学发展”为主题的全国“安康杯”竞赛活动中，首钢水城钢铁（集团）有限责任公司、六枝工矿（集团）玉舍煤业有限公司、水城矿业（集团）公司大湾煤矿分获优胜企业奖；盘江煤电公司土城矿采煤二区综采队获优胜班组奖。

2009年，在以“科学发展抓预防、预防为主重教育”为主题的全国“安康杯”竞赛活动中，盘江煤电（集团）有限责任公司、水城矿业（集团）有限责任公司、永贵能源开发有限责任公司、六盘水供电局，分获优胜企业奖；首钢水钢铁公司运输部炼轧乙班、首钢水钢公司煤焦化分公司二炼焦车间热工班、贵州建工集团第二建筑工程有限责任公司城中湾畔5号楼综合班、贵州发耳煤业有限公司采煤二区生产一班、盘江精煤股份有限公司火铺矿采煤一区掘进一队，分获优胜班组奖；陈少荣（市政府副市长）获优秀组织者奖。

2010年，在以“加强班组安全建设、强化一线教育管理”为主题的全国“安康杯”竞赛活动中，水矿（集团）有限责任公司、盘江精煤股份有限公司、贵州钢绳（集团）

有限责任公司、首钢水钢公司炼钢厂，分获优胜企业奖；盘县仲恒煤矿李小友班、首钢水钢公司水电厂大河车间二泵站，获优胜班组奖；李群多（盘县总工会）获优秀组织者奖。

2011年，在以“抓班组提高管理水平、重教育推进安全文化”为主题的全国“安康杯”竞赛活动中，盘江精煤股份有限公司、水城矿业（集团）有限责任公司、首钢水钢公司轧钢厂，分获优胜企业奖；首钢水钢公司炼铁厂检修车间第三作业区，获优胜班组奖。

2012年，在以“弘扬企业安全文化、加强班组安全管理”为主题的全国“安康杯”竞赛活动中，盘江煤电（集团）有限责任公司、水城矿业（集团）公司，分获优胜企业奖；首钢水钢公司炼铁厂检修车间第三作业区、贵州玉舍煤业有限公司综掘一工区曾乃沛班，分获优胜班组奖。

2013年，在以“弘扬企业安全文化、加强班组安全管理”为主题的全国“安康杯”竞赛活动中，盘江精煤股份有限公司火烧铺矿，获优胜企业奖；首钢水钢公司炼钢厂二行车车间乙大班、盘县淤泥乡湾田煤矿采煤三队一班，分获优胜班组奖。

2014年，在以“广泛发动提质量、文化引领强基础”为主题的全国“安康杯”竞赛活动中，盘江精煤股份有限公司月亮田矿南三采区210综掘队、水城矿业股份有限公司盛远煤矿掘进一工区102班，分获优胜班组奖；市总工会获优秀组织单位奖。

2. 全省“安康杯”

同时，贵州省也组织开展全省性的“安康杯”竞赛活动。在全省的活动中，六盘水市以下人员和单位获奖：

（1）2007年，市安全监管局蔡军获先进个人称号；

（2）2009年，范存文获先进个人称号；

（3）2010年，吴学刚获先进个人称号；

（4）2012年，李建辉获优秀组织者称号；

（5）2013年，陈长虹获优秀组织者称号；

（6）2012年，六枝特区安全监管局获组织工作优秀单位；

（7）2014年，钟山区安全监管局获组织工作优秀单位。

第四节　教育培训

一、概况

在2004年市安全监管局成立以前，全市各生产经营单位员工的安全教育培训由行业主管部门负责。2004年7月，市安全监管局着手组建六盘水市安全生产技术培训中心，

11月市安全监管局所属市安全生产技术培训中心与水城钢铁集团有限责任公司职工教育培训中心签订合作协议，联合在水钢技工学校举办培训班。

2005年5月16日，首期培训班（非煤矿山类）开班，122名非煤矿山主要负责人和安全管理人员参加学习培训。当年共举办4期400余人参加学习培训，每期培训时间均为7天。培训内容严格按照国家培训教学大纲进行，所有参训学员经考试合格后，方可取得由贵州省安全监管局颁发的非煤矿山厂（矿）长、安全管理人员安全资格证书。

2005年6月，省安全监管局正式授牌六盘水市安全生产技术培训中心为非煤类三级资质。至此，六盘水市安全生产培训工作进入了一个全新历史时期。

2010年12月，市安全监管局培训中心（局属正科级事业单位）成立，负责全市安全生产培训工作。

2011年，因水钢技校容纳有限以及交通食宿等不便等原因，市安全生产技术培训中心与水钢职工教育培训中心分离。市安全生产技术协会与树江职业技能培训学校联合办学，重新组建市安全生产技术培训中心，选址钟山区人民中路129号。市安全生产技术协会理事长张富书兼任培训中心主任。每年培训3000至4000人次。

至2014年底，市安全生产技术培训中心已能同时容纳300人学习、120人住宿、200人就餐，拥有40台电脑教室一间、80人多媒体教室一间、40人普通教室一间和电工、焊工实习场所，年培训规模可达8000—10000人次。

为提高市民和每期培训学员的安全素质，2011年，市安全监管局在市安全生产技术培训中心建立了安全文化教育基地，设有安全文化走廊、安全文化宣传灯箱和安全文化展厅。安全文化展厅共有44块展板，主要涉及安全生产法律法规和本市安全生产发展规划、煤矿安全知识和典型案例、非煤矿山安全知识和典型案例、危险化学品安全知识和典型案例、道路交通安全知识和典型案例、社区安全知识和校园安全知识等内容。安全文化展厅自建成以来，共有上万人到安全文化教育基地参观学习。

二、培训情况

市安全生产技术培训中心自组建以来，主要承担生产经营单位特种作业人员（特种设备操作人员、建筑行业的特种作业人员、煤矿特种作业人员除外）和工矿商贸生产经营单位主要负责人、安全生产管理人员（中央在省和省属企业除外）安全资格培训。除此之外也开展一些法律法规专题培训和业务培训。2005至2014年，培训人数达46356人次（见附表：安全培训情况统计）

六盘水市历年安全培训情况统计表

表11–2

年份	非煤矿山主要负责人、安全管理人员	危险化学品、烟花爆竹行业主要负责人、安全管理人员	其他行业（工矿商贸行业、道路运输维修企业）主要负责人、安全管理人员	特种作业人员（电工、电气焊工、煤气工、登高）	其他专题培训	合　计
2005	891	119	–	–	1481	2491
2006	220	326	–	2669	3042	6257
2007	894	167	–	752	2954	4767
2008	1317	486	–	641	1451	3895
2009	1294	587	–	2488	1872	6241
2010	1283	439	–	2325	870	4917
2011	1662	529	–	176	883	3250
2012	1453	601	–	986	718	3758
2013	1366	873	333	1350	1474	5396
2014	980	979	974	303	981	4217
2015	551	950	871	–	1651	4023
合　计	11911	6056	2178	11690	17377	49212

全市安全监管系统执法资格培训。每年在有计划地组织全市安全生产行政执法人员参加省级安监部门举办的行政执法培训的同时，市安全监管局还不定期举办市、县、乡安全监管人员培训班，对全市安监系统监管人员（主要为乡、镇、街道主要负责人、分管负责人和安监站负责人）进行培训。截至2015年12月，培训持证情况见下表：

六盘水市历年执法资格培训情况汇总表

表11–3

单位类别	培训人数（人次）	备　注
驻矿安监员	1340	县（区）执法人员
煤矿行业	2663	企业负责人
非煤行业	10904	负责人和安全管理人员
危险化学品行业	2737	负责人和安全管理人员

续表 11-3

单位类别	培训人数（人次）	备　注
八大行业	1111	负责人和安全管理人员
职业健康	1224	负责人和安全管理人员
道路运输行业	1273	负责人和安全管理人员
特种行业	1634	从业人员
合　计	22886	–

另外，除主要负责人、安全生产管理人员、特种作业人员以外的生产经营单位的其他从业人员的安全培训，由其生产经营单位自行组织，或根据各地安全监管部门的要求进行培训。2005—2015年，各地其他人员培训达69249人次（其中：六枝特区7440人次，盘县20940人次，水城县24992人次，钟山区15170人次，钟山经济开发区707人次）。

第十二章　事故与应急救援

做好生产安全事故的应急救援和调查处理工作，是各级政府、有关部门及相关生产经营单位的职责。事故应急救援和调查处理，是安全生产的补救措施。生产安全事故应急救援体系的建立，是有效预防事故的重要举措。

第一节　应急机构

一、机构沿革

2004年6月22日，新组建的六盘水市安全监管局成立安全生产协调与应急救援科，这是六盘水市市级应急救援机构的开始。它是市安委办具体事务的办事机构，负责联系与市有关部门、各县（特区、区）政府的安全生产工作。

2010年5月，市安全监管局设立安全应急科。

2010年8月，撤销安全应急科，成立应急救援指挥中心，为财政全额预算管理的正科级事业单位。核定事业编制5名（管理人员）。

2013年4月，市安全监管局设立信息调度中心，加挂“应急救援指挥中心”牌子，仍为财政全额预算管理的正科级事业单位，核定事业编制15名（其中管理人员3名，专业技术人员11名，聘用工勤人员1名）；领导职数主任1名，副主任2名。

主要职责为拟定安全生产应急救援和信息统计的有关规章、规程、标准；指导安全生产应急救援体系建设，组织安全生产应急救援预案编制和演练，负责应急救援队伍矿山救护资质管理的相关工作；组织、指导、协调、参与生产安全事故应急抢险救援工作；负责安全生产应急救援平台监控、信息调度、行政执法、伤亡事故和生产安全事故隐患排查的统计分析与上报工作，分析预测安全生产形式和重大风险，发布预警信息；承担安全生产重大危险源普查、登记、建档和监测监控工作；承担应急值守和事故信息接报处置工作。

二、县级应急机构

1. 六枝特区安全生产应急救援指挥中心

2013年4月，根据《六枝特区机构编制委员会办公室关于六枝特区安监局内设机构和人员编制设置的通知》，设立六枝特区安全信息调度中心，加挂"六枝特区安全生产应急救援指挥中心"牌子，为特区财政全额预算管理正股级事业单位，隶属于六枝特区安全监管局。内设应急救援股、信息化平台调度室。核定事业编制20名。定领导职数：主任1名，副主任2名，股长2名。

2. 盘县安全生产应急救援指挥中心

2013年4月，根据《盘县机构编制委员会办公室关于调整盘县安全生产监督管理局职能机构及人员编制等事宜的通知》，设置盘县安全信息调度中心，加挂"盘县安全生产应急救援指挥中心"牌子，为县财政全额预算管理的正股级事业单位，隶属于盘县安全监管局。承担安全生产协调、应急指挥、安全生产培训等相关职责。核定事业编制30名。定领导职数：主任1名，副主任2名

3. 水城县安全生产应急救援指挥中心

2013年4月，根据《水城县机构编制委员会关于设立水城县安全生产执法监察局等有关机构编制事项的通知》，设置水城县安全信息调度中心，加挂"水城县安全生产应急救援指挥中心"牌子，实行两块牌子、一套人员工作机制，为县财政全额预算管理的正股级事业单位，内设3个应急救援大队及瓦斯监控中心。定编25人，设大队长3名、监控中心主任1名（股级）。

4. 钟山区安全生产应急救援指挥中心

2013年8月，根据钟山区《关于调整钟山区煤矿安全生产职能、机构及人员编制等事宜的通知》，设置钟山区安全信息调度中心，加挂"钟山区安全生产应急救援指挥中心"牌子，隶属于区安全监管局，为区财政全额预算管理的正股级事业单位。定编14人，定领导职数主任1人。

第二节　信息调度平台

2006年，六盘水市开始在市、县两级安全监管部门建设煤矿瓦斯监测监控系统。2007年，系统正式投入使用。

2011年，"金安工程"系统建成。省、市安全监管视频系统开通；完成煤矿瓦斯系统市、县、乡（企）三级互通联网，实现了煤矿瓦斯数据实时监控。修改完善3个市级安全生产应急救援预案，组建市级各行业（领域）安全生产应急救援专家库，组织开展

4次大型应急演练活动。

一、组织机构

2012年，结合煤矿企业点多面广、分布较散、地质条件复杂及安全监管基础薄弱的实际，成立市安全生产信息化平台建设领导小组，市安全监管局党组书记、局长蔡军任组长。

市委、市政府将安全监管信息化平台建设列入2013年全市20件民生实事之一，投入安全技改资金120万元用于平台建设。

二、建设规划

六盘水市安全生产监管信息化平台，是一个集视频、语音、数据“三网合一”，涵盖煤矿、非煤矿山、危险化学品和烟花爆竹等多个行业领域的综合性智能化监管平台。项目特点：

1. 从单一的数据传输向多种信息融合转变。现在的信息化平台，具有能同时将现场视频、瓦斯数据、人员定位、环境检测等多种技术融为一体的综合监管功能。

2. 实现煤矿企业联网全覆盖，方便政府层面的直观、快捷、综合监管。

3. 实现监控数据多元化、监督领域扩大化、访问方式终端化，有效提高安全监管的针对性和实效性。从传统单一数值数据向包括数值数据、图形数据、语音数据、视频数据等多种数据采集形式转变，从单一煤矿安全信息化监管向非煤矿山、道路交通、危险化学品和烟花爆竹等多行业领域拓展，从传统PC机固定式访问向笔记本、手机等多种移动终端异地化、移动式访问转变。

三、平台建设

2007年，投资建成县（特区、区）安全监管局与各煤矿企业联网的煤矿瓦斯监测监控系统，初步实现了对全市煤矿瓦斯监测监控数据的上传和监管功能。2013年初，市委、市政府提出要建设功能更为全面、更为实用的多功能、智能化系统，即全市安全生产监管信息化平台。5月16日，通过政府竞争性谈判方式，确定贵州博益科技有限公司为市级平台承建商，以89.89万元的中标价承建。6月30日，平台主体工程（含网络建设部分）建成并进行试运行。同时，实现了市、县平台联网。

投资情况。总投资为2927.3万元（六枝特区312万、盘县1489.5万元、水城县800万元、钟山区325.8万元）；贵州盘江精煤股份有限公司、贵州水城矿业股份有限公司、六枝工矿（集团）有限责任公司、首钢水钢（集团）公司等四大驻市国有企业，均按照建设要求实现与市、县（区）两级平台的对接，共投资5475万元（盘江2600万元、水矿2000万元、六枝工矿815万元、水钢60万元）；除上述集团公司外的其他煤矿企业完成203家，总投资8792.1万元。同时，还获得国家、省的大力支持。其中，省级财政补助资金400万元；为进一步增强和拓展平台功能，省发改委已将该项目推荐至国家发改委，争取中央财政的后续补助资金。

四、平台功能

1. 系统功能

一是实现对企业生产作业现场情况的实时监管（煤矿及非煤企业）。通过光纤传输专网，实现对企业建设的各类监控系统数据实时上传至市、县（区）监控中心平台，安全监管部门可随时调阅、监管相关工作信息；

二是实现对告警情况的处理监督（市级、县级、集团公司、矿级等四级响应机制）。监控中心的重点工作就是当接入中心平台的监控系统数据出现告警信息时，监控人员通过分级预警、分级响应、分级处置程序督促企业落实整改，直至告警消除；

三是实现安全检查、隐患排查管理。系统可按国家的标准格式生成“安全生产行政执法文书”，实现执法文书的现场开具、集中存储，实现安全监管部门的规范管理和资源的共享。同时，平台还可以实现对隐患排查整治信息及时、有效地进行追踪、监管，并将隐患记录、销号等数据及时统计上报；

四是实现行业综合信息管理。系统可实现对各类企业信息分类建档管理，可随时调阅查询企业基本情况、技术图纸、从业人员等信息，对企业及人员相关证照的到期自动提示。

2. 手机移动办公

一是预警信息自动告警。系统可直接将告警信息以短信方式发送给相关责任人，强化预警处置实效。

二是手机查询访问功能。用户可使用手机对项目平台系统登录访问，及时掌握企业安全生产工作的实时状态及相关信息。手机移动办公应用功能后续还将继续拓展深化，实现工作审批、车辆管理等各种功能。

3. 远程调度指挥

发生突发事故，在光纤网故障或中断的情况下，可立即安排应急指挥车前往事故现场，由相关人员将现场视频情况结合语音描述向中心有关领导报告情况；中心也可直接对现场人员指示安排相关工作。

4. 视频会议

市级平台中心可实现与县、区中心以及各煤炭集团公司召开视频会议，可将局中心会议室或者任意分局、任意煤矿企业作为主会场召开全市煤矿安全视频会议，同时也可利用视频会议系统对企业从业人员进行远程业务培训。

第三节　应急管理

2011年，市级已建立和完善涵盖46家市安委会成员单位横向应急联络机制和市、县、乡安全监管部门（机构）与企业之间的四级纵向联络机制。建立安全生产总体预案1个，专项预案15个，企业预案备案669个。完善应急管理专家库21个行业（领域），有各类专家124名。建成矿山专职救护队伍18个，有专职救护队员1073人，兼职救护队员2207人。安全生产应急演练、物资储备、应急值守、信息调度工作逐步实现规范化、常态化。

一、应急预案备案

2013年11月，市安委办下发《关于进一步加强全市生产安全事故应急救援预案管理的通知》，对全市安全生产应急救援预案管理工作作出进一步明确。

截至2015年5月，市直相关部门报市安全监管局备案的预案15份（建筑施工、交通运输、特种设备、地质灾害等领域）；到县级安全监管部门备案的416份(钟山区18份，主要为加油站；盘县78份，其中煤矿行业5家，烟花爆竹2家，政府部门1家，砂石厂1家，加油站69家；水城县232份，其中煤矿企业96家，砂石企业77家，加油站27家，其他类生产经营单位32家；六枝特区88份，其中煤矿企业32家，砂石厂35家，加油站21家)。

二、救护队伍

20世纪60年代，六枝、盘江、水城三家矿务局按规定成立了矿山救护队。长期以来，这些半军事化管理的救护队伍，为保障六盘水市国有和地方煤矿、矿山的安全生产，促进当地经济建设，以及时、快捷、有效处理各类生产安全事故作出了巨大的贡献。2014年6月，全市共有专职救护队19家。

主要矿山救护队：

1. 六枝工矿（集团）有限责任公司矿山救护大队

六枝工矿（集团）有限责任公司矿山救护大队位于六枝特区致富路，地理坐标为东经105° 48′、北纬26° 22′。1970年10月，由原西南煤矿建设指挥部救护队与六枝矿区指挥部救护队合并而成。1996年改名的六枝矿务局救护大队，被原煤炭工业部定为“煤炭部六枝救护中心”。1997年4月正式挂牌，承担起西南三省的矿区事故抢险救灾任务。

2003年5月，更名为六枝工矿（集团）有限责任公司救护大队。2005年10月，国家安全监管总局、国家煤矿安监局授予该大队为国家矿山救援六枝基地。2012年，被国家安全生产应急救援指挥中心命名为国家（区域）矿山应急救援六枝队。

该救护大队现主要为六枝工矿（集团）有限责任公司所属矿井服务，并承担贵州省及云南省东北部矿山事故、非煤矿山事故及自然灾害事故的应急救援工作。它是一支综合性的救护队伍，除（集团）公司内部矿井保安、社会维稳任务外，还承担着全省救护培训和西南部分地区矿山事故抢险救援责任。

作为国家（区域）矿山应急救援基地，多年来，在西南地区的多次重特大事故抢险救援工作中较好地发挥了国家矿山救援基地的带动与辐射作用，随时听从省救援指挥中心等上级部门的调度，积极参加全省抢险救灾工作。

救护大队装备优良，技术先进，是一支全国闻名的矿山救护队伍。建队以来始终坚持以人为本、科学施救、安全救护理念，不断提高救护队伍的应急救援能力，始终坚持严格管理、严格训练、严格管理模式，队伍整体素质、实战能力不断提高，在历年的军事化救护队标准化验收中均达到国家甲级或特级救护大队标准。在处理全省和西南地区重特大事故中，决策果断，英勇顽强，圆满完成各项抢险救灾任务，真正做到了“招之即来、来之能战、战之能胜”的目的。

建队以来，处理的煤矿事故、非煤矿事故、铁路隧道、液化气爆炸事故以及地下油库、礼堂火灾等事故约2600起，抢救生还人员280人、遇难人员592人，为国家挽回损失10余亿元。多次受到上级表彰与奖励。建队以来，先后被煤炭部授予优秀矿山救护队、煤炭工业部六枝矿山救护中心（全国六大救护中心之一）；1998年9月，国家铁道部、贵州省政府授予其“7・13”事故抢险救援有功单位；1999年，获得中华全国总工会五一劳动奖状；1999年、2011年、2013年，三次获贵州省五一劳动奖状；2005年，被国家安全监管总局、国家煤矿安监局授予国家矿山救援六枝基地、全国矿山救援工作先进集体称号；2007年，获全省安全生产应急救援工作先进单位荣誉称号；2007年，市委市政府授予其2004—2006年度文明单位称号；2008年5月4日，队员周兴龙荣获第十二届中国青年五四奖章；2008年12月，获省委省政府颁发的精神文明建设工作先进单位荣誉称号。

2. 贵州盘江精煤股份有限公司矿山救护大队

贵州盘江精煤股份有限公司矿山救护大队位于盘县断江镇（东经104° 26′—106° 31′北纬25° 49′—25° 53′）。

该队正式成立于1971年3月，编制为四个小队，共43人。1976年6月，组建火烧铺矿救护队中队，编制为四个小队，50人。1984年4月，组建土城救护中队，编制为三个小队，30多人。1988年，根据国家煤炭部的要求，成立盘江矿务局救护大队，编制为三个中队（直属中队、火铺中队、土城中队），11个小队，共127人，为独立的副处级单位。2000年金佳矿井投产，由救护大队直属中队抽调一个小队16人组建金佳救护中队。盘江精煤股份有限公司救护大队，为其（集团）公司下属的二级单位（2008年12月10日升格为正处级单位），国家一级资质，编制为四个救护中队（火铺中队、金佳中队、土城中队、直属中队），12个救护小队，共179人。

救护大队自建队以来，处理的瓦斯爆炸事故、火灾事故、煤尘事故、水灾事故、顶板事故共400余起，抢救遇险和抢寻遇难人员近千人，多次受到上级表彰与奖励。1998年1月，在贵州省矿山救护专业委员会第四届一次会员大会上当选为委员单位；2003年12月24日，在贵州省矿山救护专业委员会第五届一次会员大会上，当选为常委单位；2007年，获省总工会工人先锋号、贵州矿山救援大比武A组团体一等奖、全省安全生产紧急救援先进单位；2009年，获贵州省第七届矿山救援大比武团体第二名、六盘水市第一届矿山救援技术竞赛团体第一名；2010年，获贵州省安全监管局授予的2009年度安全生产应急救援先进集体；2013年，获第九届贵州省矿山救援技术竞赛团体一等奖；2014年，获六盘水市第二届矿山救援技术竞赛团体第二名。

3.贵州水城矿业股份有限公司矿山救护大队

贵州水城矿业股份有限公司矿山救护大队，是原开滦煤矿总管理处与淮南矿务局分别于1965年、1968年各自抽调的一个矿山救护队组建的水城矿区指挥部矿山救护队和水城矿务局矿山救护队，1970年合并成立水城矿务局救护大队。原队址位于汪家寨西山，后搬迁到老鹰山，1987年搬迁到六盘水市市中心城区汪水路220号，地理坐标为东经104°83′、北纬26°04′。

经过40年的发展，该大队现已建成集抢险救援、培训、演习训练、仪器仪表维修、装备技术较先进、人员综合素质较高的专业化、军事化为一体的矿山救护队伍，是水城矿区的救护指挥中心、演习训练和培训中心。

1985年前，救护大队下辖四个中队。分别为：老鹰山中队、大河中队、汪家寨中队、二塘中队。每个中队设有3个小队。1985年增设那罗寨中队2个小队，1996年成立直属中队2个小队。至1996年，救护大队共建成6个救护中队、16个救护小队。

2003年9月，随着（集团）公司的改制，公司根据生产矿井和各中队分布情况对矿山救护队进行整合重组，将矿区原来的6个救护中队整合为4个救护中队。分别为：直属中队、汪家寨中队、大湾中队、老鹰山中队。同时，组建中岭救护中队。其中：直属中队、汪家寨中队、大湾中队各按4个救护小队编制，老鹰山中队、中岭中队按3个救护小队编制，每个救护小队编制均不少于9人。2007年，成立格目底救护中队，设3个救护小队，每个救护小队编制均不少于9人。2010年，格目底救护中队满编为4个小队，每个救护小队9人。

2015年1月，贵州水城矿业股份有限公司救护大队作为全公司应急救援指挥中心，共设有6个整编片区应急救援中队和2个在建片区应急救援中队：直属中队、大湾中队、汪家寨中队、老鹰山中队、中岭中队、格目底中队、文家坝中队（现为1个小队）、中城中队（现为1个小队），为24个救援小队，254名救护指战员构成的专业应急救援队伍。其中，直属中队由大队直属管理，各驻矿中队施行矿、队双重管理，即矿方对所辖中队进行日常管理，救护大队对其进行业务指导。

2001年以来，集团公司先后对救护大队的装备逐步进行改善。特别是2003年以来，投入资金2000余万元，按照《煤矿安全规程》《煤矿救护规程》的规定要求，为救护大队本部和各救护中队配备了越野型救护指挥车、矿山救护车、气体分析化验车、惰泡发生装置、便携式爆炸三角形测定仪、高倍数泡沫灭火机等装备，为全体救护指战员配备了德国德尔格公司生产的BG4、山西虹安生产的HZ240正压式氧气呼吸器，以及通讯设备、各种检测仪器、仪表等装备，并新建了综合办公楼。2014年开始，由公司出资补充BG4正压氧气呼吸器5台及其他检测仪器，准备对老旧装备逐步更换。新型高科技救护装备的投入使用，有效地提高了救援队伍的整体作战能力和技术水平。

自建队以来，该大队共处理各类事故530余起，抢救遇险人员142人，抢救遇难人员506人，矿井事故后引导疏散人员约600人。

参与救援影响较大及比较突出的事故：

（1）老鹰山煤矿“1·9”火灾事故：2001年1月9日，老鹰山煤矿8112炮采工作面上隅角发生火灾事故，历时9个余月，救护大队多个救护中队参与抢险救灾。采取远距离的封闭，然后进行缩封，最后进行启封。最终安全将发生火灾的工作面移交矿方进行生产。

（2）威宁县炉山镇黄泥田煤矿“2·9”瓦斯爆炸事故：2001年2月9日，威宁县炉山镇黄泥田煤矿一号井发生瓦斯爆炸事故，井下人员伤亡严重。救护大队立即出动2个救护小队，迅速赶往事故矿井。经过6个多小时紧张有序的抢救，抢救出1名遇险人员，搬运遇难人员18名。

（3）汪家寨煤矿平硐井三采区“3·11”瓦斯爆炸事故：2001年3月11日，成功处理汪家寨煤矿平硐井三采区已封闭的31110采空区发生瓦斯爆炸，波及到附近的3117二分层炮采工作面、3119综放工作面及其回风系统，造成16名矿工遇难，8名矿工受伤的特大瓦斯爆炸事故。

（4）底母落煤矿“10·13”瓦斯爆炸事故：2001年10月13日9时10分，水城县双嘎乡底母落煤矿发生瓦斯爆炸事故，造成11名矿工遇难。救护大队历时6小时，圆满完成抢险任务。

（5）草海镇一小煤窑“5·4”瓦斯爆炸事故：2002年5月4日18时，威宁县草海镇一小煤窑发生特大瓦斯爆炸事故，造成多名矿工遇险，23名矿工遇难的特大瓦斯爆炸事故。救护大队接到召请电话后，出动2个救护小队、历时20多小时的抢险，顺利完成抢险救灾工作。

（6）曹家沟小煤窑“7·1”瓦斯燃烧事故：2002年7月1日，威宁县曹家沟小煤窑发生瓦斯燃烧事故，造成3名矿工遇难。救护大队接到召请电话后，只用2小时顺利完成抢险工作。

（7）木冲沟煤矿“2·24”瓦斯爆炸事故：2003年2月24日14时52分，水城矿业集团公司木冲沟煤矿四采区发生一起特大瓦斯爆炸事故，造成39人死亡、18人受伤。救护大队出动多支救护中队、历时3天，安全完成抢险救援任务。

（8）尹家地煤矿“2·11”瓦斯爆炸事故：2004年2月11日12时42分，钟山区汪家寨镇尹家地煤矿发生25名矿工遇难的特大瓦斯爆炸事故。救护大队先后调集2个救护中队、4个救护小队，经过11个小时的奋力抢救，共抢救出5名遇险人员、25名遇难人员，圆满完成抢险救援任务。

（9）六合煤矿“9·5”透水事故：2004年9月5日7时20分，赫章县妈姑镇六合煤矿发生10名矿工遇难的透水事故，救护大队直属救护中队历时14天的抢险，完成抢险任务。

（10）木冲沟煤矿“5·29”煤与瓦斯突出事故：2005年5月29日，成功处理木冲沟煤矿31102运输巷煤与瓦斯突出事故。事故造成多名矿工遇险、5名矿工遇难。

（11）沙沟煤矿“11·18”瓦斯爆炸事故:2005年11月18日6时40分，水城县蟠龙乡沙沟煤矿发生16名矿工遇难的瓦斯爆炸事故。经过多支救护队的奋力抢险，历时5天完成抢险任务。

（12）仲河煤矿“12·2”瓦斯爆炸事故：2005年12月2日6时58分，水城县阿嘎乡仲河煤矿发生16名矿工遇难的瓦斯爆炸事故，矿山救护大队的3个救护小队，历时3个小时紧张抢险工作，圆满完成抢险任务。

（13）渝贵煤矿“5·4”瓦斯爆炸事故：2006年5月4日1时，赫章县水塘乡渝贵煤矿发生1名矿工遇险、3名矿工遇难瓦斯爆炸事故。该队历时23天，抢险救灾工作才得以结束。

（14）藤桥村二组小煤窑“6·7”瓦斯爆炸事故：2006年6月7日17时45分，威宁县猴场镇藤桥村二组小煤窑发生5名矿工遇难的瓦斯爆炸事故，该队2个救护小队历时9小时抢险，完成抢险任务。

（15）汪家寨煤矿“3·27”煤与瓦斯突出事故：2007年3月27日2时38分，汪家寨煤矿平四采区1551反掘运输石门发生煤与瓦斯突出事故，直接经济损失达200多万元。此次抢险救援工作该队共参加23队次、242人次，抢救出1名遇险人员、10名遇难人员。

（16）中岭公司“11·29”煤与瓦斯突出事故：2007年11月29日15时57分，中岭公司11013工作面发生煤与瓦斯突出事故。抢救出3名遇险矿工、1名遇难矿工。

（17）老鹰山煤矿“12·1”火灾事故：2007年12月1日10时40分，老鹰山煤矿8111(2)运输巷发生火灾事故。在直接灭火无效的情况下，该队采取封闭火区措施进行灭火；在火区封闭后，发生瓦斯爆炸，冲毁密闭墙，没有造成人员伤亡。最终成功将火区封闭。

（18）煤洞坡煤矿“7·19”透水事故：2009年7月19日14时30分，钟山区汪家寨镇煤洞坡煤矿发生透水事故，并有烟雾溢出，造成3名矿工遇难。该大队用7天7夜的时间，成功完成抢险救灾任务。

4. 六枝特区民安矿山救护中队

六枝特区民安矿山救护中队由原六枝特区矿山救护队改制而来，位于六枝平寨镇水源路，地理坐标为东经105° 48′、北纬26° 22′。该中队始建于1989年3月25日，现隶属于六枝路鑫喜义循环经济产业园区。共有37人（包括后勤人员），下设3个小队，指战员31人，三级矿山救护队资质。该中队主要担负着六枝特区境内地方煤矿和非煤矿山的抢险救灾及安全技术工作，是一支职业性、技术性、军事化的专业抢险队伍。建队以来，共参加抢险救灾440余次，抢救遇险人员24人、搬运遇难人员500余人，挽回国家经济损失上亿元。

5. 盘县矿山救护队

盘县矿山救护队位于盘县城关镇陵园路90号，地理坐标为东经104° 18′—104° 58′、北纬25° 19′—26° 18′，始建于1992年，中队建制。

该中队下设2个救护小队，隶属于盘县煤炭局。最初定员31人。2006年6月，该队增加至3个救护小队，三级矿山救护队资质。经县委常委会议决定，更名为盘县矿山救护大队。该队现有指战员41人，成功处理盘县、普安、晴隆等县煤矿各类事故近300起，抢救出遇险人员近100名、抢救出遇难人员1000多名。

6. 水城能安矿山救护有限公司

为了填补水城县无矿山救护队的空白，确保该县地方煤矿救护工作顺利开展，2004年10月20日，县煤炭局组建水城能安矿山救护有限公司救护队。地址位于双水新区水城县煤炭局，地理坐标为东经104° 57′31″、北纬26° 32′ 56″。2006年1月，经省有关专家考核验收，该队获国家三级资质。公司建制为一个中队，下辖3个救护小队。现有员工41人，指战员32人。根据水城县发改局《关于加强2011年度重点建设项目协调调度的通知》，省煤矿救援指挥中心于2010年6月28日作出《水城能安矿山救护有限公司关于请求组建大队》的批复，该队将组成救护大队。

主要业绩：

（1）2005年6月7日，处理慬地乡同心煤矿冒顶事故，救出遇险人员2名、遇难人员1名。

（2）2005年9月25日，处理玉舍铜厂沟煤矿火灾事故，引导疏散遇险人员7人。

（3）2006年10月16日，处理玉舍玉林煤矿突出事故，抢救出1名遇险人员、搬运5名遇难人员。

（4）2007年1月11日，处理猴场铅锌矿塌方事故，抢救2名遇险人员、搬运1名遇难人员。

（5）2009年2月21日，处理阿戛挖碳坡煤矿火灾事故，引导疏散遇险人员11名。

（6）2009年3月11日，处理保华住鑫煤矿垮塌事故，抢救遇险人员1名、搬运遇难人员2名。

（7）2010年7月9日，处理南开无证小窑爆炸事故，抢救遇险人员3名、搬运遇难人员1名。

（8）2010年8月7日，处理都格河边煤矿突出事故，抢救遇险人员1名、搬运遇难人员5名。

7. 贵州盘南煤炭开发有限责任公司救护中队

贵州盘南煤炭开发有限责任公司救护中队位于盘县响水镇，地理坐标为东经104°33′23″—104°42′10″、北纬25°24′39″—26°32′28″，组建于2006年7月。初期人数为24人，经过逐步完善，现中队总人数为39人。该中队自2006年7月组建以来，处理事故5次，救出遇险人员5名，搬运伤亡人员23名。

8. 贵州松河煤业发展有限责任公司救护中队

贵州松河煤业发展有限责任公司救护中队位于盘县松河彝族乡松林村，地理坐标为东经104°61′34″、北纬26°03′19″，2008年3月组建。成立时有指战员30人，3个战斗小队，中队长1人。2015年，该救护中队有3个战斗小队，26名指战员；2011年12月取得矿山救护三级资质，业务上归盘江精煤股份有限公司救护大队。

主要业绩：

（1）2010年在盘江精煤公司组织开展的应急救援技术大比武中获第一名，2013年救援技术大比武中获第一名，2014年六盘水市第二届矿山救援技术竞赛中获三等奖；2012年10月24日，处理公司1031采面采空区瓦斯爆炸事故。

（2）2014年10月11日，处理公司1334采面瓦斯着火事故。

（3）参与周边煤矿事故救援：2013年6月，参加处理土城矿21127采面火灾事故；2014年9月5日，参加处理松河新华煤矿水淹事故；2014年11月27日，参加处理松河松林煤矿“11·27”瓦斯爆炸事故。

9. 六盘水恒鼎实业有限公司矿山救护队

六盘水恒鼎实业有限公司矿山救护队位于盘县乐民镇小黄草坝村三分田组，地理坐标为东经104°、北纬25°，组建于2009年3月，为独立中队。成立时有38人，2015年有38人。2011年11月29日，经贵州省救援中心专家组验收，获矿山救护三级资质。

10. 贵州盘县紫森源（集团）实业发展投资有限公司救护队

贵州盘县紫森源（集团）实业发展投资有限公司救护队位于盘县红果镇沙陀，地理坐标为东经104°29′51″、北纬26°2′22″，组建于2013年5月28日。成立时的名称为紫森源（集团）实业发展投资有限公司救护中队。中队共计37人，设三个小队和一个后勤组，中队编制。该队现有三个战斗小队，27名队员。

11. 贵州邦达能源开发有限公司矿山救护队

贵州邦达能源开发有限公司矿山救护队位于盘县红果挪湾村，地理坐标为东经104°47′88″、北纬25°80′66″，2014年始建。2014年10月31日，取得三级救护中队资质并正式成立。成立初期编制33名指战员，现增加到59名。

12. 盘县淤泥乡湾田煤矿救护中队

六盘水市盘县淤泥乡湾田煤矿救护中队位于盘县淤泥乡，地理坐标为东经

104° 46′ 36″、北纬25° 56′ 39″，组建于2011年4月28日。有指战员34人。

13. 贵州湘能实业有限公司矿山救护中队

贵州湘能实业有限公司矿山救护中队位于水城县木果乡嵩枝村，地理坐标为东经104° 55′ 38″、北纬26° 47′ 38″，成立于2009年5月。现有人员34人。

14. 贵州发耳煤业有限公司救护队

贵州发耳煤业有限公司救护队位于水城县发耳乡店子村，地理坐标为东经104° 42′ 30″—104° 47′ 00″、北纬26° 16′ 15″—26° 20′ 30″，于2009年10月组建。2010年12月，取得矿山救护三级资质。有人员31名。

15. 贵州贵能投资有限公司贵能救护中队

贵州贵能投资有限公司贵能救护中队成立于2010年10月20日，地理坐标为东经104° 42′ 57″、北纬26° 16′ 56″。原为三个救护小队编制，现扩编为6个救护小队。该队位于贵州省水城县鸡场镇攀枝花煤矿。

16. 贵州华瑞鼎兴能源有限公司矿山救护队

贵州华瑞鼎兴能源有限公司矿山救护队位于水城县阿戛镇，地理坐标为东经104° 57′ 29″、北纬26° 29′ 22″，于2011年5月开始筹建。2012年10月取得资质正式成立，主要服务于贵州华瑞鼎兴能源有限公司下属4对煤矿，隶属于公司安全部，由安全部负责调遣。一个标准中队建制规模，下辖三个小队，队员27名。

17. 江煤集团贵州矿业小牛煤矿救护队

江煤集团贵州矿业小牛煤矿救护队于2010年10月成立，位于水城县阿戛镇仲河村。地理坐标为东经104° 83′、北纬26° 28′。成立时有36人。

18. 贵州正华矿业有限公司矿山救护队

贵州正华矿业有限公司矿山救护队位于钟山区汪水路，地理坐标为东经104° 49′ 28″、北纬26° 40′ 07″，成立于2013年。该队以矿山救护中队形式成立，2013年2月6日获贵州省煤矿安全监察局颁发的矿山救护资质证书，资质等级为三级。原有33人，现有指战员27人。

19. 贵州勇能能源（集团）开发有限公司矿山救护中队

贵州勇能能源（集团）开发有限公司矿山救护中队位于董地工业园区，地理坐标为东经105° 01′ 6″、北纬26° 35′ 03″，组建于2012年3月。中队下设三个小队，共34人。主要装备：救护车2辆；大型灭火设备1套；呼吸器31台；充氧泵1台；中型潜水泵1台；各种检测仪器齐全。2013年2月，取得矿山救护队三级资质。

三、 应急救援演练

六盘水市历来重视生产安全事故应急演练，一直将应急演练纳入日常执法检查的重要内容。

（1）2009年6月23日，举行第一届全市矿山应急救援技术比武。市政府副市长陈少荣、副秘书长蔡军及市安全监管局等领导出席。盘江煤电（集团）公司救护大队、水城矿业（集团）公司救护大队、六枝工矿（集团）公司救护大队分获集体一、二、三等奖；盘江煤电大队获个人第一和第二名，六枝工矿大队获个人第三名。

（2）2013年9月28日，全省矿山事故应急演练在六枝特区举行。省安监局局长李尚宽主持，省政府副秘书长吴勇、省政府应急办专职副主任王洪斌及省经信、公安、交通运输、卫生、能源、电监，盘江投资控股（集团）有限公司等部门和企业的负责人参加观摩演练。省政府副省长王江平出席并作重要讲话。市政府副市长尹志华致欢迎词。

（3）2014年6月13日，六盘水市组织开展矿山综合应急演练。市政府副市长范三川，省综合应急救援总队党委委员、总工程师江平出席。

（4）2014年6月9—10日，六盘水市举办第二届矿山应急救援技术竞赛。

（5）2014年11月12—14日，水矿救护大队举行第十三届矿山救援技术竞赛。

（6）2015年5月15—18日，六盘水市组织开展贵州省第十届矿山救援技术竞赛选拔赛。

四、 重大及以上事故

2004—2014年，全市共发生重大及以上事故18起。

1. 2004年2月11日，钟山区汪家寨尹家地煤矿发生特大瓦斯爆炸事故，死亡25人。

2. 2004年6月9日，六枝特区落别乡永六煤矿发生瓦斯爆炸，死亡10人。

3. 2004年12月1日，盘县淤泥乡说么备2号井发生瓦斯爆炸事故，死亡16人、受伤4人。

4. 2005年8月8日，水城县发耳乡湾子煤矿发生瓦斯爆炸事故，死亡17人。

5. 2005年11月18日，水城县蟠龙乡沙沟煤矿发生瓦斯爆炸事故，死亡16人。

6. 2005年12月2日，水城县阿戛乡仲河煤矿发生瓦斯爆炸事故，死亡16人。

7. 2005年12月24日，盘江响水煤矿播土采区19# 发生火灾事故，死亡12人。

8. 2007年1月28日，盘县水塘镇迤勒煤矿发生瓦斯爆炸事故，死亡16人。

9. 2007年3月27日，汪家寨煤矿发生煤与瓦斯突出，死亡10人。

10. 2007年7月4日，水城县比德乡境内307省道255公里+300米处发生一起重大道路交通事故，死亡12人、受伤8人。

11. 2008年10月24日，水黄高等级公路75公里+900米处发生一起重大道路交通事故，死亡11人、受伤12人。

12. 2011年3月12日，盘县松河新成煤业四采区发生瓦斯爆炸事故，死亡19人。

13. 2011年8月14日，盘县红果镇过河口煤矿井下12层掘进头发生瓦斯爆炸事故，死亡10人、受伤1人。

14. 2012年11月24日，响水煤矿河西采区1135掘进头发生煤与瓦斯事故，死亡23人、受伤5人。

15. 2013年1月18日，金佳矿发生煤与瓦斯突出事故，死亡13人。

16. 2013年3月12日，水城县马场煤矿13302底板瓦斯抽放进风巷发生煤与瓦斯突出事故，死亡25人。

17. 2014年6月11日，六枝特区新华乡六枝工矿（集团）有限责任公司新华煤矿在1601回风顺槽联络巷发生煤与瓦斯突出事故，死亡10人。

18. 2014年11月27日，盘县松河乡松林煤矿发生瓦斯爆炸事故，死亡11人、受伤8人。

第四节　事故处理

根据《安全生产法》规定，市安委办履行较大事故调查权，对除煤矿以外行业的较大事故依法组织调查。仅2011至2014年，在道路交通领域就依法追究66人的法律责任。其中党政纪律处分44人，刑事责任追究22人，经济处罚112.5万元。

一、2004至2014全市各类事故情况

2004年：全市共发生各类事故639起，为省下达指标的72.6%，死亡296人，为省下达指标的95.5%，同比减少443起、多31人，分别下降40.9%和上升11.7%。发生较大事故20起、死亡82人，同比增加7起、多17人，分别上升53.8%和26.2%。发生重大事故3起、死亡51人，同比增加1起、多2人，分别上升50%和4.1%。

2005年：发生各类事故667起、死亡300人，超省控制指标24人，同比增加4起、多4人，分别上升4.4%和1.4%。发生较大事故13起、死亡55人，同比减少7起、少27人，分别下降35%和32.9%。发生4起重大事故、死亡61人，同比增加1起、多10人，分别上升33.3%和19.6%。

2006年：发生各类事故552起、死亡261人，为省控制指标280人的93.2%，比控制进度少死亡19人，同比减少165起、少50人，分别下降23%和16.1%。发生12起较大事故、死亡57人，同比减少1起、多2人，分别下降7.7%和上升3.6%。全年未发生重大以上事故。

2007年：发生各类事故347起、死亡271人，为省控制指标259人的104.63%，比控制指标多死亡12人，同比减少205起、多10人，分别下降37.1%和上升3.8%。发生15起较大事故、死亡64人，同比增加3起、多7人，分别上升25%和12.3%。发生3起重大事故，死亡38人。

2008年：发生各类事故391起、死亡230人，为省控制指标259人的88.8%，比控制目标少死亡29人，同比增加44起、少41人，分别上升12.7%和下降15.1%。发生13起较大事故、死亡48人，同比减少2起、少16人，分别下降13.3%和25%；发生1起

重大事故、死亡11人，同比减少2起、少27人，分别下降66.7%和71%。

2009年：发生各类事故334起、死亡203人，为省控制指标227人的89.4%，比控制指标少死亡24人，同比减少57起、少27人，分别下降14.6%和11.7%。发生16起较大事故、死亡54人，同比增加3起、多6人，分别上升23.1%和12.5%。全年未发生重大以上事故。

2010年：发生各类事故245起（不含火灾59起）、死亡196人，为省控制指标197人的99.5%，比控制进度少死亡1人，同比减少4起、少7人，分别下降1.6%和3.4%。全市发生11起较大事故、死亡42人，同比减少5起、少12人，分别下降31.3%和22.2%。全年未发生重大以上事故。

2011年：发生各类事故200起（不含消防火灾52起）、死亡186人，为省控制指标193人的96.4%，比控制进度少死亡7人，为省奋斗目标172人的108.1%，同比减少45起、少10人，分别下降18.4%和5.1%。发生9起较大事故、死亡42人，同比减少2起、下降18.2%，死亡人数持平。发生1起重大煤矿事故，死亡10人。发生1起非法重大煤矿事故，死亡19人。

2012年：发生各类事故134起（不含消防火灾32起）、死亡124人，为省控制指标171人的72.5%，为省奋斗目标164人的75.6%，比控制进度少死亡47人，同比减少66起少死亡62人，分别下降33%和33.3%。发生7起较大事故、死亡22人，占全年控制指标的77.8%，同比减少2起、少20人，分别下降22.2%和47.6%。发生1起重大煤矿事故、死亡23人，同比减少1起、少6人，分别下降50%和20.7%。

2013年：发生各类事故120起（不含消防火灾27起）、死亡98人，为省严控指标112人的87.5%，比严控进度少死亡14人。为省控制指标125人的78.4%，比控制进度少死亡26人，同比减少14起、少26人，分别下降10.4%和20.9%，发生2起较大事故、死亡10人，同比减少5起、少12人，分别下降71.4%和54.5%；发生2起重大煤矿事故、死亡38人，同比增加1起、多15人。

2014年：发生各类生产安全事故107起、死亡92人（不含消防火灾54起），同比少13起、少6人，分别下降10.83%和6.12%，死亡人数占省下达全年严控指标97人的94.85%, 比严控指标少5人。发生较大事故3起、死亡19人，同比多1起、多9人，分别上升50%和90%，事故起数占全年严控指标的50%，比严控指标少3起。发生重大事故2起、同比持平，死亡21人、同比少17人、下降44.74%。

六盘水市生产安全事故基本情况统计表（2004—2015年）

表12–1

	一般事故		较大事故		重大事故		工矿商贸										道路交通		火灾		铁路运输	
							工矿商贸		其中：煤矿		金属与非金属矿		危化品及烟花爆竹		建筑业							
年份	起数	人数	起数	人数	起数	人数	起数	人数	起数	人数	起数	人数	起数	人数	起数	人数	起数	人数	起数	人数	起数	人数
2004	616	163	20	82	3	51	105	197	87	177	9	9	0	0	6	7	442	72	53	4	37	21
2005	650	184	13	55	4	61	103	181	77	152	7	8	1	1	3	5	444	68	78	2	40	40
2006	540	204	12	57	0	0	114	160	86	124	11	12	0	0	3	3	191	59	150	3	97	39
2007	329	179	15	64	3	38	104	155	75	126	5	5	0	0	0	0	141	90	51	0	51	26
2008	377	201	13	48	1	11	107	134	77	98	10	13	0	0	3	3	196	69	37	0	49	25
2009	318	149	16	54	0	0	101	129	74	99	4	4	0	0	0	0	122	59	85	0	26	15
2010	293	154	11	42	0	0	98	122	71	92	5	5	0	0	0	0	119	54	59	4	28	16
2011	241	115	9	42	2	29	87	130	52	94	9	10	0	0	4	4	98	46	52	1	15	9
2012	158	79	7	22	1	23	41	70	24	51	3	3	0	0	3	4	87	52	32	0	5	2
2013	143	50	2	10	2	38	14	53	4	40	3	2	0	0	2	6	92	42	27	0	14	3
2014	156	52	3	19	2	21	6	4	6	39	5	0	0	0	2	0	75	38	54	0	15	11
2015	78	35	3	13	0	0	2	4	0	0	0	0	0	0	0	0	72	37	48	0	7	7

二、煤矿事故责任追究

六盘水市煤矿生产安全事故责任追究情况（2010—2014年）

表12-2　　单位：人

单位年度	2010	2011	2012	2013	2014	2015
私人煤矿企业	27	38	9	21	43	0
集团公司	5	4	12	24	12	0
政府系统	5	19	7	2	13	0
安监系统	4	9	3	2	16	0
煤炭系统	6	11	7	1	6	0
国土系统	0	5	0	0	7	0
合　计	47	86	38	50	97	0

附 录

六盘水市安全监管局安全生产阳光执法检查工作制度(试行)

(2015年10月7日六盘水安监通〔2015〕109号)

第一章 总 则

第一条 为规范我局行政执法检查行为，完善执法标准，提高依法行政水平和安监执法形象，保障公民、法人和其他组织合法权益，根据《安全生产法》、《行政处罚法》、《安全生产监管监察职责和行政执法责任追究的暂行规定》有关法律、法规、规章以及国办发〔2015〕20号和六盘水纪〔2015〕58号文规定，制定本制度。

第二条 市安全监管局行政执法人员(以下简称执法人员)从事安全生产执法检查适用本办法。

第三条 执法人员应熟悉国家有关安全生产的法律、行政法规、部门规章、国家标准、行业标准，具备相应的安全生产监督检查业务知识，持有省人民政府或者省级以上安全监管局统一制作的有效行政执法证件。

第四条 执法人员应当以公平、公正、公开执法为原则。

第五条 执法人员对生产经营单位进行监督检查时，应当符合法定程序，制作行政执法文书。

第二章 监督检查职责

第六条 执法科室应当依照法律、法规、规章和安全监管局规定的职责，结合本市实际，制定年度安全监管执法工作计划。

第七条 执法科室根据年度执法工作计划，可以制定月、季度、特定时期和特定生产经营单位的专项执法工作计划。

第八条 制定规范的安全检查表。除航空安全等特殊领域外，在对煤矿、非煤矿山、尾矿库、危险化学品、油气化管道、烟花爆竹、冶金八大行业领域开展安全检查时，均要对照检查表逐项进行检查或重点抽查。

道路交通、水上交通、建筑、消防、人员密集场所等行业依法履行综合监督检查。

第九条 执法检查实行报批制，由科室提出执法计划经分管领导同意后报局主要负责人审批执行，未经审批同意，不得擅自开展执法检查活动。

对国家和省临时安排部署的执法检查活动，或事故调查案件不受该制度约束。

第三章 现场监督检查

第十条 执法监察部门应当按照年度执法工作计划、现场检查方案，对生产经营单位是否具备有关安全生产法律、法规、规章和国家标准或者行业标准规定的安全生产条件进行监督检查。

第十一条 执法科室实施执法检查时，应当出具市安全监管局签发的《执法通知书》和安全生产执法证，依据执法检查规范进行检查。

“四不两直”执法行为不受该制度约束。

第十二条 实施现场监督检查时，必须有两名以上执法人员，并向当事人或者有关人员出示《行政执法证》或者《安全生产监管执法证》，表明身份，说明检查的法律依据、目的和内容，告知被检查单位或者有关人员需要配合检查的具体要求。

涉及被检查单位的技术秘密和业务秘密的应当为其保密。

第十三条 执法人员实施现场监督检查时，应当逐项检查生产经营单位的档案资料和生产经营场所。主要包括生产经营单位必须建立和完善的安全生产责任制、安全生产管理机构和人员配备、安全生产规章制度和操作规程、安全教育培训、职业安全卫生及劳动防护、应急救援及重大危险源监控、安全评价与检测、安全投入及安全费用提取等档案资料；作业现场、设备、设施、重大危险源、重大事故隐患、有毒有害、易燃易爆场所、重要车间、仓库、变电室、锅炉房等生产经营场所。

第十四条 执法人员实施现场监督检查时，应当制作现场检查记录，将检查的时间、地点、内容、发现的问题及其处理情况记录在案，由执法人员和被检查单位的负责人签名或者盖章存档。被检查单位要求补正的，应当允许。被检查单位拒绝签名或者盖章的，执法人员应当在笔录上注明原因并签名。市安全监管局现场检查记录应当交被检查单位所在地安全监管局存档备查。

第十五条 在监督执法检查中，对违法事实确凿的企业，对煤矿“五职矿长”安全资格证一次扣1分、2分、3分情形的，执法人员可以当场决定。

执法人员当场作出行政处罚决定后应当及时报告，并在5日内报政策法规科备案。

第十六条 在执法检查中，发现生产经营单位存在的安全问题涉及有关地方人民政府或其有关部门的，应当及时向有关地方人民政府报告或其有关部门通报。

第十七条 执法人员对生产经营单位及其从业人员作出现场处理措施、行政强制措施和行政处罚决定等行政执法行为前，应当充分听取当事人的陈述、申辩，对其提出的事实、理由和证据，应当进行复核；当事人提出的事实、理由和证据成立的，应当予以采纳，不得因当事人陈述或者申辩而加重处罚。

第十八条　对生产经营单位及其从业人员作出现场处理措施、行政强制措施和行政处罚决定等行政执法行为时，应当依法制作有关法律文书，并按照规定送达当事人。

第十九条　各执法科室依照《安全生产监管监察部门信息公开办法》对企业作出安全生产执法决定之日起20个工作日内，在中国凉都安全网上公开执法信息。

第四章　执法检查工作纪律

第二十条　执法人员依法对企业进行检查时，不能影响企业正常生产经营活动，应严格执法、公正执法、文明执法、廉洁执法。不得有下列行政执法行为：

（一）语言粗俗、作风粗暴；

（二）占用、挪用和私分当事人财物；

（三）乱处罚、罚人情款、态度款；

（五）徇私枉法、假公济私、泄私愤；

（五）违规指定企业主要负责人陪同检查，以势压人；

（六）接受企业宴请（指摆设酒席招待客人，宴请贵宾）或提供娱乐、健身等服务；

（七）为本人、亲友或者他人谋取不正当利益；

（八）有其他有碍企业正常生产经营的行为。

第二十一条　检查中发现的问题和隐患，应提出指导性整改意见或建议。

第五章　责任追究

第二十二条　执法人员有违法违纪行为的，按照干部管理权限，由局党组或纪检监察机关依纪依法追究责任；涉嫌犯罪的，移送司法机关依法追究刑事责任。

第六章　附　则

第二十三条　执法检查统一使用国家安全生产监督管理总局制定的安全生产行政处罚文书式样。

第二十四条　本规定由六盘水市安全生产监督管理局负责解释。

第二十五条　本规定自下发之日起施行。

六盘水市安全监管局阳光行政处罚案件审核委员会工作制度

（2015年10月7日六盘水安监通〔2015〕109号）

第一章　总　则

第一条　为了加强安全生产行政执法监督，规范安全生产行政处罚行为，提高行政执法水平和质量，根据《中华人民共和国安全生产法》、《中华人民共和国行政处罚法》、《安全生产违法行为行政处罚办法》及《安全生产行政处罚自由裁量适用规则》等法律法规和有关规定，特制定本制度。

第二条　行政处罚案件审核委员会主要工作职责是审议市安全执法局查出生产经营单位的重大违法行为和非法行为的行政处罚案件，对重大违法行为处罚案件进行集体讨论决定；不定期组织分析和讨论重大、疑难、复杂的行政处罚案件，总结行政执法查处经验；研究解决全市安全生产执法工作中存在的重大问题。

第三条　案审委审议案件应当遵循合法、公正、及时、便民的原则，确保整个执法活动的及时、准确和公正。

第四条　行政处罚本着决策权、执行权、监督权三权分离原则，设立局行政处罚案件审核委员会（以下简称案审委）、案件审理监督委员会（以下简称审监委）。

第五条　设立局案审委，负责审议和决定局各项立案查处的行政处罚案件。

主　任：局行政主要负责人；

副主任：局各分管领导和局纪检组长；

委　员：政策法规科负责人和有关法律专业人员，案审委下设办公室在政策法规科，办公室主任由政策法规科负责人兼任，法规科工作人员任书记员，负责处理案审委日常事务工作。

第六条　案审委办公室职责：

（一）负责对案件承办科室提交的重大违法非法行为处罚案件进行初步审查。

（二）负责提请召开案审委会议，在会议召开三日前向案审委委员提交有关案件材料，并将会议有关事项通知案审委委员和案件承办科室。

（三）负责案审委会议记录、卷宗存档。

（四）负责案审委的日常工作及其他有关事项。

第七条　案审委办公室、涉及的行政业务科室、执法局业务科室、执法局分管领导和局分管领导共同讨论个人2万元以下、生产经营单位5万元以下罚款，最终处罚结论应向案审委主任汇报。

第八条　案审委是本局行政处罚案件的最高决定组织，所作出的一切决定，执法人员应当无条件执行。执法人员执行公务时，认为上级的决定有错误的，可以向上级提出重审或者撤销该决定的建议；上级不改变该决定，或者要求立即执行的，执法人员应当执行该决定，执行的后果由上级负责，执法人员不承担责任；执法人员执行过程中存在明显违法行为的，其个人应当依法承担相应的责任。

第九条　设局案件审监委，局分管党风廉政建设领导任主任，成员由负责纪检监察工作人员组成，负责对案审委审议和决定局立案查处行政处罚案件的情况进行监督。

第二章　案审委审议范围

第十条　案审委审议下列行政执法案件：

（一）给予责令停产停业整顿、责令停产停业、责令停止建设、责令停止施工的；

（二）吊销本局颁发有关许可证、撤销有关执业资格或者岗位证书的；

（三）对个人罚款2万元以上、生产经营单位5万元以上罚款，没收违法所得、没收非法开采的煤炭产品或者采掘设备价值5万元以上的；

（四）申请政府关闭违法生产经营单位的；

（五）建议公安部门对违法行为人采取行政拘留的；

（六）移交其他部门处理的；

（七）生产安全事故涉及行政处罚的案件；

（八）案审委认为需要审议的其他案件。

检查中发现存在重大安全隐患无法保证安全的，执法人员可以责令暂时停产停业或者停止使用相关设施、设备，暂停期限一般不超过6个月。

其他立案查处的案件，可由案审委办公室审核后，报案审委主任或副主任批准。

第三章　审议事项的提交和审查

第十一条　局机关各执法科室在安全生产现场监督管理中，发现生产经营单位存在违法非法行为需要按照一般程序实施行政处罚的，应当调查完3个工作日内移交政策法规科立案。

提交材料应包括：案件基本情况、现场检查记录、责令限期整改指令书、整改复查意见书、立案审批表等相关材料。

第十二条　案审委办公室针对案件承办科室移交的案件和局机关查处的案件，按照本制度第六条规定，决定是否提请案审委审议。

第十三条　案审委办公室对案件承办科室提交的行政处罚案件进行初审，主要对案件处罚合法性进行审查。

（一）是否属于本规定提交案审委讨论的范围；

（二）对案件的处理是否事实清楚、证据确凿、依据正确、处罚适当、程序合法；

（三）案件处理呈批表是否全面、客观、准确、详细反映案件事实，证据材料等是否齐全。

第十四条 案审委办公室对案件材料进行初审后，对不属于提交案审委讨论范围的，退回案件承办科室；

属于提交案审委讨论范围的，但事实不清、证据不足及程序不合法等问题需要补充调查的，退回案件承办科室补充调查，补充调查次数不超过2次；

属于提交案审委讨论范围，且案件材料齐全，具备审议条件的，提请案审委集体讨论决定。

第十五条 案审委办公室根据案件承办科室提交的材料，经初步审查后形成审查报告，提出行政处罚审查建议，向案审委报告并提交讨论。案审委办公室初审工作，应自接到案件承办科室提交之日起5日内审查完毕。

案审委办公室应召开会议讨论，或把审查报告发到案审委协同办公网上审议，并电话或短信形式通知委员审议，委员48小时（2个工作日）未审议，视为同意，收集委员意见，作出最终处罚结论。

第四章 案审委议事规程

第十六条 案审委会议为非常设性会议，根据情况适时召开。

第十七条 案审委办公室组织召开案审委会议，案审委主任或其委托的副主任主持会议。

案审委办公室应于案审委会议召开前3日通知各委员。案审委委员因故不能出席的，应当向案审委主任或受委托的副主任请假，并通知案审委办公室。

第十八条 案审委会议应有半数以上委员参加，才能召开。参加委员不足半数以上，改期另行召开。

第十九条 案审委委员遇有规定应当回避时，应主动提出，并报案审委主任决定；案审委主任需要回避时，应由案审委委员集体决定。

第二十条 案审委会议审理案件，按照以下程序进行：

（一）案件承办科室汇报案件违法行为查处情况；

（二）案审委办公室汇报案件审查情况，包括企业基本情况；违法事实；案件处罚是否证据确凿、依据正确，处罚是否适当、程序是否合法；处罚建议等情况；

（三）案审委委员提问、讨论、发表个人意见；

（四）会议主持人总结讨论情况，提出处理意见；

（五）表决并作出决定。

委员发表同意或不同意的意见，少数人的不同意见可以保留并记录在案。案审委的决定应当有全体案审委委员半数以上的表决同意通过。

第二十一条 案件涉及到的承办科室人员和执法局分管领导，可列席会议，科室负责人作汇报，科室其他人员补充，不发表表决意见，不得参加案件的审议讨论。

第二十二条 案审委审议案件，主要审议下列方面：

（一）违法事实是否清楚。包括违法事实是否客观存在、当事人基本情况是否清楚、是否属于本部门管辖、主要违法行为、情节和性质，以及案件所涉及的数据计算是否准确。

（二）证据是否充分、确凿。包括有无足够的证据、证据间是否相互印证及证据与案件事实的关联性等。

（三）适用法律、行政法规、部门规章及定性是否正确。

（四）是否符合法定程序和规定。

第二十三条 案审委对案件进行审议，并提出以下意见：

（一）违法事实不能成立的，不得给予行政处罚；

（二）违法行为轻微，依法可以不予行政处罚的，不予行政处罚；

（三） 确有应受行政处罚的违法行为的，根据违法情节轻重及具体情况，作出行政处罚决定；

（四）违法行为已构成犯罪的，移送司法机关。

第二十四条 案审委办公室根据案审委集体审议形成的审议意见，作出《行政处罚告知书》、《听证告知书》移交案件承办科室执行。

第二十五条 经过听证的案件，案审委办公室和案件承办人员在听取当事人的陈述和申辩或者听证程序结束后3日内，案审委办公室将上述情况报送主任、副主任；必要时，可以再次召集案审委进行审议。

第二十六条 经案审委审议，决定依法给予行政处罚的，经告知、听证等程序后，案审委办公室作出《行政处罚决定书》移交执法科室执行。

第二十七条 行政处罚案件应当在立案之日起30日内办理完毕，由于客观原因不能完成的，经案审委主任同意，可以延长，但不得超过90日。特殊情况需进一步延长的，应当经省安全监管局批准，可延长至180日。

第五章 责任追究

第二十八条 案审委委员有违法违纪行为的，按照干部管理权限，由局党组或纪检监察机关依纪依法追究责任；涉嫌犯罪的，移交司法机关依法追究刑事责任。

第六章 附 则

第二十九条 本制度所称的“以上”包括本数，所称的“以下”不包括本数。

第三十条 本工作制度自发文之日起实施。

六盘水市安全监管局阳光行政审批运行工作制度（试行）

（2015年10月7日六盘水安监通〔2015〕109号）

第一章　总　则

第一条　为规范本局行政许可工作，保障行政相对人的合法权益，加强行政许可的监督，促进勤政廉政，提高工作效能，根据《中华人民共和国行政许可法》和《安全生产许可证条例》及市人民政府建立政务服务体系的要求，制定本制度。

第二条　本局行政许可的实施范围，适用本制度。本制度所指的行政许可包括：生产经营单位涉及安全生产事项的审查、批准、核准、许可、注册、认证、颁发证照等。

第三条　受理行政许可申请和送达行政许可决定，由六盘水市安全生产监督管理局政务服务窗口统一负责（以下简称“窗口”），窗口设在市人民政府服务大厅。

窗口负责受理国家规定以及受市人民政府委托或省安全监管局委托办理的行政许可事项。

窗口首席代表由政务服务科负责人担任。窗口工作人员由熟悉业务的专人担任或者各科室派人轮流担任。

窗口首席代表负责联系市人民政府政务服务局（以下简称“服务局”）、督办行政许可内部流转工作。

第四条　本局局长对行政许可服务工作负总责。分管副局长具体负责窗口行政许可服务工作。

第五条　窗口工作人员应加强学习业务知识，努力提高政治觉悟、业务素质和组织纪律观念，全面理解、准确把握、正确应用《中华人民共和国行政许可法》及市政府服务局的各项规定。

第六条　成立局阳光审批领导小组，局行政主要负责人任组长，局分管领导和执法局分管领导任副组长，各科室负责人任成员，办公室设在政策法规科，主任由政策法规科负责人担任。

副组长负责组织行政审批审查，副组长不能组织时，业务科室负责组织审查，并对副组长负责，副组长对组长负责。

第二章 行政许可的实施程序

第一节 受 理

第七条 本局在中国凉都安全网站对行政审批事项长期公示以下内容：

（一）部门的通信地址、联系电话及主要领导姓名；

（二）窗口、名称、联系电话、通信地址及其工作人员的姓名；

（三）服务承诺及投诉渠道；

（四）职权范围内的行政许可事项名称、依据，有数量限制的事项还应公开其数量；

（五）许可条件；

（六）许可程序；

（七）办结期限；

（八）需要提交的全部材料目录和申请书示范文本；

（九）收费标准和依据；

（十）法律法规规定的其他应当公示的内容。

申请人要求对公示内容予以说明、解释的，本局工作人员须给予说明、解释，向申请人提供准确、可靠的信息。

第八条 本局的行政许可事项，由申请人向窗口申请，窗口统一受理、送达，其他科室和工作人员一律不得受理。

受理行政许可要件，不得包含“其他”、“等”字样或类似兜底要件。

第九条 对申请人提交的申请材料，对下列内容进行形式性审查：

（一）申请事项是否属于本局职权范围；

（二）申请事项是否属于依法需要取得行政许可的事项；

（三）申请人提交的申请材料是否齐全、是否真实，即申请材料的种类、数量是否符合相关规定；

（四）申请人提交的申请材料是否符合规定的格式；

（五）申请材料是否有明显的计算错误、书面错误、装订错误或其他类似错误。

第十条 经过形式性审查，窗口工作人员对申请人提出的行政许可申请，应根据下列具体情况，以《通知书》的形式向申请人出具相应的书面回执：

（一）不予受理：申请事项依法不需要取得行政许可的，应当即时告知申请人不受理；申请事项依法不属于本行政机关职权范围的，应当即时作出《不予受理通知书》，并告知申请人向有关行政机关申请。

（二）收件：

1. 申请事项属于本局行政许可职权范围，但窗口不能当场对申请材料进行形式性审查的，应当接收申请材料，并向申请人出具《收件通知书》。

2. 收件后，应及时对申请材料进行形式性审查，申请材料需要补充更正的，按补正处理；不需补充更正的，按受理处理，但不再向申请人出具《受理通知书》，并且收件之日即为受理时间。

（三）补正：

1.申请材料存在可以当场更正的错误的，应当允许申请人当场更正；

2. 申请材料不齐全或者不符合法定形式的，应当场或者在收件后2个工作日内一次告知申请人需要补正的全部内容，逾期不告知的，自收件之日起即为受理。

（四）受理：申请事项属于本局职权范围，申请材料齐全、符合法定形式，或者申请人按照本局的要求提交全部补充更正申请材料的，应当予以受理，并向申请人出具《受理通知书》。

《不予受理通知书》、《收件通知书》、《补正通知书》、《受理通知书》由窗口印制，一式二份，经申请人和工作人员签字后，一份交申请人、一份由窗口存档。

窗口受理或者不予受理行政许可申请，应当出具加盖窗口专用印章和注明日期的书面凭证。

第十一条 申请人提交的申请材料齐全、符合法定形式，能当场作出决定的，窗口电话请示分管领导同意的，窗口代表局当场作出书面的行政许可决定。

根据法定条件和程序，需要对申请材料的实质性内容进行核实的，承办科室两名以上工作人员进行核查。

第十二条 申请人提出的行政许可申请，除依法应当不予受理的外，窗口不得拒绝受理。

除法定的不予受理条件外，不得增设不予受理条件；不得将许可条件转作受理条件。不得要求申请人提供与其申请的行政许可事项无关的技术资料和其他材料。

第十三条 申请人委托代理人提出的行政许可申请，委托手续完备、其他条件符合规定的，应当予以受理。但依法应当由申请人本人到办公场所提出行政许可申请的除外。

第十四条 窗口应当向申请人提供申请书示范文本和一次性告知单。申请书示范文本和一次性告知单由主办科室制定，窗口配合。申请书示范文本以及一次性告知单的内容发生变化的，由主办科室重新制作。

一次性告知单应包括下列内容：

（一）行政许可事项名称、业务解释和业务范围；

（二）许可工作程序；

（三）需提交的申请材料：含申请材料的种类、数量、形式等；

（四）办结期限；

（五）收费标准和依据；

（六）其他：如机关的名称、地址、业务电话、监督电话、互联网址等。

第二节 审 查

第十五条 服务局交办或窗口受理的行政许可申请，有必要经过专家评审、现场勘查、集体讨论等审查活动才能审查的，由承办科室开展审查工作，并将审查结论书面告知窗口首席代表。

第十六条 法律、法规、规章规定实施行政许可应当听证的事项，或者行政机关认为需要听证的其他涉及公共利益的重大行政许可事项，承办科室应当向社会公告，并举行听证。

申请人、利害关系人在被告知听证权利之日起五日内提出听证申请的，承办科室应当二十日内组织听证，听证不收费用。

依法需要现场勘探、检验、检测、检疫、鉴定和专家评审的，所需时间由承办科室书面告知申请人，并即时将告知书复印件送交窗口存档。

第十七条 承办科室应组织政策法规科、职安科、科技规划科、监管二科、应急救援指挥中心集体讨论作出审查意见。集体讨论可以通过召开会议或网上协同审议。

承办科室应提前一个工作日将审查内容告知参会科室，参会科室按照三定方案职责审查。

承办科室应当自窗口移交卷宗之日起，按行政许可事项承诺期限内审查完毕。

第三节 决 定

第十八条 审查意见提交分管领导审核，审核意见由局领导负责人核准。

第十九条 依法作出不予行政许可决定，应当在书面决定中说明理由，并告知申请人享有依法申请行政复议或者提起行政诉讼的权利。

第二十条 因客观原因致使本局不能在规定期限内作出行政许可决定的，经局长批准，可以延长十个工作日。主办科室应当将延长期限的理由书面告知申请人，并即时将告知书复印件送交窗口存档。但是，法律、法规另有规定的，依照其规定。

第四节 制 证

第二十一条 自本局作出行政许可决定之日起二个工作日内，由窗口首席代表负责制证。

第五节 送 达

第二十二条 按照“谁受理、谁送达”的原则，本局受理的所有行政许可申请，其行政许可决定由窗口统一送达。

第二十三条 受理的所有行政许可申请，自本局作出行政许可决定之日起五个工作日内向申请人送达行政许可决定。

第二十四条 行政许可决定应采用以下方式送达：

（一）直接向申请人送达；

（二）向申请人委托的代理人送达；

（三）直接送达有困难的，可以邮寄送达；

（四）上述方式无法送达的，可以公告送达。

第三章 抄告与公示

第二十五条 本局的行政许可事项抄告工作，由窗口首席代表安排落实到窗口具体工作人员。

第二十六条 窗口工作人员应于每月底通过《行政许可事项抄告表》将本局行政许可事项受理和办结情况报送政策法规科。

第二十七条 《行政许可事项抄告表》应按照市政府服务局统一制发的格式规范填报，不得漏项或错填，不得虚报或瞒报。

第二十八条 行政许可事项可以采取以下方式进行抄告：

（一）直接抄告，制作《行政许可事项抄告表》一式两份，一份报服务局，一份由服务局签收后留窗口存档。

（二）传真抄告，确认服务局电话，在《行政许可事项抄告表》"签收人"栏记录服务局收件人姓名后，留窗口存档。

（三）电子邮件抄告，收到服务局电子邮件回执后，在《行政许可事项抄告表》"签收人"栏记录服务局收件人姓名后，留窗口存档。

第二十九条 行政许可事项依法需要听证、检验、检测、检疫、鉴定和专家评审的，所需时间在承办科室书面告知申请人的当日，窗口应将告知书复印件同时抄告服务局。

第三十条 行政许可事项依法确需延长办结期限的，窗口应将延期告知书复印件同时抄告服务局。

第三十一条 行政许可事项受理办结完毕后，在抄告服务局时，同时将《行政许可事项抄告表》报局政务公开领导小组审批后，政策法规科五个工作日内把办结情况放在中国凉都安全网上公示，接受社会各界人士监督。

第四章 行政许可工作联络员和窗口工作人员

第一节 行政许可工作联络员

第三十二条 行政许可工作联络员工作职责：

（一）本局与服务局的日常工作联系；

（二）督促落实服务局交办或窗口受理的行政许可事项的办理；

（三）按时参加服务局召集的联络员工作会议，向领导汇报会议精神，协调落实会议议定事项；

（四）负责将行政许可事项的受理、办结情况抄告服务局；

（五）负责本局行政许可工作动态、信息、报表、总结的收集、整理和报送。

第三十三条 对服务局交办的行政许可事项，下列工作由联络员负责与服务局进行衔接：

（一）申请材料的交接。接到服务局的交办通知后，联络员或其委派的相关人员必须在接到通知两个工作日内到达服务局办理行政许可申请材料的交接手续。

（二）申请材料的补充或更正。服务局交办的行政许可事项，其申请材料如需补充或更正的，联络员或其委派的相关人员须自申请材料交接手续办毕之日起三个工作日内，将申请材料和《补正通知书》送交服务局。

（三）行政许可决定的送交。服务局交办的行政许可事项，联络员或其委派的相关人员须自本局作出行政许可决定之日起五个工作日内将书面决定送交服务局。

第三十四条 本局行政许可事项的各个内部流转环节，由联络员负责督促落实，以便确保在规定期限内办结。

第三十五条 联络员在法定工作时间内必须保证与服务局的通讯畅通。

第三十六条 联络员负责人因故暂时不能履行职责的，由本局委派熟悉相关业务的人员代行其职责，并将所委派人员的通讯方式、委派期限告知服务局。

联络员因故暂时不能履行职责的，由窗口负责人委派熟悉相关业务的人员代行其职责，并将所委派人员的通讯方式、委派期限告知服务局。

第三十七条 联络员负责人确需变动的，由本局提前三个工作日将新任联络员负责人的姓名、职务、办公电话和移动电话等基本情况书面报服务局备案。

第二节　窗口工作人员

第三十八条 工作人员具体负责窗口的受理、分办、送达等工作，协助联络员做好内部督办和抄告工作。

第三十九条 工作人员不得迟到、早退、擅自离岗行为，保证在法定工作时间内在岗。

因其他工作原因不能在岗的，需在窗口办公场所醒目位置明示人员去向、不在岗时间及联系电话。

第四十条 工作人员确需请假的按请销假制度执行。

工作人员请假、休假或因公出差的，由窗口负责人安排好临时补岗人员后，方可准假或公出。临时补岗人员应熟悉相关业务工作和服务规范。

第四十一条 严格交接班工作并作好值班记录，值班记录应包括日期、申请人姓名、申请事项、办理情况等。

第五章 行政许可过错责任追究

第四十二条 第四纪工委负责受理对本局工作人员实施行政许可的违法违纪行为的举报和投诉，调查实施行政许可的违法违纪行为并提出过错责任追究建议。

第四十三条 因服务态度恶劣，导致申请人投诉的，查实后在局分管领导的监督下向申请人道歉。

第六章 附 则

第四十四条 本制度由六盘水市安全生产监督管理局负责解释。

第四十五条 本制度自公布之日起执行。

六盘水市煤矿驻矿安监员工作守则

（2014年8月27日六盘水安办通〔2014〕67号）

第一章 总 则

第一条 为充分发挥煤矿驻矿安全监管员（以下简称驻矿安监员）前沿堡垒作用，实现关口前移，重心下移，有效防范和遏制煤矿事故的发生，根据《国务院办公厅关于进一步加强煤矿安全生产工作的意见》等有关法律法规及文件要求，制订本守则。

第二条 六盘水市辖区内所有煤矿的驻矿安监员适用于本工作守则。

第三条 本工作守则所指驻矿安监员是由县级安监局按规定派驻到煤矿从事安全监管的工作人员。

第二章 工作职责

第四条 监督煤矿证照齐全，严格按照《开采设计方案》、《安全专篇》组织生产、建设。

第五条 监督煤矿必须配全具有安全资格证的“五职”矿长；配备具有煤矿相关专业中专以上学历或注册安全工程师资格和3年以上井下工作经历的采煤、掘进、机电运输、通风、地质测量专业技术人员。

第六条 监督煤矿必须按规定对全体从业人员进行岗前培训，安全培训；特种作业人员培训合格并持证上岗。

第七条 监督煤矿矿级领导按规定入井带班，重点盯防瓦斯治理、防治水和存在其他重大安全隐患地点的作业，矿级领导严格实行井下“零缝隙”交接班。

第八条 监督煤矿通风系统合理、可靠，严禁无风、微风、循环风作业；突出矿井、有突出煤层的采区、突出煤层采掘工作面必须有独立的回风系统，严禁共用回风和串联通风。

第九条 监督煤矿风门、调节风窗、挡风墙、密闭等通风设施构筑符合标准，保证质量，定期维护。

第十条 监督煤矿瓦斯监测监控系统完好，运行正常，按规定安设传感器，定期调校和检定，确保数据准确，信号传输正常，监控有效。

第十一条 监督煤矿各类巷道揭煤、瓦斯抽放及探放水钻孔等重要施工地点均安装视频监控系统，做到实时监控。

第十二条 监督煤矿人员定位系统正常使用，并准确显示出入井人员和行走路线。

第十三条 监督煤矿瓦斯抽采系统主管、支管自动计量装置安装到位，设施完好，计量准确，运行稳定。

第十四条 监督煤矿在采掘工作面、避难硐室等地点按要求设置压风自救装置，并能正常使用。

第十五条 监督煤矿做到"一工程一措施"，遇地质变化时及时编制专项措施并严格执行。

第十六条 监督煤矿制定专项防突措施，实测煤层瓦斯含量和瓦斯压力，编制消突评价报告，确保不掘突出头、不采突出面。

第十七条 监督煤矿防治水工作必须配备物探设备，做到有掘必探、先探后掘、物探先行、钻探验证。

第十八条 监督煤矿采煤工作面支护齐全、完好，备用支护材料不低于工作面所需支护材料符合作业规程规定。掘进及巷修工作面采取可靠临时支护措施，严禁空顶作业。

第十九条 监督煤矿开采自燃煤层采取安装使用束管监测、注氮等综合防灭火措施。

第二十条 监督煤矿瓦斯治理及防突、水害防治、地质预测预报等重点工作的真实性，严厉打击"四假"（假钻孔、假图纸、假数据、假封闭）。

第二十一条 监督煤矿在揭煤、封闭火区、启封密闭、排放瓦斯浓度3%以上等存在重大危险的工作必须由专业救护队负责进行。

第二十二条 监督煤矿严禁使用国家明令禁止或淘汰的设备和工艺，煤矿使用的设备必须按规定取得煤矿矿用产品安全标志。

第二十三条 监督建设矿井石门揭煤放炮时必须将井下所有人员撤到地面；生产矿井石门揭煤放炮时必须将所有人员撤到永久避难硐室内或进风侧反向风门之外的500m以上全风压通风的新鲜风流中；放炮必须严格执行"三人连锁放炮"、"一炮三检"制度，百分百落实放炮撤人制度。

第二十四条 督促煤矿在出现透水预兆、停电停风、瓦斯超限或其他异常情况时立即停止作业，撤出人员到安全地点。

第二十五条 督促煤矿及时将各级安全监管监察执法指令及煤矿存在的隐患录入煤矿安全信息化平台，对查出的隐患做到整改措施、责任、资金、时限和预案"五落实"。

第二十六条 督促煤矿认真贯彻落实《煤矿矿长保护矿工生命安全七条规定》、"六盘水煤矿安全生产八个百分百"、《六盘水市煤矿瓦斯治理十项措施》、《六盘水市煤矿防治水七项措施》及《六盘水市煤矿顶板管理七项措施》等国家、省、市安全生产相关要求。

第三章 履职要求

第二十七条 认真学习国家安全生产方针、政策，研究国家、省、市各级对煤矿安全生产的要求，不断提升履职能力。

第二十八条 每人月下井不得少于15次（其中夜间下井检查不少于5次），确保每天有人下井检查，每次下井的时间、路线及检查情况应详细记录备查，并及时督促煤矿整改存在的安全隐患。

第二十九条 参加所驻煤矿的安全工作会议、班前会，每人月参加班前会次数不少于10次，并做好记录。

第三十条 按月排出工作计划及驻矿值班表并上报县级煤矿安全监管部门，确保全天24小时都有人驻矿值守，严格执行请假销假报告制度并报经所辖安监站进行审批，严禁空岗、漏岗、脱岗。

第三十一条 必须保证每天24小时通讯畅通，保证各级领导及相关部门的要求及时传达。

第三十二条 按时参加上级煤矿安全监管部门组织的业务培训，培训成绩纳入考核。

第三十三条 驻矿安监员有下列行为之一的，根据情节，相关部门依照有关规定给予行政处分。涉嫌犯罪的，移交司法机关依法追究责任。

（一）对所驻煤矿监督检查不力，违规施工隐蔽工程不予制止，擅自布置采掘工作面，存在重大隐患不报告的。

（二）制止违章不力，所驻煤矿发生伤亡事故的。

（三）所驻煤矿发生伤亡事故未按规定及时报告，或对迟报、漏报、谎报、瞒报不制止的。

（四）不能公平公正开展工作的。

（五）存在以权谋私等行为的。

（六）有其他工作落实不力和违规违纪的。

第四章 工作权利

第三十四条 驻矿安监员依法履行职责时，企业必须配合开展工作，任何煤矿企业和个人不得以任何借口干涉、拒绝、阻挠。

第三十五条 参加所驻煤矿的工作例会和安全生产工作会议，调阅所驻煤矿涉及安全方面的有关文件、图纸、资料和档案，并做好记录。

第三十六条 查出一般隐患的，要求煤矿严格按照措施、责任、资金、时限和预案“五落实”的要求进行整改，查出有重大隐患的，可向安监站或县级安监局提出行政处罚建议。

第三十七条 进入所驻煤矿作业场所检查，发现威胁职工生命安全的紧急情况时，有权要求立即停止作业，下达立即从危险区域撤出作业人员的指令，升井后应立即将紧急情况和处理措施报告县级煤矿安全监管部门。

第三十八条 有权享受公休假、探亲假和请休假制度。

第五章 报告程序

第三十九条 每日填写《六盘水市煤矿驻矿安监员日常检查日志》，经所驻煤矿矿长和安全矿长签收确认报所属安监站，同时通过安全信息化平台报送县、市级煤矿安全监管部门。

第四十条 发现所驻煤矿存在重大安全隐患的，立即填写《六盘水市驻矿安监员重要隐患报告单》，经煤矿主要负责人签字确认后，报送集团公司董事长、总经理，县、市级煤矿安全监管部门和县、乡包保领导，同时加报县、市政府分管领导。

第四十一条 对拒不执行各级各部门安全监管监察指令的，及时报告县、市级煤矿安全监管部门，县、市政府分管领导。

第四十二条 所驻煤矿发生生产安全事故或其他特殊紧急情况的，应直接电话快报县、市级煤矿安全监管部门和乡、县包保领导，随后补报文字报告。

第四十三条 对煤矿安全质量标准化建设出现下滑的，应及时报告县级煤矿安全监管部门。

第六章 附 则

第四十四条 本工作守则未规定的其他有关事项及与本工作守则有抵触的条款，依照其他有关法律、行政法规的规定执行。

第四十五条 本工作守则自发布之日起施行。

六盘水市煤矿驻矿安监员履职尽责十项基本要求

（2013年8月1日六盘水府办发电〔2013〕41号）

为贯彻落实《煤矿矿长保护矿工生命安全七条规定》（国家安全生产监督管理总局令第58号）及省委、省政府领导关于煤矿安全生产的重要指示精神，进一步加强对六盘水市煤矿驻矿安监员的日常管理和监督，根据《省人民政府办公厅关于印发省安全监管局等单位贵州省地方煤矿驻矿安全监管员管理办法的通知》，结合六盘水市实际，提出如下要求：

一、检查督促煤矿贯彻落实《煤矿矿长保护矿工生命安全七条规定》

（一）煤矿矿级领导干部是否熟知并严格执行《煤矿矿长保护矿工生命安全七条规定》；

（二）煤矿是否做到知晓率、培训率、考试合格率和承诺书签订率达到百分百；

（三）煤矿贯彻落实《煤矿矿长保护矿工生命安全七条规定》是否制定保障措施和形成长效机制。

二、检查煤矿证照是否齐全有效，项目施工建设是否符合规定，停产（建）或停产整顿煤矿是否执行到位

（一）煤矿证照是否齐全有效；

（二）煤矿建设项目的承建和监理单位是否具备相应的资质；

（三）煤矿是否按照《开采设计方案》、《安全专篇》组织生产建设；

（四）煤矿是否执行停产（建）整改、整顿指令和制定整改方案。

三、检查督促煤矿建立健全安全管理机构和制度、配齐各级管理人员和特种作业人员、落实矿领导带班入井制度

（一）煤矿是否建立健全瓦斯治理、防治水、安全质量标准化机构；

（二）煤矿是否建立完善安全生产责任制和岗位责任制；

（三）煤矿是否配齐矿级领导及安全员、瓦检员、爆破员等特种作业人员并持证上岗；

（四）煤矿所有矿级领导是否严格执行带班入井制度。

四、检查督促煤矿落实监管监察指令，建立完善隐患排查治理制度，按照“五落实”要求执行闭环式管理

（一）煤矿是否认真落实各级安全监管监察部门下达的执法指令，是否按照隐患治理落实“人员、措施、责任、时限、资金”五落实的要求并及时进行整改；

（二）煤矿是否建立隐患排查治理制度和台账，是否按照“排查→登记→整改→验收→销号→备案”的闭环式管理方式隐患治理；

（三）是否落实煤矿分级管理有关规定。

五、检查督促煤矿制定采掘作业专项放突设计及消突评价报告，瓦斯抽放钻孔按设计施工到位

（一）煤矿在工作面采掘作业及石门揭煤作业前，是否编制专项防突设计、消突报告、安全技术措施；

（二）高瓦斯、突出矿井是否采取开采保护层或穿层预抽煤层瓦斯的区域防突措施；

（三）煤矿瓦斯抽采钻孔是否按设计施工到位，钻孔是否经过验收，相关监控及管理人员是否签字确认。

六、监督煤矿严格执行停风、停电、瓦斯超限、排放瓦斯、井下升火以及放炮站岗撤人相关规定

（一）煤矿在停风、停电、瓦斯超限、排放瓦斯、爆破作业、井下升火时是否执行断电、站岗、撤人措施，是否执行“一炮三检查”制度；

（二）煤矿在突出煤层掘进是否到防突风门外放炮，石门揭煤是否执行全矿井撤人；

（三）煤矿在瓦斯超过3%排放、启封密闭、石门揭煤，是否有救护队参加。

七、检查督促煤矿执行“预测预报、有掘必探、先探后掘、先治后采”规定，检查探放水钻孔按设计施工到位

（一）煤矿是否执行“预测预报、有掘必探、先探后掘、先治后采”；

（二）煤矿是否配有物探、钻探设备，是否执行专业队伍、专项设计、专用钻机“三专”；

（三）煤矿探放水钻孔是否按设计施工到位，钻孔是否经过验收，相关监控及管理人员是否签字确认。

八、检查督促煤矿加强顶板管理，严禁空顶作业

（一）煤矿掘进工作面是否进行临时支护，采掘工作面遇地质构造、过断层、初次放顶、巷修时是否制定专项措施；

（二）煤矿回采工作面是否有单体柱、铰接顶梁、大板等备用材料，回采工作面端头支护、超前支护是否符合规程措施规定；

（三）煤矿采煤工作面安全出口是否符合要求并畅通。

九、检查督促煤矿加强设施设备管理，确保设施设备完好

（一）煤矿入井机电设备是否具有煤安标志，入井电缆是否阻燃；

（二）煤矿斜井提升跑车防护装置和防跑车装置是否设置，是否实现声光报警；

（三）煤矿局部通风机是否实现风电闭锁和瓦斯电闭锁。

十、检查督促煤矿建设完善并使用好“六大系统”及综合信息化平台

（一）煤矿监控、压风、供水、通讯、紧急避险、人员定位系统及综合信息化平台是否安装到位，并正常使用；

（二）煤矿瓦斯监控系统是否正常使用，采掘等主要作业地点是否按规定安装监控探头；

（三）煤矿通风系统是否合理，通风设施是否符合安全质量标准化要求。

驻矿安监员履职尽责十项工作日志

（2013年8月1日六盘水府办发电〔2013〕41号）

附表1

驻矿检查人员： 检查时间：　年　月　日　时　分至　年　月　日　时　分			
煤矿负责人签字：			
检查场所及路线：			
序号	日常检查基本要求	检查情况及存在的问题	处理决定
1	检查矿级领导是否带班入井，各作业地点是否按规定安排安全员、瓦检员盯守。		
2	检查各级安全监管监察指令是否落实到位，是否真正落实停产停建指令。		
3	检查煤矿是否开展隐患自查自纠工作。		
4	检查瓦斯监控系统是否正常运行。		
5	检查是否有瓦斯超限作业情况，是否落实瓦斯超限就是事故有关要求，是否有瓦斯超限分析处理记录。		
6	检查瓦斯抽放钻孔、防突钻孔及探放水钻孔是否按照设计施工，相关人员是否签字验收确认。		
7	检查采面上下出口是否畅通，采面支护、端头支护和超前支护是否符合规定。		
8	检查掘进头空顶距离超过规程规定时是否使用临时支护。		
9	检查局扇是否实现风电和瓦斯电闭锁，是否设置跑车防护装置和防跑车装置。		
10	检查是否执行放炮站岗撤人相关规定。		
综合处理意见：			
说明：1.驻矿安监员要按照《十项基本要求》认真履行职责，要根据工作实际情况认真对照《十项基本要求》的内容进行检查。 2.本表由县级安监部门统一印制后发给驻矿安监员，每天填写一次。 3.若检查出的隐患及问题表中未列出，请驻矿安监员根据实际情况作增补填写。 4.每周汇总上报安监站；每月汇总，由安监站审核后报县安监局，存在重大隐患或紧急情况时，立即报告安监站。 5.驻矿安监员每月入井检查次数不得少于15次，其中夜间入井检查不得少于5次。 6.对每次入井检查的时间、路线及检查情况作详实记录备案，对查出的安全隐患立即督促煤矿进行整改，对重大隐患或煤矿未落实隐患整改指令的，必须向上级部门汇报。			

六盘水市煤矿包保领导工作要求

（2013年8月1日等级特提·明电六盘水府办发电〔2013〕42号六盘水机发号印发）

为进一步加强各级政府对煤矿安全生产工作的监督和管理，强化县、乡两级领导包保煤矿安全生产责任，进一步落实《煤矿矿长保护矿工生命安全七条规定》，有效遏制煤矿重特大事故发生，促进全市煤矿安全生产形势持续稳定好转。根据《中华人民共和国安全生产法》、《省安委会办公室关于印发〈贵州省煤矿安全生产包保责任制(试行)〉的通知》要求，结合六盘水市实际，提出如下要求：

一、县、乡两级领导干部按照属地管理原则，对辖区内所有生产、建设和整合关闭煤矿的安全生产实施责任包保。

二、县级包保领导工作要求：

（一）监督煤矿严格执行《煤矿矿长保护矿工生命安全七条规定》，依法组织生产和建设。

（二）督促县级安监、煤炭、国土资源、公安等相关部门按工作职责和有关规定对包保煤矿开展执法检查工作。

（三）督促乡级包保领导和国有煤矿集团公司包保领导严格按要求开展包保工作。

（四）督促煤矿认真落实上级有关部门下达的安全监管监察指令；对存在重大安全隐患挂牌督办的煤矿企业，督促相关部门进行指导、服务、落实整改并进行销号。

（五）督促煤矿企业坚持开采保护层，确保瓦斯、水害、火、顶板、煤尘等灾害治理到位。

（六）监督煤矿企业抓好兼并重组期间安全生产工作，将被兼并重组对象纳入重点监督、指导和服务对象；对已公告关闭的煤矿，要组织相关部门严格按照关闭矿井标准实施关闭。

（七）认真落实六盘水市煤矿安全生产分级管理有关规定，分别对A、B、C、D类矿井进行日常监管、加强监管、重点监管、挂牌监管。

（八）每月到包保煤矿或包保乡（镇、街道）检查指导和现场办公不少于1次。

三、乡级包矿领导工作要求：

（一）督促煤矿严格执行《煤矿矿长保护矿工生命安全七条规定》。

（二）每月到包保煤矿检查指导工作不少于2次；督促安监站及驻矿安监员按照有

关规定认真履行职责。

（三）督促煤矿建立健全安全生产管理、瓦斯治理、防治水、安全质量标准化等领导机构，按规定建立矿山救护队。

（四）督促煤矿认真落实各级安全监管监察指令，对查出的安全生产隐患和问题，严格按照“五落实”要求进行整改，认真落实隐患排查、登记、治理、销号工作；对依法作出停产整顿的矿井要不定期进行抽查，确保盯死看牢。

（五）督促煤矿严格执行“矿领导下井带班”制度，按规定配足瓦检员、安检员、防突工、监控员等特种作业人员，并持证上岗。

（六）督促煤矿建设完善并使用好“六大系统”及安全生产综合信息化平台，确保安全监测监控系统安装到位、运行可靠、监控有效。

（七）认真落实六盘水市煤矿安全生产分级管理有关规定，分别对A、B、C、D类矿井进行日常监管、加强监管、重点监管、挂牌监管。

四、各煤炭企业集团公司要严格落实企业内部安全生产包保责任制；各集团公司的法人代表、党委书记、总经理、总工程师、安全负责人等公司领导对下属煤矿安全生产实施包保，随时掌握和监督包保煤矿的安全生产工作，明确包保责任、工作标准和措施要求，并报市安监局备案。

六盘水市煤矿驻矿安监员激励考核试行办法

（2013年8月1日六盘水府办发〔2013〕77号）

第一章 总 则

第一条 安全生产工作事关人民群众生命财产安全，事关经济发展和社会大局稳定，事关党委和政府的形象和声誉。

第二条 煤炭产业是全市经济发展的重要支柱，煤矿安全生产是全市经济社会可持续发展的根本保障，守住“煤矿安全”这条底线和生命线，是实现“立足煤、依托煤、跳出煤、超越煤”转型发展的前提条件。

第三条 根据《国务院关于坚持科学发展安全发展促进安全生产形势持续稳定好转的意见》，为调动驻矿安监员的工作积极性，充分发挥驻矿安监员的前沿堡垒作用，结合实际，制定本办法。

第四条 本办法所指驻矿安监员是由县级安监部门按规定派驻到煤矿从事安全监管的工作人员，是确保煤矿安全生产的第一道防线，是煤矿安全监管“重心下移、关口前移”的最直接体现。

第五条 本办法适用于全市驻矿安监员的考核、激励和管理。

第二章 考核及奖惩

第六条 考核及奖励标准。

（一）考核内容主要包括安全生产指标完成情况、日常监管工作开展情况、入井次数完成情况、工作作风、廉洁自律等有关情况；考核方式采取单月、季度、半年、年度考核相结合的方式进行；考核结果由县级安监部门根据考核情况提出考核意见，报县级人民政府审批后给予奖励；考核奖励所需资金由同级财政列支。

（二）建立驻矿安监员过程控制、管理、考核和激励制度。1. 月内驻矿安监员履职到位，每月入井检查不低于20次，及时督促煤矿排查治理安全隐患和百分百落实监管监察指令，所驻煤矿未发生生产安全事故，每月给予1000元的安全绩效目标奖，奖金按季度考核兑现。

2. 半年内驻矿安监员履职到位，半年入井检查不低于110次，及时督促煤矿排查治理安全隐患和百分百落实监管监察指令，所驻煤矿未发生生产安全事故，一次给予

6000元的半年安全绩效目标奖，奖金按半年度考核兑现。

3. 年度内驻矿安监员履职到位，全年入井检查不低于220次，及时督促煤矿排查治理安全隐患和百分百落实监管监察指令，所驻煤矿未发生生产安全事故，一次给予10000元的年度安全绩效目标奖，奖金按年度考核兑现。

4.驻矿安监员年度考核为合格的条件：及时督促所驻煤矿排查治理安全隐患并百分百落实；所驻煤矿百分百落实监管监察指令；所驻煤矿未发生生产安全事故；所驻煤矿通过二级以上安全质量标准化验收；所驻煤矿信息化平台、“六大系统”等重大工作按时推进、按标准完成；全年入井检查不低于220次；服从管理，遵守工作纪律，无旷工现象；遵守廉洁自律相关规定。

5. 驻矿安监员在年度考核为合格的基础上，工作成绩特别突出，所驻煤矿通过一级或二级安全质量标准化达标验收，“六大系统”按时建设完毕并投入正常运行的可评为优秀。

6. 优秀等次的人员按本单位人员15%的比例进行评定，被评为优秀的驻矿安监员另行给予10000元的奖励。

7.单月兑现和半年兑现的安全绩效目标奖由财政部门提留50%，作为后续安全绩效保证金；年度考核合格的，返还提留的后续安全绩效保证金，并兑现年度安全绩效目标奖；年度考核不合格的，扣发其所提留的后续安全绩效保证金，取消年度安全绩效目标奖。

8. 连续三年评为优秀的驻矿安监员，根据工作需要可选调到县级煤矿安全执法监察局工作；连续5年评为优秀的驻矿安全监管员，根据编制情况选调到市安全生产执法监察局工作。

第七条 所驻煤矿发生安全事故的，作如下处置：

（一）发生死亡1人事故的，扣发事故发生以前提留的后续安全绩效保证金，取消事故发生以后的季度兑现奖金和年度奖金。

（二）发生死亡2人及以上事故的，取消全年所有奖金，已发放的奖金予以追回，缴存同级财政国库，并按照国家有关规定，根据事故性质严肃进行问责。

第八条 各级政府要从经济上、政治上关心和支持驻矿安监员。

第九条 成立县级驻矿安监员考核奖励领导小组，组长由县级政府分管领导担任，成员由县级安监、人资社保、财政、监察等部门相关负责人组成；领导小组下设办公室在县级安监部门，负责考核奖励日常工作，办公室主任由县级安监部门主要负责人兼任。

第十条 各级政府要切实加强领导，组织、人资社保、机构编制、财政等部门要认真履行职责，切实落实好驻矿安监员有关激励政策。

第十一条 各级纪检监察机关、检察机关要切实强化对驻矿安监员的司法支持力度；建立有效的教育、预防和惩治监督机制，共同保护好、关心好、建设好煤矿安全监管队伍。

第十二条　建立驻矿安监员考评奖励制度，由县级财政设立专项奖励资金对驻矿安监员进行奖励。

第三章　附　则

第十三条　本办法由市安委会办公室负责解释。

第十四条　本办法自公布之日起执行。

表格索引

1997—2005年各年事故及重特大事故起数和死亡人数情况 175
2004—2014年六盘水市煤矿事故性质分类统计表 311
2004—2014年六盘水市煤矿事故原因分类统计表 310
2004—2014年六盘水市煤矿事故总体情况 310
2004—2015年期间市水务局分管安全生产工作领导名录 445
2010年全市瓦斯抽采与利用量分解表 303
2011年全市煤矿瓦斯抽采利用目标分解表 303
2012年度各县区瓦斯抽采及利用指标分解表 303
2013年度各县区瓦斯抽采及利用指标分解表 303
2014年度各县区瓦斯抽采及利用指标分解表 304
2020年安全监管能力量化目标 235
2020年安全文化建设量化目标 240
2020年道路交通安全生产量化目标 229
2020年建筑施工安全生产量化目标 230
2020年煤矿安全生产量化目标 225
2020年企业落实主体责任主要指标 224
2020年危险化学品安全生产量化目标 227
2020年消防安全生产量化目标 231
2020年学校安全生产量化目标 233
2020年烟花爆竹安全生产量化目标 227
2020年应急体系建设主要指标 236
2020年职业病危害防治量化目标 238

G

各乡（镇）安监站历任负责人名录 64
各乡（镇、街道办）历任分管安全生产工作领导名录 67
各乡（镇、社区）分管安全生产工作领导名录 60

L

六盘水供电局历届分管安全生产工作领导名录　435
六盘水市“八大行业”企业安全标准化达标情况　395
六盘水市2009—2015年度安全技改项目建设验收情况　130
六盘水市安全文化建设示范企业名单(2012—2015年)　469
六盘水市历年安全培训情况统计表　476
六盘水市历年执法资格培训情况汇总表　476
六盘水市煤矿生产安全事故责任追究情况(2010—2014年)　494
六盘水市取缔关闭水晶玻璃制品企业名单　390
六盘水市人民政府历届分管安全生产领导名录(2004—2014年)　51
六盘水市生产安全事故基本情况统计表(2004—2015年)　493
六盘水市争取国家安全技改补助资金项目统计表　168
六盘水市重大危险源统计情况汇总表(2015年)　127
六盘水市主要“八大行业”企业名单　398
六枝工矿(集团)所属主要煤矿基本情况表　273
六枝煤田含煤地层龙潭组情况表　247
六枝煤田含煤地层长兴组情况表　248
六枝特区安全监管局(执法监察局)历届领导名录　59
六枝特区地方煤矿基本情况汇总表　276
六枝特区特区人民政府历届主管及分管安全生产工作领导名录　59

P

盘江精煤所属及控股主要煤矿基本情况表　274
盘县安全监管局(执法监察局)历任领导名录　66
盘县地方煤矿基本情况汇总表　278
盘县各乡(镇)安监站历届负责人名录　72
盘县煤田含煤地层龙潭组情况表　249
盘县煤田含煤地层长兴组情况表　250
盘县人民政府历届分管安全生产工作领导名录　65

Q

全市安监系统专业技术人员情况　116
全市工业园区安全监管情况　392

S

"十二五"安全发展规划主要指标完成情况 215
"十三五"安全发展规划指标 222
市安全监管局(安全执法监察局)科室负责人名录(2004—2016年) 53
市安全监管局(市安全执法监察局)领导名录(2004—2016年) 52
市公安局历任分管安全生产工作领导名录 442
市国土资源局历届分管安全生产工作领导名录 464
市教育局历任分管安全工作领导名录 420
市经济和信息化委分管安全生产工作领导名录 442
市林业局历届分管安全工作领导名录 451
市气象局分管安全的领导名录 460
市食药监局历届分管安全生产工作领导名录 438
市质监局历任分管安全生产工作领导名录 427
水城煤田含煤地层龙潭组煤层情况表 251
水城县安全监管局(执法监察局)历届领导名录 76
水城县地方煤矿基本情况汇总表 283
水城县各乡镇安全监管站历届负责人名录 82
水城县乡(镇)历届分管安全生产领导名录 77
水城县政府历届分管安全生产领导名录 76
水矿集团所属主要煤矿基本情况表 275

Z

支队历任主要领导 416
钟山区安全监管局(执法监察局)历任领导名录 88
钟山区地方煤矿基本情况汇总表 287
钟山区各乡镇(社区)分管安全生产工作历任领导名录 89
钟山区各乡镇安全监管站历任负责人名录 91
钟山区人民政府历任分管安全生产领导名录 88

主要参考文献

1. 六盘水市安委会办公室 六盘水市安全监管局 六盘水市安全执法监察局主办 . 安全凉都，2005.1—2015.12 。

2. 贵州省六盘水市地方志编纂委员会 . 六盘水三线建设志 . 当代中国出版社，2013.7。

3. 六盘水市地方志编纂委员会 . 六盘水市志：煤炭工业志 . 贵州人民出版社，1999.12。

4. 六盘水市地方志编纂委员会 . 六盘水市志：冶金工业志 . 贵州人民出版社，2003.07。

5. 六盘水市地方志编纂委员会 . 六盘水市志：国土资源志 . 贵州人民出版社，2010.01。

6. 六盘水市地方志编纂委员会 . 六盘水市志：劳动和社会保障志 . 贵州人民出版社，2002.06。

7. 中共六盘水市委、六盘水市人民政府主办，六盘水市地方志编纂委员会编辑出版，六盘水年鉴。

8. 六盘水市地方志编纂委员会 . 六盘水市志：质量技术监督志 . 方志出版社，2014.06。

编 后 记

《六盘水市安全生产志》(以下简称《志》),由六盘水市安全生产监督管理局、六盘水市安全生产执法监察局独立承编，历时近20个月，在六盘水市地方史志编纂委员会办公室的大力支持和指导下完成。

《志》编纂筹备工作始于2015年1月，发起人为时任市安全监管局党组书记、局长蔡军。具体修《志》工作主要由市安全执法监察局副局长夏国方分管(任编委会副主任兼执行主编)，并担任全《志》总纂和总校对工作；市政府副县级安全生产督查员余洪盛(任编委会副主任)协助，市安全执法监察局综合科科长李清勇负责修《志》办公室及编辑部的日常工作。首先，由夏国方、余洪盛、李清勇三人共同拟定并形成《志》书初步篇目框架，经2015年2月9日局党组会议审定通过，正式组建编委会及编辑部，启动修《志》工作。2015年2月12日，召开市安全监管局《志》编纂工作启动大会。会上，局长蔡军及执行主编夏国方，分别就编纂工作职责、栏目设置、修《志》要领、注意事项、时间进度、责任分解等作了具体要求和安排部署。

2015年6月，新到任的市安全监管局党组书记、局长李恒超，高度重视《志》的编纂工作，多次在局党组会、局长办公会、全局职工大会上作出安排部署，全力确保编辑部工作的顺利运行。6月15日，市财政局、市安全监管局联合下发《关于下达2015年安全技改项目专项资金计划的通知》，确定《志》编制项目的经费在市级安全技改资金中拿出12.86万元，并严格经过招投标程序完成。

修《志》工作正式启动后，编辑部多次召开会议，反复调整、修改和完善《志》的总体框架、栏目章节、侧重方向等，一边下发文件、刊登公告，一边开展广泛调研和查收资料等工作。同时，夏国方还分别到各县、区、钟山开发区召开专题座谈会，强调修《志》工作的目的、意义、重点及修《志》方法，并希望各地全力配合完成。

2015年10月，《志》初稿完成90余万字。经由李清勇修改、裁剪、统稿70余万字，后分送市局各分管领导按栏目章节进行审改，夏国方独自负责全文的总纂修改10余稿并精简至50余万字。经李恒超作总体审定后，成书52万余字。

本《志》书资料主要来源于历史档案、史志文献、图书报刊、知情人士回忆口述及提供的有关资料，包括《六盘水市志》、《三线建设志》、《六盘水市劳动志》、遵义市安全监管局钱强同志帮助提供的《遵义市安全生产志》等。在搜集资料过程中，得到各县

（区）安全监管局、市直各兄弟单位、市安全监管局机关各部门的大力协助，曾经在安全监管部门工作过的诸多老干部、退休老同志也提供了许多宝贵的资料，给予修《志》工作大力支持。在整个编志过程中，市地方史志办公室给予了无微不至的全力帮助和支持，特别是余朝林主任、夏厚军副主任及宋兵、彭志勇两位科长等。

在修《志》期间，市人民政府副市长陈华对本《志》编纂工作专门听取了汇报，还特为本《志》作《序》。贵州省安全监管局党组副书记、副局长叶文邦，也就修《志》工作提出了诸多意见、建议和帮助。李恒超在百忙中，为本《志》写下了《概述》。夏国方作了本《编后记》。

全书组稿及编辑工作分工如下：《大事记》及第十一章为余洪盛，第一、二、三章为李清勇，第四章为陈文宝，第五章为赵应川，第六、八章为胡嵩、王常利，第七章为武文超、赵应川，第八章为武文超、杨江林，第九章为喻松，第十章为刘忠明，十二章为陈威、张旭。

本《志》在如此短的时间里能如期出版问世，首先得益于市委市政府的大力支持和关怀，得益于市直各安委会成员单位、各县（区）政府、社会各界友人的大力支持和帮助，得益于各级安全监管部门领导的高度重视，也得益于市局各科室、特别是《志》编委会办全体同仁的辛苦付出，昆明滇印彩印有限责任公司、当代中国出版社为《志》的出版也做了大量工作。在此，我谨代表《志》编委会及编辑部，一并致以诚挚的谢意！

编修《志》是一项繁杂的系统工程。本人从1994年起就在当时的市政府安全监管部门（六盘水市劳动局）工作至今20余年，亲身经历了六盘水市三次涉及安全监管机构变迁的重大历史改革；尽管在编写过程中，我们也努力克服了历史沿革过长、涉及史料过多、部分专业不甚熟悉、现存资料零散、修《志》经验不足以及时间紧、任务重等一系列困难，但由于资料散失多，时间跨度过长，内容涉及甚广，加之自身文字水平有限，其中的疏漏、讹误、曲解等肯定在所难免。我们修《志》的初衷和心愿，就是竭尽我们之所能，用客观的、历史的、真实的记事手法，将我们所能掌握的六盘水市过去几十上百年的安全生产史实尽可能全面地展现在大家面前，也为后世留下一部可供查阅、参考、回顾的历史原迹。

在此，恳请现职的各位领导、各位离退休老同志、社会各界读者、专家及全市人民予以见谅和不吝赐教，以使我们在今后的续《志》工作中能做得更好、更加完美。

编　者

2016年10月